Bergmann · Schaefer
Lehrbuch der Experimentalphysik
Band 8 Sterne und Weltraum

Bergmann · Schaefer
Lehrbuch der Experimentalphysik

Band 8

Walter de Gruyter
Berlin · New York 1997

Sterne und Weltraum

Herausgeber Wilhelm Raith

Autoren

Hans Joachim Blome, Johannes Feitzinger,
Josef Hoell, Wolfgang Priester, Helmut Scheffler,
Fridtjof Speer

Walter de Gruyter
Berlin · New York 1997

Herausgeber
Dr.-Ing. Wilhelm Raith
Professor für Physik
Universität Bielefeld
Fakultät für Physik
Postfach 100131
D-33501 Bielefeld

Das Buch enthält 216 Abbildungen, 5 Farbbilder und 35 Tabellen.

∞ Gedruckt auf säurefreiem Papier, das die US-ANSI-Norm über Haltbarkeit erfüllt.

Die Deutsche Bibliothek – CIP-Einheitsaufnahme

Lehrbuch der Experimentalphysik / Bergmann ; Schaefer. – Berlin ; New York : de Gruyter.

Bd. 8. Sterne und Weltraum : [enthält 35 Tabellen] / Hrsg. Wilhelm Raith.
Autoren Hans Joachim Blome ... – 1997
ISBN 3-11-015173-1

Satz und Druck: Tutte Druckerei GmbH, Salzweg-Passau. Bindung: Lüderitz & Bauer GmbH, Berlin. Einbandgestaltung: Hansbernd Lindemann, Berlin.

Vorwort

Dieser Band soll keine „Einführung in die Nachbarwissenschaft Astronomie/Astrophysik“ sein, sondern eine Erweiterung der im Bergmann-Schaefer behandelten Physik (für Experimentalphysiker) auf Gebiete, die nur im Großlabor „Weltraum“ studiert werden können, wie die Physik großer Massen, die in erster Linie von der Gravitation bestimmt wird. Die Behandlung der „Struktur der Materie“ im Bergmann-Schaefer erstreckt sich über die Bände 4 **Teilchen**, 5 **Vielteilchen-Systeme**, 6 **Festkörper**, 7 **Erde und Planeten** und wird mit diesem Band abgeschlossen.

Eine nützliche Einheit für die großen Massen im Universum ist die Sonnen-Masse, $M_{\odot} = 2 \cdot 10^{30}$ kg $\approx 10^{57} \cdot m_H$ mit m_H = Masse des Wasserstoffatoms. Die Massen der in diesem Buch behandelten Systeme unterscheiden sich um viele Größenordnungen: **Sterne** liegen im Bereich von 0.1 bis 100 $M_{\odot}$, **Galaxien** bei 10^9 bis 10^{12} $M_{\odot}$, und das **Universum** hat eine geschätzte Gesamtmasse von 10^{23}–10^{25} $M_{\odot}$.

Extraterrestrische Observatorien, die Errungenschaften des Raumfahrt-Zeitalters, stehen am Anfang dieses Buches (Kapitel 1); sie haben die astrophysikalischen Beobachtungsmöglichkeiten enorm erweitert: Neue Bereiche des elektromagnetischen Spektrums wurden für die Astrophysik erschlossen, mit besserer Auflösung wurden größere Entfernungen zugänglich, und mit genaueren Messungen im Nahbereich werden die gestaffelten, einander angeschlossenen Methoden zur Entfernungsbestimmung präziser.

Sterne und interstellare Materie (Kapitel 2) werden zusammen behandelt, weil sie durch Sternbildung und Sternexplosionen miteinander verbunden sind. Ständig entstehen neue Sterne aus Gas- und Staubwolken, und alte Sterne erreichen Entwicklungsstadien mit hohen Massenverlustraten durch Abströmungen. Einige explodieren als Supernovae und geben dabei einen großen Teil ihrer Masse an die feinverteilte interstellare Materie ab. Obwohl wir jeden Stern nur in einem Augenblick seiner langen Entwicklungszeit beobachten können, gelang es in diesem Jahrhundert, die faszinierende Physik der Sternentwicklung weitgehend aufzuklären. Dabei wurden sehr ungewöhnliche Zustände der Materie entdeckt: Riesensterne mit Kernfusion in äußeren Schalen, elektronisch entartete Zwergsterne, periodisch und eruptiv veränderliche Sterne, Neutronensterne, Materietransfer in Doppelsternen, Sterne mit (vermutlich) einem „schwarzen Loch“ als unsichtbaren Begleiter.

Die **Galaxien** (Kapitel 3) sind durch Gravitation gebundene, dynamisch stabilisierte Vielteilchen-Systeme von sehr großer Vielfalt. Nach Schätzungen ist die Zahl der Galaxien im Weltraum etwa vergleichbar mit der Zahl der Sterne in unserer Heimatgalaxie, der „Milchstraße“. Entstehung und Evolution der Galaxien sind noch unverstanden. Wie die Spiralarm-Struktur, die manche, aber keineswegs alle Galaxien besitzen, entsteht und erhalten bleibt, wird zur Zeit intensiv untersucht. Sehr hilfreich bei der Erforschung der Galaxien ist die kosmologisch begründete Annahme, daß die Galaxien alle etwa zur gleichen Zeit entstanden sind. Weil wir inzwischen auch Galaxien beobachten können, die soweit von uns entfernt sind, daß die Lichtlaufzeit Milliarden von Jahren beträgt, ist der Blick in die Tiefe des Weltraums auch ein Blick in die Vergangenheit bis in die Jugendzeit der Galaxien. Der spannendste Abschnitt in der Galaxienforschung hat gerade erst begonnen.

Das Universum ist ein Unikat und als solches besonders schwer erforschbar. Erst in diesem Jahrhundert wurde erkannt, daß sich das Universum nicht in einem stationären Zustand befindet, sondern expandiert (Hubble 1929). Die Rückwärtsextrapolation zu einem „Urknall“ gewann an Überzeugung durch den Nachweis der Hintergrundstrahlung (Penzias und Wilson 1965), die theoretisch mit dem Urknall verknüpft ist. Auf der Grundlage der Allgemeinen Relativitätstheorie (Einstein 1916) entstand die theoretische Kosmologie. Die Theorie enthält Parameter, deren hinreichend genaue Messung jetzt möglich erscheint. Damit ist die **Kosmologie** (Kapitel 4) über theoretische Spekulationen hinausgewachsen und zur Physik des Systems „Universums“ geworden. Kosmologisch relevante Parameter sind insbesondere die Hubble-Konstante, die die Expansionsrate des Weltraums angibt, und die mittlere Massendichte des Universums, die auch dunkle („unsichtbare“) Materie mit einschließt. Die Werte dieser Parameter bestimmen letzlich Alter und Evolution des Universums und die Struktur des Raumes. In jüngster Zeit haben neue Messungen der Hubble-Konstanten zu fruchtbaren Kontroversen geführt. Ob die von Einstein persönlich eingeführte und später von ihm strikt abgelehnte „kosmologische Konstante“ vielleicht doch einen von Null verschiedenen Wert besitzt, ist ein hochaktuelles Thema. Zur Lösung dieses Problems haben die Autoren von Kapitel 4 mit dem „Bonn-Potsdam-Modell“ einen wichtigen Beitrag geliefert.

Herausgeber und Verlag haben sich bemüht, die von verschiedenen Autoren geschriebenen Kapitel thematisch aufeinander abzustimmen, so daß sie zusammen ein verständliches Fachbuch ergeben. Mit dem ausführlichen Register soll das Buch aus als Nachschlagewerk nützlich sein.

Bielefeld, Juni 1997 *Wilhelm Raith*

Autoren

Dr. Hans Joachim Blome
Deutsche Forschungsanstalt für
Luft- und Raumfahrt (DLR),
Linder Höhe
D-51170 Köln

Professor Dr. Johannes Feitzinger
Direktor der
Sternwarte Bochum/Planetarium
Castroper Straße 67
D-44777 Bochum
und
Ruhr-Universität Bochum
Astronomisches Institut

Dipl.-Phys. Josef Hoell
Deutsche Agentur für
Raumfahrt-Angelegenheiten
(DARA) GmbH
Königswinterer Str. 522–524
D-53227 Bonn

Professor em. Dr. Wolfgang Priester
Institut für Astrophysik und
Extraterrestrische Forschung
der Universität Bonn
Auf dem Hügel 71
D-53121 Bonn

Professor Dr. Helmut Scheffler
Torgartenstraße 21
D-74931 Lobenfeld
und Universität Heidelberg
1963–1991 Landessternwarte
Heidelberg-Königsstuhl

Dr. Fridtjof Speer
4920 Canterwood Dr. NW
Gig Harbor, WA 98332, USA
1960–1983 NASA, Program Manager
1983–1987 NASA, Director of Science
1987–1991 Univ. of Tennessee,
Space Institute, Director of Space
Propulsion

Inhalt

1 Extraterrestrische Observatorien

Fridtjof A. Speer

1.1 Einleitung

Seit ihrem Beginn im Jahre 1957 hat die Raumfahrt und die damit verbundene Raumforschung in ständig wachsendem Maße unsere Welt erweitert und verändert. Man denke nur an weltweite Telefon- und Fernsehverbindungen – Navigation und Ortsbestimmung – Wetter- und Erdbeobachtungen – und schließlich die wissenschaftliche Forschung.

Insbesondere die Astronomie und Astrophysik sahen sich innerhalb von wenigen Jahren von einigen fundamentalen Begrenzungen, die auf der Erdoberfläche existieren, befreit. Mit der wachsenden Größe der Nutzlasten wurde es möglich, langdauernde astrophysikalische Beobachtungen außerhalb der Erdatmosphäre zu machen. Darüber hinaus wurde es möglich, physikalische und biologische Experimente in gewichtslosem Zustand und in einem bis dahin unerreichten Vakuum auszuführen.

Die überraschend schnellen Fortschritte in der Raumfahrtentwicklung der frühen Jahre sind nicht zuletzt auf die Rivalität zwischen den Vereinigten Staaten und der ehemaligen Sowjetunion zurückzuführen. Militärische und politische Überlegungen spielten eine große Rolle in den verhältnismäßig großen Aufwendungen beider Länder für die zivile Raumfahrt. Dies wurde besonders deutlich in dem Wettlauf zwischen den Vereinigten Staaten und der früheren Sowjetunion zur ersten bemannten Mondlandung.

Beide Länder hatten beachtliche Ersterfolge, die sich gegenseitig ergänzten und unterstützten, obwohl das ursprünglich offenbar nicht geplant war. Inzwischen haben alle industrialisierten Länder der Erde die Möglichkeiten der Raumfahrt erkannt, und viele haben ihre eigenen Programme für wissenschaftliche, wirtschaftliche und Verteidigungszwecke in Gang gesetzt.

Wenngleich die ursprüngliche Motivierung für den Raumflug zweifellos nicht auf rein wissenschaftlicher Ebene lag, so ist es doch eine Tatsache, daß die ersten Flugmissionen der Vereinigten Staaten und der ehemaligen Sowjetunion gut durchdachte wissenschaftliche Ziele hatten und zu vielen wichtigen Entdeckungen führten. Bekannte Beispiele sind die Van-Allen-Strahlungsgürtel um die Erde (Explorer I im Jahre 1958), die Beobachtung der Sonne vom Raum aus (OSO-1 im Jahre 1962)[1] und die unbemannte Probenaufnahme vom Mond und der Rückkehr zur Erde (Luna 16 im Jahre 1970).

[1] Alle Akronyme sind in Tabelle 1.3 am Ende des Kapitels erläutert.

Extraterrestrische Observatorien existieren noch nicht sehr lange. Als die Raumfahrt begann, gab es zwar viele Ideen, wie man diese neuen technischen Möglichkeiten ausnutzen könnte, es erforderte jedoch einige Jahre, um vom Konzept eines extraterrestrischen Observatoriums zur Realität zu gelangen.

Extraterrestrisch besagt lediglich, daß die Beobachtungen außerhalb der Erde und ihrer Atmosphäre ausgeführt werden und schließt viele verschiedene Möglichkeiten ein, die vom Beobachtungsstandort und vom Beobachtungsziel abhängen. Tab. 1.1 zeigt eine Übersicht über die Vielfalt dieser Möglichkeiten. In der Kategorie der Orbital-Observatorien war es zunächst am einfachsten, extraterrestrische Beobachtungen von einer Kreisbahn um die Erde auszuführen. Beobachtungsziele waren neben Astronomie meteorologische Beobachtungen und einige spezielle Anwendungen auf der Erdoberfläche einschließlich der Ozeane. Beispiele für diese Observatorien sind das Hubble-Observatorium für Astronomie, Nimbus für Wetterbeobachtungen und Landsat für Oberflächenbeobachtungen.

Der nächste große Schritt begann mit der Serie von fünf erfolgreichen Lunar-Orbiter-Missionen, die in den Jahren 1966 und 1967 von einer Kreisbahn um den Mond aus die Mondoberfläche in Detail photographierten und entscheidend dazu beitrugen, daß die Apollo-Landungen drei Jahre später in Gebieten erfolgten, die schon weitgehend bekannt waren.

Tab. 1.1 Klassen von Extraterrestrischen Observatorien.

	Oberflächen-Beobachtungen	atmosphärische Beobachtungen	astronomische Beobachtungen	Beispiel
Orbital-Observatorien				
Erdorbit	**o**	**o**	**o**	Landsat Nimbus Hubble
Mondorbit	**o**			Lunar Orbiter
Planetenorbit	**o**	**o**		Galileo
Sonnenorbit		**o**	**o**	Ulysses
Oberflächen-Observatorien				
Mond	**o**	**o**	**P**	Apollo/ ALSEP
Planeten	**o**	**o**		Viking
Asteroiden	**P**			
Kometen	**P**			
Interstellare Observatorien			**o**	Voyager

o existierend **P** geplant

Die folgende Gruppe sind Orbital-Observatorien, die sich in Kreisbahnen um Planeten befinden und der systematischen Beobachtung von planetarischen Oberflächen und Atmosphären dienen. Alle inneren und viele der äußeren Planeten sind bereits auf diese Weise untersucht worden. In einigen Fällen werden die Orbital-Beobachtungen durch kleine Zweigmissionen zur Oberfläche des Planeten ergänzt.

Die Beobachtung der Sonne von der Erde aus ist durch die Bahnebene der Erde beschränkt, die zwar gute Beobachtungsmöglichkeiten der äquatorialen, jedoch kaum der polaren Sonnengebiete zuläßt. Es ist daher ein großer Fortschritt, wenn die Ulysses-Mission auf ihrer komplizierten, mehrjährigen Bahn zum ersten Mal einen Blick auf die polaren Regionen der Sonne werfen kann. Es ist sehr wahrscheinlich, daß eines Tages langdauernde polare Sonnenmissionen unternommen werden, die eine kontinuierliche Beobachtung der gesamten Sonnenoberfläche und -atmosphäre gestatten, analog zu den polaren Erdmissionen.

Extraterrestrische Oberflächen-Stationen machen die zweite Kategorie aus (Tab. 1.1). Sie führen geologische, seismische und andere physikalische und chemische Untersuchungen aus und senden die Meßwerte durch Radiosignale zur Erde. Bekannte Beispiele sind die von den amerikanischen Astronauten aufgestellten Mondstationen ALSEP und die auf dem Mars gelandete unbemannte Station Viking, die hauptsächlich nach biologischen Spuren von extraterrestrischem Leben suchte. Im Planungsstadium befinden sich permanente astronomische Beobachtungsstationen auf dem Mond, insbesondere auf der erdabgewandten Seite, um alle störenden Strahlungseinflüsse von der Erde durch den Mond abzuschirmen.

In der dritten Kategorie finden sich interstellare Observatorien, die in der Zukunft vor allem der Erforschung des interstellaren Raums, des Sonnensystems als Ganzes und schließlich der Erforschung unserer nächsten Nachbarsterne dienen werden. Der Anfang ist mit den beiden Voyager-Missionen gemacht worden, die in den 70er Jahren für planetarische Beobachtungen und Vorbeiflüge gestartet worden sind und in den 90er Jahren das Sonnensystem verlassen werden. Sie senden noch immer brauchbare ultraviolette Messungen von ihren außergewöhnlichen Beobachtungsstandorten.

Fast alle der oben erwähnten Observatorien sind unbemannte Satelliten oder Stationen. In zwei besonderen Fällen sind jedoch bemannte Observatorien beteiligt: Skylab diente insbesondere der Beobachtung der Sonne im Sichtbaren, Ultravioletten und Röntgenbereich. Darüber hinaus wurden Beobachtungen des Kometen Kohoutek und des interplanetarischen Staubes gemacht. Und schließlich wurden auch erdatmosphärische Messungen vorgenommen. Drei Astronauten-Gruppen brachten eine Gesamtzahl von 177 Tagen in den Jahren 1973 und 1974 in dieser ersten bemannten Raumstation zu.

Die zweite Serie von bemannten Observatorien waren die sechs erfolgreichen Mondlandungen, die zwischen Juli 1969 und Dezember 1972 stattfanden. Obwohl die einfache Tatsache der Landung von Menschen auf dem Mond alle wissenschaftlichen Ziele in den Schatten stellte, wurden viele geologische Untersuchungen gemacht und die ALSEP-Stationen aufgestellt, die nach dem Rückflug der Astronauten bis 1977 wertvolle Messungen ausführten.

Nach dieser kurzen Einführung in die Vielfalt der extraterrestrischen Beobachtungsmöglichkeiten sollen in diesem Kapitel hauptsächlich astrophysikalische Observatorien in *erdnahen Umlaufbahnen* behandelt werden. Dabei soll besondere Betonung auf die Serie der *Great Observatories* gelegt werden, die im Jahre 1990 mit dem Start des Hubble-Teleskops begann und vor dem Ende dieses Jahrhunderts mit einem großen Infrarot-Observatorium beschlossen werden soll. Damit ist eine gewisse Beschränkung auf eine Gruppe von NASA-Programmen verknüpft, an denen der Verfasser über viele Jahre mitgearbeitet hat.

Die *Great Observatories* verdienen besondere Beachtung, da sie als Gruppe von annähernd gleichzeitigen langlebigen Observatorien das gesamte elektromagnetische Spektrum vom Infrarot bis zu den γ-Strahlen mit hoher Genauigkeit umfassen. Die Möglichkeit, Beobachtungen untereinander und mit geeigneten terrestrischen Teleskopen zu koordinieren, macht diese Gruppe zum derzeit stärksten wissenschaftlichen Werkzeug für die Erforschung des Universums.

Extraterrestrische Observatorien zeigen besonders deutlich die Vorteile des Weltraums als Basis für astrophysikalische Beobachtungen. Wie Abb. 1.1 zeigt, verschwindet in einer Höhe von etwa 300 km die Strahlungsabsorption der Erdatmosphäre, und kosmische Teilchen und Strahlung können von den verschiedenen Meßgeräten direkt beobachtet werden. Obwohl extraterrestrische Beobachtungen im Vergleich zu Erdobservatorien kostspielig sind, haben sie sich doch in kurzer Zeit als unersetzlich herausgestellt und werden nun von vielen Nationen in großem Maßstabe verfolgt.

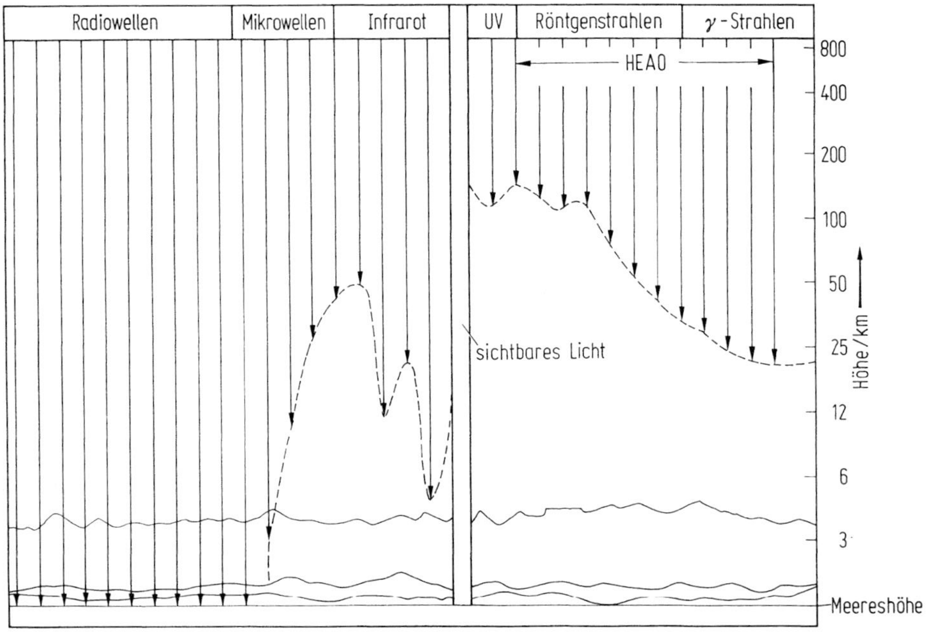

Abb. 1.1 Durchlässigkeit der Erdatmosphäre für elektromagnetische Strahlung vom Weltraum. Die Höhe, in der merkliche Absorption einsetzt, erscheint als weißes Gebiet und variiert mit der Wellenlänge. Extraterrestrische Observatorien wie z. B. die HEAO-Observatorien befinden sich oberhalb 450 km und somit im optisch durchlässigen Bereich für alle Wellenlängen (NASA).

Die Vorteile von extraterrestrischen Observatorien sind nicht auf die Abwesenheit der Atmosphäre beschränkt. Im Raum gibt es keine wetterverursachten Unterbrechungen von astronomischen Beobachtungen. Dies ist besonders wichtig für längere Programme von kontinuierlichen Beobachtungen. Außerdem sind die Umweltbedingungen im Raum (vorhersagbare kontrollierte Temperaturen und keine Erschütterungen) für viele Instrumente und Satellitenkomponenten vorteilhaft und bewirken eine lange Lebensdauer.

Was die Nachteile betrifft, so sind es vor allem die Kosten, aber auch die Unzugänglichkeit des Satelliten für Reparaturen und Verbesserungen, die im Laufe einer langen Lebensdauer wichtig sein können. Ein anderer Nachteil, der oft für die beteiligten Wissenschaftler von besonderer Bedeutung ist, ist die lange Wartezeit: zunächst von der Konzeption eines Instruments bis zur Annahme in ein von der Raumfahrtbehörde NASA finanziertes Observatorium, dann während der Konstruktion und schließlich bis zum Start der Trägerrakete. Die Gesamtwartezeit betrug oft mehr als 10 Jahre.

Die frühen Erfolge von astronomischen Satelliten und die überraschenden, neuen Ergebnisse führten sehr bald zu der Frage, wie man diese Beobachtungsmittel so gestalten kann, daß für gegebene Mittel ein Maximum an wissenschaftlichen Erkenntnissen zu erwarten ist. Diese Debatte zog sich lange hin und ist auch heute noch nicht völlig abgeschlossen.

Es geht im wesentlichen um die Wahl zwischen zwei gegensätzlichen Möglichkeiten: man kann entweder eine Anzahl kleinerer Satelliten für sehr begrenzte und spezielle Beobachtungen mit begrenzter Lebensdauer und ohne die Möglichkeit für Reparaturen bauen oder aber sehr große Observatorien mit hoher Leistung, die eine ausgezeichnete Plattform für viele Instrumente darstellen und so ausgelegt sind, daß Reparaturen und späterer Austausch von Instrumenten ohne große Schwierigkeit im Raum ausgeführt werden können.

Als Resultat dieser Überlegungen hat sich NASA in den späten 80er Jahren entschieden, daß eine begrenzte Anzahl von großen Plattformen für astrophysikalische Beobachtung außerhalb der Erdatmosphäre solch ein Optimum darstellen. Die hohen Anforderungen an Richtungsgenauigkeit und Stabilität machen eine einfache und billige Lösung für viele astrophysikalische Missionen schwierig oder unmöglich. So wurde das Konzept der NASA „Great Observatories“ entwickelt und ausgeführt.

Das Great-Observatory-Konzept bedeutet einen wesentlichen Fortschritt gegenüber isolierten Einzelbeobachtungen. Das Ziel ist, koordinierte Beobachtungen von ausgewählten kosmischen Objekten in mehreren Spektralbereichen gleichzeitig vorzunehmen, um die Natur unbekannter Phänomene besser erschließen zu können. Es ist geplant, vier Observatorien für sehr lange Lebensdauer zu konstruieren und zu starten, je eines im Sichtbaren und Ultraviolett, im Röntgenbereich, im γ-Strahlenbereich und im Infraroten. Auf diese Weise werden gleichzeitige oder anderweitig korrelierte Beobachtungen von den gleichen Objekten möglich, selbst wenn sich die Startdaten der vier Observatorien über mehrere Jahre hinziehen.

Die Wichtigkeit multispektraler Beobachtungen leuchtet ein, wenn man an die Entdeckung der Quasare denkt, die im Jahr 1963 durch ihre starke Strahlung im Radiowellenbereich gefunden wurden. Es stellte sich später heraus, daß diese Strahlungsquellen für mehrere Dekaden auf photographischen Platten registriert waren, jedoch keine besonderen Merkmale im Sichtbaren aufwiesen. Später zeigte sich, daß sie außerdem starke Emissionen im Ultraviolett und im Röntgenspektrum zeigen und auf diese Weise leicht zu identifizieren sind.

Die vier geplanten extraterrestrischen Observatorien liegen in der Gewichtsklasse von je 10 bis 20 Tonnen, und jedes ist für eine Gruppe von verwandten Instrumenten im gleichen Spektralbereich mit ähnlichen Anforderungen ausgelegt. Sie haben eine Reihe von gemeinsamen Konstruktionselementen, die alle aufgrund früherer Raumfahrtexperimente ausgesucht worden sind. Dies hat den Vorteil, daß jedes der Observatorien von der Erfahrung des Vorgängers profitiert und daß darüber hinaus einige Ersatzteile ausgetauscht werden können. Damit sinken die Gesamtkosten, insbesondere wenn man alle vier Observatorien in Betracht zieht.

Im Folgenden werden alle vier extraterrestrischen Observatorien und einige unmittelbare Vorgänger in der Reihenfolge ihrer Fertigstellung beschrieben. Zwei befinden sich bereits im Erdorbit, eines ist in der Entwicklung, und das vierte ist im Planungsstadium. Nach einem kurzen Ausblick auf die Observatorien der Zukunft werden einige der wichtigsten Fragen der Astrophysik im Zusammenhang mit den Beobachtungsmöglichkeiten dieser Observatorien behandelt.

1.2 Das Hubble-Teleskop

Hubble ist das erste der Great Observatories und wurde im April 1990 vom Kennedy Space Center in Florida in der Raumfähre Discovery in seine Erdumlaufbahn befördert. Das Hubble-Teleskop geht auf eine alte Idee zurück, die schon der Raumfahrtpionier Hermann Oberth im Jahre 1923 in Deutschland beschrieben hat.

Später, im Jahre 1946, als die Raumfahrt in erreichbare Nähe gerückt war, griff Lyman Spitzer an der Princeton University diese Idee wieder auf und machte der Akademie der Wissenschaften in Washington detaillierte Vorschläge. Es dauerte jedoch über 20 Jahre, bis NASA die Idee ernsthaft ins Auge faßte und durch mehrere wissenschaftliche Ausschüsse untersuchen ließ. Nach ausgedehnten und intensiven Diskussionen einigte man sich schließlich auf ein 2.4-m-Teleskop, das in der Größe gerade noch in die Raumfähre passen würde und dessen optische Fähigkeiten allen Erdobservatorien klar überlegen sein würden [1].

Der Starttermin mußte zunächst mehrmals verschoben werden, weil große technische Schwierigkeiten zu bewältigen waren, die einfach mehr Zeit erforderten als ursprünglich geplant war. Beispiele dafür sind der Primärspiegel, kritische Teile des Stabilisierungssystems und einige der wissenschaftlichen Instrumente.

Als diese Schwierigkeiten gemeistert waren und der Start in erreichbare Nähe gerückt war, geschah das Challenger-Unglück, das alle weiteren Flüge der NASA-Raumfähren für drei Jahre verhinderte. So mußte das Hubble-Teleskop schließlich, nach all den eigenen Verzögerungen, für viele Monate eine Art embryonisches Leben in einer gigantischen staubfrei gehaltenen Montagehalle der Firma Lockheed im Staat Kalifornien zubringen (Abb. 1.2).

Die Erdatmosphäre ist in großen Bereichen des elektromagnetischen Spektrums nicht nur undurchlässig, sie ist darüber hinaus selbst im durchlässigen, optischen Bereich durch Inhomogenitäten in der Luftdichte ständigen Schwankungen in der Brechzahl ausgesetzt. Diese Schwankungen begrenzen das Auflösungsvermögen al-

Abb. 1.2 Das Hubble-Teleskop. Eine Aufnahme kurz vor dem Transport zum Kennedy Space Center. Die Sonnenblende oben ist geschlossen. Die beiden Photozellenflächen sind an den Seiten aufgerollt. Die Parabol-Antenne zeigt nach links. Alle äußeren Flächen sind thermisch isoliert. Das Gerüst erlaubt eine Rotation in die horizontale Position (NASA).

ler Erdobservatorien selbst an den am besten geeigneten Plätzen. Mit anderen Worten, auch Teleskope, die weitgehend im sichtbaren Licht arbeiten, werden leistungsfähiger, wenn man sie in den Raum außerhalb der Atmosphäre bringen kann. Das Hubble-Teleskop ist ausgelegt, die natürlichen Begrenzungen in der Astronomie und Astrophysik, die für Beobachtungen von der Erdoberfläche aus existieren, zu beseitigen.

Während der langen Zeit von den ersten Ideen bis zum Start des Hubble-Teleskops hat sich allerdings eine wichtige Verschiebung im Wettbewerb zwischen bodenständigen und Weltraum-Observatorien ergeben. Extraterrestrische Observatorien werden weiterhin einen entscheidenden Vorteil im Ultravioletten und im kurzwelligen

Infraroten behalten, jedoch hat die Einführung der adaptiven Optik eine Verbesserung der terrestrischen Observatorien mit großen Aperturen erbracht. Im sichtbaren Licht und im langwelligen Infrarot ist es heute möglich, sowohl das Auflösungsvermögen als auch die Lichtempfindlichkeit des Hubble-Teleskops zu erreichen.

Dies bedeutet nicht, daß extraterrestrische Teleskope in Zukunft durch Bodenstationen abgelöst werden, doch wird sich ein neues Gleichgewicht in der Aufgabenverteilung zwischen diesen Observatorien einstellen. Für Himmelsübersichten im Sichtbaren und in Teilen des Infrarot, wo das Auflösungsvermögen durch die Anzahl der Photonen begrenzt ist, wird das Boden-Observatorium mit adaptiver Optik vorzuziehen sein, während das Hubble-Teleskop und seine Nachfolger in der Zukunft vor allem für Objekte eingesetzt werden, die höchstes Auflösungsvermögen über das gesamte Blickfeld erfordern.

Es gibt viele erstklassige Erdobservatorien wie Mt. Palomar in Kalifornien oder Cerro Tololo in Chile, die in ihrer Leistung übertroffen werden müssen, um das Hubble-Teleskop trotz seiner hohen Kosten wissenschaftlich und ökonomisch sinnvoll zu machen. Dies erforderte die Bereitstellung von erheblichen Geldmitteln. Daher waren die Diskussionen über die Größe und Aufwendungen für das Hubble-Teleskop eine Angelegenheit, die für ihre Bewilligung bis zum US-Kongress gehen mußte. Auch in technischer Hinsicht erforderte die Entwicklung des Hubble eine ungewöhnlich lange Zeit und ging auf vielen Gebieten über das hinaus, was der Stand der derzeitigen Technologie anbieten konnte.

Das Hubble-Teleskop mußte während seiner anfänglichen Konstruktion auf die Fertigstellung der Raumfähre warten. Im Falle einer solchen Parallelentwicklung werden viele Entwurfsberechnungen voneinander abhängig und müssen wiederholt werden, wenn sich vorläufige Resultate, z. B. Lastfaktoren, als zu niedrig herausstellen. In einigen Fällen machte das sogar die Neukonstruktion von strukturellen Elementen notwendig als sich herausstellte, daß die im Inneren der Raumfähre zu erwartenden Vibrationen für die optische Bank um einen Faktor zwei größer waren als ursprünglich angenommen wurde.

Hubble soll für mindestens 15 Jahre funktionell bleiben. Dies erfordert, daß *Reparaturen* und Auswechselung von kritischen Komponenten im schwerefreien Raum ausgeführt werden müssen. Außerdem muß von Zeit zu Zeit der Höhenverlust des Satelliten korrigiert werden, der durch die zwar geringfügige, sich jedoch stetig addierende atmosphärische Abbremsung verursacht wird. Die Höhe der Kreisbahn ist nicht nur auf der unteren Seite durch den nach unten zunehmenden Luftwiderstand begrenzt, sondern auch auf der oberen Seite durch die Tragfähigkeit der Raumfähre und die Strahlungsgürtel der Erde, die man vermeiden möchte, um Schäden an der empfindlichen Halbleiter-Elektronik zu vermeiden. Daher muß die Raumfähre nicht nur der anfänglichen Beförderung in die Kreisbahn dienen, sondern später auch als eine Art fliegende Werkstatt fungieren, die außerdem periodisch den Höhenverlust durch ein kurzes Flugmanöver ersetzt.

Das Marshall Space Flight Center in Huntsville, Alabama hat einen großen und tiefen Wassertank gebaut, in dem Astronauten in Taucheranzügen experimentiern und herausfinden, wie solche Reparaturen im schwerefreien Raum am besten bewerkstelligt werden können. Abb. 1.3 zeigt, wie das Modell eines Instruments in voller Größe „schwerefrei" ausgewechselt wird.

Man braucht im Raum spezielle Werkzeuge, die sich nicht selbständig machen

Abb. 1.3 Simulierung der Schwerefreiheit. Eine der drei simulierten Feinkameras des Hubble-Teleskops wird von Astronauten im Wassertank ausgewechselt. Ein dritter Taucher assistiert. Im Hintergrund ist ein Fenster zur Beobachtung durch Videokameras (NASA).

können, und gut ausgewählte Stützpunkte für die Beine und Arme der Astronauten. Das Teleskop und ein Mechanismus, der es in beliebige Positionen und Orientierungen bewegen und dort festhalten kann, sind alle in voller Größe nachgebaut und im Wassertank installiert worden.

Im übrigen muß natürlich auch dafür gesorgt werden, daß die Auswechselkomponenten, die vielleicht gebraucht werden, verfügbar sind. So wurden eines der Hauptinstrumente und viele andere lebenswichtige Satellitenkomponenten mit ihren Ersatzteilen parallel entwickelt für den Fall, daß sie vorzeitig ausfallen sollten. Nach dem Start zeigte sich, daß dies eine sehr gute Idee war. Der optische Fehler des Primärspiegels (s. Abschn. 1.2.4) machte es notwendig, die Weitwinkelkamera mit korrigierter Optik auszustatten und das Ersatzinstrument beschleunigt fertigzustellen.

Die Europäische Raumfahrt-Behörde ESA war von Beginn an ein voller Partner und erstellte nicht nur eines der Instrumente, sondern auch die mechanischen und elektrischen Komponenten und Photozellen für die elektrische Energieversorgung des gesamten Teleskops. Abb. 1.4 zeigt einen der vielen Tests, die vor der Lieferung

Abb. 1.4 Test der Photozellenmontage des Hubble-Observatoriums. Eine der beiden Photozellenflächen wird auf Styrofoam-Schwimmern in einem Wassertank ausgerollt, um die elektromechanischen Systeme zu prüfen. Nur ein Teil der Photozellen sind montiert (NASA).

an NASA von Britisch Aerospace in Bristol vorgenommen wurden. Die flexiblen *Photozellenflächen* wurden auf Schwimmern aus- und eingerollt, um die elektromechanischen Komponenten unter annähernd realistischen Umweltbedingungen zu erproben. Wie sich später herausstellte, waren diese Tests nicht ausreichend, um die im Orbit thermisch induzierten Verformungen der Photozellenflächen zu entdecken, die die Teleskopstabilisierung zunächst erheblich beeinträchtigten. Die Abmessungen der Flächen sind 2.4 m · 12.1 m. Sie liefern bei vertikaler Sonnenbestrahlung 5.2 kW für eine durchschnittliche Last von 2 kW. Dabei muß berücksichtigt werden, daß beinahe die Hälfte eines Erdorbits im Erdschatten liegt. Während der Schattenperiode dienen die auf der Sonnenseite des Orbits aufgeladenen Batterien als Energiequelle.

Das Hubble-Teleskop als Gesamtsystem (Abb. 1.5) ist etwa 13 m lang, hat einen Durchmesser von 4 m und besteht aus drei Hauptelementen, nämlich der Optik, dem Stabilisierungssystem und den Instrumenten. Hinzu kommen dann die üblichen Satellitenelemente wie thermische Kontrolle, Energieversorgung und Datenverarbeitung.

Um einen kleinen Einblick in die Größe des technischen Fortschritts zu geben, soll auf die drei oben genannten Hauptelemente etwas näher eingegangen werden. Sie zeigen in eindrucksvoller Weise, warum vom Hubble-Teleskop solch eine bahnbrechende Verbesserung in der Qualität von astronomischen Beobachtungen erwartet wurde; eine Verbesserung, die alle Entwicklungsstufen in der 400 Jahre alten Geschichte der Fernrohre seit Galilei bei weitem übertreffen sollte [1]. Im folgenden sollen der 2.4-m-Primärspiegel, das Stabilisierungssystem und die fünf großen auswechselbaren Instrumente behandelt werden.

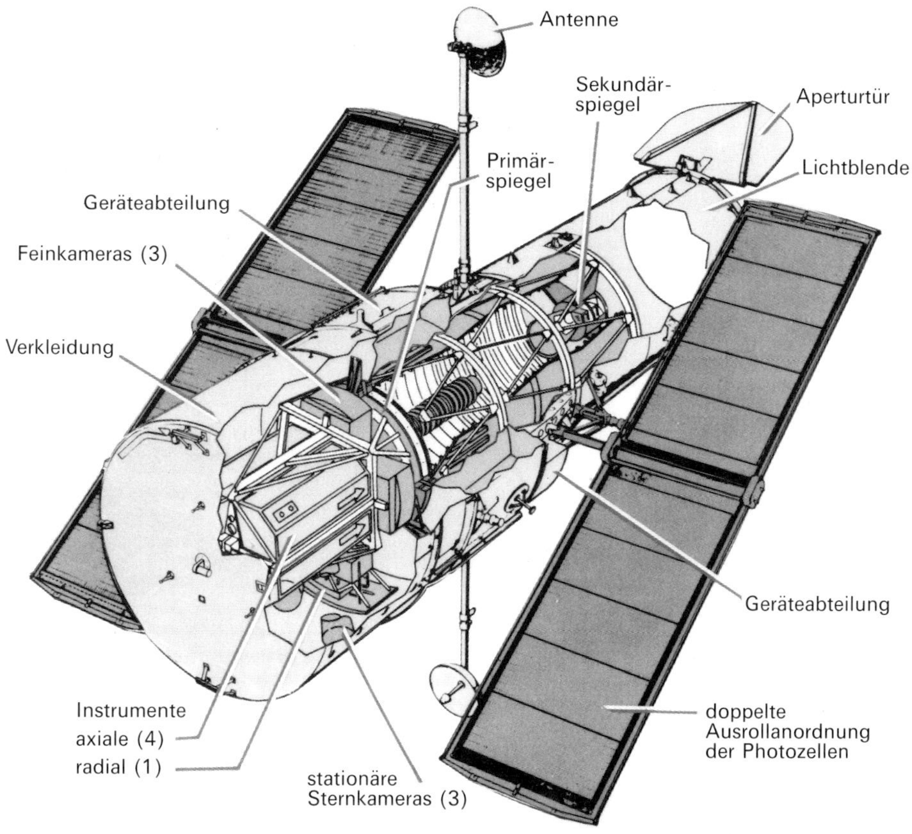

Abb. 1.5 Schema des Hubble-Observatoriums (NASA).

1.2.1 Der Primärspiegel

Das optische System basiert auf dem Ritchey-Chrétien-Entwurf, um ein möglichst großes Blickfeld zu erreichen. Der 826-kg-Quarzspiegel wurde von der Firma Perkin Elmer in fünfjähriger Arbeit auf eine Genauigkeit von 1/78 einer Wellenlänge geschliffen und poliert.

Der 2.4-m-Primärspiegel war der technische Schrittmacher für das gesamte Teleskop. Die gewünschte *Oberflächengenauigkeit* war vorher nicht erreicht worden und erforderte einen automatisierten Schleif- und Polierprozess, der von einem elektronischen Rechner gesteuert wurde (Abb. 1.6).

Die interferometrischen Messungen, die zwischen den zahlreichen Polierepisoden gemacht werden mußten, wurden mit einem Paar Laser-Lichtquellen vorgenommen und resultierten in einer Art Reliefkarte mit Bergen und Tälern, bezogen auf eine mathematische Referenzfläche. Die Konturen wurden dann elektronisch in Kommandos für die automatische Poliermaschine übersetzt.

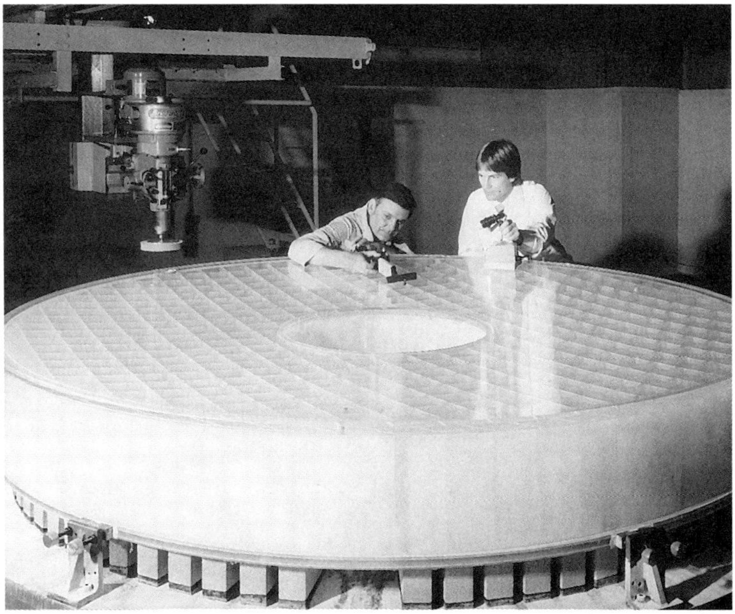

Abb. 1.6 Der Primärspiegel in der automatischen Poliermaschine. Die 2.4 m weite Spiegelfläche ist auf eine aus dem gleichen Material bestehende Kastenstruktur aufgeschmolzen, um die notwendige Stabilität zu erreichen. Das Lichtbündel vom Sekundärspiegel passiert den Primärspiegel durch die 60 cm große Öffnung und trifft dann auf die Eingangsaperturen der Instrumente 1.5 m hinter dem Primärspiegel (NASA).

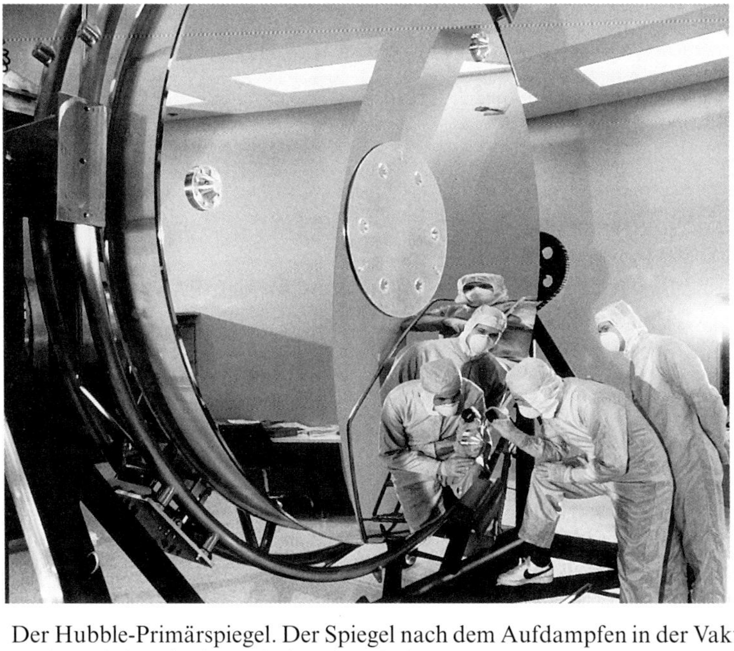

Abb. 1.7 Der Hubble-Primärspiegel. Der Spiegel nach dem Aufdampfen in der Vakuumkammer und vor dem Einbau in das Teleskop (NASA).

Das Polierwerkzeug war eine rotierende Scheibe von etwa 4 cm Durchmesser. Für mehrere Stunden folgte es einem spiralförmigen Weg und verweilte im Mittel länger auf den „Bergen“ als auf den „Tälern“. Auf diese Weise konvergierte die Spiegelfläche allmählich auf die ideale parabolische Form mit der Genauigkeit von einem Bruchteil einer Wellenlänge. Wenn man vergleichsweise den Durchmesser des Spiegels auf den des Golfs von Mexico vergrößert, ist die verbleibende Welligkeit erstaunlich klein, ungefähr 1/2 cm.

Wie weiter unten besprochen wird, wurden die Messungen zwischen den Polierepisoden mit einem reflektierenden Nullkorrektor vorgenommen, der infolge einer fälschlichen mechanischen Justierung systematische Fehler in der Spiegeloberfläche verursachte und zu der später entdeckten sphärischen Aberration führte. Es ist tragisch, daß der derzeitig am besten geschliffene Spiegel der Welt mit einer falschen Oberflächenform herauskam.

Besonders große Anstrengungen mußten gemacht werden, um den Spiegel in allen späteren Stadien des Zusammenbaus vor Verunreinigungen durch Staub oder kondensierbare Gase zu schützen, damit die Auflösung des Teleskops nicht durch Rayleigh-Streuung beeinträchtigt wird. Zugang zum Spiegel wurde streng begrenzt. Während der verschiedenen Phasen des Zusammenbaus befand sich das Teleskop in Temperatur-kontrollierten Räumen mit besonders leistungsfähigen Filtern. Bei Abwesenheit einer Atmosphäre liegt der durch die Beugung bestimmte kleinste auflösbare Winkel bei etwa $5 \cdot 10^{-7}$ rad.

Nach dem Polieren wurde der Spiegel in einer eigens für diesen Zweck errichteten Vakuumanlage mit einer 10^{-7} m dicken Aluminiumschicht bedampft. Während der Bedampfung rotierte der Spiegel langsam für drei Minuten, um eine völlig gleichmäßige Schichtdicke zu erreichen. Unmittelbar danach wurde eine noch dünnere Schicht Magnesiumfluorid aufgedampft, um Oxydation der reflektierenden Oberfläche zu verhindern und um die Reflektivität im Ultraviolett zu erhöhen. Die gemessene Reflektivität war 85 % im Sichtbaren und 75 % im Ultraviolett, und damit besser als ursprünglich gefordert (Abb. 1.7).

1.2.2 Das Stabilisierungssystem

Das Stabilisierungssystem dient dazu, das Teleskop in die gewünschte *Orientierung* zu bringen und dort für die Dauer der Beobachtungszeit so ruhig wie möglich zu halten. Das Ziel war eine Orientierungsgenauigkeit von $5 \cdot 10^{-6}$ rad mit einer Stabilität von $3 \cdot 10^{-8}$ rad. Dies ist eine recht beträchtliche Anforderung. Der kleine Stabilitätswinkel entspricht dem Durchmesser einer 10-Pfennig-Münze über die Entfernung von Berlin nach München. Dies ist die größte akzeptable Abweichung während einer einzelnen Beobachtung über mehrere Minuten.

Der Konstruktionsweg zur Erreichung dieses Ziels beginnt mit einer Gruppe von großen Stabilisierungskreiseln und enthält Sternkameras in Verbindung mit kleinen Meßkreiseln für die Grob-Ausrichtung bis auf etwa $3 \cdot 10^{-4}$ rad. Die letzte Stufe besteht aus drei Feinkameras. Sie benutzen die Primäroptik des Teleskops, um mittels eines Rechneralgorithmus' mindestens je zwei vorher ausgewählte Leitsterne auf $5 \cdot 10^{-6}$ rad genau in das Blickfeld zu bringen.

Wenn das Teleskop bereit ist, ein neues Objekt zu beobachten, werden zunächst die sechs Meßkreisel in ihrer raumfesten Orientierung von dem vorherigen Objekt auf den neuesten Stand gebracht. Dann wird das Teleskop langsam (24 Minuten für eine volle Umdrehung) in die neue Richtung bewegt, ohne dabei den Winkelbereichen der Erde oder der Sonne zu nahe zu kommen. Die neue Richtung wird zunächst durch die Meßkreisel bestimmt. Dann übernehmen die Sternkameras die Aufgabe, den Abstand des von den Kreiseln bestimmten Zielpunktes vom wahren Objekt zu messen. Dafür benutzen die Sternkameras drei helle Sterne, deren Koordinaten bekannt sind. In diesem Stadium beträgt die Genauigkeit der Orientierungsbestimmung etwa $3 \cdot 10^{-4}$ rad und befindet sich damit innerhalb des Blickfeldes von zwei Feinkameras. Letztere leiten das Teleskop nun mit Hilfe der Orientierungskreisel auf einer spiralförmigen Bahn zu je einem vorher ausgewählten Leitstern. Sobald der erste Leitstern entdeckt ist, stoppt die erste Feinkamera und die zweite vervollständigt die Rotation, bis auch der zweite Leitstern gefunden ist. Beide Leitsterne müssen im richtigen Helligkeitsbereich liegen, um vom Orientierungssystem akzeptiert zu werden. Mit dieser Sequenz ist dann die neue Orientierung des Teleskops um alle drei räumliche Axen vollzogen.

Die vier Stabilisierungskreisel werden mit Hilfe von außen angebrachten Elektromagneten in dem gewünschten Umdrehungszahlbereich gehalten. Die Wechselwirkung der Elektromagnete mit dem erdmagnetischen Feld ermöglicht es, den sich stetig aufbauenden Drehimpuls durch geeignete Kommandos vom Stabilisierungssystem gleichzeitig abzuführen. Um jede Verschmutzung durch kondensierbare Gase und Dämpfe auszuschalten, werden für die Orientierung und Stabilisierung des Teleskops keinerlei Düsenantriebe verwendet. Auch die Raumfähre mußte während der Aussetzung und später während der Reparatur besondere Vorkehrungen treffen, so daß ihre Düsenantriebe ständig vom Hubble-Teleskop weggerichtet waren.

Diese schwierige Konstruktionsaufgabe erforderte mehr Zeit als ursprünglich vorgesehen war, bevor sie durch Versuche im Laboratorium erfolgreich demonstriert werden konnte. Diese Schwierigkeiten werden gut durch die Tatsache illustriert, daß selbst kleine Bewegungen im Teleskop, wie z. B. Filterdrehungen von individuellen Instrumenten genau analysiert werden mußten. In einigen Fällen mußten Gegengewichte und Gegenrotationen angewandt werden, um während der Beobachtung eines Ziels kurzzeitige Abweichungen der optischen Achse zu vermeiden.

Wie nach dem Start herausgefunden wurde, sind sogar die kleinen, thermisch induzierten Kriechbewegungen der Photozellenflächen, die wie Segel an je zwei Polen ein- und ausgerollt werden können, groß genug, um beträchtliche Störungen in der Fein-Orientierung hervorzurufen. Dies macht sich besonders dann bemerkbar, wenn das Teleskop aus dem Erdschatten in das Sonnenlicht eintritt und umgekehrt. Es war möglich, diesen Effekt durch komplizierte Änderungen im Rechnerprogramm des Stabilisierungssystems zu mildern. Eine endgültige Lösung wurde jedoch erst mit den Nachfolge-Photozellenflächen erreicht, die später im Erdorbit von Astronauten gegen die ursprünglichen ausgetauscht wurden.

1.2.3 Die Instrumente

Hubble enthält fünf große individuelle Instrumente, jedes etwa so groß wie eine Telefonzelle, deren Eingangsaperturen alle in einer kleinen Fläche im Brennpunkt des Teleskops liegen (Abb. 1.8). Es handelt sich um je eine Weitwinkel- und eine langbrennweitige Kamera, ein Photometer und zwei Spektralapparate [2].

Darüber hinaus werden die drei bereits erwähnten Orientierungskameras nicht nur zur Stabilisierung, sondern gleichzeitig auch als Instrumente für Astrometrie benutzt, um den Sternkatalog weiter auszubauen und zu verbessern. Es wird erwartet, daß Sterne bis zur Größenklasse 20 mit einer Genauigkeit von 10^{-8} rad gemessen werden können. Das Astrometrieteam wird von W. H. Jefferys an der University of Texas in Austin geleitet. Diese Instrumente setzen die wichtigen Beobachtungen des europäischen Astrometrie-Satelliten HIPPARCOS fort. Obwohl der stark elliptische Orbit nicht wie geplant ausfiel, hat dieser erfolgreiche Satellit seit dem Start in 1989 den Katalog von sehr genauen Sternpositionen auf über 108000 erhöht. Die Genauigkeit beträgt etwa $5 \cdot 10^{-9}$ rad. Zusammen mit späteren Messungen vom Hubble-Teleskop werden auch die Eigenbewegungen von Sternen genauer bestimmt werden können.

Die *Weitwinkelkamera* wurde unter der Leitung von J. Westphal am California Institute of Technology und dem Jet Propulsion Laboratory in Pasadena entwickelt und ist wahrscheinlich das vielseitigste der Instrumente. Es kann gleichzeitig mit einem von den anderen vier Instrumenten eingeschaltet werden. Das Herz der Kamera ist eine Matrix von $800 \cdot 800$ Element CCD-Detektoren, die thermoelektrisch auf 178 K gekühlt werden. Die Kamera hat zwei Brennweiten $f/12.9$ und $f/30$, letztere mit kleinerem Blickfeld für lichtschwache Objekte.

Die *Schwachlichtkamera* wurde unter ESAs Leitung in europäischer Gemeinschaftsarbeit unter der Leitung von D. Macchetto entwickelt und als Beitrag zum Hubble an die Vereinigten Staaten geliefert. Diese Kamera nutzt die Fähigkeiten des Observatoriums voll aus und wird in der Lage sein, Sterne bis zur 28. Größe zu messen.

Dieses Instrument besteht aus zwei Fernsehkameras mit zwei verschiedenen Brennweiten und je einem dreistufigen Bildverstärker. Die Bildgröße beträgt in der langen Brennweite nur 10^{-4} rad, und es ist dieses Instrument, das die besten Aussichten hat, Planetensysteme von benachbarten Sternen direkt nachweisen zu können. Mit einer Quantenausbeute von etwa 1 ist die Empfindlichkeit so groß, daß einzelne Photonen quantitativ nachgewiesen werden können. Für andere Beobachtungen sind Filter, Beugungsgitter und Koronamasken vorsetzbar.

Der *Schwachlichtspektrograph* wurde unter der Leitung von R. Harms an der University of California-San Diego and von der Firma Martin-Marietta in Denver entwickelt und wird ein spektrales Auflösungsvermögen von 100 bis 1000 besitzen. Der Lichtweg wird durch Spiegel und Beugungsgitter geteilt und durch ein mechanisch bewegtes Filterrad gelenkt, so daß er die kosmische Strahlungsquelle in verschiedenen Spektralbereichen vom Ultraviolett bis ins Infrarot mit hoher Quantenausbeute untersuchen kann. Es ist möglich, das Bildzentrum abzuschirmen, um auch lichtschwache Objekte mit geringem Winkelabstand von sehr hellen Sternen beobachten zu können. Auch kann die Polarisation des einfallenden Lichtes bestimmt werden.

Das *High-Speed-Photometer* wurde von R. Bless an der University of Wisconsin entwickelt. Es ist ein relativ einfaches Instrument ohne bewegliche Teile. Es besitzt eine sehr hohe zeitliche Auflösung in der Ordnung von $1.6 \cdot 10^{-5}$ s und arbeitet mit vier Bild-Aufteilern und einer Reihe von Filtern und Photomultipliern. Die spektrale Reichweite erstreckt sich von 1.15 bis $6.5 \cdot 10^{-7}$ m. Zusammen mit den Orientie-

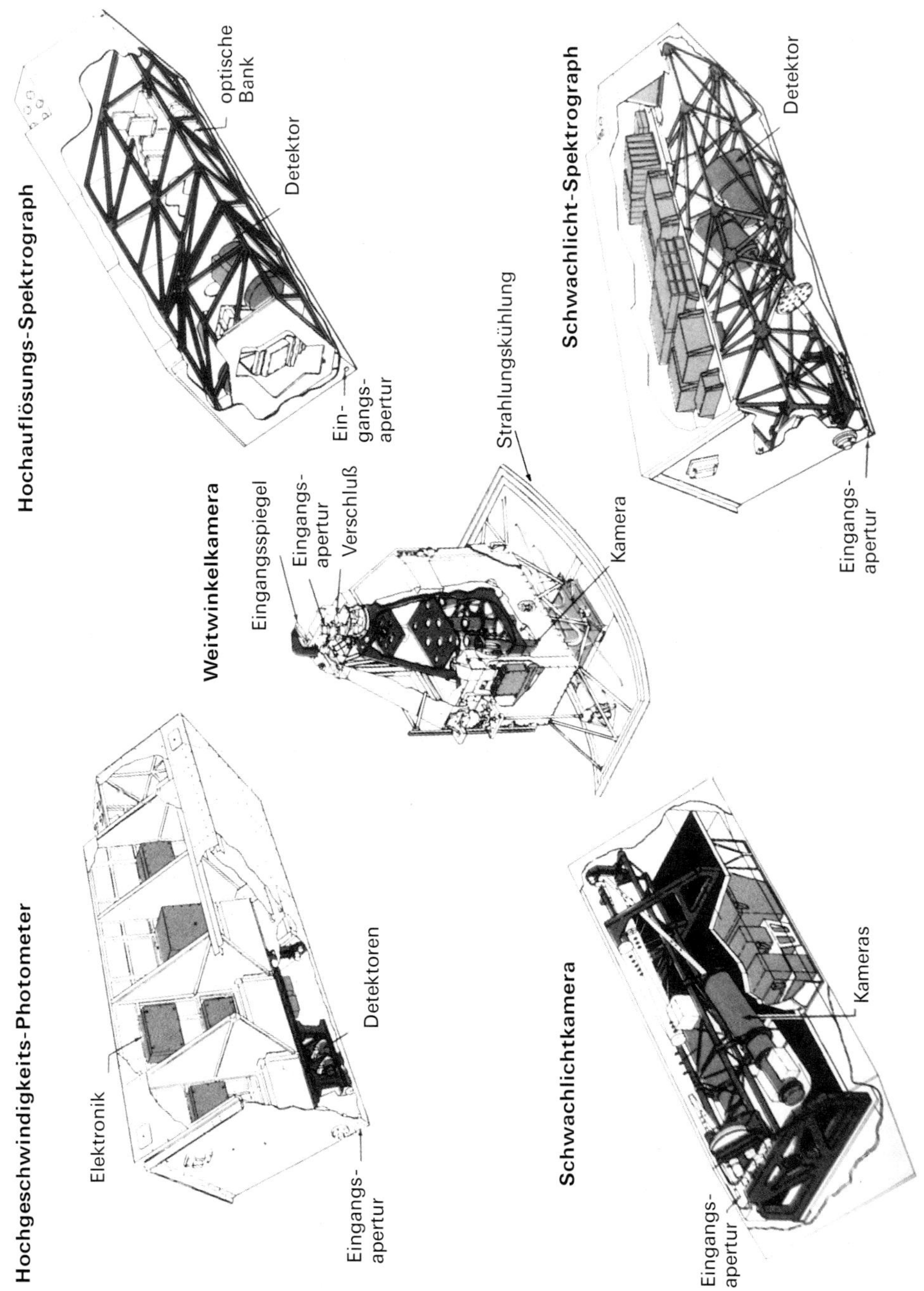
Hochauflösungs-Spektrograph
optische Bank
Detektor
Ein-gangs-apertur
Weitwinkelkamera
Eingangsspiegel
Eingangs-apertur
Verschluß
Strahlungskühlung
Kamera
Schwachlicht-Spektrograph
Detektor
Eingangs-apertur
Hochgeschwindigkeits-Photometer
Elektronik
Detektoren
Eingangs-apertur
Schwachlichtkamera
Kameras
Eingangs-apertur

rungskameras des Teleskops kann dieses Instrument stark verbesserte astrometrische Messungen liefern. Es ist dieses Instrument, das nach langen Überlegungen aufgegeben wurde, um für COSTAR Platz zu machen und damit den optischen Fehler des Primärspiegels für die restlichen Axialinstrumente auszugleichen.

Der *hochauflösende Spektrograph* wurde unter der Leitung von J. Brandt am Goddard Space Flight Center und der Firma Ball Brothers in Boulder entwickelt. Seine Hauptaufgabe ist stellare Spektroskopie mit sehr hoher Auflösung im Ultraviolett. Der Spektralbereich liegt zwischen der Lyman-Alpha-Linie und $3.2 \cdot 10^{-10}$ m. Ähnlich wie beim Schwachlicht-Spektrograph werden mehrere 512-Kanal-Bildverstärker als Detektoren verwendet. Zwei Echelle-Beugungsgitter bilden das Herz des Spektrographen. Die Auflösungsbereiche rangieren von 2000 bis 120000.

Am 25. April 1990 wurde dann das Hubble-Observatorium sanft von der Raumfähre Discovery losgelassen, um seine langjährige Aufgabe als erstes der Great Observatories in der Erdkreisbahn zu beginnen. Abb. 1.9 zeigt diesen historischen Moment in dramatischer Weise. Das Frontende des Observatoriums ist sonnenabgewandt und mit der großen Sonnenblende geschützt. Hubble schwebt frei im Raum, und der manövrierfähige Arm der Raumfähre wird vorsichtig eingefahren.

Abb. 1.9 Aussetzung des Hubble Space Telescope. Das Hubble-Teleskop in seinem ursprünglichen Orbit am 25. April 1990 gesehen von der Raumfähre Discovery. Die Photozellenflächen wurden vor der Freilassung ausgerollt und geprüft (NASA/SAO/Lockheed).

◄ **Abb. 1.8** Die Instrumente des Hubble-Observatoriums. Die fünf Instrumente halb-schematisch und etwa im gleichen Maßstab. Die Länge aller vier axialen Instrumente ist beinahe 2 m. Die Eingangsaperturen sind gekennzeichnet. Die Weitwinkelkamera ist als radiales Instrument von der Seite eingebaut (NASA).

1.2.4 Der optische Fehler

Zwei Monate nach dem Start des Hubble-Teleskops und während der geplanten Testserie im Erdorbit wurde es klar, daß das optische System nicht die gewünschte Bildqualität erzeugen konnte. Nach vielen Versuchen mit beiden Kameras wurde gefolgert, daß entweder der Primär- oder der Sekundärspiegel oder beide *sphärische Aberration* zeigten.

Die Beeinträchtigung der Bildqualität war so ernsthaft, daß der Erfolg der Hubble-Mission auf dem Spiel zu stehen schien. Lew Allen, der damalige Direktor des Jet Propulsion Laboratory in Pasadena, wurde von NASA beauftragt, eine Untersuchungskommission aufzustellen mit dem Ziel, die genaue Ursache des Fehlers zu bestimmen und herauszufinden, warum er vor dem Start nicht entdeckt worden war.

Der Bericht der Allen-Kommission wurde im November 1990 veröffentlicht [3]. Sphärische Aberration des Primärspiegels war ohne jeden Zweifel die Ursache des optischen Fehlers. Die äußeren Ringzonen des Spiegels reflektierten das einfallende Licht in einem falschen Fokus, der 38 mm von dem Brennpunkt der innersten Ringzone entfernt war. Daher lag der Anteil von 70 % der Gesamtenergie nicht wie gefordert in einem Radius von $0.5 \cdot 10^{-6}$ rad, sondern von $3.4 \cdot 10^{-6}$ rad (Abb. 1.10).

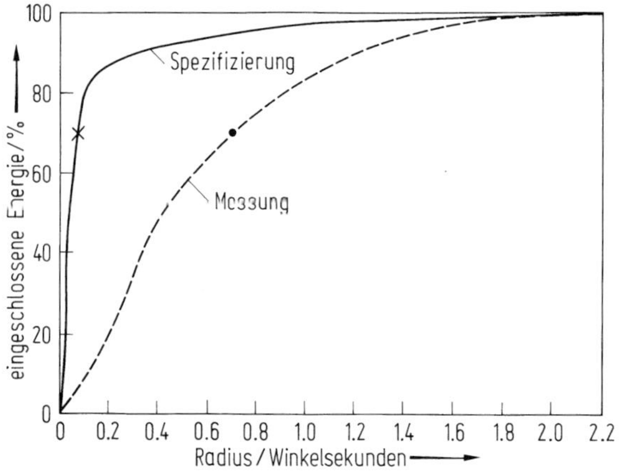

Abb. 1.10 Reflektierte Energie des Primärspiegels. Der Sollwert der eingeschlossenen Energie war 70 % der Gesamtstrahlung in einem Radius von $0.5 \cdot 10^{-6}$ rad. Die im Orbit gemessenen Werte sind mit dem Sollwert verglichen. Der gemessene 70 %-Radius ist $3.4 \cdot 10^{-6}$ rad, beinahe eine Größenordnung schlechter. Diese schwerwiegende Abweichung ist auf den optischen Fehler des Primärspiegels zurückzuführen [3].

Während der Fabrikation wurden die interferometrischen Messungen mit einem *reflektierenden Nullkorrektor* (Abb. 1.11) vorgenommen. Er formt die optische Schablone für die genaue Oberflächenform des Primärspiegels. Dieser Nullkorrektor ist für jede geringfügige Abweichung in der Distanz zwischen seinen beiden Spiegeln extrem empfindlich. Daher wurde diese Distanz mit einer präzisen Meßstange kontrolliert, die aus Invar hergestellt war.

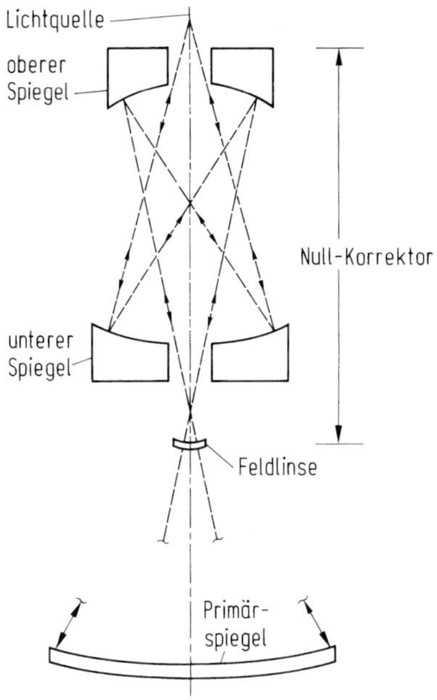

Abb. 1.11 Schema des reflektierenden Nullkorrektors. Dieses optische Gerät wurde von der Firma Perkin Elmer während der Herstellung des Primärspiegels zur Messung der Oberflächenform verwendet [3].

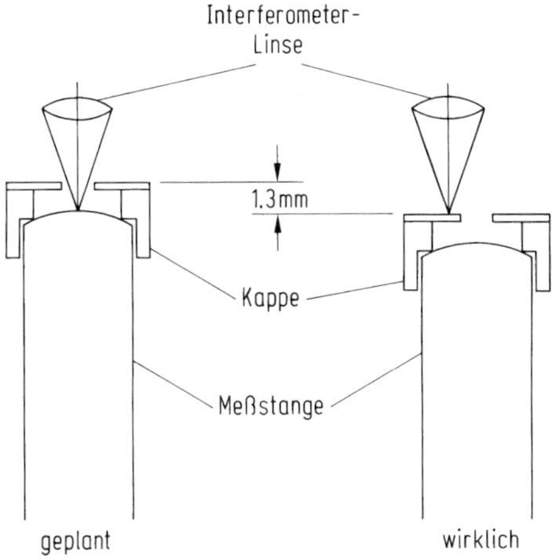

Abb. 1.12 Der Fehler im Nullkorrektor. Das Interferometer fokussierte auf der halb-polierten Kappe anstatt auf dem reflektierenden Ende des Meßstabes und verursachte eine Verschiebung um 1.3 mm innerhalb des Nullkorrektors [3].

Die Meßstange war an ihren Enden poliert, so daß ihre Länge durch Reflektion interferometrisch gemessen werden konnte. Sie war mit einer Kappe abgedeckt, die das Licht nur im zentralen Gebiet einlassen sollte. Wie Abb. 1.12 zeigt, war diese Messung offenbar fälschlich auf dem Rande der ausreichend reflektierenden Kappe vorgenommen worden, mit dem Resultat, daß die beiden Spiegel des Nullkorrektors um 1.3 mm zu weit voneinander entfernt waren.

In mehreren Messungen mit unabhängigen Methoden während der langwierigen Polierprozedur des Primärspiegels waren offenbar wiederholt Anzeichen für einen Fehler sichtbar, wurden jedoch von den Technikern falsch interpretiert, da die anderen optischen Meßgeräte, insbesondere der *refraktive Nullkorrektor*, für weniger genau gehalten wurden. Darüber hinaus war es eine schwerwiegende Unterlassung, daß die verantwortlichen Techniker weder ihr eigenes noch das NASA-Management über diese Nichtübereinstimmung informiert hatten.

Obwohl der reflektierende Nullkorrektor im allgemeinen tatsächlich genauer als der refraktive ist, kritisierte die Allen-Kommission sehr stark, daß die sichtbaren Abweichungen a priori ignoriert worden sind. Einer der Hauptpunkte in der Kritik war das Fehlen eines unabhängigen Gesamttests des Spiegelsystems nach seiner Fertigstellung und vor dem Einbau in das Observatorium. Solch ein Test wurde ursprünglich nicht für notwendig gehalten und war deshalb nicht im Herstellungsvertrag enthalten. Ein nachträglich hinzugefügter Präzisionstest wäre nur mit erheblichen zusätzlichen Mitteln möglich gewesen.

Der Untersuchungsbericht schließt mit einem wichtigen Abschnitt über Schritte, die in Zukunft bei der Herstellung solch eines großen optischen Gerätes beachtet werden sollen [3]. Einige dieser Empfehlungen betreffen insbesondere die Meßmethoden während der Herstellung des Spiegels:

a) Technische Risiken, wie z. B. die Möglichkeit einer Verschiebung des Reflektionspunktes, müssen früh erkannt werden und im Entwurf und der Konstruktion besonders berücksichtigt werden.
b) Die erreichbare Genauigkeit aller kritischen Messungen muß bekannt sein und im Einklang mit den Anforderungen an das Gesamtsystem stehen.
c) Alle kritischen Messungen müssen sorgfältig dokumentiert und ihre Ergebnisse aufbewahrt werden.

Alle diese Untersuchungen spielten sich in der breiten Öffentlichkeit ab und wurden von der Presse sehr ausführlich beschrieben. Es ist bemerkenswert, daß das Hubble-Teleskop-Projekt innerhalb weniger Jahre zweimal im kritischen Licht der Öffentlichkeit stand. Das erste Mal, im Jahre 1983, wurden mehrere Untersuchungskommissionen einberufen, um zu prüfen, warum die Kosten des Projekts die ursprünglich bewilligten Mittel überschritten hatten und warum mehrere der wichtigsten Teleskopsysteme erst später als geplant fertiggestellt waren. Das zweite Mal, sieben Jahre später nach dem Start, bemängelte die Allen-Kommission mit Recht die Unterlassung wichtiger zusätzlicher Tests, obwohl sie die Projektkosten erhöht hätten. Solch eine widerspruchsvolle Situation kann immer dann erwartet werden, wenn, wie beim Hubble-Teleskop, die Kosten eines Projekts fixiert werden, bevor alle Anforderungen genau bestimmt sind und bevor die technologische Basis für die Erfüllung dieser Anforderungen vollständig existiert.

In dem ständigen Wettbewerb um Geldmittel sah sich NASA oft genötigt, beinahe kommerzielle Methoden zum „Verkauf" von neuen Projekten an den Steuerzahler anzuwenden. Auf diese Weise wurde immer sehr viel versprochen, während die Risiken kaum erwähnt wurden. Die Enttäuschung der Öffentlichkeit war dann groß, wenn nicht alle Versprechungen gehalten werden konnten.

Im Rückblick, mit der Kenntnis aller Konsequenzen, ist es dann verhältnismäßig einfach, Schritte aufzuzeigen, die solch einen schwerwiegenden Fehler hätten vermeiden können. Es ist jetzt allen Beteiligten klar, daß ein Test des gesamten optischen Systems vor dem Start notwendig war und von Beginn an hätte geplant werden müssen. Solch einen Test mit der erforderlichen Präzision im Schwerefeld der Erde auszuführen, wäre allerdings sehr schwierig und kostspielig geworden (er hätte die Kosten des optischen Systems verdoppelt). Der Hauptfehler lag jedoch darin, daß selbst ein verhältnismäßig primitiver Test ausgelassen wurde, als der Präzisionstest unerschwinglich und unnötig erschien.

Die technische Konsequenz der sphärischen Aberration ist ein lichtschwächeres Gerät, das mit Hilfe von bildkorrigierenden Rechnerprogrammen nur mit dem inneren Teil des Spiegels arbeitet und lichtschwache Details völlig verliert. Bildinstrumente sind stärker betroffen als Spektrographen. Die ersten Abschätzungen ergaben etwa 50 bis 60 % der erwarteten wissenschaftlichen Ausbeute als erreichbares Ziel, wenn am Teleskop nichts geändert werden würde.

NASA beauftragte das Space Telescope Science Institute in Baltimore, eine Strategie zur Verbesserung der Optik zu entwickeln und eine Lösung des Problems vorzuschlagen. Dieser Bericht wurde 1991 veröffentlicht und empfiehlt, die Optik der bereits beim Bau befindlichen zweiten Weitwinkelkamera mit Korrekturspiegeln auszustatten, und an Stelle des Photometers eine Serie von korrigierenden Spiegelpaaren einzubauen, die den verbleibenden drei Instrumenten ihre gesamte Kapazität zurückgeben sollen [4].

Diese Lösung wurde COSTAR benannt (Abb. 1.13). NASA hat nach Erhalt dieses Vorschlags die notwendigen Mittel bewilligt, um die Konstruktion von COSTAR in Angriff zu nehmen. Mit erheblichem Aufwand wurde diese Weltraumreparatur geplant, geprüft und schließlich im Dezember 1993 in die Tat umgesetzt.

Die Astronauten der Raumfähre Endeavour wechselten in mehrtägiger Arbeit nicht nur das High-Speed-Photometer gegen COSTAR aus, sondern darüber hinaus auch eine verbesserte Weitwinkel-Kamera mit ihrer eigenen eingebauten Korrekturoptik. Um die Störungen in der Feinorientierung zu beseitigen und die Lebensdauer des Teleskops zu verlängern, wurden auch ein neuer Satz von europäischen Photozellenflächen sowie neue Steuerungskreisel und Magnetbandgeräte eingebaut.

Diese massive Raumreparatur, die sich über zwei Wochen erstreckte, war nur möglich, da das Hubble-Teleskop von vornherein für diese Art von Instandhaltung im Weltraum konstruiert war. Die einzelnen Stufen der Reparatur waren durch die beteiligten Astronauten im Wassertank ausgiebig erprobt worden und liefen dann im Raum ohne Fehler ab.

Es war nicht nur ein großer Erfolg für die Raumwissenschaften, sondern auch eine willkommene Atempause für die Amerikanische Raumfahrtbehöre, NASA, die sich zu dieser Zeit wegen einiger Mißerfolge heftiger öffentlicher Kritik ausgesetzt sah. Für die Astrophysiker war es die etwas verspätete Rechtfertigung für das Konzept der Great Observatories. Für andere Naturwissenschaftler dagegen blieb die Frage immer noch offen, ob die enormen Mittel für das Observatorium und seine

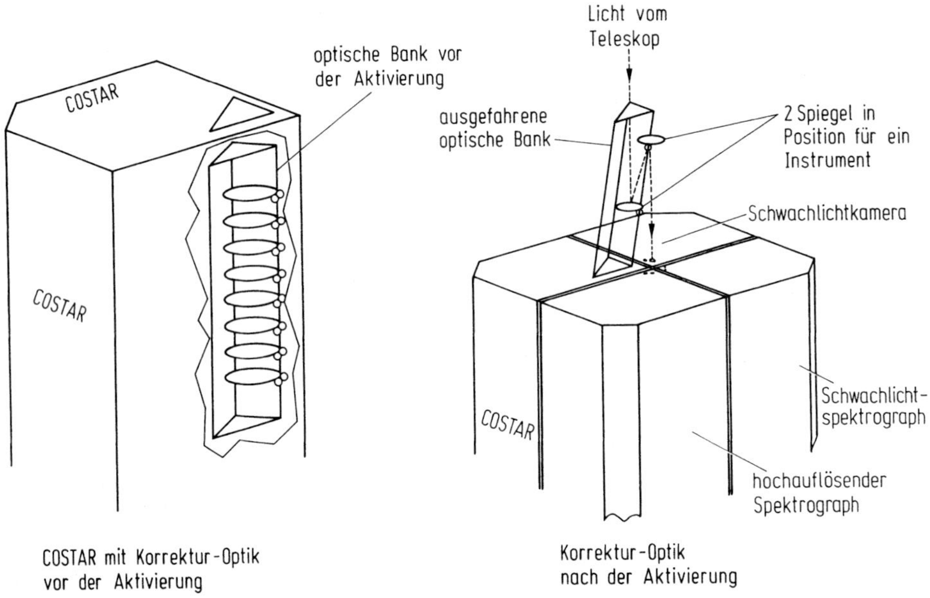

Abb. 1.13 COSTAR. Das geplante Instrument zur Korrektur des optischen Fehlers. Das ausfahrbare Spiegelsystem ersetzt das Photometer–Instrument und korrigiert den optischen Fehler für die drei verbleibenden axialen Instrumente. Die Weitwinkelkamera wird durch eine zweite mit eingebauter Korrekturoptik ersetzt [4].

Reparatur wirklich gerechtfertigt seien. Für NASA war es eine neue Demonstration, schwierige Projekte im schwerelosen Raum erfolgreich ausführen zu können.*

Innerhalb weniger Tage waren dann die ersten Resultate des „wiedergeborenen" Hubble-Teleskops sichtbar und verifizierten die ursprünglich gesetzten Ziele bezüglich Auflösungsvermögen der Optik und Stabilität des Observatoriums. Es begann dann in 1994 eine Serie von neuen Entdeckungen, wie z. B. der erste Nachweis eines Schwarzen Lochs im M87 Nebel und die protoplanetaren Staubringe im Orion Nebel (Farbbild 2, siehe Bildanhang).

1.2.5 Space Telescope Science Institute

Noch während der technischen Entwicklung des Teleskops wurde von NASA das Space Telescope Science Institute geschaffen. Sein Schlüsselpersonal nahm an allen kritischen Entwicklungsentscheidungen teil und baute das Datenverarbeitungssystem auf. Es befindet sich in der Johns Hopkins University in Baltimore (Abb. 1.14) und führt seine Arbeit in Zusammenarbeit mit europäischen Wissenschaftlergruppen aus. Die Hauptfunktionen des Instituts sind die Auswahl und Durchführung von

* Im Februar 1997 gelang NASA eine zweite Flugmission zum Hubble-Teleskop. Zwei neue Instrumente (Infrarotkamera und verbesserter Sepktrograph) und mehrere wichtige Komponenten wurden gegen die ursprünglichen ausgetauscht. Der Orbit wurde um 15 km erhöht.

Abb. 1.14 Das Space Telescope Science Institute in Baltimore, Md. ist das wissenschaftliche Nervenzentrum für das Hubble-Teleskop. Hier werden die kurz- und langzeitigen Beobachtungsprogramme ausgewählt und Pläne für neue Instrumente entwickelt (NASA).

Beobachtungen, die Datenverarbeitung und -verteilung und die Lösung von Teleskopproblemen. Auch ist die eigene Forschung der beteiligten Wissenschaftler ein wichtiger Teil ihrer Aufgaben. Die Auswahl der Beobachtungen ist schwierig, da bei weitem mehr Vorschläge eingehen als ausgeführt werden können. Auch ist die genaue Reihenfolge von Beobachtungen eine nicht-triviale Aufgabe; sie bestimmt die Länge der verlorenen Zeit zwischen den aufeinanderfolgenden Teleskoporientierungen und damit die Gesamteffektivität des Beobachtungsprogramms. Darüber hinaus spielt das Institut eine wichtige Rolle bei der Lösung von Problemen, wie z. B. dem optischen Fehler, und bei der Auswahl von neuen Instrumenten. Das Institut wird von vielen Astrophysikern als eine Art Prototyp für ähnliche Institute der anderen Great Observatories angesehen. Dabei muß ein gesundes Gleichgewicht zwischen der Zentralisierung von Beobachtergruppen im Institut selbst und der Zusammenarbeit mit entfernten Beobachtergruppen sorgfältig eingehalten werden.

1.3 Das Compton-Observatorium

Der zweite Satellit der Great Observatories wurde im April 1991 erfolgreich gestartet, nachdem anfängliche Schwierigkeiten mit dem automatischen Entfalten der Antenne von den Astronauten manuell überwunden werden konnten. Im Oktober 1991 wurde der Satellit von der NASA zu Ehren des amerikanischen Physikers und Nobelpreisträgers Arthur H. Compton „Compton-Observatorium" benannt (Abb. 1.15).

Gammastrahlen repräsentieren die höchsten Strahlungsenergien, die vom Universum empfangen werden. Ähnlich wie Röntgen- und Infrarotstrahlen werden sie von der Erdatmosphäre weitgehend absorbiert.

Abb. 1.15 Halbschematische Ansicht des Compton-Observatorium. Die drei Instrumente oben von links nach rechts: OSSE, COMPTEL, EGRET. Je eine Einheit des BATSE Instruments befindet sich an den acht Eckpunkten des Observatoriums (NASA).

Der Satellit befindet sich in einer 450 km hohen Kreisbahn. Die ersten 15 Monate der Mission sind einer Übersicht der Himmelskugel gewidmet. Später folgen dann gezielte Einzelbeobachtungen von Objekten, die während der Übersichtsphase ausgesucht worden sind. Die Beobachtungsfolge wird von einem kleinen wissenschaftlichen Stab innerhalb des Goddard Space Flight Center in der Nähe von Washington, D.C. ausgewählt. Diese Gruppe dient als Kontrollzentrale des Compton-Observatoriums.

Um den Gesamtspektralbereich von harten Röntgenstrahlen bis zu den energiereichsten γ-Strahlen (Abb. 1.16) erfassen zu können, sind verschiedene Meßmethoden erforderlich. Sie haben gemeinsam, daß γ-Photonen mit gewissen Kristallen oder Flüssigkeiten in Wechselwirkung treten und dabei sichtbares Licht aussenden, das in einer geeigneten Geometrie auf Energiehöhe und Herkunftsrichtung schließen läßt. Da jedoch auch kosmische Teilchen ähnliche Szintillationen verursachen, müssen die Instrumente in der Lage sein, letztere zu unterscheiden und elektronisch auszuschließen. Die vier Instrumente sind der γ-Burstdetektor (BATSE), das Szintillations-Spektrometer (OSSE), das abbildende Compton-Teleskop (COMPTEL) und das Teleskop für höchste Energien (EGRET).

Der γ-Burstdetektor ist unter der Leitung von G. Fishman am Marshall Space Flight Center in Huntsville entwickelt worden und besteht aus 8 Natriumjodid-Szintillations-Detektoren, je einer an den Eckpunkten des Observatoriums, die ständig die gesamte Himmelskugel nach γ-Bursts und anderen kurzzeitigen Änderungen

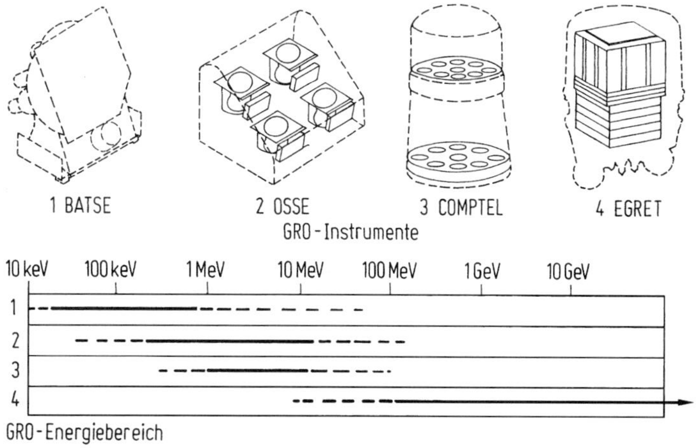

Abb. 1.16 Die Energiebereiche der Instrumente. Die vier Instrumente des Compton-Observatoriums erfassen lückenlos alle γ-Strahlen-Energiebereiche von 10 keV aufwärts (NASA).

im Strahlungsfluß absuchen (Abb. 1.17). Der Energiebereich reicht von 20 bis 600 keV, und die Zeitauflösung ist besser als 1 ms. Die Ortsbestimmung hat eine Genauigkeit von etwa 0.02 rad.

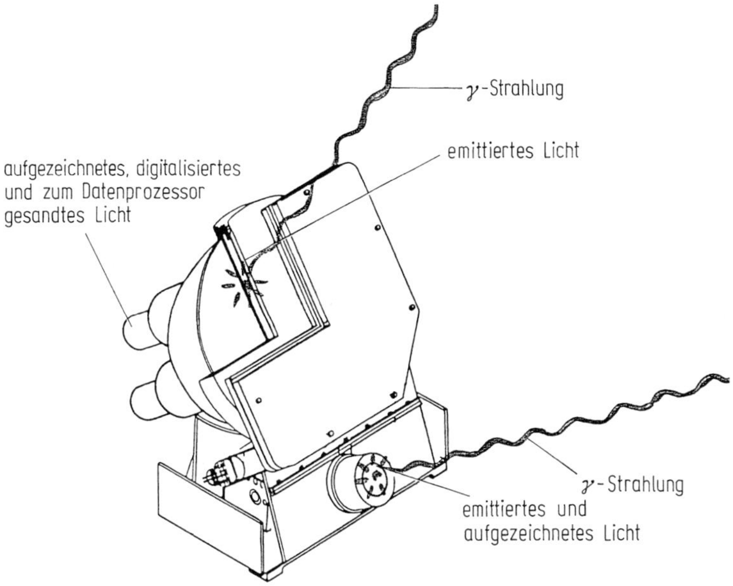

Abb. 1.17 Schema des γ-Burst-Detektors BATSE. Jeder der acht identischen Detektoren enthält eine 51 cm große Natriumjodidscheibe, die von jeweils drei Photomultipliern beobachtet wird. Der Sekundärdetektor unten rechts hat eine größere Energiereichweite für spektroskopische Messungen. (NASA).

Das *Szintillations-Spektrometer* besitzt vier identische, jedoch voneinander unabhängige Detektoren mit einem Blickfeld von je 0.07 rad · 0.2 rad und einem Spektralbereich von 0.1 bis 10 MeV. Es wurde unter der Leitung von J. Kurfess vom Naval Research Laboratory in Washington entwickelt. Das Detektormaterial ist auch in diesem Fall Natriumjodid, umgeben von anderen Szintillatoren, die für die Richtungsbestimmung nichtfrontale Photonen ausschließen. Photomultiplier messen die Energieäquivalente der einfallenden Strahlung (Abb. 1.18). Das Gerät kann gleichzeitig mit der Strahlungsquelle den benachbarten Hintergrund messen, womit die Meßgenauigkeit erhöht wird.

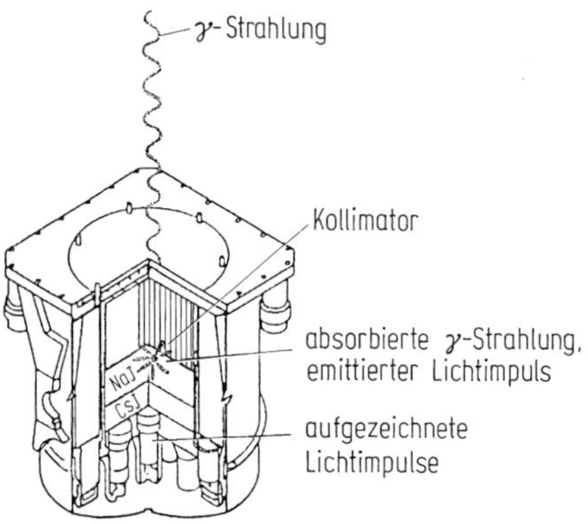

Abb. 1.18 Schema des Szintillations-Spektrometers OSSE. Das Instrument besteht aus vier identischen Detektoren, die in ihrer individuellen Orientierung verändert werden können. Unter dem Wolframkollimator ist der Caesiumjodidkristall direkt mit dem Hauptkristall aus Natriumjodid verbunden. Sieben Photomultiplier registrieren die Szintillationen. (NASA).

Der *Compton-Teleskopdetektor* ist für Energien von 1 bis 30 MeV ausgelegt. Er wurde in internationaler Gemeinschaftsarbeit von Wissenschaftlern aus Europa und den USA unter der Leitung von V. Schönfelder am Max-Planck-Institut für Extraterrestrische Physik entwickelt und kann Punkt- und diffuse Quellen in diesem Wellenbereich abbilden (Abb. 1.19). Hier tritt das γ-Photon in einen flüssigen Szintillator ein. Compton-Streuung mit Elektronen verschiebt die ursprüngliche Wellenlänge unter einem bestimmten Winkel zu einer größeren Wellenlänge, die dann in einem Kristallszintillator mit Photomultipliern gemessen werden kann.

EGRET, das vierte Instrument, ist für die höchsten meßbaren Energien bestimmt. Es wurde ebenfalls in internationaler Zusammenarbeit von der Standford University, Grumman Aerospace und dem Max-Planck-Institut für Plasmaphysik entwickelt. Die wissenschaftliche Führung wurde in drei Gruppen aufgeteilt: C. Fichtel am Goddard Space Flight Center in Greenbelt, R. Hofstadter an der Stanford University in Kalifornien (verstorben 1990) und K. Pinkau am Max-Planck-Institut für Plasmaphysik.

Wenn γ-Photonen mit Energien von 10 MeV oder höher die Metallflächen der ersten EGRET Funkenkammer treffen, lösen sie ein Elektron-Positron-Paar aus, das eine zweite Funkenkammer durchfliegt und schließlich in einem Kristallszintil-

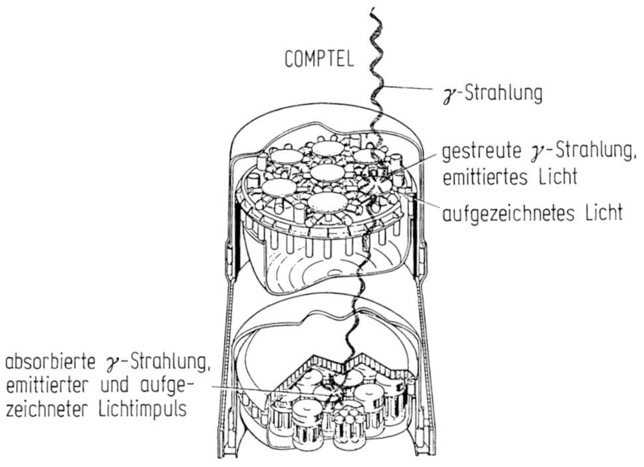

Abb. 1.19 Schema des Compton-Teleskop-Detektors für mittlere Energien, COMPTEL. Der obere Detektor besteht aus sieben Aluminiumbehältern mit einem flüssigen Szintillator. Jeder ist umgeben von acht Photomultipliern. Der untere Detektor besteht aus 14 zylindrischen Natriumjodidkritallen, die ihrerseits von je 7 Photomultipliern umgeben sind. (NASA).

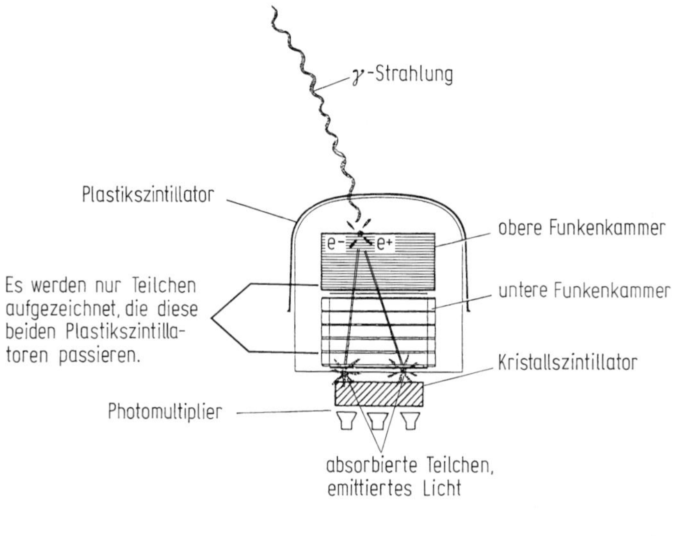

Abb. 1.20 Schema des Compton-Teleskop-Detektors für höchste Energien, EGRET. Die obere Funkenkammer enthält Tantalschichten, die die Elektron-Positron-Paare auslösen. Ihre Bahn wird durch die beiden Funkenkammern bestimmt und ihre Energie in dem 408 kg schweren Natriumjodidkristall am Boden des Instruments gemessen. (NASA).

lator mit Hilfe von Photomultipliern beobachtet wird (Abb. 1.20). Die Flugbahn der beiden Teilchen und der Winkel zwischen ihnen ist ein Maß für die Richtung und Energie der einfallenden Photonen.

Die ersten Beobachtungen dieses neuen extraterrestrischen Observatoriums bestätigten, daß alle Instrumente zufriedenstellend arbeiten. Gleichzeitig wurden die ersten vorläufigen Ergebnisse vom *γ-Burstdetektor* veröffentlicht. γ-Bursts sind seit den 60er Jahren bekannt und sind bisher noch nicht zufriedenstellend erklärt worden. Es handelt sich um sehr kurzzeitige Strahlungsphänomene, die in wenigen Minuten oder sogar nur Sekunden enorme Energiemengen ausstrahlen (Abb. 1.21). Die Energien sind so groß, daß es schwierig ist, bekannte physikalische Mechanismen zu ihrer Erklärung zu postulieren.

Die drei in Abb. 1.21 gezeigten, am häufigsten auftretenden Klassen von γ-Bursts unterscheiden sich in Energiehöhe, in Zeitdauer und in ihrer Feinstruktur. γ-Bursts und ihre physikalische Erklärung gehören zu den größten astrophysikalischen Rätseln unserer Zeit. Die ersten Beobachtungen von BATSE scheinen darauf hinzudeuten, daß fast alle bisher beobachteten γ-Bursts entweder verhältnismäßig nahe und innerhalb unseres Milchstraßensystems entstehen, oder aber sehr viel weiter entfernt außergalaktischen Ursprungs sein könnten.

Mit einer durchschnittlichen Häufigkeit von etwa einem Burst pro Tag zeigen die in den ersten sechs Monaten beobachteten Energiespektren einen charakteristischen Abfall, der nicht mit einer räumlich homogenen Verteilung dieser Strahlungsquellen vereinbar ist. Man spricht von einem Defizit in der Anzahl der schwächeren Bursts [5].

Auf der anderen Seite scheinen die Bursts isotrop über die Himmelskugel verteilt zu sein und zeigen z. B. keine Konzentration in der galaktischen Ebene. Die Verteilung der Bursts kann also nicht mit der von den derzeit bekannten galaktischen Objekten vereinbart werden. In diesem frühen Stadium der Beobachtungen hat es daher den Anschein, daß nur eine der folgenden drei Erklärungen [5] für diese überraschenden Resultate herangezogen werden kann:

1. Die Bursts kommen von völlig unbekannten, relativ nahen Quellen, die kugelförmig das Sonnensystem umgeben.
2. Die Bursts entstehen in einem Halo, der die Milchstraße in einem Mindestradius von 150000 Lichtjahren umgibt.

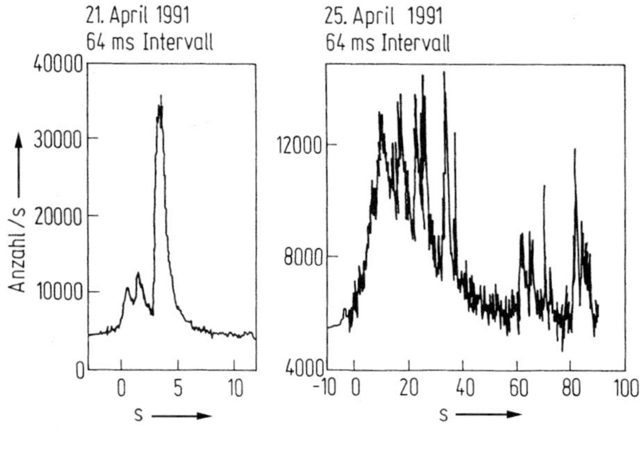

Abb. 1.21 Klassen von γ-Bursts. Die ersten Beobachtungen vom Compton-Observatorium im Energiebereich von 50 bis 300 keV zeigen deutlich die Existenz von verschiedenen Klassen von γ-Bursts. Die Zeit-Einheiten sind Sekunden (Meegan et al. [5])

3. Die Bursts sind extragalaktische Quellen, die gleichmäßig über das beobachtbare Universum verteilt sind.

Es ist klar, daß jede dieser drei Erklärungen zu drastisch verschiedenen Konsequenzen bezüglich der Natur und Energie der Quellen führt. Die derzeitige Ungewißheit über die wahre Natur der γ-Bursts ist vergleichbar mit der Situation in den 20er Jahren, als die neu entdeckten Galaxien außerhalb unserer Milchstraße zu ganz ähnlichen Fragestellungen bezüglich ihrer Verteilung führten.

Sobald mehr Energie- und Entfernungsbestimmungen vorliegen, werden diese stark variierenden Hypothesen über den Ursprung der γ-Bursts vermutlich von einer einheitlichen Erklärung abgelöst werden, ähnlich wie es in den 20er Jahren mit der Verteilung der Galaxien geschah.

γ-Strahlbeobachtungen haben bereits bestätigt, daß schwere Atomkerne durch Fusion von leichteren Kernen im Nukleosynthese-Prozeß geformt werden. Alle schweren Kerne oberhalb Silicium sind wahrscheinlich durch Supernovae entstanden. Daher wird eine Serie von Beobachtungen auf die Analyse von Gaswolken gerichtet werden, die bekannte Supernovaüberreste umgeben. Die γ-Spektren können direkten Aufschluß über die radioaktiven und stabilen Elemente geben, die in diesen *kataklysmischen Prozessen* entstanden sind.

Andere Beobachtungsziele sind die *Wechselwirkungen* von Elementarteilchen und Atomkernen mit den im Universum existierenden elektromagnetischen Feldern, die zur Ausstrahlung von γ-Strahlen führen können. Ebenso ist auch die *Zerstrahlung* von Materie und Antimaterie bei Kollisionen im Weltraum vornehmlich im hochenergetischen Bereich der γ-Strahlen beobachtbar.

Supernovae, *Neutronensterne* und *Quasare* haben ihre spezifische Signatur im γ-Spektrum. Hier sind koordinierte Beobachtungen mit anderen Observatorien besonders wertvoll und versprechen, wichtige Schlüsse über die Natur dieser Objekte zu ziehen.

1.4 Observatorien im Röntgenbereich

1.4.1 Das Einstein-Observatorium

Das Einstein-Observatorium wurde am 13. November 1978 vom Cape Canaveral mit einer Atlas-Centaur-Rakete in eine Kreisbahn von 540 km Höhe befördert. Dieser wissenschaftliche Satellit war das klassische Produkt der frühen Weltraumfahrt: Keine der Beobachtungen, die von diesem Satelliten ausgeführt wurden, hätte man von der Erdoberfläche aus machen können, da die Erdatmosphäre in diesen Wellenbereichen undurchlässig ist. Abb. 1.22 zeigt einen alten Holzschnitt, der in beinahe seherischer Weise zeigen möchte, wie der Mensch das verborgene Universum extraterrestrisch zu erforschen sucht.

Das Einstein-Teleskop war die logische Folge von einer Reihe von früheren Beobachtungen, die gezeigt hatten, daß einige Sterne, insbesondere die Sonne, nicht nur sichtbares Licht, sondern gleichzeitig sehr intensive Röntgenstrahlen aussenden. Im Jahre 1962 fanden Giacconi und seine Mitarbeiter, daß auch einige Objekte

Abb. 1.22 Alter Holzschnitt. Lange vor dem ersten Raumflug scheint dieser Holzschnitt den Erkenntnisdrang des Menschen nach den Geheimnissen des Universums zu symbolisieren.

außerhalb des Sonnensystems Röntgenstrahlen mit erstaunlich hohen Intensitäten ausstrahlen [6]. Diese Beobachtungen führten zur Entwicklung eines kleinen Satelliten, *Uhuru*, der im Laufe seiner Lebenszeit etwa 120 kosmische Röntgenquellen entdeckte. Uhuru bedeutet „Freiheit" in Swahili. Der Satellit war am Jahrestag der Unabhängigkeit von Kenia von Malindi, Kenia gestartet worden. Es war der erste ausschließlich für Röntgen-Astronomie bestimmte Satellit.

Viele, jedoch längst nicht alle Strahlungsobjekte konnten als sichtbare Sterne identifiziert werden. Es blieb unklar, ob diese Objekte alle innerhalb unseres Milchstraßensystems liegen oder vielleicht außergalaktischen Ursprungs sind. Wie so häufig in der Geschichte der Naturwissenschaften hatte eine neue Entdeckung mehr Fragen aufgeworfen als beantwortet. Beratende wissenschaftliche Ausschüsse der NASA stimmten überein, daß mehr und bessere Beobachtungen erforderlich sein würden, um diese Fragen beantworten zu können. Auf einigen Umwegen wurde dann im Jahre 1971 der Startschuß für ein neues astronomisches Satelliten-Programm gegeben, das Sterne ausschließlich in den höchsten Strahlungsenergien beobachten sollte.

NASA ist sehr sorgfältig in der Auswahl seiner wissenschaftlichen Missionen und insbesondere der Experimente, die dafür entwickelt werden sollen. Der Prozeß ist langwierig und beginnt mit einem wissenschaftlichen Beratungsausschuß, der NASA mindestens einmal im Jahr über die Prioritäten in einem bestimmten Fachbereich, in diesem Falle also Astrophysik, berät.

Der Ausschuß besteht aus anerkannten Wissenschaftlern, die für eine Periode von einigen Jahren ausgewählt, und dann von anderen Kollegen abgelöst werden. Auf diese Weise wird sichergestellt, daß die Auswahl von Missionen nicht zu stark von Interessenkonflikten beeinflußt wird.

Der nächste Schritt wird innerhalb der NASA vollzogen. Bei kleinen Projekten kann die Raumfahrtbehörde innerhalb ihres Budgets selbst entscheiden, wann und in welchem Umfang sie verwirklicht werden sollen. Bei allen größeren Projekten muß NASA jedoch den Kongreß der Vereinigten Staaten über diese Pläne genauestens unterrichten und entsprechende Mittel für die nächsten Haushaltsjahre beantragen.

Zu diesem Zweck wird eine sogenannte *Definitions-Studie* angefertigt, in der die technische Durchführbarkeit des Projekts gezeigt werden soll und eine erste Abschätzung der totalen Kosten vorgenommen wird. Die Kosten werden mit Hilfe von mathematischen Modellen abgeschätzt, die alle früheren Missionen ähnlicher Art enthalten und ständig auf den neuesten Stand gebracht werden. Diese Abschätzungen sind gewöhnlich erheblich höher und realistischer als die von der Industrie eingehenden Vorschläge, da die letzteren oft sehr optimistische Annahmen enthalten, um im Konkurrenzkampf zu gewinnen. Diese Definitions-Studie führt gleichzeitig zu einer Art Auswahl für das NASA-Zentrum, das später mit der Durchführung des Projekts beauftragt werden soll.

Bei großen und kostspieligen Projekten beginnt nun eine nervenaufreibende Zeit der Diskussionen mit Mitgliedern des Kongresses, in denen der Wert des Projekts gegen andere wissenschaftliche Projekte und natürlich auch gegen die erwarteten Kosten abgewogen wird. In vielen Fällen muß über die Größe des Projekts oder die Anzahl der Experimente verhandelt werden, um schließlich die Bewilligung zu erreichen.

Sobald diese Bewilligung einigermaßen gesichert erscheint, veröffentlicht NASA eine formelle Ankündigung für eine Raumflug-Gelegenheit, in der Vorschläge für Experimente gesucht werden. Universitäten, Gruppen von Wissenschaftlern sowie NASA-Zentren nehmen an diesem Wettbewerb teil.

Die Gewinner erhalten nicht nur die Gewißheit, an dem Raumfahrt-Projekt aktiv teilzunehmen, sie erhalten außerdem aufgrund ihres technischen Vorschlags die erforderlichen Mittel, um das Experiment zu entwerfen und aufzubauen. Sie sind dann voll verantwortlich, das Instrumentarium termingemäß abzuliefern und dabei die veranschlagten Kosten nicht zu überschreiten, ein Versprechen, das nicht immer erfüllbar ist, wenn unerwartete technische Probleme auftauchen. Die Auswahl der Gewinner wird wieder von einem neutralen Ausschuß von nicht direkt beteiligten Fachkollegen („Peer Review") vorgenommen, der von NASA eingesetzt wird und dessen Entscheidung endgültig ist.

Das *Einstein-Programm* soll im folgenden etwas näher beschrieben werden, weil es in vieler Hinsicht als Vorläufer der Great Observatories angesehen werden kann. Es war bereits bekannt, daß viele wichtige kosmische Phänomene im Röntgenbereich besonders klar zu erkennen sind; gute Röntgendetektoren waren verfügbar, und die allgemeine Raumfahrt-Technologie hatte einen hohen Stand erreicht. Daher wurde dieser Art von Observatorium eine hohe Priorität zugeordnet [7] [8].

Darüber hinaus gehörte das Einstein-Observatorium zu einer Familie von drei eng verwandten extraterrestrischen Observatorien, die kurz nacheinander astrophysikalische Beobachtungen im Bereich hoher Energien ausführten (High Energy Astronomy Observatories oder kurz HEAO). Dieses erfolgreiche Programm zeigte deutlich den Vorteil einer neuen, ökonomischen Strategie, die mit mehreren Satelliten ähnlicher Bauweise eine optimale Konstellation von komplementären Missionen erreichte.

Abb. 1.23 Die HEAO-Observatorien. Eine halbschematische Komposition der drei Observatorien, die zwischen 1977 und 1979 in verschiedene Umlaufbahnen gestartet wurden. Trotz einiger zeitlichen Überlappung waren koordinierten Beobachtungen zwischen den Observatorien kaum möglich. (NASA)

Abb. 1.23 zeigt eine Photomontage dieser drei Observatorien. HEAO-1 begann seine Mission im Jahre 1977 und fand in den 17 Monaten seiner Himmelsübersicht etwa 1500 Röntgenstrahlobjekte. HEAO-3 wurde im September 1979 gestartet und konzentrierte sich auf die Suche nach kosmischen Teilchen und γ-Strahlen, war also ein Vorläufer des Compton-Observatoriums. HEAO-2, später nach Einstein benannt, war das Röntgenteleskop und somit der Vorgänger des dritten der Great Observatories. Es wurde in 1978 gestartet.

HEAO-1 war der Pionier dieser Gruppe. Seine Konstruktion und die meisten Satellitensysteme wurden für alle drei Observatorien gleichzeitig ausgelegt. Die Atlas-Centaur-Startrakete erlaubte reichliche Reserven im Nutzlastgewicht. Die geforderte Mindestlebensdauer war je ein halbes Jahr für die erste und dritte, und ein volles Jahr für die zweite Mission. Tab. 1.2 gibt einen Überblick über die wichtigsten Merkmale der drei Observatorien [9].

Wie Abb. 1.24 zeigt, wurde versucht, mit der Auswahl der Instrumente das gesamte Spektrum der Hochenergie-Astronomie zu erfassen: HEAO-1 hauptsächlich im harten Röntgenbereich, HEAO-2 im weichen Röntgenbereich und HEAO-3 im γ-Strahlenbereich einschließlich der kosmischen Strahlung.

Die verschiedenen Instrumente von HEAO-1 und HEAO-3 sind in Abb. 1.25 und Abb. 1.26 schematisch dargestellt. Die Namen der führenden Wissenschaftler (Principal Investigators) und ihrer Institute sind für jedes Instrument angegeben.

Tab. 1.2 Merkmale der HEAO-Observatorien.

	HEAO-1	HEAO-2	HEAO-3
Länge/m	4	7	5
Masse/kg	2600	3200	2900
Anzahl der Instrumente	4	5	3
Höhe des Erdorbits/km	440	540	500
Inklination/Grad	22.8	23.5	43.6
Art der Beobachtung	rotierend und gerichtet	gerichtet	rotierend
Startjahr	1977	1978	1979
Lebensdauer/Monat	17	30	21

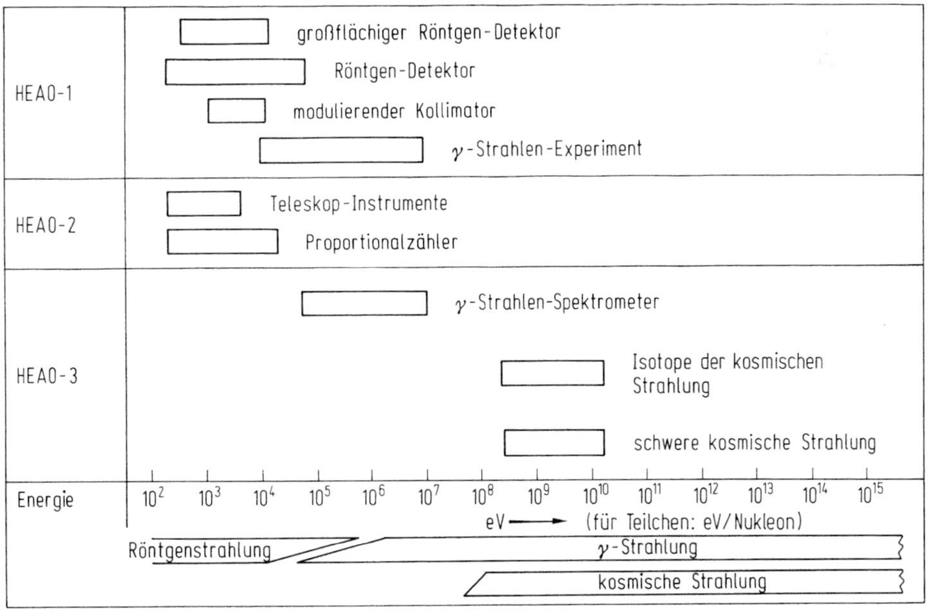

Abb. 1.24 Spektralbereiche der HEAO-Observatorien. Das Ziel war, das gesamte Hoch-Energie Spektrum lückenlos zu erfassen (NASA).

Der Erfolg von *Einstein* mit dem zweiten Observatorium in der HEAO-Serie, das bei einer Beobachtungsdauer von 2 1/2 Jahren unter internationaler Beteiligung und mit einem beachtlichen Gast-Beobachter-Programm arbeitete, trug wesentlich dazu bei, daß das Konzept der Great Observatories allgemeine Zustimmung bei den Astronomen in den Vereinigten Staaten und in aller Welt fand.

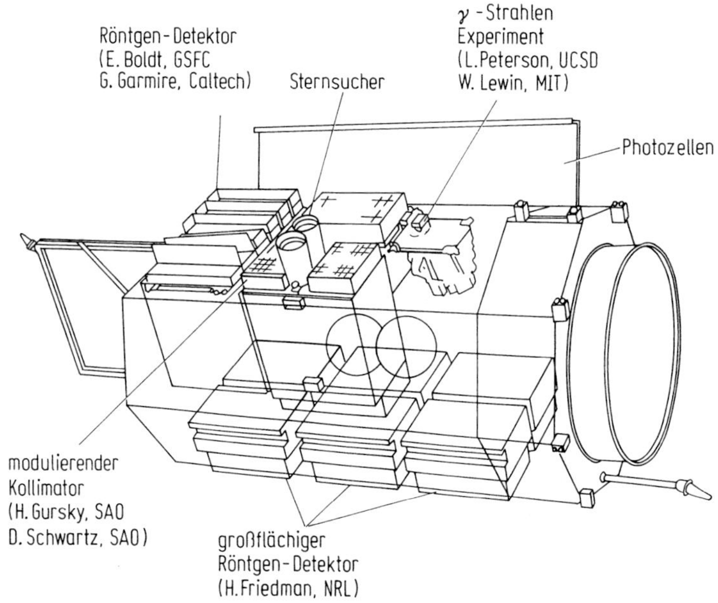

Abb. 1.25 Schema des HEAO-1 Observatoriums. HEAO-1 war ausgelegt zur Beobachtung von Röntgen- und Gamma-Strahlen-Objekten sowie von kosmischen Teilchen und besaß vier Instrumente (s. a. Tabelle 1.3).

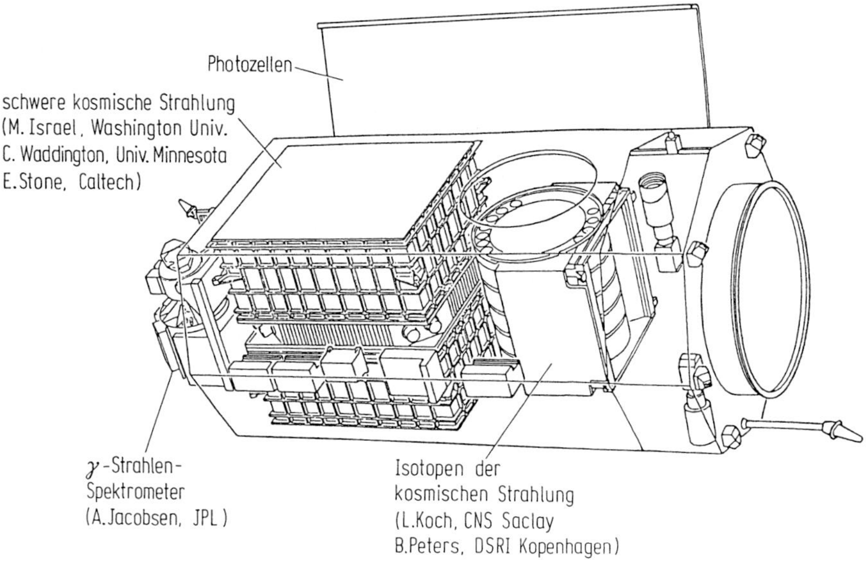

Abb. 1.26 Schema des HEAO-3-Observatoriums. HEAO-3 diente zur Beobachtung von Gamma-Strahlen-Objekten und kosmischen Teilchen und trug drei Instrumente (s. a. Tabelle 1.3).

Das Herz des Einstein-Observatoriums (Abb. 1.27 und 1.28) war die 60-cm-*Röntgenoptik*, die nach dem Wolterschen Prinzip aus vier konzentrischen parabolischen und hyperbolischen Spiegelpaaren bestand, die ineinander geschachtelt waren und einen gemeinsamen Brennpunkt besaßen (Abb. 1.29) [10].

Dieser spezielle Bauentwurf erlaubte eine kurze Brennweite von etwa 3.5 m. Die kurze Brennweite erleichterte den Bau des Satelliten, der als Nutzlast für die Atlas-Centaur-Trägerrakete gewisse Abmessungen nicht überschreiten durfte.

Weiche Röntgenstrahlen bis zu 5 keV wurden im streifenden Einfall reflektiert. Die wirksame Spiegeloberfläche mußte groß genug sein, um die damit zu erwartende Empfindlichkeit des Teleskops zu erreichen. Berechnungen ergaben, daß vier Spiegelpaare erforderlich sein würden. Das Schleifen und Polieren der genau berechneten Quarzflächen (Abb. 1.30) war eine zwar zeitraubende, jedoch bahnbrechende Leistung der Firma Perkin Elmer.

Abb. 1.27 Das Einstein-Observatorium. Der Satellit kurz vor dem Transport zum Kennedy Space Center in 1978. Vier Instrumente waren auf dem Karussell montiert. Ein fünftes Instrument war der oben im Observatorium montierte stationäre Proportionalzähler, der Parallelmessungen mit den anderen Detektoren ausführte (NASA).

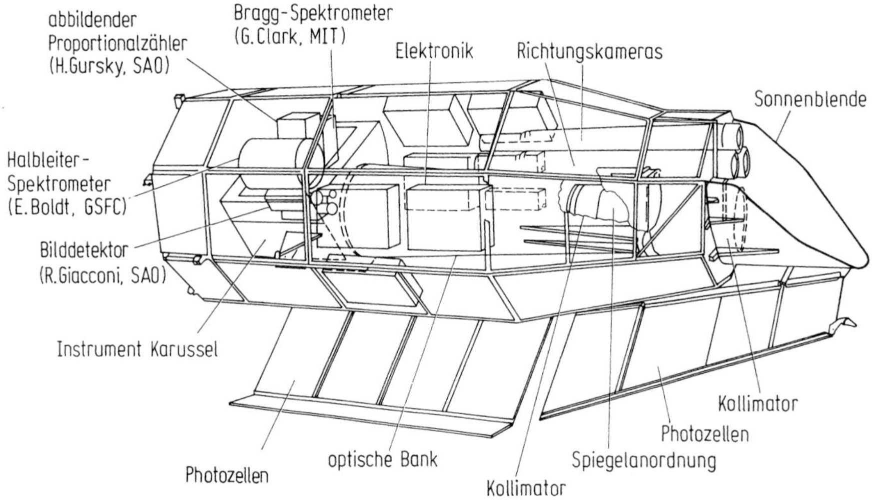

Abb. 1.28 Schema des Einstein-Observatoriums. Ein Teleskop zur Beobachtung von kosmischen Röntgenobjekten. Die verfügbare elektrische Energie, die Richtungsgenauigkeit und -stabilität übertrafen die der beiden anderen HEAO-Observatorien, obwohl fast ausschließlich gemeinsame Komponenten verwendet wurden, um die Kosten niedrig zu halten (s. a. Tabelle 1.28).

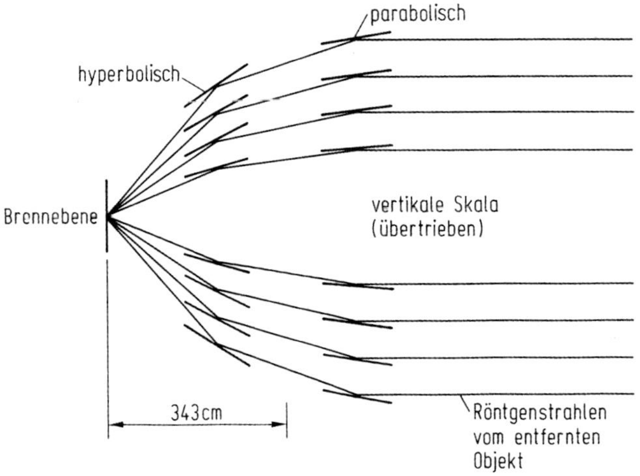

Abb. 1.29 Methode der Röntgenfokussierung mit Spiegeln für streifenden Einfall. Vier konzentrische Paare von parabolischen und hyperbolischen axisymmetrischen Spiegeln.

Bei einer Röntgenoptik ist nicht nur das exakte Formprofil von Wichtigkeit, sondern ebenso die Feinstruktur der Oberfläche bis zu Größenordnungen von $2.5 \cdot 10^{-9}$ m. Jede verbleibende Welligkeit würde sich in größerer Streuung und als Verlust in der Empfindlichkeit des Teleskops bemerkbar machen.

Abb. 1.30 Spiegelelement vor dem Polieren. Der Durchmesser beträgt 60 cm (NASA).

Die vier Spiegelpaare wurden nacheinander in ein solides und sehr starres Gehäuse aus Graphit-Gießharz mit einem „Rückgrat" aus Invar, einer Metallegierung mit sehr geringem Ausdehnungskoeffizienten, eingebaut und optisch so ausgerichtet, daß ein gemeinsamer Brennpunkt erzielt wurde, der sich selbst während der starken Vibrationen eines Raketenaufstiegs nicht ändern würde (Abb. 1.31).

Ein mechanisches, durch Radiosignale gesteuertes Karussell erlaubte, im Laufe des Beobachtungsprogramms je eines von den vier empfindlichen Instrumenten in beliebiger Reihenfolge in den Brennpunkt des Spiegelsystems zu bringen.

Bei den Karussell-Instrumenten handelte es sich um eine Kamera, zwei Spektralapparate und einen abbildenden Proportionalzähler. Sie waren von mehreren ursprünglich vorgeschlagenen Instrumenten ausgewählt worden und sind dann unter Vertrag für NASA von den verschiedenen Wissenschaftlergruppen entwickelt worden. Die wissenschaftliche Gesamtleitung des Einstein-Teleskops unterlag R. Giacconi am Smithsonian Astrophysical Observatory (SAO).

Die *Röntgendetektoren* bestanden im wesentlichen aus vier Klassen:

a) Der Bilddetektor mit zwei Vielkannal-Platten und einem hohen Auflösungsvermögen von $5 \cdot 10^{-6}$ rad und mittlerer Quantenausbeute. R. Giacconi am SAO in Cambridge, Massachusetts, war für die Entwicklung verantwortlich [11].
b) Der abbildende Proportionalzähler mit einem Auflösungsvermögen von $3 \cdot 10^{-4}$ rad und hoher Qantenausbeute, der von H. Gursky am SAO entwickelt worden ist [12].

c) Das tief gekühlte (90 K) Silicium- und Germanium-Festkörperspektrometer mit 150 eV Auflösungsvermögen, für dessen Entwicklung E. Boldt am Goddard Space Flight Center in Baltimore verantwortlich war [13].
d) Das Bragg-Spektrometer mit sechs verschiedenen gekrümmten Kristallen, die eine sehr hohe Auflösung von etwa 1 eV erlaubten. Es wurde von G. Clark am Massachusetts Institute of Technology in Boston entwickelt [14].

Obwohl jede Forschungsgruppe in erster Linie mit ihrem eigenen Instrument arbeitete, wurde der Beobachtungsplan, der immer mehrere Tage im voraus koordiniert werden mußte, oft auf die Anwendung mehrerer Instrumente nacheinander ausgelegt, um die räumlichen, zeitlichen und spektralen Charakteristiken der Strahlungsquellen möglichst vollständig festzuhalten.

Viele hochenergetische Vorgänge im Universum gehen erstaunlich schnell vor sich; dies trifft besonders für Vorgänge zu, die im kurzwelligen Spektrum beobachtet werden. Ein Neutronenstern, das Endprodukt einer Supernova zum Beispiel, kann sich mit bis zu 1000 Hz um seine Achse drehen. Eines der Einstein-Instrumente (der Bilddetektor) hatte deshalb eine Zeitkonstante von 0.01 ms. Übrigens sind die kurzen Zeitkonstanten ein direktes Maß für die verhältnismäßig kleinen Abmessungen dieser kosmischen Gebilde. Sie liegen in der Größenordnung von 10 km.

Obwohl das Einstein-Observatorium in seinen Grundfunktionen im wesentlichen autonom war, mußten die zu beobachtenden Himmelskoordinaten periodisch durch Radiosignale hinaufgesendet werden. Die Beobachtungen wurden auf Magnetband aufgenommen und ein- bis zweimal täglich zu den Bodenstationen zurückgespielt.

Abb. 1.31 Die Einstein-Spiegelmontage. Strahleneintritt auf die vier Spiegel in streifendem Einfall ist von links durch die konzentrischen Ringe (NASA).

Die Richtungsstabilität war besser als $3 \cdot 10^{-4}$ rad und die Bildauflösung etwa $1.9 \cdot 10^{-5}$ rad. Für etwa 2 1/2 Jahre wurden hervorragende Bilder und Spektren von kosmischen Röntgenquellen aufgenommen; dann begann der Satellit in der dichteren Atmosphäre zu taumeln und endete im Jahre 1982.

Einstein war als ein Satellit mit einer Mindestlebensdauer von einem Jahr geplant. Die tatsächliche Lebenszeit war erheblich länger, nämlich 2 1/2 Jahre. Dies ist vor allem darauf zurückzuführen, daß die Ingenieure bei der Abschätzung der Lebenszeit im allgemeinen sehr konservative Annahmen machen.

Man kann die geforderte Lebenszeit des Satelliten annähernd in die Anzahl der überzähligen Komponenten und Instrumente übersetzen. Es wurden gerade soviele Vertreter einer Klasse von Komponenten eingebaut, daß alle, die während der Mission nach Vollendung ihrer jeweiligen Lebenserwartung ausfallen sollten, durch ein Kommando vom Boden ersetzt werden konnten. Zum Beispiel wurden sechs Steuerungskreisel eingebaut, obwohl nur drei (einer für jede orthogonale Achse) gleichzeitig erforderlich sind; ähnlich ist es mit der Größe der Photozellenflächen, der Anzahl der Batterien und der Menge des mitgeführten Treibstoffs für die Orientierungsmanöver. Wie sich herausstellte, war alles reichlich bemessen, arbeitete länger als geplant und funktionierte höchst zufriedenstellend.

Das Einstein-Teleskop hat nicht nur den Katalog bekannter kosmischer Röntgenquellen um einen erheblichen Faktor erhöht, es waren schließlich an die 8000, es hat darüber hinaus neue Klassen von solchen Quellen gefunden und definiert.

Zum Beispiel wurde *Koronastrahlung* im Röntgenbereich an vielen Vertretern aller Sternklassen nachgewiesen. Pulsare, weiße Zwerge, Burster und Quasare emittieren im allgemeinen starke Röntgenstrahlung. Ebenso emaniert starke Strahlung von den galaktischen Zentren. In vielen Fällen werden die Röntgenstrahlen von Materie erzeugt, die im Schwerefeld von kollabierten Sternen beschleunigt wird. Es ist sicher, daß in allen Fällen das Auftreten von Röntgenstrahlen mit der gleichzeitigen Existenz von sehr heißen Gasen und sehr starken Magnetfeldern verbunden ist [15].

Abb. 1.32 zeigt die Überreste der Supernova Cas A im Sternbild der Kassiopeia. Die ringförmige Front ist die Röntgenemission der Schockwelle, die mit der interstellaren Materie in Wechselwirkung tritt. Giacconi und Tananbaum schätzen, daß die ursprüngliche Gesamtmasse des Sterns etwa 10 bis 30 Sonnenmassen betrug [16]. Bemerkenswert ist auch, daß entsprechend starke Emissionen im Radiowellenspektrum beobachtet werden konnten.

Ein zweites interessantes Beispiel von Einstein-Beobachtungen sind die beiden Quasare in Abb. 1.33. Quasare sind die am weitesten entfernten beobachtbaren Objekte im Weltraum; neben Emission in Radiofrequenzen senden sie deutliche Röntgensignale aus, so daß dies eine der besten Methoden zur Entdeckung und Klassifizierung sein dürfte. Der neu entdeckte Quasar in der Abbildung links oben besitzt eine Rotverschiebung um den Faktor 2.6.

Eines der interessantesten Objekte sind die immer noch hypothetischen *Schwarzen Löcher*; das sind kollabierte Sterne, deren ursprüngliche Masse mindestens dreimal so groß wie die der Sonne war und die nach dem Ausbrennen von Wasserstoff und Helium und der damit verbundenen Abnahme des Strahlungsdruckes unter ihrem eigenen Schwerefeld zusammenbrechen und nun so extrem dicht und schwer sind, daß selbst Photonen nicht mehr von ihrer Oberfläche entkommen können.

Diese Objekte sollten starke Röntgenausstrahlungen von ihrem Akkretionsring

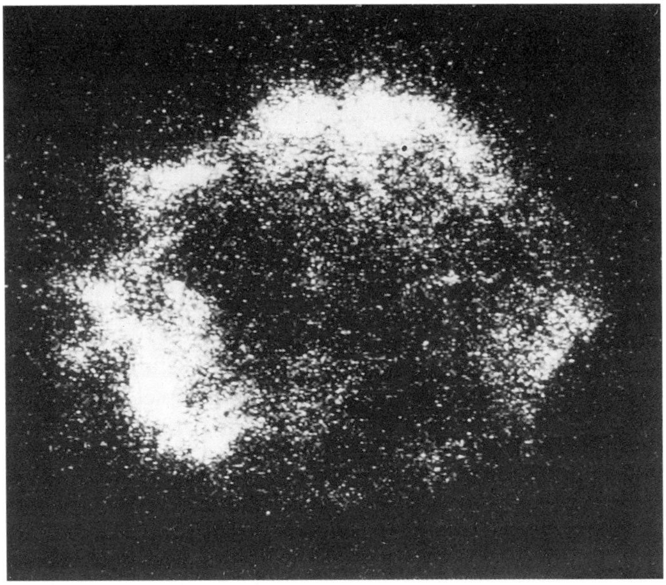

Abb. 1.32 Überreste einer Supernova. Die Kassiopeia-A-Supernova im Röntgenspektrum, gemessen vom Einstein-Observatorium (NASA).

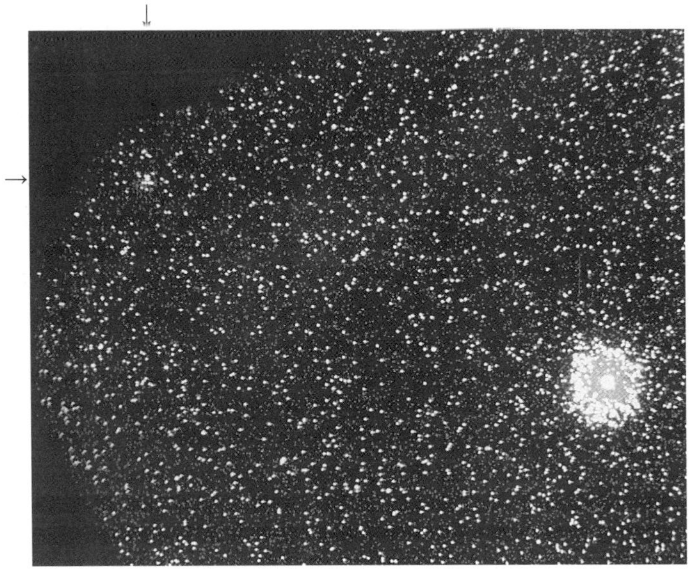

Abb. 1.33 Abbildung von zwei Quasaren, aufgenommen vom Einstein-Observatorium. Der schwache Quasar OQ172 (1979) oben links (Pfeile) ist etwa 10 Milliarden Lichtjahre entfernt (NASA).

zeigen, während der kollabierte Stern selbst keine nachweisbare Strahlung aussenden dürfte. Das Einstein-Teleskop hat einige neue Kandidaten in der Liste der potentiellen Schwarzen Löcher entdeckt, ohne allerdings den endgültigen Beweis für ihre Existenz erbringen zu können.

Einstein wurde von NASA aus mehreren Gründen als eine sehr erfolgreiche wissenschaftliche Mission klassifiziert. Alle Instrumente arbeiteten zufriedenstellend, die Lebensdauer im Orbit war länger als das geforderte Minimum, und es wurden fundamental neue Ergebnisse gefunden. Letztere waren so bedeutend, daß unmittelbar nach dem Ende von Einstein eine Nachfolgemission geplant wurde [16]. Darüber hinaus gab es programmatische Gründe, die schließlich zu dem Konzept der Great Observatories führten.

1.4.2 Das große Röntgen-Observatorium AXAF

Die Einstein-Ergebnisse waren interessant genug, ließen jedoch auf der anderen Seite so viele wichtige Fragen unbeantwortet, daß ein Nachfolgeprojekt für die beteiligten Astrophysiker unerläßlich erschien. Schon im Jahre 1989 hatte NASA Mittel für ein massives neues Raumobservatorium bewilligt, das Einstein in vieler Hinsicht um Größenordnungen übertreffen sollte. Ein besseres räumliches und zeitliches Auflösungsvermögen, eine lichtstärkere Optik, verbesserte Instrumente und eine erheblich längere Lebensdauer sind die Kennzeichen dieses neuen Projekts, das vorläufig *Advanced X-Ray Astrophysics Facility* (AXAF) genannt wird.

Abb. 1.34 Advanced X-ray Astrophysics Facility. Ansicht des großen Röntgen-Observatoriums, AXAF (TRW, Inc.).

AXAF befindet sich in den frühen 90er Jahren mitten in seiner Entwicklung, um in einigen Jahren als drittes der Great Observatories mit seinen Beobachtungen zu beginnen (Abb. 1.34). Verglichen mit Einstein sind erhebliche Verbesserungen zu erwarten. Der inzwischen festgelegte Bauentwurf wird das räumliche Auflösungsvermögen um den Faktor 10 verbessern; die Empfindlichkeit für das Auffinden von schwachen Strahlungsquellen soll 100-fach und das spektrale Auflösungsvermögen um den Faktor 1000 erhöht werden [17].

Diese erwarteten Verbesserungen sind realistisch und beruhen teilweise auf der Vergrößerung des optischen Systems und teilweise auf prinzipiellen Verbesserungen in der Empfindlichkeit der Instrumente. AXAF soll eine Lebensdauer von 15 Jahren haben und war deshalb, ähnlich wie die anderen Great Observatories, zunächst für Reparaturen und Auswechseln von Komponenten im Erdorbit ausgelegt. Anstelle von vier kleineren Spiegelpaaren sollten bei AXAF sechs Paare mit Durchmessern zwischen 60 und 120 cm verwendet werden.

Im Unterschied zu Einstein ist bei AXAF das *Spiegelsystem* als Ganzes *beweglich* und in der Lage, das fokussierte Röntgenbündel auf die Eintrittsapertur jedes Instruments zu richten. Die effektive Fläche für den streifenden Einfall ist eine Funktion der Wellenlänge und wird in Abb. 1.35 mit der von Einstein und ROSAT verglichen. Besonders wichtig ist die Verbesserung bei hohen Energien oberhalb von 2 keV [17].

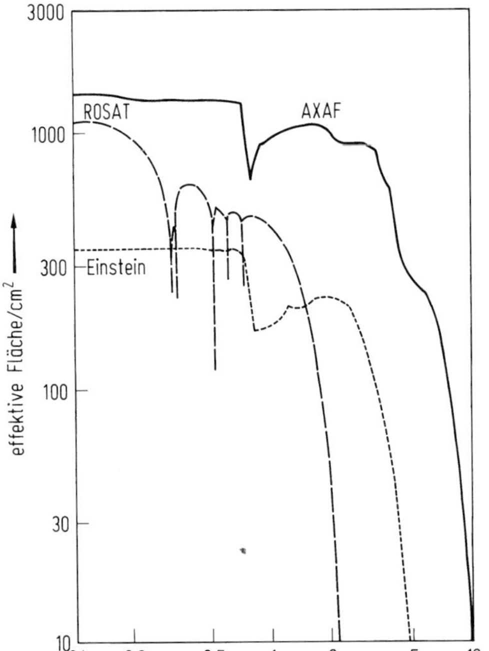

Abb. 1.35 AXAF-Spiegelfläche. Berechnete effektive Spiegelfläche als Funktion der einfallenden Strahlungsenergie. Zum Vergleich mit AXAF sind gemessene Werte für Einstein und ROSAT gezeigt (Weisskopf [17]).

ROSAT, der deutsche Röntgensatellit, befindet sich seit Juni 1990 in einer 560-km-Umlaufbahn und wird den Katalog der bekannten kosmischen Röntgenquellen wahrscheinlich auf weit über 10000 erhöhen. Die Fähigkeiten seiner drei Detektoren sind mit denen von Einstein vergleichbar oder besser. Die Vereinigten Staaten und Goßbritannien sind an diesem Programm beteiligt. Es verkürzt die annähernd zwanzigjährige Lücke zwischen den Einstein- und AXAF-Beobachtungen um die Hälfte.

Unter den neuen AXAF-Instrumenten ist das auf Charge-Coupled Devices (CCD) basierende *Bildinstrument* besonders wichtig. Es nutzt Erfahrungen mit optischen CCD-Bildgeräten aus, die z. B. im Hubble-Teleskop verwendet wurden. Die Energie der Röntgenphotonen ist hoch genug, um genügend Ladung auf dem CCD-Detektor zu deponieren und einzelne Photonen zu registrieren. Bezüglich der Empfindlichkeit und räumlichen Auflösung wird dieses Instrument dem Einstein-Bilddetektor erheblich überlegen sein.

Das *Röntgenkalorimeter* besteht aus einem Quecksilber-Cadmiumtellurid-Absorber auf einem Siliciumsubstrat, der in einem Dewar auf etwa 0.08 K gekühlt wird und die einfallende Strahlung als Temperaturerhöhung mittels des eingebetteten Thermistors registriert. Die Temperaturerhöhung ist proportional zur Energie der einfallenden Photonen. Die Energieauflösung beträgt etwa 10 eV.

Es war ursprünglich geplant, wieder vier Instrumente zu verwenden, ähnlich wie bei Einstein; alle vier sind in der Entwicklung. Die endgültige Bewilligung hängt von programmatischen Bedingungen ab. Außerdem wird auch AXAF wieder Beugungsgitter enthalten, die während der Mission elektromechanisch in den Strahlungsweg gebracht werden können und die gemeinsam mit den Bilddetektoren für spektroskopische Beobachtungen eingesetzt werden.

Die Entwicklung von AXAF fiel in eine Zeit von schwierigen wirtschaftlichen Problemen für die Vereinigten Staaten und von fundamentalen Änderungen im Management von NASA. Der Kongreß machte ursprünglich die Bewilligung von Mitteln für AXAF von der erfolgreichen Fertigstellung eines Spiegelpaares mit sehr anspruchsvollen technischen Anforderungen abhängig. Es wurde allgemein angenommen, daß das Spiegelsystem der technische Schrittmacher für das Observatorium sein würde. Dieser Entscheidungspunkt war eine gute Wahl, um spätere Kostenanstiege besser voraussagen und verhindern zu können.

Darüber hinaus wurde allerdings auch erneut die Frage nach der Optimalgröße des Observatoriums gestellt. So wurde im Jahre 1992 untersucht, ob die Gesamtmission des AXAF besser ausgeführt werden könnte, wenn man die Instrumente auf zwei Satelliten verteilt, wobei jeder für einen Teil der Anforderungen optimiert ist. Ein unmittelbarer Vorteil der geteilten Mission wäre die Reduzierung der Anfangskosten und die Möglichkeit, den Start für die erste Mission vorzuverlegen.

Im Jahre 1992 befanden sich die konzentrischen Spiegel in intensiver Arbeit, und das Observatorium war im Bau. Das zukünftige AXAF Science Center war von NASA bewilligt worden und wird in Cambridge, Massachusetts, entstehen. Das erste der sechs Spiegelpaare wurde in einer neuen Vakuum-Kalibrierungsanlage im Marshall Space Flight Center in Huntsville gründlich geprüft und erfüllte alle Anforderungen.

Abb. 1.36 zeigt eine Luftaufnahme dieser im Jahre 1991 fertiggestellten beachtlichen Anlage. Die Röntgenstrahlen werden im Gebäude oben links erzeugt und fallen nach Passieren des 530 m langen Vakuumtunnels beinahe parallel auf das in

Abb. 1.36 Die AXAF-Kalibrierungsanlage. Die im Jahre 1991 fertiggestellte Kalibrierungsanlage für das Röntgenobservatorium AXAF in Huntsville, AL. Die Strahlungsquelle befindet sich am Ende der evakuierten Röhre oben links, die Vakuumkammer im Testgebäude rechts (NASA).

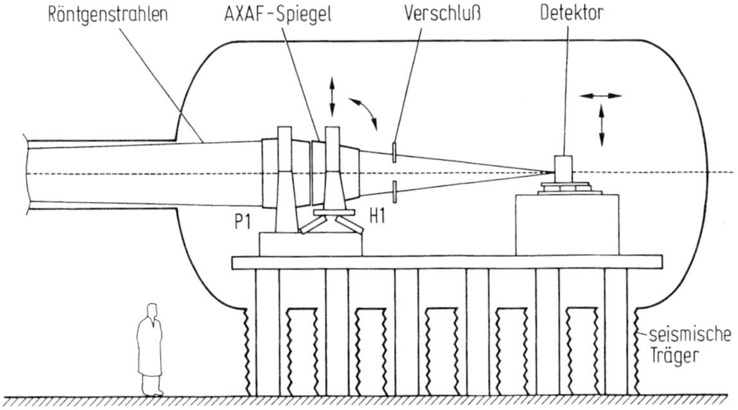

Abb. 1.37 Vakuum-Test-Konfiguration. Schema der Kalibrierungsanlage für Spiegel und Detektoren des AXAF in Huntsville, AL. Die Pfeile zeigen die Freiheitsgrade für mechanische Justierungen (NASA).

einer großen (19 m × 8 m) Vakuumkammer befindliche Röntgen-Observatorium ein. Die massive Kammer ruht auf seismisch stabilen Fundamenten, um jede Erschütterung während der empfindlichen Messungen zu vermeiden. Der Tunneldurchmesser steigt in drei Stufen von 1 auf 1.6 m an. Das Vakuum erreicht 10^{-5} Pa. Abb. 1.37 zeigt schematisch die Testkonfiguration der Spiegelanordnung in der Kammer. Der erste Spiegeltest wurde im Sommer 1991 erfolgreich durchgeführt.

Während des Aufbaus des Observatoriums werden zunächst die Spiegel und dann das gesamte Observatorium einschließlich der Instrumente auf diese Weise geprüft. Da die Spiegel eine erhebliche Masse besitzen, müssen sie während dieser Tests durch besondere Maßnahmen mechanisch unterstützt werden, um den Einfluß der Schwerkraft auszuschalten und ihre wirkliche Form im schwerefreien Raum zu repräsentieren. Mit diesen ausgedehnten Tests möchte man die Möglichkeit eines optischen Fehlers, wie er beim Hubble-Observatorium auftrat, völlig ausschalten.

Trotz guter anfänglicher Fortschritte mit der Herstellung der Hohlspiegel, die als technologische Schrittmacher für AXAF angesehen wurden, erlebte dieses Programm im Jahre 1992 eine ernste finanzielle Krise. Projektionen für zukünftige Budgetanforderungen waren mit dem Gesamtbudget von NASA nicht vereinbar. Es mußte eine Lösung gefunden werden, die zukünftige geldliche Anforderungen erheblich reduzierte, während die wissenschaftlichen Ziele so wenig wie möglich beeinträchtigt werden sollten.

NASA entschied mit Zustimmung der beteiligten Wissenschaftler, daß die oben erwähnte Zweiteilung der Mission in eine abbildende und eine spektroskopische Teilmission die beste Lösung darstellt. Das Observatorium wurde von sechs auf vier Spiegelpaare und von vier Instrumenten auf zwei Bildinstrumente reduziert. Die Gewichtsersparnis erlaubte dafür einen lang gestreckten elliptischen Orbit mit einem Apogäum von 100000 km. Solch eine hohe Bahn bietet durch die Reduzierung des Erdschattens eine stark verbesserte Effektivität in den Beobachtungsfolgen, so daß die erwarteten wissenschaftlichen Resultate über die Lebensdauer von fünf Jahren annähernd gleich bleiben sollten. Allerdings bedeutet die veränderte Kreisbahn, daß Reparaturen und Geräteverbesserungen im Raum nicht ausgeführt werden können.

Im folgenden Jahr entschied dann allerdings der U.S. Kongreß, daß die Mittel für die zweite (spektroskopische) Mission nicht bereitgestellt werden können, so daß AXAF nun schließlich nur eine verkleinerte Ausgabe des ursprünglich geplanten Großobservatoriums darstellt. Damit teilt es das Schicksal von vielen anderen Raumfahrtprojekten, die zunächst großartiger beginnen als sie dann vollendet werden. Der Start von AXAF wurde auf 1998 vorverlegt.

1.5 Observatorien im infraroten Spektralbereich

1.5.1 Infrared Astronomical Satellite

Der Infrared Astronomical Satellite (IRAS) leitete im Januar 1983 ein neues Kapitel in der Geschichte der Astronomie ein. Der Start erfolgte mit einer Delta-Rakete von Vandenberg an der Westküste der Vereinigten Staaten. In 10 Monaten wurde die gesamte Himmelskugel mehr als zweimal von drei tiefgekühlten Instrumenten im Brennpunkt eines 57-cm-Ritchey-Chrétien-Spiegelteleskops auf Infrarotquellen hin abgesucht. Die annähernd polare Erdumlaufbahn war 900 km hoch, und die Mission wurde, wie vorher berechnet, erst dadurch beendet, daß das Kühlungsmedium, superflüssiges Helium II, verbraucht war [18].

Das Projekt war gemeinschaftlich von den Niederlanden, Großbritannien und den Vereinigten Staaten durchgeführt worden, um die zu der Zeit immer noch existierende große Lücke im Spektrum der Himmelsbeobachtungen zu schließen. Die Erdatmosphäre ist durch die Existenz von Wasserdampf für langwelliges Infrarot beinahe undurchlässig; außerdem emittiert die Atmosphäre selbst eine störende Hintergrundstrahlung, und die Spiegel und Aufnahmegeräte von erdgebundenen Observatorien können nicht tief genug gekühlt werden, um schwache extraterrestrische Strahlungsquellen im Infrarot entdecken zu können.

Das Interesse der Astronomen an Infrarotbeobachtungen erklärt sich aus der Fähigkeit dieser Strahlen, kosmische Staubwolken durchdringen zu können. Gleichzeitig war bekannt, daß viele Sternklassen einen großen Teil ihrer totalen Strahlungsenergie im Infrarot aussenden. Insbesondere gilt dies für Sterne im Frühstadium ihrer Evolution, solange sie noch relativ kühle und für das menschliche Auge unsichtbare Gravitationskerne innerhalb großer kosmischer Staub- und Gaswolken darstellen.

Die Ebene der Satellitenbahn blieb während der aktiven Beobachtungszeit nahezu senkrecht zur Sonnenlinie, womit eine kontinuierliche Übersicht der Himmelskugel möglich wurde. Der etwa eine Tonne schwere Satellit hatte 72 kg Helium II an Bord, das bei einer Wärmezufuhr von 50 mW von Erde und Raum mit einer Rate von 2.4 mg/s langsam verdunstete.

Etwa 60 % der Beobachtungen waren einer systematischen Übersicht der Himmelskugel gewidmet, während die übrigen Beobachtungen auf ausgewählte Ziele gerichtet waren. Das Übersichtsinstrument hatte je 15 oder 16 Germanium- und Silicium-Detektoren in vier Wellenbereichen: 8.5–15, 19–30, 40–80 und 83–120 μm.

Der *Spektrograph* mit einem Auflösungsvermögen von 14 bis 35 benutzte die gleichen Detektoren wie das Übersichtsinstrument. Das Photometer mit eingebautem Zerhacker führte bei hoher Winkelauflösung absolute und differentielle Photometrie von ausgewählten Objekten in zwei Wellenlängenbereichen im fernen Infrarot gleichzeitig aus. Die Resultate dieser Beobachtungen betreffen alle großen Klassen von astronomischen Objekten: das Sonnensystem, benachbarte Sterne und interstellare Materie, die Milchstraße, andere Galaxien und Quasare. Die Ebene der Milchstraße ist deutlich erkennbar als eine lineare Konzentration von vielen Einzelsternen (Farbbild 1, siehe Bildanhang). Extragalaktische Objekte erscheinen in längeren Wellenlängen; sie sind annähernd gleichmäßig über die Himmelskugel verteilt.

Die erste große Überraschung von IRAS wurde bei direkten Beobachtungen des Sterns *Wega* gefunden. Sie lieferten die erste sichtbare Evidenz für einen Ring von kleinen Teilchen, die Wega in einem Abstand von 0.85 Erdbahnradien umkreisen. Die Gesamtmasse des Ringes wird auf 300 Erdmassen geschätzt. Es handelt sich hierbei sehr wahrscheinlich um ein Planetensystem in seiner ersten evolutionären Phase. In den folgenden Monaten wurden dann noch etwa 50 weitere Sterne mit solchen Ringgebilden gefunden. Die mittleren Temperaturen der Ringgebilde liegen bei etwa 85 K.

1.5.2 Space Infrared Telescope Facility

SIRTF wird das vierte und letzte der ursprünglich geplanten Great Observatories sein und soll in den späten 90er Jahren seine Beobachtungen beginnen. Sein Entwurf, der noch nicht abgeschlossen ist, kann als logische Fortentwicklung von IRAS angesehen werden (Abb. 1.38).

Die *Space-Infrarrd-Teleskop-Facility*, SIRTF, verdankt, ähnlich wie AXAF, ihren Namen dem Bestreben, während der technischen Entwicklung für jedes verschiedene Element eines extraterrestrischen Observatoriums einen deutlich unterscheidbaren Begriff zu finden, der der Management-Struktur des Projekts genau entspricht. So besteht z. B. das optische System aus *Spiegel und optischer Bank*. Es wird als *Teleskop* definiert, das von einer der großen optischen Firmen gebaut wird.

Die *wissenschaftlichen Instrumente* werden von ausgewählten Universitäten oder Forschungsinstituten separat konstruiert. Das dritte Element, das „Raumfahrzeug", vereinigt Teleskop und Instrumente strukturell und liefert gleichzeitig die elektrische Energie, die Richtungskontrolle, das thermische Gleichgewicht und die Signale vom und zum Boden. Schließlich vereinigt das „Observatorium" dann diese drei Elemente als Nutzlast der Trägerrakete, die im Orbit abgetrennt wird.

Das Raumfahrzeug und die Integration zum Observatorium liegt im allgemeinen in der Verantwortlichkeit einer großen Raumfahrtfirma. Nach erfolgreichem Start

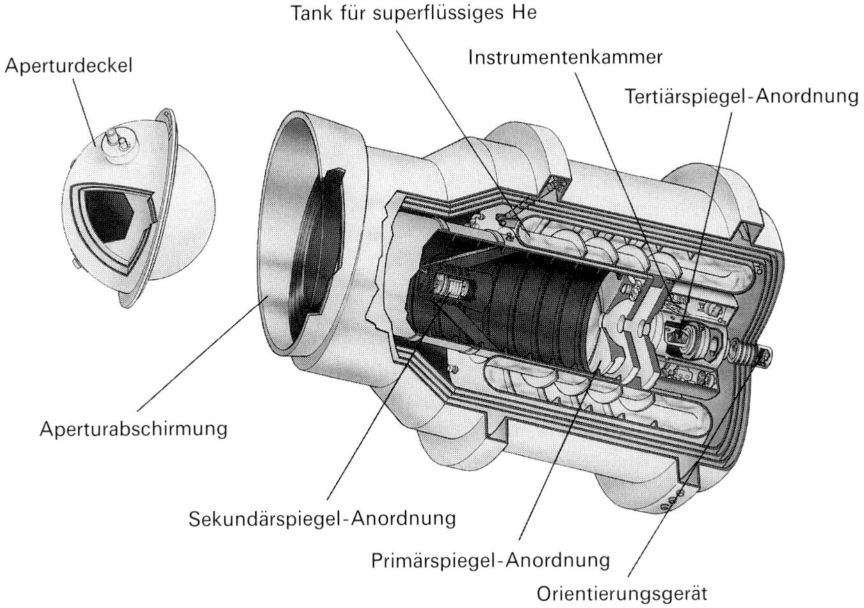

Abb. 1.38 Das Infrarot-Observatorium SIRTF. Die geplante Konfiguration des letzten der vier Great Observatories. Die Konstruktion basiert auf den Erfahrungen von IRAS. Die Lebensdauer soll etwa 5 Jahre betragen (NASA).

wird dann das Observatorium sehr häufig mit dem Namen eines bedeutenden Wissenschaftlers aus einem verwandten Forschungsgebiet umbenannt, wie es z. B. bei den Einstein-, Hubble- und Compton-Observatorien der Fall war.

Der spektrale Bereich des SIRTF wird auf 1 mm ausgedehnt, umfaßt also praktisch das gesamte Wellengebiet vom langwelligsten Rot bis zu den kürzesten Radiowellen. Die Empfindlichkeit der Festkörperdetektoren wird groß genug sein, um den kosmischen Hintergrund im Infrarot messen zu können, was einer Verbesserung um den Faktor 1000 gegenüber IRAS entspricht. Die Winkelauflösung soll auf $5 \cdot 10^{-6}$ rad verbessert werden. Der Helium-II-Dewar wird auf eine Lebenszeit im Orbit von mehr als 5 Jahren ausgelegt. Es ist anzunehmen, daß die Wiederauffüllung des Heliumtanks durch ein Spezialfahrzeug im Erdorbit ermöglicht werden kann.

Die Instrumente sind Weiterentwicklungen der bewährten IRAS Beobachtungsmittel: eine Kamera-und Photometerkombination über einen großen Wellenbereich sowie ein Spektrograph, der es erlauben wird, kosmische Atom- und Molekülspektren eindeutig zu identifizieren.

Das vorgeschlagene Beobachtungsprogramm des Infrarot-Observatoriums baut sich auf die bemerkenswerten Erfolge des IRAS auf. Die Übersichtsbeobachtungen von IRAS haben zu einem Himmelskatalog von interessanten Infrarotobjekten geführt, die von dem Infrarot-Observatorium mit seiner größeren Empfindlichkeit und Präzision nun eingehender untersucht werden können.

Im Sonnensystem sind es vor allem *Kometen* und *Asteroiden*, deren Temperatur und chemische Zusammensetzung ein dankbares Ziel für Infrarot-Beobachtungen darstellen.

Sehr großes Interesse wird die Suche nach anderen *Proto-Planetensystemen* finden wie z. B. bei Wega und Fomalhaut. Das Infrarot-Observatorium wird in der Lage sein, Planeten in Jupiter-Größe bei benachbarten Sternen nachzuweisen.

Die großen Gas- und Staubwolken, die unter bestimmten Bedingungen zur Geburt von neuen Sternen führen können, werden im Infrarot beinahe transparent, und die Protosterne selbst werden in diesem Spektralbereich besonders leicht erkannt. Andererseits ist das Endstadium der Sterne oft katastrophisch und führt zur Bildung von Gas- und Teilchenwolken, die für den entfernten Beobachter wiederum nur im Infrarot durchlässig sind.

Das Zentrum unserer Milchstraße ist durch gewaltige Staubwolken allen optischen Beobachtungen von der Erde aus unzugänglich. Es ist zu hoffen, daß das Infrarotobservatorium, in Zusammenarbeit mit anderen extraterrestrischen Observatorien, insbesondere mit dem Compton-Observatorium, die Frage nach der Existenz eines Schwarzen Loches und der Natur des Zentrums wird beantworten können.

Infrarotgalaxien sind Objekte, die den größten Teil ihrer Strahlungsenergie im Infrarot aussenden. Ein hoher Prozentsatz dieser Gebilde ist bei Durchdringung mit anderen Galaxien beobachtet worden. Gegenwärtige Hypothesen interpretieren diese Beobachtungen entweder als eine Häufung von neuen Sternen, deren Geburt durch die enge Wechselwirkung zwischen zwei sich durchdringenden Galaxien begünstigt worden ist, oder als Evidenz für ein oder mehrere Schwarze Löcher.

Quasare, die am weitesten entfernten Himmelsobjekte mit enorm großen Strahlungsenergien, treten auch im Infrarot auf und könnten das Verbindungsglied zwischen Infrarotgalaxien und *regulären Quasaren* darstellen. Bei der Entfernung von bis zu 10 Milliarden Lichtjahren erreicht die Fluchtgeschwindigkeit dieser Objekte

92% der Lichtgeschwindigkeit, und alle Spektren sind durch den Doppler-Effekt zu Wellenlängen im Infrarot verschoben.

Die Astronomen in aller Welt werden den Augenblick herbeisehnen, an dem sich das SIRTF-Observatorium mit den drei früher gestarteten Great Observatories vereinigt und dadurch gleichzeitige astronomische Beobachtungen in allen Spektralbereichen ermöglicht. Ähnlich wie jeder normalsichtige Mensch aus einem Farbbild sehr viel mehr Information als aus einem Schwarzweißbild aufnehmen kann, so werden dann kosmische Objekte und Ereignisse mittels ihrer charakteristischen Emissionsspektren beobachtet werden können.

In Anbetracht der wachsenden Bedeutung der Infrarotastronomie entschloß sich die Europäische Weltraumorganisation im Jahre 1988, das *Infrared Space Observatory* ISO zu bewilligen. Nach einigen technisch bedingten Verzögerungen wurde ISO im November 1995 erfolgreich mit einer Ariane Trägerrakete vom Guyana Raumfahrtzentrum gestartet. Mit Hilfe der vier neu entwickelten Instrumente kann erwartet werden, daß die IRAS-Resultate erweitert und in vielfacher Hinsicht übertroffen werden. Zwei Spektrometer, ein Halbleiterbildgerät und ein abbildendes Photopolarimeter werden den Wellenlängenbereich von 2.4 bis 200 μm überdecken.

Der 2.4 Tonnen schwere Satellit wurde in einer stark exzentrischen Bahn mit einem Apogäum von 71 000 km plaziert. Solch eine Bahngeometrie reduziert die durch die Strahlungsgürtel verursachten Unterbrechungen und erhöht die Beobachtungsmöglichkeit während der für 18 Monate ausgelegten Mission. Alle vier Instrumente arbeiten zufriedenstellend, und nach einer Testperiode im Orbit begannen im Jahre 1996 die ersten systematischen Beobachtungen. Da erheblich mehr Beobachtungsanforderungen an das ISO-Kontrollzentrum in Villafranca, Spanien, eingehen als angenommen werden können, wurden schon kurz nach dem Start Pläne für ein Nachfolgeprojekt in Gang gesetzt. Die Menge des superflüssigen Helium II wurde gegenüber der von IRAS um den Faktor 30 verbessert, während die Nachweisempfindlichkeit für schwache Quellen um den Faktor 1000 angestiegen ist. Da der Starttermin für SIRTF noch nicht feststeht, wird ISO in Zusammenarbeit mit anderen Satelliten und den Great Observatories eine außerordentlich wichtige Rolle für die Infrarotastronomie spielen. Als eines der ersten überraschenden Ergebnisse wurde im Februar 1996 in Villafranca bekanntgegeben, daß zum ersten Mal Wassermoleküle in der unmittelbaren Umgebung eines Sterns nachgewiesen werden konnten.

Dieser kürzliche Erfolg folgt einem besonders wichtigen Satellitenstart im Jahre 1989. Der Cosmic Background Explorer (COBE) wurde von Vandenberg, CA in einen polaren Erdorbit befördert, um mit seinen drei Instrumenten Übersichtsmessungen im Infrarot und Millimeterwellengebiet zu machen. Nach über einem Jahr von kumulativen Messungen wurde die Hintergrundstrahlung des Universums sehr genau als Schwarzkörperstrahlung einer Temperatur von 2,735 K erkannt. Darüber hinaus fand G. Smoot und sein Team vom Lawrence Berkeley Laboratory mit Hilfe des *Differential Microwave Radiometer*, daß die einheitliche Temperaturverteilung kleine Variationen aufwies. Sie waren nicht größer als 1/100000 des empfangenen Signals, geben jedoch wichtige Hinweise über die Massenverteilung im Weltraum im Anfangsstadium von nur 300 000 Jahren.

1.6 Observatorien der Zukunft

Trotz der überwältigenden Vorteile dieser Gruppe von großen extraterrestrischen Observatorien haben die hohen Kosten und die anfänglichen Rückschläge neue Fragen nach einem optimalen Programm für die Zukunft aufgeworfen [19].

Für viele Wissenschaftler ist die lange und ungewisse Wartezeit von der Konzeption eines Instruments bis zu dem Zeitpunkt, an dem die ersten Beobachtungsergebnisse eintreffen, ein großes Problem.

Weiterhin werden durch die Weiterentwicklung der Technologie ständig verbesserte technische Möglichkeiten für die Raumforschung eröffnet, die die zur Verfügung stehenden Mittel überschreiten. Mit anderen Worten, die Konkurrenz zwischen guten Ideen wird größer und der Prozentsatz der bewilligten Projekte kleiner.

Die Realität der internationalen Konkurrenz, der nationalen Politik und Ökonomie macht es zunehmend notwendig, Prioritäten für die verschiedenen Wissenschaftszweige der Raumfahrtforschung zu setzen. Der *Space Studies Board* der Vereinigten Staaten arbeitet an einer Methodologie, um solche Prioritäten auf rationaler Basis zu bestimmen und zur Auswahl von wissenschaftlichen Raumfahrtprojekten heranzuziehen [20].

Die Verhandlungen zwischen NASA, Industrie und Universitäten, an denen oft verschiedene Nationen teilnehmen, werden mit der wachsenden Projektgröße, der Anzahl der Teilnehmer und den steigenden Kosten immer schwieriger. Oft führen finanzielle und technische Schwierigkeiten zu Verzögerungen oder Reduktionen im geplanten Forschungsprogramm.

Aus all diesen Gründen werden immer mehr Stimmen laut, neben den großen auch kleinere Observatorien mit begrenzten Missionen zu bewilligen, um den wissenschaftlichen Nachwuchs für solche Forschungen zu ermutigen. In einem von NASA im Jahre 1990 eingesetzten Beratungsausschuß unter Norman Augustine wurde dann auch die starke Empfehlung ausgesprochen, extraterrestrische Beobachtungen in einem ausgeglichenen Programm fortzusetzen, d.h. neben großen Observatorien auch kleine Satelliten mit individuellen Instrumenten zu bewilligen [21]. Dies trifft insbesondere für solche Instrumente zu, die weder die hohe Richtungsstabilität noch die komplizierte Optik eines Großobservatoriums benötigen.

Unter dem Eindruck dieser Empfehlungen und der Notwendigkeit, die Kosten des Programms so niedrig wie möglich zu halten, wurde im Jahre 1992 sogar das schon in der Entwicklung befindliche AXAF-Programm einer erneuten Überprüfung unterzogen. Es wurde gefragt, ob die Gesamtkosten des Projekts erniedrigt werden könnten, wenn man die Mission auf zwei Satelliten verteilt: einen speziell für Bildgeräte und einen für Spektrographen. Die kleineren Nutzlasten können auch von kleineren Trägerraketen gestartet werden. Weil die Lebensdauer der Satelliten dadurch jedoch kürzer wird, ist diese Frage nicht immer einfach zu beantworten. Sie endete schließlich in einer bedeutenden Verkleinerung der AXAF-Mission, um das Programm in Anbetracht der schrumpfenden Geldmittel vor einer totalen Streichung zu bewahren.

Mitte der 90er Jahren entschloß sich NASA unter dem Druck schwindender Haushaltsmittel zu einer fundamentalen Änderung ihrer Strategie für unbemannte wissenschaftliche Satelliten. Unter dem Motto „schneller, billiger, besser" werden nun miniaturisierte und leichte Satelliten bevorzugt, die von kleinen Trägerraketen befördert werden und nur begrenzte Ziele verfolgen. Damit wird auch die Wartezeit für die beteiligten Wissenschaftler verkürzt. Während diese Methode für Erkundungsmissionen erfolgversprechend ist, bleibt abzuwarten, ob auch die sehr viel größeren Anforderungen für optische Präzisionsmessungen auf diese Weise befriedigt werden können.

In Anbetracht der gewaltigen Fortschritte in der Raumfahrt und der Instrumentenentwicklung in allen Spektralgebieten kann man jedoch vorhersagen, daß extraterrestrische Großobservatorien nicht an Bedeutung verlieren, sondern auf weite Sicht nur gewinnen können. Gleichzeitig mit der Tendenz zu großen Observatorien mit langen Lebenszeiten wird unter dem Druck begrenzter nationaler Mittel die internationale Zusammenarbeit in den Weltraumwissenschaften immer stärker werden.

Die außergewöhnlichen politischen Entwicklungen im Zusammenhang mit dem Zusammenbruch der Sowjetunion werden auch die Raumfahrt stark beeinflussen. Da ist zunächst der ökonomische Faktor: Viele der in der Vergangenheit für die Verteidung bereitgestellten Mittel werden für mehr „zeitgemäße" Zwecke wie Forschung, Raumfahrt und globale Initiativen angewandt werden. Darüber hinaus wird es mit der Abnahme von militärischen Einschränkungen einfacher werden, die für die Raumfahrt wichtigen Schlüsseltechnologien in freiem Wettbewerb zwischen den Industrieländern aufzubauen.

Es ist nun nicht mehr utopisch, wenn Raumfahrtplaner internationale bemannte Missionen zum Mond oder zu Nachbarplaneten ernsthaft ins Auge fassen. Die hier besprochenen extraterrestrischen Observatorien mit ihrer erfolgreichen internationalen Beteiligung können sehr wohl als Bahnbrecher für diese vielversprechende Entwicklung angesehen werden.

Die Forderung nach immer größerer Empfindlichkeit und Genauigkeit der Observatorien zwingt zur Entwicklung von größeren optischen Systemen, in denen z. B. Spiegelelemente nicht mehr unveränderlich und starr sind, sondern durch Radiokommandos verändert werden können. Diese *adaptiven optischen Systeme* sind in der Lage, während der Mission im Raum Oberflächenveränderungen und -korrekturen vorzunehmen, die durch die größere Masse und Ausdehnung der Spiegel sowie durch die längere Lebensdauer notwendig werden.

Anstatt das Observatorium in eine niedrige Erdkreisbahn zu schicken, werden zukünftige stärkere Trägerraketen die Beförderung zu größeren Höhen erlauben, wo die Erde einen kleineren Teil der Himmelskugel verdeckt und wo sich der Satellit außerhalb der Strahlengürtel bewegt. Es ist anzunehmen, daß einige dieser Observatorien von den Internationalen Raumstation aus betreut werden können, um lange Lebensdauern zu erreichen.

Schließlich wird für eine Gruppe von astrophysikalischen Beobachtungen der Mond die ideale Basis darstellen. Dies trifft z. B. für interferometrische Messungen zu, die eine lange solide Basis benötigen. Messungen von der erdabgewandten Seite des Mondes können ohne den störenden Strahlungseinfluß der Erde gemacht werden.

Diese vorhersagbaren Verbesserungen in quantitativer und qualitativer Hinsicht werden die Menschheit immer näher an die Beantwortung von vielen, lange bestehenden fundamentalen Fragen der Astrophysik heranbringen.

1.7 Fundamentale Fragen der Astrophysik

Mit dem Start der Hubble- und Compton-Observatorien hat NASA ein Programm von vier extraterrestrischen Großobservatorien (Abb. 1.39) begonnen, die am Ende des zwanzigsten Jahrhunderts die Erde gemeinsam für lange Zeit umkreisen werden, um das Universum in fast allen Bereichen des elektromagnetischen Spektrums gleichzeitig zu beobachten.

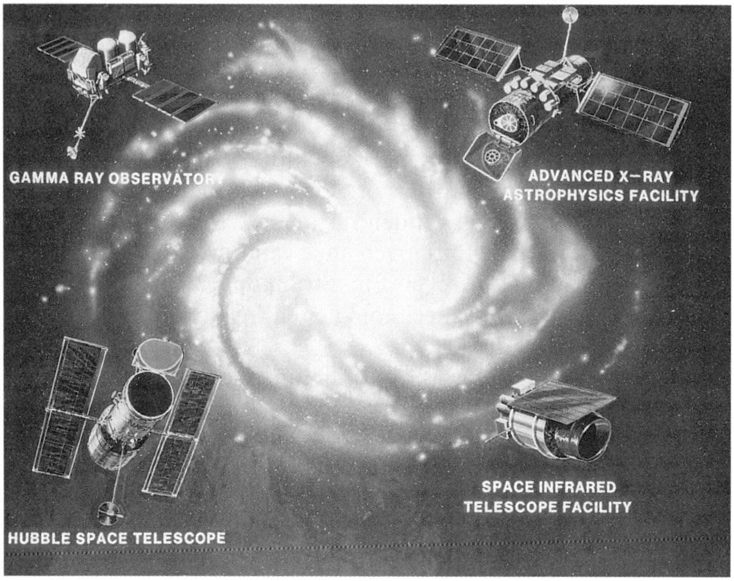

Abb. 1.39 Astronomische Observatorien im Erdorbit. Eine graphische Zusammenstellung der vier sog. Great Observatories, wie sie in den frühen 90er Jahren geplant und teilweise verwirklicht wurden. Ein wesentlicher Faktor für ihre Effektivität ist die Möglichkeit gemeinsamer und koordinierter Beobachtungen der gleichen Himmelsobjekte in den verschiedenen Spektralbereichen (NASA).

Abb. 1.40 zeigt eine von NASA veröffentlichte aufschlußreiche Zusammenstellung von den Empfindlichkeiten einiger ausgewählter Observatorien, verglichen mit den Emissionsspektren von bekannten astronomischen Objekten. Die Empfindlichkeitsskala ist so normiert, daß die durchschnittliche Empfindlichkeit des menschlichen Auges im Sichtbaren die Einheit darstellt. Es ist offensichtlich, daß die Astrophysik an der Schwelle von neuen Erkenntnissen und Entdeckungen steht und daß selbst die entferntesten Quasare in allen Wellenbereichen von der Familie der Great Observatories beobachtet werden können.

Die *extraterrestrischen* Beobachtungen werden vervollständigt durch das große *terrestrische* Radioteleskop-Interferometersystem im Rio-Grande-Tal von New Mexico: 27 große parabolische Antennen sind in der Form des Buchstaben Ypsilon aufgereiht und können den Himmel in vier Wellenbereichen zwischen 1.3- und 21-cm-Radiowellen beobachten [22]. Nach seiner Fertigstellung wird auch ESAs geplantes

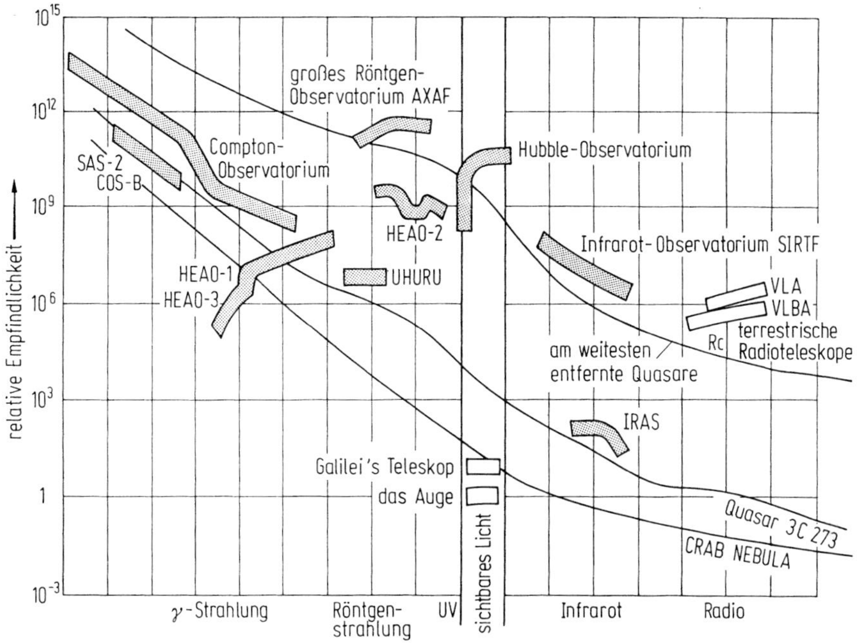

Abb. 1.40 Spektrale Empfindlichkeit der astronomischen Raum-Observatorien. Die spektrale Empfindlichkeit einiger astronomischer Satelliten ist als Funktion der Wellenlänge relativ zu der Empfindlichkeit des menschlichen Auges im Sichtbaren logarithmisch aufgetragen (gerastert). Interessant ist auch der Vergleich mit Galileis erstem Teleskop. Energiespektren von drei ausgewählten kosmischen Objekten (Kurven) zeigen das Potential dieser vereinten Beobachtungen. VLA (Very Large Array) ist das terrestrische Radioteleskop-Interferometersystem in New Mexico (NASA).

MMA (Millimeter-Array) in diesem Wellenbereich eine wichtige Rolle spielen. Damit ist die letzte Lücke im elektromagnetischen Spektrum geschlossen, und je nach Himmelsobjekt werden oft mehrere oder auch alle Observatorien gleichzeitig eingesetzt werden können.

Das Hubble-Teleskop wird das Universum bis zur Entfernung von weit über 10 Milliarden Lichtjahren beobachten können. Es wird erlauben, die inhomogene Massenverteilung der Galaxien und ihrer höheren Systeme im Weltall besser zu verstehen. Außerdem besteht eine gute Aussicht, große Planeten von den uns unmittelbar benachbarten Sternen direkt nachweisen zu können, falls sie existieren sollten. Nach der erfolgreichen Reparatur des Hubble-Teleskops ist es dank des wesentlich besseren Auflösungsvermögens der korrigierten Optik in der Tat gelungen, im Orion-Nebel zum ersten Mal eine Gruppe von vier jungen Sternen zu entdecken, die von je einem proto-planetaren Staubring umgeben sind (Farbbild 2). Es wird angenommen, daß die nach der Stern-Formation zurückgebliebenen Staubringe den Ausgangspunkt für Planetenbildung darstellen können.

Das Compton-Observatorium wird entscheidend zur Deutung der intensiven und sehr kurzzeitigen γ-Bursts beitragen. Es wird weiterhin helfen, die Strahlung von den Kernen der Galaxien zu erklären, deren enorme Energiequellen immer noch nicht bekannt sind. Es ist denkbar, daß auch hierbei sehr große Schwarze Löcher eine entscheidende Rolle spielen.

Das Röntgen-Observatorium wird hauptsächlich der Erforschung von kollabierten Sternen, Pulsaren, und Schwarzen Löchern dienen. Gas- und Staubwolken von interstellarer Materie, die Sternzentren im Anfang ihrer Evolution umgeben, von ihnen erwärmt werden und in kosmischen Zeiträumen zur Bildung von Planeten führen können, werden mit dem Infrarot-Observatorium zu beobachten sein.

Jenseit von Infrarot, also im Zentimeter-Wellenbereich, werden Radioteleskope von der Erdoberfläche aus auch weiterhin Radiogalaxien und ihre interessanten Strukturen untersuchen. Sie werden direkt zu einem besseren Verständnis von galaktischen und intergalaktischen Plasmen und Magnetfeldern beitragen.

Anstelle des unbewaffneten menschlichen Auges, das vor nur 400 Jahren als einziges Instrument zur Beobachtung der Sterne diente, werden nun fünf höchst empfindliche elektrooptische Geräte eine Welt von unerwarteten neuen astrophysikalischen Phänomenen entdecken und untersuchen. Für ihre Interpretation wird es sich als wichtig herausstellen, daß diese Messungen nicht auf das enge „Fenster" des für das menschliche Auge sichtbaren Lichts beschränkt sind, sondern das gesamte elektromagnetische Spektrum umfassen.

Als NASA das Programm der Great Observatories in Angriff nahm, wurde es notwendig, die fundamentalen Fragen der Astrophysik zu formulieren, um den wissenschaftlichen Wert dieser neuen kostspieligen Technologie abschätzen zu können. Fundamentale Fragen nach dem Ursprung des Universums haben den Menschen in der einen oder anderen Form seit Urzeiten bewegt; sie können jedoch heute nur darum mit Genauigkeit formuliert werden, weil Generationen von Astronomen und Physikern mit Geduld und vielen neuen Ideen die Basis dafür geschaffen haben. Die folgenden Fragen spielen derzeitig eine zentrale Rolle:

- Wie ist das Universum entstanden, und welche Prozesse liefen in den ersten Sekunden seiner Existenz ab?
- Wie sind Galaxien und Galaxiengruppen entstanden und wie haben sie sich seit ihrer Bildung entwickelt?
- Wohin führt die beobachtete Expansion des Weltalls?
- Sind astrophysikalische Beobachtungen im Einklang mit den Gesetzen der Physik? Welche Rolle spielen bekannte und neue Elementarteilchen?
- Gibt es Schwarze Löcher? Wie entstehen sie und wie beeinflussen sie die Galaxien, in denen sie sich befinden? Sind sie die Energiequelle für Quasare?
- Wie erklären sich die hohen Energien und die räumliche Verteilung der kurzzeitigen γ-Bursts?
- Wie entstehen Sterne und Sternhaufen und wie wechselwirken sie mit interstellarer Materie? Welche Rolle spielen Schockwellen von Supernovaexplosionen bei ihrer Entstehung?
- Wie entstehen Planetensysteme? Wieviele Sterne haben Planetensysteme?
- Was ist die „fehlende oder dunkle Masse" des Universums, die postuliert wird, um galaktische Bewegungen zu erklären?
- Wo und wie hat organisches Leben begonnen? Gibt es im Universum extraterrestrische intelligente Zivilisationen?

Viele dieser fundamentalen Fragen werden durch die Great Observatories entweder beantwortet oder neu und genauer formuliert werden können. Wenn jedoch die Geschichte der naturwissenschaftlichen Forschung eines gelehrt hat, so ist es die Erkenntnis, daß mit der wachsenden Einsicht in die Natur immer wieder neue, wichtige Fragen aufgeworfen werden.

Tab. 1.3 Bedeutung der verwendeten Akronyme

Akronym	Herkunft	Bedeutung
ALSEP	Apollo Lunar Surface Experiment Package	Von den Mondlandungen zurückgelassene Instrumente
AXAF	Advanced X-Ray Astrophysics Facility	Großes Röntgen-Observatorium
BATSE	Burst and Transient Source Experiment	γ-Burst-Detektor
Caltech	California Institute of Technology, Pasadena, CA	
CCD	Charge Coupled Device	Elektronisches Kamera-Element
CNS	Center for Nuclear Studies, Saclay, France	
COBE	Cosmic Background Explorer	Satellit zur Messung der kosmischen Hintergrundstrahlung
COMPTEL	Imaging Compton Telescope	Abbildendes Compton-Teleskop
COSTAR	Corrective Optics Space Telescope Axial Replacement	Korrigierende Optik für das Hubble-Teleskop
DSRI	Danisch Space Research Institute, Copenhagen	
EGRET	Energetic Gamma Ray Experiment Telescope	γ-Teleskop für höchste Energien
ESA	European Space Agency	Europäische Raumfahrtbehörde
GSFC	Goddard Space Flight Center, Greenbelt, MD	
HEAO	High Energy Astronomy Observatory	Satellit für Astronomie mit hohen Strahlungsenergien
IRAS	Infrared Astronomical Satellite	Satellit für Infrarot-Astronomie
ISO	Infrared Space Observatory	Europäisches Infrarot-Raum-Observatorium
JPL	Jet Propulsion Laboratory, Pasadena, CA	
MIT	Massachusetts Institute of Technology, Boston, MA	
MMA	Millimeter-Array	Europäisches Radioteleskop
NASA	National Aeronautics and Space Administration	Luft- und Raumfahrtbehörde der Vereinigten Staaten
NRL	Naval Research Laboratories, Washington, DC	
OSO	Orbiting Solar Observatory	Raum-Observatorium für Sonnenbeobachtungen
OSSE	Oriented Scintillation Spectrometer Experiment	Szintillations-Spektrometer

Tab. 1.3 Fortsetzung

Akronym	Herkunft	Bedeutung
ROSAT	Röntgensatellit	Europäischer Röntgensatellit
SAO	Smithsonian Astrophysical Observatory	Smithsonian Astrophysikalisches Institut
SAS-1	Small Astronomy Satellite-1 named Uhuru	Der erste Röntgensatellit
SIRTF	Space Infrared Telescope Facility	Großes Infrarot-Orbital-Teleskop (geplant)
UCSD	Univ. of California, San Diego	
VLA	Very Large Array	27 Radioteleskope in der Nähe von Albuquerque, N. M., USA

Literatur

Zitierte Publikationen

[1] Burbidge, G., Hewitt, A., Telescopes for the 1980's, The Space Telescope, Annual Review, Inc., Palo Alto, California, 1981

[2] Leckrone, D., Hubble Space Telescope, Aerospace America, 1989

[3] Allen, L., The Hubble Space Telescope Optical Systems Failure Report, NASA, Washington, 1990

[4] Brown, R. A., Ford, H. C., A Strategy for Recovery, Space Telescope Science Institute, Baltimore, MD, 1991

[5] Meegan, C. A., Fishman, G. J. et al., Spatial distribution of γ-ray bursts observed by BATSE, Nature, **355**, 1, 1992

[6] Giacconi, R., Gursky, H., Paolini, F., Rossi, B. *Physical Rev. Letters* **9**, 439, 1962

[7] Tucker, W., The Star Splitters, NASA SP, **466**, 1984

[8] Burbidge, G., Hewitt, A., Telescopes in the 1980's, The Einstein-Observatory, Annual Review, Inc. Palo Alto, California, 1981

[9] Speer, F., HEAO-Signature of a Successful Space Science Mission, XXXI Congress International Astronautical Federation, Pergamon Press, Oxford, 1980

[10] Aschenbach, B., X-ray Telescopes, Rep. Progr. Phys. **48**, 579–629, 1985

[11] Henry, J. P., Kellogg, E. M., Briel, W. G., Murray, S. S., VanSpeybroeck, L. P., High Resolution Imaging X-ray Detector for Astronomic Measurements SPIE, **106**, 196–205 , 1977

[12] Humphrey, A., Cubral, R., Brisette, R., Carroll, R., Morris, J., Harvey, P., Imaging Proportional X-ray Counter for HEAO, IEEE Transactions on Nuclear Science, **NS-25**, 1, 445–452, 1973

[13] Joyce, R., Becker, R. H., Birsa, F. B., Holt, S. S., Noordzy, M. P., The Goddard Space Flight Center Solid State Spectrometer for the HEAO-B Mission, IEEE Transactions on Nuclear Science, **NS-25**, 1, 453–458, 1973

[14] Donaghy, J. and Canizares, C. R., The Focal Plane Crystal Spectrometer for the HEAO-B Satellite, IEEE Transactions on Nuclear Science, **NS-25**, 1, 459–463, 1973

[15] Giacconi, R., The Einstein X-Ray Observatory, Scientific American, **242**, 80–102, 1980

[16] Giacconi, R., Tananbaum, H., The Einstein Observatory: New Perspectives in Astronomy, Science, **209**, 865–876, 1980
[17] Weisskopf, M., Astronomy and Astrophysics with the Advanced X-Ray Astrophysics Facility, Space Science Reviews, **47**, 47–93, 1988
[18] IRAS, the Infrared Astronomical Satellite, Nature, **303**, 287–291, 1983
[19] Canizares, C. R., Savage, B. D., Space Astronomy and Astrophysics, Physics Today **44**, 60–67, 1991
[20] Setting Priorities for Space Research, Opportunities and Imperatives; Space Studies Board, National Research Council, National Academy Press, Washington, D.C., 1991
[21] Report of the Advisory Committee on the Future of the U.S. Space Program, NASA, Washington, 1990
[22] Burbidge, G., Hewitt, A., Telescopes for the 1980's, Very Large Array, Annual Review, Inc., Palo Alto, California, 1981

Weiterführende Literatur

Smith, R.W., The Space Telescope, Cambridge University Press, 1989
Collins Peterson, C. and Brandt, J.C., Hubble Vision, Cambridge University Press, 1995

2 Sterne und interstellare Materie

Helmut Scheffler

2.1 Einleitung

Die Materie des Weltalls wird im wesentlichen in zwei verschiedenen Konfigurationen beobachtet: Einerseits in Form von Sternen, angenähert kugelsymmetrischen, durch Eigengravitation zusammengehaltenen Konzentrationen von der Mächtigkeit der Sonne, andererseits als weit verbreitetes, äußerst verdünntes Gas mit eingelagerten kleinen festen Teilchen (*Staub*). Der von Sternen ausgefüllte Bruchteil des Raumes beträgt in unserer näheren kosmischen Umgebung nur rund 10^{-23}. In den meisten Sternen ist die mittlere Massendichte von der Größenordnung 10^3 kg m^{-3}, die mittlere Massendichte der interstellaren Materie beträgt hingegen nur $3 \cdot 10^{-21}$ kg m^{-3}. Die Gesamtmassen der in einem großen Volumen enthaltenen stellaren und interstellaren Materie sind daher von gleicher Größenordnung.

Wir wissen heute, daß die Sterne aus dem interstellaren Medium entstanden sind und daß sich auch gegenwärtig noch in vielen Bereichen des Kosmos neue Sterne bilden. Der Prozeß der Sternentstehung wird durch die Gravitationskraft dominiert. Überwiegt sie in einer hinreichend großen interstellaren *Wolke* gegenüber dem Gasdruck, so beginnt das Medium im freien Fall zu kontrahieren. Das verdichtete Gas gewinnt im weiteren Verlauf thermische Energie aus der potentiellen Energie der Gravitation; Temperatur und Druck steigen stark an. Der Kollaps wird aufgehalten, wenn der Gasdruck die Gravitationskraft ausgleichen kann. Die Beobachtung derartiger protostellarer Objekte, die noch in einen staubreichen Kokon interstellaren Materials gehüllt sind, ist erst durch die Erschließung des Infraroten und des Mikrowellenbereiches möglich geworden.

Das eigentliche Sternleben beginnt, wenn durch weitere Kontraktion die Temperatur im Zentrum so stark angestiegen ist, daß dort die thermischen Geschwindigkeiten der Gaspartikel ausreichen, um Kernreaktionen einleiten zu können. Weil die interstellare Materie überwiegend aus Wasserstoff besteht, kann der Energienachschub zur Deckung der hohen Verluste durch Abstrahlung nun von der Fusion des Wasserstoffs zu Helium geliefert werden. Wegen der langen Dauer des *Wasserstoffbrennens* finden wir die weitaus meisten Sterne in diesem Stadium vor. Zu diesen Objekten gehört auch die Sonne, der einzige Stern, den wir uns „aus der Nähe" anschauen können.

Auf dem Wege von der interstellaren Wolke zum fertigen Stern spielt die Erhaltung des Drehimpulses eine wichtige Rolle: Die Kontraktion um einen Faktor der Größenordnung 10^{-7} bewirkt, daß eine ganz geringfügige Drehbewegung des sternbildenden Wolkenfragmentes zu einer sehr raschen Rotation des resultierenden Protosterns führt. Schon bald wird daher die senkrecht zur Rotationsachse liegende Komponente der Gravitationskraft durch die Zentrifugalkraft kompensiert und es entsteht entweder eine flache Scheibe mit zentraler Verdichtung oder ein Ring, der instabil ist und in Fragmente zerfällt. Die zweite Möglichkeit liefert eine Erklärung dafür, daß etwa die Hälfte der Sterne Doppel- und Mehrfachsternsystemen angehört. Im Fall unserer Sonne ist hingegen die erste Möglichkeit realisiert worden. Nach der Bildung des protosolaren Kerns sind in dem scheibenförmigen Urnebel mit fortschreitender Abkühlung die Planeten und ihre Monde sowie Asteroiden und Kometen des Sonnensystems entstanden. Vor allem die großen Planeten tragen nun praktisch den gesamten Drehimpuls.

Die Erhaltung des Drehimpulses hat auf diese Weise zur Entstehung einer dritten Form kosmischer Materie neben den Sternen und dem dünnen interstellaren Medium geführt. Der Massenanteil der Gesamtheit dieser Körper beträgt jedoch nur wenig mehr als ein Promille der Sonnenmasse, und unser Heimatplanet stellt hiervon wieder nur rund zwei Promille. Auch die größten dieser Körper sind zu massearm, um in ihren Inneren thermonukleare Prozesse zu erzeugen. Nach unseren Vorstellungen über die Sternentstehung ist es sehr wahrscheinlich, daß auch andere Einzelsterne Planetensysteme besitzen. Durch Infrarotbeobachtungen wurden indessen Scheiben um einige Sterne entdeckt, die vielleicht als Vorstufen von Planetensystemen angesehen werden dürfen.

Die gesamte Strahlungsleistung eines Sternes, seine *Leuchtkraft* L, stellt sich so ein, daß für den Zusammenhang mit der Sternmasse $\mathcal{M}$ gilt $L \sim \mathcal{M}^3$. Die massereichsten Sterne mit $\mathcal{M} \approx 100$ Sonnenmassen verbrauchen daher ihren Vorrat an Kernenergie, der proportional zu $\mathcal{M}$ ist, etwa 10^6 mal rascher als die Sonne. Im Verhältnis zur Sonne müssen die heute beobachteten massereichen Sterne also sehr jung sein. Wir finden diese Objekte tatsächlich stets noch in Bereichen starker Verdichtung des interstellaren Mediums.

Wenden wir uns kurz der weiteren Entwicklung der Sterne zu! Nach dem Wasserstoffbrennen kontrahiert das Zentralgebiet erneut und heizt sich hierdurch soweit auf, daß nun Helium in höhere Elemente umgewandelt werden kann. Die äußeren Schichten expandieren: Es entsteht ein *Riese* mit einem Radius von der Größenordnung des Abstandes Erde–Sonne.

Die Sterne wirken auf das interstellare Medium zurück, aus dem sie hervorgegangen sind. Bei den massereichsten, heißesten Sternen löst der Strahlungsdruck in den äußeren Schichten einen starken *Sternwind* aus, mit dem innerhalb von 10^6 Jahren einige Sonnenmassen in den interstellaren Raum zurückgeführt werden. Ein Auswurf von Gas findet auch in den späten Entwicklungsphasen der häufigen, weniger massereichen Sterne statt, wenn sie sich soweit ausgedehnt haben, daß in den äußeren Schichten schon kleine Störungen genügen, um die dort nur geringe Schwerkraft zu überwinden. So entstehen die als *planetarische Nebel* bezeichneten, expandierenden Hüllen um die verbleibenden kompakten Kerne: *Weiße Zwerge* mit Dichten von einer Tonne durch Kubikzentimeter, in denen das entartete Elektronengas der Schwerkraft das Gleichgewicht hält.

Weit dramatischer kann die späte Sternentwicklung bei größeren Ausgangsmassen verlaufen. Das kompakte Zentralobjekt überschreitet hier eine kritische Grenzmasse, oberhalb welcher ein Gravitationskollaps einsetzt. Die einstürzende Materie kann erst gestoppt werden, wenn im Zentrum Atomkerndichten erreicht sind und damit ein *Neutronenstern* mit nur 10 km Durchmesser, aber etwa einer Sonnenmasse entstanden ist. Der in diesem Moment erzeugte Rückstoß bewirkt, daß die ganze Hülle mit etwa 10000 km s^{-1} hinausgeworfen wird. Wir beobachten den Ausbruch einer *Supernova*. Abb. 2.1 zeigt an einem Beispiel das spätere Stadium einer solchen Hülle.

Ein anderer Einfluß massereicher Sterne auf ihre interstellare Muttersubstanz wird durch die hohe Oberflächentemperatur dieser Objekte bewirkt. Das Strahlungsmaximum liegt weit im Ultraviolett, so daß genügend Photonen vorhanden sind, die den interstellaren Wasserstoff ionisieren können. Der Energieüberschuß der abgelösten Elektronen führt zu einer so starken Aufheizung des Gases, daß es mit Überschallgeschwindigkeit expandiert. Bekanntestes Beispiel einer solchen *HII-Region* ist der Orionnebel.

Die Entstehung und Entwicklung von Sternen hat zur Folge, daß das interstellare Medium einem ständigen Wechsel unterworfen ist und eine recht inhomogene Struktur besitzt. Heiße Sterne verwandeln das kalte Gas ihrer Umgebung in ein dünnes, heißes Plasma. Wenn sie als Supernovae explodieren, durchpflügen starke Stoßfronten das Medium und heizen weite Bereiche auf Temperaturen über 10^6 K auf. In den Stoßfronten werden die schwachen interstellaren Magnetfelder verstärkt und es können geladene Partikel auf relativistische Geschwindigkeiten beschleunigt werden. Zwischen solchen extremen Zustandsänderungen kühlt sich das Gas wieder

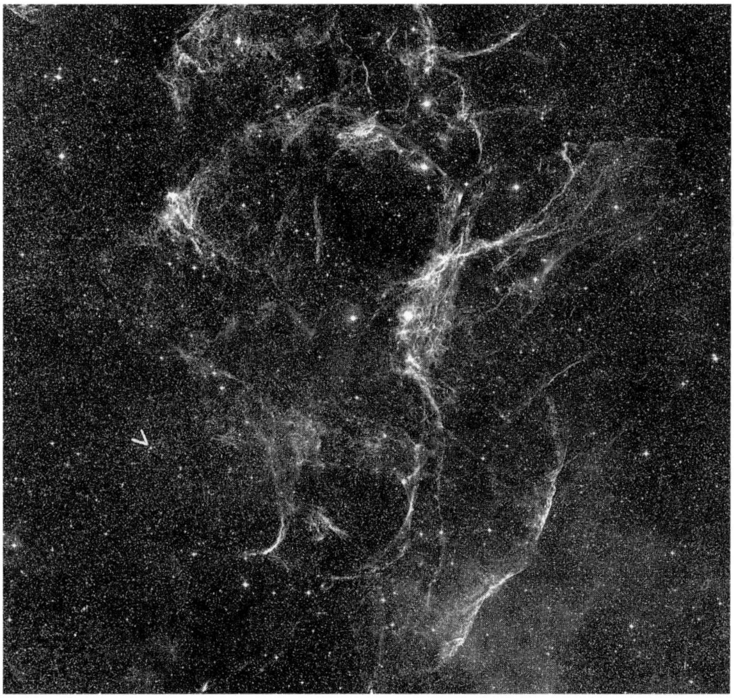

Abb. 2.1 Hüllen-Überrest einer Supernova im Sternbild Vela. Der Pfeil zeigt die Position des verbliebenen stellaren Objektes (Aufnahme von H.-E. Schuster mit dem Schmidt-Teleskop des European Southern Observatory in Chile).

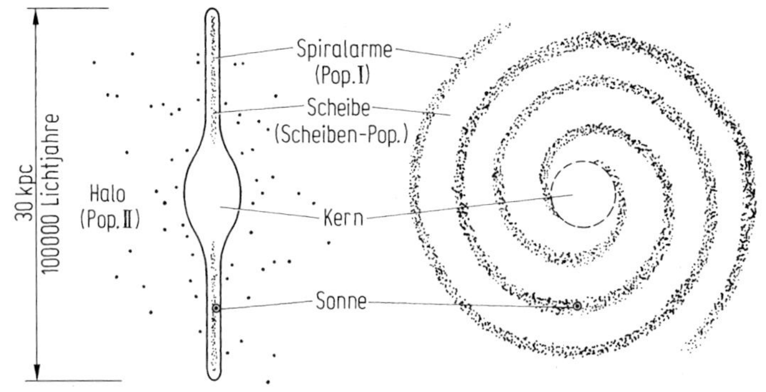

Abb. 2.2 Schematischer Aufbau unserer Galaxis. Links: Schnitt senkrecht zur Symmetrieebene. Die Punkte repräsentieren die kugelförmigen Sternhaufen. Der Abstand der Sonne vom galaktischen Zentrum beträgt 8.5 kpc.

ab, es entstehen „diffuse Wolken“ und schließlich sogar relativ dichte, kalte Wolken, in denen sich Moleküle bilden können. Hier beginnt dann der Prozeß der Sternentstehung von neuem.

Durch Supernova-Explosionen und starke Sternwinde ist das interstellare Material nach und nach mit den im Sterninneren synthetisierten schwereren Elementen angereichert worden. Die ersten Sterngenerationen entstanden wahrscheinlich aus einem Medium, das praktisch nur aus Wasserstoff und Helium bestand. In der jüngsten Sternpopulation findet man den höchsten Anteil von Elementen ab Kohlenstoff. Alle Atome mit Ordnungszahlen $Z \geq 3$ werden in der Astrophysik als „Metalle“ bezeichnet.

Die Sterne und das interstellare Medium bilden gemeinsam große, gravitativ gebundene Einheiten, die *Galaxien*, die in Kapitel 3 behandelt werden. Wir befinden uns in einer solchen Galaxie nahe der Symmetrieebene einer riesigen, rotierenden Scheibe (Abb. 2.2). Die meisten Sterne dieser relativ dünnen Scheibe sind so weit von uns entfernt und daher von so geringer scheinbarer Helligkeit, daß wir sie mit bloßem Auge nur als schwaches, den ganzen Himmel umspannendes, diffuses Lichtband wahrnehmen: die *Milchstraße*.

Während wesentliche Merkmale der Struktur einer Galaxie, die wir aus großer Entfernung von außen sehen, oft schon durch eine einzige Photographie erkennbar gemacht werden können, läßt sich die entsprechende Information über unser Milchstraßensystem nur sehr umständlich gewinnen: Es müssen die Entfernungen sehr vieler Einzelobjekte mit genügender Genauigkeit bestimmt werden. Bis in die zwanziger Jahre unseres Jahrhunderts hinein war noch umstritten, in welcher Richtung sich das Zentrum unserer Galaxie befindet und ob die Sonne weit davon entfernt sei. Die Ursache dafür lag vor allem in der Unkenntnis der Schwächung des Sternlichtes durch interstellare Staubteilchen – vom Zentrum des Systems bis zu uns beträgt der Schwächungsfaktor für sichtbares Licht etwa 10^{-8}! Erst durch Beobachtungen im Infrarot- und Radiofrequenzbereich gelang es, das ganze System zu durchdringen. Heute wissen wir, das unsere Galaxis der in Abb. 2.3 gezeigten Galaxie ähnlich ist.

Abb. 2.3 Spiralgalaxie M 101 im Sternbild Ursa Major (Aufnahme mit dem 2.2-m-Teleskop der Calar Alto Sternwarte des Max-Planck-Instituts für Astronomie, Heidelberg).

Abb. 2.4 Die elliptische Galaxie NGC 205 (aus A. Sandage).

Neben den flachen Systemen mit Spiralarmen gibt es die weniger auffällig strukturierten *elliptischen Galaxien* mit teilweise nur geringer Abplattung (Abb. 2.4) und die *irregulären Galaxien* (Abb. 2.5).

Abb. 2.5 Die Große Magellansche Wolke, eine irreguläre Galaxie am Südhimmel und nächstes Nachbarsystem unserer Galaxis (Aufnahme von H. Elsässer mit dem 25-cm-Refraktor der Boyden Sternwarte).

Nach chemischer Zusammensetzung, Alter und räumlicher Verteilung kann man im Milchstraßensystem grob drei verschiedene Sternpopulationen unterscheiden: Die jüngsten Sterne mit den höchsten Metallhäufigkeiten finden sich nur sehr nahe der Symmetrieebene in den Spiralarmen und werden als *Population I* zusammengefaßt. Die Sterne mittleren Alters, zu denen die Sonne gehört, bilden die *Scheibenpopulation*. Die ältesten Sterne mit den niedrigsten Metallhäufigkeiten erfüllen ein nahezu sphärisches Volumen mit relativ niedriger Anzahldichte und sie werden daher als *Halo-Population* oder (*extreme*) *Population II* bezeichnet. Diese Objekte müssen bereits in der anfänglich sphärisch-symmetrischen Kollapsphase der Protogalaxis entstanden sein.

Von den verschiedenen Gebieten der Astrophysik ist die Physik der Sterne gegenwärtig am weitesten entwickelt. Ihr wird daher der größte Abschnitt dieses Beitrages gewidmet. Ein weiterer Abschnitt soll Einblick in ein jüngeres, besonders forschungsintensives Gebiet geben: die interstellare Materie. In beiden Fällen bilden vor allem Beobachtungen von Objekten in unserer Galaxis die empirische Grundlage. Die gewonnenen Erkenntnisse über den Aufbau und die Entwicklung der Sterne sowie über die physikalischen Eigenschaften der interstellaren Materie gelten jedoch im Grundsätzlichen auch für die anderen Galaxien.

2.2 Die Sternform der Materie

Sterne sind Kugeln heißen Gases, in denen ein Gleichgewicht zwischen dem nach außen gerichteten Druck und der nach innen gerichteten Eigengravitation besteht. Ein Stern kann durch *integrale Zustandsgrößen* charakterisiert werden: Die in ihm vereinte Masse $\mathcal{M}$, sein Radius R, die gesamte abgegebene Strahlungsleistung L, die als *Leuchtkraft* bezeichnet wird, seine Oberflächentemperatur und andere. Prototyp eines Sternes ist die Sonne. Die Nähe der Sonne hat eine besonders genaue Bestimmung ihrer Zustandsgrößen ermöglicht und man verwendet diese Werte als Bezugsgrößen oder Maßeinheiten für die anderen Sterne. Darüber hinaus bietet die Sonne den einmaligen Vorzug, daß wir hier die Struktur der äußeren Schichten eines Sternes im Detail auflösen können. Aus diesen Gründen besprechen wir zuerst die Zustandsgrößen der Sonne und die Phänomene ihrer Atmosphäre.

2.2.1 Die Sonne, der nächste Stern

2.2.1.1 Radius, Masse, Rotation

Die mittlere *Entfernung der Erde von der Sonne*, die große Halbachse der schwach elliptischen Erdbahn a, ist durch Radarmessungen an den Planeten Venus und Mars besonders genau bestimmt worden: Die Dimensionen der Planetenbahnen und damit auch ihre Abstände von der Erde sind aus den klassischen optischen Beobachtungen mit hoher Genauigkeit in Einheiten a bekannt. Andererseits ermöglichten es Radarbeobachtungen, solche Abstände durch Messung der Laufzeit elektromagnetischer Wellen zum Planeten und zurück auch absolut zu ermitteln. Der Vergleich beider Ergebnisse lieferte dann a. Für die astrophysikalischen Anwendungen können wir uns mit der Angabe des abgerundeten Resultats begnügen:

$$a = 149\,598\,000 \text{ km} .$$

In Verbindung mit dem mittleren Winkeldurchmesser der Sonne von $31'59.''3$ ergibt sich damit der *Sonnenradius* zu

$$R_\odot = 6.960 \cdot 10^5 \text{ km} .$$

Zwei Punkte auf der Sonne, deren gegenseitiger Abstand uns unter einem Winkel von $1''$ erscheint, sind hiernach 725 km voneinander entfernt.

Die *Masse der Sonne* kann aus ihrer Gravitationswirkung auf das System Erde–Mond abgeleitet werden. Die Integration des Zweikörperproblems führt auf das 3. Keplersche Gesetz in der Form

$$\frac{a^3}{P^2} = \frac{G}{4\pi^2}(\mathcal{M}_1 + \mathcal{M}_2) . \tag{2.1}$$

Dabei bezeichnen a die große Halbachse der relativen Bahn des Körpers mit der Masse $\mathcal{M}_2$ um den Körper mit der Masse $\mathcal{M}_1$, P die Umlaufszeit und G die Gravitationskonstante. Im betrachteten Fall folgt mit $a = a$ und $P = 1$ Jahr als Massensumme in guter Näherung die Sonnenmasse $\mathcal{M}_1 = \mathcal{M}_\odot$, denn für die Masse des

Systems Erde–Mond gilt $\mathcal{M}_2 \approx 3 \cdot 10^{-6} \mathcal{M}_\odot$. Man erhält

$$\mathcal{M}_\odot = 1.989 \cdot 10^{30}\ \text{kg}\ .$$

Die *mittlere Massendichte der Sonne* ergibt sich zu nur $\varrho_\odot = 1.4\ \text{g cm}^{-3}$ (Erde: $5.5\ \text{g cm}^{-3}$), die *Schwerebeschleunigung an der Sonnenoberfläche* $g_\odot = G\mathcal{M}_\odot / R_\odot^2$ beträgt hingegen das 28fache der Erdbeschleunigung.

Die Sonne rotiert in dem gleichen Sinn, wie die Planeten ihre Bahnen durchlaufen. Man erkennt dies am einfachsten durch Beobachtung der Bewegung der Sonnenflecken von Ost nach West über die Sonnenscheibe. Am Sonnenäquator beträgt die Rotationsgeschwindigkeit rund $2\ \text{km s}^{-1}$ entsprechend einer Rotationsdauer von 25.0 Tagen. Die Rotation erfolgt jedoch nicht starr: Mit wachsendem Abstand vom Sonnenäquator nimmt die Rotationsgeschwindigkeit ab. Bei der heliographischen[1] Breite $\pm 40^\circ$ erreicht die Rotationsdauer 27.0 Tage. Ursache dieser *differentiellen Rotation* sind großräumige und tiefreichende Zirkulationsbewegungen.

2.2.1.2 Die Strahlung der Sonne

Das *Spektrum der Sonne* erstreckt sich vom Röntgen- und Ultraviolettbereich über die sichtbare und infrarote Strahlung bis zu Radiowellenlängen. Beobachtungen vom Erdboden aus sind nur möglich im „optischen Fenster“ der Erdatmospshäre zwischen 300 nm und 1 μm Wellenlänge, in einigen schmalen Bändern des Infrarotbereiches und im „Radiofenster“ von Millimeterwellen bis zu 20-m-Wellen. Vor allem die Strahlung mit Wellenlängen unterhalb von 300 nm konnte nur durch extraterrestrische Beobachtungen erschlossen werden. Etwa ab 200 nm im Ultraviolett bis weit ins Infrarot besteht das Sonnenspektrum aus einem Kontinuum mit maximaler Stärke im Sichtbaren, in das zahlreiche Absorptionslinien, die sogenannte *Fraunhofer-Linien*, eingelagert sind. Rund 95 % der Sonnenstrahlung entfallen auf diesen Bereich. Die Schicht, welcher diese Strahlung entstammt, wird *Photosphäre* genannt.

Die Verteilung der photosphärischen Strahlung über die Sonnenscheibe zeigt eine *Randverdunkelung* (Abb. 2.6). Die Strahlungsintensität sinkt jedoch zum Rand hin nicht allmählich auf Null, sondern strebt einem endlichen Wert zu, um schließlich innerhalb von weniger als einer halben Bogensekunde steil abzufallen. Diese „Schärfe“ des Sonnenrandes hat ihre Ursache darin, daß die Photosphäre schon auf einer Strecke von 300 km praktisch undurchlässig („optisch dick“) wird.

Für die Strahlung der Sonne (und der Sterne) werden folgende Meßgrößen verwendet (Tab. 2.1):

Die *Strahlungsflußdichte* (Bestrahlungsstärke) S ist definiert als Strahlungsleistung durch Fläche, die aus einem bestimmten Raumwinkel, beispielsweise von der ganzen Sonnenscheibe, empfangen wird (SI-Einheit: Watt durch Quadratmeter, W m^{-2}); der *Strahlungsstrom* Φ ist die Strahlungsleistung durch Fläche, die in den Halbraum, beispielsweise von der „Oberfläche“ der Sonne nach außen abgegeben wird (SI-Einheit: W m^{-2}); die *Intensität* (Strahldichte) I ist die Strahlungsleistung durch Fläche und Raumwinkel (SI-Einheit: $\text{W m}^{-2}\ \text{sr}^{-1}$; Steradiant (sr) = der Raumwinkel,

[1] griechisch: hèlios = die Sonne

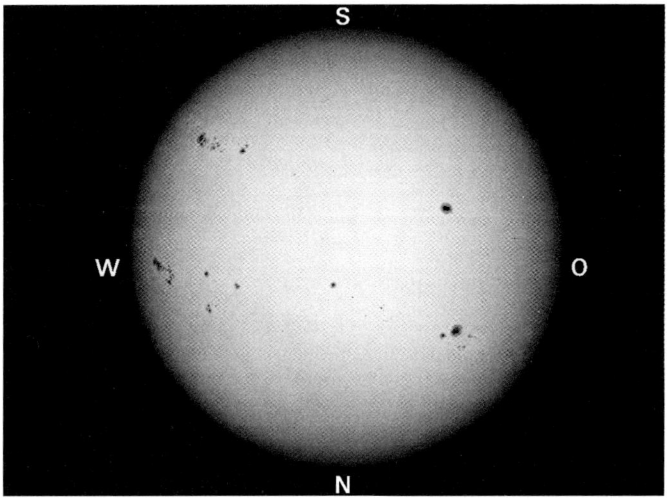

Abb. 2.6 Direkte Sonnenaufnahme im blauen Spektralbereich.

Tab. 2.1 Größen zur Beschreibung von Strahlung in Astrophysik und Optik.

Größe, Symbol Astrophysik	Größe, Symbol Strahlungsphysik (Bd. 3, Optik)	SI-Einheit
Strahlungsflußdichte S	Bestrahlungsstärke E, E_e	$W m^{-2}$
Strahlungsstrom Φ (in den Halbraum)	Spezifische Ausstrahlung M_e	$W m^{-2}$
Intensität I	Strahldichte L, L_e	$W sr^{-1} m^{-2}$
Leuchtkraft L	(gesamte) Strahlungsleistung Φ	W

dessen Scheitelpunkt im Mittelpunkt einer Kugel liegt und aus der Kugeloberfläche eine Fläche R^2 ausschneidet; R = Radius).

Zur Charakterisierung der Wellenlängenabhängigkeit der Strahlung bezieht man die bisher definierten Größen auf ein (differentielles) Wellenlängenintervall $d\lambda$ bzw. Frequenzintervall $d\nu$ und bildet den entsprechenden Differentialquotienten. Die so gebildeten spektralen Größen werden mit dem Index λ bzw. ν versehen. Die von der Sonne isotrop ausgesandte spektrale Strahlungsleistung L_λ kann in jeder Entfernung r auf die Hüllfläche einer konzentrischen Kugel $4\pi r^2$ bezogen werden. Mit $r = R_\odot$ = Sonnenradius folgt $L_\lambda/4\pi R_\odot^2 = \Phi_\lambda$, der spektrale Strahlungsstrom auf der Sonnenoberfläche, und mit $r = r_\odot$ = Entfernung der Erde von der Sonne folgt

$$\frac{L_\lambda}{4\pi r_\odot^2} = S_\lambda ,$$

die spektrale Strahlungsflußdichte am Ort der Erde (außerhalb der Erdatmosphäre). Aus beiden Ansätzen ergibt sich

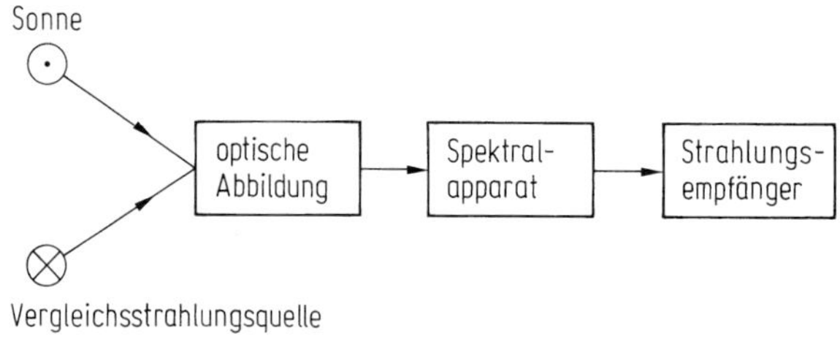

Abb. 2.7 Zur Messung der absoluten Intensitätsverteilung im Spektrum der Sonne.

$$\Phi_\lambda = \left(\frac{r_\odot}{R_\odot}\right)^2 S_\lambda \,. \tag{2.2}$$

S_λ, bezogen auf eine Fläche senkrecht zur Sonnenrichtung, wird erzeugt durch die Einstrahlung von der Sonnenscheibe, die unter dem Raumwinkel $\Omega_\odot = \pi R_\odot^2/r_\odot^2$ erscheint. Der Quotient $S_\lambda/\Omega_\odot$ ist gleich der mittleren Intensität der Sonnenscheibe. Man hat auch Messungen ausgeführt, bei denen nur ein kleiner Raumwinkel $\Omega \ll \Omega_\odot$ in der Mitte der Sonnenscheibe (durch eine entsprechend kleine Blende) erfaßt wurde, und dann gilt S_λ/Ω = Intensität der senkrecht aus der Sonnenatmosphäre austretenden Strahlung.

Allgemein ist die Änderung von S_λ mit der Entfernung von einer flächenhaften Quelle lediglich durch die Änderung des Raumwinkels der Quelle bedingt. Aus der Definition der Intensität folgt (für kleine Raumwinkel)

$$S_\lambda = I_\lambda \cdot \Omega \,. \tag{2.3}$$

Bezeichnet r den Abstand von der Quelle, so gilt $S_\lambda \sim 1/r^2$ und $\Omega \sim 1/r^2$. Daher ist die Intensität der Strahlung einer ausgedehnten Quelle *unabhängig* von der Entfernung. Von der unmittelbar gemessenen Größe S_λ geht man aus diesem Grunde stets zu $S_\lambda/\Omega = I_\lambda$ über.

Die *absolute Intensitätsverteilung* im Spektrum der ganzen Sonnenscheibe wie auch der Scheibenmitte wurde durch photometrischen Vergleich mit einer Strahlungsquelle bekannter spektraler Intensitätsverteilung gemessen (Abb. 2.7). Hierzu diente im Prinzip ein Hohlraumstrahler (schwarzer Körper, black body), dessen spektrale Intensitäten $B_\lambda(T)$ bzw. $B_\nu(T)$ mit großer Genauigkeit durch die Plancksche Strahlungsformel gegeben sind:

$$B_\lambda(T) = \frac{2hc^2}{\lambda^5}\frac{1}{\mathrm{e}^{hc^2/(k\lambda T)}-1} \quad \text{bzw.} \quad B_\nu(T) = \frac{2h\nu^3}{c^2}\frac{1}{\mathrm{e}^{h\nu/(kT)}-1}\,. \tag{2.4}$$

Für jedes kleine Wellenlängenintervall $\lambda \cdots \lambda + \Delta\lambda$ werden Sonne und Vergleichsquelle im Wechsel gemessen. Im Verhältnis beider Meßwerte heben sich die spektrale Empfindlichkeit des Strahlungsempfängers und die Durchlässigkeit der ganzen Apparatur heraus. Die so gewonnenen Intensitäten der Sonnenstrahlung sind jedoch noch mit der wellenlängenabhängigen Extinktion durch die Erdatmosphäre behaftet. Deshalb müssen sämtliche Messungen für verschiedene Zenitdistanzen ausgeführt werden, um dann auf die extraterrestrischen Werte extrapolieren zu können. Um den Einfluß der atmosphärischen Extinktion klein zu halten, wurden derartige Messungen von hohen Bergen aus vorgenommen. Es liegen auch extraterrestrische Messungen vor.

Die Ergebnisse zeigen, daß die Energieverteilung im Sonnenspektrum von der eines schwarzen Körpers deutlich abweicht. Nur in grober Näherung kann man sie durch eine Planck-Kurve zu $T \approx 6000$ K approximieren. Darüber hinaus bedeutet die Randverdunkelung, daß die aus der Photosphäre tretende Strahlung – anders als beim schwarzen Körper – richtungsabhängig ist. Der Grund dafür liegt in der Zunahme der Temperatur mit der Tiefe in der Photosphäre in Verbindung mit dem hohen Absorptionsvermögen im Kontinuum: Senkrecht austretende Strahlung kommt effektiv aus tieferen, heißeren Schichten als schräg austretende Strahlung. Die Schichtung der Temperatur ist auch die wesentliche Ursache für das Auftreten der Fraunhofer-Linien, einer weiteren Abweichung von der „schwarzen Strahlung": Bei Wellenlängen, die sehr stark absorbiert werden, also als Spektrallinien beobachtet werden, kann die Strahlung nur aus den höchsten, kühleren Photosphärenschichten stammen, und sie ist deshalb schwächer als die aus tieferen Schichten stammende Strahlung benachbarter Wellenlängen, bei denen allein kontinuierliche Absorption vorliegt.

2.2.1.3 Leuchtkraft und effektive Temperatur

Jede aus Messungen der Strahlung der ganzen Sonne abgeleitete spektrale Intensität stellt wegen der Randverdunkelung einen Mittelwert über die Sonnenscheibe dar. Wir versehen diese Größe deshalb mit einem Querstrich $\bar{I}_\lambda$. Bezeichnet ϱ den Abstand eines Punktes von der Mitte der Sonnenscheibe in Einheiten des Sonnenradius, so gilt $\varrho = \sin\vartheta$, wobei ϑ der Austrittswinkel der Strahlung gegen die Normale zur Sonnenoberfläche ist (Abb. 2.8). Zur Berechnung von $\bar{I}_\lambda$ integrieren wir I_λ über die Sonnenscheibe und dividieren durch deren Fläche $\pi R_\odot^2$:

$$\bar{I}_\lambda = (\pi R_\odot^2)^{-1} \int_{r=0}^{R_\odot} I_\lambda(r) 2\pi r \, dr = 2 \int_{\varrho=0}^{1} I_\lambda(\varrho) \varrho \, d\varrho \, .$$

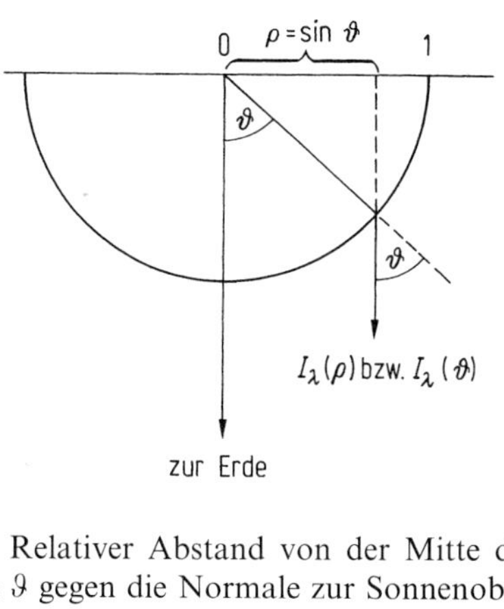

Abb. 2.8 Relativer Abstand von der Mitte der Sonnenscheibe ϱ und Austrittswinkel der Strahlung ϑ gegen die Normale zur Sonnenoberfläche.

Mit $\varrho = \sin\vartheta$ und $\mathrm{d}\varrho = \cos\vartheta\,\mathrm{d}\vartheta$ folgt

$$\bar{I}_\lambda = 2 \int_{\vartheta=0}^{\pi/2} I_\lambda(\vartheta)\cos\vartheta\,\sin\vartheta\,\mathrm{d}\vartheta\,. \tag{2.5}$$

Dabei bezeichnet $I_\lambda(\vartheta)$ die unter dem Winkel ϑ aus der Sonnenoberfläche austretende spektrale Intensität.

Der spektrale *Strahlungsstrom* Φ_λ an der Sonnenoberfläche ergibt sich aus der Integration der Intensität $I_\lambda(\vartheta)$ über den Halbraum, wobei der Faktor $\cos\vartheta$ einzufügen ist wegen der Verkleinerung des Querschnitts schräg austretender Strahlenbündel:

$$\Phi_\lambda = \int_{2\pi} I_\lambda(\vartheta)\cos\vartheta\,\mathrm{d}\omega = \int_{\varphi=0}^{2\pi}\mathrm{d}\varphi \int_{\vartheta=0}^{\pi/2} I_\lambda(\vartheta)\cos\vartheta\,\sin\vartheta\,\mathrm{d}\vartheta\,.$$

Ein Vergleich mit Gl. (2.5) ergibt

$$\Phi_\lambda = \pi\bar{I}_\lambda\,. \tag{2.6}$$

Gl. (2.6) zeigt, daß die bei der Intensität zur Berücksichtigung der Randverdunklung erforderliche Mittelwertbildung bei der Berechnung des Strahlungsstromes Φ_λ schon in der Integration über den Halbraum vorgenommen wird.

Um zu einem eindeutigen Temperaturbegriff für die „Oberfläche" der Sonne (und der Sterne) zu kommen, definiert man die **effektive Temperatur** T_{eff} als Temperatur eines schwarzen Strahlers, der gerade den beobachteten Gesamtstrahlungsstrom Φ besitzt. Damit ist T_{eff} aus dem Stefan-Boltzmann-Gesetz zu berechnen:

$$\int_0^\infty \Phi_\lambda\,\mathrm{d}\lambda = \Phi = \sigma T_{\mathrm{eff}}^4\,. \tag{2.7}$$

Danach können auch die gesamte Strahlungsleistung der Sonne, die **Leuchtkraft** $L_\odot = 4\pi R_\odot^2 \Phi$, und die am Ort der Erde vorliegende gesamte Strahlungsflußdichte, die sogenannte **Solarkonstante** $S = (R_\odot/r_\odot)^2\Phi$, angegeben werden. Die Resultate lauten

$$\begin{aligned} \Phi &= 6.33\cdot 10^7\,\mathrm{W\,m^{-2}}\\ T_{\mathrm{eff}} &= 5780\,\mathrm{K}\\ L_\odot &= 3.85\cdot 10^{26}\,\mathrm{W}\\ S &= 1.37\,\mathrm{kW\,m^{-2}} \end{aligned}$$

2.2.1.4 Fraunhofer-Linien und qualitative Analyse

Zwischen 300 nm und 1 µm treten im Sonnenspektrum über 20000 Fraunhofer-Linien auf. Für einige der bekanntesten und stärksten sind in Tab. 2.2 die Wellenlängen und die Elementzugehörigkeit angegeben. Die meisten dieser Linien werden durch Atome erzeugt. Man findet jedoch auch (schwache) Linien der zweiatomigen Moleküle bzw. Molekülradikale CO, C_2, CN, CH, OH. Im roten und infraroten Bereich zeigt das Sonnenspektrum darüber hinaus zahlreiche Linien, die in der Erdatmosphäre entstehen: terrestrische (oder tellurische[2]) Linien, die sich beispiels-

[2] lateinisch: tellus, telluris = Erde

weise durch die Variation ihrer Stärke mit der Zenitdistanz der Sonne zu erkennen geben.

Die Identifikationen solarer Fraunhofer-Linien (Tab. 2.2) lieferten den sicheren Nachweis von mindestens 63 Elementen in der Sonnenphotosphäre. Die verbleibenden Elemente besitzen entweder sehr geringe kosmische Häufigkeiten (Bi, Tl, U und andere) oder ihre Linien können bei den photosphärischen Temperaturen nicht in genügendem Umfang angeregt werden (Ar, Ne und andere), weil die vorliegenden Temperaturen mittleren kinetischen Energien der Gaspartikel von nur etwa 1 eV entsprechen. Die *Balmer-Linien* des Wasserstoffs erfordern zwar auch relativ hohe Anregungsenergien, dieser Nachteil wird jedoch durch die überragende Häufigkeit dieses Elementes vollständig kompensiert. Helium ist im Photosphärenspektrum praktisch nicht vertreten.

Tab. 2.2 Bekannte starke Fraunhofer-Linien.

Kurzbezeichnung	Wellenlänge/nm	Ursprung
$H\alpha$	656.3	H (Balmer-Serie)
D_1, D_2	589.6/589.0	Na (Dublett)
b_1, b_2, b_4	518.4/517.3/516.7	Mg (Triplett)
$H\beta$	486.1	H (Balmer-Serie)
$H\gamma$	434.0	H (Balmer-Serie)
g	422.7	Ca
$H\delta$	410.2	H (Balmer-Serie)
H, K	396.9/393.4	Ca^+ (Dublett)

2.2.2 Phänomene der Sonnenatmosphäre

2.2.2.1 Feinstruktur der Photosphäre

Die Sonnenscheibe zeigt eine Körnigkeit, die mit terrestrischen Teleskopen – infolge kleinräumiger Brechzahlfluktuationen in der Troposphäre – nur unvollständig auflösbar ist. Die wahre Struktur dieser **Granulation** ist überzeugend erstmals 1957 durch Aufnahmen mit einem ballongetragenen Teleskop aus Höhen um 25 km weitgehend enthüllt worden. Die meist unregelmäßig polygonalen, hellen Granula besitzen Durchmesser von 0.″4 (Auflösungsgrenze) bis 5″, im Mittel 1.″3, rund 1000 km entsprechend (Abb. 2.9). Bildet man die Sonne mit guter räumlicher Auflösung auf den möglichst hohen Spalt eines Spektrographen ab, so zeigen die Fraunhofer-Linien des erzeugten Spektrums unregelmäßige Zickzackverläufe. Ursache sind lokale Doppler-Verschiebungen bei den Positionen der einzelnen hellen Granula und der dunklen, weil kühleren intergranularen Gebiete im Spalt infolge von vertikalen Bewegungen. Die Beträge $\Delta\lambda$ entsprechen Geschwindigkeiten zwischen 0.2 und 1 km s^{-1}. In den Granula steigt die Materie auf, in den Zwischengebieten sinkt sie ab.

Analysen des Geschwindigkeitsfeldes mit verschiedenen Methoden erwiesen darüber hinaus die Existenz von großen Zellen mit etwa 30000 km Durchmesser, in

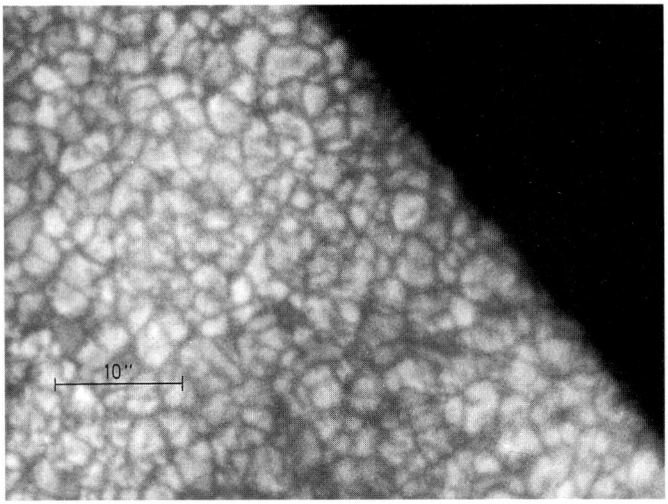

Abb. 2.9 Granulation der Sonnenoberfläche. Die Aufnahme wurde am Sonnenobservatorium Izana auf Teneriffa während einer partiellen Sonnenfinsternis gewonnen. Die Begrenzung rechts oben wird durch den Mondrand erzeugt (Aufnahme von F. L. Deubner und W. Mattig).

deren Mitte die Materie auf- und an deren Rändern sie absteigt. Von der Mitte zum Rand verläuft die Strömung jeweils horizontal mit Geschwindigkeiten von etwa 0.5 km s^{-1}. Dieses fast über die ganze Sonnenoberfläche verbreitete Phänomen wird als **Supergranulation** bezeichnet (s. Abb. 2.16).

Überraschend war die Entdeckung einer relativ schwach gedämpften *Oszillation* in den Auf- und Abstiegsbewegungen der Granulation am festen Ort mit einer Periode von 5 Minuten. Die Untersuchung der räumlich-zeitlichen Struktur des Geschwindigkeitsfeldes ergab, daß es sich hierbei nicht um ein rein lokales Phänomen handelt, sondern um die Überlagerung einer Anzahl diskreter Schwingungsformen der ganzen „Sonnenoberfläche" mit den größten Geschwindigkeitsamplituden für horizontale Wellenlängen um 10^4 km. Das räumliche Spektrum reicht bis zu Wellenlängen von der Größe des Sonnenradius, also zu *globalen* 5-Minuten-Oszillationen, die jedoch sehr kleine Geschwindigkeitsamplituden aufweisen: Durch Messungen mit einem Resonanzstreuspektrometer konnten für die ganze Sonnenscheibe Amplituden von 15 cm s^{-1} nachgewiesen werden.

2.2.2.2 Chromosphäre und Korona, Sonnenwind

Die enorme Helligkeit der Photosphäre verhindert die direkte Beobachtung höherer Schichten der Sonnenatmosphäre. Wird jedoch während einer totalen Sonnenfinsternis die Photosphäre kurzzeitig ganz durch den Mond abgedeckt, dann erscheint ein rosafarbiger Lichtsaum, die **Chromosphäre**, deren Intensität nur etwa das 10^{-5}-fache der Photosphärenintensität nahe dem Sonnenrand beträgt. Oberhalb von 1500 km Höhe über der Photosphäre weist diese Schicht viele schmale, helle Flam-

Abb. 2.10 Sonnenkorona (aufgenommen von G. van Biesbroeck während der totalen Sonnenfinsternis am 25.2.1952).

menzungen auf, die sogenannten *Spiculae*. Darüber beobachtet man die weit ausgedehnte, weißlich leuchtende **Sonnenkorona**, deren Helligkeit jedoch mit dem Abstand vom Sonnenrand rasch abfällt (Abb. 2.10).

Aufnahmen während dieser kurzen *Flash-Phase* der Finsternis mit einem vor die Öffnung des Teleskops gesetzten dünnen Glasprisma mit kleinem brechendem Winkel („Objektivprisma"), wobei die chromosphärische Sichel als Spektrographenspalt wirkt, zeigen, daß die Chromosphäre ein Emissionslinienspektrum besitzt (Abb. 2.11). Neben den Balmer-Linien des Wasserstoffs sowie CaII-H und -K sind im Photosphärenspektrum (in Absorption) nicht vertretene Linien mit relativ hohen Anregungsenergien vorhanden. Erwähnt sei die Linie $\lambda = 587.6$ nm des neutralen Heliums, deren Beobachtung während einer totalen Sonnenfinsternis 1868 den ersten Hinweis auf dieses damals noch unbekannte Element lieferte und ihm seinen Namen gab (Nachweis auf der Erde 1895 durch W. Ramsay).

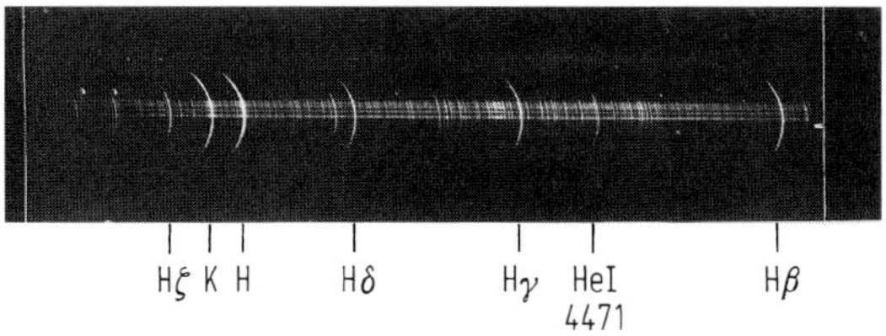

Abb. 2.11 Flash-Spektrum der Chromosphäre der Sonne. Die durchgehenden Streifen entstehen dort, wo die kontinuierliche Strahlung der Photosphäre in „Tälern" des Mondrandprofils sichtbar wird (aufgenommen von Houtgast und Zwaan).

Im *Ultraviolett* unterhalb von 150 nm ist das kontinuierliche Spektrum der Photosphäre bereits so schwach, daß die hier ebenfalls vorhandenen chromosphärischen Emissionslinien dominieren. Diese Linien können daher auch ohne Sonnenfinsternis, allerdings nur extraterrestrisch, direkt vor der Sonnenscheibe beobachtet werden. Die Lyman-α-Linie des Wasserstoffs bei 121.6 nm wurde erstmals 1952 bei einem Raketenaufstieg als starke chromosphärische Emission nachgewiesen. Seitdem haben extraterrestrische Messungen den Verlauf des Spektrums von Chromosphäre und Korona bis ins Röntgengebiet erschlossen. Neben der Lyman-Serie und den entsprechenden Linien des ionisierten Heliums treten zahlreiche Linien verschiedener Ionen mit ebenfalls hohen Anregungsenergien auf. Bilder der Sonne in Wellenlängenbereichen der Ultraviolett- wie auch der weichen Röntgenstrahlung zeigen unmittelbar die Strukturen von Chromosphäre und Korona (Abb. 2.12a).

Die Struktur der Chromosphäre kann auch im sichtbaren Spektralbereich vor der Sonnenscheibe erkennbar gemacht werden: In der Mitte einer starken Fraunhofer-Linie ist das Absorptionsvermögen der Sonnenmaterie um mehrere Zehnerpotenzen größer als bei den Wellenlängen des benachbarten Kontinuums. Die in der Linienmitte noch vorhandene Strahlung kann daher nur aus den höchsten Schichten kommen, die effektiv bereits über der Photosphäre liegen. Aufnahmen der Sonnenscheibe mit einem Filter, das nur den schmalen Wellenlängenbereich der Linienmitte einer starken Fraunhofer-Linie hindurchläßt, ergeben daher ein Bild einer bestimmten Schicht der Chromosphäre. Derartige *Filtergramme* (Abb. 2.12b) zeigen als feinste Strukturelemente kleine „Körner" (*fine mottles*) mit Abmessungen von der Größenordnung 1000 km, die mit den Spiculae identifiziert werden können. Sie sind zu Büscheln gehäuft, und diese Büschel bilden ein unregelmäßiges *Netzwerk*. Die Maschen dieses chromosphärischen Netzwerkes sind mit den Zellen der Supergranulation identisch. Die fine mottles befinden sich also an den Rändern dieser großen Strömungszellen.

Aufschlüsse über den physikalischen Zustand der Sonnenkorona sind zuerst durch Finsternisbeobachtungen der optischen Strahlung gewonnen worden. Spektralaufnahmen zeigten, daß sich drei verschiedene Komponenten überlagern:

1. die *K-Korona* mit rein kontinuierlichem Spektrum, das denselben Intensitätsverlauf besitzt wie das Kontinuum der Photosphäre,
2. die *L-Korona* mit einem reinen Emissionslinienspektrum und
3. die *F-Korona* („Fraunhofer-Korona"), deren Spektrum eine nahezu genaue Wiedergabe des Photosphärenspektrums mit den Fraunhofer-Linien darstellt.

Die Trennung der Komponenten war möglich, weil sich die K-Korona nur bis zu einem Randabstand von etwa 0.3 Sonnenradien und die L-Korona bis zu etwa 0.5 Sonnenradien erstrecken, während die F-Korona bei Abständen > 1.5 Sonnenradien überwiegt.

Die im sichtbaren Bereich beobachteten starken Emissionslinien der L-Korona erwiesen sich durchweg als verbotene Linien hochionisierter Atome, vor allem der Eisengruppe. Als Beispiel sei die FeXIV-Linie $\lambda = 530.3$ nm angeführt. Die zur Erzeugung des hier emittierenden Ions erforderliche Ionisationsenergie beträgt in diesem Fall 355 eV. Damit dies auf thermischem Wege durch Stöße von anderen Gaspartikeln geschehen kann, müssen deren mittlere kinetische Energien $(3/2)\,kT$ von dieser Größenordnung sein. Daraus folgt eine Temperatur von rund 10^6 K. Eine

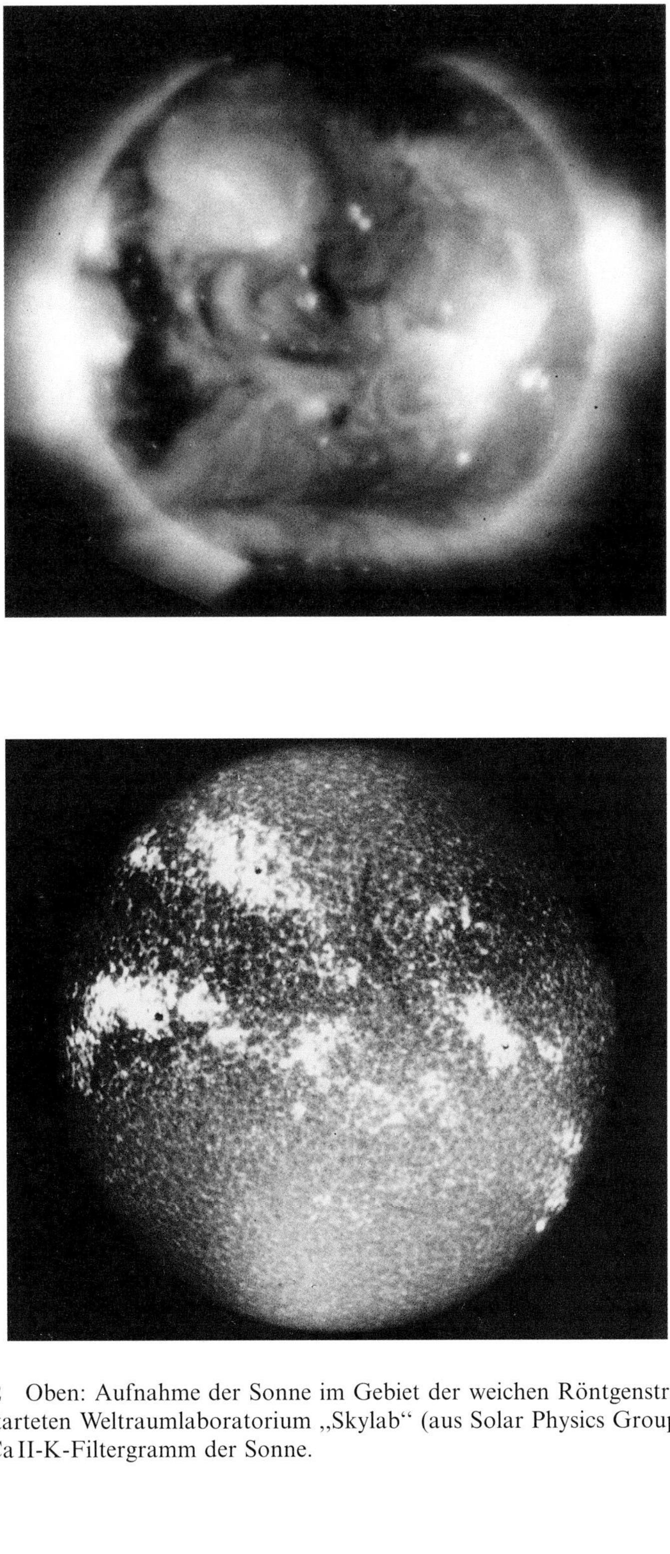

Abb. 2.12 Oben: Aufnahme der Sonne im Gebiet der weichen Röntgenstrahlung von dem 1973 gestarteten Weltraumlaboratorium „Skylab" (aus Solar Physics Group, 1975). Unten: Ca II-K-Filtergramm der Sonne.

so hohe Temperatur ist auch zur Erklärung der beobachteten großen Linienbreiten (thermischer Doppler-Effekt) erforderlich. Diese Aussagen wurden später durch die Beobachtungen der Emissionslinien des Ultraviolett- und Röntgenbereichs bestätigt. Hier findet man vorwiegend entweder Linien von Ionen, deren Erzeugung Energien unter 100 eV erfordert (H, HeI, CIII, SiIII und andere) und die in der Chromosphäre entstehen, oder Linien von Ionen, für deren Erzeugung Energien über 200 eV notwendig sind (MgIX, FeX ... FeXIV und andere), deren Quelle die Korona ist.

In der K-Korona sehen wir das an freien Elektronen gestreute Photosphärenlicht (Streukoeffizient unabhängig von der Wellenlänge), das daher auch eine erhebliche lineare Polarisation aufweist. Das Fehlen der Fraunhofer-Linien ist eine Folge der hohen Temperatur des Koronagases: Für $T \approx 10^6$ K sind die thermischen Geschwindigkeiten der leichten Elektronen so groß, daß sich Doppler-Verschiebungen des gestreuten Photosphärenlichtes von durchschnittlich etwa 8 nm ergeben. Hierdurch werden die Fraunhofer-Linien völlig „verschmiert" und sind im Streulicht nicht mehr erkennbar. Aus den beobachteten Intensitäten der K-Korona können die Anzahldichten der Elektronen abgeleitet werden. Die höchsten Werte in der inneren Korona liegen bei $N_e \approx 10^8\,\mathrm{cm}^{-3}$.

Bei der F-Korona handelt es sich um Photosphärenlicht, das an interplanetarem Staub gestreut wurde. Durch Messungen von Ballonen und Raketen aus konnte ein stetiger Übergang in das auf gleiche Weise entstehende *Zodiakallicht* nachgewiesen werden. Nahe der Sonne können diese kleinen festen Teilchen nicht existieren. Daß wir das Streulicht auch relativ nahe bei der Sonne als F-Korona sehen, liegt überwiegend an der starken Vorwärtsstreuung der zwischen Sonne und Erde befindlichen Staubteilchen.

Das heiße koronale Plasma erstreckt sich bis zu sehr großen Abständen von der Sonne. Es befindet sich in einem Zustand permanenter Expansion. Durch Messungen von Raumsonden aus, zuerst 1962 mit Mariner 2, konnte es noch in der Entfernung des Erdabstandes von der Sonne direkt nachgewiesen werden. Hier wurde ein ständiger Strom von Ionen (vorwiegend H und He) und Elektronen mit durchschnittlich etwa $2 \cdot 10^8$ Teilchen/cm^2 s gemessen, dessen Geschwindigkeit etwa 400 km/s beträgt, so daß Dichten von einigen Teilchen/cm^3 resultieren. Die Temperatur des Plasmas beträgt noch etwa $5 \cdot 10^5$ K. Durch diesen kontinuierlichen **Sonnenwind** verliert die Sonne jedoch nur rund 10^{-14} Sonnenmassen im Jahr.

2.2.2.3 Solare Radiofrequenzstrahlung

Aussagen über Temperaturen und Dichten in den äußeren Schichten der Sonnenatmosphäre liefern auch Messungen der solaren Emission von Radiowellen. Man unterscheidet hier die ständig vorhandene „ruhige" von der zeitlich variablen und oft sehr viel stärkeren „gestörten" Strahlung. Wir besprechen zunächst die ruhige Komponente. Die Beobachtungen beziehen sich auf die Strahlungsflußdichte der ankommenden Strahlung $S_\lambda = I_\lambda \cdot \Omega$, wobei Ω den Raumwinkel der Richtkeule des Radioteleskops bezeichnet. Ist Ω größer als der Raumwinkel der ganzen Sonne $\Omega_\odot$, dann ist $\Omega = \Omega_\odot$ zu setzen. Die hieraus berechnete Intensität I_λ charakterisieren die Radioastronomen durch die **Strahlungstemperatur** T_S, definiert als Temperatur eines schwarzen Strahlers, der bei der betrachteten Frequenz diese Intensität besitzt.

Weil die Plancksche Strahlungsformel im Radiobereich ($h\nu/(kT) \ll 1$) durch das Rayleigh-Jeans-Gesetz ersetzt werden darf, wird T_S definiert durch

$$I_\nu = B_\nu(T_S) = \frac{2\nu^2}{c^2} kT_S . \tag{2.8}$$

T_S ist im allgemeinen von der Frequenz ν abhängig. Für die ruhige Radiosonne ergaben die Messungen den in Abb. 2.13a gezeigten Verlauf von T_S mit der Frequenz bzw. Wellenlänge. Im Meterwellengebiet ist T_S angenähert konstant gleich $1 \cdot 10^6$ K.

Die *Herkunft* dieser Strahlung verraten unmittelbar die Messungen ihrer Verteilung über die Sonnenscheibe bei fester Wellenlänge. Mit einem einzelnen Radioteleskop sind solche Messungen jedoch nicht möglich. Die kleinste auflösbare Winkelausdehnung ist durch das Verhältnis λ/D bestimmt, wobei D den Durchmesser der Antennenfläche (Radiospiegel) bezeichnet. Angenähert gilt $\alpha = 60° \cdot (\lambda/D)$. Für $\lambda = 1$ m und $D = 100$ m erhält man damit nur $\alpha = 0.6°$, während der Winkeldurchmesser der ganzen Sonne 0.5° beträgt. Hinreichende Winkelauflösung kann jedoch durch Zusammenschalten von zwei oder mehr, genügend weit voneinander entfernten Einzelantennen zu einem Radio-Interferometer erreicht werden. In der Formel für α ist dann für D der (maximale) gegenseitige Abstand der Einzelantennen einzusetzen. Ergebnisse sind in Abb. 2.13b wiedergegeben. Offenbar kommt die Meterwellenstrahlung aus der Sonnenkorona, Zentimeter- und Dezimeterwellen werden hingegen vorwiegend in der Chromosphäre erzeugt. Die Strahlungstemperaturen T_S dürfen angenähert als thermodynamische (kinetische) Temperaturen der jeweils emittierenden Schichten interpretiert werden. Die quantitative Diskussion ergibt, daß die Radioemission der ruhigen Sonne thermische Bremsstrahlung der freien Elektronen in den elektrischen Feldern der Ionen ist (Frei-frei-Übergänge).

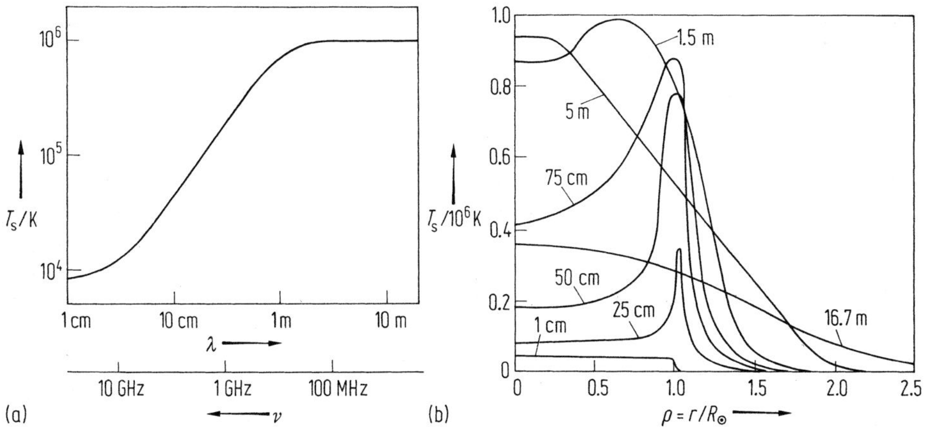

Abb. 2.13 (a) Strahlungstemperatur T_s der Radiofrequenzstrahlung der ruhigen Sonne in Abhängigkeit von der Wellenlänge λ bzw. der Frequenz ν. (b) Mitte-Rand-Variation von T_s über die Sonnenscheibe (nach Smerd).

2.2.2.4 Sonnenaktivität und Magnetfelder

Die veränderlichen Phänomene der Sonnenatmosphäre sind sehr vielfältig und können hier nur kurz angesprochen werden. Die Häufigkeit aller dieser Erscheinungen folgt einem ausgeprägten Aktivitätszyklus mit einer Periode von durchschnittlich 11 Jahren. Auffälligste Erscheinung im optischen Bereich sind die dunklen **Sonnenflecken**. Die Lebensdauer des einzelnen Flecks erreicht maximal etwa 100 Tage. Die ersten Flecken eines neuen Zyklus treten stets in relativ hohen heliographischen Breiten um $\pm 35^\circ$ auf, später jedoch immer näher am Sonnenäquator bis zu etwa $\pm 8^\circ$ (Breitengesetz der Aktivitätszonen).

Voll entwickelte Sonnenflecken besitzen Durchmesser von der Größenordnung 10^4 km, in Extremfällen bis zu 10^5 km. In den Flecken liegen die Temperaturen um etwa 2500 K niedriger als in der benachbarten Photosphäre. In den Spektren von Flecken, die sich im Bereich der Mitte der Sonnenscheibe befinden, werden Aufspaltungen von Fraunhofer-Linien durch den longitudinalen Zeeman-Effekt beobachtet (Blick in Richtung der magnetischen Feldlinien). Die gemessenen Aufspaltungsbeträge entsprechen magnetischen Flußdichten bis zu $B = 0.4$ Tesla (T), also etwa dem 10^4fachen des Erdmagnetfeldes, wobei das Feld im Kern (Umbra) des Flecks senkrecht zur Sonnenoberfläche verläuft. Nimmt man an, daß während der Lebensdauer des Flecks angenähert ein Gleichgewicht besteht zwischen Gasdruck P_F im Fleck plus magnetischem Druck senkrecht zu den Feldlinien $P_M = \mu_0 B^2/2$ einerseits und dem Gasdruck P in der umgebenden Photosphäre andererseits: $P_F + P_M = P$, dann folgt für einen typischen Fleck mit $B = 0.15$ T eine Druckerniedrigung $P - P_F$, die einer Temperaturdifferenz von 2500 K entspricht. Die Abkühlung des Flecks ist also eine Folge seines starken Magnetfeldes.

Sonnenflecken treten vorwiegend in Gruppen mit zwei Hauptflecken verschiedener magnetischer Polarität auf. Diese *bipolaren Gruppen* folgen dem durch Abb. 2.14

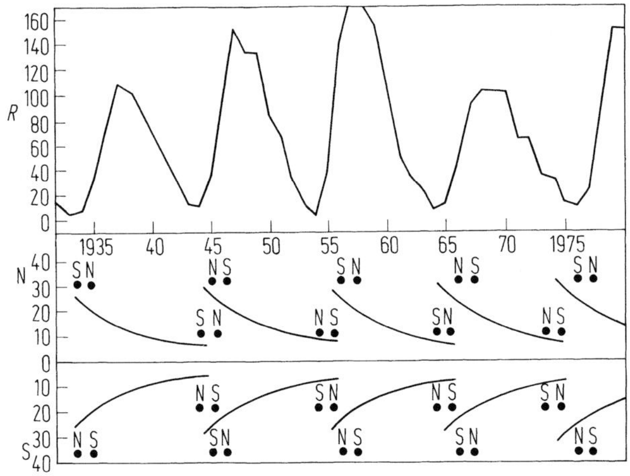

Abb. 2.14 Halesches Polaritätsgesetz der Sonnenflecken. Oben: Jahresmittel der Sonnenfleckenrelativzahl R. Unten: Wanderung der Fleckenzonen in heliographischer Breite und Polaritätsfolge von bipolaren Fleckengruppen.

erläuterten Haleschen Polaritätsgesetz. Während eines Zyklus bleibt die Polaritätsfolge der beiden Hauptflecken erhalten, zum Beispiel: Der vorangehende Fleck ist auf der Nordhalbkugel ein magnetischer Südpol, auf der Südhalbkugel jedoch ein Nordpol. Beim nächsten Zyklus ist es gerade umgekehrt. Eine einfache Erklärung der Bipolarität der Flecken basiert auf folgender Überlegung. Die mit dem Magnetfeld eines Sonnenflecks verbundenen Stromsysteme bleiben im solaren Plasma wegen dessen hoher elektrischer Leitfähigkeit (Ionisation!) sehr lange erhalten, bevor sie durch Joulesche Wärmeverluste abgebaut sind und das Magnetfeld verschwindet. Eine Abschätzung liefert für die Lebensdauer eines typischen Flecks einige hundert Jahre. Das Magnetfeld muß also schon vor dem Erscheinen des Flecks vorhanden gewesen sein, es taucht offenbar aus größerer Tiefe auf. Würden unterhalb der Photosphäre parallel zum Sonnenäquator verlaufende magnetische Schläuche oder Stricke durch lokal verstärkten Auftrieb (Konvektion!) an die Sonnenoberfläche gebracht, so ergäben sich dort gerade bipolare Flecken (Abb. 2.15). Die Entstehung derartiger magnetischer Stricke läßt sich (nach H.W. Babcock, 1961) als Auswirkung der differentiellen Rotation der Sonne auf ein ursprünglich vorhandenes, schwaches magnetisches Dipolfeld plausibel machen: Das in die Materie „eingefrorene" Magnetfeld wird hierdurch zu Stricken aufgewickelt, die parallel zum Äquator verlaufen. Auf diesem Wege lassen sich auch das Breitengesetz und das Halesche Polaritätsgesetz deuten.

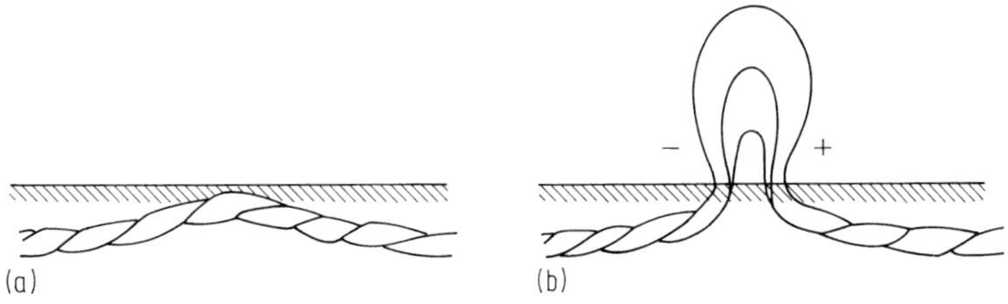

Abb. 2.15 Entstehung einer bipolaren Fleckengruppe. Über der Photosphäre dehnt sich das Feld weit in die dünne Korona aus.

Oberhalb der Photosphäre expandiert das Magnetfeld einer bipolaren Fleckengruppe infolge des dort sehr niedrigen Gasdrucks weit in die Sonnenkorona hinaus. Die geschlossenen magnetischen Feldlinien halten das dünne heiße Plasma fest, wodurch die im Röntgengebiet beobachteten *koronalen Bögen* entstehen. Die zum Sonnenwind führende Abströmung erfolgt außerhalb der bipolaren magnetischen Regionen entlang offener Feldlinien und ist in den *Koronastrahlen* direkt sichtbar (Abb. 2.10).

Die Suche nach einem allgemeinen Magnetfeld der Sonne, wie es die Erde besitzt, führte schon früh zum Nachweis schwacher Felder außerhalb von Sonnenflecken von der Größenordnung $B \approx 10^{-4}$ T. Die erreichten räumlichen Auflösungen bedeuteten jedoch, daß damit im besten Fall Mittelwerte des Feldes jeweils über eine Fläche von gut 1000 km Durchmesser bestimmt worden waren. Eines der erstaunlichsten Ergebnisse der neueren Sonnenforschung war die Entdeckung einer starken Zunahme der gemessenen magnetischen Flüsse mit wachsender Auflösung, woraus auf die Existenz hoher Flußdichten von 0.1 bis 0.2 T in dünnen, vertikalen *magne-*

tischen Flußröhren mit Durchmessern von 100 bis 200 km geschlossen werden konnte. In den Filtergrammen der Chromosphäre mit der höchsten heute erreichten Auflösung ($\approx$ 150 km) treten diese Flußröhren als kleine helle Punkte hervor. Sie sind auf die Ränder und insbesondere die „Ecken" der Supergranulationszellen konzentriert. Damit bilden sie das chromosphärische Netzwerk. In der höheren Chromosphäre weiten sich die Flußröhren aus und es steigen aus ihnen die Spiculae auf (Abb. 2.16). Die Flußröhren entstehen wahrscheinlich durch Kompression des von den Mitten der großen Zellen nach außen strömenden Gases an den Rändern, weil hier die kinetische Energiedichte groß ist gegen die magnetische Energiedichte, so daß die eingefrorenen vertikalen Feldlinien mitgenommen werden.

In den Bereichen der Rotationspole der Sonne beobachtet man jeweils Felder einheitlicher Polarität, so daß der Eindruck eines Dipolfeldes entsteht. Dies erklärt insbesondere die während der Fleckenminima sichtbaren Polarstrahlen der dann abgeplatteten Korona.

Die spektakulärsten Erscheinungen der gestörten Sonne sind die *Flares*. Im sichtbaren Bereich besteht dieses Phänomen im plötzlichen hellen Aufleuchten eines eng begrenzten Gebietes vorwiegend im Licht der Hα-Linie. Diese Gebiete liegen stets zwischen oder nahe bei Sonnenflecken, nämlich dort, wo auf relativ kurze Distanz starke Magnetfelder verschiedener Polarität vorhanden sind. Bei einem großen Flare erstreckt sich das Spektrum fast über den ganzen Bereich elektromagnetischer Wellen. Die chromosphärische und koronale Emission im Ultraviolett wie auch im Gebiet der weichen Röntgenstrahlung ist beträchtlich verstärkt. Es wurde auch harte Röntgenstrahlung mit Photonenenergien der Größenordnung 10^2 keV und γ-Strahlung mit Energien bis zu etwa 10 GeV beobachtet. Auf der anderen Seite des Spektrums wächst die Radiofrequenzstrahlung des Meterwellenbereiches bis auf das 10^4-fache ihrer ruhigen Stärke (*outbursts*). Die gesamte Energieproduktion eines Flares kann bis zu 10^{26} J betragen und damit fast die Energieabgabe der ganzen Sonne pro Sekunde erreichen.

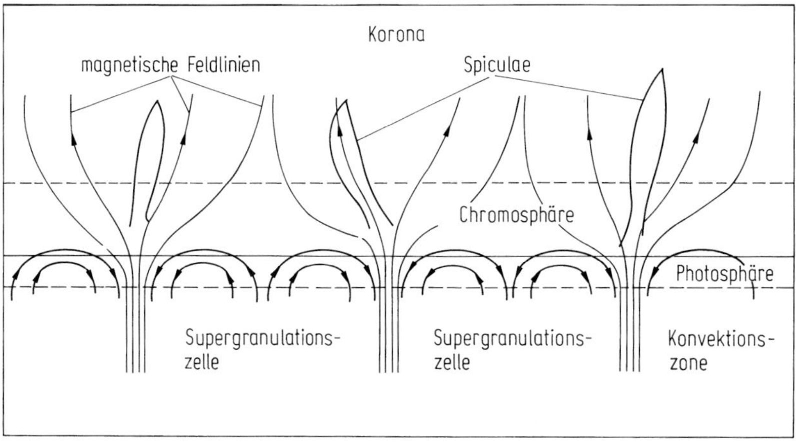

Abb. 2.16 Magnetfeldstruktur und Supergranulation (schematisch, nach Kopp und Kuperus, 1968).

Von den *terrestrischen Auswirkungen* der Flares seien hier folgende erwähnt: Die harte Röntgenstrahlung erhöht die Ionisation in der D-Schicht der Ionosphäre, wodurch der Kurzwellenfunkverkehr unterbrochen werden kann. Die γ-Strahlung führt zu einer Verstärkung der „niederenergetischen" Komponente der kosmischen Strahlung. Plasmawolken mit Geschwindigkeiten von 1000 bis 2000 km s^{-1} (Korpuskularstrahlung) erzeugen nach 1 bis 2 Tagen in der Magnetosphäre der Erde magnetische Stürme und Polarlichter.

2.2.3 Zustandsgrößen der Sterne

2.2.3.1 Spektren und Spektralklassifikation

Die Spektren der weitaus meisten Sterne bestehen, wie das Sonnenspektrum, aus einem *Kontinuum*, in das eine mehr oder weniger große Zahl von *Fraunhofer-Linien* eingeschnitten ist. Allein durch Beurteilung der Stärken bestimmter Fraunhofer-Linien läßt sich das Gros der Sterne in eine eindimensionale Folge von **Spektraltypen** einordnen. Das Wesen dieser rein phänomenologischen Ordnung besteht darin, daß die Stärke jeder dieser Linien durch die Typenfolge hindurch systematisch variiert, indem sie zunächst zunimmt und nach Erreichen eines Maximums wieder abnimmt oder einfach nur ständig ab- bzw. zunimmt (Abb. 2.17). Historisch bedingt werden die einzelnen Typen durch die Buchstaben

O, B, A, F, G, K, M

bezeichnet, und zur feineren Unterteilung durch nachgestellte Zahlen gekennzeichnet, zum Beispiel: B0, B1, ..., B9, A0, A1, ..., F0, F1, ... Schon mit zwei Linien, etwa der Balmer-Linie $H\gamma$ und der Calcium-Linie g, lassen sich beispielsweise Sterne des Typenbereichs F, G, K eindeutig klassifizieren. Für die Sonne erhält man den Spektraltyp G2, der Stern Wega (α Lyrae) repräsentiert den Typ A0.

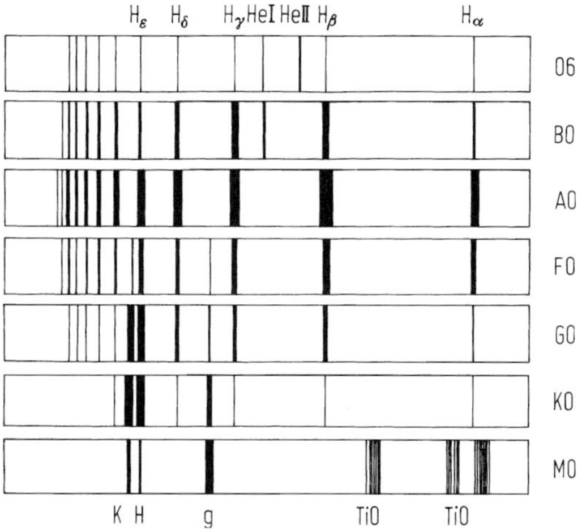

Abb. 2.17 Die Spektralsequenz der Sterne in schematischer Darstellung.

Die Unterschiede in den Spektren sind nicht auf unterschiedliche chemische Zusammensetzung zurückzuführen. Die physikalische Interpretation der Spektralsequenz ergab vielmehr, daß man mit ihr eine Ordnung der Sterne nach der *Oberflächentemperatur* hergestellt hatte. O-Sterne besitzen die höchsten, M-Sterne die niedrigsten Temperaturen. Wir erläutern dies anhand der Stärken der Balmer-Linien des Wasserstoffs: Bei niedriger Temperatur befinden sich fast alle H-Atome im Grundzustand $n = 1$. Die durch Übergänge von $n = 2$ nach höheren Energieniveaus entstehenden Balmer-Linien können daher nicht auftreten. Lassen wir die Temperatur wachsen, so werden zunehmend H-Atome in den Zustand $n = 2$ gelangen, so daß die Stärken der Balmer-Linien ebenfalls zunehmen. Nach hinreichender Temperaturerhöhung setzt jedoch die Ionisation des Wasserstoffs ein. Die Zahl der neutralen H-Atome nimmt nun ab. Damit werden auch die Balmer-Linien wieder schwächer bis sie – nachdem fast sämtlicher Wasserstoff ionisiert ist – praktisch verschwinden. Entsprechendes gilt für die Linien von He und He^+ bei generell höheren und für die Linien von Ca^+ und Ca (K und g) bei niedrigeren Temperaturen. Die quantitative Diskussion führt auf eine Temperaturskala, die bei den O-Sternen mit Werten über 40000 K beginnt und bei den M-Sternen noch unter 3000 K reicht. Da man diese Temperatursequenz früher als Entwicklungsfolge ansah, hat es sich eingebürgert, bei O- und B-Sternen von „frühen" Typen und bei K- und M-Sternen von „späten" Typen zu sprechen, ohne heute noch eine Deutung damit zu verbinden.

Nach dem Wienschen Verschiebungsgesetz ist zu erwarten, daß die Strahlungsenergie bei den heißen O- und B-Sternen zum weitaus überwiegenden Teil in den vom Erdboden aus nicht erfaßbaren *Ultraviolettbereich* unterhalb von 300 nm fällt. Beobachtungen der ultravioletten Sternspektren sind vor allem mit Hilfe der Satelliten „Orbiting Astronomical Observatory" der NASA, OAO-2 und OAO-3 („Copernicus") sowie mit dem amerikanisch-europäischen „International Ultraviolet Explorer" (IUE) ausgeführt worden. Es zeigte sich allgemein, daß die frühen Spektraltypen auch unterhalb von 200 nm bis zur Grenze der Lyman-Serie des Wasserstoffs bei 91.2 nm – hier wird das interstellare Wasserstoffgas undurchlässig – ein reiches photosphärisches Absorptionslinienspektrum besitzen. Neben den Lyman-Linien: Lyα by 121.6 nm, Lyβ bei 102.6 nm, ..., treten starke Resonanzlinien der Ionen C^+, C^{2+}, C^{3+}, N^+, Si^+, Si^{3+} und sogar N^{4+} und O^{5+} auf. Andererseits beobachtet man bei den späten Spektraltypen mit schwachem UV-Kontinuum zahlreiche Emissionslinien wie bei der Sonne, die in den Chromosphären dieser Sterne entstehen müssen.

Sternstrahlung mit Wellenlängen unterhalb von 91.2 nm kann die interstellaren Wasserstoffatome ionisieren und sie wird hierdurch sehr stark abgeschwächt. Der Absorptionskoeffizient in diesem Grenzkontinuum der Lyman-Serie ist jedoch umgekehrt proportional zu ν^3. Er wird daher im Röntgengebiet bereits sehr klein, so daß diese Strahlung wieder der Beobachtung – von Raketen und Satelliten aus – zugänglich ist. Anstelle herkömmlicher Teleskope benutzte man zunächst Kollimatoren, die aus zahlreichen langen Röhren bestanden, hinter denen sich jeweils ein Photonenzähler befand. Wesentlich höhere Winkelauflösung wurde bei dem 1978 gestarteten Satelliten-Observatorium „Einstein" mit einem abbildenden Röntgen-Spiegelteleskop nach H. Wolter erreicht, das von der Reflexion bei streifendem Einfall Gebrauch macht. Derartige Systeme waren auch in dem 1983 gestartetem European X-Ray Observatory Satellite (EXOSAT) installiert. Neben zahlreichen Röntgenquellen besonderer Art konnte auch die relativ schwache thermische Röntgenstrahlung aus den Koronen normaler Sterne nachgewiesen werden.

2.2.3.2 Strahlungsstrom, Radius und effektive Temperatur

Die *absoluten Intensitätsverteilungen* in den Spektren der Sterne müssen grundsätzlich auf die gleiche Weise gemessen werden, wie wir es für die Sonne erläutert haben. Es genügt jedoch, die dort beschriebene Prozedur des Anschlusses an den schwarzen Körper nur für *einen* Stern auszuführen und weitere Sterne dann unmittelbar an diesen „Standardstern" anzuschließen. Als Standardstern dient heute der A0-Stern Wega (Abb. 2.18). Zur Bestimmung der absoluten Energieverteilung im Ultraviolett ist ein schwarzer Körper wegen seiner relativ niedrigen Temperatur (höchstens 3000 K) nicht brauchbar. Man hat hier die kontinuierliche Synchrotronstrahlung monoenergetischer Elektronen eines Speicherringes als Vergleichsquelle herangezogen, deren Intensität in Abhängigkeit von der Wellenlänge berechnet werden kann. Wie im Fall der Sonne lassen sich die gefundenen Energieverteilungen nur in sehr grober Näherung durch das Plancksche Strahlungsgesetz darstellen.

Die Messungen liefern die spektralen Strahlungsflußdichten am Ort der Erde S_λ. Mit der entfernungsunabhängigen mittleren Intensität der Sternscheibe $\bar{I}_\lambda$ ist diese Größe verknüpft durch

$$S_\lambda = \bar{I}_\lambda \Omega\,, \quad \Rightarrow \frac{R}{r} = 1 \Rightarrow S_\lambda = \bar{I}_\lambda \cdot \pi = \Phi_\lambda$$

wobei $\Omega = \pi R^2/r^2$ den Raumwinkel bezeichnet, unter dem die Sternscheibe mit dem Radius R aus der Entfernung vom Beobachter r erscheint. Für den Übergang von S_λ zum spektralen *Strahlungsstrom* an der Sternoberfläche $\Phi_\lambda = \pi \bar{I}_\lambda$ (Gl. (2.6)) benötigt man somit das Verhältnis R/r, also R *und* r oder direkt die Winkelausdehnung

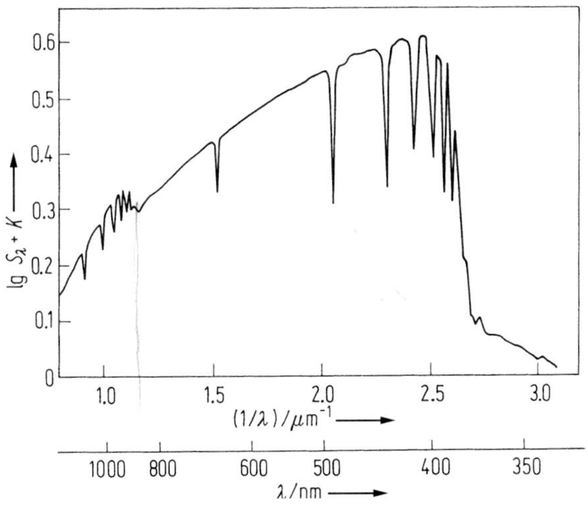

Abb. 2.18 Spektrale Energieverteilung des A0-Sternes Wega (nach Kurucz, 1975).

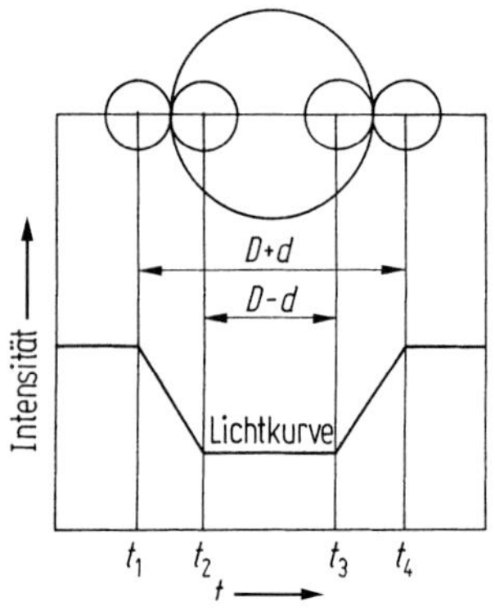

Abb. 2.19 Zur Bestimmung von Sternradien bei Bedeckungsveränderlichen.

des Sternes. Ist R/r bekannt, so kann für jede Wellenlänge Φ_λ und damit weiter nach Gl. (2.7) die *effektive Temperatur* T_{eff} des Sternes berechnet werden.

Einen Weg zur Bestimmung von *Sternradien* R bieten die sogenannten **Bedeckungsveränderlichen**, enge Doppelsternsysteme, deren Bahnebenen zufällig so orientiert sind, daß es für den irdischen Beobachter zu gegenseitigen Bedeckungen der Komponenten kommt. Das Prinzip erläutert Abb. 2.19. Bezeichnen t_1 bis t_4 die beobachteten Zeiten der inneren und äußeren Kontakte der beiden Sternscheiben, D und d deren Durchmesser, U den Umfang der (hier als kreisförmig angenommenen) Bahn des kleineren um den größeren Stern und P die Periode des Umlaufs, dann gilt

$$\frac{t_4 - t_1}{P} = \frac{D + d}{U}, \qquad \frac{t_3 - t_2}{P} = \frac{D - d}{U}.$$

U kann aus der spektroskopisch bestimmten Bahngeschwindigkeit (Doppler-Effekt) in linearem Maß abgeleitet werden. Die Auflösung der beiden Gleichungen liefert D und d ebenfalls in linearem Maß. Das Verfahren konnte auf über 100 Sterne verschiedenen Spektraltyps angewandt werden, und es ergaben sich Radien zwischen $10^{-2} R_\odot$ und $10^3 R_\odot$ (s. Tab. 2.7, weiter unten).

Eine grundlegende Methode zur Bestimmung der *Entfernungen* r von Sternen basiert auf der Vermessung der parallaktischen Verschiebungen der Sternpositionen durch die Bahnbewegung der Erde um die Sonne. Beobachtungen über ein ganzes Jahr hinweg liefern den Winkel, unter dem die große Halbachse a der Erdbahn bei senkrechter Aufsicht vom Stern aus erscheint. Dieser Winkel wird (*trigonometrische*) *Parallaxe* p des Sternes genannt. Da p stets kleiner als eine Bogensekunde ist, können wir schreiben $r \sin p = rp'' \sin 1'' = rp''/206265$, wobei p'' die in Bogensekunden ausgedrückte Parallaxe bezeichnet. Als *Entfernungseinheit Parsec* (pc) definiert man die Entfernung, aus welcher die große Halbachse der Erdbahn unter dem Winkel $p'' = 1''$ erscheint:

$$1\,\text{pc} = 206265\,a = 3.086 \cdot 10^{16}\,\text{m}\,.$$

Es werden auch die größeren Einheiten $1\,\text{kpc} = 10^3\,\text{pc}$ und $1\,\text{Mpc} = 10^6\,\text{pc}$ verwendet. Drückt man r in pc aus, so gilt einfach

$$r = \frac{1}{p''} .$$

Der mittlere Fehler der Bestimmungen von p'' liegt bei $\pm$ 0.″01. Daher beträgt die Unsicherheit der Entfernung bereits für $r = 20$ pc entsprechend $p'' = 0.''05$ etwa 20 % ihres Wertes. Im Raumgebiet $r \leq 20$ pc sind für rund 2000 Sterne Entfernungen ermittelt worden. Weiterreichend und ebenfalls von grundlegender Bedeutung ist die Methode der Sternstromparallaxen, mit deren Hilfe die Entfernung des Sternhaufens Hyaden ($r = 46$ pc) auf wenige Prozent genau bestimmt werden konnte.

Bildet man das für die Gewinnung des Strahlungsstromes Φ_λ gewünschte Verhältnis R/r aus den in der beschriebenen Weise abgeleiteten Werten von R und r, dann gehen die Fehler beider Größen ein und können zu einer erheblichen Verfälschung des Resultats führen. Der Messung der *Winkeldurchmesser* von Sternen kommt deshalb große Bedeutung zu. Im Teleskop können die Sterne jedoch nicht als Scheiben aufgelöst werden. Die Sonne würde bereits in der Entfernung 1 pc nur noch unter einem Winkel von 0.″01 erscheinen. Bei einem Teleskop von beispielsweise 2 m Öffnung führt allein die Beugung zu einer Unschärfe von etwa 0.″05 (theoretisches Auflösungsvermögen). Diese wird durch die „Luftunruhe“ in der Erdatmosphäre auch unter günstigsten Bedingungen auf etwa 0.″5 erhöht. Mit Hilfe interferometrischer Methoden ist diese Grenze, vor allem in neuerer Zeit, ganz wesentlich unterschritten worden.

Beim schon klassischen **Amplituden-Sterninterferometer** (Michelson) wird Licht von zwei spaltförmigen Öffnungen mit einem relativ großen gegenseitigen Abstand D aufgenommen und durch Spiegel im Teleskop zusammengeführt. Das fokale Sternscheibchen ist dann von einem System dunkler Streifen durchzogen, wobei der Streifenabstand λ/D beträgt (in Bogenmaß). Ist der Winkeldurchmesser des Sterns gerade vom Betrag λ/D, dann verschwinden die Streifen. Zur Bestimmung des Winkeldurchmessers wird D variiert. Eine moderne Weiterentwicklung dieser Methode, bei welcher der Einfluß der Luftunruhe durch eine „aktive Optik“ kompensiert wird, ist in Culgoora/Australien in Erprobung. Die Winkelauflösung soll $\pm$ 0.0005 Bogensekunden betragen. – Beim **Intensitätsinterferometer** (Hanbury Brown und Twiss) werden die hochfrequenten Schwankungen der Intensität des Sternlichtes („*Photonenrauschen*“), das an zwei Teleskopen im gegenseitigen Abstand D eintrifft, miteinander korreliert. Die Abnahme der Korrelation mit wachsendem D erfolgt umso langsamer, je größer der Winkeldurchmesser des Sternes ist. Eine aus zwei 6.5-m-Spiegeln bestehende Anordnung mit einem Maximalwert des Abstandes D von 188 m ermöglichte eine Meßgenauigkeit von $\pm$ 0.″0001, war aber auf helle Sterne mit $m_V < 2.5$ mag beschränkt. Die **Speckle-Interferometrie** (Labeyrie) geht von sehr kurz belichteten Aufnahmen der aus hellen Fleckchen („speckles“) bestehenden Feinstruktur des fokalen teleskopischen Sternbildes aus, erzeugt durch rasch veränderliche kleinräumige Deformationen der Wellenfront in der Erdatmosphäre. Bildung und Mittelung der Fourier-Transformierten vieler derartiger Aufnahmen und Rücktransformation mittels eines Lasers führt zur wahren Bildstruktur.

Beispiele von Ergebnissen dieser Verfahren sind in Tab. 2.3 zusammengestellt. Unter Verwendung von Winkeldurchmessern auf dem oben beschriebenen Weg gewonnene effektive Temperaturen der verschiedenen Spektraltypen werden in Tab. 2.6 gegeben.

Tab. 2.3 Beispiele interferometrisch gemessener Winkeldurchmesser von Sternen (in Bogensekunden) und daraus abgeleitete Sternradien R.

Name des Sterns	Spektraltyp	Winkeldurchmesser	Methode	$R/R_{\odot}$
α Leonis = Regulus	B7V	0.″00137	BTI	3.6
α Lyrae = Wega	A0V	0. 00324	BTI	2.76
α Canis Minoris = Prokyon	F5V	0. 00550	BTI	2.08
α Bootis = Arktur	K2III	0. 020 0. 022	MI SI	27
α Orionis = Beteigeuze	M1.5I	0. 047 0. 049	MI SI	700

MI = Michelson-Sterninterferometer, BTI = Brown-Twiss-Interferometer, SI = Speckle-Interferometrie. Die römischen Ziffern an den Spektraltyp-Symbolen werden in Abschn. 2.2.3.4 erklärt.

2.2.3.3 Sternhelligkeiten und Leuchtkräfte

Weil von den meisten Sternen nur sehr geringe Energieflüsse eintreffen, spielen in der beobachtenden Astrophysik *Integralhelligkeiten*, mit denen die Sternstrahlung jeweils eines relativ breiten Wellenlängenbereiches (1 bis etwa 10 nm) gemessen wird, eine wichtige Rolle. Man hat dazu eine Anzahl von Filter-Empfänger-Kombinationen vereinbart, die allgemein verwendet werden. Bezeichnen S_λ die spektrale Strahlungsflußdichte des einfallenden Lichtes und g_λ die durch das jeweilige Filter, die Teleskopoptik und die Empfängerempfindlichkeit erzeugte *Spektralempfindlichkeitsfunktion*, so ist die vom Photometer gelieferte Meßgröße proportional zu dem Integral

$$S = \int_0^\infty S_\lambda g_\lambda \, \mathrm{d}\lambda \, .$$

Tab. 2.4 gibt die mittleren Wellenlängen $\bar{\lambda}$ für einige besonders häufig benutzte Integralhelligkeiten mit Bandbreiten um 10 nm in den Bereichen nahes Ultraviolett (U), Blau (B), Visuell (V), um das Empfindlichkeitsmaximum des Auges, Rot (R) und nahes Infrarot (I). Mit den entsprechenden integralen Größen S_{U}, S_{B}, $S_{\mathrm{V}}, \ldots$ bildet man die **scheinbaren Helligkeiten**, definiert durch

$$m = -2.5 \lg\left(\frac{S}{S^{(0)}}\right). \tag{2.9}$$

Dabei bedeutet $S^{(0)}$ den Wert von S für den Stern Wega = α Lyrae. $S/S^{(0)}$ ist durch den Quotienten der entsprechenden Meßwerte gegeben. Mit dem Faktor -2.5 wird

Tab. 2.4 Mittlere Wellenlängen $\bar{\lambda}$ (Erläuterung s. Text).

Bereich	U	B	V	R	I
$\bar{\lambda}$/nm	365	440	550	700	900

erreicht, daß man nahe bei der alten Schätzskala der Sternhelligkeiten bleibt: hellste Sterne sind von 1. Größe, schwächste, mit dem bloßen Auge gerade noch sichtbare Sterne von 6. Größe. Durch den Bezug auf einen bestimmten Stern – tatsächlich stützt man sich auf mehrere „Standardsterne" – wird vermieden, von vornherein absolute Werte bestimmen zu müssen. Für Wega folgt damit $m_U = m_B = m_V = \ldots = 0$. Die *Einheit* der additiven scheinbaren Helligkeit m wird *Größenklasse* oder *magnitude*[3] (mag) genannt. Tab. 2.5 enthält als Beispiele die scheinbaren Helligkeiten in den Bereichen U, B, V, R, I für fünf Sterne verschiedenen Spektraltyps. Diese Werte sind mit Hilfe von Beobachtungen bei verschiedenen Zenitdistanzen vom Einfluß der Extinktion in der Erdatmosphäre befreit worden. Wegen des Bezuges auf den A0-Stern Wega ergibt sich für jeden A0-Stern ein konstanter spektraler Verlauf der m-Werte.

Tab. 2.5 Beispiele scheinbarer Helligkeiten m (in mag) in den Bereichen U, B, V, R, I.

Stern	Spektraltyp	m_U	m_B	m_V	m_R	m_I	$m_B - m_V$
η Hydrae	B3	3.36	4.10	4.30	4.36	4.05	−0.20
γ Ursae Majoris	A0	2.44	2.44	2.44	2.44	2.44	0.00
ϱ Geminorum	F0	4.46	4.49	4.17	3.83	3.64	0.32
70 Virginis	G5	5.96	5.68	4.97	4.36	4.00	0.71
β Andromedae	M0	5.57	3.61	2.04	0.80	−0.20	1.57

Die Differenz zwischen den scheinbaren Helligkeiten eines Sternes in zwei verschiedenen Wellenlängenbereichen, wobei m (kurzwellig) minus m (langwellig) vereinbart ist, wird **Farbindex** genannt. Der Farbindex hängt von der Energieverteilung im Sternspektrum ab und ist daher eng mit dem Spektraltyp korreliert. In der letzten Spalte der Tab. 2.4 wird dies für $m_B - m_V$ demonstriert. Für den Spektraltyp A0 sind alle Farbindizes gleich Null.

Als **absolute Helligkeit** M definiert man den Wert von m, der sich ergäbe, wenn der Stern in die Entfernung 10 pc versetzt würde. Ist die tatsächliche Entfernung r des Sternes bekannt, so läßt sich die Differenz $m - M$ einfach durch Anwendung des $1/r^2$-Gesetzes für die Strahlungsflußdichten (Bestrahlungsstärken) S auf die Entfernungen r und 10 pc berechnen:

$$m - M = -2.5 \lg \frac{S(r)}{S(10)} = -2.5 \lg \frac{10^2}{r^2}$$

oder

$$m - M = -5 + 5 \lg r \,. \qquad (2.10)$$

Hier ist r in pc einzusetzen. Wird die Strahlung im interstellaren Raum auf dem Weg zum Beobachter um A Größenklassen geschwächt, so ist auf der rechten Seite von Gl. (2.10) noch A zu addieren.

[3] lateinisch: magnitudo = Größe

Die Sonne besitzt die visuelle scheinbare Helligkeit $m_V = -26.73$, wozu Gl. (2.10) mit $r = (1/206265)$ pc die visuelle absolute Helligkeit $M_V = +4.84$ liefert. Die visuellen absoluten Helligkeiten der Sterne erstrecken sich von $M_V \approx -9$ bis zu $M_V \approx +20$.

Für den Zusammenhang zwischen der absoluten Helligkeit M und der Strahlungsleistung des Sternes, seiner Leuchtkraft L, gilt offenbar $M = -2.5 \lg L + \text{const.}$ Damit folgt insbesondere

$$M - M^{\odot} = -2.5 \lg \frac{L}{L_{\odot}} \tag{2.11}$$

mit der Umkehrung

$$\frac{L}{L_{\odot}} = 10^{-0.4(M - M^{\odot})}, \tag{2.12}$$

wobei sich $L_{\odot}$ und $M^{\odot}$ auf die Sonne beziehen. Damit L und $L_{\odot}$ die Gesamtstrahlung aller Wellenlängen umfassen, muß dies auch für M und $M^{\odot}$ gelten. Man dehnt daher den Begriff der Integralhelligkeit auf die Gesamtstrahlung aus mit der Spektralempfindlichkeitsfunktion $g_{\lambda} \equiv 1$. Gl. (2.9) liefert dann die sogenannte *bolometrische Helligkeit* m_{bol}, woraus weiter M_{bol} folgt. Die Beobachtungen liefern oft nur die visuelle absolute Helligkeit M_V. Für den Übergang zu M_{bol} benötigt man die vom Spektraltyp abhängige bolometrische Korrektion $\text{BC} = M_{\text{bol}} - M_V$. Zur Bestimmung von BC ist die Kenntnis der Energieverteilung im gesamten Spektrum des betrachteten Spektraltyps erforderlich.

2.2.3.4 Das Hertzsprung-Russell-Diagramm

Sind alle denkbaren Wertekombinationen der Zustandsgrößen R, L, T_{eff} bzw. M_V, Spektraltyp oder Farbindex gleichermaßen verwirklicht? Eine anschauliche Antwort hierauf ergibt sich, wenn man alle Sterne mit bekanntem M_V und Spektraltyp (*Sp*)

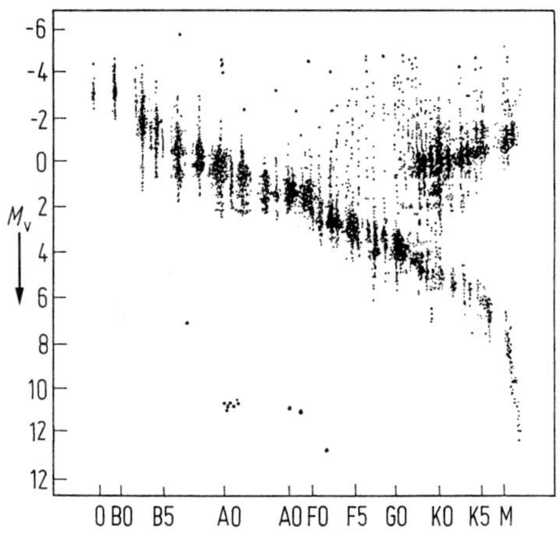

Abb. 2.20 Hertzsprung-Russell-Diagramm für 6700 Sterne aus den dreißiger Jahren.

in ein Diagramm mit M_V als Ordinate und Sp als Abszisse einträgt, das sogenannte Hertzsprung-Russell-Diagramm, im folgenden abgekürzt HRD (Abb. 2.20). Die M_V-Werte nehmen hier nach oben ab, so daß L nach oben zunimmt. Man spricht auch von einem Zustandsdiagramm der Sterne, insbesondere dann, wenn L und T_{eff} anstelle von M_V und Sp aufgetragen werden.

Auffälligstes Strukturmerkmal ist die Anordnung der meisten Sterne entlang der diagonal verlaufenden **Hauptreihe**. Auch die Sonne ist ein Hauptreihenstern. Darüber gibt es, mit wesentlich geringerer Häufigkeit, **Riesen** und **Überriesen** sowie darunter **Weiße Zwerge**: Wegen L = Sternoberfläche mal Strahlungsstrom an der Sternoberfläche $= 4\pi R^2 \cdot \sigma T_{eff}^4$ müssen Sterne mit größerem L als Hauptreihensterne gleicher effektiver Temperatur größere Radien, Sterne mit kleinerem L hingegen kleinere Radien besitzen. Von „Weißen" Zwergen spricht man wegen der Farbe dieser Objekte als Folge ihrer relativ hohen Oberflächentemperatur. Die wahre Häufigkeit der Hauptreihensterne nimmt zu den M-Sternen hin enorm zu.

Aussagen über die feinere Struktur des HRD, insbesondere über die Schärfe der Hauptreihe, werden durch die Fehler in M_V bzw. L infolge der Fehler bei der Entfernungsbestimmung erschwert. Eine wichtige Möglichkeit, hier weiterzukommen, bieten die Sternhaufen, da deren Mitglieder sämtlich die gleiche Entfernung von uns besitzen. Man kann daher nach Gl. (2.10) M_V durch m_V ersetzen. Darüber hinaus verwendet man dann anstelle des Spektraltyps den mit hoher Genauigkeit meßbaren Farbindex $m_B - m_V$. Man erhält ein sogenanntes **Farben-Helligkeits-Diagramm** (FHD, s. Abb. 2.21). Die beobachteten m_B und m_V sind im allgemeinen durch die wellenlängenabhängige interstellare Extinktion beeinflußt, so daß zwischen den beobachteten Werten $m_B - m_V$ und den hier gewünschten **Eigenfarben** $(m_B - m_V)_0$ eine als Farbexzeß bezeichnete konstante Differenz besteht (s. Abschn. 2.3.1.1).

Die FHDs der relativ schwach konzentrierten offenen Sternhaufen der galaktischen Scheibe mit maximal einigen 10^2 Sternen sehen meist ähnlich aus wie das HRD der übrigen Sterne der Sonnenumgebung, und sie zeigen darüber hinaus, daß

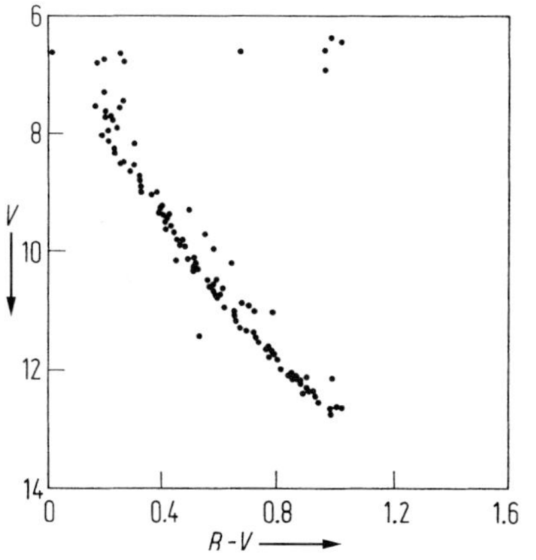

Abb. 2.21 Farben-Helligkeits-Diagramm des offenen Sternhaufens Praesepe. Die bei etwa 0.75 mag oberhalb der Hauptreihe auftretenden Punkte repräsentieren unaufgelöste Doppelsternsysteme (Faktor $\leqq 2$ in den Helligkeiten gegenüber Einzelsternen gleichen Spektraltyps).

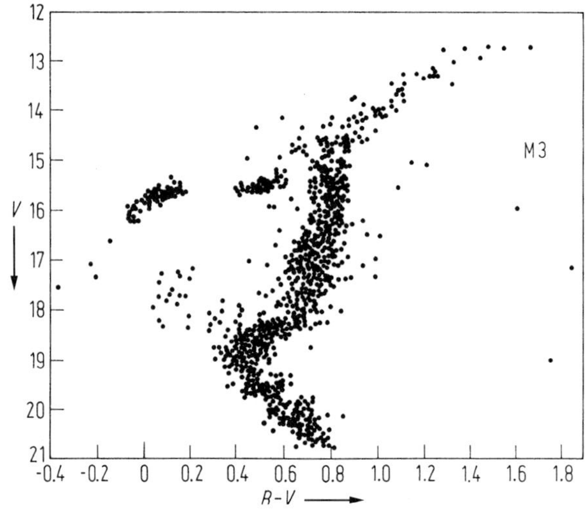

Abb. 2.22 Farben-Helligkeits-Diagramm des kugelförmigen Sternhaufens M 3 (Nr. 3 im Katalog von Ch. Messier, nach H. L. Johnson und A. R. Sandage).

die Hauptreihe eine relativ große Schärfe besitzt. Die Sterne der in einem angenähert sphärischen Halo unserer Galaxis angeordneten kugelförmigen Sternhaufen mit jeweils zwischen 10^5 und 10^7 Mitgliedern bilden im FHD eine wesentlich andere Struktur (Abb. 2.22): Die Hauptreihe bildet ein „Knie", von dem aus ein Riesenast nach rechts oben zieht. Von dessen oberem Teil zweigt dann der sogenannte **Horizontalast** ab. Hierin kommt zum Ausdruck, daß die Sterne der galaktischen Scheibe und die Sterne der Kugelhaufen verschiedenen **Sternpopulationen** angehören, die sich nicht nur in der räumlichen Verteilung und der Kinematik, sondern auch in der chemischen Zusammensetzung (s. Abschn. 2.2.4.1) und dem Alter unterscheiden. Sie wurden zunächst als Population I und Population II eingeführt und erhielten in einer verfeinerten Einteilung die Bezeichnungen *Scheibenpopulation* und *Halopopulation*.

Wie das HRD zeigt, ist zur eindeutigen Charakterisierung eines Sternes die Angabe von wenigstens zwei Parametern notwendig. Die Spektralklassifikation erlaubt, einen Parameter unmittelbar aus dem Sternspektrum abzulesen: den Spektraltyp. Es zeigt sich aber, daß auch die absolute Helligkeit im Linienspektrum eines Sternes zum Ausdruck kommt: Bei den Riesen und Überriesen sind beispielsweise die Wasserstofflinien schärfer als bei Hauptreihensternen gleichen Spektraltyps, weil die Atmosphären dieser Sterne niedrigere Dichten besitzen (geringere Druckverbreiterung); ferner sind die Linien vieler Ionen stärker, aber die Linien neutraler Atome schwächer als bei Hauptreihensternen, weil sich bei niedrigeren Dichten eine höhere Ionisation einstellt. Es ist daher möglich, aus dem Sternspektrum auch eine Aussage über die absolute Helligkeit des Sternes zu gewinnen. W. W. Morgan und P. C. Keenan haben auf diese Weise eine zweidimensionale Spektralklassifikation entwickelt (*MK-Klassifikation*). Die Sterne eines bestimmten Spektraltyps werden dabei folgenden **Leuchtkraftklassen** zugeordnet:

Leuchtkraftsymbol	Bezeichnung der Sterne
I	Überriesen
II	helle Riesen
III	Riesen
IV	Unterriesen
V	Hauptreihensterne („Zwerge“)

Das Leuchtkraftsymbol wird dem Spektraltypsymbol angefügt. Der zweidimensionale Spektraltyp (MK-Spektraltyp) der Sonne lautet beispielsweise G2V, für den Stern α Orionis (Beteigeuze) ergibt sich M2I. Die Weißen Zwerge sind hier nicht einbezogen und werden durch ein w oder ein D (degenerate) vor dem Spektraltypsymbol gekennzeichnet. Kennt man den MK-Spektraltyp eines Sternes, so können heute die Eigenfarbe $(m_B - m_V)_0$, die visuelle absolute Helligkeit M_V und andere integrale Zustandsgrößen des Sternes aus vorliegenden ausführlichen Tabellen entnommen werden, wie sie auszugsweise in den Tab. 2.6 und 2.7 wiedergegeben sind. Die absolut hellsten Sterne (*Hypergiganten*) besitzen bolometrische absolute Helligkeiten bis zu $M_{bol} \approx -11$, entsprechend $L \approx 10^6 L_\odot$. Die Leuchtkräfte der Weißen Zwerge reichen andererseits bis zu $10^{-4} L_\odot$ hinab.

Tab. 2.6 Eigenfarbe $(m_B - m_V)_0$, absolute visuelle Helligkeit M_V, bolometrische Korrektion $(BC) = M_{bol} - M_V$ und effektive Temperatur T_{eff} für Sterne verschiedenen MK-Spektraltyps.

Spektraltyp	$(m_B - m_V)_0$	M_V	BC	T_{eff}/K
Hauptreihe				
O5	−0.33	−5.7	−4.20	44500
B0	−0.30	−4.0	−2.96	30000
B5	−0.17	−1.2	−1.26	15400
A0	−0.00	+0.7	−0.10	9520
F0	+0.30	2.7	+0.11	7200
G0	0.58	4.4	+0.02	6030
K0	0.81	5.9	−0.11	5250
M0	1.40	8.8	−1.18	3850
Riesen III				
G5	0.86	0.9	−0.14	5150
K0	1.00	0.7	−0.30	4750
M0	1.56	−0.4	−1.05	3800
M5	1.63	−0.3	−2.28	3330
Überriesen I				
O5	−0.31	−6.5	−3.67	40300
B0	−0.23	−6.4	−2.29	26000
A0	−0.01	−6.3	−0.21	9730
F0	+0.17	−6.6	+0.19	7700
G0	0.76	−6.4	+0.05	5550
K0	1.25	−6.0	−0.30	4420
M0	1.67	−5.6	−1.09	3650

Tab. 2.7 Mittelwerte von Leuchtkraft L, Radius R, Masse $\mathcal{M}$ in Einheiten der Sonnenwerte und äquatorialer Rotationsgeschwindigkeit V_{Rot} in $\mathrm{km\,s^{-1}}$ für verschiedene MK-Spektralklassen.

L-Klasse	V	III	I	V	III	I	V	III	I	V	III	I
Spektraltyp	$L/L_{\odot}$			$R/R_{\odot}$			$\mathcal{M}/\mathcal{M}_{\odot}$			$V_{\mathrm{Rot}}/\mathrm{kms^{-1}}$		
O5	$8 \cdot 10^5$	$1 \cdot 10^6$	$1 \cdot 10^6$	12	–	–	50	–	50	200	180	150
B0	$5 \cdot 10^4$	$1 \cdot 10^5$	$3 \cdot 10^5$	7.5	15	30	18	20	25	170	120	100
A0	50	$1 \cdot 10^2$	$4 \cdot 10^4$	2.5	5	60	30	4	16	180	100	40
F0	7	20	$3 \cdot 10^4$	1.5	5	80	1.8	–	12	100	130	30
G0	1.6	40	$3 \cdot 10^4$	1.1	6	100	1.1	2.5	10	10	30	< 20
K0	0.4	60	$3 \cdot 10^4$	0.9	16	200	0.8	3.5	13	< 10	< 20	< 20
M0	$8 \cdot 10^{-2}$	$3 \cdot 10^2$	$4 \cdot 10^4$	0.6	40	500	0.5	5.0	17	–	–	–

2.2.3.5 Sternmassen, Masse-Leuchtkraft-Beziehung, Rotation

Die sichere empirische Bestimmung von Sternmassen ist auf Komponenten von Doppelsternsystemen beschränkt. Das Verfahren besteht in der Analyse der Bahnbewegungen, die von zwei Sternen unter dem Einfluß ihrer gegenseitigen Gravitationskräfte ausgeführt werden. Die beiden Sterne mit den Massen $\mathcal{M}_1$ und $\mathcal{M}_2$ bewegen sich um den gemeinsamen Schwerpunkt auf Ellipsen mit den großen Halbachsen a_1 und a_2. Die relative Bahn der einen Komponente um die andere ist eine Ellipse mit der großen Bahnhalbachse $a = a_1 + a_2$. Wählt man als Längeneinheit die große Halbachse der Erdbahn a („Astronomische Einheit"), als Zeiteinheit das Jahr und als Masseneinheit die Sonnenmasse $\mathcal{M}_{\odot}$, dann nimmt das 3. Keplersche Gesetz die einfache Form an

$$\frac{a^3}{P^2} = \mathcal{M}_1 + \mathcal{M}_2 \,. \tag{2.13}$$

Dies ergibt sich, wenn man Gl. (2.1) durch deren spezielle Aussage für das System Sonne–Erde: $a^3/(\mathrm{Jahr})^2 = (G/4\pi^2)\mathcal{M}_{\odot}$ – wegen der überragenden Größe der Sonnenmasse geht die Erdmasse nicht ein – dividiert. Aus der Definition des Schwerpunktes folgt die weitere Beziehung

$$\frac{\mathcal{M}_1}{\mathcal{M}_2} = \frac{a_2}{a_1} \,. \tag{2.14}$$

Können neben P die Größen a und a_2/a_1 aus Beobachtungen abgeleitet werden, so liegen damit zwei Gleichungen für die Bestimmung von $\mathcal{M}_1$ und $\mathcal{M}_2$ vor. Auf Einzelsterne sind die Ergebnisse dann übertragbar, wenn die Komponenten so weit getrennt sind, daß es nicht zu merklichen Wechselwirkungen mit Massenaustausch kommen kann.

Die direkte Beobachtung der Bahnbewegung ist nur bei relativ nahen Systemen, den optisch aufgelösten *visuellen Doppelsternen*, möglich. Aus meist langjährigen Messungen erhält man zunächst die Projektion der relativen Bahn auf die zum Sehstrahl senkrechte Tangentialebene an die Sphäre und kann daraus die in Bogensekunden ausgedrückte große Bahnhalbachse a'' ableiten. Ist die Entfernung des Systems r in pc bekannt, so folgt $a = a'' \cdot r$ in Einheiten a. Das Verhältnis a_2/a_1 kann ermittelt werden, wenn die „absoluten" Bahnen der Komponenten relativ zum Systemschwerpunkt – durch Positionsmessungen relativ zu praktisch ortsfesten schwachen Hintergrundsternen – bestimmt werden können. Einzelmassen (Fehler $< \pm 20\,\%$) für etwa zwei Dutzend Hauptreihensterne konnten auf diesem Wege gewonnen werden.

Im Fernrohr nicht mehr auflösbare Doppelsternsysteme geben sich durch periodischen Doppler-Verschiebungen der Fraunhofer-Linien zu erkennen. Diese Objekte bilden die Gruppe der *spektroskopischen Doppelsterne*. Ist der Helligkeitsunterschied zwischen den Komponenten nicht zu groß, so können die Bahngeschwindigkeiten beider Komponenten relativ zum Systemschwerpunkt bestimmt werden („Zweispektrensystem"). Aus den Bahngeschwindigkeiten und der Periode folgen die beiden großen Bahnhalbachsen in Metern und damit auch in Einheiten a ohne Kenntnis der oft recht unsicheren Entfernung des Systems. Weil im allgemeinen eine von $90°$ verschiedene Neigung i der Bahnebene gegen die Tangentialebene an der Sphäre vorliegen wird, sind diese Größen leider noch mit dem unbekannten Faktor $\sin i$ behaftet. Dieser Nachteil verschwindet bei den *Bedeckungsveränderlichen*, Systemen mit $i \approx 90°$, bei denen es zu gegenseitigen Bedeckungen der Komponenten und daher zu einem charakteristischen Lichtwechsel kommt (Abb. 2.19). Für rund 80 Komponenten von Bedeckungsveränderlichen liegen gegenwärtig Massenwerte mit Fehlern $< \pm 20\,\%$ vor.

Der Bereich gut bestimmter Sternmassen erstreckt sich von $0.1\,\mathscr{M}_\odot$ (späte M-Zwerge) bis zu $20\,\mathscr{M}_\odot$. Weniger genaue Resultate für eine Anzahl von O-Sternen lassen Werte bis zu rund $100\,\mathscr{M}_\odot$ erwarten. Für einen O3-Stern wurden durch Vergleich von Beobachtung und Theorie sogar $120\,\mathscr{M}_\odot$ abgeschätzt. Mittlere Massenwerte verschiedener Spektral- und Leuchtkraftklassen enthält Tab. 2.7. Für die als Doppelsternkomponenten beobachteten Weißen Zwerge ergaben sich Massen zwischen $0.3\,\mathscr{M}_\odot$ und $1\,\mathscr{M}_\odot$. Während sich die Skalen der Leuchtkräfte und Radien der Sterne über zehn bzw. sechs Zehnerpotenzen erstrecken, tritt bei den Sternmassen nur ein Spielraum von drei Zehnerpotenzen auf.

Bei einigen Sternen konnte aus sehr kleinen periodischen Ortsveränderungen auf die Existenz unsichtbarer Begleiter mit Massen geschlossen werden, die von der Größenordnung der Jupitermasse ($\approx 10^{-3}\,\mathscr{M}_\odot$) sind. Derartige Objekte können nicht mehr als Sterne angesehen werden (weiteres s. Abschn. 2.2.5.3).

Ein wichtiges „Zustandsdiagramm" der Sterne neben dem HRD betrifft den Zusammenhang zwischen den Massen und den Leuchtkräften der Sterne (Abb. 2.23). Für die Hauptreihensterne findet man hier eine enge **Masse-Leuchtkraft-Beziehung**, die sich in grober Näherung durch $L \sim \mathscr{M}^3$ darstellen läßt. Die Weißen Zwerge liegen um Größenordnungen unterhalb dieser Beziehung.

Die letzte Spalte der Tab. 2.7 enthält Werte der äquatorialen *Rotationsgeschwindigkeit* V_{Rot} für verschiedene MK-Typen. Aussagen über V_{Rot} sind auf zwei Wegen gewonnen worden: Hohe Rotationsgeschwindigkeiten sind, wie Modellrechnungen zeigen, an der Form der dann stark durch Doppler-Effekt verbreiterten Profile der Fraunhofer-Linien erkennbar. Unter der Voraussetzung, daß die unbekannten Neigungen der Rotationsachsen zufällig verteilt sind, kann jeweils der Mittelwert von V_{Rot} für Sterne eines bestimmten MK-Typs ermittelt werden. Den zweiten Weg bieten

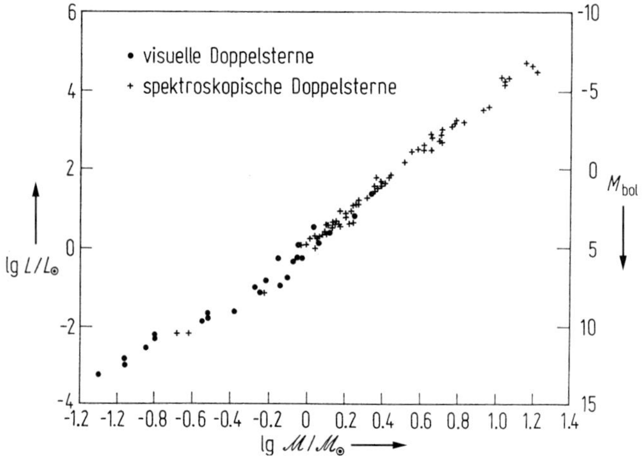

Abb. 2.23 Masse-Leuchtkraft-Beziehung für Hauptreihensterne mit gut bestimmten Massenwerten.

die Bedeckungsveränderlichen. Kurz vor bzw. nach der vollständigen Bedeckung einer Komponente, wenn uns nur das Licht einer Randpartie erreicht, beobachtet man als Folge der Sternrotation eine Doppler-Verschiebung der Linien, die sich dem Effekt der Bahnbewegung überlagert. Hier erhält man individuelle Werte V_{Rot}. Die für frühe Spektraltypen erhaltenen Höchstwerte liegen teilweise schon nahe der durch die Gleichheit von Schwerkraft und Zentrifugalkraft definierten Stabilitätsgrenze.

2.2.4 Physik der Sternatmosphären

Als Atmosphäre eines Sternes bezeichnet man jene äußeren Schichten, aus denen Strahlung unmittelbar in den umgebenden Weltraum austreten kann, die also der direkten Beobachtung zugänglich sind. Insbesondere wird die Schicht, in welcher das von den Fraunhofer-Linien durchzogene kontinuierliche Sternspektrum entsteht, wie bei der Sonne Photosphäre genannt. In der Sternatmosphäre findet keine Energieerzeugung statt; der gesamte nach außen fließende Energiestrom ist daher unabhängig von der Tiefe.

Die Physik der Sternatmosphären setzt sich das Ziel, die beobachteten Intensitätsverteilungen in den Sternspektren mit allen Linienprofilen – bei der Sonne auch die beobachtete Randverdunkelung – quantitativ zu interpretieren und damit Aussagen über den physikalischen Aufbau und die chemische Zusammensetzung der Sternatmosphären zu erhalten. Dies geschieht durch die Konstruktion geeigneter Atmosphärenmodelle, deren Parameter so bestimmt werden, daß sich die Beobachtungsergebnisse mit befriedigender Genauigkeit wiedergeben lassen.

Die Dicke der Photosphäre ist meist klein gegenüber dem Sternradius. Wir betrachten deshalb im folgenden den Fall planparallel geschichteter Atmosphären.

Die wichtigsten Parameter sind dann:

1. die gesamte Energiestromdichte $\Phi = \sigma T_{\text{eff}}^4$;
2. die relativen Häufigkeiten der chemischen Elemente;
3. die Schwerebeschleunigung g im Bereich der Atmosphäre.

Sieht man von Effekten der Sternrotation sowie von Magnetfeldern ab und nimmt hydrostatisches Gleichgewicht an, dann reicht die Kenntnis dieser Parameter aus, um ein Modell der Sternatmosphäre – die Verläufe von Temperatur, Druck, Partialdruck der freien Elektronen und Dichte in Abhängigkeit von der Tiefe – abzuleiten und die Intensität der austretenden Strahlung in Abhängigkeit von der Wellenlänge und der Richtung zu berechnen.

Weil die Elementhäufigkeiten in der Atmosphäre eines erstmals untersuchten Sternes noch weitgehend unbekannt sind und weil für T_{eff} und g meist nur relativ ungenaue Werte vorliegen, sucht man zunächst eine als *Grobanalyse* bezeichnete Näherungslösung der gestellten Aufgabe. Dabei wird angenommen, daß die Fraunhofer-Linien in einer homogenen „Deckschicht" aus dem von unten eingestrahlten Kontinuum herausabsorbiert werden. Nachdem damit für den betrachteten Stern der Wertebereich der eingehenden Parameter eingegrenzt ist, wird für Parameterwerte innerhalb dieses Bereichs ein „Gitter" von Atmosphärenmodellen und zugehörigen Spektren berechnet. Der Vergleich mit dem beobachteten Spektrum führt dann zu den gesuchten Elementhäufigkeiten, T_{eff} und g. Dieses Verfahren wird als *Feinanalyse* bezeichnet.

2.2.4.1 Quantitative Analyse von Sternspektren

Wir beschränken uns auf die Beschreibung der Grobanalyse. Den Ausgangspunkt bildet hierbei der Zusammenhang zwischen der „Stärke" einer Fraunhofer-Linie und der Anzahl der absorbierenden Atome in der Sternatmosphäre. Die Annahme einer homogenen Schicht der Dicke H, in welcher die Linienabsorption erfolge, erlaubt für die austretende Intensität innerhalb der Linie den einfachen Ansatz

$$I_\lambda = I_{\text{K}} \mathrm{e}^{-\varkappa_\lambda^{\text{L}} \cdot H}, \tag{2.15}$$

falls die im Linienbereich reemittierte Strahlung vernachlässigbar ist (schwache Linien). Dabei bezeichnen I_{K} die im Linienbereich wellenlängenunabhängige Kontinuumsintensität am „Boden" der Schicht und $\varkappa_\lambda^{\text{L}}$ den Linienabsorptionskoeffizienten (SI-Einheit: m^{-1}).

Als Maß der Stärke einer beobachteten Fraunhoferlinie wählt man die Fläche zwischen dem Intensitätsverlauf in der Linie I_λ und dem über die Linie hinweg interpolierten Kontinuum I_{K} und nimmt dabei I_{K} als Intensitätseinheit:

$$A_\lambda = \int\limits_{\text{Linie}} \frac{I_{\text{K}} - I_\lambda}{I_{\text{K}}} \, \mathrm{d}\lambda \,. \tag{2.16}$$

Diese Größe besitzt die Dimension der Wellenlänge und wird daher *Äquivalentbreite* der Linie genannt (Abb. 2.24). Für unser einfaches Modell ergibt sich damit

$$A_\lambda = \int\limits_{\text{Linie}} [1 - \mathrm{e}^{-\varkappa_\lambda^{\text{L}} \cdot H}] \, \mathrm{d}\lambda \,. \tag{2.17}$$

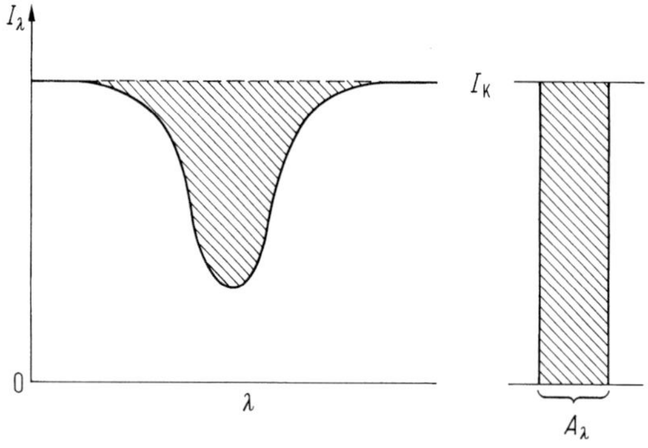

Abb. 2.24 Zur Definition der Äquivalentbreite einer Absorptionslinie. Die beiden schraffierten Flächen sind gleich groß.

Entsteht die Linie durch den Übergang von dem unteren Energiezustand m zum oberen Energiezustand n, dann gilt nach der Theorie des Linienabsorptionskoeffizienten

$$\varkappa_\lambda^{\mathrm{L}} = \frac{e^2 \lambda_0^2}{4 \varepsilon_0 m_{\mathrm{e}} c} N_m f_{mn} \psi(\lambda) \,. \tag{2.18}$$

Hierbei bezeichnen λ_0 die Wellenlängen der Linienmitte (λ_0^2 kommt durch den Übergang von der Frequenz zur Wellenlänge herein), ε_0 die elektrische Feldkonstante, N_m die Anzahldichte der Atome bzw. Ionen des betrachteten Elements, die sich im Zustand m befinden (SI-Einheit: m^{-3}), f_{mn} die Oszillatorenstärke für den Übergang $m \to n$ und $\psi(\lambda)$ das auf Eins normierte Linienprofil. Der Verlauf von $\psi(\lambda)$ ist im „Linienkern“ durch den thermischen Doppler-Effekt und in den „Linienflügeln“ durch Strahlungs- und vor allem Stoßdämpfung bestimmt. Dementsprechend treten darin zwei Parameter auf:

1. die *Doppler-Breite*

$$\Delta\lambda_{\mathrm{D}} = \frac{\lambda_0}{c} \sqrt{\frac{2RT}{\bar{\mu}}} \tag{2.19}$$

mit R = Gaskonstante, T = Temperatur, $\bar{\mu}$ = mittlere molare Masse des Gases und
2. die *Dämpfungskonstante* γ.

Setzt man Gl. (2.18) in Gl. (2.17) ein, dann stellt diese Gleichung den Zusammenhang zwischen der Äquivalentbreite einer Linie und der Anzahldichte N_m her. Besonders einfache Verhältnisse ergeben sich für *schwache Linien*. Dann ist $\varkappa_\lambda^{\mathrm{L}} H \ll 1$ und somit $\exp(-\varkappa_\lambda^{\mathrm{L}} H) \approx 1 - \varkappa_\lambda^{\mathrm{L}} H$, so daß wegen der Normierung von $\psi(\lambda)$ folgt

$$A_\lambda = \int\limits_{\text{Linie}} \varkappa_\lambda^{\mathrm{L}} H \, \mathrm{d}\lambda = \frac{e^2 \lambda_0^2}{4 \varepsilon_0 m_{\mathrm{e}} c} N_m H f_{mn} \,. \tag{2.20}$$

Für schwache Linien wächst also A_λ einfach proportional zur **Säulendichte** der absorbierenden Atome $\mathcal{N}_m = N_m H$ (SI-Einheit: m^{-2}), unabhängig von Doppler-Breite und Dämpfung. Den allgemeinen Fall erläutert Abb. 2.25. Der Parameter dieser sogenannten Wachstumskurven ist $a = \gamma / \Delta\lambda_{\mathrm{D}}$. Für a werden jedoch bereits Tem-

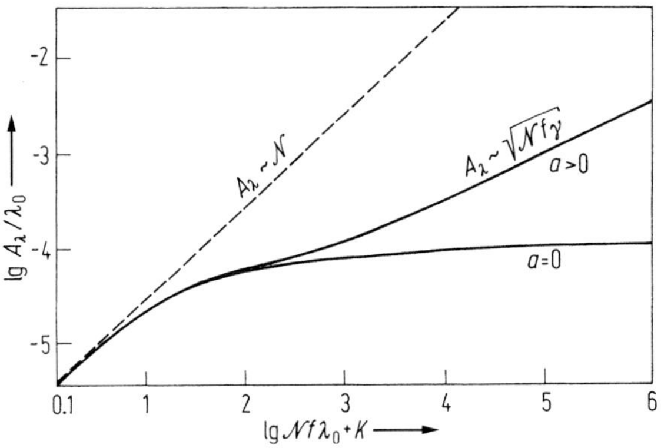

Abb. 2.25 Wachstumskurve der Äquivalentbreite. Für verschwindende Stoßdämpfung (Druckverbreiterung) steigt A_λ mit zunehmendem $\mathcal{N}$ kaum noch an, wenn in der Linienmitte $I_\lambda = 0$ erreicht ist. Treten „Dämpfungsflügel" auf, dann wächst A_λ weiter, aber nur proportional zu $\sqrt{\mathcal{N}}$.

peratur und (für die Stoßdämpfung) Dichte oder Druck in der absorbierenden Schicht benötigt. Weil darüber hinaus bei stärkeren Linien auch die Reemission merklich wird, beschränken wir uns auf die Diskussion schwacher Linien. Aus den gemessenen A_λ (SI-Einheit: m) kann dann, bei bekannter Oszillatorenstärke, unmittelbar die Säulendichte $\mathcal{N}_m$ nach Gl. (2.20) berechnet werden.

Handelt es sich beispielsweise um eine Linie des einfach ionisierten Calciums Ca^+, so besteht der nächste Schritt im Übergang zur Säulendichte für alle Ca^+-Ionen in allen möglichen Anregungszuständen. Danach müssen noch die Säulendichten der neutralen Ca-Atome sowie der zweifachen und höheren Ca-Ionen ermittelt und addiert werden. Hat man diesen Weg für die erfaßbaren Elemente beschritten, so können nun deren relative Häufigkeiten abgeleitet werden. Zur Unterscheidung der verschiedenen Ionisationsstufen eines Elementes schreiben wir im folgenden $N_{i,m}$ für die Anzahldichte der i-fachen Ionen des betrachteten Elementes, die sich im Energiezustand m befinden, wobei $i = 0$ das neutrale Atom, $i = 1$ das einfach ionisierte Atom usw. bezeichne; ferner sei $N_i = \sum N_{i,m}$ die Anzahldichte aller i-fachen Ionen des Elementes (Summation über alle Anregungsstufen m). Unter der *Voraussetzung thermodynamischen Gleichgewichtes* kann man zunächst von $N_{i,m}H$ zu $N_i H$ mit Hilfe der Boltzmann-Verteilung gelangen:

$$\frac{N_{i,m}H}{N_i H} = \frac{N_{i,m}}{N_i} = \frac{g_{i,m}}{u_i} \exp\left(-\frac{\chi_{i,m}}{kT}\right). \tag{2.21}$$

Hier bedeuten $g_{i,m}$ das statistische Gewicht und $\chi_{i,m}$ die Anregungsenergie des Zustandes m; u_i ist die Zustandssumme für das betrachtete i-fache Ion, die Summe der Produkte $g_{i,m}\exp(-\chi_{i,m}/kT)$ über alle m. Hiernach können die $N_i H$ für die übrigen Ionisationsstufen mit Hilfe der Saha-Gleichung

$$\frac{N_{i+1}}{N_i} P_e = 2\,\frac{u_{i+1}}{u_i}\,\frac{(2\pi m_e)^{3/2}(kT)^{5/2}}{h^3} \exp\left(-\frac{\chi_i}{kT}\right) \tag{2.22}$$

berechnet werden, wobei $P_e = N_e kT$ den Partialdruck der freien Elektronen (Anzahldichte N_e) und χ_i die Ionisationsenergie des i-fachen Ions bezeichnen. Oft dominiert eine Ionisationsstufe, so daß für diese gilt $N_i H \approx NH$ = gesamte Säulendichte aller Atome und Ionen des Elementes. Die für diese Schritte benötigten Werte von T und P_e lassen sich gewinnen, indem man Beobachtungen von Linien verschiedener Ionisationsstufen desselben Elements, beispielsweise von Ca und Ca^+, heranzieht. Das aus den A_λ zweier solcher Linien erhaltene Verhältnis $N_{i,m}/N_{i,n}$ kann mit Hilfe der Gln. (2.21) und (2.22) durch einen nur von T und P_e abhängigen Ausdruck dargestellt werden. Mit mehreren solchen Verhältnissen ist eine Bestimmung von T und P_e gut möglich. Schließlich läßt sich der gesamte Gasdruck P aus dem mit Hilfe der Saha-Gleichung gewinnbaren Verhältnis

$$\frac{P}{P_e} = \frac{NkT}{N_e kT} = \frac{N}{N_e} = f(T, P_e) \tag{2.23}$$

berechnen – jedes Element liefert zu N_e den Beitrag $N_1 + 2N_2 + 3N_3 + \cdots$ und zu N außerdem $N_0 + N_1 + N_2 + \cdots$

Für die *Photosphäre der Sonne* lieferte dieses Verfahren $T \approx 5700$ K, $P_e \approx 1$ Pa, $P \approx 10^4$ Pa. Der Druck beträgt also etwa ein Zehntel des Druckes am Boden der Erdatmosphäre, das entsprechende Verhältnis für die Massendichte liegt bei $3 \cdot 10^{-4}$. Diese Zahlen können als Mittelwerte der tatsächlichen Schichtung im Bereich der Linienbildung betrachtet werden.

Die Ergebnisse für die relativen *Häufigkeiten der Elemente* in den Atmosphären der Sonne und der untersuchten normalen Sterne der Population I stimmen weitgehend überein: Wasserstoff dominiert, das Verhältnis der Atomzahlen von Wasserstoff zu Helium beträgt rund 10, während die schwereren Elemente zusammen in Atomzahlen nur den Anteil 10^{-3} ausmachen, bezogen auf die Summe aller Atome = 1 (Elemente ab C; Li, Be und B besitzen sehr geringe Häufigkeiten). Bei den Sternen der Population II liegt die Häufigkeit der schwereren Elemente hingegen

Tab. 2.8 Logarithmen der Elementhäufigkeiten in den Atmosphären einiger Sterne, geordnet nach Atomzahlen und bezogen auf Wasserstoff lg N(H) = 12.0. Die Sterne der beiden letzten Spalten sind sogenannte Schnelläufer und gehören der Sternpopulation II des galaktischen Halos an (Bezeichnung durch die Nummer des Sternes im Henry-Draper-Katalog der Spektraltypen); Fehlergrenzen: $\Delta \lg N \approx \pm 0.3$.

	B0V τ Sco	A0V α Lyr	G2V Sonne	G8III ε Vir	≈ G0 HD 140 283	≈ A2 HD 161 817
1 H	12.0	12.0	12.0	12.0	12.0	12.0
2 He	11.0	11.4	10.9	–	–	–
6 C	8.1	–	8.5	8.5	6.7	7.4
7 N	8.3	8.7	7.9	–	–	–
8 O	8.7	9.0	8.8	–	–	–
12 Mg	7.5	7.7	7.6	7.5	5.2	6.8
14 Si	7.6	7.6	7.6	7.7	5.2	6.4
20 Ca	–	6.1	6.3	6.5	4.0	5.1
26 Fe	–	7.3	7.5	7.6	5.3	6.0

um ein bis zwei Zehnerpotenzen niedriger. In Tab. 2.8 ist eine Auswahl der Resultate von Feinanalysen zusammengestellt.

2.2.4.2 Modelle von Sternatmosphären

Die Berechnung einer Modellatmosphäre zu vorgegebenen Werten von T_{eff}, g und der chemischen Zusammensetzung erläutern wir unter den folgenden, vereinfachenden Annahmen:

a) es liege lokales thermodynamisches Gleichgewicht vor, so daß das Emissionsvermögen des Gases nach dem Kirchhoffschen Strahlungsgesetz durch die lokale Temperatur bestimmt ist. In der Astrophysik ist dafür die Abkürzung der englischen Version üblich: **LTE** für Local Thermodynamical Equilibrium.
b) der Energietransport erfolge allein durch die Strahlung („Strahlungsgleichgewicht"). Wärmeleitung spielt wegen der niedrigen Dichte keine Rolle, Konvektion kann jedoch wichtig werden.
c) die Atmosphäre befinde sich im hydrostatischen Gleichgewicht.

Wir betrachten zunächst den *Strahlungstransport* in einer planparallel geschichteten Sternatmosphäre. Die Energiebilanz der monochromatischen Strahlung der Frequenz ν, die in der Tiefe t (gemessen von einem willkürlichen Nullniveau aus) unter dem Winkel ϑ gegen die Normale zur Sternoberfläche senkrecht durch ein Flächenelement $\mathrm{d}f$ in das Raumwinkelelement $\mathrm{d}\omega$ fließt, lautet für ein Wegelement $\mathrm{d}s$ (Abb. 2.26)

$$\mathrm{d}I_\nu \,\mathrm{d}f\,\mathrm{d}\omega = -\varkappa_\nu I_\nu(t,\vartheta)\,\mathrm{d}f\,\mathrm{d}s\,\mathrm{d}\omega + \varepsilon_\nu\,\mathrm{d}f\,\mathrm{d}s\,\mathrm{d}\omega\,.$$

Links steht die Energieänderung der durch $\mathrm{d}f\,\mathrm{d}\omega$ fließenden Strahlung auf dem Wegelement $\mathrm{d}s$, rechts stehen die auf $\mathrm{d}s$ absorbierten bzw. emittierten Energiebeträge durch Zeit. Dabei bedeuten $\varkappa_\nu$ den Absorptionskoeffizienten durch Länge und ε_ν den Emissionskoeffizienten durch Volumen, Zeit, Raumwinkel und Frequenz (SI-Einheit: $\mathrm{W\,m^{-3}\,sr^{-1}\,Hz^{-1}}$). Wegen $\mathrm{d}s = -\mathrm{d}t/\cos\vartheta$ folgt hieraus unmittelbar die *Strömungsgleichung* der Strahlung

$$\cos\vartheta\,\frac{\mathrm{d}I_\nu}{\mathrm{d}t} = \varkappa_\nu I_\nu - \varepsilon_\nu\,. \tag{2.24}$$

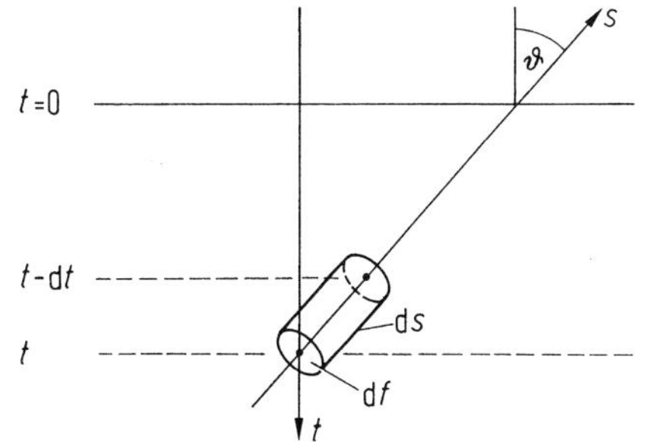

Abb. 2.26 Zur Ableitung der Strömungsgleichung der Strahlung.

Die Annahme von LTE bedeutet, daß wir setzen dürfen $\varepsilon_\nu = \varkappa_\nu B_\nu(T)$, wobei $B_\nu(T)$ die Planck-Funktion bei der Temperatur T in der Tiefe t bezeichnet. Für die kontinuierliche Strahlung ist dies oft eine brauchbare Näherung. Führen wir anstelle von t die *optische Tiefe* ein durch

$$\tau_\nu = \int_0^t \varkappa_\nu \, \mathrm{d}t \,, \quad \mathrm{d}\tau_\nu = \varkappa_\nu \, \mathrm{d}t \,, \tag{2.25}$$

dann nimmt Gl. (2.24) die Form an

$$\cos\vartheta \frac{\mathrm{d}I_\nu}{\mathrm{d}\tau_\nu} = I_\nu - B_\nu \,. \tag{2.26}$$

Die Voraussetzung (b) verlangt, daß der Gesamtstrahlungsstrom (s. Gl. (2.5)) unabhängig von der Tiefe sei:

$$\int_0^\infty \Phi_\nu(t) \, \mathrm{d}\nu = \Phi_0 = \sigma T_{\mathrm{eff}}^4 \,. \tag{2.27}$$

Mit Gl. (2.26) und Gl. (2.27) haben wir zwei Gleichungen für die Bestimmung der beiden Funktionen $I_\nu(\tau_\nu, \vartheta)$ und $B_\nu(T)$ mit $T(\tau_\nu)$. Die Lösung des Gleichungssystems liefert zunächst nur $T(\tau_\nu)$. Der Zusammenhang zwischen T (für festes ν) und t läßt sich nach Voraussetzung (c) mit Hilfe der hydrostatischen Grundgleichung gewinnen: Die Änderung des Druckes P beim Übergang von t nach $t + \mathrm{d}t$ ist dann gegeben durch

$$\mathrm{d}P = g\varrho \, \mathrm{d}t = \frac{g\varrho}{\varkappa_\nu} \mathrm{d}\tau_\nu \,, \tag{2.28}$$

wobei g die Schwerebeschleunigung und ϱ die Massendichte bezeichnen. $\varkappa_\nu/\varrho$ ist der massen- und flächenbezogene Absorptionskoeffizient in einer Säule entlang dem Sehstrahl. Dieser „Massenabsorptionskoeffizient" ist bei vorgegebener chemischer Zusammensetzung als Funktion von T und P bekannt. Die Integration von Gl. (2.28) liefert daher zu $T(\tau_\nu)$ die Funktion $P(\tau_\nu)$ und danach durch Integration von $\mathrm{d}P = g\varrho \, \mathrm{d}t$ mit $\varrho = \varrho(T, P)$ für ein ideales Gas $P = P(t)$. Damit ist auch $t = t(\tau_\nu)$ gefunden.

Die Annahme von LTE bedeutet, daß bei der Besetzung der Energiezustände der Atome die allein durch die lokale Temperatur charakterisierten Stoßprozesse gegenüber den Strahlungsprozessen dominieren. In den höheren Atmosphärenschichten mit sehr niedrigen Dichten ist jedoch die Häufigkeit von Stößen stark herabgesetzt, während die mittlere freie Weglänge der Photonen groß wird. Hier sind daher ε_ν und $\varkappa_\nu$ nicht allein durch die lokalen Werte von T und P bzw. P_e bestimmt, sondern hängen auch von der Intensität des Strahlungsfeldes I_ν in einer mehr oder weniger großen Umgebung ab. Es können starke *Abweichungen vom LTE* auftreten. Vor allem bei der Berechnung der Intensitätsprofile starker Fraunhofer-Linien, die in den höheren Schichten entstehen, ist die Annahme von LTE oft nicht mehr brauchbar. Damit wird das Problem erheblich komplizierter. An die Stelle der Boltzmann-Verteilung und der Saha-Gleichung treten nun Systeme von *statistischen Gleichungen* für die Besetzungszahlen, mit denen die Gleichheit der zeitlichen Raten von Zugängen und Abgängen durch Stoß- und Photoprozesse für jeden einzelnen Energiezustand gefordert wird. Wegen des Auftretens der Strahlungsintensität müssen diese Gleichungen simultan mit der Strömungsgleichung (2.24) gelöst werden.

2.2.4.3 Halbempirisches Modell der Sonnenatmosphäre

Die Gleichung (2.26) kann für feste Werte von ν und ϑ als gewöhnliche Differentialgleichung für die Funktion $I_\nu(\tau_\nu, \vartheta)$ aufgefaßt werden, deren Lösung keine Schwierigkeiten bereitet. Speziell für die an der Sternoberfläche austretende Intensität erhält man das Integral

$$I_\nu(0, \vartheta) = \int_0^\infty \tilde{B}_\nu(\tau_\nu) e^{-\tau_\nu \sec\vartheta} d\tau_\nu \sec\vartheta . \tag{2.29}$$

Dabei ist $\sec\vartheta = 1/\cos\vartheta$. Dieses Ergebnis läßt sich auch unmittelbar anschaulich herleiten. Wir betrachten zunächst die senkrecht austretende Strahlung. Der auf dem Wegstück dt emittierte Beitrag $\varepsilon_\nu(t)dt$ wird bis zur Oberfläche um den Faktor $\exp[-\tau_\nu(t)]$ geschwächt. Mit $\varepsilon_\nu(t)dt = B_\nu(T)\varkappa_\nu dt = \tilde{B}_\nu(\tau_\nu)d\tau_\nu$ folgt daher

$$I_\nu(0, 0) = \int_0^\infty \tilde{B}_\nu(\tau_\nu) e^{-\tau_\nu} d\tau_\nu . \tag{2.30}$$

Für $\vartheta \neq 0$ verlängern sich offenbar dt und $d\tau_\nu$ um den Faktor $\sec\vartheta$, so daß Gl. (2.29) resultiert.

Im Fall der Sonne können wir $I_\nu(0, \vartheta)$ direkt beobachten und Gl. (2.30) dann als Integralgleichung für $\tilde{B}_\nu(\tau_\nu)$ auffassen. Setzt man für $\tilde{B}_\nu(\tau_\nu)$ bei festem ν eine Potenzreihe aus Gliedern $a_n\tau_\nu^n$ an, so ergibt sich für $I_\nu(0, \vartheta)$ eine Reihe, die aus Gliedern der Form $a_n n! \cos^n\vartheta$ besteht. Die Darstellung von $I_\nu(0, \vartheta)$ durch eine Summe von Gliedern $A_n \cos^n\vartheta$ ermöglicht daher eine einfache Bestimmung von $\tilde{B}_\nu(\tau_\nu)$. Für feste Frequenzen im Kontinuum konnten hiernach auf die in Abschn. 2.2.4.2 beschriebene Weise Temperaturschichtungen $T(\tau_\nu)$ und damit weiter $P(\tau_\nu)$, $P_e(\tau_\nu)$ und die geometrische Tiefenskala berechnet werden. Ein solches halbempirisches Modell der Photosphäre und unteren Chromosphäre der Sonne ist in Tab. 2.9 wiedergegeben. Die Aussagen über den chromosphärischen Bereich basieren teilweise auf der Analyse der Profile starker Fraunhofer-Linien, die in diesen hohen Schichten entstehen. Dabei liegt der allgemeine, vom LTE abweichende Fall vor (non-LTE oder NLTE). Für die höhere Chromosphäre bildeten die im Ultraviolett ausgeführten extraterrestrischen Messungen von Kontinuum und Emissionslinien eine wichtige Grundlage.

Die Hauptursache der kontinuierlichen Absorption in den Photosphären der Sonne und anderer Sterne mittleren und späten Spektraltyps sind negative Wasserstoffionen H^-. Im Labor wurden diese Teilchen erst in den fünfziger Jahren nachgewiesen. Das Elektron des neutralen H-Atoms schirmt die Kernladung nicht völlig ab, so daß noch ein weiteres Elektron gebunden werden kann. Die Bindungsenergie beträgt nur 0.75 eV. Strahlung mit $h\nu > 0.75$ eV oder $\lambda < 1650$ nm kann daher kontinuierlich absorbiert werden: $H^- + h\nu \rightarrow H + e^-$. Darüberhinaus liefern Frei-frei-Übergänge (Bremsstrahlung) von Elektronen in den Feldern neutraler H-Atome eine noch weiter ins Infrarot reichende kontinuierliche Absorption. Daß der kontinuierliche Absorptionskoeffizient der Sonnenatmosphäre tatsächlich überwiegend von H^--Ionen

Tab. 2.9 Modell der mittleren Schichtung der Photosphäre und der Chromosphäre der Sonne. τ_{500} = optische Tiefe im Kontinuum bei der Wellenlänge 500 nm, N_H = Anzahldichte der Wasserstoffatome, t = geometrische Tiefe mit Nullpunkt bei $\tau_{500} = 1.0$ (nach Vernazza et al., 1976, 1981).

τ_{500}	T/K	P/Pa	P_e/Pa	N_H/cm^{-3}	t/km
0	450000	$1.4 \cdot 10^{-2}$	$7.5 \cdot 10^{-3}$	$1.0 \cdot 10^{9}$	−2500
$1.4 \cdot 10^{-7}$	24000	$1.6 \cdot 10^{-2}$	$6.6 \cdot 10^{-3}$	$1.9 \cdot 10^{10}$	−2200
$2.9 \cdot 10^{-7}$	9500	$1.7 \cdot 10^{-2}$	$4.8 \cdot 10^{-3}$	$5.2 \cdot 10^{10}$	−2100
$9.1 \cdot 10^{-6}$	5930	$3.0 \cdot 10^{0}$	$8.5 \cdot 10^{-3}$	$3.1 \cdot 10^{13}$	−1000
$2.2 \cdot 10^{-5}$	5360	$1.1 \cdot 10^{1}$	$7.4 \cdot 10^{-3}$	$1.3 \cdot 10^{14}$	−800
$3.4 \cdot 10^{-4}$	4150	$1.6 \cdot 10^{2}$	$1.3 \cdot 10^{-2}$	$2.0 \cdot 10^{15}$	−500
$1.0 \cdot 10^{-2}$	4600	$1.1 \cdot 10^{3}$	$9.4 \cdot 10^{-2}$	$1.6 \cdot 10^{16}$	−300
$2.0 \cdot 10^{-1}$	5450	$5.9 \cdot 10^{3}$	$7.6 \cdot 10^{-1}$	$7.1 \cdot 10^{16}$	−100
1.0	6420	$1.2 \cdot 10^{4}$	$5.8 \cdot 10^{0}$	$1.2 \cdot 10^{17}$	0
2.0	7040	$1.4 \cdot 10^{4}$	$1.9 \cdot 10^{1}$	$1.4 \cdot 10^{17}$	30
5.0	7880	$1.7 \cdot 10^{4}$	$7.7 \cdot 10^{1}$	$1.4 \cdot 10^{17}$	60

erzeugt wird, läßt sich aus den Temperaturschichtungen $T(\tau_\nu)$ erkennen, die für verschiedene Frequenzen des Kontinuums zwischen den Linien abgeleitet wurden: Zu fester Temperatur, die einer bestimmten geometrischen Tiefe entspricht, ergibt sich für τ_ν die erwartete Wellenlängenabhängigkeit. Das Sonnenlicht entsteht also vorwiegend bei der Bildung von H^--Ionen, $H + e^- \rightarrow H^- + h\nu$, im Dreierstoß.

2.2.4.4 Konvektionszone und Heizung der Sonnenkorona

Ursache der Granulation ist die Instabilität tieferer Schichten gegen *thermische Konvektion*. Eine Bedingung dafür ergibt sich aus folgender Überlegung: Wir betrachten ein Materieelement, das etwas wärmer ist als die Umgebung und daher aufsteigt. Es wird seinen Aufstieg nur dann fortsetzen, wenn es dabei ständig wärmer bleibt als seine Umgebung. Dazu muß die Abnahme seiner Temperatur mit der Höhe kleiner sein als die Abnahme der Temperatur der Umgebung. Weil der Energieaustausch des Elementes mit dem benachbarten Gas innerhalb der Zeit bis zu seiner Auflösung nur relativ gering ist, kann seine Zustandsänderung als adiabatisch betrachtet werden. Wir erhalten damit die Bedingung

$$\left|\frac{\mathrm{d}T}{\mathrm{d}h}\right|_{\mathrm{ad}} < \left|\frac{\mathrm{d}T}{\mathrm{d}h}\right|_{\mathrm{U}} . \tag{2.31}$$

In der Sonnenphotosphäre ist diese Bedingung für $\tau_{500} > 1$ erfüllt. Dort wird der Absorptionskoeffizient $\varkappa_\nu^K$ größer, die freie Weglänge der Photonen also kleiner, so daß sich ein steilerer Temperaturgradient $|\mathrm{d}T/\mathrm{d}h|_U$ einstellt, damit die ankommende Energiemenge transportiert werden kann. Andererseits bewirkt die bei $T \approx 10000$ K wesentlich einsetzende Ionisation des Wasserstoffs, die viel Energie absorbiert, eine Verkleinerung von $|\mathrm{d}T/\mathrm{d}h|_{\mathrm{ad}}$. Man spricht aus diesem Grund von der *Wasserstoff-*

konvektionszone der Sonne, die nach Modellrechnungen bis zu einer Tiefe von rund 10^5 km reicht.

Für $\tau_{500} < 1$ ist die Photosphäre gegen thermische Konvektion stabil. Sieht man erst einmal von den Magnetfeldern ab, so liegt folgendes Bild nahe: Aus der Tiefe emporsteigende Materieelemente treffen auf diese stabile Schicht, die hierdurch wie eine Membran zu Schwingungen angeregt wird. Die Aufstiegsbewegungen werden aufgehalten und setzen sich teilweise als Kompressionswellen (Schallwellen) nach außen fort. Mechanische Energie wird in Form eines akustischen Rauschens in höhere Schichten transportiert. Wegen des steilen Dichteabfalls in der oberen Photosphäre um mehrere Zehnerpotenzen wächst dort die Amplitude der longitudinalen Schwingungen des Gases sehr stark an, überschreitet schließlich die Phasengeschwindigkeit der Wellen und führt damit zur Entstehung von Stoßfronten. In diesen wird die Energie der gerichteten mechanischen Schwingungen in die Energie ungeordneter thermischer Bewegungen umgewandelt und führt so zu einer starken Aufheizung. Wählt man als mittlere Geschwindigkeit der anfänglichen materiellen Schwingungen die beobachteten Aufstiegsgeschwindigkeiten der Granula, dann ergibt sich als mechanischer Energiefluß ein Vielfaches der beobachteten Abstrahlung von Chromosphäre und Korona.

Diese akustischen Stoßwellen dürften nur in der ruhigen Chromosphäre außerhalb stärkerer Magnetfelder wirksam sein. In chromosphärischen Bereichen mit starken Feldern spielen wahrscheinlich analoge longitudinale hydromagnetische Wellen eine Rolle. In der Korona ist die Energiedichte des Magnetfeldes größer als die thermische Energiedichte des Gases, weshalb hier magnetische Wechselwirkungen dominieren. Dies zeigt sich beispielsweise darin, daß in den koronalen Bögen besonders hohe Temperaturen auftreten (s. Abschn. 2.2.2.4). Die Magnetfelder stellen eine Koppelung her zwischen dem koronalen Plasma und den subphotosphärischen Schichten. Energiequelle der Korona sind letztlich die mit der Konvektion und Zirkulation verbundenen Bewegungen des Plasmas.

2.2.5 Innerer Aufbau und Entwicklung der Sterne

Warum treten die Zustandsgrößen L, T_{eff}, R und $\mathscr{M}$ der weitaus meisten Sterne nur in bestimmten Kombinationen auf, wie sie in der Hauptreihe und dem Riesenast des Hertzsprung-Russell-Diagramms sowie in der Masse-Leuchtkraft-Beziehung zum Ausdruck kommen? Die Antwort ergibt sich aus dem Studium des Gleichgewichtes heißer Gaskugeln, die von der eigenen Gravitation zusammengehalten werden. Weil die Materie bei den hohen Temperaturen des Sterninneren im wesentlichen nur aus nackten Atomkernen und freien Elektronen besteht, ist die Zustandsgleichung einfach, und es lassen sich verhältnismäßig zuverlässige Aussagen über die Verteilung von Temperatur, Druck und Dichte gewinnen. Zu verschiedenen Werten der Sternmasse kann man für eine bestimmte Häufigkeitsverteilung der chemischen Elemente Sternmodelle berechnen. Die Ergebnisse liefern insbesondere Beziehungen zwischen $\mathscr{M}$, L, R und T_{eff}, die mit den beobachteten Zusammenhängen verglichen werden können.

Hauptenergiequelle der Sterne ist die Kernfusion, wobei die Umwandlung von Wasserstof in Helium den weitaus größten Beitrag liefert. Auch diese Energievorräte sind jedoch nicht unerschöpflich, denn es stehen ihnen, vor allem bei den massereicheren Sternen, enorm hohe Energieverluste durch Abstrahlung gegenüber. Die Kernprozesse führen zu einem veränderten chemischen Aufbau. Die Sterne werden daher ihre Zustandsgrößen im Laufe der Zeit ändern. Mit Hilfe sukzessiver Gleichgewichts-Sternmodelle läßt sich die Frage nach den Lebenswegen der Sterne beantworten.

2.2.5.1 Der Gleichgewichtszustand eines Sternes

Während des langfristig stationären Zustandes, wie wir ihn bei den „normalen" Sternen beobachten, können wir einen Stern, der weder rotiert noch durch äußere Kräfte deformiert wird, als Gaskugel im *hydrostatischen Gleichgewicht* betrachten: In jedem Abstand r vom Mittelpunkt der Kugel trägt der nach außen gerichtete Druck des Gases *und* der Strahlung $P(r) = P_g(r) + P_s(r)$ gerade das Gewicht der darüberliegenden Kugelschalen. Schreiten wir von r nach $r + dr$ fort (Abb. 2.27),

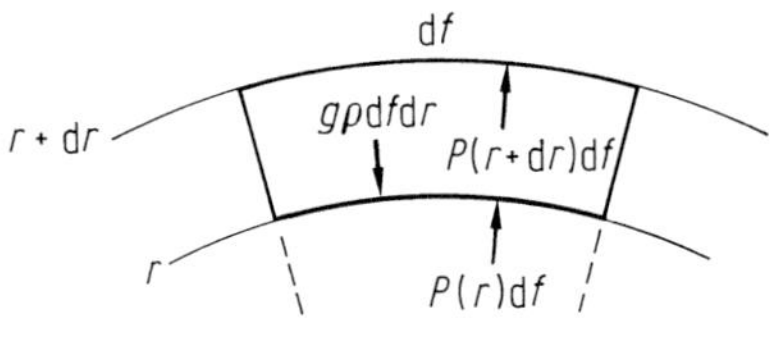

Abb. 2.27 Zur Ableitung der Bedingung für hydrostatisches Gleichgewicht.

so ist die Änderung der zum Mittelpunkt hin gerichteten Gravitationskraft auf ein Flächenelement df gerade gleich der Änderung der auf dieses vom Druck ausgeübten Kraft. Bezeichnen g und ϱ die Schwerebeschleunigung und die Massendichte, so gilt also

$$dP\,df = -g(r)\varrho(r)\,df\,dr \tag{2.32}$$

mit

$$g = G\frac{\mathcal{M}_r}{r^2}, \tag{2.33}$$

wobei G = Gravitationskonstante und $\mathcal{M}_r$ = Masse innerhalb der Kugel mit dem Radius r:

$$\mathcal{M}_r = \int_0^r 4\pi r^2 \varrho(r)\,dr\,. \tag{2.34}$$

Als mechanische Gleichgewichtsbedingung erhalten wir damit

$$\frac{dP}{dr} = -G\frac{\mathcal{M}_r}{r^2}\varrho\,. \tag{2.35}$$

Weil das Gas im Sterninneren praktisch vollständig ionisiert ist, also nur aus Atomkernen und Elektronen besteht, dürfen wir für den Zusammenhang zwischen P, ϱ und der Temperatur T bis zu relativ hohen Dichten ($\approx 10^4\,\mathrm{g\,cm^{-3}}$) die Zustandsgleichung des idealen Gases

$$P_g = \frac{k}{m} \varrho T \tag{2.36}$$

anwenden (m = mittlere Teilchenmasse).

Gl. (2.35) erlaubt in Verbindung mit Gl. (2.36) eine einfache Abschätzung der Temperatur im tiefen Sterninneren. Wir ersetzen dazu $\mathrm{d}P/\mathrm{d}r$ näherungsweise durch den Differenzenquotienten zwischen den Drücken an der Sternoberfläche ($r = R$) und im Zentrum ($r = 0$): $(P_R - P_0)/R$. Weil die Massendichte zum Zentrum hin stark zunimmt, setzen wir weiter $\mathscr{M}_r = \mathscr{M}$ und wählen $r = R/2$ sowie $\varrho = \bar{\varrho} \approx \varrho_0/4$. [Statt $\bar{\varrho} = \varrho_0/4$ könnte man etwa auch $\bar{\varrho} = \varrho_0/10$ wählen, weil es hier auf einen Faktor 2.5 nicht ankommt. Jeder Versuch einer besseren Begründung führt auf eine umständliche theoretische Diskussion.]

Wegen $P_R \ll P_0$ folgt dann $P_0 \approx G\mathscr{M}\varrho_0/R$. Dazu liefert Gl. (2.36) die Zentraltemperatur (für $P_S \ll P_g$)

$$T_0 = \frac{P_0 m}{k \varrho_0} \approx G \frac{m}{k} \frac{\mathscr{M}}{R}. \tag{2.37}$$

Weil die *Sonne* überwiegend aus ionisiertem Wasserstoff und etwa gleichvielen freien Elektronen besteht, gilt $m \approx 1/2\, m_P \approx 0.8 \cdot 10^{-27}$ kg, und man erhält $T_0 \approx 10^7$ K.

Mit Gl. (2.34) und Gl. (2.35) haben wir zwei Gleichungen für die drei unbekannten Funktionen $P(r)$, $\varrho(r)$ und $\mathscr{M}_r(r)$. Eine Gleichung, die uns weiterhilft, kann aus der Strömungsgleichung für den *Strahlungstransport* gewonnen werden, indem man darin zum Strahlungsdruck übergeht. Jedes Lichtquant überträgt auf absorbierende Materie den Impuls der ihm äquivalenten Masse $mc = E/c = h\nu/c$. Die unter dem Winkel ϑ gegen die radiale Richtung im Stern durch die auf der Kugelschale ($\mathrm{d}f = 1$ in Abb. 2.27) in das Raumwinkelelement strömende flächenbezogene Strahlungsleistung $I(\vartheta)\cos\vartheta\,\mathrm{d}\omega$ liefert daher pro Zeiteinheit den Strahlungsimpuls $I(\vartheta)\cos\vartheta\,\mathrm{d}\omega/c$. Um die radiale Druckkomponente zu erhalten, ist nochmals mit $\cos\vartheta$ zu multiplizieren. Der gesamte Strahlungsdruck ergibt sich durch Integration über alle Raumwinkelelemente

$$P_S = \frac{1}{c} \iint I(\vartheta) \cos^2\vartheta\,\mathrm{d}\omega\,. \tag{2.38}$$

Um in der Strömungsgleichung (2.24) zu P_S überzugehen, integrieren wir diese über ν, multiplizieren mit $\cos\vartheta\,\mathrm{d}\omega/c$ durch und integrieren danach über alle Raumwinkelelemente. Das Resultat können wir in der Form schreiben

$$\frac{\mathrm{d}P_S}{\mathrm{d}r} = -\frac{\bar{\varkappa}}{c}\,\Phi(r)\,. \tag{2.39}$$

Dabei bedeuten $\bar{\varkappa}$ den über ν gemittelten Absorptionskoeffizienten (Opazität) und Φ den gesamten Strahlungsstrom. Das Raumwinkelintegral über das zweite Glied auf der rechten Seite von Gl. (2.24) verschwindet, weil ε_ν im Sterninneren in sehr guter Näherung von ϑ unabhängig ist. Die hochgradige Isotropie der Strahlung im Sterninneren ist auch der Grund dafür, daß wir trotz sphärischer Materieverteilung die für eine planparallele Schichtung abgeleitete Gl. (2.24) heranziehen dürfen. Für den Strahlungsdruck liefert die Integration in Gl. (2.38) das für Hohlraumstrahlung gültige Ergebnis

$$P_S = \frac{4\pi}{3c} I = \frac{1}{3} a T^4 \tag{2.40}$$

mit $a = 4\sigma/c$. Der zweite Ausdruck folgt mit dem Stefan-Boltzmann-Gesetz $\pi I = \Phi = \sigma T^4$.

Setzt man Gl. (2.40) in Gl. (2.39) ein und führt den gesamten Energiestrom (Leuchtkraft) beim Radius r ein durch

$$L_r = 4\pi r^2 \Phi(r), \tag{2.41}$$

dann folgt

$$\frac{\mathrm{d}T}{\mathrm{d}r} = -\frac{3\bar{\varkappa}}{4caT^3} \frac{L_r}{4\pi r^2}. \tag{2.42}$$

Der Strahlungsfluß ist dem Temperaturgradienten proportional. Gewinnt der Stern seine Energie aus nuklearen Prozessen mit der massenbezogenen Energieerzeugungsrate $\varepsilon_N(\varrho, T)$, so ist L_r gegeben durch

$$L_r = \int_0^r \varepsilon_N \varrho 4\pi r^2 \mathrm{d}r. \tag{2.43}$$

Wegen der hohen Ionisation tragen zu $\varkappa_\nu$ vorwiegend nur die Streuung der Strahlung an freien Elektronen, Compton-Effekt und Frei-frei-Übergänge in den Feldern der Ionen bei. Die Definition von $\bar{\varkappa}$ erfordert eine geeignete Mittelbildung über alle Frequenzen, wobei die in der Gewichung auftretenden Intensitäten in sehr guter Näherung durch die Planck-Funktion $B_\nu(T)$ approximiert werden dürfen. Die nukleare Energieerzeugungsrate ε_N besprechen wir im Abschn. 2.2.5.2.

In Bereichen des Sternes, in denen die Konvektionsbedingung (2.31) erfüllt ist, kann der Energietransport in erheblichem Umfang durch *Konvektion* erfolgen. Anstelle von Gl. (2.42) darf dann oft näherungsweise der adiabatische Temperaturgradient für ideales Gas

$$\frac{\mathrm{d}T}{\mathrm{d}r} = \left(\frac{\mathrm{d}T}{\mathrm{d}r}\right)_{\mathrm{ad}} = \left(1 - \frac{1}{\gamma}\right) \frac{T}{P} \frac{\mathrm{d}P}{\mathrm{d}r} \tag{2.44}$$

herangezogen werden ($P \sim \varrho^\gamma$ und $P \sim \varrho T$) mit $\gamma = c_p/c_V = 5/3$. Wärmeleitung spielt demgegenüber für den Energietransport in normalen Sternen keine Rolle.

Gehen wir in den Gln. (2.34) und (2.43) durch Differenzieren zu den Ableitungen $\mathrm{d}\mathcal{M}_r/\mathrm{d}r$ bzw. $\mathrm{d}L_r/\mathrm{d}r$ über, so haben wir zusammen mit den Gln. (2.35) und (2.42) oder (2.44) ein System von vier gewöhnlichen Differentialgleichungen erster Ordnung für die vier Funktionen

$$P(r), \quad T(r), \quad \mathcal{M}_r(r) \quad \text{und} \quad L_r(r)$$

gewonnen. Denn bei vorgegebenen relativen Häufigkeiten der Elemente läßt sich die Dichte mit Hilfe der Zustandsgleichung durch P und T ausdrücken und es können $\bar{\varkappa}$ und ε_N in Abhängigkeit von ϱ und T bzw. P und T ermittelt werden. Zur Festlegung der Lösungen lassen sich folgende Anfangs- bzw. Randwerte vorgeben: $P(R) = 0$, $T(R) \approx 0$ (kann verbessert werden), $\mathcal{M}_r(0) = 0$ und $L_r(0) = 0$. Um den

Sternradius R festzulegen, müssen wir noch die Bedingung $\mathcal{M}_r(R) = \mathcal{M}$ hinzufügen. Gibt man die *Masse* $\mathcal{M}$ und die *chemische Zusammensetzung* vor, so können der Aufbau und die integralen Zustandsgrößen des Sternes berechnet werden. H. Vogt (1926) und unabhängig H. N. Russell (1927) schlossen weitergehend, ohne dafür einen mathematischen Beweis angeben zu können, daß die Lösung im allgemeinen eindeutig sei (**Vogt-Russell-Theorem**).

Im Fall chemischer Homogenität im Stern und Energieerzeugung durch Kernfusion ist dieser „Satz" gültig. Für Sterne mit gleichen relativen Elementhäufigkeiten hängen dann alle integralen Zustandsgrößen nur von der Masse ab. Insbesondere folgt $L = L(\mathcal{M})$ und $T_{\text{eff}} = T_{\text{eff}}(\mathcal{M})$, so daß zwischen L und T_{eff} ein sehr enger Zusammenhang zu erwarten ist, wie wir ihn in der *Hauptreihe* des HRD beobachten. Nach den bereits besprochenen Analysen der Sternatmosphären besitzen Hauptreihensterne tatsächlich die gleiche chemische Zusammensetzung.

Eingehende Untersuchungen haben gezeigt, daß für chemisch inhomogen aufgebaute Sterne in manchen Fällen mehrere Lösungen existieren. Weil chemische Inhomogenität eine Folge fortgeschrittener Kernfusionsprozesse im Zentralbereich des Sternes ist, entscheidet die Vorgeschichte des Sternes über die zutreffende Lösung.

2.2.5.2 Energiequellen und Energiegleichgewicht

Der *Energievorrat eines Sternes* besteht aus thermischer Energie E_{T}, Gravitationsenergie E_{G} und nuklearer Energie E_{N}. Zur Abschätzung von E_{T} multiplizieren wir die mittlere kinetische Energie eines Teilchens $(3/2)\,kT$ mit der Anzahl aller Teilchen im Stern $\mathcal{M}/\bar{m}$, wobei $\bar{m}$ die mittlere Teilchenmasse bezeichnet. Mit $T = 10^7$ K und $\bar{m} = 0.8 \cdot 10^{-27}$ kg für vollständig ionisierten Wasserstoff ergibt sich für die Sonne $E_{\text{T}} \approx 5 \cdot 10^{41}$ J.

Kontrahiert eine im Vergleich zu stellaren Dimensionen praktisch unendlich ausgedehnte, kugelförmige Wolke der Masse $\mathcal{M}$ bis zum Sternradius R, so ist der Energiegewinn gleich der (negativen) potentiellen Gravitationsenergie des resultierenden Sternes:

$$E_{\text{G}} = -\,E_{\text{pot}}(R) \approx G\,\frac{\mathcal{M}^2}{R}\,. \tag{2.45}$$

Die Sonne hat hiernach durch Kontraktion auf ihren heutigen Radius etwa $4 \cdot 10^{41}$ J gewonnen. Wegen $|E_{\text{pot}}(R)| \sim 1/R$ kann ein Stern durch hinreichende weitere Verkleinerung seines Radius sehr hohe Energiebeträge ΔE_{G} aus seiner Gravitationsenergie gewinnen.

Daß sich für E_{G} und E_{T} die gleiche Größenordnung ergibt, hat seinen Grund in dem für abgeschlossene Systeme im Gleichgewicht gültigen Virialsatz der statistischen Mechanik:

$$2\,E_{\text{T}} = E_{\text{G}}\,. \tag{2.46}$$

Hieraus folgt, daß die Hälfte der durch langsame Kontraktion eines Sternes frei werdenden Gravitationsenergie zu thermischer Energie wird und somit nur die andere Hälfte für die Abstrahlung verfügbar ist. Die gewonnene Energie reicht für den Zeitraum

$$\tau_{\mathrm{HK}} = \frac{1}{2}\frac{E_{\mathrm{G}}}{L} = \frac{E_{\mathrm{T}}}{L}, \tag{2.47}$$

die sogenannte **Helmholtz-Kelvin-Zeitskala**. Für die Sonne erhält man $\tau_{\mathrm{HK}} = 5 \cdot 10^{41}\,\mathrm{J}/4 \cdot 10^{26}\,\mathrm{J/s} \approx 10^{15}\,\mathrm{s} = 3 \cdot 10^{7}$ Jahre. Das tatsächliche Alter der Sonne beträgt demgegenüber etwa $4.5 \cdot 10^{9}$ Jahre (Erdalter).

Im Sterninneren sind die kinetischen Energien eines Teils der Atomkerne genügend hoch, um bei Stößen mit anderen Kernen die Coulombsche Abstoßung durchtunneln zu können und damit thermonukleare Reaktionen einzuleiten. Die mittlere Bindungsenergie pro Nukleon nimmt mit wachsender Massenzahl vom Wasserstoff bis zum Eisen zu und fällt dann wieder ab. Kernspaltungen sind daher nur für die seltenen, schwersten Elemente exotherm und können keinen wesentlichen Energiebeitrag liefern. Für die Kernfusion von Wasserstoff zu Helium und weiter von Helium zu höheren Elementen bis zum Eisen steht demgegenüber das häufigste Element zur Verfügung und es kann die maximale Bindungsenergie pro Nukleon gewonnen werden. Die Fusionierung $4\mathrm{H} \rightarrow \mathrm{He}$ liefert dabei den weitaus größten Anteil. Aus der Differenz in Atommasseneinheiten $(4 \cdot 1.008) - 4.004 = 0.028$ folgt, daß $0.028/4$ oder 0.7% der Masse des vorhandenen Wasserstoffs in Energie umgesetzt werden können. Bis zur Bildung von Eisen sind es 0.8%. Der maximal verfügbare Vorrat an Kernenergie ergibt sich damit zu

$$E_{\mathrm{N}} = 0.008\,\mathscr{M}c^2\,. \tag{2.48}$$

Für die Sonne erhält man $E_{\mathrm{N}} \approx 10^{45}\,\mathrm{J} \approx 10^{4}\,E_{\mathrm{T}}$ und damit die **nukleare Zeitskala**

$$\tau_{\mathrm{N}} = \frac{E_{\mathrm{N}}}{L} \approx 10^{4}\,\tau_{\mathrm{HK}} \approx 10^{11}\,\text{Jahre}\,.$$

Zur Verschmelzung von zwei Kernen mit den Ladungen Z und Z' wäre ohne Tunneleffekt eine kinetische Energie der relativen Bewegung vom Betrag der potentiellen Energie $E_{\mathrm{pot}} = ZZ'e^2/R$ erforderlich, wobei R den Kernradius ($\approx 10^{-13}\,\mathrm{cm}$) bezeichnet. Am niedrigsten ist diese Coulomb-Barriere hiernach für die Kerne mit der niedrigsten Ordnungszahl: die Protonen. Man erhält $E_{\mathrm{pot}} \approx 1\,\mathrm{MeV}$. Die mittlere kinetische Energie eines Partikels liegt für $T = 10^{7}\,\mathrm{K}$ jedoch nur bei $E_{\mathrm{kin}} = (3/2)kT \approx 1\,\mathrm{keV}$. Nach der Maxwellschen Geschwindigkeitsverteilung nimmt die Häufigkeit der Partikel mit wachsender Energie exponentiell ab, so daß es praktisch keine Partikel mit $E_{\mathrm{kin}} \approx 1\,\mathrm{MeV}$ gibt. Der Tunneleffekt nimmt jedoch mit wachsender Partikelenergie zu. Daher resultiert eine maximale Häufigkeit durchtunnelnder Protonen bei etwa 5 keV (*Gamov-Peak*).

Die Diskussion der möglichen Einzelprozesse führte zu dem Resultat, daß bei Temperaturen der Größenordnung 10^{7} K nur die Fusion von H zu He („Wasserstoffbrennen") als Energiequelle in Frage kommt. Dabei sind die folgenden Reaktionen wichtig:

Proton-Proton-Reaktionskette

$$\begin{aligned} &{}^{1}\mathrm{H} + {}^{1}\mathrm{H} &&\rightarrow {}^{2}\mathrm{D} + \mathrm{e}^{+} + \nu_{\mathrm{e}} + 1.44\,\mathrm{MeV} - 0.25\,\mathrm{MeV}\ (\text{Neutrino}) \\ &{}^{2}\mathrm{D} + {}^{1}\mathrm{H} &&\rightarrow {}^{3}\mathrm{He} + \gamma + 5.49\,\mathrm{MeV} \\ &{}^{3}\mathrm{He} + {}^{3}\mathrm{He} &&\rightarrow {}^{4}\mathrm{He} + 2\,{}^{1}\mathrm{H} + 12.86\,\mathrm{MeV} \end{aligned} \tag{2.49}$$

Die Bilanz lautet: $4\,{}^{1}\mathrm{H} \rightarrow {}^{4}\mathrm{He} + 2\mathrm{e}^{+} + 2\gamma + 2\nu_{\mathrm{e}} + 26.2\,\mathrm{MeV}$.

Damit ein ^{4}He-Kern entstehen kann, müssen die beiden ersten Reaktionen zweimal durchlaufen werden. Die erste Reaktion findet extrem selten statt. Für die Verhältnisse im Sonnenzentrum ergibt sich eine Reaktionszeit von 10^{10} Jahren $\approx$ Dauer der ganzen Kette. Aus ^{3}He kann ^{4}He auch durch eine Reaktion mit dem bereits vorhandenen ^{4}He (α-Teilchen) entstehen. In Kurzschreibweise lautet die dann entstehende Nebenkette

$$^3\text{He}(\alpha,\gamma)^7\text{Be}(\text{p},\gamma)^8\text{B} \xrightarrow{e^+\nu} {}^8\text{Be} \xrightarrow{\alpha} {}^4\text{He} \tag{2.50}$$

CNO-Zyklus (Bethe-Weizsäcker-Zyklus). Hier wird die Existenz von ^{12}C vorausgesetzt. Die ^{12}C-Kerne spielen jedoch nur die Rolle eines Katalysators (Abb. 2.28). Die Bilanz lautet: $4\,^1\text{H} \rightarrow {}^4\text{He} + 3\gamma + 2e^+ + 2\nu_e + 25.0$ MeV. Dauer des ganzen Zyklus $\approx 10^8$ Jahre.

Die Berechnung der Energieerzeugungsraten ε_N in Abhängigkeit von Dichte und Temperatur führt in der Annäherung durch Potenzansätze auf

$$\begin{aligned} &\varepsilon_N(\text{pp}) \sim T^5 \quad (\text{für } T \approx 10^7\,\text{K}) \\ &\varepsilon_N(\text{CNO}) \sim T^{16} \quad (\text{für } T \approx 3 \cdot 10^7\,\text{K}) \end{aligned}$$

Bei den Verhältnissen im Sonneninneren dominiert die pp-Kette. Die entstehenden *Neutrinos* durchdringen die Sonne ungehindert und können daher direkte Information über den Ablauf der Reaktionen liefern. Zum Nachweis dieser Teilchen zogen R. Davis und Mitarbeiter den Prozeß $^{37}\text{Cl}(\nu_e, e^-)^{37}\text{Ar}$ heran. Es wurde ein Tank mit 380000 Litern Tetrachlorethylen C_2Cl_4 in einer Goldmine in 1500 m Tiefe installiert. Aus den darin enthaltenen Atomen des Isotops ^{37}Cl nach Neutrino-Einfängen entstandene ^{37}Ar-Atome wurden durch die bei ihrem Zerfall auftretende Röntgenstrahlung (Einfang eines Elektrons in die K-Schale) nachgewiesen. Die lang-

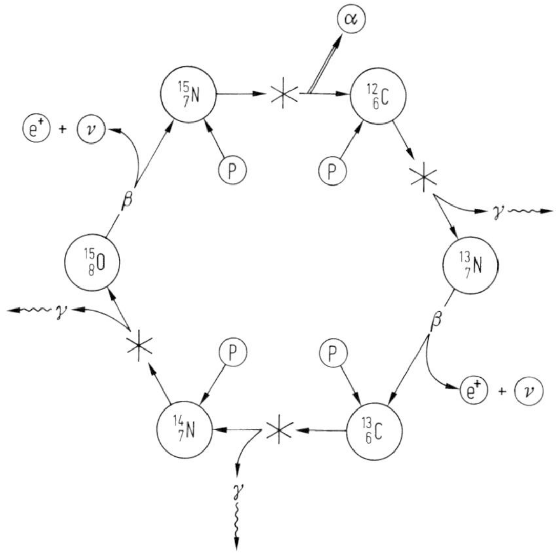

Abb. 2.28 Der Bethe-Weizsäcker-Zyklus in schematischer Darstellung (Beginn oben rechts mit dem Einfang eines Protons durch einen Kohlenstoffkern).

jährigen Messungen ergaben nur etwa 1/4 des erwarteten Neutrinoflusses. Mit dieser Methode werden jedoch nur Neutrinos mit Energien über 0.8 MeV erfaßt, wie sie in der Nebenkette Gl. (2.50) entstehen. Die solaren Neutrinos aus der pp-Hauptkette, deren Energien unterhalb von 0.42 MeV liegen, sind seit 1991 durch Messungen von Arbeitsgruppen des Max-Planck-Instituts für Kernphysik, Heidelberg, und anderer Institute im Gran-Sasso-Tunnel in den italienischen Abruzzen nachgewiesen worden. Hierbei wurde die Umwandlung von ^{71}Ga in radioaktives ^{71}Ge durch Neutrino-Einfang herangezogen, und dessen Zerfall (Halbwertszeit 11 Tage) gemessen. Es wurden 30 t Gallium verwendet – gelöst als 100 t Galliumchlorid. Für den gesamten solaren Neutrinofluß lieferte der „Gallex-Detektor" 60 % des für das theoretische Sonnenmodell berechneten Wertes. Der Meßfehler betrug rund 10 %. Die Erklärung der noch verbliebenen Differenz zwischen Messung und Erwartung, kann entweder in einer Korrekturbedürftigkeit des Sonnenmodells oder in noch unbekannten Eigenschaften der Neutrinos liegen. Da empirische wie theoretische Argumente gegen eine Änderung des Sonnenmodells sprechen, werden als Ursache gegenwärtig Neutrino-Oszillationen für wahrscheinlich gehalten: Neutrinos vom elektronischen Typ ν_e könnten sich im extrem dichten Zentralgebiet der Sonne in Myon-Neutrinos ν_μ und Tauon-Neutrinos ν_τ umwandeln, die mit dem Gallex-Detektor nicht erfaßt werden.

Während des Wasserstoffbrennens besteht in den Sternen ein fein geregeltes *Energiegleichgewicht*. Die Leuchtkraft ist nicht durch die Energieerzeugungsrate, sondern durch die Effektivität des Energietransports und damit durch den Temperaturgradienten festgelegt. Dieser ergibt sich aus der Bedingung des hydrostatischen Gleichgewichtes. Der Stern stellt seine Energieproduktion gerade so ein, daß die zur Sternmasse gehörende Leuchtkraft resultiert: Ist im Zentralgebiet ein Teil des Wasserstoffs bereits in Helium umgewandelt, so daß ε_N kleiner wird, als es die Leuchtkraft verlangt, dann verliert der Stern ständig zuviel Energie; es fehlt ihm thermische Energie, die er in dieser Phase allein durch Kontraktion aus seiner Gravitationsenergie gewinnen kann. Hierdurch steigt im Zentralgebiet die Temperatur und folglich ε_N in dem Maße an, wie es zur Wiederherstellung des hydrostatischen Gleichgewichtes erforderlich ist.

Ist im Zentralgebiet der Wasserstoff zu Helium fusioniert, dann steigt die Temperatur an, bis die Umwandlung höherer Kerne möglich wird ($T \approx 10^8$ K). Am wichtigsten ist dabei der

3α-Prozeß (Heliumbrennen)

$$\begin{aligned} {}^4\text{He} + {}^4\text{He} &\rightleftarrows {}^8\text{Be} - 92\ \text{keV} \\ {}^8\text{Be} + {}^4\text{He} &\rightarrow {}^{12}\text{C} + \gamma + 7.4\ \text{MeV}. \end{aligned} \qquad (2.51)$$

Die erste Reaktion ist endotherm, und der ^{8}Be-Kern zerfällt sofort wieder in zwei α-Teilchen. Die im Mittel vorhandene, sehr geringe Anzahldichte der ^{8}Be-Kerne reicht für den Ablauf der zweiten Reaktion aus.

$$\varepsilon_N(3\alpha) \sim \varrho^2 T^{30} \quad (\text{für } T \approx 10^8\ \text{K})$$

Im Laufe der Entwicklung zu noch höheren Zentraltemperaturen sind weitere α-Einfangprozesse möglich: $^{12}\text{C} + {}^4\text{He} \rightarrow {}^{16}\text{O} + \gamma$, $^{16}\text{O} + {}^4\text{He} \rightarrow {}^{20}\text{Ne} + \gamma$ usw., die wegen der zunehmenden Höhe der jeweiligen Coulomb-Barriere bei ^{40}Ca enden. Bei $T \approx 10^9$ K kann ^{12}C fusioniert werden (*Kohlenstoffbrennen*).

Einige Reaktionen liefern auch freie Neutronen und ermöglichen damit, daß schwerere Kerne als ^{40}Ca durch Neutroneneinfang gebildet werden. In einem Gleichgewicht vieler Prozesse findet schließlich eine Anreicherung der Elemente mit maximaler Bindungsenergie (Eisengruppe!) statt. Diese Reaktionen liefern zwar keinen nennenswerten Beitrag zu ε_N, sie sind aber wichtig für die *Entstehung der chemischen Elemente*. Es gibt heute zahlreiche Argumente dafür, daß nach dem „Urknall" im wesentlichen nur Wasserstoff und Helium vorhanden waren und die schwereren Kerne (ab Kohlenstoff) in den Sternen gebildet wurden. Bei den Explosionen von Sternen als Supernovae (s. Abschn. 2.2.6.3) – und wahrscheinlich auch durch starke Sternwinde – sind diese Kerne in das interstellare Medium gelangt. Spätere Sterngenerationen, die aus diesem Material entstanden sind, enthalten daher zunehmend höhere Anteile schwerer Elemente.

Die relativ seltenen Nuklide, die schwerer als Eisen sind, entstehen nach allgemein akzeptierter Vorstellung aus bereits gebildeten Kernen der Eisengruppe durch Neutroneneinfang. Während der ruhigen Entwicklung massereicher Sterne erfolgt ein Neutroneneinfang nur etwa alle 10^4 Jahre. Die β-Zerfallszeit eines hierbei eventuell entstandenen instabilen Kerns ist jedoch viel kürzer. Daher bilden sich bevorzugt stabile Kerne, bis jenseits von Blei und Bismut, wobei der α-Zerfall eine Grenze setzt. Weil der n-Einfang nur langsam fortschreitet, spricht man hier vom *s-Prozeß* (slow). Umgekehrte Verhältnisse liegen bei extrem hoher Neutronenkonzentration vor: n-Einfänge erfolgen öfter als β-Zerfälle und man spricht vom *r-Prozeß* (rapid). Dann entstehen rasch Kerne mit hoher Massenzahl und es können Nuklide schwerer als Blei, insbesondere die neutronenreichen Isotope, gebildet werden. Die Bedingung sehr hoher Neutronenkonzentration ist während einer Supernova-Explosion erfüllt. In neuer Zeit ist jedoch fraglich geworden, ob dies für hinreichend lange Zeit der Fall ist (s. Abschn. 2.2.5.4).

2.2.5.3 Sternmodelle und Sternentwicklung

Wir können davon ausgehen, daß sich die Sterne aus chemisch homogener interstellarer Materie gebildet haben. Für die Population I kann man etwa folgende *Massenanteile* der Elemente ansetzen: $X_H \approx 0.70$, $X_{He} \approx 0.27$, $X_{Rest} \approx 0.03$. Die Lösung des Systems der Grundgleichungen des Sternaufbaues durch numerische Integrationen liefert dann zu jedem vorgegebenen Massenwert $\mathcal{M}$ ein Sternmodell mit bestimmten integralen Zustandsgrößen L, R und damit auch T_{eff}. Die erhaltenen Zusammenhänge zwischen L und T_{eff} sowie zwischen L und $\mathcal{M}$ geben im wesentlichen die Hauptreihe des HRD und die empirische $L, \mathcal{M}$-Beziehung wieder. Damit ist gezeigt, daß die Hauptreihe der Aufenthaltsort der Sterne während des Wasserstoffbrennens ist. Die Hauptreihe endet bei $\mathcal{M} \approx 0.08\,\mathcal{M}_\odot$, weil bei kleineren Massen die Zentraltemperatur nicht mehr zur Zündung des Wasserstoffbrennens ausreicht.

Weil die Sternentwicklung langsam abläuft, kann man schrittweise die statischen Folgemodelle mit entsprechend geänderten Elementhäufigkeiten $X_H(t + \Delta t) = X_H(t) + \dot{X}_H \cdot \Delta t$ berechnen. $\dot{X}_H = -\dot{X}_{He}$ ist das Produkt aus der massenbezogenen nuklearen Umwandlungsrate und der Masse der umgewandelten H-Atome. Entsprechendes gilt für die übrigen Reaktionen. Auf diese Weise erhält man zu vorgegebenem $\mathcal{M}$ und Anfangswerten $X_{\mathrm{H}}(0)$, $X_{\mathrm{He}}(0)$, ... eine *Entwicklungsfolge* von Sternmodellen. Die für chemische Homogenität berechneten Anfangsmodelle (Beginn des Wasserstoffbrennens: $t = 0$) liefern die sogenannte **Alter-Null-Hauptreihe**. Die zum Vergleich herangezogene empirische Hauptreihe muß sich daher auf junge Sterne beziehen.

Das Hauptreihenstudium endet, wenn im Zentralgebiet des Sternes sämtlicher Wasserstoff in Helium umgewandelt ist. Nach den Rechnungen sind dann etwa 10 % des gesamten Wasserstoffvorrates verbraucht. Der Bildpunkt des Sternes im HRD entfernt sich danach von der Hauptreihe. Als *Verweilzeit* auf der Hauptreihe kann man daher 1/10 der nuklearen Zeitskala $\tau_{\mathrm{N}} = E_{\mathrm{N}}/L$ mit E_{N} nach Gl. (2.48) ansetzen:

$$\tau_{\mathrm{HR}} = \frac{1}{10}\,\tau_{\mathrm{N}} = \frac{1}{10}\,0.008\,c^2\,\frac{\mathcal{M}}{L} = 6 \cdot 10^9\,\frac{\mathcal{M}/\mathcal{M}_\odot}{L/L_\odot}\,. \tag{2.52}$$

Mit der Näherung $L \sim \mathcal{M}^3$ folgt $\tau_{\mathrm{HR}} \sim \mathcal{M}^{-2}$: Die Verweilzeit τ_{HR} nimmt mit wachsender Masse rasch ab. Tabelle 2.10 gibt eine Übersicht der nach Gl. (2.52) berechneten Werte für τ_{HR}.

Tab. 2.10 Verweilzeiten auf der Hauptreihe τ_{HR}.

Spektraltyp	O5	B0	A0	F0	G0	K0	M0
τ_{HR}/Jahre	$2 \cdot 10^6$	$2 \cdot 10^7$	$6 \cdot 10^8$	$2 \cdot 10^9$	$5 \cdot 10^9$	$9 \cdot 10^9$	$2 \cdot 10^{10}$

Nach diesen Ergebnissen können die heute beobachteten O-Sterne höchstens wenige Millionen Jahre alt sein! Die M-Sterne der Hauptreihe besitzen demgegenüber Alter zwischen 0 und 10 Milliarden Jahren.

Für die *Sonne* liefert die Näherungsformel $\tau_{\mathrm{HR}} = 6 \cdot 10^9$ Jahre, wovon bereits $4.5 \cdot 10^9$ Jahre vergangen sind. Genauere Rechnungen lassen jedoch nach dieser Zeit zunächst nur einen Anstieg $\mathrm{d}L/\mathrm{d}t \approx 10^{-10}\,L_\odot$/Jahr erwarten. Erst in etwa $8 \cdot 10^9$ Jahren wird die Leuchtkraft der Sonne dramatisch zunehmen (s. unten).

Nach-Hauptreihen-Entwicklung: Sterne der oberen Hauptreihe ($\mathcal{M} > 1.5\,\mathcal{M}_\odot$) besitzen einen konvektiven Kern, während im übrigen Teil des Sternes keine Konvektion stattfindet (Strahlungstransport). Bei den Sternen der unteren Hauptreihe ($\mathcal{M} < 1.5\,\mathcal{M}_\odot$) ist umgekehrt nur die Hülle konvektiv (Sonne!). Es entsteht daher in jedem Fall ein chemisch inhomogener Aufbau. Im unteren Teil von Abb. 2.29 wird die Entwicklung des Sterninneren an einem Beispiel veranschaulicht. Nach $5.6 \cdot 10^7$ Jahren ist im Kern die Umwandlung H $\rightarrow$ He abgeschlossen. Hiernach kontrahiert der Kern. Die mit dem Energiegewinn verbundene Temperaturerhöhung führt zur Fusion H $\rightarrow$ He in einer Schale um den Kern. Die äußeren Schichten expandieren nun und es entsteht ein Roter Riese. Die Umwandlung He $\rightarrow$ C beginnt nach $7 \cdot 10^7$ Jahren und nach $8 \cdot 10^7$ Jahren besteht der Kern bereits vorwiegend aus Kohlenstoff, während He noch in einer Schale brennt. Bei Sternen mit Massen unter $4\,\mathcal{M}_\odot$ wird schon im He-Kern des Roten Riesen die Dichte so hoch, daß das Elektronengas *entartet*. P hängt nur noch von ϱ ab, weil der Fermi-Druck der Elektronen groß ist gegen den thermischen Druck. Abb. 2.30 zeigt die entsprechenden Entwick-

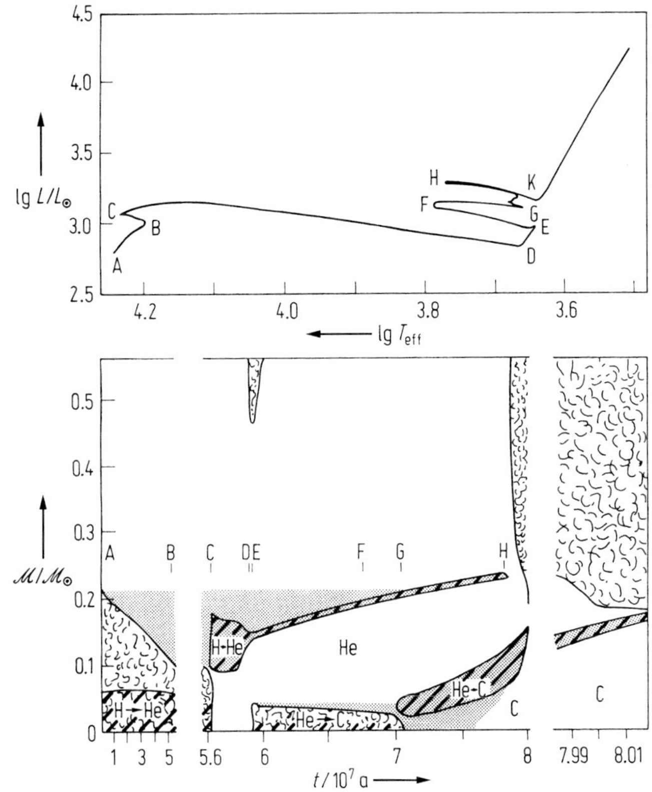

Abb. 2.29 Entwicklung eines Sternes mit $\mathcal{M} = 5\mathcal{M}_\odot$. Oben: Weg im HRD, bei A mit dem Wasserstoffbrennen beginnend. Unten: Beschreibung des inneren Aufbaues als Funktion des Alters t. Schraffiert: Massenschalen mit Kernenergieerzeugung; gewölkt: Konvektion; punktiert: Anreicherung mit He bzw. C (nach Kippenhahn, Thomas und Weigert, 1965).

lungswege von A (Hauptreihe) nach E (Beginn des Heliumbrennens im Kern) im HRD für Sterne verschiedener Masse.

Die Entwicklungswege werden umso rascher durchlaufen, je größer die Sternmasse ist. Die Farben-Helligkeits-Diagramme (FHD) der offenen *Sternhaufen* bestätigen diese theoretische Voraussage. Ein Sternhaufen ist eine Gruppe von Sternen gleicher chemischer Zusammensetzung und praktisch gleichen Alters. Bei einem sehr jungen Haufen werden alle Sterne noch auf der Alter-Null-Hauptreihe liegen. Mit wachsendem Alter des Haufens wandern zuerst die massereichen Sterne nach rechts von der Hauptreihe ab, während die masseärmeren Sterne noch dort verbleiben. Das HRD bzw. FHD eines Sternhaufens zeigt daher eine Linie gleichen Alters (*Isochrone*), die bei masseärmeren (späteren) Sterntypen von der Hauptreihe nach rechts abbiegt und dort ein „Knie" bildet, je größer das Alter des Haufens ist (Abb. 2.31). Durch Vergleich mit berechneten Isochronen läßt sich daher eine Aussage über das Alter des betrachteten Sternhaufens gewinnen. Jeder Lage des „Knies" entspricht ein bestimmtes Alter, das an der rechten Ordinatenskala aufgetragen ist. Die jüngsten

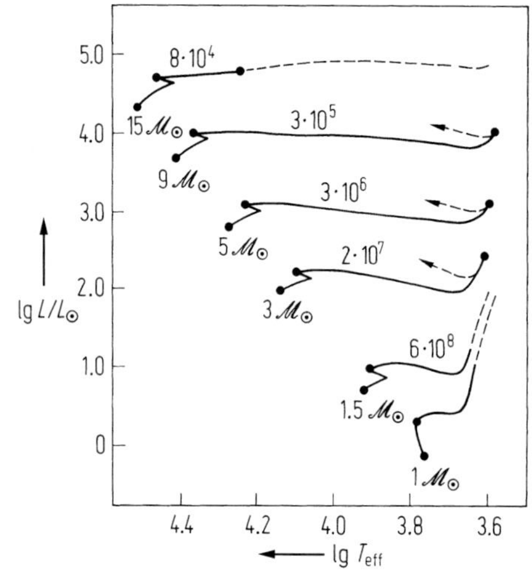

Abb. 2.30 Entwicklungswege im HRD für Sterne verschiedener Masse, von der Alter-Null-Hauptreihe beginnend. Chemische Zusammensetzung: $X_H = 0.71$, $X_{He} = 0.27$, $X_{Rest} = 0.02$ (nach Iben).

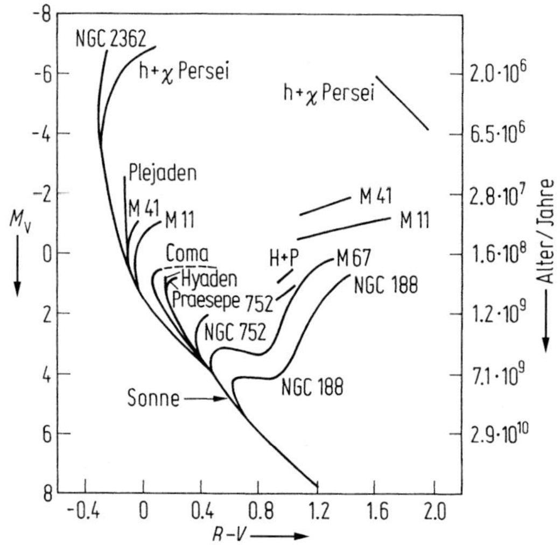

Abb. 2.31 Schematische Farben-Helligkeits-Diagramme offener Sternhaufen (nach Hayashi, Hoshi und Sugimoto).

offenen Sternhaufen mit O-Sternen besitzen danach Alter von nur etwa 10^6 Jahren, die ältesten erreichen einige 10^9 Jahre. Ein entsprechender Vergleich zwischen Beobachtung und Theorie für kugelförmige Sternhaufen (Population II), deren Hauptreihen und Entwicklungswege wegen der geringeren Häufigkeit der schwereren Elemente in diesen Objekten etwas anders verlaufen, führen auf Alter zwischen $8 \cdot 10^9$ und $15 \cdot 10^9$ Jahren.

Bemerkenswerte Abweichungen von der beschriebenen Entwicklung können bei *Komponenten enger Doppelsternsysteme* auftreten. Während sich der masseärmere Stern noch auf der Hauptreihe befindet, kann sich der massereichere Primärstern bereits zu einem Roten Riesen entwickelt haben. Erreicht seine Oberfläche dabei die sogenannte Rochesche Grenzfläche, an welcher die gravitative Bindung der Materie an den Roten Riesen endet, dann strömt Materie auf den masseärmeren Stern über. Der Rote Riese kann seine gesamte Hülle bis auf den dichten, entarteten Kern verlieren und damit ein *Weißer Zwerg* werden (s. Abschn. 2.2.5.4). Dies erklärt das Auftreten von zahlreichen Weißen Zwergen als Doppelsternkomponenten. Bekanntestes Beispiel ist der Begleiter des Sirius.

2.2.5.4 Späte Entwicklungsphasen und Endstadien

Bei Sternen mit Massen zwischen $0.5\,\mathcal{M}_\odot$ und $4\,\mathcal{M}_\odot$ endet die thermonukleare Entwicklung mit dem Heliumbrennen, das zu einem Kohlenstoff-Sauerstoff-Kern führt mit entartetem Elektronengas. Weil die Schwerebeschleunigung an der Sternoberfläche im Riesenstadium sehr stark abgesunken ist, kommt es zu Instabilitäten und damit zu einer stetigen Abströmung von Materie, die schließlich zum Verlust des größten Teils der wasserstoffreichen Hülle führt. Diese tritt als *Planetarischer Nebel* (s. Abschn. 2.2.6.4) in Erscheinung, dessen Zentralstern im wesentlichen mit dem nackten C—O-Kern identifiziert werden kann. Bei Sternen mit $\mathcal{M} \approx 4\,\mathcal{M}_\odot \cdots 8\,\mathcal{M}_\odot$ scheint infolge raschen Massenverlustes eine ähnliche Entwicklung stattzufinden.

Der verbleibende C—O-Kern (mit einer Resthülle aus He) kann ein stabiles Endstadium einnehmen, das wir als *Weißen Zwerg* beobachten. Wegen der Entartung des Elektronengases ist der Druck unabhängig von der Temperatur und es gilt $P = P_e \sim \varrho^{5/3}$. Mit dieser Beziehung reichen die Gln. (2.34) und (2.35) zur Berechnung von $P(r)$, $\mathcal{M}_r(r)$ und $\varrho(r)$ aus. Man erhält u.a. eine Masse-Radius-Beziehung, die zu den Beobachtungen der Weißen Zwerge paßt. Der hohe Druck des entarteten Elektronengases verhindert einen Kollaps des Sterns. Wegen seiner kleinen Oberfläche kommt er mit dem Rest an thermischer Energie der schnellen Teilchen, deren Impulse oberhalb der Fermi-Kante liegen, etwa 10^{10} Jahre aus. Die Lösungen für verschiedene Massenwerte zeigen jedoch, daß bei Annäherung an $\mathcal{M} \approx 1.4\,\mathcal{M}_\odot$ die Zentraldichte $\varrho_0 \to \infty$ und der Sternradius $R \to 0$ geht. Dies ist die *Chandrasekharsche Grenzmasse*, oberhalb welcher das Objekt einen Gravitationskollaps erleidet. Die Massen der Weißen Zwerge liegen tatsächlich stets unterhalb dieser Grenze.

In Sternen mit Anfangsmassen $\mathcal{M} > 8\,\mathcal{M}_\odot$ setzt sich der Wechsel von Brennphasen und Kontraktionsphasen nach dem Heliumbrennen weiter fort, bis sich im Kern die Elemente der Eisengruppe gebildet haben. Es resultiert ein Überriese, dessen extrem dichter, entarteter Fe—Ni-Kern von einer Folge von Schalen umgeben ist, in denen jeweils die nächst leichteren Elemente angereichert sind; in der äußeren Hülle ist noch unverbrauchter Wasserstoff vorhanden. Um die hohen Energieverluste durch Abstrahlung decken zu können, muß der Stern nun auf seine Gravitationsenergie zurückgreifen. Weil die Masse des Kernes oberhalb der Chandrasekharschen Grenzmasse liegt, kommt es zum Kollaps.

Ein stabiler Zustand ist nochmals möglich, wenn im Zentralgebiet Atomkerndichten erreicht worden sind. Ist die Kontraktion weit genug fortgeschritten, so werden (bei $T_0 \approx 10^{10}$ K und $\varrho_0 \approx 10^{10}\,\mathrm{g\,cm^{-3}}$) die Atomkerne zunehmend aufgelöst. Der damit verbundene Energieverlust beschleunigt den Kollaps. Die Fermi-Energien der Elektronen werden schließlich so groß, daß diese in die freigewordenen Protonen eindringen können:

$$\mathrm{p} + \mathrm{e}^- \rightarrow \mathrm{n} + \nu_\mathrm{e}\,.$$

Am Ende des Kollapses, der nur Sekunden dauert (freie Fallzeit), verbleiben fast nur Neutronen. Durch den Wegfall der elektrischen Abstoßungskräfte wird das Volumen des Kerngebietes plötzlich enorm stark verkleinert. Wie bei einem Weißen Zwerg entsteht eine entartete Konfiguration, wobei nun jedoch anstelle von Elektronen Neutronen treten. Der resultierende *Neutronenstern* besitzt einen im Verhältnis $m_\mathrm{e}/m_\mathrm{n} \approx 5 \cdot 10^{-4}$ kleineren Radius, der sich für $\mathcal{M} = 1\,\mathcal{M}_\odot$ zu $R \approx 10$ km ergibt. Die Dichte beträgt etwa $10^{15}\,\mathrm{g\,cm^{-3}}$.

Die gewonnene Bindungsenergie des Neutronensternes beträgt $\Delta E_\mathrm{G} \approx G\mathcal{M}^2/R \approx 10^{46}$ J und ist damit größer als der gesamte Kernenergievorrat der Sonne. Ein erheblicher Teil dieser Energie wird von den entstandenen Neutrinos abgeführt. Mit der stark endothermen Reaktion Atome + Elektronen → Neutronen + Neutrinos wird der gesamte vorangegangene Energiegewinn aus Kernprozessen für das verbleibende Objekt rückgängig gemacht. Bei diesen Sternen werden also zur Deckung der Abstrahlung nur vorübergehend Anleihen an die Kernenergie gemacht, die nun von der Gravitation nachgeliefert worden sind. Wenn der Kollaps an der Oberfläche des Neutronensternes abrupt gestoppt wird, entsteht ein elastischer Rückstoß, der eine starke Stoßwelle erzeugt. Die in der äußeren Schale noch *wasserstoffreiche* Hülle über dem Neutronenstern wird hierdurch explosionsartig hinausgestoßen. Es tritt das Phänomen einer Supernova auf (Typ II, s. Abschn. 2.2.6.3).

Auch für Neutronensterne existiert eine obere Grenzmasse (*Oppenheimer-Volkoff-Grenze*), die bei 2 bis $3\,\mathcal{M}_\odot$ liegt. Wird sie überschritten, so tritt relativistische Entartung ein und es gibt keinen Gleichgewichtszustand mehr. Der Stern kollabiert ohne Halt. Wenn die Gravitationsenergie $2G\mathcal{M}^2/R$ beim *Schwarzschild-Radius* $R = 2G\mathcal{M}/c^2$ ($= 3$ km für $\mathcal{M} = 1\,\mathcal{M}_\odot$) die Ruheenergie $\mathcal{M}c^2$ überschreitet, können Photonen nicht mehr entweichen; es entsteht ein **Schwarzes Loch**. Die Gravitationswirkung bleibt dabei erhalten. Wenn eine Komponente eines Doppelsternsystems zu einem Schwarzen Loch geworden ist, könnte man daher dessen Existenz durch Beobachtung der Bahnbewegung der sichtbaren anderen Komponente nachweisen: Im Fall eines Schwarzen Loches müßte sich für die unsichtbare Komponente eine Masse oberhalb von etwa $3\,\mathcal{M}_\odot$ ergeben.

Als beste Kandidaten für Schwarze Löcher mit stellaren Massen gelten gegenwärtig die Hauptkomponenten der Röntgen-Doppelsternsysteme (siehe Abschn. 2.2.6.3) mit den Bezeichnungen Cygnus X-1, V404 Cygni und A0620-00.

2.2.6 Veränderliche Sterne und andere Sondertypen

Ein kleiner Bruchteil der Sterne paßt nicht oder nur mit einzelnen Merkmalen in das Schema der zweidimensionalen Spektralklassifikation und zeigt meist zeitlich veränderliche Zustandsgrößen. Absolut genommen zählen die bisher katalogisierten Objekte dieser Art jedoch bereits nach Zehntausenden. Seit langem bekannte helle

Veränderliche Sterne sind beispielsweise o (Omikron) Ceti (Mira) und δ Cephei. Neuentdeckte schwächere „Veränderliche" werden innerhalb des Sternbildes, dem sie angehören, mit einem oder zwei lateinischen Großbuchstaben, und wenn diese Möglichkeiten erschöpft sind, mit V und einer Nummer (ab 335) bezeichnet. Beispiele: T Tauri, RR Lyrae, V 603 Aquilae.

Das erste Charakteristikum eines Veränderlichen ist seine *Lichtkurve*: Die Auftragung der scheinbaren Helligkeit m gegen die Zeit t. Die Vielfalt der Lichtkurven ist groß. Veränderliche mit ähnlichen Lichtkurven lassen sich jeweils zu einer Klasse zusammenfassen, die oft nach einem Prototypen benannt wird. Beispiel einer solchen Klasse sind die δ Cephei-Sterne oder Cepheiden mit periodischen Lichtkurven von

Tab. 2.11 Wichtige Klassen von Veränderlichen. P = Periode, Δm = Helligkeitsamplitude. In Klammern hinter der Klassenbezeichnung: Zahl der bis 1980 katalogisierten Objekte.

Pulsierende Veränderliche	Lichtwechsel durch Expansion und Kontraktion der äußeren Schichten des Sternes
RR Lyrae-Sterne (5900)	Regelmäßig periodisch, $P = 0.2 \cdots 1$ Tag, $\Delta m \approx 1$ mag; Spektraltyp A (seltener F). Prototyp RR Lyrae: $P = 0.57$ Tage.
Cepheiden (780)	Sehr regelmäßig periodisch, $P = 1 \cdots 50$ Tage, $\Delta m \approx 0.1 \cdots 2$ mag; Spektraltyp A ··· K, Überriesen. Typ I oder „klassische" Cepheiden: Population I, Typ II oder W Virginis-Sterne: Population II.
Mira-Sterne (5200)	Periodisch mit Schwankungen der Höhen der Maxima, $P \approx 80 \cdots 1000$ Tage, $\Delta m \approx 2.5 \cdots 6$ mag, Spektraltyp M mit Emissionslinien, Riesen.
Eruptive Veränderliche	Auswurf von Gasmassen oder Wechselwirkung mit zirkumstellarer bzw. interstellarer Materie
Novae (230)	Helligkeit eines sehr schwachen Sternes nimmt in wenigen Tagen um $\Delta m = 7 \cdots 15$ mag zu und fällt innerhalb von Jahren auf den ursprünglichen Wert ab. Doppler-Verschiebungen im Spektrum entsprechen Expansionsgeschwindigkeiten bis $3000\ \mathrm{km\,s^{-1}}$.
Supernovae (7 galaktische und ≈ 500 extragalaktische)	Helligkeitsausbruch $\Delta m \approx 20$ mag, Expansionsgeschwindigkeit $\approx 10000\ \mathrm{km\,s^{-1}}$.
Zwergnovae (290)	Nahezu konstantes „Normallicht", Spektraltyp ab G mit Emissionslinien. Ausbrüche in unregelmäßigen Abständen, $\Delta m \approx 2 \cdots 6$ mag. Im Einzelfall feste mittlere „Zykluslänge" zwischen 10 und 1000 Tagen.
T Tauri-Sterne (> 35)	Unregelmäßige Helligkeitsvariationen. Spektrum ähnlich F ··· M mit Linienemission (Balmer-Linien, Ca II, Fe I). Stets im Bereich interstellarer Wolken.
Flare-Sterne (540)	Helligkeit steigt innerhalb von Sekunden oder Minuten um $\Delta m = 1 \cdots 6$ mag (Flare). Abfall auf Normallicht in Minuten bis Stunden. Spektrum: K0V ··· M8V, im Ausbruch Emissionslinien. Radiostrahlungsausbrüche wie bei solaren Flares.

charakteristischer Form, deren Periodenlängen zwischen 1 Tag und 50 Tagen liegen (δ Cephei: 5.4 Tage). Die Hinzunahme spektraler Eigenschaften, insbesondere auch von Information über Doppler-Verschiebungen der Spektrallinien, hat zu einer Einteilung der Klassen in zwei Gruppen geführt: Pulsierende Veränderliche und Eruptive Veränderliche. Tabelle 2.11 erläutert die wichtigsten Klassen dieser physischen Veränderlichen. Die bereits in Abschn. 2.2.3.2 erwähnten und hier nicht aufgeführten Bedeckungsveränderlichen besitzen nur in besonderen Fällen Komponenten mit variablen Zustandsgrößen. Die ungewöhnlichen Eigenschaften weiterer Sondertypen bestehen vor allem in spektralen Merkmalen, aus denen hervorgeht, daß es sich um Sterne mit weit ausgedehnten Atmosphären oder Hüllen handelt.

Im Hertzsprung-Russell-Diagramm (HRD) liegen die Bildpunkte der physisch Veränderlichen und sonstigen Sondertypen – jeweils charakterisiert durch L und T_{eff} – meist außerhalb der Hauptreihe und des normalen Riesenastes. Mit Zunahme der Kenntnisse über die physikalischen Vorgänge bei der Sternentwicklung stellte sich heraus, daß die meisten dieser „exotischen“ Objekte mit bestimmten, kürzeren Phasen im Leben der Sterne identifiziert werden können, die entweder noch vor oder bereits nach dem Hauptreihenstadium liegen. Die gegenüber normalen Sternen geringen Häufigkeiten der Veränderlichen und Sondertypen ergeben sich einfach aus den kurzen Dauern dieser Phasen. Die bisherigen Beobachtungen liefern im wesentlichen eine „Momentaufnahme“ der Besetzung des HRD. Daher sind Entwicklungsstadien, deren Dauern nur einen kleinen Bruchteil der Verweilzeit auf der Hauptreihe betragen, entsprechend seltener vertreten als das langlebige Hauptreihenstadium.

2.2.6.1 Pulsierende Veränderliche

Zur Illustration der in Tab. 2.10 gegebenen kurzen Charakterisierungen zeigt Abb. 2.32 die Lichtkurven der drei Prototypen RR Lyrae, δ Cephei und Mira. Die kurzperiodischen **RR Lyrae-Sterne** findet man häufig in kugelförmigen Sternhaufen. In den Farben-Helligkeits-Diagrammen dieser Sternhaufen liegen sie auf dem Horizontalast (vgl. Abb. 2.22), wo sie zwischen $B - V \approx 0.2$ und 0.4 eine Lücke ausfüllen. Daher sind die über eine Periode gemittelten absoluten Helligkeiten für alle RR Lyrae-Sterne angenähert gleich, nämlich $M_{\mathrm{V}} \approx +0.5$. Bei den *Cepheiden* besteht demgegenüber eine Beziehung zwischen M_{V} und der Periode: Je länger die Periode, umso größer die Leuchtkraft (Abb. 2.33). Hierbei muß jedoch zwischen den helleren „klassischen“ δ Cephei-Sternen oder Typ-I-Cepheiden (Population I) und den W Virginis-Sternen oder Typ-II-Cepheiden (Population II) anhand spektraler Kriterien unterschieden werden. Die Typ-I-Cepheiden haben für die Bestimmung der Entfernungen der Galaxien große Bedeutung erlangt, weil sie absolut sehr hell sind und aus der beobachteten Periode unmittelbar auf M_{V} und weiter mit m_{V} nach Gl. (2.10) auf r geschlossen werden kann. Bei den weniger gut periodischen **Mira-Sternen** besteht keine so enge Beziehung zwischen Periode und absoluter Helligkeit.

Die Fraunhofer-Linien in den Spektren von RR Lyrae-Sternen, Cepheiden und Mira-Sternen zeigen Verschiebungen, die mit der Periode der Helligkeitsschwankungen um die Nullage pendeln: Die dem Beobachter zugewandte Seite der Sternphotosphäre nähert und entfernt sich periodisch, die äußeren Schichten des Sternes *pul-*

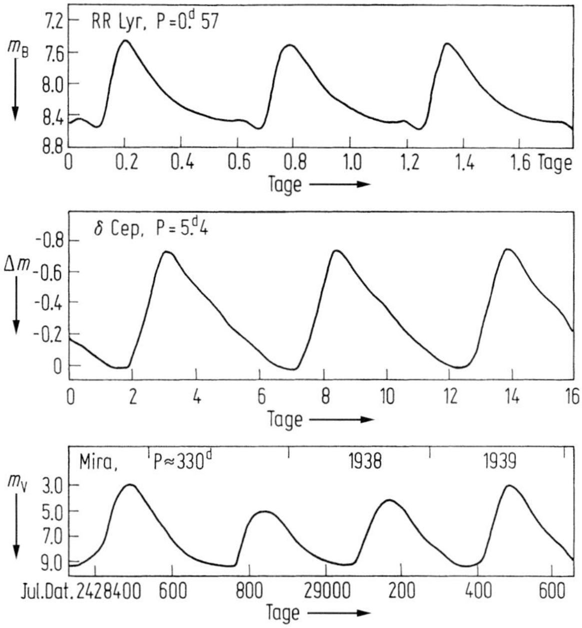

Abb. 2.32 Lichtkurven von RR Lyrae, δ Cephei und Mira. Bei Mira ist als Abszisse das Julianische Datum, eine durchlaufende Tageszählung, aufgetragen. Das Julianische Datum kann für jeden Tag aus den astronomischen Jahrbüchern entnommen werden.

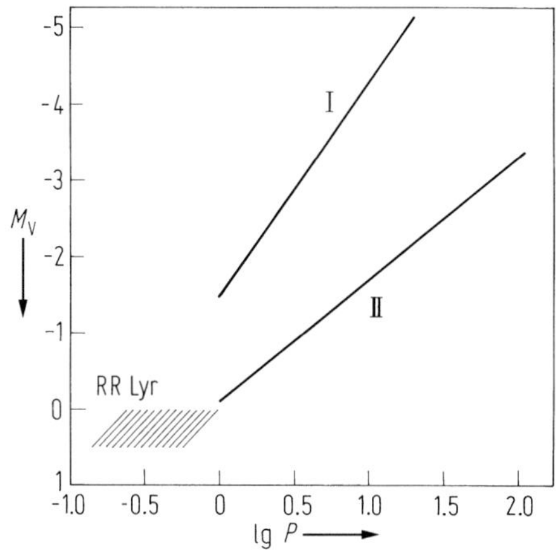

Abb. 2.33 Perioden-Helligkeits-Beziehung der Cepheiden.

sieren radial. Eingehende Untersuchungen von Cepheiden ergaben, daß neben dem Sternradius auch die Oberflächentemperatur variiert; Maximum und Minimum der Helligkeit treten bei gleichem Radius auf, sind also auf unterschiedliche Temperaturen zurückzuführen.

Die Periode der radialen Grundschwingung einer Gaskugel ist bis auf einen Faktor der Größenordnung Eins durch $P \approx 1/\sqrt{G\bar{\varrho}}$ gegeben, wobei G die Gravitationskonstante und $\bar{\varrho}$ die mittlere Massendichte im Stern sind. Für einen Cepheiden erhält man damit die richtige Größenordnung der Periode. Weil die in der Kompressionsphase entstehende Wärme durch Abstrahlung teilweise verloren geht, wird die „Rückstellwirkung" herabgesetzt, die Schwingung gedämpft. Ein Ausgleich dieses Energieverlustes und damit die beobachtete langfristige Konstanz der Periode kann jedoch auf folgende Weise geschehen. Modellrechnungen zeigen, daß in den äußeren Schichten der Cepheiden der mittlere Absorptionskoeffizient $\bar{\varkappa}$ mit wachsendem Druck zunimmt. Deshalb wird in der Kompressionsphase mehr Strahlungsenergie aus dem Sterninneren absorbiert; es entsteht ein Überdruck, der zu einer abkühlenden Expansion führt. In der Phase größter Expansion tritt das Umgekehrte ein: $\bar{\varkappa}$ ist besonders klein, wodurch eine erneute Kontraktion begünstigt wird. Die Bedingungen für diesen sogenannten *Kappa-Mechanismus* der Pulsationen, der mit der 1. und 2. Ionisation des Heliums in äußeren Schichten zusammenhängt, sind für Sterne mit Massen von 5 bis $9\,\mathcal{M}_\odot$ in fortgeschrittenen Entwicklungsphasen erfüllt, wenn L und T_{eff} die bei Cepheiden beobachteten Werte erreicht haben. Die Modellrechnungen liefern auch die richtige Perioden-Helligkeits-Beziehung.

Die kühlen *Mira-Sterne* stellen die Fortentwicklung von Sternen mit Massen um $1\,\mathcal{M}_\odot$ nach dem normalen Riesenstadium dar. Ihre Atmosphären sind viel weiter aufgebläht und dünnen Schleiern ähnlich. Die Pulsationen sind daher mit *Abströmungen* verbunden. Beobachtungen von Linienemission des weit außen vorhandenen OH-Molekülradikals bei 1612 MHz zeigen meist zwei scharfe Komponenten, deren gegenseitige Abstände Geschwindigkeitsunterschieden bis zu 30 km s^{-1} entsprechen. Eine Komponente kommt von der Vorderseite, die andere von der Rückseite einer expandierenden äußeren Hülle. Hier ist das kühle Gas teilweise zu festen Teilchen kondensiert, deren thermische Emission als *Infrarotexzeß* bei $\lambda > 5\,\mu$m beobachtet wird. Die Massenverlustraten liegen bei $10^{-6}\,\mathcal{M}_\odot$/Jahr. Bei den etwas massereicheren sogenannten **OH/IR-Sternen** beginnt das Spektrum erst oberhalb von 1 μm. Die Massenverlustraten dieser Objekte erreichen einige $10^{-5}\,\mathcal{M}_\odot$/Jahr.

2.2.6.2 Kataklysmische Veränderliche

Zahlreiche Veränderliche vom eruptiven Typus haben sich als *enge Doppelsternsysteme* erwiesen, in denen es zu Wechselwirkungen zwischen den beiden Sternen kommt. Die Helligkeitsausbrüche sind die Folge von Materieüberströmungen von der einen auf die andere Komponente. Die Bezeichnung „kataklysmisch" (griechisch: sich vernichtend, zerstörend) nimmt hierauf Bezug. Zu diesen Objekten gehören vor allem die Novae und die Zwergnovae.

Wir besprechen zunächst die **Novae**. Abb. 2.34 erläutert die Lichtkurve einer Nova (s. auch Tab. 2.11). Q0, Q1, ..., Q9 bezeichnen die für die einzelnen Phasen des Ausbruchs charakteristischen *Spektraltypen einer Nova*.

Q0: Spektrum ähnlich Typ A, jedoch violettverschobene Fraunhofer-Linien infolge rascher Expansion der Photosphäre mit Geschwindigkeiten ≈ 1000 km s^{-1}.

Q2: Spektrum wie F-Überriese.

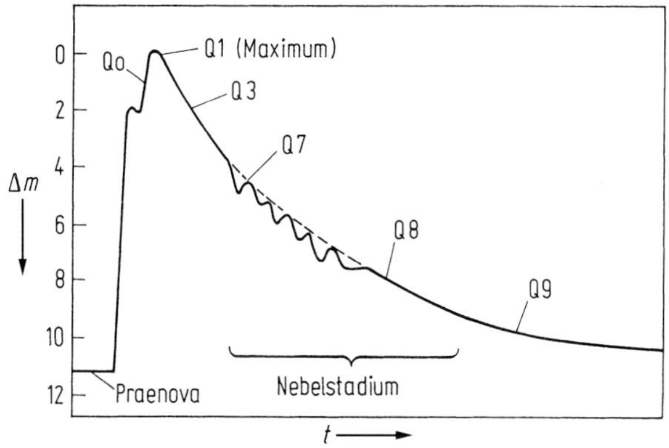

Abb. 2.34 Schematisierte Lichtkurve einer Nova.

Q3: Es treten Emissionslinien hinzu, die in der entstandenen ausgedehnten Hülle erzeugt werden. Die entsprechenden Absorptionslinien liegen auf den violetten Kanten der Emissionslinien. Man spricht von *P Cygni-Profilen* (zuerst bei dem Veränderlichen P Cygni beobachtet). Abb. 2.35 erläutert die Entstehung dieser Profile.

Q7: Das Kontinuum mit den Absorptionslinien verschwindet und es verbleibt ein reines Emissionslinienspektrum, insbesondere erscheinen die „verbotenen" grünen Linien des zweifach ionisierten Sauerstoffs (*Nebellinien*) $N_1 = \lambda$ 495.9 nm und $N_2 = \lambda$ 500.7 nm. Das Gas der sehr hoch verdünnten Hülle wird durch die Ultraviolettstrahlung des noch vorhandenen heißen Sternes ionisiert. Ein Teil der Emissionslinien entsteht bei der Rekombination der Ionen von H, C, N, O und anderen. Die Anregung des nur wenige eV über dem Grundzustand liegenden metastabilen Ausgangszustandes der Nebellinien N_1 und N_2 erfolgt durch Stöße der freien Elektronen. Diese Übergänge werden infolge der niedrigen Dichte gegenüber den „erlaubten" Übergängen begünstigt (starke Abweichungen vom thermodynamischen Gleichgewicht, s. auch Abschn. 2.3.3.2).

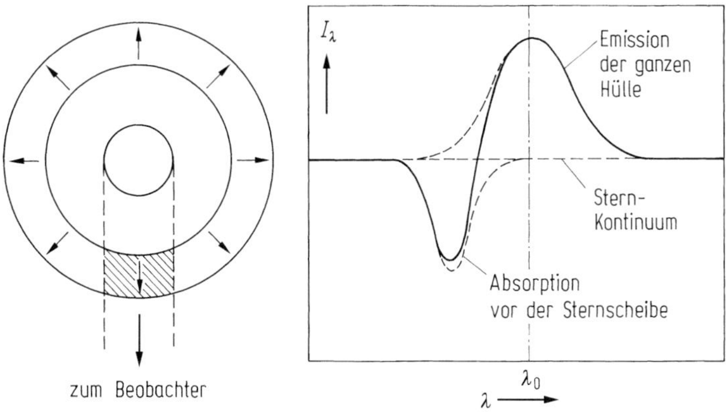

Abb. 2.35 Entstehung von P Cygni-Profilen.

Tab. 2.12 Einige Daten der Novae und Supernovae.

	Novae	Supernovae Typ I	Typ II
Amplitude Δm_V	12 mag	20 mag	20 mag
Leuchtkraft L (max)	$3 \cdot 10^4 \cdots 1 \cdot 10^5 L_\odot$	$1 \cdot 10^{10} L_\odot$	$5 \cdot 10^9 L_\odot$
abgestrahlte Energie	10^{38} J	10^{44} J	10^{41} J
abgestoßene Masse	$10^{-5} \cdots 10^{-4} \mathscr{M}_\odot$	$0.1 \cdots 10^{-4} \mathscr{M}_\odot$	$0.2 \cdots 10 \mathscr{M}_\odot$

Bei einigen Novae konnte die ausgedehnte Nebelhülle direkt beobachtet und ihre weitere Expansion verfolgt werden. Ist die Hülle genügend dünn geworden, so kann man auch die *Exnova* beobachten, einen lichtschwachen, heißen Stern, dessen Kontinuum dem der O-Sterne ähnlich ist.

Die Ausbrüche der **Zwergnovae** erreichen umso größere Amplituden Δm, je seltener sie stattfinden. Extrapoliert man diesen Zusammenhang bis zu den Δm-Werten der Novae (s. Tab. 2.12), so ergeben sich Zykluslängen von Jahrtausenden. Die Novae lassen sich also zwanglos einbeziehen. Das Spektrum einer Zwergnova im „Ruhezustand" entspricht einem G-, K- oder M-Hauptreihenstern mit zusätzlichen Emissionslinien und es zeigt periodische Doppler-Verschiebungen, aus denen auf ein enges Doppelsternsystem geschlossen werden muß.

Die Interpretation der Beobachtungen führte zu folgendem *Modell*. Ein Weißer Zwerg als Hauptkomponente ($\mathscr{M}_1 \approx 1 \mathscr{M}_\odot$) und ein später Hauptreihenstern ($\mathscr{M}_2 < \mathscr{M}_1$) bewegen sich um ihren gemeinsamen Schwerpunkt. Der gegenseitige Abstand ist so gering, daß die Oberfläche des (größeren) Hauptreihensternes bis zum sogenannten *inneren Librationspunkt* reicht, an dem die resultierenden Kräfte beider Sterne sich gerade gegenseitig aufheben. Hier kommt es bei der geringsten Störung zur Überströmung von Gas vom Hauptreihenstern in den Anziehungsbereich des Weißen Zwerges. Ein ständiger Gasstrom entwickelt sich und wird infolge der Coriolis-Kraft (Ablenkung von der Verbindungslinie der Komponenten) und der Impulserhaltung auf Bahnen um den Weißen Zwerg gelenkt. Um diesen bildet sich eine **Akkretionsscheibe**, in welcher sich das Gas ansammelt und deren Außenbereich die Emissionslinien abstrahlt. Ein Helligkeitsausbruch scheint dann stattzufinden, wenn die angesammelte Gasmasse einen bestimmten kritischen Wert überschreitet, bei welcher die Scheibe instabil wird und nach innen fällt.

Auch bei einigen Exnovae konnte nachgewiesen werden, daß sie derartigen engen Doppelsternsystemen angehören. Die für einen *Novaausbruch* notwendigen großen Energiebeträge können erzeugt werden, wenn das wasserstoffreiche Gas des Hauptreihensterns bei seinem Einfall nahe der Oberfläche des Weißen Zwerges so stark erhitzt wird, daß ein explosionsartiges Wasserstoffbrennen stattfindet. Hierdurch kann eine Hülle mit einer Masse bis zu etwa $10^{-4} \mathscr{M}_\odot$, einschließlich der Gasscheibe, ausgeworfen werden („thermonuclear runaway").

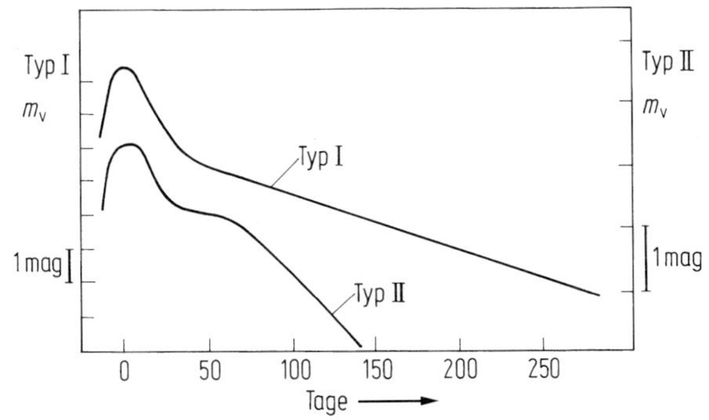

Abb. 2.36 Mittlere Lichtkurven von Supernovae der Typen I und II.

2.2.6.3 Supernovae und ihre Überreste

Supernovae erreichen im Helligkeitsmaximum die 10^4 bis 10^5 fache Leuchtkraft einer Nova (s. Tab. 2.12). Nach den Lichtkurven (Abb. 2.36) und den Spektren kann man zwei verschiedene Typen unterscheiden. Beim *Typ I* weist das Spektrum sehr breite Emissionsbänder und Absorptionströge auf; Wasserstofflinien sind sehr schwach oder gar nicht vorhanden. Der *Typ II* zeigt demgegenüber starke Wasserstofflinien (Balmer-Serie); den Violettverschiebungen der Linien entsprechen Expansionsgeschwindigkeiten zwischen 5000 und 20000 km s^{-1}.

Seit Beginn der Neuzeit wurden bisher nur zwei Supernovae unseres Milchstraßensystems beobachtet. Die Entdecker waren Tycho Brahe 1572 und Kepler 1604. Aus historischen Quellen konnte auf weitere 9 Supernovae der letzten 2000 Jahre

Abb. 2.37 Der Krebsnebel im Sternbild Taurus (Aufnahme mit dem 2.2-m-Teleskop der Calar Alto Sternwarte des Max-Planck-Instituts für Astronomie, Heidelberg).

geschlossen werden. Das bekannteste dieser Objekte erschien im Jahre 1054 im Sternbild Stier und war sogar am Tage sichtbar. Die expandierende Hülle ist mit dem – wegen seines Aussehens so genannten – *Krebsnebel* (Abb. 2.37) identisch.

Wegen ihrer großen Leuchtkräfte im Maximum – sie entsprechen der Leuchtkraft einer ganzen Galaxie – sind in anderen Galaxien aufleuchtende Supernovae leicht zu entdecken. Keine der bisher beobachteten rund 500 außergalaktischen Supernovae war jedoch mit bloßem Auge sichtbar, bis am 24. Februar 1987 eine Supernova in unserer Nachbargalaxie, der Großen Magellanschen Wolke (am Südhimmel), aufleuchtete. Sie erreichte die scheinbare Helligkeit eines Sternes 4. Größe. Das Spektrum der Supernova 1987A zeigte die Wasserstofflinien und läßt daher auf den Typ II schließen.

Nach der in Abschn. 2.2.5.4 skizzierten Theorie der Supernovae dieses Typs ist noch vor dem Helligkeitsausbruch eine kurzzeitige, sehr starke *Neutrinoemission* zu erwarten. Diese Neutrinos tragen den größten Teil der frei werdenden Energie und sie können den Stern weitgehend ungehindert verlassen. Bei SN 1987A ist es erstmals gelungen, diesen „Neutrinoburst" zwanzig Stunden vor der Entdeckung des optischen Helligkeitsausbruchs zweifelsfrei nachzuweisen: Nämlich in den Registrierungen laufender Experimente zur Messung kosmischer Neutrinos gleichzeitig in Japan und in den USA. Wie bei dem in Abschn. 2.2.5.2 beschriebenen Experiment von R. Davis zum Nachweis solarer Neutrinos bestehen auch hier die Detektoren aus großen Tanks, die sich zur Abschirmung in tiefen Bergwerken befinden. Sie sind mit mehreren Millionen Litern hochreinen Wassers gefüllt. Die von einfallenden Neutrinos oder Antineutrinos erzeugten Elektronen und Positionen bewegen sich darin schneller als mit Lichtgeschwindigkeit (Brechzahl > 1) und emittieren daher Tscherenkow-Strahlung, die durch eine große Zahl von Photozellen nachgewiesen wird.

Im Fall der Supernova des Jahres 1054 ist die Ex-Supernova noch heute beobachtbar. Es ist ein blauer Stern 16. Größe mit einem rein kontinuierlichen Spektrum. 1968 wurde an dieser Stelle, inmitten des Krebsnebels, eine Radioquelle entdeckt, deren Strahlung mit der genau eingehaltenen Periode von 0.033 s pulsiert, ein sogenannter **Pulsar** (= pulsating radio source), und 1969 konnte gezeigt werden, daß auch der optische Stern mit derselben Periode pulsiert. Später wurde auch gepulste Röntgen- und γ-Strahlung nachgewiesen. Das Spektrum dieser Strahlungen ist kontinuierlich und von der Form $I_\nu \sim \nu^{-\alpha}$ mit $\alpha > 0$. Es läßt sich nicht als thermische Strahlung interpretieren. Dies verbietet auch die beobachtete lineare Polarisation.

Da man leicht zeigen konnte, daß echte Pulsationen der Ex-Supernova mit so kurzer Periode auszuschließen sind, verblieb die Annahme entsprechend rascher Rotation. Nur bei einem *Neutronenstern* ist die Schwerkraft genügend groß, um den damit verbundenen hohen Zentrifugalkräften das Gleichgewicht zu halten. Das Auftreten von Rotationsperioden im Millisekundenbereich nach der Kontraktion zu einem Neutronenstern ist wegen der Erhaltung des Drehimpulses auch keineswegs überraschend. Besaß der Stern vor dem Kollaps ein schwaches Magnetfeld, wie es die Sonne besitzt, so sind darüber hinaus an der Oberfläche des resultierenden Neutronensternes Magnetfelder der Größenordnung 10^8 T zu erwarten!

Die Vorstellungen zur Deutung der *Strahlungspulse* gehen von der Annahme aus, daß die magnetische Achse des Sterns nicht mit der Rotationsachse zusammenfällt. Durch die rasche Rotation des Magnetfeldes können Elektronen der Plasmahülle des Neutronensterns auf relativistische Geschwindigkeiten beschleunigt werden. Die von diesen Elektronen emittierte Synchrotronstrahlung ist infolge der Magnetfeldstruktur auf einen rotierenden Strahlungskegel beschränkt – Analogie zum umlaufenden Scheinwerferstrahl eines Leuchtturms! Damit ergibt sich auch eine zwanglose Deutung des Spektrums und der beobachteten Polarisationseigenschaften der Pulse.

Auch die expandierende *Hülle* der Supernova von 1054, der Krebsnebel, besitzt ein *nichtthermisches*, kontinuierliches Spektrum der Form $I_\nu \sim \nu^{-\alpha}$ mit $\alpha \approx 1$ im optischen Bereich. Ursache sind die in den von schwachen Magnetfeldern durchzogenen Nebel injizierten relativistischen Elektronen. Diesem Kontinuum sind Emissionslinien überlagert, die von hellen Filamenten ausgehen. Hier handelt es sich um die thermische Emission von Verdichtungen des Nebelgases.

Heute sind mehr als 350 Pulsare bekannt. Optische Pulse konnten jedoch nur noch bei einem weiteren Pulsar nachgewiesen werden. Bei den Positionen der Supernovae Tycho Brahes und Keplers, beide vom Typ I, sind zwar nichtthermische, Radiofrequenzstrahlung emittierende Nebelhüllen, aber keine stellaren Überreste gefunden worden. Diese und andere Beispiele deuten darauf hin, daß Supernovae vom Typ I keinen Stern hinterlassen.

Wegen seines Mangels an Wasserstoff wurde für diesen Typ folgende Deutung vorgeschlagen: Hat sich in einem engen Doppelsternsystem ein Weißer Zwerg gebildet, der vorwiegend aus C, O und He besteht (s. Abschn. 2.2.5.4), so kann dessen Masse durch Überströmen von Materie seines Begleiters über die kritische Grenzmasse von $1.4\mathscr{M}_\odot$ anwachsen. Setzt hiernach durch den anschließenden Kollaps das Kohlenstoffbrennen ein, dann kommt es wegen der Entartung zunächst nicht zu einer abkühlenden Expansion, weil der thermische Druck gegenüber dem Fermi-Druck vernachlässigbar ist. Mit wachsender Temperatur steigt die Energieproduktion enorm stark an, es erfolgt eine „Kohlenstoffdetonation", die keinen stellaren Rest hinterläßt.

Die Beobachtungen mit den in Abschn. 2.2.3.1 erwähnten Röntgen-Satelliten haben zur Entdeckung einiger rotierender Neutronensterne geführt, die engen Doppelsternsystemen angehören. Analog zu den kataklysmischen Veränderlichen wird hier Materie von einem Neutronenstern akkretiert. Das ionisierte Gas fließt entlang der magnetischen Feldlinien und stürzt auf die magnetischen Polkappen des Neutronensterns. Die dort in einem relativ kleinen „heißen Fleck" erzeugte starke *Röntgenemission* kann, wegen der Absorption im einfallenden Strom, nur seitlich entweichen. Ist die magnetische Achse gegen die Rotationsachse geneigt, so erhält der Beobachter während jeder Rotation zwei Strahlungspulse.

Als Beispiel sei der Röntgen-Doppelstern Centaurus X-1 angeführt, dessen Röntgenleuchtkraft $3 \cdot 10^{30}$ W erreicht. Hier beobachtet man einen Bedeckungslichtwechsel der Röntgenhelligkeit mit einer Periode von 2.1 Tagen. Die Röntgenquelle pulsiert mit einer mittleren Periode von 4.84 s. Um diesen Mittelwert variiert Pulsperiode sinusförmig infolge der Bahnbewegung der Quelle selbst mit einer Periode von 2.1 Tagen und einer Amplitude von 0.0067 s. Hieraus kann auf eine Bahngeschwindigkeit von etwa 400 km s^{-1} und weiter mit der Umlaufzeit von 2.1 Tagen auf einen Bahnradius von etwa 15 Sonnenradien geschlossen werden. Als optischer Begleiter des Neutronensterns wurde ein O-Stern identifiziert.

Bei einer anderen Art von sehr starken Röntgenpunktquellen mit unregelmäßigen Strahlungsausbrüchen, den sogenannten *Röntgen-Bursts*, könnte es sich um sehr alte enge Doppelsternsysteme handeln. Dann ist das Magnetfeld bereits weitgehend abgeklungen (Dauer $\approx 10^9$ Jahre), so daß der „Leuchtturmeffekt" nicht mehr auftritt.

2.2.6.4 Of-Sterne, Wolf-Rayet-Sterne und Planetarische Nebel

Bei einem Teil der massereichen, absolut hellen O-Sterne treten in den sichtbaren Spektren Emissionslinien von He^+ und N^{2+} auf, und es werden typische *P-Cygni-Profile* beobachtet. Wie bei den Novae muß hier auf eine expandierende Hülle, einen ständig abströmenden „Sternwind", geschlossen werden. Das Spektralsymbol wird in diesen Fällen mit dem Buchstaben f versehen. Die Interpretation der Beobachtungen im Sichtbaren und im Ultraviolett liefert Windgeschwindigkeiten weit oberhalb der Entweichgeschwindigkeit; die Massenverlustraten betragen einige $10^{-6} \mathscr{M}_{\odot}$/Jahr. Die Beschleunigung des Gases erfolgt sehr wahrscheinlich durch die Übertragung des Impulses der Photonen der Ultraviolettstrahlung auf die Ionen bei der Absorption in den starken Resonanzlinien (selektiver Strahlungsdruck).

Noch größere Massenverlustraten wurden für die ebenfalls absolut hellen *Wolf-Rayet-Sterne* abgeleitet. Charakteristikum sind hier extrem breite Emissionslinien von He, He^+ und höheren Ionen von C, N, Si über einem Kontinuum ähnlich dem von O- oder B-Sternen. Die beobachteten Profile lassen sich mit der Annahme einer gleichmäßig mit bis zu 4000 km s^{-1} expandierenden Hülle deuten, wobei sich Massenverlustraten bis zu $10^{-4} \mathscr{M}_{\odot}$/Jahr ergeben.

Wie wir bereits in Abschn. 2.2.5.4 erwähnt haben, tritt auch bei den häufigen Sternen mit Massen nahe der Sonnenmasse eine Phase hohen Massenverlustes auf, nämlich dann, wenn sich der alternde Stern so weit ausgedehnt hat, daß die vom Zentrum weit entfernten, dünnen äußeren Schichten instabil werden (Mira-Stadium). Es gilt heute als sicher, daß die im weiteren Verlauf entstehenden expandierenden Hüllen mit den seit langem bekannten **Planetarischen Nebel** identisch sind.

Abb. 2.38 Der Planetarische Nebel NGC 7293 (Aufnahme mit dem 2.2-m-Teleskop der Calar Alto Sternwarte des Max-Planck-Instituts für Astronomie, Heidelberg).

Der Name dieser oft angenähert kugelsymmetrischen, hochionisierten Gashüllen, (Abb. 2.38) entstand, weil die hellsten Objekte bei visueller Beobachtung im Fernrohr den grünlichen Planetenscheibchen von Uranus oder Neptun ähnlich erscheinen. Die Spektren Planetarischer Nebel bestehen hauptsächlich aus Emissionslinien (Abb. 2.39): Rekombinationslinien von H (Balmer-Serie) und anderen Elementen sowie stoßangeregte Linien der Ionen von O, N, Ne u. a. Letztere entstehen – soweit sie im Sichtbaren liegen – sämtlich durch verbotene Übergänge. Die stärksten dieser Emissionen sind die bereits in Abschn. 2.2.6.2 bei der Besprechung der Novae erwähnten verbotenen grünen Nebellinien N_1, N_2 des O^{2+}.

Die Ionisation des Nebelgases erfolgt durch die Ultraviolettstrahlung des Zentralsterns, eines 30000 bis 100000 K heißen, sehr kompakten Objektes. Messungen der durch die Expansion des Nebels erzeugten Doppler-Verschiebungen liefern Geschwindigkeiten der Größenordnung 10 km s^{-1}. In Verbindung mit der gegenwärtigen Ausdehnung der Nebel – Größenordnung 0.1 pc – ergeben sich „Expansionsalter" zwischen 10^2 und 10^4 Jahren. Je größer das Expansionsalter, umso näher liegt der Zentralstern im HRD dem Bereich der Weißen Zwerge, seinem Endstadium. Der Nebel verdünnt sich im Laufe der Zeit und wird unsichtbar, wenn sein Radius etwa 0.7 pc überschreitet.

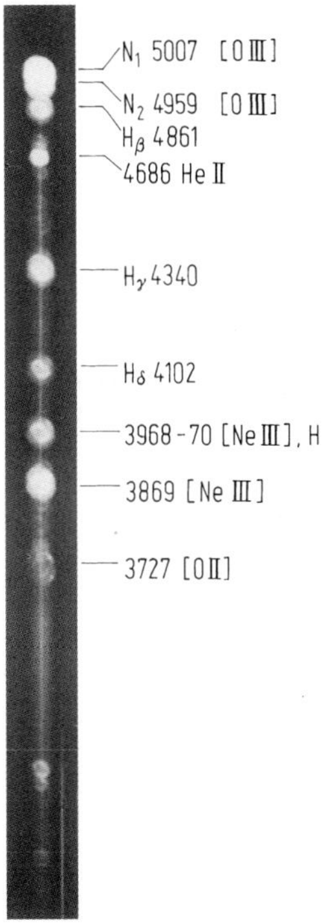

Abb. 2.39 Objektivprismen-Spektrum des Planetarischen Nebels NGC 7662 (Aufnahme Lick Observatorium, University of California, Santa Cruz, USA).

2.2.6.5 Sterne in frühen Entwicklungsphasen

In Bereichen erhöhter Dichte der interstellaren Materie findet man verschiedenartige Objekte, die heute als Sterne im *Vor-Hauptreihen-Stadium* gelten. Manche sind noch in eine sehr dichte Hülle eingebettet und erscheinen als reine *Infrarotquellen*. Wir beobachten hier lediglich die thermische Emission der erwärmten festen Staubteilchen der Hülle. Bei anderen ist der Stern bereits sichtbar, zeigt aber noch unregelmäßige Veränderlichkeit und sein Spektrum läßt eine kontrahierende oder expandierende, dünne Hülle erkennen.

Modellrechnungen für die Entwicklung eines gravitationsinstabilen, kugelförmigen interstellaren Wolkenfragmentes (Dichte etwa 10^6 Teilchen/cm^3, Temperatur etwa 10 K, s. Abschn. 2.3.4.3) bis zur Bildung eines Hauptreihensterns lassen folgenden Ablauf erwarten. Zunächst überwiegt die Eigengravitation nur leicht gegenüber dem Gasdruck, so daß Kontraktion einsetzt. Weil das Wolkenfragment noch für seine Eigenstrahlung optisch dünn bleibt, steigt die Temperatur vorerst nicht an. Die Gravitation dominiert deshalb zunehmend über den Gasdruck. Damit wird der freie Fall der Materie zum Massenmittelpunkt angenähert und es bildet sich eine starke zentrale Verdichtung mit einer ausgedehnten Hülle. Erst wenn die Verdichtung für ihre Eigenstrahlung optisch dick wird, heizt sie sich auf und ihr Druck kann den weiteren Kollaps stoppen. Es entsteht ein „quasi-hydrostatischer Kern". Langsame weitere Kontraktion (s. Abschn. 2.2.5.2) und der Einfall von Materie der Hülle liefern diesem protostellaren Kern die Energie für weitere Aufheizung, zur Deckung der Abstrahlung, zur Dissoziation der Moleküle und danach zur Ionisation der Atome.

Bei *massereichen Protosternen* ist die Temperatur im Kern schon nach einigen 10^4 Jahren so stark angestiegen, daß das Wasserstoffbrennen einsetzt. Nach weiterem Materieeinfall aus der inneren Hülle entsteht ein heißer Hauptreihenstern, der noch von einer undurchlässigen, kühlen, äußeren Hülle umgeben ist. Hier wird die Sternstrahlung durch kleine feste Teilchen absorbiert, die sich auf 100 ... 500 K erwärmen und die aufgenommene Energie im Infrarot abstrahlen. Von außen erscheint das Objekt als starke Infrarotquelle, deren Strahlungsleistung der eines O- oder B-Sternes entspricht (s. Abschn. 2.3.4.3). Durch Aufheizung des Gases der Hülle wird der Einfall von Materie schließlich nach 10^5 Jahren gestoppt und ins Gegenteil verkehrt: Die Hülle wird abgeworfen. Abb. 2.40 zeigt als Beispiel den berechneten Entwicklungsweg im HRD für einen Protostern mit $60\,\mathcal{M}_\odot$ bis zum Erreichen der Hauptreihe. Schon nach $4 \cdot 10^4$ Jahren entsteht ein Infrarotstern von enormer Leuchtkraft, der nach 10^5 Jahren zum Hauptreihenstern wird.

Bei *Protosternmassen* $\lesssim 3\,\mathcal{M}_\odot$ erfolgt die Entwicklung langsamer. Auch nachdem die gesamte Hülle (nach etwa 10^6 Jahren) auf den Kern „hinabgeregnet" ist, reicht die Zentraltemperatur des entstandenen Vor-Hauptreihensternes noch nicht zur Zündung des Wasserstoffbrennens aus. Dieses beginnt erst nach einer längeren Phase weiterer quasi-hydrostatischer Kontraktion, während welcher die Zentraltemperatur weiter ansteigt. Den Weg eines solchen Protosternes im HRD zeigt Abbildung 2.41. Anfangs ist der Protostern (für nur etwa $5 \cdot 10^4$ Jahre) ein Infrarotobjekt ($T_{\mathrm{eff}} \lesssim 1000$ K). Nach dem Maximum der Leuchtkraft nähert er sich langsam (etwa 10^6 Jahre) der sogenannten **Hayashi-Linie**: Sterne im hydrostatischen Gleichgewicht gibt es nur links von dieser Grenzlinie und auf der Linie selbst liegen die Sterne

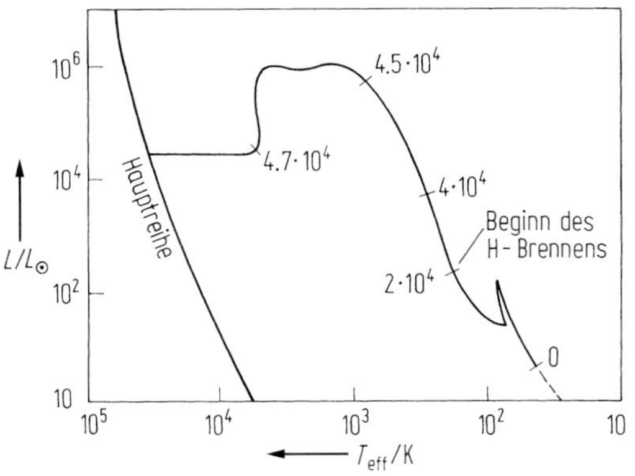

Abb. 2.40 Entwicklungsweg im HRD für einen Protostern mit anfänglich $60\mathcal{M}_\odot$ nach Modellrechnungen. Entwicklungszeiten in Jahren (nach Appenzeller und Tscharnuter, 1974).

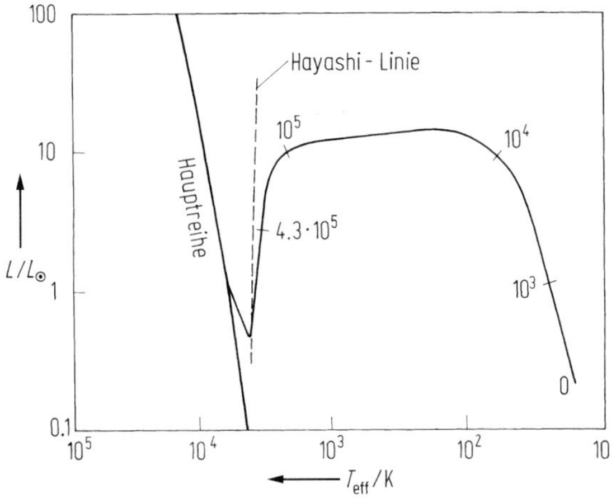

Abb. 2.41 Entwicklungsweg im HRD für einen Protostern mit $\mathcal{M} = 1\,\mathcal{M}_\odot$ nach Modellrechnungen. Entwicklungszeiten in Jahren (nach Appenzeller und Tscharnuter, 1975).

mit voll konvektivem Aufbau, für die sich zu vorgegenem L der kleinste Wert von T_{eff} ergibt.

Die nur in Komplexen interstellarer Wolken vorkommenden Veränderlichen vom Typ **T Tauri** (s. Tab. 2.10) können mit den Vor-Hauptreihensternen mit Massen $\lesssim 3\,\mathcal{M}_\odot$ in der Phase der asymptotischen Annäherung an die Hayashi-Linie identifiziert werden. Sorgfältige Bestimmungen der Werte von L und T_{eff} zeigen, daß ihre Bildpunkte im HRD in diesem Gebiet oberhalb der Hauptreihe liegen. Bei einer Untergruppe, den YY-Orionis-Sternen, kann aus dem Spektrum auf den Einfall der restlichen Hülle geschlossen werden: Es treten „inverse" P-Cygni-Profile auf, die Absorptionskomponenten befinden sich auf der langwelligen Seite der Emissionslinien und entsprechen Einfallgeschwindigkeiten um 300 km s^{-1}.

2.3 Interstellare Materie

Der Beobachtung im integralen sichtbaren Licht sind nur zwei Phänomene interstellaren Ursprungs zugänglich: Diffuse helle Nebel und sogenannte Dunkelwolken, deutlich abgegrenzte Bereiche mit stark verminderter Sternzahl, die in Extremfällen als „Löcher“ im Sternhimmel erscheinen. Die Existenz eines allgemein verbreiteten interstellaren Mediums, das unter anderem eine mit der Entfernung zunehmende, beträchtliche Schwächung des kontinuierlichen Sternlichtes erzeugt, konnte erst 1930 nachgewiesen werden. Die Unkenntnis dieser von kleinen festen Teilchen verursachten interstellaren „Extinktion“ hatte vorher zu einem völlig falschen Bild von den Dimensionen unseres Sternsystems und der Lage der Sonne geführt.

Die Durchdringung des ganzen Milchstraßensystems gelang jedoch erst durch die nach dem Zweiten Weltkrieg einsetzende Entwicklung der Radioastronomie, weil die Hochfrequenzstrahlung des interstellaren Gases keiner Extinktion unterliegt. So konnte insbesondere die Verteilung und Bewegung des neutralen Wasserstoffs in der gesamten galaktischen Scheibe untersucht werden. Beobachtungen im Mikrowellengebiet führten seit den sechziger Jahren zur Entdeckung zahlreicher Emissionslinien von komplexen Molekülen, die nur in den dichtesten, optisch undurchdringlichen interstellaren Wolken existieren können. In den auf diese Weise lokalisierten Molekülwolken wurden häufig Infrarotquellen gefunden, die sich als Protosterne in verschiedenen Entwicklungsphasen erwiesen. Damit war es erstmals möglich, den Prozeß der Sternentstehung auch auf empirischem Wege zu erforschen.

2.3.1 Interstellarer Staub

2.3.1.1 Interstellare Extinktion

Aufnahmen von flachen Galaxien, die wir zufällig von der Kante her sehen, zeigen in deren Symmetrieebenen oft einen dunklen Streifen, der zweifellos durch eine relativ dünne Schicht lichtschwächender Materie erzeugt wird (Abb. 2.42). Auch unsere Galaxis ist von diesem flachen Typ und wir befinden uns praktisch in der galaktischen Symmetrieebene. Weitwinkelaufnahmen der Milchstraße machen deutlich, daß hier eine Schicht verdunkelnden Materials vorhanden ist, wobei sich einzelne, relativ nahe **Dunkelwolken** herausheben (Abb. 2.43). Zählungen der fernen Galaxien liefern ein überzeugendes Argument dafür, daß kein Defizit von Sternen, sondern eine *Lichtschwächung* vorliegt: Die durchschnittliche Anzahl N von Galaxien pro Quadratgrad ($1^\circ \cdot 1^\circ$) nimmt bei der Annäherung an die Symmetrielinie der Milchstraße, den galaktischen Äquator, systematisch ab. Bezeichnet b die galaktische Breite, den Winkelabstand vom galaktischen Äquator, so gilt für $|b| > 15^\circ$

$$\lg N = K - \frac{0.15}{\sin|b|}$$

und für $|b| < 15^\circ$ werden praktisch keine Galaxien beobachtet. K ist eine von der Grenzhelligkeit abhängige Konstante. Dieser Befund läßt sich mit der Annahme einer planparallelen absorbierenden Schicht erklären, denn die Weglänge

Abb. 2.42 Spiralgalaxie „von der Kante" gesehen (Aufnahme von K. Birkle mit dem 2.2-m-Teleskop der Calar Alto Sternwarte des Max-Planck-Instituts für Astronomie, Heidelberg).

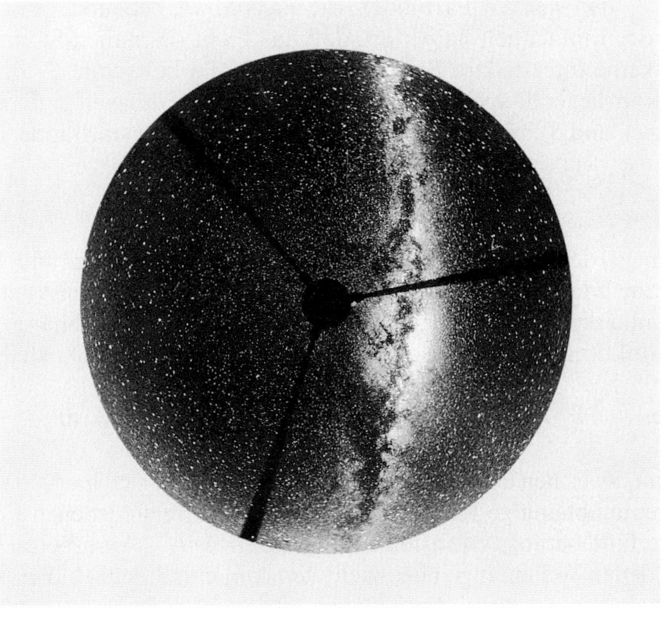

Abb. 2.43 Weitwinkelaufnahme der südlichen Milchstraße (aus Schlosser, Schmidt-Kaler und Hünecke, 1975).

des Lichtes in der Schicht für eine Galaxie bei der galaktischen Breite b beträgt dann $s = z_0/\sin|b|$, wobei z_0 die halbe Dicke der Schicht bezeichnet (Abb. 2.44).

Von großer Bedeutung für die Klärung der Ursache der interstellaren Lichtschwächung wie auch für die Ableitung ihres Betrages im Einzelfall war die Untersuchung

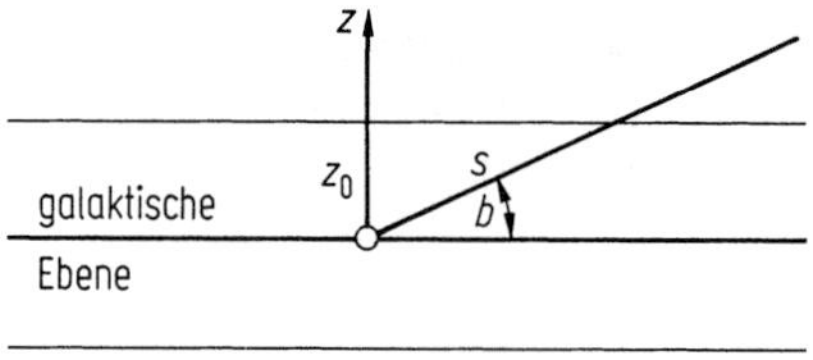

Abb. 2.44 Zur Extinktion durch eine planparallele Schicht.

der Wellenlängenabhängigkeit dieses Phänomens. Weil sich dabei herausgestellt hat, daß es sich nicht um einen reinen Absorptionsprozeß handelt, sprechen wir von *Extinktion*.

Vergleicht man die gemessenen spektralen Energieverteilungen eines nahen und eines weit entfernten Sterns, die beide den *gleichen* Spektraltyp und damit die gleiche wahre Energieverteilung besitzen, so erweist sich die Differenz nicht als konstant, sondern sie wächst mit abnehmender Wellenlänge: Die interstellare Extinktion nimmt mit abnehmender Wellenlänge zu. Das Sternlicht wird *verfärbt*, nämlich gerötet; der Farbindex erscheint vergrößert um den **Farbexzeß**

$$E_{\mathrm{B-V}} = (m_{\mathrm{B}} - m_{\mathrm{V}}) - (m_{\mathrm{B}} - m_{\mathrm{V}})_0 > 0\,, \tag{2.53}$$

wobei $(m_{\mathrm{B}} - m_{\mathrm{V}})_0$ den wahren Farbindex, die *Eigenfarbe*, bedeutet.

Wir nehmen der Einfachheit halber an, daß das Licht des nahen Sterns (Entfernung < 50 pc) keine interstellare Extinktion erfährt. Es bezeichne S_λ die am Ort des Beobachters vorliegende spektrale Strahlungsflußdichte des weit entfernten Sternes (Entfernung r), und $S_\lambda^{(0)}$ deren Wert, wenn keine Extinktion stattfände. Dann gilt

$$S_\lambda = S_\lambda^{(0)} \mathrm{e}^{-\tau_\lambda} \quad \text{mit} \quad \tau_\lambda = \int_0^r \varkappa_\lambda \,\mathrm{d}r = k_\lambda \int_0^r \varrho(r)\,\mathrm{d}r\,. \tag{2.54}$$

Hier bezeichnen $\varkappa_\lambda$ den längenbezogenen Extinktionskoeffizienten und $k_\lambda = \varkappa_\lambda/\varrho$ mit ϱ = räumliche Massendichte den massenbezogenen Extinktionskoeffizienten, der in einem einheitlichen Medium allein von der Wellenlänge abhängt. Für die interstellare Extinktion in Größenklassen erhalten wir damit die Darstellung

$$A_\lambda = m_\lambda - m_\lambda^{(0)} = -2.5 \lg \frac{S_\lambda}{S_\lambda^{(0)}} = 1.086\,\tau_\lambda = 1.086 k_\lambda \int_0^r \varrho(r)\,\mathrm{d}r\,. \tag{2.55}$$

Die Differenz Δm_λ zwischen den beiden Sternen unterscheidet sich hiervon nur durch eine wellenlängenunabhängige Konstante, die wegen der verschiedenen Entfernungen auftritt. Sie fällt heraus, wenn man Differenzen $\Delta m_\lambda - \Delta m_{\mathrm{V}}$ betrachtet. Mit den bei verschiedenen Wellenlängen beobachteten Δm_λ einschließlich Δm_{B} und Δm_{V} bildet man deshalb die *normierte Extinktion*

$$\frac{\Delta m_\lambda - \Delta m_{\mathrm{V}}}{\Delta m_{\mathrm{B}} - \Delta m_{\mathrm{V}}} = \frac{A_\lambda - A_{\mathrm{V}}}{A_{\mathrm{B}} - A_{\mathrm{V}}} = \frac{A_\lambda - A_{\mathrm{V}}}{E_{\mathrm{B-V}}} = \frac{k_\lambda - k_{\mathrm{V}}}{k_{\mathrm{B}} - k_{\mathrm{V}}}\,. \tag{2.56}$$

Der im allgemeinen gefundene Verlauf dieses Quotienten ist in Abb. 2.45 als Funktion der reziproken Wellenlänge dargestellt. Die Grundlage bildeten Messungen für viele Sternpaare vom Ultraviolett (mit Beobachtungssatelliten) bis ins ferne Infrarot. Im sichtbaren Bereich steigt die Kurve fast linear an, A_λ und k_λ sind also angenähert

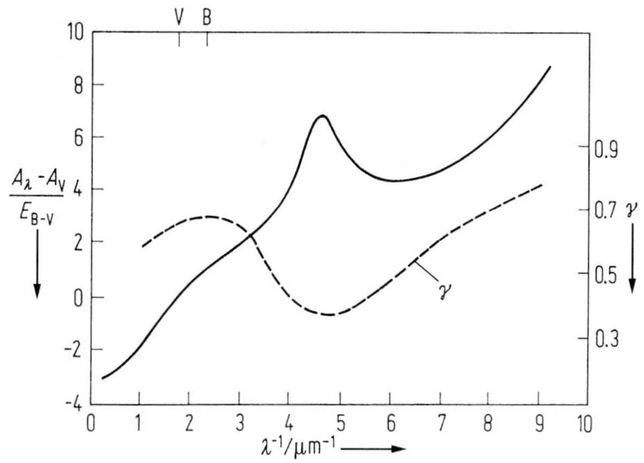

Abb. 2.45 Interstellare Verfärbungskurve (ausgezogen) und Verlauf der Albedo (gestrichelt, erläutert in Abschn. 2.3.1.2).

proportional zu $1/\lambda$. Bei $1/\lambda \approx 4.6\ \mu m^{-1}$ entsprechend $\lambda = 220$ nm weist die Kurve einen ausgeprägten „Höcker" auf.

Im Infraroten wird A_λ sehr klein. Die nachfolgend erläuterte Interpretation der Extinktion läßt erwarten, daß $A_\lambda \to 0$ für $\lambda \to \infty$ bzw. $1/\lambda \to 0$. Die normierte Extinktion (2.56) strebt hier gegen den Grenzwert $(A_\lambda - A_V)/E_{B-V} = -3$ und man erhält die wichtige Beziehung

$$\frac{A_V}{E_{B-V}} = 3\,. \tag{2.57}$$

Die Bedeutung dieses Ergebnisses liegt darin, daß es die Bestimmung des auf anderem Wege nur schwer ableitbaren Betrages von A_V ermöglicht. Denn E_{B-V} kann einfach nach Gl. (2.53) aus den gemessenen Helligkeiten m_B, m_V und der heute aus Tabellen zum Spektraltyp entnehmbaren Eigenfarbe $(m_B - m_V)_0$ gebildet werden – der Spektraltyp wird durch die kontinuierliche interstellare Extinktion nicht beeinflußt, weil bei dessen Bestimmung die Linientiefen *relativ* zum unmittelbar benachbarten Kontinuum beurteilt werden. Die Anwendung von Gl. (2.57) auf die beobachteten Farbexzesse ergab nahe der galaktischen Ebene $A_V = 1 \ldots 2$ mag pro 1000 pc Wegstrecke. In den Dunkelwolken beträgt die visuelle Extinktion oft ein Mehrfaches dieser Werte.

Versuche, die Wellenlängenabhängigkeit von A_λ und die beobachteten Beträge von A_V mit der Annahme kontinuierlicher Absorption oder Streuung durch interstellares Gas zu deuten, scheitern sämtlich bereits daran, daß sie Massendichten erfordern, die weit über dem aus den Sternbewegungen abgeleiteten oberen Grenzwert für die interstellare Materie nahe der galaktischen Symmetrieebene von etwa $3 \cdot 10^{-21}$ kg m^{-3} liegen. Die Alternative ist die *Lichtstreuung* an kleinen festen Teilchen. Nach der *Mie-Theorie* für die Streuung an kleinen Kugeln mit dem Radius a ist der Streukoeffizient $\varkappa_\lambda$ für $2\pi a/\lambda \approx 1$ gerade proportional zu $1/\lambda$, während sich für $2\pi a/\lambda \ll 1$ Proportionalität zu $1/\lambda^4$ (Rayleigh-Streuung an Molekülen) und für $2\pi a/\lambda \gg 1$ ein wellenlängenunabhängiger Verlauf (geometrische Abdeckung!) ergibt. Die Extinktionswirkung ist für $2\pi a/\lambda \approx 1$ am größten.

Bei geometrischer Abdeckung würde einfach gelten $\varkappa_\lambda = \pi a^2 n$, wobei n die Anzahldichte der kugelförmigen Teilchen bezeichnet. Die wellenoptische Behandlung liefert noch einen *Wirkungsfaktor* $Q_{\mathrm{ext}}(\lambda)$, der im Fall $2\pi a/\lambda \approx 1$ proportional zu $1/\lambda$ ist. Für einen Stern, der sich in der Entfernung r befindet, können wir daher, mit der vereinfachenden Annahme räumlicher Konstanz von n, ansetzen

$$A_\lambda = 1.086\,\varkappa_\lambda r = 1.086\,\pi a^2 Q_{\mathrm{ext}}(\lambda) n r\,. \tag{2.58}$$

Betrachten wir nun den visuellen Bereich um $\lambda = 5 \cdot 10^{-4}$ mm und wählen $a = 3 \cdot 10^{-4}$ mm, so ist nach der Mie-Theorie $Q_{\mathrm{ext}}(\lambda) \approx 1$. Für $A_\lambda = A_{\mathrm{V}} = 1$ mag zu $r = 1000$ pc $= 3 \cdot 10^{19}$ m erfordert Gl. (2.58) dann $n \approx 10^{-7}$ Teilchen/m^3. Für Eis als Teilchenmaterial folgt damit beispielsweise die mittlere Massendichte 10^{-23} kg m^{-3}, also nur 1% des oberen Grenzwertes. Wollte man die beobachtete Extinktion mit wesentlich größeren Teilchenradien erklären, so ergäbe sich nicht nur ein Widerspruch gegen die beobachtete Wellenlängenabhängigkeit – die Extinktion wäre neutral –, sondern vor allem eine mit stellardynamischen Abschätzungen unverträglich größere Massendichte des Staubes.

Aussagen über die *Natur der interstellaren Staubteilchen* sind durch Diskussion der beobachteten Wellenlängenabhängigkeit von A_λ leider nur in sehr begrenztem Umfang zu erhalten: Die Verfärbungskurve (Abb. 2.45) läßt sich im Sichtbaren und Infrarot sowohl mit dielektrischen als auch mit metallischen Teilchen mit geeignet gewählter Radienverteilung gut darstellen. Man versuchte daher, Information aus Überlegungen zur Herkunft der Teilchen zu gewinnen. Eine naheliegende Möglichkeit ist die Bildung der Teilchen durch Kondensation aus dem interstellaren Gas. Wegen der niedrigen Gasdichten verläuft dieser Prozeß in den erfaßten Bereichen außerhalb sehr dichter Wolken extrem langsam. Als Teilchenmaterial sind die häufigsten und bindungsfreudigsten Elemente zu erwarten. Das Resultat sind *Eisteilchen* der gewünschten Größe mit „Verunreinigungen" durch CH_4, NH_3 und andere Moleküle („dirty ice").

Feste Teilchen sollten sich auch in den relativ kühlen, dichten Gashüllen bzw. Scheiben um neu entstandene Sterne bilden. Modellrechnungen lassen hier zunächst hitzebeständige *Silicate*, wie etwa Ca_2SiO_4 oder Mg_2SiO_4, und später, bei niedrigeren Temperaturen, wasserhaltige Silicate erwarten, die schließlich vom Sternwind in den interstellaren Raum getragen werden.

Als weitere Quelle fester Teilchen gilt eine Untergruppe der kühlen M-Riesensterne, in deren ausgedehnten Atmosphären der Kohlenstoff überhäufig ist (*Kohlenstoffsterne*). Die Temperaturen sind hier so niedrig, daß sich aus freien Kohlenstoffatomen und -molekülen C, C_2, C_3, ... *Graphitteilchen* bilden können. Sie werden durch den Strahlungsdruck hinausgetrieben. In manchen Fällen kann eine hierdurch erzeugte zeitweise Verdunkelung des Sterns und die thermische Infrarotemission der warmen Teilchen beobachtet werden.

Eine befriedigende Darstellung der ganzen Verfärbungskurve ist mit keiner der drei Teilchenarten allein möglich. So läßt sich der Höcker im Ultraviolett nicht mit den dielektrischen Eisteilchen wiedergeben. Graphitteilchen *absorbieren* im Ultraviolett und ermöglichen insbesondere eine Erklärung dieses Höckers, können aber nicht gleichzeitig die visuelle Extinktion deuten. Da auch Silicatteilchen den ultravioletten Teil der Verfärbungslurve, und hier auch ein bei 10 µm beobachtetes Absorptionsband zu erklären vermögen, gelangt man zu dem Ergebnis, daß wenigstens drei verschiedene Arten interstellarer Staubteilchen vorliegen, darunter auch solche mit Eismänteln.

2.3.1.2 Streulicht und Wärmestrahlung von den Staubteilchen

In den Bereichen von Dunkelwolken findet man vereinzelt helle Nebel, deren Spektren aus einem Kontinuum mit Fraunhofer-Linien bestehen, die jeweils in allen Details mit dem Linienspektrum eines benachbarten hellen Sterns übereinstimmen. Man beobachtet hier das an interstellaren Staubteilchen gestreute Sternlicht und spricht von **Reflexionsnebeln**. Der Verlauf des kontinuierlichen Spektrums des Nebels steigt nach kurzen Wellenlängen hin stärker an als das Kontinuum des Sterns. Der Nebel ist blauer als der Stern, wie es bei der Streuung an Teilchen in der Größenordnung der Wellenlänge zu erwarten ist. Das *Reflexionsvermögen* der Staubpartikel muß relativ hoch sein. Daher kann auf die Annahme eines erheblichen Anteils von Eisteilchen (mit Verunreinigungen) oder Teilchen mit Eismänteln nicht verzichtet werden.

Die Streuung des Lichtes aller galaktischen Sterne am gesamten interstellaren Staub der galaktischen Scheibe führt zu einem schwachen, **diffusen Galaktischen Streulicht**, das nach Messungen mit dem Orbiting Astronomical Observatory, OAO 2, im Sichtbaren und im nahen Ultraviolett 30 % bis 50 % des direkten Sternlichtes der Milchstraße erreicht. Der Wirkungsfaktor Q_{ext} setzt sich additiv zusammen aus den Wirkungsfaktoren für Streuung (scattering) Q_{sca} und für echte Absorption Q_{abs}. Der Anteil der gestreuten Strahlung wird durch die sogenannte *Albedo* charakterisiert:

$$\gamma = \frac{Q_{\text{sca}}}{Q_{\text{ext}}} = \frac{Q_{\text{sca}}}{Q_{\text{sca}} + Q_{\text{abs}}} . \tag{2.59}$$

Der aus den Messungen abgeleitete Verlauf von γ mit variabler Wellenlänge ist in Abb. 2.45 eingezeichnet. Im Bereich des Höckers der Extinktionskurve durchläuft die Albedo ein Minimum. Die Extinktion muß also hier vorwiegend in einer echten Absorption bestehen, wie sie durch Graphit und Silicate erzeugt werden kann.

Die von einem interstellaren Staubteilchen *absorbierte* Sternstrahlung führt zu einer Erhöhung seiner inneren, thermischen Energie. Die Temperatur des Teilchens stellt sich so ein, daß dieser Energiegewinn und der Energieverlust durch Abstrahlung einander gleich sind. Die Strahlungsflußdichte des Sternlichtes im interstellaren Raum beträgt in der Sonnenumgebung $S \approx 4 \cdot 10^{-6}\,\text{W}\,\text{m}^{-2}$. Für ein vollkommen schwarzes Teilchen kann die Abstrahlung nach dem Stefan-Boltzmann-Gesetz berechnet werden, so daß im Gleichgewicht gilt $S = \sigma T^4$. In diesem Fall resultiert eine *Teilchentemperatur* von 3 K. Tatsächlich kann das Teilchen jedoch nicht wie ein schwarzer Körper strahlen: Seine Emission liegt im fernen Infrarot bei Wellenlängen, die viel größer sind als der Teilchendurchmesser; es strahlt daher nur sehr uneffektiv. Absorbiert wird hingegen nur kurzwelliges Sternlicht. Das Teilchen heizt sich deshalb stärker auf. Für realistische Teilchenmodelle erhält man $T \approx 20 \ldots 40$ K. Nach dem Wienschen Verschiebungsgesetz liegt das Maximum der thermischen Strahlung dann um $\lambda = 100\,\mu\text{m}$.

Diese *Wärmestrahlung* des interstellaren Staubes konnte 1983 mit dem Infrared Astronomical Satellite (IRAS) direkt gemessen werden. Das bei diesem Gemeinschaftsunternehmen der Niederlande, Englands und der USA verwendete Teleskop wurde mit flüssigem Helium auf weniger als 10 K gekühlt, um die Umgebungsstrahlung zu unterdrücken. Die Messungen erfolgten bei 12, 25, 60 und 100 µm. Abb. 2.46 zeigt die bei 60 µm gemessene Verteilung der Strahlung in galaktischen Koordinaten Länge l und Breite b, wobei $l = 0^\circ$ der Richtung zum Zentrum der Galaxis entspricht. Der emittierende Staub ist stark zur galaktischen Symmetrieebene hin konzentriert, wie man es nach den Beobachtungen der interstellaren Extinktion erwartet. In Richtung auf das galaktische Zentralgebiet hin ist die Emission verstärkt, weil dort die Zahl der Sterne höher ist.

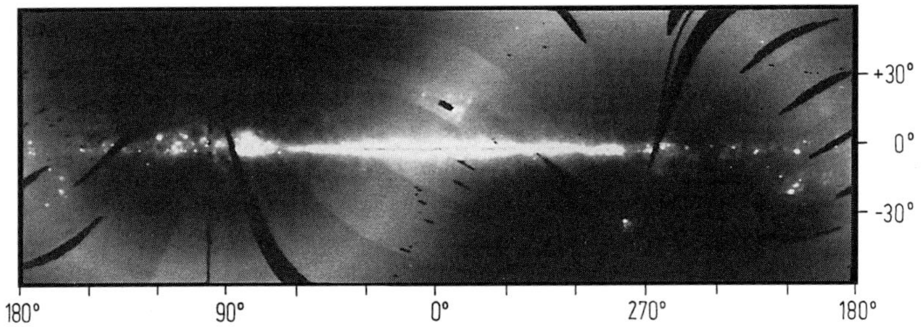

Abb. 2.46 Verteilung der Infrarotstrahlung mit $\lambda = 60$ µm im Bereich der Milchstraße nach Messungen mit dem Satelliten IRAS in galaktischen Koordinaten. Die schmalen schwarzen Streifen bedecken Gebiete, für die keine Messungen vorliegen. Das sinusförmige, breite, helle Band folgt dem Verlauf der Ekliptik und wird durch die thermische Emission des interplanetaren Staubes erzeugt (aufgenommen von E. R. Deul, W. B. Burton, Sterrewacht Leiden, Niederlande).

2.3.1.3 Interstellare Polarisation und galaktisches Magnetfeld

Das Licht interstellar verfärbter Sterne zeigt in der Regel eine schwache lineare Polarisation. Zur Beobachtung werden Polarimeter verwendet, mit denen der ankommende Strahlungsfluß in seiner Abhängigkeit von der Schwingungsrichtung des Lichtes gemessen werden kann. Als *Polarisationsgrad* definiert man die Größe

$$P = \frac{S_{\text{max}} - S_{\text{min}}}{S_{\text{max}} + S_{\text{min}}} . \tag{2.60}$$

Dabei bezeichnet S_{max} den für die bevorzugt auftretende Schwingungsrichtung festgestellten größten und S_{min} den für die dazu senkrechte Schwingungsrichtung gefundenen kleinsten Strahlungsfluß. Die Richtung, für die $S = S_{\text{max}}$ ist, wird als *Polarisationsrichtung* bezeichnet. Die für P erhaltenen Werte überschreiten selten 2 % und erreichen maximal 6 %.

Das Sternlicht ist als thermische Strahlung unpolarisiert. In Hüllen oder Scheiben um die Sterne durch Streuung ihres Lichtes entstehende Polarisation würde sich aus Gründen der Symmetrie aufheben, da stets das ganze Objekt erfaßt wird. Die folgenden Fakten sprechen für einen interstellaren Ursprung der gemessenen Polarisation: P ist eng mit dem Farbexzeß korreliert und unabhängig vom Spektraltyp des untersuchten Sterns. Die größten Polarisationsgrade treten in der Nähe des galaktischen Äquators auf. Der erstaunlichste Befund ist jedoch, daß in manchen Bereichen der Milchstraße die Polarisationsrichtungen der Sterne angenähert übereinstimmen und parallel zum galaktischen Äquator sind. Abb. 2.47 zeigt ein Beispiel. In anderen Richtungen, beispielsweise bei den galaktischen Längen $l \approx 70^\circ \ldots 80^\circ$, sind die Polarisationsrichtungen nahezu regellos verteilt.

Die Polarisation entsteht hiernach offenbar deshalb, weil Sternlicht verschiedener Schwingungsrichtung eine unterschiedliche Extinktion erfährt. Dies erfordert, daß zumindest ein Teil der Staubpartikel eine nichtsphärische, längliche Form besitzt und großräumig in einem gewissen Grad einheitlich ausgerichtet ist. Das parallel zur großen Achse eines solchen Teilchens schwingende Licht erfährt eine besonders große Schwächung, senkrecht dazu schwingendes Licht wird am wenigsten geschwächt. Nimmt man beispielsweise Rotationsellipsoide an mit einem Verhältnis Rotationsachse/kleine Achse = 2/1, so lassen sich die beobachteten Polarisationsgrade mit der Annahme erklären, daß etwa 10 % der auf dem Sehstrahl zum Stern vorhandenen Teilchen parallel zueinander ausgerichtet sind.

Es bestehen heute kaum noch Zweifel daran, daß die Ursache für eine teilweise *Ausrichtung* der interstellaren Staubteilchen ein großräumiges interstellares *Magnetfeld* ist. Die Vorstellung, daß die wirksamen Teilchen ferromagnetisch sind und wie Kompaßnadeln ausgerichtet werden, erweist sich jedoch nicht als brauchbar, insbesondere deshalb, weil sie viel zu hohe Feldstärken erfordern würde. Eine befriedigende Erklärung liefert hingegen ein bereits 1951 von L. Davis und J. L. Greenstein vorgeschlagener Ausrichtungsmechanismus, der auch bei paramagnetischem Material wirksam ist.

Wir müssen davon ausgehen, daß die winzigen Teilchen unter der Wirkung von Stößen der interstellaren Gaspartikel in sehr rascher Drehbewegung gehalten werden. Abschätzungen lassen bis zu etwa 10^8 Umdrehungen pro Sekunde erwarten!

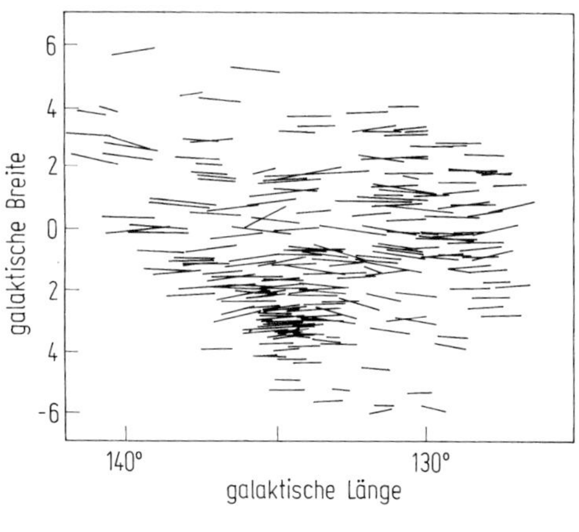

Abb. 2.47 Interstellare Polarisation des Lichtes von Sternen im Bereich der Milchstraße zwischen den galaktischen Längen 125° und 140°. Jeder gemessene Stern wird an seinem Ort durch einen Strich repräsentiert, dessen Länge den Betrag (in willkürlichen Einheiten) und dessen Orientierung die Richtung der Polarisation angibt (nach Hiltner, 1956).

Im kinetischen Gleichgewicht erfolgt die Drehung dabei vorzugsweise um die kleine Teilchenachse. Liegt nun diese Achse nicht in der Richtung des Magnetfeldes, dann wird das Teilchen während seiner Rotation ständig ummagnetisiert. Hierdurch wird seine Rotationsenergie nach und nach in thermische Energie umgewandelt, die Drehung wird abgebremst. Würden die Rotationsachsen der Teilchen nicht durch erneute Stöße von Gaspartikeln geändert, dann gäbe es nach hinreichend langer Zeit nur noch Teilchen, deren Drehung ohne Dämpfung um die Richtung der magnetischen Feldlinien erfolgt. Verläuft der Sehstrahl zu einem Stern senkrecht zu den Feldlinien, dann würden in der Projektion zum Beobachter hin die großen Achsen aller Teilchen parallel zueinander erscheinen. Unter dem Einfluß der – unter interstellaren Bedingungen sehr seltenen – Stöße von Gaspartikeln resultiert nur eine teilweise Ausrichtung. Nimmt man eine Feldstärke von $3 \cdot 10^{-10}$ T an, die auch durch andere Beobachtungen nahegelegt wird, dann ergibt dieser Mechanismus der *magnetischen Relaxation* einen Ausrichtungsgrad von etwa 10%, wie er zur Deutung der gemessenen Polarisationsbeträge benötigt wird.

Hiernach kann aus den beobachteten Polarisationsrichtungen auf den *Verlauf des galaktischen Magnetfeldes* in der Sonnenumgebung geschlossen werden. In der Richtung $l = 140°$ auf dem galaktischen Äquator (Abb. 2.47) muß das Magnetfeld beispielsweise senkrecht zum Sehstrahl und parallel zur galaktischen Ebene verlaufen. Dasselbe findet man für die entgegengesetzte Richtung $l = 320°$. Das Feld folgt damit dem in der Verteilung der jungen Sterne ausgeprägten Verlauf des sogenannten lokalen Spiralarmes unserer Galaxis.

2.3.2 Diffuse Wolken interstellaren Gases

2.3.2.1 Interstellare Absorptionslinien in Sternspektren

In den Spektren der noch in großen Entfernungen erfaßbaren, absolut hellen O- und B-Sterne treten häufig scharfe CaII-K- und NaI-D-Linien auf, die nicht in den Atmosphären dieser heißen Sterne entstehen können. Doppler-Verschiebungen solcher Linien gegenüber der Ruhewellenlänge sind in der Regel von denen der Fraunhofer-Linien verschieden. Das hier absorbierende Gas führt also eine andere Bewegung aus als der Stern. Besonders deutlich wird dies, wenn ein unaufgelöstes Doppelsternsystem vorliegt und die Fraunhofer-Linien infolge der Bahnbewegung der beiden Sterne periodische Verschiebungen zeigen, während die scharfen Linien „ruhen“. Die Stärken dieser scharfen Linien sind im allgemeinen umso größer, je weiter der Stern entfernt und je größer die interstellare Extinktion ist. Diese Beobachtungsbefunde beweisen die Existenz von weit verbreitetem interstellarem Gas. Die geringe Breite der interstellaren Absorptionslinien ist eine Folge der gegenüber den Sternatmosphären sehr niedrigen Dichten (Druckverbreiterung) und Temperaturen (thermischer Doppler-Effekt) des interstellaren Gases.

Mit großen, lichtstarken Teleskopen aufgenommene, hochaufgelöste Spektren weit entfernter Sterne zeigen, daß die interstellaren Linien meist aus mehreren schmalen *Komponenten* bestehen. Jede einzelne Komponente muß von einer individuell bewegten Gasmasse erzeugt werden. Bei Sternen in der Nähe der galaktischen Ebene nimmt die Zahl der Linienkomponenten mit der Entfernung der Sterne systematisch

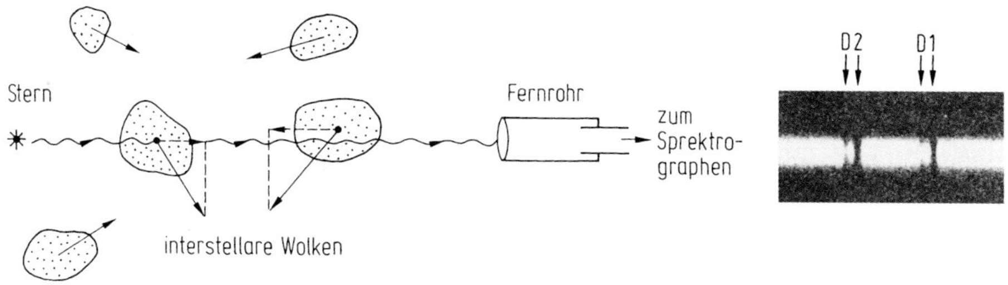

Abb. 2.48 Entstehung der Aufspaltung interstellarer Absorptionslinien. Rechts: Ausschnitt aus einem Sternspektrum mit den interstellaren Linien D1 und D2 des Natriums, die jeweils aus zwei Komponenten bestehen.

zu. Das interstellare Medium besitzt offenbar eine *wolkige* Struktur (Abb. 2.48). Die Auswertung eines großen Beobachtungsmaterials ergab, daß der Sehstrahl zu einem Stern nahe der galaktischen Ebene auf einer Strecke von 1000 pc durchschnittlich 5 bis 7 „Wolken" trifft.

Zur Unterscheidung von den relativ dichten, kompakten und für sichtbares Licht oft gänzlich undurchlässigen interstellaren Wolken, die als Dunkelwolken erscheinen, spricht man hier von **diffusen Wolken**. In diffusen Wolken enthaltene Staubteilchen erzeugen den größten Teil der allgemeinen interstellaren Extinktion. Mit dem Mittelwert $A_V = 1.5$ mag auf eine Strecke von 1000 pc folgt pro Wolke eine visuelle Extinktion von 0.2 bis 0.3 mag. Die kleinräumigen Schwankungen der Farbexzesse von Ort zu Ort an der Sphäre im Bereich der Milchstraße lassen *Wolkendurchmesser* um 3 pc erwarten.

Die stärksten interstellaren Linien des *sichtbaren* Bereiches sind H und K des CaII-Spektrums sowie g von CaI und die D-Linien von NaI. Daneben treten noch Linien von KI, FeI, TiII und der Molekülradikale CH und CN auf. Das Fehlen der Balmer-Linien des häufigen Wasserstoffs hat eine einfache Ursache: Wegen der extrem niedrigen interstellaren Dichten befinden sich praktisch alle H-Atome in ihrem Grundzustand $n = 1$. Absorptionsübergänge nach höheren Zuständen führen zur Lyman-Serie, die mit der Linie Lα bei 121.6 nm im fernen *Ultraviolett* beginnt und deren Seriengrenze bei 91.2 nm liegt. Interstellare Absorptionslinien des Wasserstoffs konnten daher erst durch extraterrestrische Beobachtungen nachgewiesen werden. Dasselbe gilt für die Resonanzlinien der Elemente C, N, O, Mg, Si und andere.

Ein großes Beobachtungsmaterial lieferte das Orbiting Astronomical Observatory OAO 3, *Copernicus*. Es wurden O- und frühe B-Sterne herangezogen, da nur diese im Ultraviolett ein genügend intensives Kontinuum besitzen – und nur schwache stellare Lyman-Linien. Lα und die Resonanzlinien von C, N, O und andere erwiesen sich als so stark, daß eine Aufspaltung in die von den einzelnen diffusen Wolken erzeugten Komponenten oft nicht mehr erkennbar ist. Aussagen über die Dichten und die relativen Häufigkeiten der einzelnen Elemente im interstellaren Gas wurden nach dem in Abschn. 2.2.4.1 beschriebenen Verfahren aus den gemessenen Äquivalentbreiten gewonnen. Mit Hilfe der Wachstumskurve erhält man zunächst die Säulendichten $\mathcal{N}_m$ der Atome bzw. Ionen auf dem Sehstrahl im Ausgangszustand

m des Linienübergangs. Im Fall der Lyman-Linien des Wasserstoffs und der Resonanzlinien der übrigen vertretenen Elemente hat man damit praktisch alle Atome bzw. Ionen erfaßt, weil m der allein besetzte Grundzustand ist.

Die Analyse der Copernicus-Beobachtungen von 100 Sternen mit Entfernungen zwischen 50 und 3000 pc ergab für den neutralen Wasserstoff eine mittlere Dichte von rund 1 H-Atom/cm^3. Die *Säulendichte des Wasserstoffs* ist dem Farbexzeß proportional:

$$\mathcal{N}(\mathrm{H}) = 5.8 \cdot 10^{21}\, E_{\mathrm{B-V}}\,. \tag{2.61}$$

Für die einzelne diffuse Wolke wurde die mittlere Säulendichte $\mathcal{N}(\mathrm{H}) \approx 4 \cdot 10^{20}$ H-Atome/cm^2 abgeschätzt.

Die gefundenen *Häufigkeiten der höheren Elemente* relativ zum Wasserstoff liegen teilweise erheblich unter den Werten der Atmosphären der Sonne und der Sterne der Population I. Die Reduktionsfaktoren betragen für C, N und O etwa 1/5, für Mg, Si und Fe einige 10^{-2} und erreichen bei Al und Ca etwa 10^{-3}. Die fehlenden Atome sind sehr wahrscheinlich in den Staubteilchen gebunden. Dabei ist zu beachten, daß seltenere Elemente, wie Calcium, hierbei nahezu ganz verbraucht werden können. Die Summation der fehlenden Atome führt angenähert auf die für den Staub abgeschätzte Massendichte.

Die extraterrestrischen Beobachtungen erlaubten auch erstmals eine Klärung der Frage nach der *Häufigkeit molekularen Wasserstoffs* im interstellaren Raum. Die einzige direkte Nachweismöglichkeit der im Grundzustand befindlichen H_2-Moleküle besteht in der Beobachtung von Übergängen zwischen den Schwingungsniveaus des elektronischen Grundzustandes und des bereits hoch liegenden ersten angeregten elektronischen Zustandes. Die langwelligsten der dabei entstehenden Resonanz-Absorptionslinien sind die Lyman-Banden im Bereich $\lambda \leqq 110$ nm. Bei Sternen mit Extinktionswerten $A_{\mathrm{V}} > 0.3$ wurden relativ starke Linien der Lyman-Banden beobachtet. Die quantitative Auswertung ergab, daß in Wolken mit A_{V}-Werten über 1 mag der Wasserstoff überwiegend in molekularer Form vorliegen muß.

Ein weiteres bemerkenswertes Ergebnis der UV-Beobachtungen war die Identifikation von Absorptionslinien interstellaren Ursprungs der Spektren hochionisierter Atome, insbesondere von CIV, SiIV und OVI. Die Ionisationsenergien sind hier von der Größenordnung 100 eV und entsprechen im thermischen Gleichgewicht Temperaturen von 10^5 bis 10^6 K. Die OVI-Linien besitzen relativ große Breiten, deren Deutung als thermischer Doppler-Effekt ebenfalls Temperaturen um 10^6 K erfordert. Die eingehende Diskussion führte zu der Annahme einer sehr dünnen, *heißen Komponente* des interstellaren Gases, die den Raum zwischen den Wolken weitgehend ausfüllt. Eine unabhängige Bestätigung hierfür lieferten Messungen diffus verteilter weicher Röntgenstrahlung von Satelliten aus: Man beobachtet hier die kontinuierliche, thermische Bremsstrahlung des hochionisierten, heißen Gases, die bei Vorbeiflügen freier Elektronen an den Ionen, vor allem Protonen, entsteht. Die Dichte dieses Gases wurde zu einigen 10^{-3} Atomen/cm^3 abgeschätzt.

2.3.2.2 Die 21 cm-Linie des atomaren Wasserstoffs

Aussagen der Beobachtungen im Sichtbaren und im Ultraviolett über das interstellare Gas in der galaktischen Scheibe sind infolge der Staubextinktion auf einen Entfernungsbereich von der Sonne von allenfalls 3000 pc beschränkt. Erst die Messungen der hiervon völlig unbehinderten Radiofrequenzstrahlung des interstellaren Gases hat dessen Erforschung im galaktischen Maßstab möglich gemacht. Von großer Bedeutung war dabei der Nachweis einer Radio*linie* des Wasserstoffs, weil damit Information über die Bewegungsverhältnisse und die Struktur der Gasverteilung im Großen wie im Kleinen gewonnen werden konnte.

Der Grundzustand des neutralen Wasserstoffatoms besteht aus zwei Hyperfeinstrukturniveaus, entsprechend der parallelen und antiparallelen Einstellung von Elektronen- und Kernspin. Übergänge zwischen den beiden Niveaus mit den Hyperfeinstrukturquantenzahlen $f = 1/2 + 1/2 = 1$ und $f = 1/2 - 1/2 = 0$ führen auf eine Spektrallinie mit der Frequenz $\nu_{10} = (E_1 - E_0)/h = 1420.4$ MHz bzw. Wellenlänge $\lambda_{10} = c/\nu_{10} = 21.1$ cm. Nach den Auswahlregeln der Quantentheorie sind nur Übergänge zwischen geraden und ungeraden Niveaus erlaubt, die Bahndrehimpulsquantenzahl ist jedoch für beide Niveaus $l = 0$. Daher gibt es keine elektrische Dipolstrahlung, sondern nur magnetische Dipolstrahlung mit der extrem kleinen Übergangswahrscheinlichkeit $A_{10} = 2.87 \cdot 10^{-15}\,\mathrm{s}^{-1}$. Ist das obere Niveau durch einen Stoß mit einem anderen H-Atom besetzt worden, so findet der Übergang $1 \to 0$ im Mittel erst nach der Zeit $1/A_{10} \approx 10^7$ Jahre statt. Daß die Linienstrahlung dennoch beobachtbar ist, ergibt sich aus der enormen Größe der emittierenden Volumina: Bei einer Dichte von 1 H-Atom/cm^3 befinden sich in 1 (pc)^3 rund $3 \cdot 10^{55}$ H-Atome!

Wir fassen zunächst die wichtigsten *Beobachtungsergebnisse* zusammen:

1. Die 21-cm-Strahlung ist stark zum galaktischen Äquator hin konzentriert. Schnitte senkrecht zur Milchstraße ergeben Intensitätsprofile von nur 5° bis 10° Halbwertsbreite. Der neutrale Wasserstoff ist also hauptsächlich auf eine relativ dünne Schicht beschränkt (Dicke etwa 250 pc). Die 21-cm-Messungen wurden deshalb zur Festlegung der Grundebene bzw. des Äquators eines galaktischen Koordinatensystems herangezogen, das damit genauer definiert ist, als es vorher die Sternverteilung der Milchstraße erlaubt hatte.
2. Die mit den Radiospektrographen für Positionen entlang des galaktischen Äquators gemessenen Linienprofile sind sehr breit. Man drückt die Abstände von der Ruhefrequenz der Linie $\Delta\nu = \nu - \nu_{10}$ durch die entsprechende „Radialgeschwindigkeit" nach der Doppler-Formel aus: $v_r = (\nu_{10} - \nu)c/\nu_{10}$. Die Linienbreiten erreichen Werte bis zu etwa 200 km^{-1}. Die Schwerpunkte der Profile variieren systematisch mit der galaktischen Länge zwischen Null und Werten über $\pm$ 100 km s^{-1}, wie es Abb. 2.49 zeigt. Die schmalsten Profile treten in den Richtungen $l = 0$ (galaktisches Zentrum) und $l = 180°$ (Antizentrum) auf.

Für die Interpretation der Linienprofile ist zu beachten, daß die große Lebensdauer des Ausgangsniveaus der 21-cm-Linie nach der Unschärferelation eine extrem kleine natürliche Linienbreite $\Delta\nu_N = A_{10}/2\pi = 5 \cdot 10^{-16}$ Hz ergibt und die Verbreiterung durch Stöße wegen der geringen Dichten mit nur $\Delta\nu \approx 10^{-11}$ Hz ebenfalls völlig zu vernachlässigen ist. Thermische Bewegungen führen beispielsweise bei $T = 100$ K

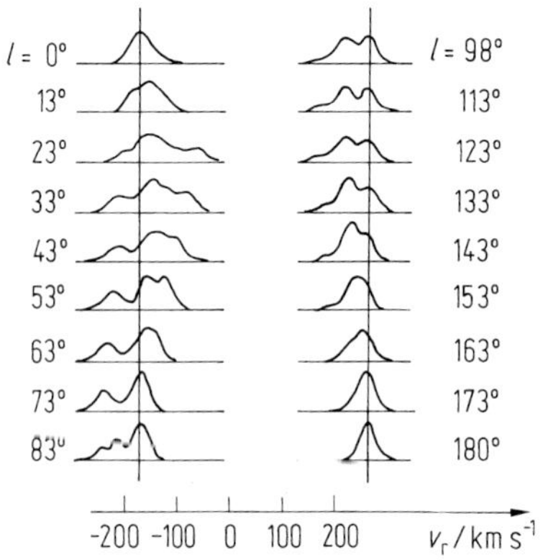

Abb. 2.49 Profile der 21-cm-Emissionslinie bei verschiedenen galaktischen Längen l auf dem galaktischen Äquator. Die beiden durchgehenden vertikalen Geraden geben die Lage des Nullpunktes $v_r = 0$ an.

auf Linienbreiten $\Delta \nu = 5$ kHz oder $\Delta v_r = 1 \text{ km s}^{-1}$. Die großen Breiten der beobachteten Profile müssen daher überwiegend durch Doppler-Verschiebungen infolge *makroskopischer* Bewegungen des Gases bedingt sein: Die Radialgeschwindigkeit v_r des emittierenden Gases relativ zum Beobachter variiert entlang des „Sehstrahls" mit der Entfernung r, weil das Gas an der Rotation der Galaxis teilnimmt, deren Geschwindigkeit sich mit dem Zentrumsabstand ändert (Abb. 2.50). Die Linienintensität wird hierdurch über den entsprechenden Frequenzbereich aufgefächert.

In einem kleinen Frequenzintervall innerhalb der Linie trägt nur die Emission eines relativ kleinen Entfernungsbereiches zur Intensität bei. Wir dürfen deshalb meist den Fall vernachlässigbarer Linienabsorption annehmen und setzen daher an

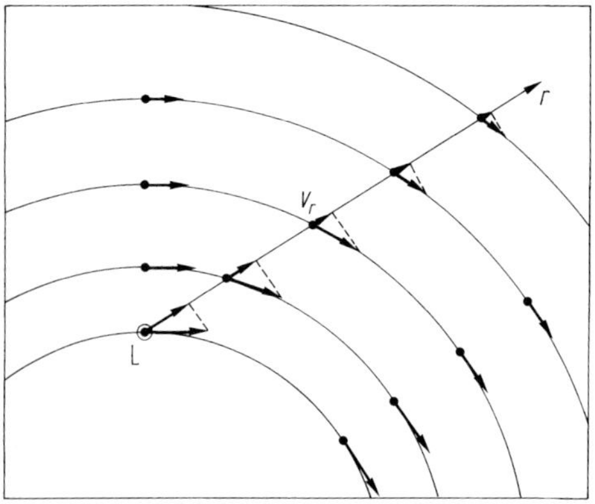

Abb. 2.50 Änderung der Radialgeschwindigkeit v_r des emittierenden Gases mit seiner Entfernung r von unserem lokalen Bezugssystem L infolge der differentiellen galaktischen Rotation.

$$I_\nu = \int_0^\infty \varepsilon_\nu(r)\,\mathrm{d}r\,, \tag{2.62}$$

wobei der Emissionskoeffizient einfach gegeben ist durch

$$\varepsilon_\nu = \frac{h\nu_{10}}{4\pi} A_{10} N_1 \psi(\nu)\,. \tag{2.63}$$

Hier bezeichnet $\psi(\nu)$ das auf Eins normierte Linienprofil; der Faktor $1/4\pi$ bewirkt den Bezug auf die Raumwinkeleinheit. Die Anzahldichte aller neutralen H-Atome ist $N = N_0 + N_1 = (4/3)N_1$ wegen $N_1/N_0 = (g_1/g_0)\exp(-h\nu_{10}/kT) \approx g_1/g_0 = 3$ mit $g = 2f + 1$. Aus der im Frequenzintervall $\nu \cdots \nu + \Delta\nu$ beobachteten Intensität kann hiernach die Säulendichte $\mathcal{N}$ der neutralen H-Atome berechnet werden, deren Emission in dieses Intervall fällt. Bei dem in Abb. 2.50 gezeigten Fall sind dies die H-Atome eines bestimmten Entfernungsbereiches $r \cdots r + \Delta r$. Ist das Geschwindigkeitsfeld bekannt, so läßt sich daher der Dichteverlauf entlang des Sehstrahls ableiten.

In der Richtung zum galaktischen Zentrum verläuft der Sehstrahl senkrecht zur Umlaufsbewegung und Doppler-Verschiebungen durch die großräumige differentielle Rotation fallen weg. Das Linienprofil wird wesentlich schmaler, aber entsprechend höher. Darüber hinaus ist hier die Weglänge durch die Galaxis am größten. Es muß daher mit einer merklichen Absorption durch H-Atome im oberen Hyperfeinstrukturniveau gerechnet werden. Im Fall lokalen thermodynamischen Gleichgewichts (LTE) ist dann die Strahlungsintensität in der Linie bei der Frequenz ν für räumlich konstante Temperatur gegeben durch

$$I_\nu = \int_0^{\tau_\nu^*} B_\nu(T)\mathrm{e}^{-\tau_\nu}\mathrm{d}\tau_\nu = B_\nu(T)(1 - \mathrm{e}^{-\tau_\nu^*}) \tag{2.64}$$

(s. die zu Gl. (2.30) in Abschn. 2.2.4.3 führende Erläuterung). Dabei ist τ_ν^* die optische Dicke der gesamten vom Sehstrahl durchstoßenen Gasschicht. Für große optische Dicke, $\tau_\nu^* \gg 1$, folgt hieraus

$$I_\nu = B_\nu(T) = \frac{2\nu^2}{c^2} kT \tag{2.65}$$

mit der im Radiofrequenzbereich gültigen Rayleigh-Jeans-Näherung ($h\nu/kT \ll 1$). Erreicht die Linie im Bereich ihres Maximums diesen Höchstwert der Intensität, so ist dort eine Abflachung des Profils zu erwarten und man kann aus I_ν unmittelbar auf die *Temperatur* schließen. Dies ist bei der 21-cm-Linie für $l \approx 0°$ der Fall. Das Resultat lautet $T \approx 130$ K.

Die von den einzelnen diffusen Wolken erzeugten Linienkomponenten lassen sich bei Beobachtungen in Richtungen auf dem galaktischen Äquator nicht auflösen, weil zu viele Wolken beitragen, deren Komponenten sich gegenseitig überlappen. Bei höheren galaktischen Breiten verläuft der Sehstrahl hingegen nur ein kurzes Stück in der galaktischen Gasschicht und es fallen nur wenige Wolken in die Richtkeule des Radioteleskops. Hier konnten die Linienprofile einzelner Wolken isoliert werden. Die Interpretation der Linienbreiten als thermischer Doppler-Effekt führte auf Temperaturen um 100 K. Den schmalen Linien sind jedoch häufig flache, breite

Komponenten unterlegt, deren Deutung Temperaturen von einigen 10^2 K bis zu $8 \cdot 10^3$ K erfordert und damit auf eine „warme" Gaskomponente schließen läßt.

In den kontinuierlichen Spektren weit entfernter kosmischer Radioquellen, beispielsweise Überresten von Supernovae oder Galaxien mit starker Radioemission, erzeugt der interstellare neutrale Wasserstoff *21-cm-Absorptionslinien*. Wählt man eine diskrete Radioquelle bei höherer galaktischer Breite mit kleinem Winkeldurchmesser, dann ist die Aufspaltung des Linienprofils in Einzelkomponenten besonders gut ausgeprägt (Abb. 2.51). Die beobachteten Linienbreiten der Komponenten entsprechen Temperaturen zwischen 40 K und 120 K. Aus den Einsenkungen im Absorptionsprofil kann die optische Dicke τ_ν und daraus – nach Integration über die Linienkomponente – weiter die Säulendichte der neutralen H-Atome für die *Einzelwolken* abgeleitet werden. Typische Ergebnisse liegen wieder bei $3 \cdot 10^{20}$ H-Atomen/cm^2. Für einen Wolkendurchmesser von 3 pc erhält man eine *Dichte* von 30 H-Atomen/cm^3. Nimmt man die Wolke der Einfachheit halber als kugelförmig an, so folgt eine *Masse* von $10\,\mathcal{M}_\odot$.

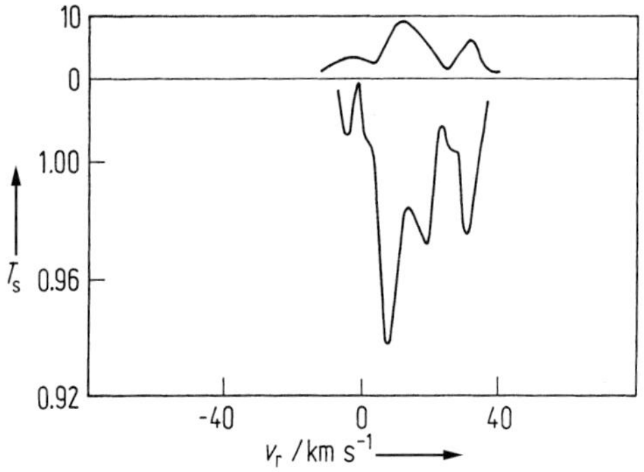

Abb. 2.51 Emissions- und Absorptionsprofil der 21-cm-Linie in Richtung einer diskreten Radiokontinuumsquelle mit den galaktischen Koordinaten $l = 240.06$, $b = -32.07$ (nach Hughes, Thompson und Colvin, 1971).

2.3.2.3 Modell des allgemein verbreiteten Mediums

Würde der Gasdruck der diffusen Wolken nicht kompensiert, so käme es relativ rasch zu ihrer Auflösung – im Widerspruch zu der relativ großen Häufigkeit dieser Wolken. Die Eigengravitation ist jedoch viel zu gering, um den Zusammenhalt einer diffusen Wolke zu gewährleisten (s. Abschn. 2.3.4.3). Man muß daher annehmen, daß Druckgleichgewicht mit einem umgebenden Medium besteht. Hierfür bietet sich die beobachtete dünne, heiße Gaskomponente an: Das für den Druck maßgebende Produkt $N \cdot T$ nimmt für dieses Gas mit $N \approx 3 \cdot 10^{-3}\,\mathrm{cm}^{-3}$ und $T \approx 10^6$ K denselben Wert an wie für die Wolke mit $N \approx 30\,\mathrm{cm}^{-3}$ und $T \approx 100$ K. Die in Abschn. 2.3.2.2 erwähnte „warme" Gaskomponente läßt sich zwanglos als Übergangsschicht mit $N \approx 0.3\,\mathrm{cm}^{-3}$ und $T \approx 10^4$ K interpretieren.

Die Temperaturen im Innern einer diffusen Wolke und in ihrer warmen Hülle resultieren aus dem Gleichgewicht zwischen der Energiezufuhr und den Energieverlusten. Wegen der geringen Dichten spielt dabei Wärmeleitung keine Rolle. Sternstrahlung mit $\lambda < 91.2$ nm (Lyman-Grenze) wird meist schon in der Nähe der sie emittierenden O- und B-Sterne vom neutralen Wasserstoff absorbiert (siehe Abschn. 2.3.3.2). Ein Rest kann den Wasserstoff nur in einer relativ dünnen äußeren Schicht ionisieren und damit das Gas dort aufheizen. Tiefer dringt die weiche Röntgenstrahlung des heißen „Zwischenwolkengases" ein, wodurch der Wasserstoff hier zu etwa 10% ionisiert, das Gas aber dennoch stark aufgeheizt wird. Den „Kern" der Wolke erreicht nur Sternstrahlung mit $\lambda > 91.2$ nm. Sie kann nur Elemente wie C, Si und Fe ionisieren, deren Häufigkeiten um Faktoren der Größenordnung 10^{-4} niedriger sind als die Häufigkeit des Wasserstoffs. Entsprechend wenige freie Elektronen können ihre kinetische Energie auf die übrigen Gaspartikel übertragen. Einen höheren Gewinn an thermischer Energie liefern Elektronen, die beim Auftreffen der UV-Photonen des Bereichs $\lambda > 91.2$ nm auf die Oberflächen von Staubteilchen entstehen (lichtelektrischer Effekt).

Energieverluste treten durch Linienemission des Gases im Infrarotbereich auf: Die in ihren Grundzuständen befindlichen Atome und Ionen können durch Stöße von neutralen H-Atomen oder gegebenenfalls Elektronen in die Ausgangsniveaus gehoben werden. In den kalten Wolkenkernen sind dies die oberen Niveaus der Feinstrukturaufspaltung der Grundzustände von C^+, Si^+ und Fe^+. Die hierbei übertragene Energie wird danach abgestrahlt und geht der Wolke verloren. Der Energieverlust durch Volumen ist sowohl proportional zur Anzahldichte der stoßenden wie auch proportional zur Anzahldichte der emittierenden Gaspartikel, das heißt, er ist proportional zum Dichtequadrat. In den Wolkenkernen ist die Kühlrate daher relativ hoch. Abb. 2.52 erläutert das resultierende *Wolkenmodell*. Ionisation durch das Strahlungsfeld der Sterne im Bereich $\lambda > 91.2$ nm allein würde den Wolkenkern nur auf etwa 20 K erwärmen. Durch den Photoeffekt an Staubteilchen wird 80 K, der Mittelwert der Wolkentemperatur nach den 21-cm-Absorptionsbeobachtungen, erreicht.

Eine Erklärung für das Auftreten der heißen Gaskomponente liefern Modellrechnungen zur Ausbreitung von Supernova-Hüllen im interstellaren Medium. Danach bilden sich starke Stoßfronten aus, hinter denen heißes Gas mit $T \approx 10^6 \cdots 10^7$ K und extrem niedriger Dichte verbleibt. Die Häufigkeit der Supernovae und die Reichweite ihrer Explosionswellen scheint auszureichen, um die beobachtete weite Verbreitung des dünnen „Koronagases" zu erklären.

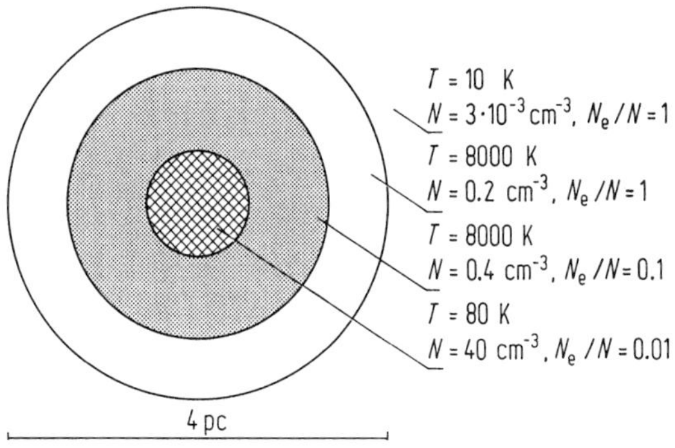

Abb. 2.52 Idealisierte diffuse interstellare Wolke.

Der Grund für die Bindung der kalten Wolken an den Nahbereich der galaktischen Ebene ist das Schwerefeld der galaktischen Scheibe, das zum größeren Teil von Sternen erzeugt wird. Für planparallel geschichtetes Gas im homogenen Schwerefeld ergibt sich die *Äquivalenthöhe* zu $H = RT/\mu g$, wobei R die Gaskonstante, μ die molare Masse und g die Schwerebeschleunigung bezeichnen. Aus den beobachteten Sternbewegungen senkrecht zur galaktischen Ebene ist für g ein Wert von rund $10^{-10}\,\mathrm{m\,s^{-2}}$ abgeleitet worden. Für die hochionisierte *heiße Gaskomponente* ($\mu \approx 0.5$) erhält man damit $H \approx 5 \cdot 10^3\,\mathrm{pc} = 5\,\mathrm{kpc}$. Durch die Explosionswellen von Supernovae aufgeheiztes Gas muß sich also bis zu großen Abständen von der galaktischen Ebene ausdehnen.

Beobachtungen interstellarer Absorptionslinien in den ultravioletten Spektren von Sternen, die große Abstände (bis zu 10 kpc) von der galaktischen Ebene besitzen, mit dem „International Ultraviolet Explorer" (IUE) haben den Nachweis eines solchen dünnen **galaktischen Gas-Halos** geliefert. Es wurden sowohl CIV- und SiIV-Linien als auch Linien niedrigerer Ionen gefunden, die auf das Vorhandensein auch kühleren Gases in großen Abständen von der galaktischen Ebene schließen lassen. Weil die Kühlrate dem Quadrat der Dichte proportional ist, kann jede geringfügige lokale Verdichtung zur Kondensation von Wolken führen, die sich zunehmend rascher abkühlen und zur galaktischen Scheibe zurückfallen.

2.3.2.4 Kontinuierliche Radiofrequenzstrahlung und hochenergetische Teilchen

Der erste (zufällige) Nachweis von Radiowellen aus dem Kosmos (K.G. Jansky, 1932) bezog sich auf Meterwellenstrahlung mit einem kontinuierlichen Spektrum, die vorwiegend aus dem Bereich der Milchstraße kommt. Die späteren Beobachtungen mit großen Radioteleskopen und -interferometern führten zu folgenden Beobachtungsresultaten: Die nichtsolare kosmische Radiokontinuumsstrahlung geht einerseits von zahlreichen verschiedenartigen, wohl abgegrenzten Objekten aus: Gasnebeln um heiße Sterne, Supernova-Überresten, Galaxien und andere. Außer diesen diskreten Quellen ist eine allgemeine *Hintergrundstrahlung* vorhanden, die mäßig zum galaktischen Äquator und zum galaktischen Zentrum hin konzentriert ist, aber auch bei hohen galaktischen Breiten noch merkliche Intensitäten aufweist. Diese offenbar *interstellare* Strahlung tritt vor allem bei Wellenlängen über 1 m hervor. Sie besitzt ein Spektrum der Form

$$I_\nu \sim \nu^{-\alpha} \tag{2.66}$$

mit $\alpha = 0.4 \cdots 0.9$ und ist schwach linear polarisiert.

Thermische Strahlung würde Exponenten α zwischen 0 und -2 liefern (s. Abschn. 2.3.3.3) und keine Polarisation aufweisen. Wie bei den Hüllen der Supernovae (s. Abschn. 2.2.6.3) ergibt auch hier die Annahme von *Synchrotronstrahlung* relativistischer Elektronen in einem Magnetfeld (Abb. 2.53) eine zwanglose Erklärung der Beobachtungen.

Damit wird die Verbindung zu den Teilchen der 1912 von V. Hess bei einem Ballonaufstieg entdeckten kosmischen Strahlung hergestellt, die weit außerhalb der Magnetosphäre der Erde vorwiegend aus relativistischen Protonen, α-Teilchen und Elektronen besteht.

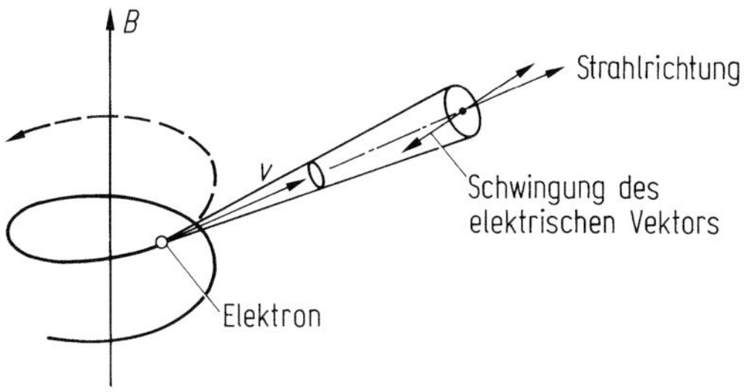

Abb. 2.53 Synchrotronstrahlung eines relativistischen Elektrons im Magnetfeld der Flußdichte B.

Elektronen einer Energie $E \gg m_e c^2 = 0.5$ MeV strahlen ein nicht sehr breites kontinuierliches Spektrum aus mit einem Maximum bei der Frequenz (in MHz)

$$\nu_m = 4.6 \cdot 10^4 B_\perp E^2 .$$

Hier bezeichnet $B_\perp$ die magnetische Flußdichte (in T) senkrecht zur Bewegungsrichtung der Elektronen, E ist in MeV einzusetzen. Mit $B_\perp = 3 \cdot 10^{-10}$ T ergibt sich für $E = 10^3 \cdots 10^4$ MeV vorwiegend Strahlung im Bereich $\nu = 14$ MHz ... 1400 MHz bzw. $\lambda = 20$ m ... 20 cm. Legt man ein Energiespektrum der Form

$$N(E) \sim E^{-\gamma} \tag{2.67}$$

zugrunde, wie es direkte Messungen für Nukleonen und Elektronen der primären kosmischen Strahlung ergeben haben, dann resultiert auch ein Potenzgesetz für den Emissionskoeffizienten der Synchrotronstrahlung:

$$\varepsilon_\nu \sim B_\perp^{\frac{(\gamma+1)}{2}} \nu^{-\frac{(\gamma-1)}{2}} . \tag{2.68}$$

Für den in Gl. (2.66) eingeführten „Spektralindex" gilt also $\alpha = (\gamma - 1)/2$. Der mittlere beobachtete Wert $\alpha = 0.7$ erfordert $\gamma = 2.4$. Diese Aussage stimmt befriedigend überein mit Ergebnissen extraterrestrischer Messungen der Elektronenkomponente der kosmischen Strahlung. Protonen können zu der beobachteten Hintergrundstrahlung nicht wesentlich beitragen, weil deren Synchrotronemission erst für Energien $E \gg m_p c^2 \approx 10^3$ MeV auftritt, wo das Energiespektrum Gl. (2.67) bereits stark abgefallen ist.

Der Gyrationsradius der Bewegung relativistischer Teilchen im galaktischen Magnetfeld mit $B \approx 3 \cdot 10^{-10}$ T ist für Energien unter 10^{12} MeV kleiner als 0.3 pc. Nukleonen und Elektronen sind somit in der galaktischen Scheibe gefangen und ihre Bewegungsrichtungen sind angenähert isotrop verteilt. Direkte Messungen erlauben daher keine Aussagen über Herkunft und räumliche Verteilung der Teilchen. Die Konzentration der nichtthermischen Radiokontinuumsstrahlung zum galaktischen Äquator und zum galaktischen Zentrum läßt hingegen den Schluß zu, daß die hochenergetischen Teilchen der Kosmischen Strahlung in der ganzen galaktischen Scheibe und im galaktischen Zentralgebiet existieren.

Daß die beobachtete Synchrotronstrahlung nur eine schwache *Polarisation* zeigt, ist eine Folge der Wolkenstruktur des interstellaren Mediums: Die ursprünglich polarisierten Radiowellen erfahren von Wolke zu Wolke unterschiedliche Drehungen ihrer Schwingungsebenen (Faraday-Rotation). Die Überlagerung der aus verschiedenen Richtungen innerhalb der Richtkeule des Radioteleskops kommenden Strahlung führt daher zu einer weitgehenden Aufhebung der Polarisation. Nur der Anteil des Nahbereichs ($\approx$ 100 pc) besitzt noch seine ursprünglichen Polarisationseigenschaften. Hier ergibt sich eine Bestätigung für den in Abschn. 2.3.1.3 gezogenen Schluß über den *Verlauf des lokalen Magnetfeldes*: Im Bereich $l \approx 140^\circ$ liegt die Schwingungsrichtung des elektrischen Vektors beispielsweise vorwiegend senkrecht zum galaktischen Äquator, die Feldlinien müssen also parallel zur galaktischen Ebene (und angenähert senkrecht zum Sehstrahl) verlaufen.

Bei Dezimeter- und Millimeterwellenlängen tritt zu der hier diskutierten Hintergrundstrahlung galaktischen Ursprungs eine weitgehend isotrope kontinuierliche Strahlung hinzu, deren Energiedichte von gleicher Größenordnung ist wie diejenige aller galaktischen Sterne zusammen. Das Spektrum dieser 1965 von A. A. Penzias und R.W. Wilson entdeckten *kosmischen Hintergrundstrahlung* entspricht dem eines schwarzen Körpers mit einer Temperatur von rund 3 K. Diese sogenannte 3-K-Strahlung wird als Relikt der heißen Anfangsphase des Weltalls (Urknall) gedeutet (s. Kap. 4, Abschn. 4.2.2).

2.3.3 HII-Regionen

2.3.3.1 Diffuse Emissionsnebel

Diese Bezeichnung gilt eindrucksvollen optischen Erscheinungen: flächenhaft leuchtenden, unregelmäßig strukturierten Objekten mit Emissionslinienspektren. Die Abb. 2.54 und 2.55 zeigen zwei Beispiele. Die hellsten diffusen Emissionsnebel sind

Abb. 2.54 Der Große Orionnebel im Licht der Wasserstofflinie Hα (Aufnahme Palomar Observatorium).

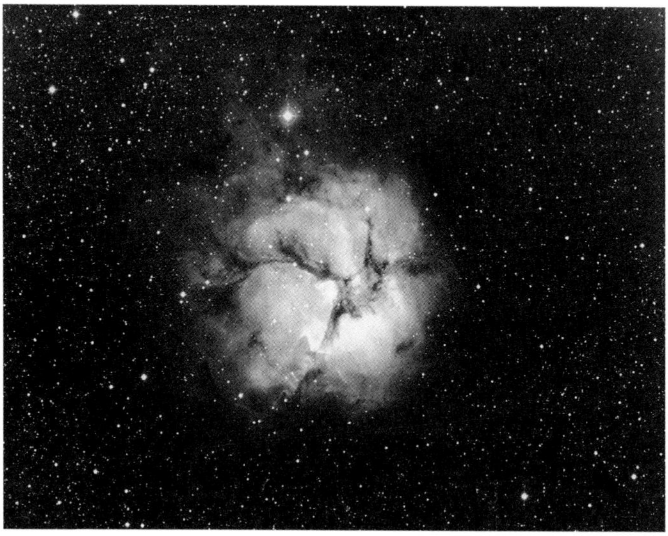

Abb. 2.55 Der Trifid-Nebel, M 20 (Aufnahme von Th. Neckel mit dem 2.2-m-Teleskop der Calar Alto Sternwarte des Max-Planck-Instituts für Astronomie, Heidelberg).

bereits in einem 1784 von Charles Messier erstellten Katalog der Sternhaufen und Nebel verzeichnet. Der Orionnebel erscheint dort als Objekt 42 und wird noch heute oft M 42 genannt. Nach seiner Nummer in dem umfangreicheren „New General Catalogue" erhielt er die Bezeichnung NGC 1976.

Wie bei den Reflexionsnebeln (Abschn. 2.3.1.2) lassen sich interne oder nahe benachbarte helle Sterne finden, die als Ursache und Energiequelle der Nebelemission infrage kommen. Bei Emissionsnebeln besitzen diese Sterne stets Spektraltypen früher als B1, bei Reflexionsnebeln hingegen spätere Spektraltypen ab B1 (*Hubblesche Regel*). Die *Anregung* des Eigenleuchtens der Emissionsnebel kann somit nur durch sehr heiße Sterne erfolgen, die überwiegend im Ultraviolett abstrahlen. Wegen der Seltenheit dieser Sterntypen ist die Entscheidung für den anregenden Stern (oder eine enge Sterngruppe) meist leicht zu treffen. Im Innern des Orionnebels befinden sich beispielsweise drei B-Sterne und ein O6-Stern, die ein Trapez bilden. Der O6-Stern dominiert als Energiequelle des Nebels.

Die Kenntnis des Spektraltyps eines anregenden Sterns ermöglicht die Angabe seiner absoluten Helligkeit (Tab. 2.5). Zu der gemessenen scheinbaren Helligkeit m_V kann danach die Entfernung des Sterns und damit auch des Nebels nach Gl. (2.10) berechnet werden. Im allgemeinen muß dabei noch die interstellare Extinktion $A_V \approx 3\,E_{B-V}$ als additives Glied auf der rechten Seite von Gl. (2.10) berücksichtigt werden (Bestimmung von E_{B-V} s. Abschn. 2.3.1.1). Mit der Entfernung kann aus dem Winkeldurchmesser des Nebels seine *lineare Ausdehnung* berechnet werden. Die erhaltenen Werte liegen meist zwischen 10 und 50 pc. Beobachtungen von Emissionsnebeln in anderen flachen Galaxien zeigen, daß diese Objekte entlang der *Spiralarme* angeordnet sind. In der optisch erfaßbaren Umgebung der Sonne kann dies auch für unsere Galaxis bestätigt werden.

Die *Spektren* der diffusen Emissionsnebel sind den Spektren der Planetarischen Nebel (Abschn. 2.2.6.4) sehr ähnlich. Die stärksten Emissionslinien sind (1) die Balmer-Linien des Wasserstoffs (bis zu hohen Seriengliedern) sowie Linien des Heliums und (2) verbotene Linien der Ionen von O (grüne Nebellinien N_1 und N_2 von O^{2+}), N, Ne und S. Oft ist auch ein schwaches Kontinuum vorhanden, dessen Intensität in den Ultraviolettbereich hinein zunimmt. Hieraus kann geschlossen werden, daß es sich um Licht des anregenden Sternes handelt, das an eingelagerten Staubteilchen gestreut worden ist. Für die Existenz von Staub in den Nebeln sprechen auch verschiedene Strukturmerkmale.

2.3.3.2 Interpretation der optischen Beobachtungen

Die diffusen Emissionsnebel lieferten den frühesten Hinweis auf die Existenz interstellarer Materie. Erst die Entdeckung großer, relativ dichter und kalter *Molekülwolken* durch Beobachtungen im Mikrowellenbereich in neuerer Zeit (s. Abschn. 2.3.4.1) hat die Stellung dieser Objekte in vollem Umfang erkennen lassen: Wir sehen hier die Auswirkungen der Entstehung massereicher Sterne in solchen Wolken. Das Gas wird lokal ionisiert, aufgeheizt und zum Leuchten gebracht. Wie Leuchtfeuer zeigen die diffusen Emissionsnebel die Anwesenheit völlig unsichtbarer, massereicher Wolken an, die genügend dicht sind, um die Bildung von Sternen zu ermöglichen.

Ein erheblicher Teil der Ultraviolettstrahlung der anregenden Sterne dieser Nebel fällt in den Bereich unterhalb der Lyman-Grenze $\lambda < \lambda_0 = 91.2$ nm mit Photonenenergien $h\nu > h\nu_0 = 13.6$ eV = Ionisationsenergie des Wasserstoffatoms. Die Sternstrahlung kann daher nicht nur den in molekularer Form vorliegenden interstellaren Wasserstoff dissoziieren (Dissoziationsenergie 4.5 eV), sondern auch resultierende neutrale Wasserstoffatome ionisieren. In einer gewissen Umgebung eines solchen heißen Sterns wird der größere Teil des Gases daher aus Protonen und freien Elektronen bestehen. Hier stellt sich ein Gleichgewicht zwischen Ionisationen und Rekombinationen ein. Damit ergibt sich sogleich eine Erklärung der *Balmer-Linien*: Sie entstehen im Anschluß an Rekombinationen von Protonen und Elektronen in Energiezustände $n > 2$.

Die quantitative Diskussion des Ionisationsgleichgewichtes ergibt, daß der *Ionisationsgrad* des Wasserstoffs $x = N_1/(N_0 + N_1)$ in der Nähe des anregenden Sternes praktisch gleich Eins ist. Dabei bezeichnen N_0 und N_1 die Anzahldichten der neutralen bzw. ionisierten H-Atome. Die Sternstrahlung mit $\lambda < 91.2$ nm wird jedoch in einer hinreichend großen Entfernung verbraucht sein und damit $x \to 0$ gehen. Die Rechnung zeigt, daß der Übergang von $x = 1$ nach $x = 0$ nicht allmählich erfolgt, sondern innerhalb einer Strecke, die klein ist gegenüber dem Abstand vom Stern (Abb. 2.56). Es bildet sich also ein deutlich begrenztes Gebiet ionisierten Wasserstoffs aus, für das sich die Bezeichnung **HII-Region** eingebürgert hat. Hier wird das beobachtete Linienspektrum emittiert. Der Radius der HII-Region wird nach dem Entdecker dieses Befundes *Strömgren-Radius* genannt. Er hängt von der Oberflächentemperatur des anregenden Sterns und von der Anzahldichte der Wasserstoffatome $N_H = N_0 + N_1$ in der HII-Region ab. In Tab. 2.13 sind numerische Ergebnisse für eine homogene HII-Region mit $N_H = 1\,\mathrm{cm}^{-3}$ wiedergegeben. Der Übergang zu

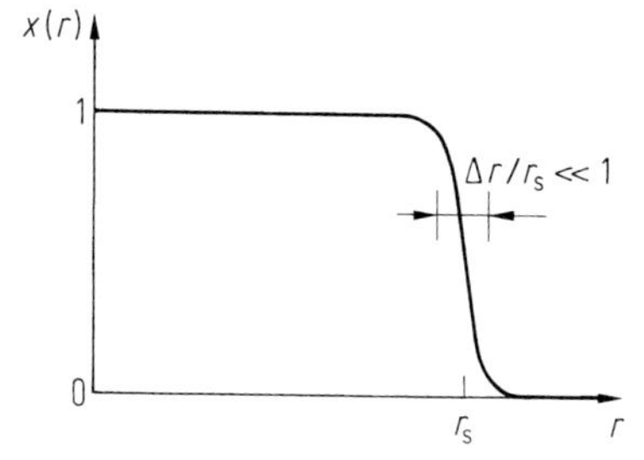

Abb. 2.56 Definition des Strömgren-Radius einer HII-Region.

Tab. 2.13 Strömgren-Radien r_s von HII-Regionen für $N_H = 1\,\mathrm{cm}^{-3}$. T^* ist die Temperatur eines schwarzen Körpers, der im Bereich $\lambda < 91.2$ nm die gleiche Strahlungsleistung besitzt wie ein Stern des angegebenen Typs. L_K ist die Gesamtzahl der vom Stern in einer Sekunde in diesem Lyman-Kontinuum emittierten Photonen (nach Osterbrock, 1974).

Spektraltyp	T^*/K	L_K/s^{-1}	r_s/pc
O5	48000	$4.7 \cdot 10^{49}$	108
O6	40000	$1.7 \cdot 10^{49}$	74
O7	35000	$6.9 \cdot 10^{48}$	56
O8	33000	$4.0 \cdot 10^{48}$	51
O9	32000	$1.7 \cdot 10^{48}$	34
B0	30000	$4.7 \cdot 10^{47}$	23
B1	23000	$3.3 \cdot 10^{45}$	4

beliebiger Dichte N_H erfordert die Multiplikation der angegebenen Werte von r_s mit $N_H^{-2/3}$. Die erhaltenen Zahlen werden durch die Beobachtungen in großen Zügen bestätigt. Für realistische Dichten ($N_H \approx 10^2 \cdots 10^3\,\mathrm{cm}^{-3}$) ergeben sich bereits bei B1-Sternen sehr kleine HII-Regionen.

Mit der Ionisation durch Photonen der Sternstrahlung ist eine starke *Aufheizung* des Gases einer HII-Region verbunden. Die abgelösten Elektronen erhalten den Überschuß $h\nu - h\nu_0$ als kinetische Energie und übertragen diese durch Stöße teilweise auf die anderen Gaspartikel. Für den schließlich resultierenden stationären Zustand können wir setzen

$$\overline{h\nu} - h\nu_0 = \frac{3}{2} kT \,. \tag{2.69}$$

Hierbei bezeichnet $\overline{h\nu}$ die mittlere Energie der von neutralen H-Atomen absorbierten Photonen der Sternstrahlung und T die resultierende Temperatur des Nebelgases. Die Mittelbildung über $h\nu$ ist mit der pro Volumen absorbierten Sternstrahlung $\varkappa_\nu I_\nu$ gewichtet vorzunehmen:

$$\overline{h\nu} = \frac{\int\limits_{\nu_0}^{\infty} h\nu \varkappa_\nu I_\nu \,\mathrm{d}\nu}{\int\limits_{\nu_0}^{\infty} \varkappa_\nu I_\nu \,\mathrm{d}\nu} \,. \tag{2.70}$$

Für den auftretenden Absorptionskoeffizienten im Grenzkontinuum der Lyman-Serie des Wasserstoffs gilt $\varkappa_\nu \sim \nu^{-3}$. Setzt man für I_ν die relative spektrale Intensitätsverteilung eines schwarzen Körpers mit der Temperatur der Sternoberfläche T^* an, so darf hier die Wiensche Näherung ($h\nu/kT^* \gg 1$) verwendet werden: $I_\nu \sim \nu^3 \exp(-h\nu/kT^*)$. Wir beschränken uns auf die Wiedergabe des Ergebnisses: $\overline{h\nu} - h\nu_0 \approx kT^*$. Es liefert mit Gl. (2.69) für die Temperatur des Nebelgases $T \approx (2/3)\,T^*$.

Hierbei ist nicht berücksichtigt, daß der Nebel durch seine Linienstrahlung im Bereich $\lambda > 91.2$ nm, die ihn ungehindert verlassen kann, ständig Energie verliert. Entscheidend sind dabei die verbotenen Linien, deren Ausgangsniveaus nur wenige eV über den Grundzuständen liegen, welche die Atome und Ionen meist einnehmen. Die Besetzung dieser Niveaus findet praktisch allein durch Stöße der leichten und daher schnellen freien Elektronen statt. Die Anregungsenergie der verbotenen Linien wird also unmittelbar aus der thermischen Energie des Elektronengases entnommen und führt so zu einer *Kühlung* des gesamten Nebelgases. Dessen Temperatur stellt sich so ein, daß die von $\overline{h\nu} - h\nu_0$ abhängige Heizrate gleich der Kühlrate ist. Für realistische Dichten ergibt die Rechnung in allen Fällen *Temperaturen*, die mit 8000 bis 10000 K erheblich niedriger sind als die „Anfangstemperatur" $(2/3)\,T^*$. Auf die dynamischen Auswirkungen der Aufheizung des Gases wird in Abschn. 2.3.4.3 eingegangen.

Einer Erklärung bedarf noch das Auftreten der *verbotenen Linien*, deren Übergangswahrscheinlichkeiten A_{nm} um etwa 10 Größenordnungen kleiner sind als diejenigen erlaubter Linien. Wir nehmen dazu vereinfachend an, daß das emittierende Ion nur zwei gebundene Energiezustände n und m besitzt, wobei m der untere Zustand sei. In einem stationären Zustand muß die Anzahl der Übergänge durch Zeit und Volumen von m nach n gleich derjenigen von n nach m sein. Da man Strahlungsanregungen vernachlässigen darf, muß daher gelten

$$N_m N_e Q_{mn} = N_n A_{nm} + N_n N_e Q_{nm}\,. \tag{2.71}$$

Links stehen die Stoßanregungen $m \to n$, rechts die zur Linienemission führenden spontanen Übergänge und die strahlungslos durch abregende Stöße erfolgenden Übergänge $n \to m$. Q_{mn} und Q_{nm} bezeichnen die jeweilige mittlere Anzahl dieser Elektronenstöße, die ein Ion bei der Elektronendichte $N_e = 1\,\mathrm{cm}^{-3}$ erfährt. Diese „Koeffizienten der Stoßraten" sind jeweils das Produkt aus der mittleren Geschwindigkeit der freien Elektronen und dem wirksamen Querschnitt des Ions. Sie hängen daher von der Temperatur ab. Q_{nm} ist mit Q_{mn} verknüpft durch die Beziehung

$$g_m Q_{mn} = g_n Q_{nm} \exp(-h\nu_{nm}/kT)\,, \tag{2.72}$$

wobei g_m, g_n die statistischen Gewichte der beiden Niveaus und $h\nu_{nm}$ ihre Energiedifferenz sind.

Zum Beweis hierfür betrachtet man speziell den Fall thermodynamischen Gleichgewichts. Dann gilt $N_n Q_{nm} = N_m Q_{mn}$ und die Boltzmann-Formel

$$\frac{N_n}{N_m} = \left(\frac{g_n}{g_m}\right) \exp(-h\nu_{nm}/kT)\,.$$

Damit folgt unmittelbar Gl. (2.72) als allgemeine Relation zwischen atomaren Eigenschaften, die lediglich eine Maxwellsche Geschwindigkeitsverteilung für die freien Elektronen voraussetzt.

Drückt man in Gl. (2.71) Q_{mn} durch Q_{nm} aus, so liefert diese Gleichung für das Besetzungsverhältnis der beiden Zustände

$$\frac{N_n}{N_m} = \frac{g_n}{g_m} \frac{\exp(-h\nu_{nm}/kT)}{1 + (A_{nm}/N_e Q_{nm})}. \tag{2.73}$$

Ist die Dichte genügend hoch, so daß die Stoßabregungen gegenüber den Strahlungsabregungen dominieren, $N_e Q_{nm} \gg A_{nm}$, dann geht dieser Ausdruck in die Boltzmann-Formel über. Bei hinreichend niedrigen Dichten $N \approx N_e$ wird jedoch $N_e Q_{nm} \ll A_{nm}$ und damit der Nenner sehr groß, so daß ein sehr viel kleineres Besetzungsverhältnis N_n/N_m resultiert als im Fall thermodynamischen Gleichgewichtes. Dies trifft für erlaubte Linien mit typischen Werten $A_{nm} \approx 10^8\,\mathrm{s}^{-1}$ zu.

Bei $T = 10\,000$ K gilt beispielsweise für tiefliegende Energieniveaus von O^{2+}: $Q_{nm} \approx 10^{-7}\,\mathrm{cm}^3\,\mathrm{s}^{-1}$, so daß bei typischen Nebeldichten $N_e \approx 10^3\,\mathrm{cm}^{-3}$ für erlaubte Linien folgt $A_{nm}/N_e Q_{nm} \approx 10^{15}/N_e \gg 1$. Für die verbotenen O^{2+}-Linien N_1 und N_2 gilt jedoch $A_{nm} \approx 10^{-2}\,\mathrm{s}^{-1}$, so daß $A_{nm}/N_e Q_{nm} \approx 10^5/N_e$ resultiert. Das Ausgangsniveau n wird also hier etwa 10^{10}fach stärker besetzt als bei entsprechenden erlaubten Linien. Das für die Linienstärke maßgebende Produkt $A_{nm} N_n$ ist daher für die verbotenen Linien von gleicher Größenordnung wie für erlaubte.

2.3.3.3 Radioemission von HII-Regionen

Die diffusen Emissionsnebel sind auch Quellen kontinuierlicher Radiofrequenzstrahlung. Durch Messungen mit großen Radioteleskopen erhaltene Konturenkarten der Strahlungsintensität entsprechen nur in großen Zügen den optischen Bildern der Nebel. Abbildung 2.57 demonstriert dies am Beispiel des *Orionnebels*. Von der lokalen Extinktion durch eingelagerten Staub ist das Radiobild unbeeinflußt. Das Maximum der Radioemission liegt nahe bei der Position der anregenden Trapezsterne. Die gemessenen Strahlungsflußdichten S_ν sind sehr klein.

Beispielsweise ergibt sich für den ganzen Orionnebel bei $\nu = 5$ GHz nur $S_\nu = 4 \cdot 10^{-24}\,\mathrm{W\,m^{-2}\,Hz^{-1}}$. Die Radioastronomen benutzen deshalb die *Einheit* 1 Jansky $= 1\,\mathrm{Jy} = 10^{-26}\,\mathrm{W\,m^{-2}\,Hz^{-1}}$.

Die Radiokontinuumsstrahlung von HII-Regionen tritt – im Gegensatz zur galaktischen Hintergrundstrahlung – vorwiegend bei höheren Frequenzen auf. Abbildung 2.58 erläutert den typischen *Spektralverlauf* am Beispiel des Orionnebels. Er läßt sich mit der Annahme thermischer Bremsstrahlung der freien Elektronen in den Feldern der Ionen (hauptsächlich Protonen) befriedigend erklären: Für den gleichermaßen auftretenden inversen Prozeß der Absorption bei Frei-frei-Übergängen liefert die klassische Theorie den kontinuierlichen Absorptionskoeffizienten mit den Abhängigkeiten $\varkappa_\nu \sim T^{-3/2} \nu^{-2} N_e^2$, wobei N_e die Elektronendichte bedeutet. Daher wächst die optische Dicke der ganzen HII-Region $\tau_\nu^* \sim \nu^{-2}$ mit abnehmender Frequenz bzw. zunehmender Wellenlänge rasch an. Mit plausiblen Werten für T

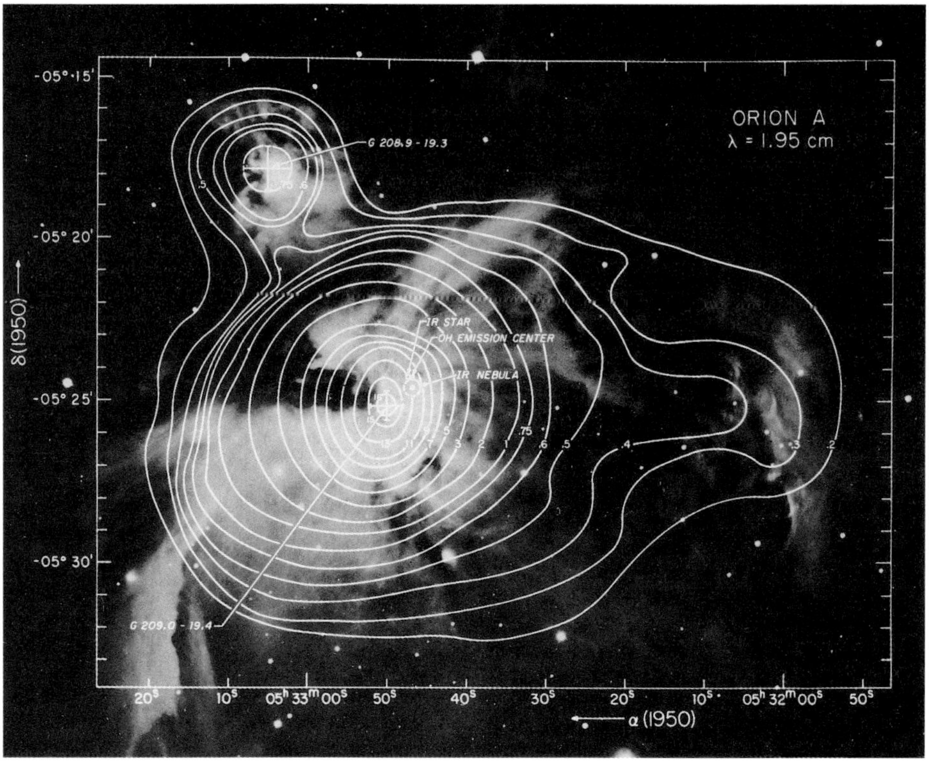

Abb. 2.57 Konturenkarte der Radiokontinuumsstrahlung des Orionnebels bei $\lambda = 1.95$ cm über einer Aufnahme im Licht der Hα-Linie (nach von P. G. Mezger und W. J. Altenhoff, Max-Planck-Institut für Radioastronomie, Bonn).

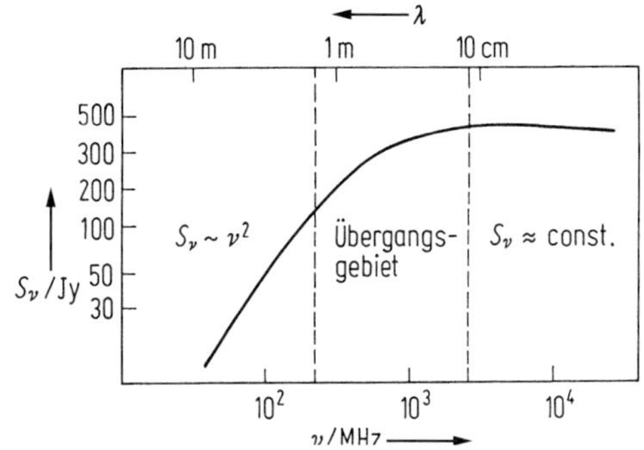

Abb. 2.58 Kontinuierliches Radiospektrum des Orionnebels ($1\,\text{Jy} = 1\,\text{Jansky} = 10^{-26}\,\text{W}\,\text{m}^{-2}\,\text{Hz}^{-1}$).

und N_e erhält man für $\lambda > 1$ m bereits $\tau_\nu^* \gg 1$. In diesem Fall gilt Gl. (2.65) und es folgt $I_\nu \sim \nu^2$, wie beobachtet. Für Wellenlängen im Dezimeter- und Zentimeterbereich wird hingegen $\tau_\nu^* \ll 1$. Dann geht Gl. (2.64), wegen $\exp(-\tau_\nu^*) \approx 1 - \tau_\nu^*$, in einen frequenzunabhängigen Ausdruck über:

$$I_\nu = \tau_\nu^* B_\nu(T) \sim T^{-1/2} \int N_e^2 \, dr\,. \tag{2.74}$$

Nimmt man lokales thermodynamisches Gleichgewicht (LTE) an, so genügt in diesem Fall kontinuierlich verteilter Energiezustände, daß eine Maxwellsche Geschwindigkeitsverteilung der Elektronen vorliegt. Die quantenmechanische Rechnung liefert für $\varkappa_\nu$ einen Korrekturfaktor, der proportional ist zu $\nu^{-0.1} \cdot T^{0.15}$, so daß bei kurzen Wellen genauer gilt $I_\nu \sim \nu^{-0.1}$. Für eine homogene HII-Region aus reinem Wasserstoff vom Durchmesser l erhält man insbesondere

$$\tau_\nu^* = 8 \cdot 10^{-2}\, \mathrm{T}^{-1.35} \nu^{-2.1} N_e^2 \cdot l\,. \tag{2.75}$$

Nach Abb. 2.58 wird $\tau_\nu^* = 1$ etwa für $\nu = 1\,\mathrm{GHz}$ erreicht. Diese Aussage kann mit Hilfe von Gl. (2.75) zur groben Abschätzung von N_e herangezogen werden. Mit $T = 10^4\,\mathrm{K}$ folgt $N_e^2 l = 3 \cdot 10^6\,\mathrm{cm}^{-6}\,\mathrm{pc}$. Der Winkeldurchmesser des Orionnebels und seine Entfernung (500 pc) liefern $l \approx 3$ pc, womit folgt $N_e \approx 10^3\,\mathrm{cm}^{-3}$ (vgl. hierzu Tabelle 2.14).

Viele diskrete Radioquellen besitzen ein thermisches Spektrum der in Abb. 2.58 dargestellten Art, aber es ist kein optischer Nebel beobachtbar. Diese Quellen haben mit den diffusen Emissionsnebeln die starke Konzentration zum galaktischen Äquator gemeinsam, und es besteht kein Zweifel daran, daß hohe interstellare Extinktion die Sichtbarkeit der optischen Strahlung verhindert. So sind gerade die größten HII-Regionen, die sich im *Zentralgebiet unserer Galaxis*, in der Richtung des Sternbildes Sagittarius befinden (Abb. 2.59), völlig unsichtbar. Das von der Entfernung unabhängige Produkt $S_\nu \cdot r^2$ ist beispielsweise für die „Riesen-HII-Region" Sagit-

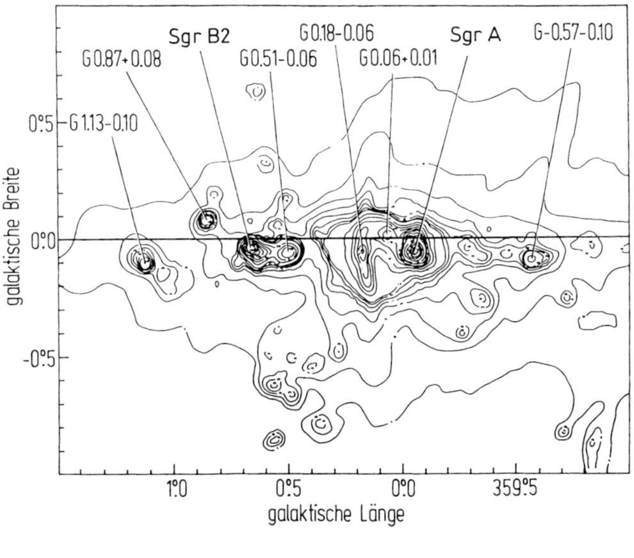

Abb. 2.59 Konturenkarte der Radiokontinuumsstrahlung bei 5 GHz aus dem galaktischen Zentralgebiet nach Messungen mit dem 100-m-Radioteleskop in Effelsberg (nach Altenhoff et al., 1971).

tarius B2 etwa zwanzigmal so groß wie für den Orionnebel. Die stärkste Quelle, Sagittarius A, ist zur Definition des Nullpunktes der galaktischen Längenzählung herangezogen worden. Sie besteht aus einer thermischen und einer nichtthermischen Quelle. Interferometrische Beobachtungen höchster Auflösung lassen hier unter anderem ein extrem kompaktes Objekt erkennen, das als „Kern" unserer Galaxis angesehen wird.

In den Bereichen ausgedehnter thermischer Radioquellen wurden mit Radiointerferometern häufig kleine, sehr intensive Komponenten entdeckt. In der Regel läßt sich bei diesen **kompakten HII-Regionen** keine optische Nebelemission feststellen. Für die Elektronendichten ergaben sich Werte bis zu $10^5\,\mathrm{cm}^{-3}$. Das Produkt $S_\nu \cdot r^2$ und damit auch die Gesamtzahl L_K der Lyman-Kontinuums-Photonen durch Sekunde der anregenden Sterne sind von gleicher Größenordnung wie für den Orionnebel. Wir haben hier offenbar ein frühes Stadium von HII-Regionen um sehr junge, massereiche Sterne vor uns. Tatsächlich erweisen sich manche kompakten HII-Regionen als starke Infrarotquellen mit Strahlungsleistungen bis zu $10^4 L_\odot$, wie man sie für massereiche Protosterne erwartet (s. Abschn. 2.2.6.5 und Abschn. 2.3.4.3).

HII-Regionen emittieren auch *Radiolinien*. Bei den ständigen Rekombinationen von Protonen mit freien Elektronen resultieren unmittelbar H-Atome in Energiezuständen mit allen möglichen Hauptquantenzahlen n. Ist $n \gtrsim 60$, so führen nachfolgende Übergänge in den nächstniedrigen Zustand zu Linienemission mit Frequenzen $\nu = (E_n - E_{n-1})/h$, die bereits im Radiobereich liegen. 1965 wurde im Orionnebel und in dem Nebel M17 erstmals eine solche *Radio-Rekombinationslinie* bei 5009 MHz entdeckt, die durch den Übergang des Wasserstoffatoms von $n = 110$ nach $n = 109$ entsteht. Seither sind zahlreiche weitere Linien in vielen HII-Regionen bis zu den entferntesten Bereichen der Galaxis beobachtet worden. Damit konnten Aussagen sowohl über den physikalischen Zustand wie auch über die großräumige Bewegung und die Verteilung dieser Objekte auf Spiralarmen gewonnen werden.

Tab. 2.14 Ergebnisse für eine Auswahl von drei ausgedehnten und drei kompakten HII-Regionen.

HII-Region Radioquelle	Optischer Nebel	Entfernung r/pc	Durchmesser l/pc	Temperatur T/K	Mittlere Elektronendichte N_e/cm^{-3}	Masse des ionisierten Gases $\mathcal{M}/\mathcal{M}_\odot$
Orion A	M42 = NGC 1976	500	3	8000	$3 \cdot 10^2$	10^2
W38(S)	M17 = NGC 6618	2200	2.3	7700	$2 \cdot 10^3$	10^2
Sgr B2	–	9000	10	8300	$1 \cdot 10^3$	10^4
W3 A1	–	3100	0.4	8400	$2 \cdot 10^3$	2
W3 C	–	3100	0.07	10000	$2 \cdot 10^4$	0.1
W75,DR 21A	–	3000	0.08	8400	$3 \cdot 10^4$	0.2

2.3.4 Molekülwolken und Sternentstehung

2.3.4.1 Interstellare Moleküle

Die Suche nach weiteren Radiolinien neben der 21-cm-Linie führte in den sechziger Jahren zur Entdeckung interstellarer Emissionslinien von Molekülen. Seither sind über 40 Arten interstellarer Moleküle durch ihre Linienstrahlung überwiegend im Mikrowellengebiet nachgewiesen worden. Dazu gehören OH (Hydroxyl-Radikal), NH_3 (Ammoniak), H_2O (Wasserdampf), CO (Kohlenmonoxid), H_2CO (Formaldehyd) und auch recht komplexe organische Verbindungen, beispielsweise NH_2CHO (Formamid) und CH_3OCH_3 (Dimethylether). Die darin vorkommenden Elemente sind H, C, N, O, S und Si. Die Linien entstehen meist durch Übergänge zwischen *Rotationszuständen* der Moleküle.

Diese Moleküle müssen sich in relativ dichten Wolken befinden, deren Staubkomponente das interstellare Strahlungsfeld der Sterne weitgehend abschirmt. Anderenfalls würden sie durch dessen Ultraviolettanteil unterhalb von etwa 200 nm rasch zerstört. Die Beobachtungen von Molekküllinien lieferten daher erstmals eine Möglichkeit, die dichtesten interstellaren Wolken zu analysieren, in denen Sterne entstehen. Die von diffusen Wolken erzeugten Lyman-Banden des H_2-Moleküls in den ultravioletten Sternspektren (Abschn. 2.3.2.1) lassen erwarten, daß in den dichteren Wolken der gesamte Wasserstoff in molekularer Form vorliegt. Leider gibt es kein Mikrowellen-Linienspektrum des H_2-Moleküls: Da es aus zwei gleichartigen Atomen gebildet ist, besitzt es kein Dipolmoment, auch weist es keine Hyperfeinstruktur auf. Man kann jedoch andere Moleküle, vor allem CO, als *Indikatoren* für das dominierend häufige H_2 betrachten.

Systematische Beobachtungen des Himmels bei den Wellenlängen der entdeckten Linien zeigten, daß einfache Moleküle wie OH (bei $\lambda = 18$ cm), CO ($\lambda = 2.6$ mm), H_2CO ($\lambda = 2.1$ mm) und andere überraschend weit verbreitet und stark zur galaktischen Ebene hin konzentriert sind. Die Profile der CO-Linie bei $\lambda = 2.6$ mm, die durch den Übergang von $J = 1$ nach $J = 0$ entsteht ($J =$ Gesamtdrehimpuls-Quantenzahl), sind denen der 21-cm-Linie infolge des gleichartigen Einflusses der galaktischen Rotation ähnlich, lassen aber die Zusammensetzung aus Beiträgen einzelner Wolken viel deutlicher erkennen. Die Intensitätsverteilung an der Sphäre entspricht oft bis ins Detail dem Verlauf der visuellen interstellaren Extinktion, insbesondere sind Dunkelwolken klar ausgeprägt.

Komplexe organische Moleküle werden – neben den einfachen Molekülen – nur in bestimmten Bereichen beobachtet. Überraschend war zunächst, daß sich in unmittelbarer Nähe solcher zweifellos besonders dichten, kalten und staubreichen Wolken oft HII-Regionen befinden. Offenbar sind in einem Teilbereich dieser Wolken bereits massereiche Sterne entstanden und haben HII-Regionen erzeugt. Ein herausragendes Beispiel liefern die Beobachtungen des galaktischen Zentralgebietes bei der „Riesen-HII-Region" Sgr B2. Sie ist in eine große **Molekülwolke** eingebettet, deren Reichtum an Molekülarten alle anderen Quellen von Molekküllinien in unserer Galaxis übertrifft.

Häufig ist die Sternbildung am Rand der Wolke ausgelöst worden. Ein Beispiel ist in Abb. 2.60a skizziert. Die hier durch CO-Linienemission ausgewiesene Molekülwolke tritt auch durch starke Extinktionswirkung (*Dunkelwolke*) in Erscheinung.

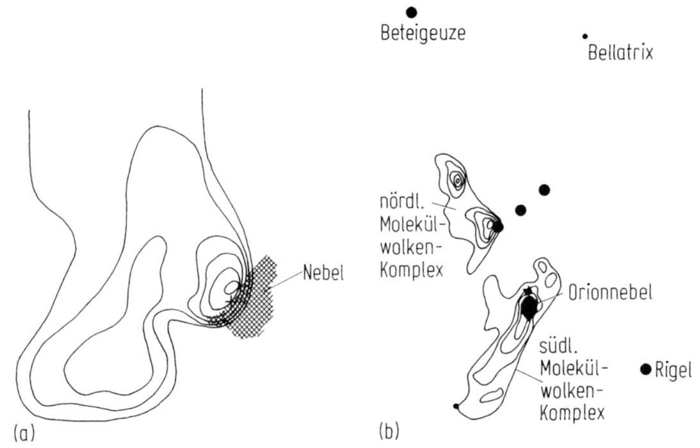

Abb. 2.60 (a) Konturen der CO-Linienemission bei dem diffusen Emissionsnebel S 140. Das Kreuz markiert die Position einer starken Infrarotquelle (nach Blair et al., 1978). (b) Konturen der CO-Linienemission im Orion.

Der optische Nebel grenzt an die Molekülwolke, die dahinter verdichtet ist und dort eine starke Infrarotquelle enthält. Die Strahlungsleistung dieser Infrarotquelle entspricht der eines massereichen Protosterns (s. Abschn. 2.2.6.5). Im Sternbild Orion findet man zwei große Molekülwolkenkomplexe (Abb. 2.60 b). Der Orionnebel liegt *vor* einer besonders dichten Wolke des südlichen Komplexes – anderenfalls wäre er nicht sichtbar. Auch in dieser als OMC 1 (= Orion Molecular Cloud 1) bezeichneten Wolke wurden zahlreiche organische Moleküle nachgewiesen. Die anregenden Sterne des Orionnebels (Trapez) müssen aus der OMC 1 entstanden sein und danach einen Teil der uns zugewandten Seite dieser Wolke ionisiert und aufgeheizt haben.

Großräumig sind die Molekülwolken in unserer Galaxis vorwiegend auf das Gebiet innerhalb der Umlaufbahn der Sonne und auf den Zentralbereich beschränkt, während der neutrale Wasserstoff (diffuse Wolken) auch noch in der äußeren galaktischen Scheibe bis zu großen Abständen vom Zentrum anzutreffen ist.

Einen bemerkenswerten neuen Weg zur Gewinnung der räumlichen Verteilung interstellarer Wolken mit hohen Dichten haben Messungen *kosmischer* γ-*Strahlung* eröffnet. Neben galaktischen und extragalaktischen diskreten Quellen (*Punktquellen*) beobachtet man eine diffuse Komponente. Diese diffuse γ-Strahlung entsteht durch Wechselwirkungen der hochenergetischen Partikel der kosmischen Strahlung mit den Atomkernen der interstellaren Materie. Wichtigste Prozesse sind: (1) Erzeugung von Bremsstrahlung bei Stößen hochenergetischer Elektronen mit Protonen in H_2-Molekülen oder neutralen Atomen und (2) Entstehung von π^0-Mesonen (neben anderen Teilchen) bei Stößen hochenergetischer Protonen mit Protonen in H_2-Molekülen oder neutralen H-Atomen und anschließender Zerfall der π^0-Mesonen in zwei Photonen. Die Partikel mit Energien über 50 MeV können die dichtesten Molekülwolken durchdringen. Die pro Volumen erzeugte γ-Strahlung ist daher der Gasdichte proportional.

Interessante Meßergebnisse für den Energiebereich zwischen 70 MeV und 5 GeV für die ganze Milchstraße lieferte der in Zusammenarbeit mehrerer europäischer Forschungsinstitute entwickelte und 1975 gestartete γ-Satellit COS-B. Die diffuse Strahlung ist stark am galaktischen Äquator konzentriert und die nahen Molekülwolkenkomplexe in den Sternbildern Taurus, Orion und Ophiuchus sind als Bereiche erhöhter Strahlungsintensität deutlich ausgeprägt.

2.3.4.2 Zustand der Molekülwolken

Die Ableitung der Temperaturen und Dichten in Molekülwolken aus den gemessenen Intensitäten von Molekülllinien darf nicht von vornherein unter der Voraussetzung lokalen thermodynamischen Gleichgewichts (LTE) erfolgen. Man hat allgemein vorzugehen, wie wir es in Abschn. 2.3.3.2 in vereinfachter Form für die verbotenen optischen Linien diffuser Emissionsnebel erläutert haben. Bei der Aufstellung statistischer Gleichungen analog zu Gl. (2.71) ist nun auf der linken Seite noch ein Term für die Übergänge $m \rightarrow n$ durch Absorption von Strahlung und auf der rechten Seite ein Term für die hier wichtig werdende stimulierte Emission hinzuzufügen. Weil damit die Intensität des Strahlungsfeldes eingeht, müssen die resultierenden Gleichungen im allgemeinen simultan mit der Strahlungstransportgleichung gelöst werden.

An die Stelle der Elektronendichte tritt die Dichte der als Stoßpartner allein wichtigen H_2-Moleküle. Damit ergibt sich eine Möglichkeit, $\mathcal{N}(H_2)$ zu bestimmen. Eine Analyse der Beobachtungen von drei Linien des CS-Moleküls lieferte beispielsweise für die zentralen Teile typischer Molekülwolken $N(H_2) \approx 2 \cdot 10^4 \cdots 2 \cdot 10^5\ \mathrm{cm}^{-3}$ und kinetische Temperaturen $T \approx 10 \cdots 30$ K.

Für die 2.6-mm-CO-Linie ergibt eine Betrachtung, wie wir sie in Abschn. 2.3.3.2 im Anschluß an Gl. (2.73) angestellt haben, daß für $\mathcal{N}(H_2) > 1 \cdot 10^4\ \mathrm{cm}^{-3}$ die Annahme von LTE erlaubt ist. Wenn die Wolke in der Linie optisch dünn ist, $\tau_\nu^* \ll 1$, dann gilt somit für die Intensität Gl. (2.74). Bei bekannter Temperatur kann τ_ν^* und daraus (nach Integration über die ganze Linie) die Säulendichte $\mathcal{N}(\mathrm{CO})$ ermittelt werden. Im Fall $\tau_\nu^* \gg 1$ liefert die Intensität hingegen nur eine Aussage über die Temperatur nach Gl. (2.65). Da auch die Linie des mit ^{13}C gebildeten isotopischen CO-Moleküls beobachtet wird, ist jedoch die Bestimmung von τ_ν^* *und* T möglich.

Das Häufigkeitsverhältnis $^{12}\mathrm{C}/^{13}\mathrm{C}$ wurde für das interstellare Gas zu 40/1 gefunden (auf der Erde 89/1). Im Fall $\tau_\nu^* \ll 1$ sollte daher das Intensitätsverhältnis der beiden Linien etwa 40/1 betragen, beobachtet wird aber meist ein Verhältnis um 3/1. Dies deutet darauf hin, daß die hier erfaßten Wolken in der Linie des normalen CO optisch dick sind. Dieser Schluß wird durch die Form der Profile bestätigt: Sie sind in der Mitte abgeflacht und erreichen dort den Höchstwert der Intensität $I_\nu = B_\nu(T)$ oder zeigen sogar zentrale Einsenkungen durch Selbstabsorption. Die Beobachtungen liefern damit unmittelbar die Temperatur. Für die ^{13}CO-Linie darf andererseits $\tau_\nu^* \ll 1$ angenommen werden, so daß $\tau_\nu^*(^{13}\mathrm{CO})$ und weiter $\mathcal{N}(^{13}\mathrm{CO})$ abgeleitet werden können.

Ergebnisse für Wolken mit $A_V \lesssim 1$ mag, für die man Säulendichten $\mathcal{N}(H_2)$ aus den interstellaren Lyman-Absorptionsbanden in ultravioletten Sternspektren gewinnen konnte, führten auf die Beziehung

$$\mathcal{N}(H_2) \approx 5 \cdot 10^5 \mathcal{N}(^{13}CO)\,. \tag{2.76}$$

Wendet man diese Relation auf die ^{13}CO-Säulendichten typischer Molekülwolken an und dividiert jeweils durch die Wolkendurchmesser, dann resultieren die in Tab. 2.15 zusammengestellten Dichten $\mathcal{N}(H_2)$. Die Angaben für Kondensationen in Dunkelwolken beruhen vor allem auf Beobachtungen einer Linie von NH_3 bei 1.3 cm.

Die *Profile* der Moleküllinien abgrenzbarer Wolken besitzen in der Regel Breiten, die Geschwindigkeitsdifferenzen von einigen km s^{-1} entsprechen. Die thermischen Doppler-Breiten für die abgeleiteten niedrigen Temperaturen betragen hingegen nur etwa ein Zehntel dieser Werte. Da andere Verbreiterungsmechanismen ausscheiden, müssen innere *makroskopische* Bewegungen vorhanden sein. Eine plausible Erklärung könnte die Annahme liefern, daß die Wolken als Ganzes oder in Teilbereichen kontrahieren. Die Beobachtungen naher Molekülwolken lassen eine inhomogene, „klumpige“ Struktur erkennen, die wahrscheinlich auf die Bildung von Verdichtungen zurückzuführen ist.

Tab. 2.15 Eigenschaften von Molekülwolken. Globulen sind kleine, angenähert kreisförmig erscheinende Dunkelwolken mit visuellen Extinktionsbeträgen $A_V \approx 3 \cdots 15$ mag.

Objekt	Durchmesser/pc	T/K	$N(H_2)$/cm^{-3}	$\mathcal{M}/\mathcal{M}_\odot$
Dunkelwolke	$3 \cdots 10$	10	10^3	$10^3 \cdots 10^4$
Globule	1	10	$10^3 \cdots 10^4$	$10^2 \cdots 10^3$
Kondensation in Dunkelwolke	0.1	10	$3 \cdot 10^4$	$1 \cdots 10$
Riese-Molekülwolke	50	15	$3 \cdot 10^2$	10^5
Kern von OMC 1	0.5	80	$2 \cdot 10^5$	$5 \cdot 10^2$
Kern von Sgr B2	5	100	10^5	$5 \cdot 10^5$

2.3.4.3 Sternentstehung

Bei welchen Dichten und Temperaturen kann es in einer interstellaren Molekülwolke zum Überwiegen der Eigengravitation gegenüber dem nach außen gerichteten Gasdruck und damit zu fortschreitender Kontraktion kommen? Zu einer einfachen Antwort verhelfen die Betrachtungen zum Viralsatz Gl. (2.46) in Abschn. 2.2.5.2. Sie lassen erwarten, daß für kontrahierende Wolken gilt $E_G > 2\,E_T$, wobei wir von Rotation und turbulenten inneren Bewegungen absehen. Für eine homogene, kugelförmige Wolke mit dem Radius R und der Masse $\mathcal{M}$ lautet diese Bedingung

$$\frac{3}{5}\,G\,\frac{\mathcal{M}}{R} > 2\,\frac{3}{2}\,kT\,\frac{\mathcal{M}}{\bar{m}} \tag{2.77}$$

mit $\bar{m}$ = mittlere Teilchenmasse. Drückt man R durch $\mathcal{M}$ und die Anzahldichte der

Tab. 2.16 Anzahldichte (in cm^{-3}) der Gaspartikel an der Grenze der Gravitationsinstabilität für eine kugelförmige, homogene Wolke aus reinem molekularem Wasserstoff für verschiedene Temperaturen T und Wolkenmassen $\mathcal{M}$ (in Einheiten der Sonnenmasse $\mathcal{M}_\odot$).

T/K \ $\mathcal{M}/\mathcal{M}_\odot$	1	10	100	1000	10000
10	$5 \cdot 10^5$	$5 \cdot 10^3$	$5 \cdot 10^1$	$5 \cdot 10^{-1}$	$5 \cdot 10^{-3}$
30	$1 \cdot 10^7$	$1 \cdot 10^5$	$1 \cdot 10^3$	10	$1 \cdot 10^{-1}$
100	$5 \cdot 10^8$	$5 \cdot 10^6$	$5 \cdot 10^4$	$5 \cdot 10^2$	5

Gasteilchen N mit Hilfe von $\mathcal{M} = (4\pi/3)\, R^3 N \bar{m}$ aus, dann kann hieraus eine Bedingung für N gewonnen werden:

$$N > \left(\frac{5}{3}\right)^3 \frac{3^3 k^3}{4\pi G^3 \bar{m}^4} \frac{T^3}{\mathcal{M}^2} \approx 5 \cdot 10^2\, T^3 \left(\frac{\mathcal{M}}{\mathcal{M}_\odot}\right)^{-2} . \tag{2.78}$$

Der Vorfaktor auf der rechten Seite gilt für reinen molekularen Wasserstoff.

In Tab. 2.16 sind nach Gl. (2.78) berechnete kritische Dichten $N(H_2)$ für verschiedene Massen und Temperaturen gegeben. Diffuse Wolken mit $T \approx 100$ K, $\mathcal{M} \approx 10 \cdots 100 \mathcal{M}_\odot$ und $N \approx 30$ H-Atome/cm^3 sind hiernach weit von der Grenze der Gravitationsinstabilität entfernt. Die Dichten der Molekülwolken (Tab. 2.15) liegen hingegen durchweg nahe bei den kritischen Werten oder überschreiten sie sogar erheblich. Dies gilt meist auch dann noch, wenn man die beobachteten Linienbreiten als Folge innerer turbulenter Bewegungen interpretiert, wodurch auf der rechten Seite von Gl. (2.77) zusätzlich das Zweifache der entsprechenden kinetischen Energie auftritt.

Es ist nicht zu erwarten, daß eine größere Wolke fortschreitend als Ganzes kollabiert. Inhomogenitäten werden vielmehr dazu führen, daß bald kleinere Teilbereiche stärker verdichtet werden. Eine solche *Fragmentierung* ist durch interferometrische Beobachtungen der Moleküllinienstrahlung erwiesen. Von *Protosternen* spricht man, wenn der „Kern“ eines solchen Wolkenfragmentes für seine thermische Eigenstrahlung optisch dick ($\tau_\nu > 1$) geworden ist (Absorption durch Staubteilchen) und sich hierdurch aufzuheizen beginnt.

Wie bereits in Abschn. 2.2.6.5 beschrieben, ist der protostellare Kern zunächst noch von einer ausgedehnten, staubreichen Hülle umgeben, die seine Strahlung ins Infrarot verschiebt. Der Nachweis früher Phasen der Sternbildung erfordert daher Infrarotbeobachtungen. Bei Wellenlängen zwischen 1 μm und etwa 25 μm sind diese in einigen schmalen „Fenstern“ der Erdatmosphäre vom Boden aus möglich, längerwellige Infrarotstrahlung bis zu 750 μm wurde von hochfliegenden Flugzeugen, Stratosphärenballonen und von Satelliten aus gemessen. Hier dienten als Strahlungsempfänger Germanium-Bolometer, die mit flüssigem Helium gekühlt wurden.

Nahe bei zahlreichen HII-Regionen sowie O- und B-Sternassoziationen sind überraschend starke Infrarotquellen entdeckt worden, bei denen es sich zweifellos um Protosterne handelt. Beispiele liefert auch hier das Gebiet des Orionnebels (Abb. 2.61). Nordwestlich der Trapezsterne, und damit deutlich gegen das Maximum

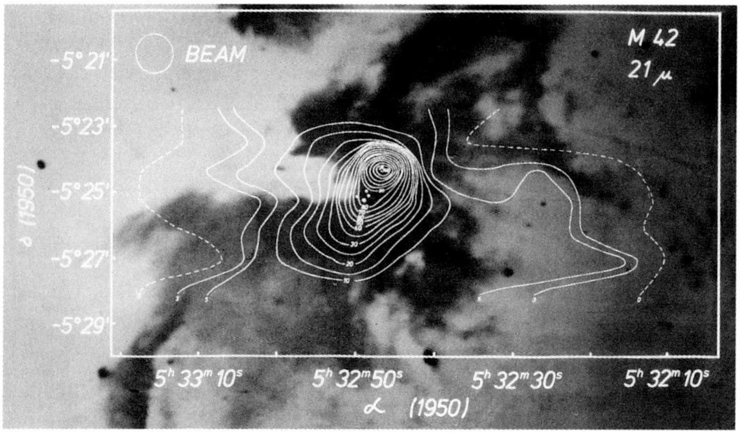

Abb. 2.61 Konturenkarte der Infrarotemission bei 21 μm aus der Orion-Molekülwolke OMC 1 über einer Photographie des Orionnebels mit den (stark markierten) Trapezsternen. Links oben ist die Größe der Meßblende angegeben (nach Lemke, Low und Thum, 1974).

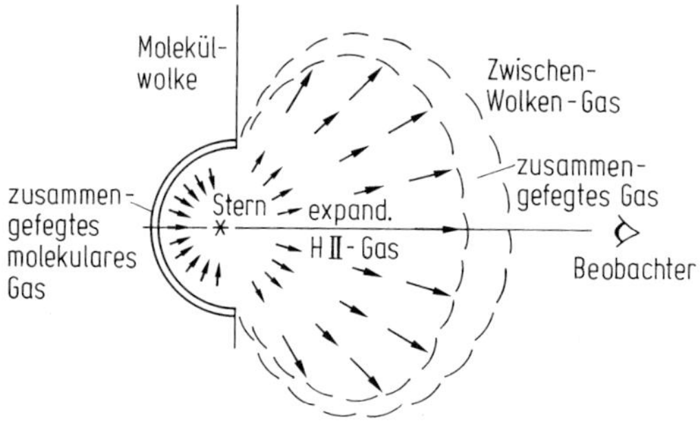

Abb. 2.62 Zur Auswirkung der Entwicklung einer HII-Region am Rande einer Molekülwolke (nach Yorke, 1985).

der Radiokontinuumsstrahlung der HII-Region abgesetzt, befinden sich eine flächenhafte Quelle, nach ihren Entdeckern als *Kleinmann-Low-Infrarotnebel* benannt, und eine unaufgelöste „Punktquelle", das *Becklin-Neugebauer-Objekt*. Die Energieverteilungen entsprechen angenähert schwarzen Körpern mit Temperaturen von etwa 150 K bzw. 500 K. Die gesamten Strahlungsleistungen betragen in beiden Fällen $L \approx 2 \cdot 10^3 L_\odot$. Der Kleinmann-Low-Nebel (Ausdehnung einige $10^5 R_\odot$) fällt mit dem dichten Kern der OMC 1 zusammen. Diese Eigenschaften sind nach Abschn. 2.2.6.5, Abb. 2.41, für massereiche Protosterne zu erwarten. Die infolge ihrer Aufheizung expandierende HII-Region des Orionnebels hat hier wahrscheinlich eine Kompression der Molekülwolke verursacht und damit die weitere Sternbildung ausgelöst (Abb. 2.62). Dieselbe Deutung dürfte für die starke Infrarotquelle bei der HII-Region S 140 gelten (Abb. 2.60 a). In solchen Fällen dringt der Prozeß der Sternbildung allmählich immer weiter vor, bis in der ganzen Wolke Sterne entstanden sind.

Starke Infrarotquellen kann man hiernach als erste beobachtbare Phase der Bildung *massereicher* Sterne betrachten. Die nächste Phase sind kompakte HII-Regionen. Auch in diesen Objekten wird starke kontinuierliche Infrarotemission (bis zu $L \approx 10^4 L_\odot$) beobachtet und die stellaren Kerne können im sichtbaren Bereich noch nicht nachgewiesen werden. Dies ist erst nach weiterer Expansion der HII-Regionen möglich, wenn sie als diffuser Emissionsnebel sichtbar werden.

In den Bereichen ausgeprägter Dunkelwolken, fern von HII-Regionen, sind zahlreiche schwächere Infrarotquellen mit Leuchtkräften und Temperaturen bis hinab zu $0.1\,L_\odot$ bzw. 40 K entdeckt worden, die auf Protosterne mit sonnenähnlichen Massen schließen lassen. Besonders erfolgreich war dabei der bereits in Abschn. 2.3.1.2 erwähnte Satellit IRAS. So wurden beispielsweise im Dunkelwolkenkomplex Taurus derartige Infrarotquellen in dichten Kondensationen des molekularen Gases gefunden, die vor allem durch NH_3-Linienemission hervortreten. Im gleichen Gebiet gibt es zahlreiche Vor-Hauptreihensterne vom Typ T Tauri. In diesen Wolken entstehen offenbar nur massearme Sterne, die keine HII-Regionen erzeugen können.

Überraschend war die Beobachtung, daß die CO-Linienemission um dichte Kondensationen in einer Reihe von Fällen von zwei in entgegengesetzten Richtungen aus dem Kern heraus fließenden, sogenannten **bipolaren Molekülströmen** kommt. Die Geschwindigkeiten liegen bei $30\,\mathrm{km\,s^{-1}}$. Eine Erklärung hierfür ergibt sich, wenn man die in den obigen Betrachtungen vernachlässigte, mögliche Rotation der dichten Kondensation in Betracht zieht. Die nur sehr geringfügige Drehung großer interstellarer Wolken, wie sie durch die differentielle Rotation unserer Galaxis entsteht, muß im Laufe des Kollapses wegen der Erhaltung des Drehimpulses in eine relativ rasche Rotation übergehen. Dies gilt insbesondere für dichte Wolkenfragmente. Die Fliehkraft wird den Kollaps senkrecht zur Rotationsachse aufhalten, die resultierende Kondensation flacht sich zu einer *Scheibe* ab. Ein von dem stellaren Kern ausgehender Wind, wie man ihn von den T-Tauri-Sternen kennt (Geschwindigkeiten zwischen 50 und $400\,\mathrm{km\,s^{-1}}$), kann die Scheibe nur senkrecht zu ihrer Symmetrieebene durchdringen und nimmt dabei das dort im Außenbereich vorhandene molekulare Gas mit. Für die Bündelung der Ausströmung spielen wahrscheinlich Magnetfelder eine wichtige Rolle.

Bipolare Strukturen werden auch bei einigen massereichen Protosternen beobachtet. Zur Interpretation wird auch hier die Ausbildung einer Scheibe (oder eines Ringes) um den stellaren Kern herangezogen. Abb. 2.63 erläutert das Beispiel des Kleinmann-Low-Infrarotnebels. Aus den durch gestrichelte Linien eingegrenzten „Blasen" kommt verbotene Infrarot-Linienstrahlung des angeregten H_2-Moleküls, die höhere Temperaturen erfordert, als sie in Molekülwolken vorliegen. Die Ausströmung erfolgt mit etwa $100\,\mathrm{km\,s^{-1}}$.

In der Umgebung starker Infrarotquellen in Molekülwolken wird häufig Linienemission von OH ($\lambda = 18$ cm), H_2O ($\lambda = 1.35$ cm) und einigen anderen Molekülen beobachtet, die aus sehr kleinen Gebieten kommt mit Winkeldurchmessern (nach interferometrischen Messungen) von 0.″1 bis zu 0.″0003 hinab. Für die auf den Raumwinkel bezogene Intensität I_ν ergeben sich daher enorm große Werte, deren Interpretation als thermische Strahlung Temperaturen von 10^{10} bis 10^{15} K erfordern würde. Die Linienbreiten sind hingegen klein und würden bei einer Deutung als thermischer Doppler-Effekt $T < 100$ K erfordern. Es wird daher angenommen, daß eine Verstärkung der Strahlung durch die *stimulierte Emission* stattfindet. Solche „natürliche" *Maser* werden auch im Bereich des Kleinmann-Low-Nebels beobachtet (Abb. 2.63). Die Überbesetzung des oberen Niveaus des beobachteten Überganges scheint durch Absorption von Infrarotstrahlung des warmen Staubes der ringförmigen Kondensation zu erfolgen. Die emittierenden Moleküle müssen jedoch entlang einer größeren Wegstrecke auf dem Sehstrahl die gleiche Geschwindigkeit besitzen, da sonst keine ausreichende Verstärkung auftritt. Die Interferometrie mit interkontinentalen Basislängen ergab für die H_2O-Maser in der Orion-Molekülwolke eine *Expansionsbewegung* mit etwa 20 km s^{-1}, die in Abb. 2.63 durch Pfeile angedeutet ist. Eine voll befriedigende Erklärung dieser für die Endphasen der Entstehung massereicher Sterne charakteristischen Maserquellen steht noch aus.

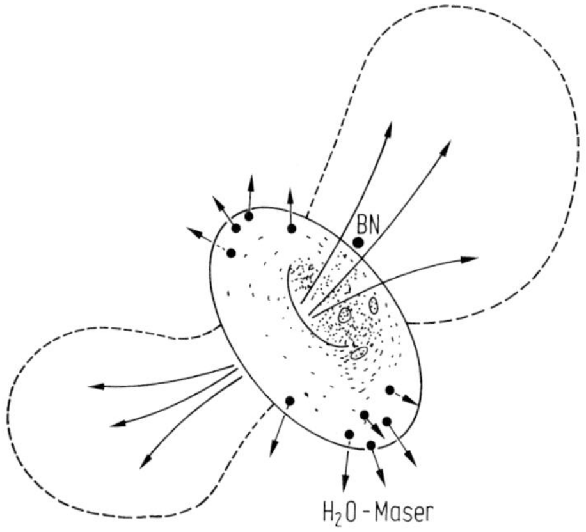

Abb. 2.63 Modell des Kernes der Orion-Molekülwolke OMC 1, des Kleinmann-Low-Infrarotnebels (nach Plambeck et al., 1982).

2.4 Ausblick

Die stürmische Entwicklung der neueren Astrophysik – wobei wir hier die Erfolge der direkten Erforschung der Körper des Sonnensystems mit Raumsonden ausklammern – beruhte in hohem Maße auf der Ausdehnung der Beobachtungen in vorher nicht genutzte oder nicht zugängliche Bereiche des Spektrums der elektromagnetischen Wellen: Radio-, Mikrowellen- und Infrarotbereich, Ultraviolett-, Röntgen- und γ-Strahlung. Hiervon sind auch neue Impulse für die nach wie vor wichtige Astronomie im herkömmlichen optischen Bereich ausgegangen und haben dieser zu einer neuen Blüte verholfen. Für die Auswertung des ständig umfangreicher gewordenen Datenmaterials und insbesondere für die theoretische Deutung war andererseits die Verfügbarkeit leistungsstarker Elektronenrechner von entscheidender Bedeutung.

Eine grundsätzliche Verbesserung der Kenntnis aller stellaren Zustandsgrößen wird die erfolgreich abgeschlossene Mission des Astrometriesatelliten Hipparcos bewirken. Von rund 200 000 Sternen werden ab 1997 genauere Daten über Entfernungen und Eigenbewegungen zur Verfügung stehen. Die sich hieraus ergebenden Konsequenzen haben Folgen für alle Gebiete der Astronomie.

Die aus großen Entfernungen zu uns gelangende Strahlung kosmischer Objekte ist in der Regel sehr schwach und meist erscheinen die Quellen bzw. ihre Strukturen unter sehr kleinen Winkeln. Daher richten sich die Bestrebungen gegenwärtig für alle Wellenlängenbereiche auf eine Steigerung der Empfindlichkeit und der spektralen Auflösung, aber auch der Winkelauflösung der Beobachtungseinrichtungen. Für den optischen Bereich stehen heute Empfänger mit nahezu hundertprozentiger Quantenausbeute zur Verfügung, und auch im Radiofrequenzbereich werden bereits Empfänger mit kaum noch zu übertreffender Empfindlichkeit eingesetzt. Eine wesentlich größere Reichweite zu schwächeren Objekten läßt sich hier also nur durch Vergrößerung der Teleskopöffnungen erreichen. Damit wachsen die Kosten sehr stark an, sie nähern sich dem enorm hohen finanziellen Aufwand für die nur extraterrestrisch von Satelliten aus durchführbaren Messungen im Ultraviolett-, Röntgen- und γ-Bereich. Die Möglichkeiten eines einzelnen Instituts, oft sogar eines Landes, werden ganz erheblich überschritten. Die benötigten Mittel können meist nur durch überregionale bzw. internationale Zusammenschlüsse aufgebracht werden.

In der Bundesrepublik bereits bestehende überregionale Einrichtungen sind die Max-Planck-Institute für Radioastronomie (Bonn), für Extraterrestrische Physik (Garching) und für optische Astronomie (Heidelberg) mit der Calar-Alto-Sternwarte in Spanien. Ein Beispiel für internationale Zusammenarbeit ist das European Southern Observatory (ESO) mit seinem Großobservatorium für optische Astronomie in Chile, dessen Unterhalt von acht europäischen Ländern gemeinsam bestritten wird. Für die extraterrestrischen Forschungsvorhaben sei die European Space Administration (ESA) genannt. In den USA gibt es neben der NASA beispielsweise Kooperationen verschiedener Universitäten.

Die Aktivitäten aller dieser Organisationen und Zusammenschlüsse kommen in einer Vielzahl neuer oder in Vorbereitung befindlicher terrestrischer sowie in Satelliten installierter Beobachtungseinrichtungen zum Ausdruck. Nur für eine Auswahl sollen Konzeption und Forschungsziel hier kurz beschrieben werden. Als Beispiel einer bereits arbeitenden, neuen erdgebundenen Einrichtung sei das *Very Large Array* (VLA) in New Mexico, USA, erwähnt: Ein *Radio-Inferometer*, das aus 27 phasengerecht zusammengeschalteten Radioteleskopen von je 25 m Durchmesser besteht, die in der Form eines Y angeordnet sind, mit variablen Armlängen bis zu 21 km. Die Anlange wird vom National Radio Astronomy Observatory betrieben, dessen Finanzierung durch eine private Assoziation amerikanischer Universitäten erfolgt. Mit dem VLA können Bilder von Radioquellen, beispielsweise von aktiven galaktischen Kernen und Quasaren oder vom Zentrum unserer Galaxis, mit einer Auflösung von 1″ gewonnen werden.

Welche dramatischen neuen Beobachtungsergebnisse hochauflösende Radiointerferometrie an Pulsaren zutage fördert, zeigt sich in der Entdeckung von Planetensystemen und Gravitationswellen. Im ersten Fall wurde aus der Bahnmechanik eines Pulsarsystems die Existenz von zwei Planeten gesichert nachgewiesen. Im zweiten Fall führte die langjährige Beobachtung eines Doppelpulsars zum Nachweis von Energieverlusten des Systems über Gravitationswellen. Der indirekte Nachweis von Bahnenergieverlusten über Gravitationswellen ist gleichzeitig die genaueste Bestätigung der allgemeinen Relativitätstheorie.

Erst in jüngster Zeit wird auch der *Millimeter- und Submillimeterwellenbereich* erschlossen, in dem der größte Teil der Linienstrahlung der interstellaren Molekülwolken liegt. Bei gleicher Teleskopöffnung ist hier die theoretische Winkelauflösung besser als für die längeren Radiowellen. Um sie zu erreichen, muß jedoch eine entsprechend höhere Genauigkeit der reflektierenden Fläche verlangt werden. Ein sehr leistungsfähiges neues Teleskop, das diese Bedingung (für $\lambda = 0.8 \cdots 3$ mm) erfüllt, mit einem Spiegeldurchmesser von 30 m, wird seit 1986 von dem deutsch-französischen *Institut für Radioastronomie im Millimeterbereich* (IRAM) betrieben. Wegen der atmosphärischen Wasserdampfabsorptionen bei diesen Wellenlängen wurde es in fast 3000 m Höhe auf eine Schulter des Pico Veleta in der spanischen Sierra Nevada gesetzt. Mit diesem und weiteren geplanten Teleskopen für Wellenlängen bis hinab zu 0.1 mm (Beginn starker Absorption) können erstmals auch Molekülwolken in anderen Galaxien untersucht werden.

Messungen der Strahlung kalter kosmischer Objekte, etwa der thermischen Emission des interstellaren Staubes im *fernen Infrarot*, stoßen auf die Schwierigkeit, daß die thermische Strahlung der unmittelbaren Umgebung des Empfängers, einschließlich des Teleskops, weit überwiegt. Da dies auch für die Strahlung der Erdatmosphäre gilt, erfordert der Nachweis schwächerer Quellen trotz Kühlung des ganzen Systems auf wenige Kelvin extraterrestrische Messungen. In Abschn. 2.3.1.2 haben wir bereits den Satelliten IRAS erwähnt. Noch leistungsfähiger ist das im November 1995 gestartete europäische *Infrared Space Observatory* (ISO) für Wellenlängen von 3 bis 200 µm sein. Es ist mit einem als Ganzes auf etwa 3 K gekühlten 60-cm-Teleskop ausgestattet, und man hofft, hundert- bis tausendfach schwächere Quellen messen zu können, als dies vom Erdboden aus möglich ist. Auf diese Weise können beispielsweise die frühesten Stadien der Sternbildung erfaßt werden (vgl. auch Kapitel 1).

Für die *terrestrische optische Astronomie* sind in den letzten Jahren acht Teleskope mit Öffnungen über 3 m in Betrieb genommen worden. Damit hat sich auf diesem Gebiet bereits eine bisher einmalige Ausweitung der Forschungsmöglichkeiten ergeben. Der Preis eines 3.5-m-Teleskops mit der verlangten Genauigkeit der optischen Flächen in allen Lagen liegt schon bei mindestens 50 Millionen DM. Die Erfahrungen beim Bau großer optischer Teleskope haben gezeigt, daß bei etwa 4 bis 6 m Durchmesser des Hauptspiegels eine Grenze erreicht wird, gegen deren Überschreitung technische wie ökonomische Argumente sprechen. Ein 3.5-m-Teleskop wiegt bereits über 400 t, sein Hauptspiegel fast 12 t! Um noch größere lichtsammelnde Flächen zu erreichen, versucht man deshalb entweder, den Spiegel von vornherein aus mehreren getrennt justierbaren Teilen zusammenzusetzen oder aber mehrere Einzelspiegel optisch miteinander zu koppeln, das heißt, deren Strahlengänge in einem gemeinsamen Fokus zu vereinigen.

In den USA ist ein 10-m-Teleskop im Bau, dessen Spiegel aus 36 relativ dünnen, wabenförmigen Segmenten besteht. Auch ein deutsches Projekt eines Mosaikspiegels dieser Größenordnung ist im Gespräch. Die zweite Möglichkeit ist als kleinerer Prototyp bereits vom Smithsonian Astrophysical Observatory und der University of Arizona realisiert worden. Dieses *Multi Mirror Telescope* besteht aus sechs Spiegeln von je 1.8 m Durchmesser und seine lichtsammelnde Wirkung ist der eines einzigen 4.5-m-Spiegels gleich. Das European Southern Observatory (ESO) bereitet den Bau eines *Very Large Telescope* (VLT) nach ähnlichem Konzept vor: Das VLT soll aus vier linear angeordneten 8-m-Spiegeln bestehen und damit eine effektive

Öffnung von 16 m besitzen (Abb. 2.64). Die oben genannte Grenze für Spiegel aus einem Stück hofft man hier durch die Verwendung leichter, dünner Spiegel überwinden zu können. Deformationen durch Schwereeffekte beim Neigen des Teleskops oder durch thermische Effekte sollen ständig gemessen und unmittelbar korrigiert werden. Dieses Prinzip der „aktiven Optik“ ist bei dem Anfang 1989 fertiggestellten *ESO New Technology Telescope* mit 3.5 m Öffnung bereits verwirklicht worden.

Die Winkelauflösung eines terrestrischen optischen Großteleskops ist nicht besser als etwa bei einem 2-m-Teleskop, denn sie wird durch die unregelmäßigen kleinräumigen (und zeitlichen) Brechzahlschwankungen in der Erdatmosphäre (Luftunruhe, englisch „seeing“) auf günstigenfalls etwas unterhalb von 1″ begrenzt. Das Bild eines praktisch punktförmigen Sterns, sein *Seeing-Scheibchen*, ist damit etwa zehnmal so groß wie das durch Beugung an der Öffnung eines idealen 2-m-Spiegels entstehende Ringsystem. Gegenwärtig arbeitet man daher an der Entwicklung einer *adaptiven Optik*, bei welcher die in der Erdatmosphäre erzeugten, rasch veränderlichen Deformationen der ankommenden Wellenfront mit Hilfe geeigneter Sensoren und eines zusätzlichen deformierbaren Spiegels gemessen und sofort (bis zu einem gewissen Grad) kompensiert werden sollen (notwendige Korrekturrate: bis zu 200 mal in der Sekunde).

Die Zahl der Aufgabenstellungen für ein terrestrisches Großteleskop ist groß. So werden beispielsweise spektroskopische Beobachtungen sehr schwacher Sterne mög-

Abb. 2.64 Modell des geplanten Very Large Telescope für das European Southern Observatory. Anstelle der klassischen Kuppeln sollen aufblasbare Traglufthallen verwendet werden, die hier im zusammengefalteten Zustand zu sehen sind. Das zaunartige Gitter soll als Windschutz dienen.

lich und bei helleren Sternen kann die spektrale Auflösung beträchtlich erhöht werden. Ein anderes Ziel ist das Vordringen zu den fernsten Galaxien, deren Strahlung Milliarden Jahre unterwegs ist und daher Information über die frühesten Stadien des Universums enthält. Terrestrischen Teleskopen setzt jedoch der helle Himmelshintergrund, insbesondere das Leuchten der Hochatmosphäre (*Airglow*), eine Grenze. Ein außerhalb der Erdatmosphäre stationiertes, merklich kleineres Teleskop, etwa der 2-m-Klasse, kann hier dieselben Leistungen erbringen wie ein terrestrisches Großteleskop oder diesem bereits überlegen sein. Letzteres gilt in jedem Fall für das Winkelauflösungsvermögen und damit auch für die Reichweite bei der Beobachtung von Sternen (Kontrast gegen den Hintergrund!). Darüber hinaus erlaubt es die bisher nicht mögliche Untersuchung der ultravioletten Spektren schwächerer Objekte. Aus diesen und weiteren Gründen kommt dem von der NASA und der ESA gemeinsam entwickelten *Hubble Space Telescope* (HST) mit 2.4 m Öffnung eine kaum zu überschätzende Bedeutung zu, wie ausführlich in Kapitel 1 dargestellt ist. Aufgaben mit höchster Priorität sind (1) Neubestimmung der Entfernungen von Galaxien durch Beobachtung der darin enthaltenen Cepheiden, die nun auch in ferneren Systemen erfaßt werden können; (2) Studium der Quasar-Spektren, vor allem im UV; (3) Durchmusterung des Himmels bis zu Sternhelligkeiten $m_V \approx 28$ mag – bisher liegt die Grenze bei 23 mag.

Speziell für die *Sonnenphysik* wurden in den letzten Jahren neue optische Teleskope an günstigen Orten auf der Erde errichtet. Um eine Auflösung von 0.″1 erreichen zu können, sind jedoch auch für diesen Forschungszweig extraterrestrisch arbeitende Beobachtungsinstrumente erforderlich. Hierzu seien zwei Projekte mit deutscher Beteiligung erwähnt: Das *High Resolution Solar Observatory* der NASA und das *Solar and Heliospheric Observatory* der ESA. Mit letzterem sollen sowohl solare Phänomene als auch solar-terrestrische Prozesse untersucht werden. Insbesondere sind in-situ-Messungen des Sonnenwindes in Erdnähe vorgesehen.

Wenden wir uns nun den nichtsolaren Strahlungen mit Wellenlängen unterhalb von etwa 300 nm zu, die von der Erdatmosphäre vollständig absorbiert werden. Nach den erfolgreichen Satellten zur Beobachtung im *Ultraviolett*, Copernicus und IUE (s. Abschn. 2.2.3.1), richtet sich das Interesse dort zunächst auf den extremen UV-Bereich um die Lyman-Grenze. Beispielsweise wurde 1993 ein hierfür konzipiertes Teleskop vom Space Shuttle in eine Umlaufbahn gebracht.

Im *Röntgenbereich* sind an die Stelle von Teleskopen nach dem Prinzip der Lochkamera abbildende Systeme nach H. Wolter getreten, die mit streifendem Einfall auf die Spiegelflächen arbeiten. Das erste derartige Röntgenteleskop wurde bei dem Satelliten *Einstein* der NASA angewandt (1978 bis 1981). Der nachfolgende *European X-Ray Observatory Satellite* (EXOSAT) besaß zwei dieser Wolter-Teleskope. Der am Max-Planck-Institut für Extraterrestrische Physik entwickelte deutsche Röntgensatellit (ROSAT), mit einem 83-cm-Teleskop ausgestattet, wurde ein voller Erfolg. Seine Durchmusterung des ganzen Himmels nach schwachen Quellen hat die Röntgenastronomie revolutioniert. Tausende von fernen Quasaren und aktiven galaktischen Kernen wurden entdeckt, da diese Objekte meist auch Röntgenstrahler sind.

Zur Messung kosmischer *γ-Strahlung* müssen die Methoden der Hochenergiephysik für den Nachweis energiereicher Partikel angewandt werden. Dabei sind bisher nur Winkelauflösungen von bestenfalls wenigen Grad erreicht worden. Ein entscheidender Durchbruch wird von einer von der ESA geplanten Mission *International Gamma-Ray Astrophsics Laboratory* (INTEGRAL) erwartet. INTEGRAL soll hochauflösende Gamma-Linienspektroskopie ermöglichen und eine Winkelauflösung von 17′ erreichen, Energiebereich: 15 keV bis etwa 10 MeV. Damit könnte beispielsweise die Quelle der in Richtung zum galaktischen Zentralgebiet beobachteten 0.511-MeV-Annihilationslinienstrahlung von Positronen lokalisiert werden.

In der Erforschung von Strahlungen, die bei hochenergetischen Prozessen im Kosmos entstehen, kommt die physikalische Durchdringung der heutigen Astronomie besonders drastisch zum Ausdruck. Die wechselseitigen Beziehungen zwischen Physik und Astronomie haben jedoch schon früh begonnen. So wurde die Entwicklung der Newtonschen Mechanik wesentlich durch astronomische Beobachtungen angeregt. Für die Interpretation der Sternspektren hat später vor allem die Physik der Atomhüllen als Grundlage gedient. Um den Aufbau und die Entwicklung der Sterne zu verstehen, waren Erkenntnisse der Kernphysik und der Elementarteilchenphysik nötig. Die moderne Astrophysik hat seither viele Probleme und Rätsel hervorgebracht, von deren Diskussion umgekehrt neue, anregende Impulse für die Kernphysik und Elementarteilchenphysik ausgegangen sind. Als herausragende Beispiele seien die Nukleosynthese und das Neutrinoproblem genannt. Das „kosmische Laboratorium" bietet zahlreiche Möglichkeiten, das Verhalten von Materie unter extremen Bedingungen zu studieren, wie sie auf der Erde nicht realisiert werden können. Neue, weiterreichende astrophysikalische Beobachtungen in allen Wellenlängenbereichen werden daher voraussichtlich nicht nur ihrem Hauptziel, der Erforschung des physikalischen Zustandes und der Evolution der Körper des Weltalls, dienen, sondern auch zur Aufklärung von Grundeigenschaften der Materie beitragen.

Literatur

Allgemeine Einführungen in die Astronomie und Astrophysik

Feitzinger, J.V., Unterwegs auf der Milchstraße – die Erkundung unserer Galaxie, Kosmos, Stuttgart, 1993

Unsöld, A., Baschek, B., Der neue Kosmos, 4. Auflage, Springer, Berlin, 1991

Weigert, A., Wendker, H.J., Astronomie und Astrophysik – ein Grundkurs, 2. Auflage, Physik-Verlag, Weinheim, 1989

Größere Teilgebiete der Astrophysik

Audouze, J., Vauclair, S., An Introduction to Nuclear Astrophysics, Reidel, Dordrecht, 1980

Blitz, L. (Ed.), The Evolution of the Interstellar Medium, Astronomical Society of the Pacific, San Francisco, 1990

Burton, W.B., Elmegreen, B.G., Genzel, R., The Galactic Interstellar Medium, Springer, Berlin, 1992

Humphreys, R.M., Lectures on the Structure and Dynamics of the Milky Way, San Francisco, Astronomical Society of the Pacific, 1993

Levy, E.H., Lunine, J.I., Protostars and Planets III, University of Arizona Press, Tucson, 1993

Rolfs, C.E., Rodney, W.S., Cauldrons in the Cosmos – Nuclear Astrophysics, University of Chicago Press, Chicago, 1988

Scheffler, H., Elsässer, H., Bau und Physik der Galaxis, B.I. Wissenschaftsverlag, Mannheim, 1992

Scheffler, H., Elsässer, H., Physik der Sterne und der Sonne, B.I. Wissenschaftsverlag, Mannheim, 1990

Stichwortartige Zusammenfassungen der Astronomie und Astrophysik

Maran, P. (Ed.), The Astronomy and Astrophysics Encyclopedia, Van Nostrand Reinhold, New York, 1992

Voigt, H.H., Abriß der Astronomie, 5. Auflage, B.I. Wissenschaftsverlag, Mannheim, 1991

Datensammlung

Schaifers, K., Voigt, H.H. (Hrsg.), Landolt-Börnstein, Zahlenwerte und Funktionen aus Naturwissenschaft und Technik, Neue Serie, Gruppe VI, Bd. 2a, 2b, 2c: Astronomy and Astrophysics, Springer, Berlin, 1981/1982

Körper des Sonnensystems

Beatty, J.K., O'Leary, B., Chaikin, A., Die Sonne und ihre Planeten, Weltraumforschung in einer neuen Dimension, Physik-Verlag, Weinheim, 1985

Gürtler, J., Dorschner, J., Das Sonnensystem, Barth Verlagsgesellschaft, Leipzig, 1993

Jones, B.W., The Solar System, Pergamon Press, Oxford, 1984

Swamy, K., Physics of Comets, World Scientific, Philadelphia, 1986

Suess, H. E., Chemistry of the Solar System – An Elementary Introduction to Cosmochemistry, Wiley, New York, 1987

Aktuelle astrophysikalische Themen

Camenzind, M., Millisekundenpulsare, Sterne und Weltraum, **28**, 423–429, 1989

Dorschner, J., Mutschke, H., Das staubige Universum und die Festkörper-Astrophysik, Sterne und Weltraum **35**, 442–451, 1996

Hillebrandt, W., Die Supernova in der Großen Magellanschen Wolke, Sterne und Weltraum, **29**, 438–447, 1990

McClintock, J., Do Black Holes Exist? Sky and Telescope, **7**, 466–473, 1988

Merkle, F., Adaptive Optik, Sterne und Weltraum, **28**, 108–713, 1989

Murdin, P., Supernova 1987a und die Neutrino-Astronomie, Sterne und Weltraum, **31**, 87–94, 1992

Schmid-Burgk, J., Die kosmische Hintergrundstrahlung (3 K-Strahlung), Physikalische Blätter, **43**, 147–151, 1987

Schönfelder, V., Das Compton-Observatorium, Sterne und Weltraum, **33**, 28–35, 1994

Suche nach außerirdischem Leben

Papagiannis, D. (Ed.), The Search for Extraterrestrial Life. Recent Developments, Proceedings of the 112th Symposium of the International Astronomical Union, Reidel, Dordrecht, 1985

Schlögl, R.W., Leben auf Planeten anderer Sonnensysteme? Sterne und Weltraum, **30**, 426–428, 1991

Wolszczan, A., Pulsars with Planetary Systems, Science, 264, 538, 1994

Zitierte Literatur aus den Abbildungen und Tabellen

Altenhoff, W. J. et al., Astron. Astrophys. Supp. **1**, 337, 1971

Appenzeller, I., Tscharnuter, W., Astron. Astrophys. **30**, 423, 1974

Appenzeller, I., Tscharnuter, W., Astron. Astrophys. **40**, 397, 1975

Blair, G. N. et al., Astrophys. J. **183**, 896, 1978

Hayashi, C., Hoshi, R., Sugimoto, D., Progr. Theor. Phys. Suppl. **22**, 1962

Hiltner, W. A., Astrophys. J. Suppl. **2**, 448, 1956

Hughes, M. P., Thompson, A. R., Colvin, R. S., Astrophys. J. Suppl. **23**, 323, 1971

Iben, I., Ann. Rev. Astron. Astrophys. **5**, 585, 1967

Kippenhahn, R., Thomas, H. C., Weigert, A., Z. Astrophys. **61**, 246, 1965

Kopp, A. K., Kuperus, M., Solar Physics **4**, 1968

Kurucz, R. L., Dudley Observatory Reports **9**, 271, 1975

Lemke, D., Low, F. J., Thum, C., Astron. Astrophys. **32**, 233, 1974

McKee, C. F., Ostriker, J. P., Astrophys. J. **218**, 159, 1977

Osterbrock, D. E., Astrophysics of Gaseous Nebulae, Freeman, San Francisco, 1974, Table 2.3, S. 22

Plambeck, R. L. et al., Astrophys. J. **259**, 623, 1982

Sandage, A., The Hubble Atlas of Galaxies, Carnegie Institution of Washington, Washington, 1961, S. 618

Schlosser, W., Schmidt-Kaler, Th., Hünecke, W., Atlas der Milchstraße, Astronomisches Institut der Ruhr-Universität Bochum, Bochum, 1975

Smerd, S. F., aus: The Sun, (Kuiper, G. P., Ed.), University of Chicago Press, Chicago, 1953, Fig. 9, S. 484

Solar Physics Group, American Science and Engineering, Inc., Cambridge, Massachusetts, 1975

Vernazza, J. E. et al., Astrophys. J. Suppl. **30**, 1, 1976; **45**, 635, 1981

Yorke, H. W., ESO-Messenger **37**, 32, 1985

3 Galaxien

Johannes V. Feitzinger

3.1 Galaxien und Astrophysik

In den letzten Jahrzehnten verschob sich der Interessenschwerpunkt der Astrophysik vom Studium der *Einzelsterne* zum Studium der *Sternsysteme*. Heute sind beide Gebiete von gleicher Bedeutung. Der Grund liegt in den Fortschritten der Teleskopentwicklung, der Erschließung neuer Wellenlängenbänder und den hinsichtlich Auflösung und Empfindlichkeit verbesserten Beobachtungsgeräten. Immer mehr und vor allem immer lichtschwächere Galaxien können untersucht werden. Dabei stehen die Fragen nach Aufbau und Entwicklung der Galaxien an erster Stelle.

1923 gelang es Edwin Hubble, die äußeren Bereiche unseres Nachbarsternsystems, des *Andromedanebels*, in einzelne Sterne aufzulösen und über deren Veränderlichkeit eine Entfernungsbestimmung (vgl. Band 7, Kap. 6) durchzuführen. Hubble errechnete für den Andromedanebel eine Entfernung von $8.7 \cdot 10^{21}$ m (heutiger Wert $2.2 \cdot 10^{22}$ m). Damit stand fest, daß es ferne Welteninseln – ähnlich aufgebaut wie unsere eigene *Milchstraße* – gibt. Anfang der 30er Jahre war diese Erkenntnis astronomisches Allgemeingut geworden [1]. Wir blicken heute auf rund 60 Jahre Galaxienforschung zurück. Der Erforschung unserer eigenen Milchstraße kam dabei eine zentrale Rolle zu: sei es, daß man Ergebnisse und Verfahren an anderen Sternsystemen nachprüfte; sei es, daß man Beobachtungen an fremden Sternsystemen, die man von außen sieht, für die Milchstraßenforschung nutzbar zu machen versuchte. Sachverhalte, die unsere Galaxis betreffen, werden in allen Kapiteln genannt werden.

Eine typische Galaxie enthält rund 10^{11} Sterne und mindestens ebensoviel Galaxien finden sich im derzeit beobachtbaren Weltall. Die Bausteine des heutigen Universums auf Skalen von einigen 10^{26} m sind Galaxien. Auf dieser Stufe der Organisation des Universums setzt sich der hierarchische Aufbau des Weltalls fort: Galaxien ordnen sich in *Galaxienhaufen* zusammen und Galaxienhaufen scheinen sich girlandenförmig aneinanderzuhängen. Zwischen diesen Ketten, Klumpen und Flächen (*Galaxienwiesen*) von Sternsystemen im Raum existieren gewaltige Leerräume. Die Verteilung der Galaxien im Raum, ihre Anzahl, ihre Masse, ihre innere Entwicklung, ihr Bewegungszustand liefern der Kosmologie die Beobachtungsdaten, um Weltmodelle überprüfen zu können.

Galaxien haben als Einzelbausteine des Kosmos eine höhere strukturelle Qualität als die Einzelsterne. Die Summe der Wechselwirkungen der Einzelsterne und der Gas- und Staubwolken zwischen den Sternen liefert ein Mehr an physikalisch meßbaren Eigenschaften, als die pure Addition der Eigenschaften der Bestandteile eines

Sternsystems. Galaxien sind strukturbildende kosmische Objekte. Es sind rückgekoppelte astrophysikalische Ökosysteme, in denen Sterne geboren werden, sich entwickeln, absterben und Teile ihrer Materie an das interstellare Medium zurückgeben. Das zurückgeführte Material ist mit den Produkten der stellaren Nukleosynthese angereichert. Die Dynamik und Kinematik der Sternsysteme zeigt Wege, die strukturbildenden Prozesse zu verstehen.

3.1.1 Grundparameter der Galaxien

Als eine Klasse von physikalischen Systemen können Galaxien durch einen Satz empirischer oder rein physikalischer Parameter beschrieben werden. In Tab. 3.1 sind die Unterschiede in den physikalischen Parametern von Sternen und Galaxien zusammengestellt. Diese Tabelle kann als Bindeglied zum vorangehenden Kapitel (Scheffler) angesehen werden. Die Grundparameter eines Sternsystems sind wie folgt [2] festgelegt:

1. Galaxien besitzen keinen eindeutig bestimmbaren Rand. Daher wird ein *effektiver Radius r* definiert, innerhalb dessen die halbe Gesamtmasse oder die Hälfte der gesamten *Leuchtkraft* (abgestrahlte Energie pro Zeit) liegen. Sind diese Größen unbekannt, wird unter Anpassung eines exponentiellen Helligkeitsabfalls derjenige Wert des Galaxienradius benützt, bei dem die Leuchtkraft auf $1/e \approx 0.368$ abgenommen hat. Angaben von Galaxiendurchmessern müssen daher stets auch

Tab. 3.1 Physikalische Parameter von Sternen und Galaxien.

Sterne	Galaxien	
Spektraltyp	Galaxientyp	
Leuchtkraft	Gesamtleuchtkraft (oder in Wellenlängenbändern)	und radiale Verteilung
Masse	Gesamtmasse (hinweisende Masse)	und radiale Verteilung
Radius	effektiver Radius	
Dichte	Dichteverteilung	
Temperatur	effektiver Radius Elliptizität Geschwindigkeitsstreuung (radiale Verteilung)	
Druck	kinetische Energie Geschwindigkeitsstreuung (radiale Verteilung)	
Drehimpuls	Gesamtdrehimpuls	und radiale Verteilung
chemische Zusammensetzung	chemische Zusammensetzung	und radiale Verteilung
Massenverteilungsfunktion	Massenverteilungsfunktion	

Auskunft über die verwendeten Bezugsgrößen geben. Helligkeits-Durchmesser (Isophoten[1]) sind generell schlechte Durchmesserindikatoren, denn sie sind abhängig von der Raumorientierung, der Leuchtkraftdichte und dem Leuchtkraftabfall der Systeme.

2. Die Masse der Galaxien: Ideal ist es natürlich immer, die Gesamtmasse M_t (Index t für „total") eines Systems zu kennen; sie ist jedoch schwer bestimmbar. Man verwendet daher auch sogenannte *hinweisende* (englisch: indicative) *Massen* M_i, die nach festen Regeln aus Längen und Geschwindigkeitsdaten abgeleitet werden. Aus der maximalen Rotationsgeschwindigkeit v_m beim Galaxienradius r_m einer flachen Rotationskurve $v_m = v(r_m)$ findet man

$$M_i = (G\mu)^{-1}\, r_m v_m^2$$

oder, wenn die zentrale Geschwindigkeitsstreuung σ_c in einem sphäroidalen System (elliptische Galaxie) mit dem effektiven Radius r_e gegeben ist,

$$M_i = G^{-1} \lambda r_e^2 \sigma_c^2 \,.$$

G ist die Gravitationskonstante, λ und μ sind empirische Faktoren, die so gewählt werden, daß $M_i = M_t$ ist. M_t muß aus realistischen Modellen abgeleitet werden. $M(r)/M_t$ wird *galaktische Massendichtefunktion* genannt.

3. Systemeigene Zeitskalen: In einem flachen Sternsystem ist das die Rotationsperiode P, abgeleitet für die maximale Rotationsgeschwindigkeit v_m. In sphäroidalen Systemen kann es die Durchquerungszeit P_q

$$P_q = \frac{r_e}{\sigma_c}$$

sein.

4. Die gesamte Energieabstrahlung L in Form von elektromagnetischer Strahlung aller Wellenlängen (bolometrische Leuchtkraft) und die normalisierte spektrale Leuchtkraft $L(\lambda)/L$. Sind diese Größen nicht greifbar, wird die gesamte absolute Größenklasse $\tilde{M}$ in möglichst vielen Standardwellenlängenbändern (z. B. U, B, V) verwendet. (Das Symbol $\tilde{M}$ wird verwendet, um die absolute Helligkeit von der Masse M zu unterscheiden.) Eine wichtige abgeleitete Größe ist das bolometrische (oder wellenlängenbandbezogene) Masse-Leuchtkraftverhältnis

$$\frac{M_t}{L} \,.$$

5. Die normalisierten Gesetze für die Leuchtkraftdichteverteilung $L(r)/L$ und die Massendichteverteilung $M(r)/M_t$ in Galaxien verschiedenen Typs nach Möglichkeit durch Volumen, zumindest jedoch durch Fläche. Daraus läßt sich der radiale Verlauf des Masse-Leuchtkraftverhältnisses ableiten. Ferner ist es wünschenswert, Angaben über die radialen Dichteverläufe des interstellaren neutralen Wasserstoffes oder andere Bestandteile einer Galaxie zur Verfügung zu haben.
6. Die radiale Drehimpulsverteilung einer Galaxie oder der mittlere Drehimpuls pro Masse beschreiben mit der Rotationskurve den dynamischen Zustand der Sternsysteme.

[1] Isophoten sind Linien oder Flächen gleicher Helligkeit am leuchtenden Objekt.

7. Der Struktur- oder morphologische Typ T einer Galaxie: Der Galaxietyp birgt versteckt Informationen über Entstehung und Entwicklung der Systeme. Er korreliert sehr gut mit einigen der meßbaren Grundparametern; er kann jedoch noch nicht eindeutig aus solchen Parametern abgeleitet werden.

Die Mittelwerte und Verteilungsfunktionen dieser Werte, vor allem als Funktion der Galaxientypen, sind die Voraussetzungen für Theorien der galaktischen Strukturen und ihrer Entwicklungen. Als große Zukunftsperspektive muß ihre Ableitung aus realistischen Modellen der Kosmologie angesehen werden. Hierher gehört auch die Massenfunktion, die die Verteilung der Galaxienmasse im kosmischem Einheitsvolumen beschreibt.

3.1.2 Galaxienkataloge und Auswahleffekte

Kein Galaxienkatalog ist bis zu irgendeiner vorgegebenen Gesamtleuchtkraft vollständig. Die Auswahleffekte werden von folgenden Galaxieneigenschaften und äußeren Faktoren bestimmt: Oberflächenhelligkeit, Gesamtleuchtkraft und scheinbarem Galaxiendurchmesser; ferner spielen Formfaktoren (z. B. Neigungswinkel der Sternscheibe) und Helligkeitskonzentration in einem bestimmten Galaxientyp eine Rolle. Die Sterndichte (unserer eigenen Milchstraße), die interstellare Extinktion, möglicherweise auch die intergalaktische Extinktion in den einzelnen Beobachtungsfeldern sind äußere Faktoren, die die Katalogvollständigkeiten beeinflussen. Wir besitzen sehr wenig quantitative Informationen über die Vollständigkeitsfaktoren verschiedener Galaxienkataloge und die relativen Raumdichten unterschiedlicher Galaxientypen. Alle Verteilungsfunktionen, die die statistischen Mittelwerte von Galaxieneigenschaften darstellen, sind derartigen fundamentalen Unsicherheiten ausgesetzt. Corwin [3] gibt kommentiert eine Übersicht zu den derzeitigen Katalogwerken; wir nennen als Standardwerk den 3. Katalog heller Galaxien von de Vaucouleurs und Mitarbeitern [4]. Zum Betrachten von schönen Galaxienbildern ist der Hubble-Sandage-Atlas [5] gut geeignet.

Die Entdeckungswahrscheinlichkeit von Galaxien ist grundsätzlich durch Auswahleffekte hinsichtlich Oberflächenhelligkeit und scheinbaren Durchmesser begrenzt. Die Leuchtkraft-Radius-Beziehung verdeutlicht dies (Abb. 3.1). Alle flächenhaften Objekte am Himmel, die wir vom Erdboden aus im optischen Spektralbereich beobachten wollen, fallen in einen schmalen diagonalen Streifen. Rechts unterhalb des Streifens finden sich die sehr ausgedehnten schwachen Quellen, die man durch den normalen Widerschein der nächtlichen Atmosphäre und des interplanetaren Streulichts nicht beobachten kann. Die mittlere Flächenhelligkeit muß bei fotografischen Registrierungen größer als 27 mag/(arc s^2) sein (Quadratbogensekunde: 1 arc $s^2 = 2.35 \times 10^{-11}$ sr); neuere Flächendetektoren können an 30 mag/(arc s^2) heranreichen. Links oberhalb des Streifens liegen die kompakten hellen Quellen, die ohne großen Beobachtungsaufwand nicht von Sternen unterschieden werden können; die Auflösungsgrenze der optischen Teleskope neuerer Bauart (z. B. New Technology Teleskop der Europäischen Südsternwarte, Spiegeldurchmesser 3.6 m) liegt bei $0''.1$.

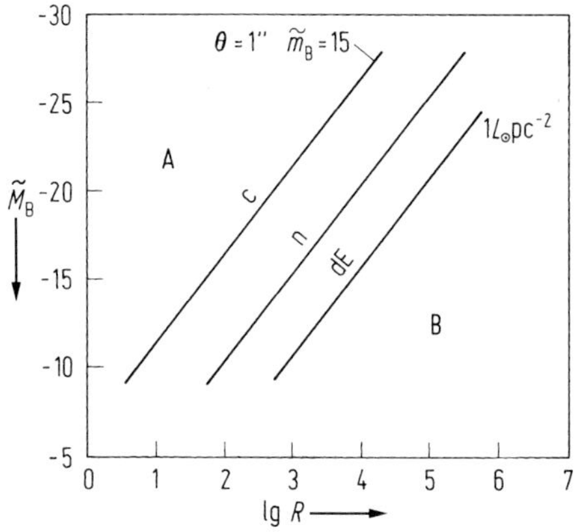

Abb. 3.1 Radius-Helligkeitsdiagramm für Galaxien [6].
A: Durchmesser zu klein, B: Flächenhelligkeit zu niedrig, C: kompakte, N: normale, dE: Zwerg-Galaxien; Untergrenze des Winkeldurchmessers $\theta = 1''$ bei scheinbarer Helligkeit $\tilde{m}_B = 15$.

Die Wichtigkeit der Erweiterung des Beobachtungsbereiches im Durchmesser-Helligkeitsdiagramm wird auch wegen des sogenannten *Eisbergeffekts* der Galaxien deutlich [7], [8], [9]. Der Radius einer Galaxie bei einer bestimmten Isophotenhelligkeit ist eine empfindliche Funktion der zentralen Helligkeit des Sternsystems. Möglicherweise sind durch Auswahleffekte nur diejenigen Galaxien erfaßt, die sich wegen ihrer großen Zentralhelligkeit genügend kräftig vom Nachweishintergrund abheben. Scheinbarer Radius und scheinbare fotografische Leuchtkraft, als empfindliche Funktionen der zentralen Flächenhelligkeit bei fester Gesamtleuchtkraft, bestimmen daher keineswegs die wahren Größen dieser Grundparameter.

Um aus den Abhängigkeiten und Fehlschlüssen unvollständiger Stichproben zu entkommen, müssen diese möglichst vollständig, d.h. entfernungsbegrenzt, ausgewählt werden.

Spiralgalaxien sind abgeflachte scheibenförmige dreidimensionale Mischungen aus Sternen, Gas und Staub. Die optischen Bilder werden von dem durch Extinktion und Staubrötung modifizierten Sternlicht bestimmt. Galaxien sind beliebig im Raum orientiert. Jede Galaxie wird unter einem ihr eigenen Anstellwinkel zur Himmelssphäre beobachtet. Der Neigungswinkel zwischen der Himmelssphäre und der Grundebene des Systems sei i. Einige Galaxien sehen wir von der Kante ($i = 90°$), andere von oben ($i = 0°$). Wenn Galaxien keinen Staub enthalten würden, dann würden sich ihre Bruttoeigenschaften an die Himmelssphäre projizieren, als ob sie optisch dünn wären; alle Galaxienanteile könnten unter allen Anstellwinkeln beobachtet werden. Die optischen Eigenschaften der fast staubfreien elliptischen Galaxien bieten sich uns auf diese Weise an. Im Gegensatz hierzu verursacht der Staub in Spiralgalaxien weite Spielräume für mögliche optische Tiefeneffekte. Die Scheiben von Spiralgalaxien können je nach Anstellwinkel und Strahlungstransport im Stern-Staubgemisch optisch dünn oder optisch dick erscheinen. Im optisch dünnen Fall werden sich ihre Isophotendurchmesser beim Blick auf die Kante vergrößern; die gemessenen Leuchtkräfte werden unverändert bleiben und die Flächenhelligkeit wird schwach zunehmen. Im optisch dicken Fall werden die Leuchtkräfte stark abnehmen, während sich die Durchmesser und die Flächenhelligkeiten kaum ändern werden.

Diese Effekte sind groß und müssen genau bekannt sein, bevor die wahren Durchmesser und Leuchtkräfte bestimmt werden können. Um dies jedoch zu tun, können wir nicht um die Galaxie herumlaufen, vielmehr müssen die sichtlinienabhängigen Effekte statistisch aus einer großen Stichprobe ähnlicher Galaxien mit verschiedenen Anstellwinkeln abgeleitet werden. Dies setzt eine ideale Stichprobe voraus.

Die Kenntnis der *optischen Dicke* von Spiralgalaxien ist für viele Probleme der extragalaktischen Astronomie wichtig. Zum einen werden Spiralgalaxien wegen ihrer individuellen Eigenschaften untersucht, zum anderen sind sie aber die Standardbausteine bei der Festlegung der großräumigen Struktur des Universums. Optisch dicke Galaxien müssen bezüglich ihrer stellaren Inhalte anders behandelt werden als optisch dünne Systeme; vor allem muß dies bei Entwicklungseffekten der Galaxien in Rechnung gestellt werden. An 2065 Galaxien wurde festgestellt [10], daß der scheinbare Durchmesser vom Neigungswinkel unabhängig ist. Dies impliziert die Abhängigkeit der Leuchtkraft vom Neigungswinkel; mit zunehmendem i (Blick auf die Kante) nimmt die Leuchtkraft ab. Den Betrag dieser Abnahme kann nur eine Analyse der Entfernungen einer leuchtkraftbegrenzten Galaxienstichprobe liefern. Die bisher durchgeführten Untersuchungen sicherten obiges Ergebnis bis zu einem Isophotendurchmesser von 25.0 B mag/(arc s^2); d. h. Spiralgalaxien zeigen nur geringe optische Dicke. Hierbei wird die Flächenhelligkeit im blauen Spektralbereich bei einer isophoten Wellenlänge von 4200 Å gemessen.

3.2 Klassifikation der Galaxien

Ziel einer Galaxienklassifikation muß sein, die Formenvielfalt der Sternsysteme in ein Ordnungsschema zu bringen. Solch ein Schema muß zwei Bedingungen erfüllen: es muß objektiv und es muß praktikabel sein. Eine normale Galaxie hat mit unzählig anderen bestimmte ins Auge fallende Charakteristika gemeinsam; diese Charakteristika unterliegen einem Streubereich; ebenso wird sie sich durch gewisse Unterschiede gegenüber anderen Sternsystemen auszeichnen. Galaxienklassifikation beruht daher auf der Erfassung von *morphologischen Eigenschaften*. Um Einheitlichkeit bei dieser Klassifikation zu sichern, werden in der Regel Blauaufnahmen (mit der Schwerpunktswellenlänge etwa bei 440 nm) mit Teleskopen einheitlichen Typs und Öffnungsverhältnissen benützt (Schmidt-Teleskope). Dies hat natürlich einen Auswahleffekt mit Rückwirkung auf die Definition von normalen Sternsystemen zur Folge. Denn die morphologischen Bauelemente einer Galaxie in einem Klassifikationsuntersystem befolgen eine gewisse *räumliche Anordnungssymmetrie*. Die Anordnungssymmetrie erlaubt das Klassifizieren der Untersysteme gemäß ihrem Erscheinungsbild. Das Erscheinungsbild wird von der Flächenhelligkeit der Galaxie bestimmt. Es ist ein rein morphologisches und kein physikalisches Kriterium, denn die Flächenhelligkeit ist der begrenzende Faktor bei der Festlegung der Untersysteme auf einer fotografischen Platte. Die Wellenlängenabhängigkeit der Morphologie von Galaxien wird in Farbbild 3 (siehe Bildanhang) deutlich. Die Blauaufnahme zeigt diese Galaxie als mehrarmiges System, während die Infrarotaufnahmen bei 2.1 μm und 0.83 μm ein zweiarmiges Spiralsystem mit einem zentralen Balken erscheinen lassen. Die Galaxienklassifikation ist wellenlängenabhängig.

3.2.1 Normale Galaxien

Die Galaxien lassen sich in zwei morphologische Grundtypen [4], [12] aufspalten: *elliptische Systeme* und *Spiralformen*. Ein bei 1 bis 2% liegender Anteil kann nicht einer dieser Gruppen zugeordnet werden und wird *irregulär* genannt.

Elliptische Systeme zeigen geringe bis keine innere Struktur. Sie werden daher durch ihre scheinbare Elliptizität beschrieben. Seien a die große und b die kleine Achse, so gilt

$$n = \frac{10(a-b)}{a},$$

und die Klassifikationsbezeichnung lautet: En. E0-Systeme sind scheinbar kreisförmig, E7 sind die am stärksten abgeflachten. Wenn n größer als 7 wird, sprechen wir von *linsenförmigen* oder *S0-Galaxien*. Dabei können auch andere Strukturen auftauchen; es können Dellen in den begrenzenden Helligkeitsverteilungen sein oder ringförmige Abschattungen.

Bei Spiralgalaxien werden zunächst die Untergruppen mit zentralem Balken (SB) und ohne zentralen Balken (S) unterschieden. Die zunehmende Armöffnung und/oder die abnehmende Helligkeit des Zentralkörpers (bulge) im Vergleich zur Scheibe spaltet in die Untersysteme a, b, c, d, m, auf. Untersystem m bildet den Übergang zur völligen Irregularität. Setzen die Spiralarme an einem Ring an, wird die Bezeichnung (r) eingefügt, sonst gilt (s) und bei Zwischentypen (rs); dies wird auch bei Balkenübergängen durchgeführt: SA (ohne Balken), SAB, SB (mit Balken).

S0-Systeme bilden den morphologischen Übergang zwischen den elliptischen und den Spiralgalaxien. In der Abb. 3.2 ist der Klassifikationsraum dargestellt mit einem illustrierten Schnitt bei den Sb-Systemen. Die Klassifikation unterscheidet zwei **Familien**: *Gewöhnliche und Balkensysteme*, die jeweils den oberen und unteren Teil des Klassifikationsvolumens einnehmen. Jede Familie spaltet in die **r-** und **s-Varietät** auf. Die Hauptsache ist durch die Klassifikationsklassen gegliedert. Die Gestalt des Volumens ist ein Maß für die Variationsbreite zwischen den beiden Familien. Sie ist am größten beim Übergangstyp S0-A und verschwindet praktisch bei den E- und Im-Klassen. Um die in der Klassifikation erfaßten morphologischen Eigenschaften anderen physikalischen Parametern zuordnen zu können, wurde ein numerischer Code eingeführt; er ist in Tab. 3.2 zusammengestellt. Die Klassifikationskriterien beziehen sich auf: Kernbereich, Scheibe, Hülle und Balken, Spiralstruktur und die relative Dominanz und Lage der einzelnen Komponenten zueinander. Während Familie (S, SB) und Varietät (r, s) einer Galaxie relativ einfach festzulegen sind, ist die Zuordnung zu einer **Klasse** (a, b, c, d, m) schwierig und nicht immer eindeutig. Die zwei Kriterien für die Bestimmung der Klasse sind: (a) Das Helligkeitsverhältnis von Kernbereich und Scheibe; (b) die Auflösung (Definiertheit) und der Öffnungsgrad der Spiralarme. Diese beiden Kriterien sind natürlich miteinander korreliert, da das Klassifikationsschema von der Orientierung der Galaxien unabhängig sein muß.

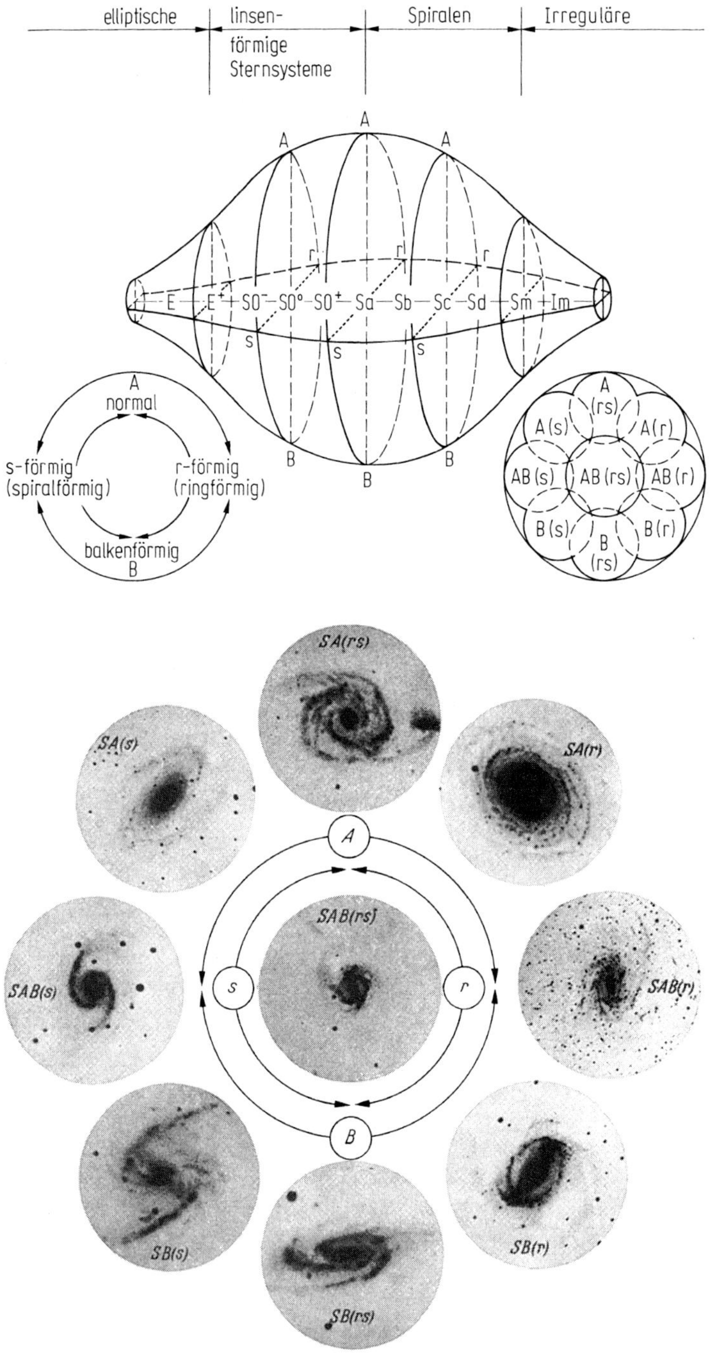

Abb. 3.2 Der dreidimensionale Klassifikationsraum für Galaxien [4].

Tab. 3.2 Numerische Verschlüsselung der Galaxientypen [4].

Morphologischer Typ		Kode T
extrem kompakte elliptische Galaxie	cE	−6
zwergenhaft elliptische Galaxie	dE	−5
normale elliptische Galaxie	En	−4
riesenhaft elliptische Galaxie	E^+/cD	
linsenförmige Systeme	L^-SO^-	−3
(variabler Abplattungsgrad)	LSO^0	−2
	L^+SO^+	−1
irreguläre Systeme I	I0	
linsenförmige Spiralsysteme	S0/a	0
Spiralsysteme	Sa	1
	Sab	2
	Sb	3
	Sbc	4
	Sc	5
	Scd	6
	Sd	7
	Sdm	8
	Sm	9
irreguläre Systeme II	Im	10
kompakte, blaue irreguläre Systeme	cI	11

Leuchtkraft L und Ausgeprägtheitsgrad der Spiralstruktur hängen miteinander zusammen. Aus der Kohärenz von Spiralstruktur läßt sich daher ein Leuchtkraftkriterium ableiten [13]. Systeme mit gut ausgeprägter globaler Spiralstruktur erhalten die Bezeichnung I, während diejenigen mit schlecht definierten, zerrissenen Strukturen die Leuchtkraftklasse V zugeordnet bekommen. Da elliptische Systeme fast strukturlos sind, ist bei ihnen eine Leuchtkraftklassifikation auf morphologischer Grundlage nicht möglich. In Tab. 3.3 sind die Klassifikationskriterien erläutert.

Aus *Typenklasse* T und *Leuchtkraftklasse* L′ läßt sich ein *Leuchtkraftindex* Λ zusammensetzen

$$\Lambda = \frac{\mathrm{T} + \mathrm{L}'}{10},$$

der wiederum mit der absoluten Helligkeit $\tilde{M}$ der Galaxien gut korreliert [14]

$$\tilde{M} = -19.01 + 1.14(\Lambda^2 - 1).$$

Der aus T und L′ kombinierte Index Λ ist gegen subjektive Klassifikationseinflüsse stabiler und berücksichtigt auch die Tatsache, daß die Leuchtkraftklassifikation vom morphologischen Typ abhängig ist.

Die Einführung einer taxionomischen Galaxienordnung ist nur ein erster Schritt, um die physikalische Natur der Galaxien zu verstehen. Die Klassifikation ist rein empirisch und bedarf einer theoretischen Begründung, nämlich derart: Welche physikalischen Parameter bestimmen Klasse, Familie und Varietät?

Tab. 3.3 Kriterien der Leuchtkraftklassifikation [13].

Leuchtkraft	Beschreibung
I	lange, gut entwickelte Spiralarme von hoher Flächenhelligkeit
II	im Vergleich zu I ist die Spiralstruktur dieser hellen Riesengalaxien weniger ausgeprägt entwickelt
III	von einem Zentralkörper hoher Flächenhelligkeit gehen kurze, zerrissene Spiralarme ab
IV	eine Scheibe geringer Flächenhelligkeit ist nur mehr andeutungsweise von Spiralstruktur umgeben
V	Zwerg-Spiralen; geringe Flächenhelligkeit mit fast verschwindenden Spiralarmansätzen

Die Bezeichnungen Überriese, Riese, Zwerg sind der Spektralklassifikation der Sterne entlehnt.

Um die subjektiven Einflüsse bei der Galaxienklassifikation auszuschalten, werden automatische Verfahren diskutiert. Dies vor allem auch deshalb, weil immer größere Datenmengen durch die neuen fotografischen Himmelsdurchmusterungen anfallen [15], [16], [17]. Bei der Klassifikation spielen *digitale Bildfilter* eine wichtige Rolle. So werden über Verfahren der mathematischen Morphologie Bildfilter eingesetzt, um Strukturen zu erkennen.

Die zwei Hauptprozeduren bei der automatischen morphologischen Klassifikation sind die Analyse der Parameter der zum Vergleich verwendeten Prototypgalaxien und das Klassifikationsprogramm selbst. Die Hauptschwierigkeit liegt in der Anpassung eines zweidimensionalen Bildes (auf der Fotoplatte) an ein dreidimensionales Modell. In Verbindung mit der Klassifikation wird oft auch eine Hauptkomponentenanalyse der Galaxiengrundparameter (Zustandsgrößen) versucht. Nur bestimmte *Galaxienzustandsgrößen* legen die Galaxieneigenschaften fest. Kennen wir diese Zustandsgrößen, sind wir in der Lage, die morphologische Klassifikation, d. h. Strukturbildung und Entwicklung der Galaxien zu verstehen.

Die Klassifikation unseres eigenen Sternsystems ist schwierig. Man benötigt diesen Wert, um Aussagen über die Normalität unserer Galaxie machen zu können und auch für die vergleichende Einordnung in das Klassifikationssystem. Die Galaxiennormalität unseres eigenen Sternsystems bestimmt einen wichtigen Eich- und Nullpunkt bei der Festlegung der *extragalaktischen Entfernungsskala.*

Erste Klassifikationsversuche lagen bei Sb und Sc. Der Leuchtkraftunterschied zwischen diesen beiden Klassen ist rund 1 Größenklasse; dies entspricht einem 60%igen Entfernungsfehler, wenn der falsche Galaxientyp als Vergleichswert zugeordnet wird. Unglücklicherweise können wir unser Sternsystem nicht von außen fotografieren und die Spiralarme und den Kernbereich optisch vergleichen. Die Klassifikation muß daher indirekt erfolgen und ist somit entsprechend unsicher. Als beste Bestimmung [18], [19] gilt z. Zt.: SAB (rs)bc. Die Milchstraße ist also ein Zwischentyp normaler Art; sie besitzt mehr als zwei Spiralarme unterschiedlicher Helligkeit, die an einen Balken und inneren Ring ansetzen. In der Abb. 3.3 sind einige Galaxientypen abgebildet.

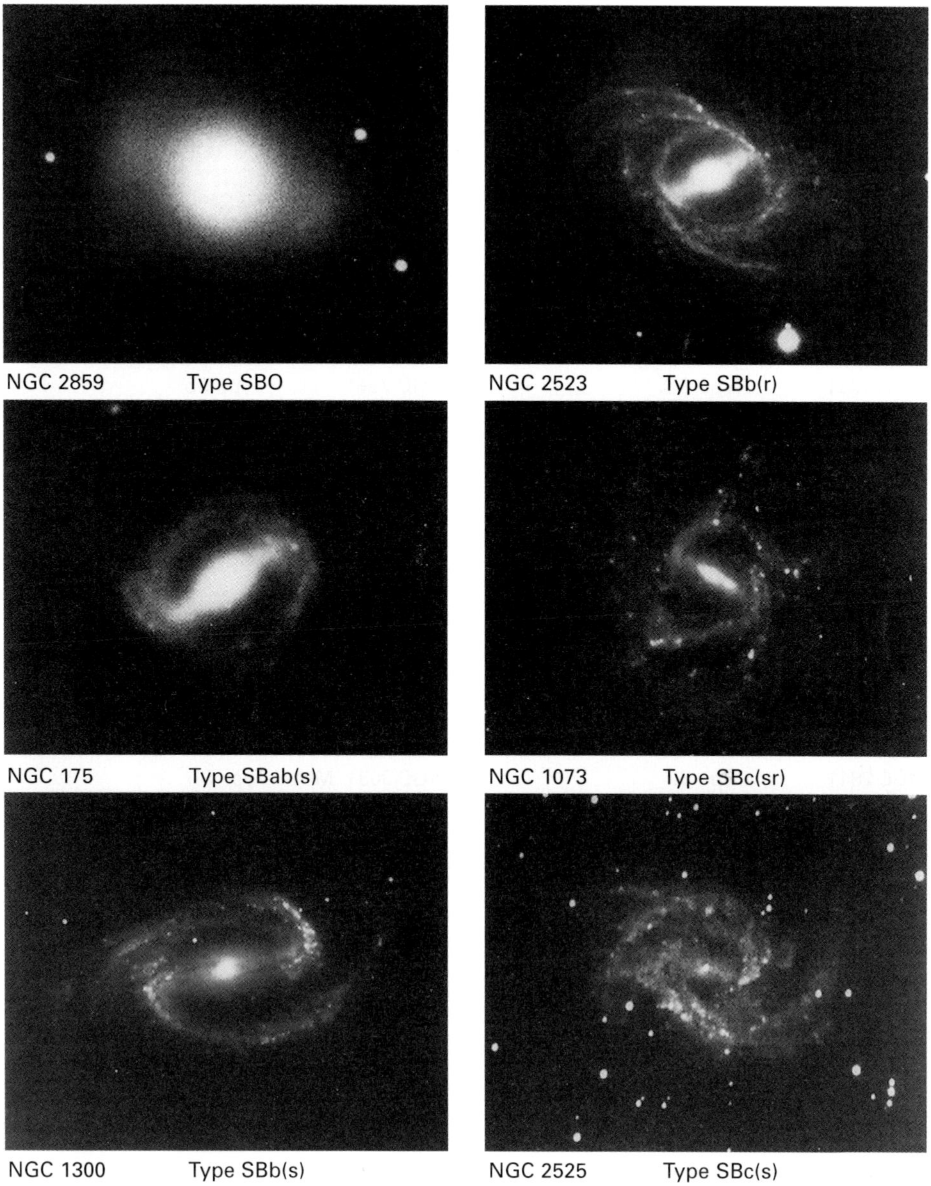

Abb. 3.3 Beispiele für Galaxientypen.
Aus: Fundamental Astronomy, H. Karttunen (Ed.), Springer, Heidelberg, 1987.

NGC 1201 Type SO

NGC 2841 Type Sb

NGC 2811 Type Sa

NGC 3031 M81 Type Sb

NGC 488 Type Sab

NGC 628 M74 Type Sc

Abb. 3.3 (Fortsetzung)

3.2.2 Zwerggalaxien

In der Leuchtkraftklassifikation L′ der Galaxien wird je nach der absoluten fotografischen Helligkeit zwischen *Überriesengalaxien* und *Zwerggalaxien* unterschieden. Jedes Klassifikationsintervall hat etwa die Breite einer Größenklasse. Die Helligkeit der Zwerggalaxien ist somit nur ein hundertstel so groß wie die der Überriesengalaxien. Wir wissen heute, daß Zwerggalaxien der bei weitem am häufigsten vorhandene Typ von Sternsystemen im Universum sind. Die überwiegende Mehrzahl bleibt jedoch bis auf besonders nahe gelegene Systeme unbeobachtbar. Demzufolge sind Zwerggalaxien in allen Galaxienkatalogen nur sehr spärlich vertreten. Dies umso ausgeprägter, je geringer ihre Flächenhelligkeiten und je unausgeprägter sie sind. In einer operationalen Definition werden Galaxien mit einer absoluten Helligkeit im Blauen schwächer als − 16 mag als Zwerggalaxien bezeichnet [20].

Man unterscheidet drei Klassen.

1. **Elliptische Zwerggalaxien** (dE) sind charakterisiert durch die Abwesenheit von Sternen heller als $\tilde{M}_{\text{Blau}} = -1.5$ mag, fast vollständiger Abwesenheit von neutralem Wasserstoff und zentraler Symmetrie der elliptischen Isophoten. Nach ihrer Anzahl in der Milchstraßenumgebung scheinen sie sehr häufig vorzukommen. Sie können etwa bis zu einer Entfernung von 400 kpc in Einzelsterne aufgelöst werden.[2]
2. **Irreguläre Zwerggalaxien** (dIm) beherbergen helle blaue Sterne (ihre hellsten liegen etwa bei − 8.5 mag), beträchtliche Beträge von neutralem Wasserstoff und häufig auch *HII-Gebiete*. Sie sind leichter entdeckbar als dE-Systeme und bis in 25mal größere Entfernungen in Einzelsterne auflösbar. Die scheinbar größere Häufigkeit der dIm-Zwerge gegenüber den dE-Zwergen ist offenbar beobachtungstechnisch bedingt. Die Klasse der Zwergspiralen ist nur im Bereich d, m besetzt, d. h. unter den leuchtkraftschwachen Galaxien sind bisher keine regulären Spiralsysteme

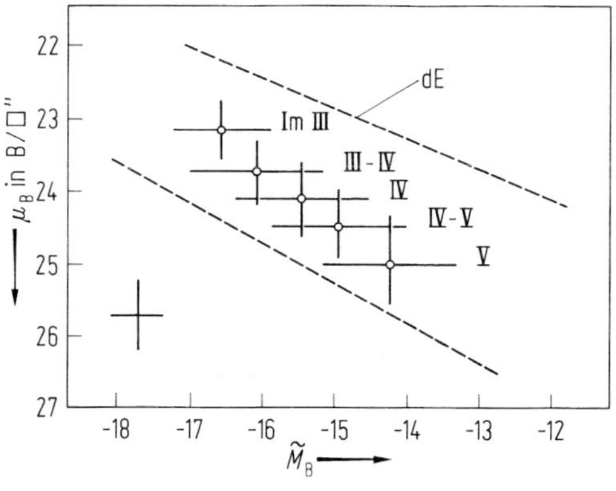

Abb. 3.4 Flächenhelligkeit μ (B mag/arc s^2) und absolute Helligkeit für Zwerggalaxien Im. Die gestrichelten Linien begrenzen den Bereich der dE-Galaxien [22].

[2] 1 Kiloparsec (kpc) = $30.857 \cdot 10^{18}$ m

vom Typ Sa, Sb, Sc gefunden worden. Es scheint daher so, daß Galaxien schwächer als $\tilde{M}_{\text{Blau}} = -16$ mag generell keine großräumig geordnete Spiralstruktur haben können. Sd-, Sm-Systeme haben zunehmend chaotischere Struktur und ähneln mehr den irregulären Galaxien. Solche Systeme gibt es auch schwächer als -16 mg. In Abb. 3.4 ist der Zusammenhang zwischen der absoluten Helligkeit und der Flächenhelligkeit für Im-Systeme der Leuchtkraftklassen III bis V dargestellt. Die Leuchtkraftklassen wurden morphologisch gemäß der Flächenhelligkeit bestimmt. Die Grenzlinien für dE-Zwerge umschließen völlig das Gebiet der Im's. Die Stichprobe entstammt dem *Virgo-Galaxienhaufen* [22].

3. **Extragalaktische HII-Gebiete.** Es handelt sich um Zwerggalaxien mit aktiver Sternentstehung. Ihr Gasanteil beträgt 20 bis 40% der Gesamtmasse; sie sind von starken Ionisationsquellen (Sternentstehungsgebieten) durchsetzt. Die Emissionsgebiete haben Durchmesser von 0.2 bis 1 kpc. Die dadurch bedingten großen Flächenhelligkeiten führten auch zu der Bezeichnung *blaue kompakte Zwerggalaxien* (BCD). Dieser Zwerggalaxientyp entspricht bis auf die hohe Sternentstehungsrate den Im-Systemen. Sternentstehungsausbrüche sind die Ursache für die optisch so dominant hervortretenden HII-Gebiete.

3.2.3 Wechselwirkende Galaxien

Galaxien schließen sich zu neuen Einheiten höherer Ordnung zusammen. Wir beobachten Doppel- und Mehrfachsysteme (bis zu 10 Galaxien), Galaxiengruppen (10–100 Mitglieder) und Galaxienhaufen mit mehr als 100 Einzelsystemen. Die Dichteverteilung in den Galaxienhaufen läßt darauf schließen, daß Haufen durch Gravitationskräfte zusammengehalten werden.

Milchstraße und Andromedanebel bilden mit ihren kleinen Begleitgalaxien die sogenannte *Lokale Galaxiengruppe*. Als begrenzender Radius (von der Milchstraße aus gerechnet) werden 1.5 Mpc angegeben. Die beiden dominierenden Galaxien sind von einem Schwarm Zwerggalaxien umgeben. Insgesamt zählt man 30 Galaxien zur lokalen Gruppe; es sind 12 elliptische Zwergsysteme, 11 Im's der Leuchtkraftklasse V. Die restlichen 7 sind die drei großen Spiralen (*Milchstraße*, NGC 224 = Messier 31 = *Andromedanebel* und NGC 598), die *Große Magellansche Wolke* (SBdm), IC 5152 (Sdm) und die beiden elliptischen Galaxien NGC 205 (S0/E5 pekuliar) und NGC 221 (E2). Die Milchstraße hat 9 Satellitengalaxien. Beim Andromedanebel sind bisher 7 entdeckt. Berücksichtigt man Abschattungseffekte, so wären 40 bis 60 Zwergsysteme um die beiden Hauptgalaxien zu erwarten, die eine absolute Blauhelligkeit schwächer als -14 mag haben müßten. Unsere Galaxiengruppe kann als Teil eines lokalen Filamentes zwischen anderen benachbarten Galaxiengruppen und Galaxienhaufen angesehen werden.

Abgesehen von ganz wenigen einzelstehenden Sternsystemen, genannt *Feldgalaxien*, werden Galaxien untereinander *Gezeitenwechselwirkungen* erleiden, wenn sie in Gruppen und Haufen eng beieinander stehen [23], [24], [25]. Die Zeitskalen zwischen zwei nahen Begegnungen von Galaxien im Innenbereich eines typischen Galaxienhaufens lassen sich leicht abschätzen. Die Begegnungswahrscheinlichkeit 1 ist das Produkt aus Galaxienquerschnitt πr^2, der Anzahldichte n der Galaxien im Haufen, der mittleren Geschwindigkeit $\langle v \rangle$ und der Zeit τ zwischen zwei Begegnungen

$$\pi r^2 n \langle v \rangle \tau = 1 \quad \text{oder} \quad \tau = (\pi r^2 n \langle v \rangle)^{-1} .$$

Mit $\langle v \rangle = 1500$ km/s, $n = 10^3/\text{Mpc}^3$ und $r = 10$ kpc mittleren Galaxienradius, wird $\pi r^2 = 3 \cdot 10^{45}\,\text{cm}^2$ und $\tau = 2 \cdot 10^9$ Jahre. Genaue Rechnungen liefern noch kürzere Zeiten. Jede Galaxie in einem Galaxienhaufen hat also bei einem Kosmosalter von $2 \cdot 10^{10}$ Jahren bis zu 10 nahe Begegnungen oder Zusammenstöße erfahren. Was geschieht bei solchen Wechselwirkungen? Wir vergleichen hierzu den effektiven Querschnitt aller Sterne σ_* mit dem aller Gasatome σ_g

$$\sigma_* = N \pi r_*^2 = 1.2 \cdot 10^{33}\,\text{cm}^2 , \quad N = 4 \cdot 10^{12}\,\text{Sterne} , \quad r_* = 10^{10}\,\text{cm} .$$

Der Atomquerschnitt ist $\pi r_A^2 = 10^{-16}\,\text{cm}^2$, die Wasserstoffatommasse $m_H = 1.7 \cdot 10^{-24}$ g und der Gasanteil in einem Sternsystem $M_g = 4 \cdot 10^{10} M_\odot$; somit wird

$$\sigma_g = \frac{M_g}{m_H} 10^{-16} = 5 \cdot 10^{51}\,\text{cm}^2 ,$$

also ist $\sigma_* \ll \sigma_g$ und $\sigma_g \gg \pi r^2$; dies bedeutet, die Sterne stoßen sich gar nicht, während sich das Gas immer stößt. Bei direkter Begegnung wird das Gas aus den Galaxien herausgefegt und damit die Sternentstehung unterbrochen. Der Sterninhalt dagegen wird durch die Gezeitenkräfte verzerrt und umgeschichtet. Einzelsternzusammenstöße sind extrem unwahrscheinlich.

Gezeitenwechselwirkungen erzeugen eine Vielzahl von neuen morphologischen Strukturen wie Galaxienschweife, Galaxienbrücken, Doppelschweife, Verwölbungen und Symmetriestörungen. Bei genauerer Unterteilung lassen sich 10 verschiedene Grundtypen [26] morphologischer Abweichungen auflisten, die *Symmetriestörungen* der Sterne und/oder der Gas- und Staubverteilungen beschreiben.

Um wesentliche Strukturänderungen bei Vorbeigängen oder Kollisionen zu erzeugen, müssen die Objekte von vergleichbarer Masse sein, ein gravitativ gebundenes System darstellen und sich bis auf einen gegenseitigen Abstand (R) nähern, der von gleicher Größenordnung ist, wie die Summe der Systemdurchmesser ($4r$). Gezeitenkräfte beruhen auf Differenzbeschleunigungen Δb. Sei die Beschleunigung der Sterne im System I durch die Störgalaxie II der Masse M

$$b_{St} = GMR^{-2}$$

und die Beschleunigung des Systems I insgesamt

$$b_I = GM(R + r)^{-2} ,$$

so wird

$$\Delta b = b_{St} - b_I = GM(R^{-2} - (R + r)^{-2}) .$$

Eine Reihenentwicklung für $r \ll R$ liefert

$$(r + R)^{-2} = R^{-2} - 2rR^{-3} + \cdots .$$

Somit wird die Störbeschleunigung

$$\Delta b = 2GMrR^{-3} .$$

Abb. 3.5 Ringgalaxie AM 0644-741, als Beispiel für ein durch Gezeiten gestörtes Sternsystem. Zwei Galaxien haben sich in einem fast zentralen Stoß durchquert (Europäische Südsternwarte).

Sie nimmt mit der 3. Potenz der Entfernung ab; effektiv wirkende Gezeitenwechselwirkungen finden nur bei nahen Vorbeigängen statt. In Abb. 3.5 ist eine gezeitengestörte Galaxie, die Ringgalaxie AM0644-741, abgebildet.

3.2.3.1 Dynamische Reibung und verschmelzende Galaxien

Die Summenwirkung vieler Zweikörper-Wechselwirkungen läßt sich als dynamische Reibung beschreiben, die die Bewegung der Systeme beeinflußt. Galaxien, die aneinander vorbeilaufen oder sich durchdringen, erzeugen jeweils im anderen System oder hinter sich eine positive Dichtestörung. Diese hat ihre Ursache in den auf die Sterne ausgeübten Anziehungskräften. Diese Dichtestörung wiederum erzeugt eine statistisch signifikante Abweichung in der Potentialverteilung, verursacht also eine negative Beschleunigung in dem jeweiligen Galaxiensystem relativ zu dem jeweiligen Bezugssystem der Sterne. Der Erhalt des Energiegleichgewichts führt zu einer Abnahme der gegenseitigen Systemgeschwindigkeiten und zu einer Vergrößerung der individuellen Sterngeschwindigkeiten, um eine neue Gleichverteilung zu erreichen. Dynamische Reibung hat also die Energieverringerung von geordneter kollektiver Bewegung zur Folge; Sternsysteme bremsen einander ab, beginnen sich anzunähern und vergrößern dabei ihre innere kinetische Energie.

Zwei identische sphärisch symmetrische Galaxien der Masse M laufen mit der Geschwindigkeit v in einer Frontalkollision aufeinander zu. Die Gesamtenergie E eines jeden Systems in großer Entfernung voneinander ist

$$E = Mv^2 + 2(\tilde{T} + W);$$

hierbei ist $\tilde{T}$ die interne kinetische und W die potentielle Energie. Im Augenblick der maximalen Durchdringung schreiben wir für die Gesamtenergie

$$E' = Mv^2 + 2(\tilde{T} + \Delta\tilde{T}) + W'.$$

W' ist die potentielle Energie der beiden Systeme und $\Delta\tilde{T}$ die Änderung der inneren Energie. Der Erhalt der Gesamtenergie erfordert

$$2\Delta\tilde{T} + W' = 2W.$$

Für das Verhältnis der Zunahme von innerer und potentieller Energie ergibt sich

$$\frac{2\Delta\tilde{T}}{|W'|} = 1 - \frac{2W}{W'}.$$

Bei annäherndem Erhalt der sphärischen Symmetrie haben wir

$$W' \leq 4W$$

und somit

$$\frac{2\Delta\tilde{T}}{|W'|} \leq 0.5.$$

Genauere Rechnungen weisen diesen Betrag der Energieübertragung als obere Grenze aus.

Nach Begegnungen in größeren Entfernungen voneinander sind Geschwindigkeit v_n und Energie der Systeme

$$Mv_n^2 + 2(\tilde{T} + \Delta\tilde{T} + W).$$

Die kinetische Bewegungsenergie des Systems wird also kleiner

$$Mv_n^2 = Mv^2 - 2\Delta\tilde{T} = Mv^2 + \frac{W'}{2} \approx Mv^2 + 2W.$$

Definieren wir eine Einfanggeschwindigkeit v_e von gleicher Größe wie $v = v_f = 0$ (v_f ist die Fluchtgeschwindigkeit). Befindet sich das System daher im Grenzbereich von gebundenem zu ungebundenem Zustand, so haben wir

$$v_e^2 = 2\frac{\Delta\tilde{T}}{M} = -\frac{2W}{M}.$$

Liegt die ursprüngliche Geschwindigkeit bei $v \approx v_e$, so ist der wechselseitige Einfang zu einem lose gebundenen System möglich. Ist dieser lose gebundene Zustand einmal erreicht, werden wiederholte Vorbeigänge die Bahnenergie weiter mindern und die beiden Galaxien können zu einem System verschmelzen.

Gezeitenwechselwirkung und dynamische Reibung führen zum *Verschmelzen von Systemen*; eingefangene Zwergsysteme werden sich in massenreichen Systemen auflösen, Systeme gleicher Masse werden ihre Kernbereiche bewahren. In Galaxienhaufen sind solche Vorgänge häufig, denn die relative Größe einer Haufengalaxie im Vergleich zur Entfernung ihres nächsten Nachbarn ist 1/5 in der Zentralregion reich bevölkerter Galaxienhaufen. Galaxien können also nicht während ihrer gesamten Lebensdauer als abgeschlossene Systeme betrachtet werden; Galaxieneigenschaften sind von der Galaxienumgebung abhängig. Die überleuchtkräftigen, überriesigen elliptischen Galaxien in den Zentren der Galaxienhaufen – cD Systeme – haben ihre herausragenden Eigenschaften durch solche Verschmelzungsprozesse erworben.

3.2.4 Sondertypen

Eine normale Galaxie kann als Mittelwert vieler ähnlicher Sternsysteme operational definiert werden. Abweichungen von dieser Normalität werden dann als Sonderfälle behandelt. Diese Abweichungen können morphologischer Art sein; die wechselwirkenden Galaxien, mit starken Gezeitenstörungen, sind hierfür ein Beispiel. Die Abweichungen können jedoch auch die spektrale Energieverteilung betreffen. Verstärkte Sternentstehung durch Gezeitenwechselwirkungen kann ebenfalls Abweichungen in den spektralen Energieverteilungen hervorrufen.

Der gegenüber einer Normalgalaxie festgestellte spektrale Strahlungsüberschuß wird als Röntgen-, Ultraviolett-, Infrarot- oder Radiostrahlungs-Exzeß gemessen. Diese Überschüsse können oft in bestimmten Bereichen einer Galaxie lokalisiert werden. Galaxien mit starker Aktivität aus dem Kernbereich sind *Quasare* und *Seyfert-Galaxien*. Bei *Radiogalaxien* kann diese Strahlung sowohl aus den Kernen wie auch aus den ausgedehnten Hüllen oder Materieauswürfen stammen. Die Übergänge sind hierbei fließend, sowohl bei der emittierten Strahlung, wie auch bei der Sondertypeneinteilung.

Bei einer normalen Galaxie ist die Strahlung im wesentlichen die Summenstrahlung der Sterne (Absorptionsspektrum), modifiziert und ergänzt durch Absorption und Emission aus Strahlungsprozessen des interstellaren Mediums. Die Kernbereiche aktiver Galaxien zeigen im Gegensatz hierzu in den Spektren verbotene, extrem verbreiterte Emissionslinien und starke Kontinuumsstrahlung. Ihr Strahlungsausstoß ist außerdem in allen Wellenlängen zeitlich variabel.

Die Vielfalt der Sondertypen sind das Ergebnis der unterschiedlichsten Durchmusterungsverfahren; benützte Auflösungen ausgewählter Spektralbereiche lieferten zunächst Galaxienkataloge, die die verschiedensten abweichenden Galaxieneigenschaften betonten. Erst die synoptische Zusammenschau aller Eigenschaften über alle Wellenlängen hinweg erlaubte es, ein einheitliches Modell von Galaxienaktivität zu entwickeln und die spektralen und morphologischen Besonderheiten verstehen und einzuordnen zu lernen. Generell bedeutet *Aktive Galaxie* gegenüber *Normaler Galaxie* durch einen Strahlungsüberschuß ausgezeichnet zu sein. Der gesamte spektrale Energieausstoß ($\tilde{E}_{\text{total}}$) wird also den Emmissionsmechanismus charakterisieren können.

Man mißt die abgestrahlte Leistung (L = Leuchtkraft) und kann mit Hilfe einer Abschätzung der Lebensdauer (t_L) des Emissionsprozesses $\tilde{E}$ berechnen. Die Hauptschwierigkeit liegt in der Abschätzung von t_L. Normale Galaxien setzen innerhalb von 10^{10} Jahren rund 10^{62} erg um (1 erg = 10^{-7} J). Quasare, Radiogalaxien und Seyfertgalaxien schaffen dies in 10^6 bis 10^7 Jahren. Kosmisch gesehen kann ein Energieausstoß von 10^{60} bis 10^{62} erg innerhalb von 10^6 bis 10^7 Jahren als explosives Ereignis angesehen werden. Die Aktivitätsphänomene der Galaxien zehren also von ganz anderen Energiespeichern und Prozessen als die stetig brennende Kernfusion in den Sternen normaler Sternsysteme.

Galaxienkerne, die durch ihren Energieausstoß die Galaxiensondertypen entstehen lassen, zeigen Aktivität in vielerlei Formen und in allen Wellenlängenbereichen. Sie verursachen das Aktivitätsphänomen auf Längenskalen über mehrere Zehnerpotenzen. In Abb. 3.6 sind diese Skalen und die verschiedenen Aktivitätsformen zusammengestellt.

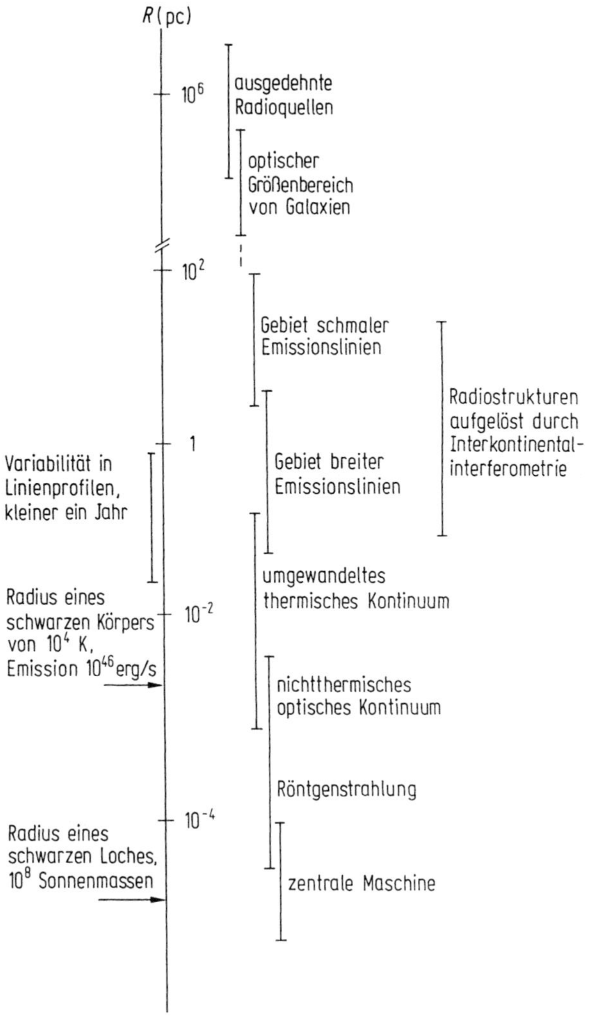

Abb. 3.6 Aktivitätsformen eines galaktischen Kerns und die zugehörige Längenskala.

Die zentrale Maschine ist in allen aktiven Galaxienkernen stets die gleiche – ein *Schwarzes Loch*. Sein Energieausstoß kann auf verschiedene Arten und Weisen umgewandelt und modifiziert werden, je nach den Besonderheiten in den galaktischen Kernbereichen. Zusammen mit Vorläuferzuständen oder Abklingphasen des Energieausstoßes ist so der Zoo aktiver Galaxien einer Ordnung zugänglich (vgl. Abschn. 3.7).

3.3 Der Aufbau der Galaxien

Das meistverbreitete System zur Angabe der scheinbaren integralen Helligkeit der Galaxien ist das B-System mit einer isophoten Wellenlänge von 435 nm. Die Photometrie von ausgedehnten Objekten liefert Informationen über die Intensitätsverteilung $\tilde{I}(r, \theta)$ im projizierten Galaxienbild (Galaxienradius r, Azimutwinkel θ). Die Gesamtintensität ist

$$I = \int_0^{2\pi} \int_0^{\infty} \tilde{I}(r, \theta) r \, \mathrm{d}r \, \mathrm{d}\theta$$

und die Gesamthelligkeit (absolute Helligkeit bei bekannter Entfernung)

$$\tilde{M} = -2.5 \lg (I/I_0) .$$

Die Intensitätsverteilung $\tilde{I}(r)$ (in beliebigen Wellenlängen) und die sich daraus ergebende Gesamthelligkeit sind Schlüsselwerte für die Untersuchungen des Galaxienaufbaues.

Die Helligkeitsverteilung bestimmt den Galaxienradius r, der operational definiert wird durch die Helligkeitsisophote $\mu_\mathrm{B} = 25.0 \,\mathrm{mag/arc\,s^2}$; sie entspricht einer Flächenhelligkeit von 1/10 über der Nachthimmelshelligkeit. Auf den fotografischen Himmelsdurchmusterungen des Palomarobservatoriums und der Europäischen Südsternwarte ist dies etwa der auf den Blauaufnahmen gerade noch entdeckbare scheinbare Galaxiendurchmesser.

Die gemessenen scheinbaren Durchmesser sind eine Funktion der *Galaxienneigung*. Galaxien, die mehr von der Kante gesehen werden, besitzen größere scheinbare Durchmesser. Die endliche Dicke der Scheibe verursacht einen längeren optischen Weg und daher bei festgehaltenem Radius eine größere Flächenhelligkeit. Verfahren zur Korrektur dieses Effektes sind in [4] angegeben; die empirisch abgeleitete Beziehung hierfür hat die Form

$$\lg D(0)_{25} = \lg (a/a_0) - 0.4 \lg (a/b)$$

(a, b scheinbare große und kleine Achse). $D(0)_{25}$ ist der auf die 25er-Isophote normierte Durchmesserwert der aufgerichteten ($i = 0°$) Galaxie.

3.3.1 Galaxiendurchmesser und Elliptizität

Aus den gemessenen scheinbaren photometrischen Durchmessern ergeben sich die wahren Durchmesser, wenn die Entfernung bekannt ist. Da Galaxienentfernungen mit relativ großen Fehlern behaftet sind, liegen die Fehler linearer Durchmesserangaben bei etwa 10 bis 20% für die näheren Galaxien. Der Bereich der linearen Durchmesser liegt zwischen 0.1 und 60 kpc. Den verschiedenen Galaxientypen müssen unterschiedliche Durchmesser zugeordnet werden:

Elliptische und S0-Systeme:	10–50 kpc
Spiralsysteme:	10–30 kpc
Irreguläre Systeme:	5–20 kpc
Zwergsysteme:	0.1–10 kpc

Zwischen der absoluten Helligkeit $\tilde{M}$ einer Galaxie und ihrer wahren großen Achse A (gemessen in pc) besteht eine gute Korrelation [27]

$$\tilde{M} = -6.0 \lg(A/\mathrm{pc}) + 7.14 \,.$$

Die äußere Form eines Sternsystems ermöglicht einen ersten Zugang zur inneren Struktur. Aussagen über die Elliptizität von Galaxien bilden daher eine der Grundlagen für die Theorie der Kinematik und Dynamik von Sternsystemen. Elliptische Galaxien scheinen der einfachste Galaxientyp zu sein; sie sind der natürliche Ausgangspunkt für allgemeine Untersuchungen. Hinzu kommt, daß das Herz jeder Scheibengalaxie ein kleines ellipsoidisches System – der *Zentralkörper* (bulge) – ist. Um den Zentralkörper hat sich die Scheibe, die jetzt die Helligkeitsverteilung dominiert, aufgebaut. Ellipsoidische Strukturen lassen sich beim größten Teil der leuchtenden kosmischen Materie feststellen. Es sind in der Regel keineswegs abgeplattete, isotrope Rotatoren, sondern dreiachsige Stern- und Gaskonfigurationen.

Der von den drei Halbachsen $a \geq b \geq c$ aufgespannte Strukturraum, das *Ellipsoidenland* (Abb. 3.7), wird vom Dreiachsigkeitsparameter

$$Q = \frac{1 - b^2/a^2}{1 - c^2/a^2}$$

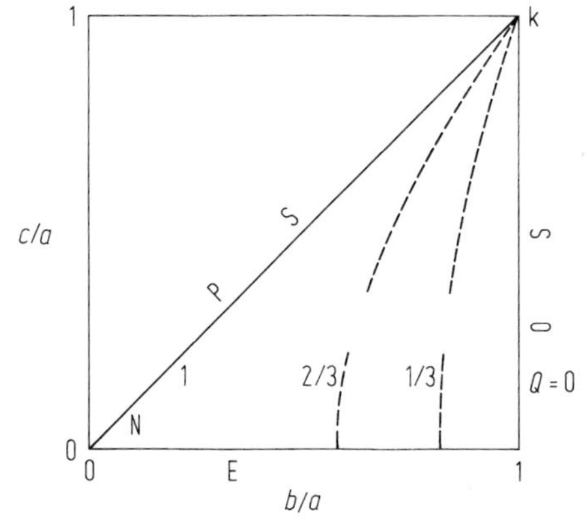

Abb. 3.7 Die Achsenverhältnisse b/a und c/a für dreiachsige Ellipsoide. Die gestrichelten Linien entsprechen konstanter Dreiachsigkeit Q; Abgeflachte Sphäroide haben $Q = 0$, gestreckte Sphäroide $Q = 1$. P-S sind gestreckte Sphäroide, O-S abgeflachte Sphäroide, N bedeutet Nadel, E elliptische Scheibe, K Kugel.

unterteilt, wobei Grenzfälle spezielle Namen tragen. Die *abgeplatteten Sphäroide* sind die bisher in der Literatur am häufigsten diskutierten Objekte. Die wahren Achsengrößen werden in der Regel durch Projektionseffekte verstellt; mit der vereinfachenden Annahme $A = a =$ wahre große Systemachse, $b =$ scheinbare kleine Achse (Projektion) und $c =$ wahre kleine Achse des abgeflachten Sphäroids und zufällige Orientierung der Drehachsen, kann die Häufigkeitsverteilung der wahren Elliptizitäten q_0 sphäroidaler Systeme ($e =$ Exzentrizität)

$$e = 1 - \frac{c}{a} = 1 - q_0$$

aus der beobachteten Häufigkeitsverteilung der scheinbaren Elliptizitäten

$$1 - \frac{b}{a} = 1 - q\,; \quad \sin i = \frac{b}{a}$$

berechnet werden. Für Rotationsellipsoide ist dann der Neigungswinkel i zwischen Systemgrundebene und Tangentialebene an der Himmelssphäre

$$\cos^2 i = \frac{q^2 - q_0^2}{1 - q_0^2}\,.$$

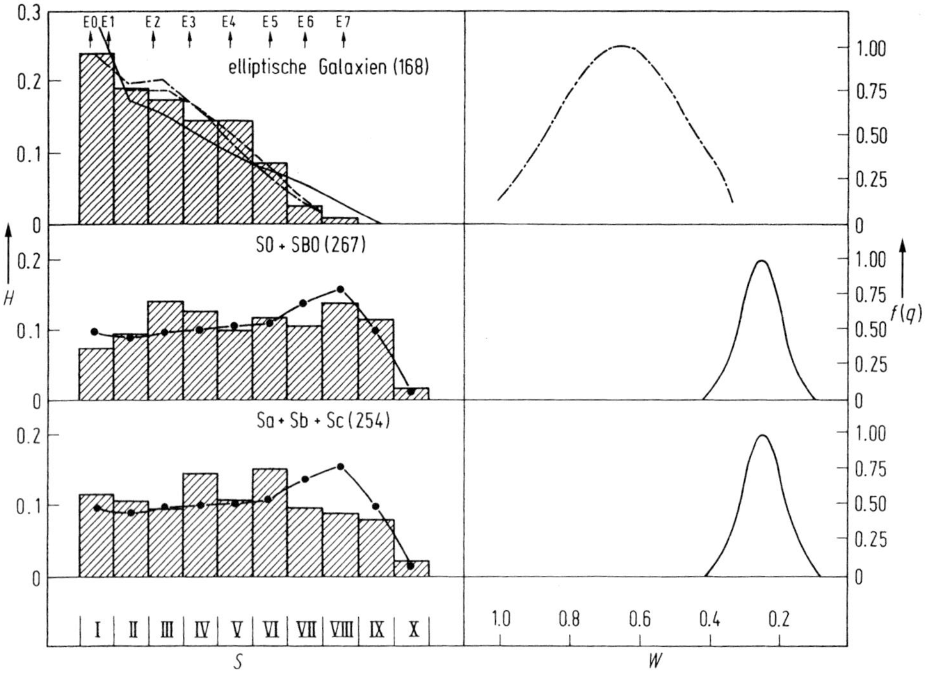

Abb. 3.8 Häufigkeitsverteilung der gemessenen scheinbaren (s) Achsenverhältnisse und der wahren (w) Achsenverhältnisse [29]. H: Häufigkeit, $f(q)$: Häufigkeitsverteilung der wahren Elliptizitäten q_0.

Die Verteilung der wahren Elliptizitäten bei den E-Galaxien ist nicht bis zu Werten $q_0 \geq 0.3$ gleichförmig. Völlig sphärische Systeme mit $q_0 = 1$ sind selten. Das scharfe Abbrechen bei E7 deutet auf die Nichtexistenz von extremen Abplattungen hin, die bei den Spiralsystemen vorkommen.

Der Mittelwert liegt bei $q_0 = 0.64$. Linsenförmige Systeme ($T = -3$ bis -1) sind stärker abgeflacht als E-Galaxien, wobei zwei Gruppen festgestellt werden können mit $q_0 = 0.25$ ($= 90\%$) und $q_0 = 0.6$ (10%). Bei den Spiralgalaxien von S0 bis Sm ist $\langle q_0 \rangle = 0.25$ (70%) und $q_0 = 0.6$ für 30% der untersuchten Fälle. q_0 nimmt entlang der Klassifikationssequenz von E nach S stetig ab. In Abb. 3.8 ist die Häufigkeitsverteilung der Achsenverhältnisse normaler Galaxien dargestellt. Eine Untersuchung bei Zwerggalaxien zeigt [30], daß elliptische und irreguläre Zwerggalaxien *dreiachsige Systeme* sind, während bei Zwergspiralen (Sd, Sm) abgeflachte *zweiachsige Strukturen* ($a = b$) überwiegen.

3.3.2 Farben und Leuchtkräfte

In den Sternsystemen ist die Farbe eine komplizierte Mischung aus dem vom Metallgehalt der leuchtenden Materie und dem Systemalter bestimmten Abstrahlungsprozessen. Farben, Farbgradienten und ihre Korrelation mit anderen Galaxieneigenschaften sind daher für Theorien der Galaxienbildung wichtig. E-Galaxien zeigen einen ausgeprägten Zusammenhang zwischen ihrer Leuchtkraft und Farbe [31]

$$\lg(L/L_0) = 4.1\,(u - V)$$

(isophote Wellenlänge $u = 3500$ Å, $V = 5500$ Å). Die Zentralbereiche der Galaxien sind röter als ihre Außenbereiche; für typische Gradienten pro Zehnerpotenz im Radius findet man

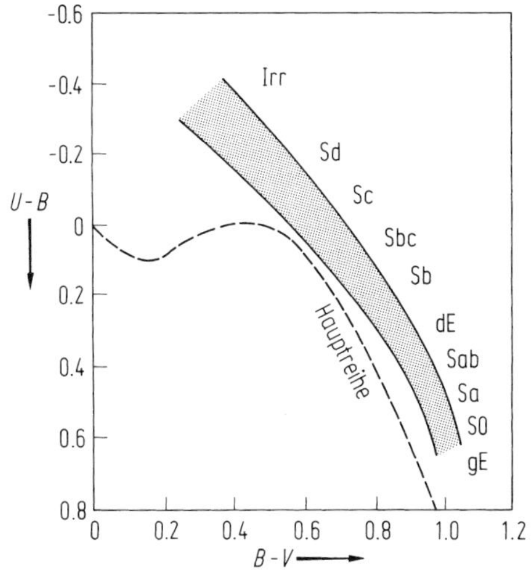

Abb. 3.9 Korrelation von Farbe und Galaxientyp [32]: $U = 3650$ Å, $B = 4400$ Å, $V = 5500$ Å.

$$\Delta(b-V) \approx -0.03\,\mathrm{mag}\,,$$
$$\Delta(u-V) \approx -0.10\,\mathrm{mag}$$

(isophote Wellenlänge $b = 4700$ Å); dies entspricht auf gleichen Skalen im Mittel einer Änderung des Metallgehalts um

$$[\text{schwere Elemente } (Z > 2)/H] \approx -0.2\,.$$

Farbgradienten in den Zentralkörpern von Spiralgalaxien sind etwa um eine Größenordnung stärker ausgeprägt als in elliptischen Systemen. Sie lassen sich als Gradienten der verschiedenen Sternpopulationen verstehen. Die Änderung der integralen Gesamtfarbe der Galaxien in (B-V) läuft von $+0.1$ mag (elliptische Systeme) nach $+0.4$ mag (irreguläre Systeme). In der Abb. 3.9 sind in einem Zwei-Farben-Diagramm die Galaxienfarben als Funktion des Typs aufgezeichnet. Zum Vergleich ist die Hauptreihe der Zwergsterne angegeben. Die Versetzung der Galaxienkurve hat ihre Ursache in den Überlagerungsspektren der Sternsysteme. Emmissionslinien in den Spektren verschieben die Kurve weiter in den blauen Farbbereich. Die Farbänderungen entlang der Klassifikationsabfolge hat ihre Ursache im Ausdünnen der jungen Sternpopulationen mit abnehmender Klassifikationsstufe. Der untere Bereich des Zwei-Farben-Diagramms wird von den roten Farben der Zentralkörper der Spiralen und den E- und S0-Systemen beherrscht.

Die *Flächenphotometrie* (photoelektrisch oder photografisch) liefert die Intensitätsverteilung in einem Wellenlängenband als Funktion des Galaxienradius. Aus der Integration der Intensitätsverteilung bis zu einem bestimmten Isophotenniveau ergibt sich die scheinbare Helligkeit. Extrapoliert man das Flächenhelligkeitsprofil bis zu kleinsten Werten, erhält man eine Näherung für die scheinbare Gesamthelligkeit. Die Reduktionsverfahren sind technisch aufwendig und enthalten viele Einzelkorrekturen, bis einheitlich normierte Werte vorliegen [4].

Um die absolute Helligkeit und Leuchtkraft festzulegen, muß bekannt sein: die scheinbare Helligkeit, die Entfernung, die Absorption in unserem eigenen Sternsystem und die *K-Korrektur*. Diese Korrektur berücksichtigt die Verschiebung des Wellenlängenbandes aufgrund der kosmischen *Rotverschiebung*. Die Eichung der Galaxienleuchtkraftklassen für Spiralen und irreguläre Systeme ist in Abb. 3.10 dargestellt. Für elliptische Systeme ist die Streubreite der Leuchtkräfte viel größer. Der mittlere Wert für die elliptischen Systeme in Galaxienhaufen liegt bei $\tilde{M}_{\mathrm{v}} = -23.3$; hierbei ist eine Hubblekonstante von 50 km/s/Mpc verwendet, um die Entfernung der Galaxie über die Rotverschiebung zu errechnen.

Aus den Helligkeitsisophoten kann das mittlere Leuchtkraftprofil einer Galaxie abgeleitet werden. Die sich ergebenden *Flächenhelligkeiten* und die *Leuchtkraftprofile* enthalten Informationen über den Galaxienaufbau. Die verschiedenen Komponenten eines Sternsystems sind aus dem Leuchtkraftprofil ableitbar. Damit können dynamische Modelle überprüft werden, denn diese Modelle machen Aussagen zur Flächenhelligkeit. Normale Galaxien erreichen eine zentrale Flächenhelligkeit im Bereich 15 bis 22 mag/arc s^{-2}.

Sei A die Fläche einer Isophote bestimmter Flächenhelligkeit; ihr mittlerer Radius ist

$$\bar{r} = \sqrt{\frac{A}{\pi}}\,,$$

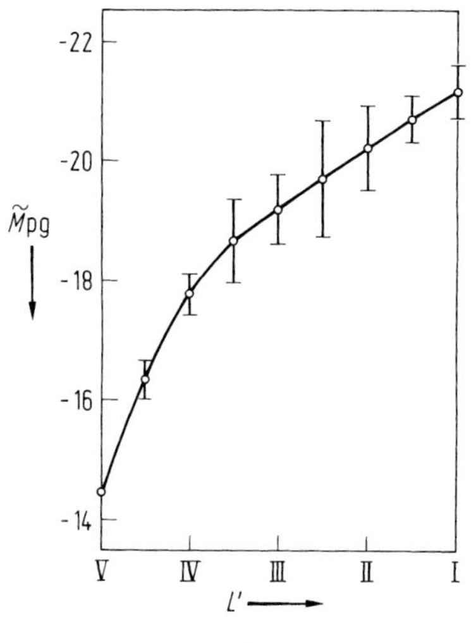

Abb. 3.10 Eichung der Galaxienleuchtkraftklassen: $\tilde{M}_{pg}$ ist die absolute photografische Helligkeit, die isophote Wellenlänge ist 4300 Å.

$I(\bar{r})$ gibt dann die mittlere Flächenhelligkeitsverteilung an. Betrachten wir zunächst elliptische Sternsysteme. In normalen elliptischen Systemen hängt die Flächenhelligkeit $I(\bar{r})$ im wesentlichen vom Radius ab und folgt der empirischen Formel

$$\lg\left(\frac{I(\bar{r})}{I_e}\right) = -3.33\left(\left(\frac{\bar{r}}{r_e}\right)^{\frac{1}{4}} - 1\right).$$

Die Konstante ist so gewählt, daß die Hälfte des Gesamtlichtes innerhalb r_e der Galaxie liegt, die dort eine Flächenhelligkeit I_e besitzt; r_e und I_e werden aus Beobachtungen abgeleitet. Gl. (3.1) und (3.2) geben die an die Sphäre projizierte Helligkeitsverteilung an. Die wahre dreidimensionale Leuchtkraftverteilung $\varrho(R)$ in einer Galaxie läßt sich durch Inversion ermitteln; am einfachsten ist dies bei sphärischen Systemen. Mit z der Tiefenerstreckung und R der radialen Koordinate an der Sphäre gilt $z^2 = R^2 - r^2$ und

$$I(\bar{r}) = \int\limits_{-\infty}^{+\infty} \varrho(R)\,\mathrm{d}z\,.$$

Der Wechsel der Integrationsvariabeln führt zur *Abelschen Integralgleichung*

$$I(r) = 2\int\limits_{r}^{+\infty} \varrho(R)\,R\,(R^2 - r^2)^{-\frac{1}{2}}\,\mathrm{d}R$$

mit der Lösung für die Leuchtkraftverteilung

$$\varrho(R) = -\frac{1}{\pi}\int\limits_{R}^{\infty} \frac{\mathrm{d}I}{\mathrm{d}r}\,(r^2 - R^2)^{-\frac{1}{2}}\,\mathrm{d}r\,.$$

Substitution des beobachteten $I(\bar{r})$-Verlaufes liefert die wahre Leuchtkraftverteilung $\varrho(R)$.

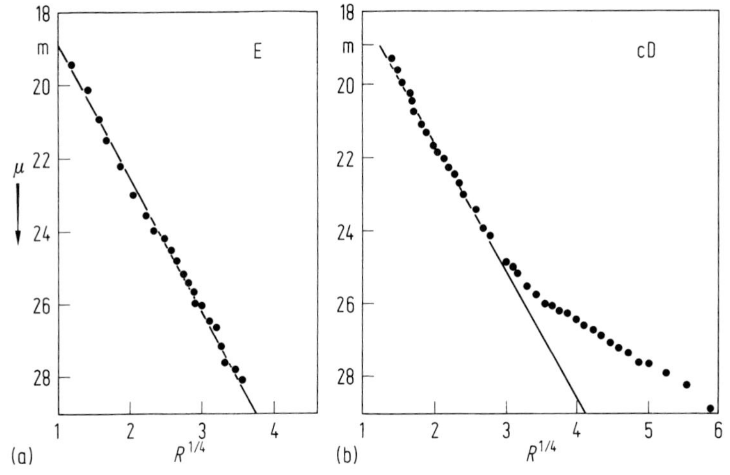

Abb. 3.11 Verlauf der Flächenhelligkeit μ (a) in einer E- und (b) in einer cD-Galaxie [34]: μ in mag/arc s^2, R (Radius/kpc)$^{1/4}$.

In Abb. 3.11 ist die Flächenhelligkeit für eine E- und eine überriesige E-Galaxie (cD-System) gezeigt, wie sie in Zentren von Galaxienhaufen gefunden werden. Der Helligkeitsabfall für cD-Systeme erfolgt langsamer und entspricht einer Hülle; diese ausgedehnte Hülle hat vermutlich ihre Ursache in starken Gezeitenwechselwirkungen im Zentralbereich des Galaxienhaufens und im Aufsammeln von Haufenmaterie (verschluckte Zwergsternsysteme, Kühlströme).

Typische Werte für elliptische Systeme liegen bei $r_e = 1$ bis 10 kpc und $I_e = 18$ bis 21 mag/arc s^{-2}. Für dichte, kompakte Systeme hat man

$$19.5 \text{ mag(B) arc s}^{-2} < I_e < 21.5 \text{ mag(B) arc s}^{-2}$$

gefunden, dies entspricht 1200 bis 200 Sonnenleuchtkräften pro pc^2. Der Zusammenhang (Abb. 3.12) eines Helligkeitsparameters (I_e) und eines Längenparameters (r_e) ist ein wichtiger Hinweis auf die Struktur elliptischer Galaxien

$$r_e \sim I_e^{-0.83 \pm 0.08} \,.$$

Leuchtkräftigere Galaxien haben größere r_e-Skalenlängen und geringere I_e-Werte. Diese Korrelation und die Ähnlichkeit aller $I(\bar{r})$-Verläufe bei elliptischen Systemen läßt auf gleiche dynamische Zustände schließen.

Spiralgalaxien von der Kante und S0-Systeme zeigen deutlich zwei Strukturkomponenten: eine *Scheibe* und einen *Zentralkörper*. Der Zentralkörper variiert in seiner relativen Größe von dominierend bis verschwindend. Die Flächenhelligkeit der Scheibe hat die exponentielle Form

$$I(\bar{r}) = I_0 e^{-\alpha \bar{r}} \,. \tag{3.2}$$

I_0 ist die extrapolierte zentrale Flächenhelligkeit und α der inverse Wert der Skalenlänge; sie wird durch den photometrischen Gradienten $g(\bar{r})$

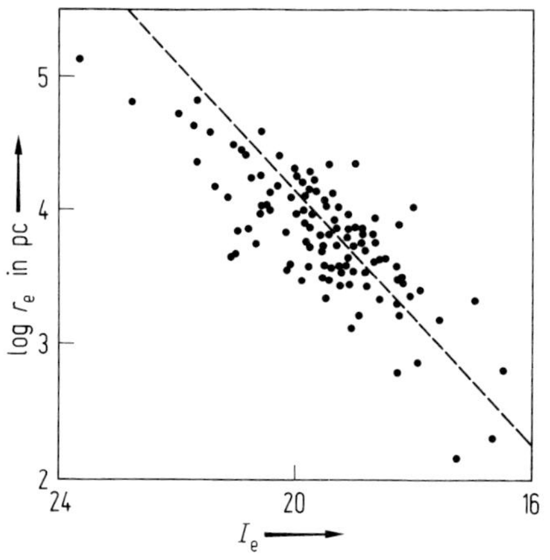

Abb. 3.12 Korrelation zwischen effektivem Radius r_e in pc und effektiver Flächenhelligkeit I_e in mag/arc s^2 bei elliptischen Galaxien [31].

$$g(\bar{r}) = \frac{\mathrm{d}(\lg I)}{\mathrm{d}r}, \quad g(\bar{r}) = 0.4343\,\alpha$$

festgelegt; für ein rein exponentielles Gesetz ist der effektive Radius

$$r_e = 1.6785\,a^{-1}.$$

Überraschenderweise ist I_0 für fast alle Systeme von gleicher Größe

$$B(0) = (21.65 \pm 0.3)\ \mathrm{B\,mag\,arc\,s}^{-2}.$$

$B(0)$ ist hier die extrapolierte Flächenhelligkeit des Galaxienzentrums. Der Wert entspricht 145 Sonnenleuchtkräften pro pc^2. Die Skalenlänge ist $2 \leq 1/\alpha \leq 10$ kpc für S0-Sbc-, jedoch immer kleiner als 5 kpc für Sc-Im-Galaxien. Oft sinkt das Leuchtkraftprofil bei sehr leuchtkräftigen Systemen unter das der projizierten exponentiellen Scheibe. Solche Systeme (Typ II) besitzen zusätzlich eine flache linsenförmige Komponente, die den zentralen Helligkeitsabfall verursacht. Für die Milchstraße findet man eine Gesamtleuchtkraft von $1.6 \cdot 10^{10}$ Sonnenleuchtkräften, ein $r_e = 5$ kpc und ein Leuchtkraftverhältnis zwischen Scheibe und Zentralkörper von 2 [35]. Die Abb. 3.13 zeigt sechs radiale Helligkeitsfprofile für Galaxien mit verschiedenen Verhältnissen von sphäroidaler und exponentieller Komponente; zum Vergleich ist die reine $r^{1/4}$ Verteilung ebenfalls angegeben.

Die Zentralkörper von Scheibengalaxien werden den elliptischen Systemen gleichgesetzt. Die Gleichheit betrifft Morphologie, Helligkeitsverteilung und Sterninhalt. Die physikalischen Unterschiede sind:

1. Die Zentralkörper sind im Mittel flacher als elliptische Galaxien; oft zeigen sie zentrale Einbuchtungen im Flächenhelligkeitsverlauf.
2. Zentralkörper sind diffuser; bei gleicher Leuchtkraft ist r_e größer und I_e kleiner.

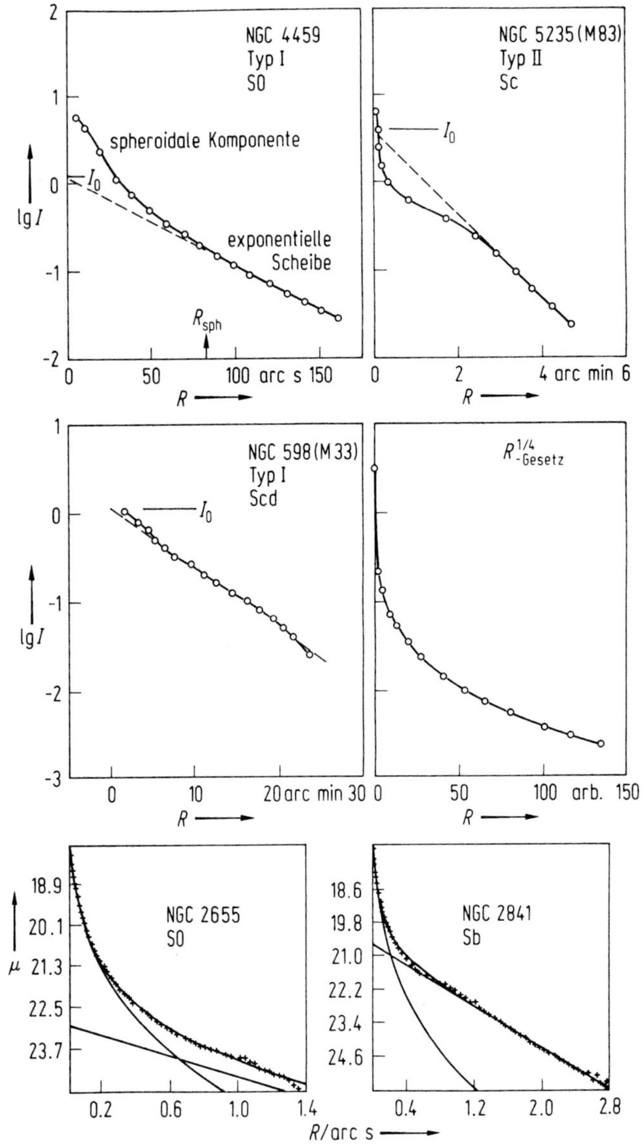

Abb. 3.13 Radiale Leuchtkraftprofile für verschiedene Scheibengalaxien [33], [38]. Typ II: Systeme mit zusätzlicher flacher linsenförmiger Komponente. Bei NGC 2655 und 2841 ist neben der Scheibe auch der Helligkeitsverlauf des Zentralkörpers mit angepaßt.

3. Zentralkörper rotieren schneller; sie scheinen durch Rotation abgeflachte Sphäroide zu sein, während E-Systeme dreiachsige Ellipsoide sind, die eine anisotrope Geschwindigkeitsverteilung stabilisiert.

Dieser dynamische Unterschied und die Gravitationswirkung der Scheibe auf die

Zentralkörper sind vermutlich die Ursache für die genannten photometrischen Unterschiede [31]. Die Helligkeitsverteilung in Balkenstrukturen von Scheibengalaxien folgen oft einem $r^{1/4}$-Gesetz. Die optisch stark hervortretenden Balken erweisen sich flächenphotometrisch als schwach ausgeprägte, den Scheiben eingelagerte, Strukturen. Das Leuchtkraftverhältnis Balken zur Gesamtleuchtkraft ist 0.15; Werte für den Quotienten aus Balkenhalbachse und Scheibenradius liegen bei 0.2. Scheiben zeigen in ihrer z-Erstreckung exponentielle Verläufe. Die vertikale Skalenhöhe liegt im Mittel bei 0.7 ± 0.2 kpc; große Abweichungen nach oben und unten sind möglich; dem wird mit der Bezeichnung dicke und dünne Scheiben Rechnung getragen [36], [37].

3.3.3 Interstellare Materie

Die Lichtverteilung in Galaxien ist die auffälligste und grundlegendste beobachtbare Eigenschaft; wesentlich ist sie durch die Sterne bestimmt. Die interstellare Materie, die diese Lichtverteilung durch Absorption und Emission beeinflußt, läßt sich am besten über ihre Radiostrahlung nachweisen.

Radiokontinuumsstrahlung bei 1415 MHz hat ihre Ursache in den relativistischen Elektronen, die den Zentralkörpern und Scheiben angehören. Die Quelle dieser Elektronen sind in der alten Sternpopulation zu sehen (*Supernovae*). 90% der gesamten Radiostrahlung werden aus der Scheibenkomponente emittiert. Die mediane Radioleistung der Scheibe ist der mittleren optischen Leuchtkraft der Galaxien proportional, unabhängig von der morphologischen Familie, jedoch abhängig von der Klassifikationsstufe. Das mittlere Größenverhältnis vom optischen zum Radioscheiben-Durchmesser ist für verschiedene morphologische Typen ähnlich, abgesehen bei Typen $T = 0, -1$ [39].

In der Linienstrahlung der 21-cm-Linie des atomaren Wasserstoffs (HI) wurden bisher die meisten Galaxien beobachtet; daraus lassen sich Massen und Verteilung des atomaren Wasserstoffs bestimmen; über den Dopplereffekt kann die Galaxienrotation ausgemessen werden. Die Ausdehnung der Wasserstoffscheibe erstreckt sich bis zum zweifachen des optischen Scheibenradius, mit großen Asymmetrien in der Flächendichte und im Geschwindigkeitsfeld. Galaxien mit ausgeprägten Zentralkörpern haben oft ein zentrales HI-Defizit. Die HI-Verteilung bei von der Seite beobachtbaren Systemen ist oft gegen den Rand hin, bezogen auf die optische Grundebene, verwölbt.

Neuen Zugang zu der interstellaren Materie der Galaxien lieferten die CO-Durchmusterungen ($\lambda = 2.6$ mm) und der im Infrarot (6 µm, 12 µm, 60 µm, 100 µm) arbeitende IRAS-Satellit [40], [41]. Molekulares Gas des interstellaren Mediums eignet sich sowohl dazu die Morphologie, wie den Entwicklungszustand galaktischer Scheiben zu bestimmen, denn Sterne bilden sich in den dichten *Molekülwolken*. Innerhalb dieser Wolken wird das Gas an die nächste Sterngeneration weitergegeben und die massenreichsten dieser jungen Sterne erzeugen den größten Teil der galaktischen Leuchtkraft. Die gemessenen CO-Leuchtkräfte sind zu den H_2-Massen proportional

$$\frac{N(\mathrm{H}_2)}{I_{\mathrm{CO}}} = 3.0 \cdot 10^{20}\,\mathrm{cm}^{-2}(\mathrm{K\,km\,s}^{-1})^{-1}\,.$$

Auf diese Art besteht ein direkter Zugang zur Massenverteilung des häufigsten kosmischen Elements (H_2) in seiner molekularen Form. Die Infrarotstrahlung stammt vom *Staub* des interstellaren Mediums. Staub wird durch die heißen jungen Sterne aufgeheizt; die Infrarotleuchtkräfte geben daher auch über die Sternentstehungsraten Auskunft. In der Abb. 3.14 sind die radialen Verläufe der molekularen Wasserstoffflächendichte für Sb/bc Galaxien dargestellt. Die CO-Verteilung in Sc-Systemen

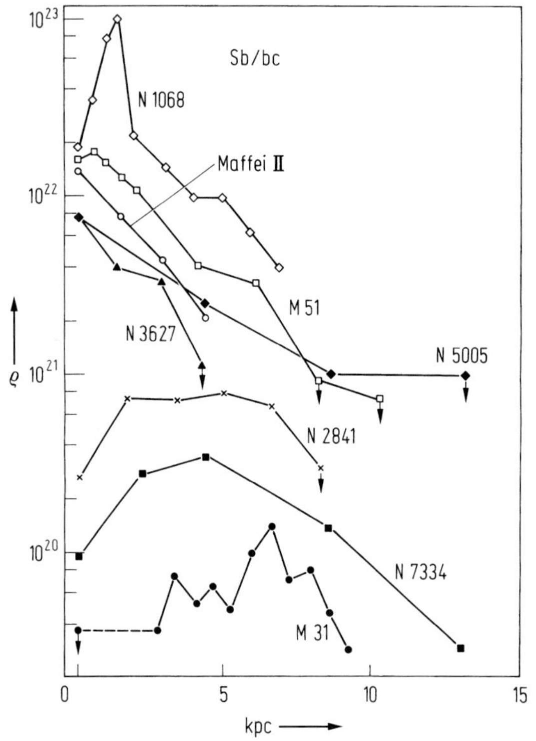

Abb. 3.14 Radiale Verteilung der integralen CO-Intensitäten in Einheiten der Flächendichte molekularen Wasserstoffes ϱ (H_2/cm^2) [40].

hat ein zentrales Maximum und stetigen radialen Abfall. Die Milchstraße zeigt in der Verteilung ein Loch zwischen 1 und 4 kpc. Die zur CO-Verteilung in Sc-Systemen parallel verlaufende H_2-Verteilung unterscheidet sich wesentlich von der des neutralen Wasserstoffs in den Sc-Galaxien. HI zeigt stets eine zentrale Absenkung und über die Scheibe eine konstante Flächendichte $N(\mathrm{HI}) \leq 10^{21}\,\mathrm{cm}^{-2}$. Bei den Sb-Systemen findet man teilweise zentrale Absenkungen; Sa-Systeme verhalten sich ähnlich. Das Verhältnis von CO-Durchmessern zu optischen Durchmessern (D_{25}) liegt bei 0.5 ± 0.2. Bei Balkensystemen scheint die CO-Emission entlang des Balkens verstärkt zu sein.

In Abb. 3.15 sind die engen Korrelationen zwischen der Staubmasse und dem molekularen Wasserstoff des interstellaren Mediums sowie der Infrarotleuchtkraft dargestellt; es gilt

$$L_{\mathrm{IR}} \sim M(\mathrm{H}_2)^{1.00 \pm 0.03} .$$

Galaxien mit hohen Staubtemperaturen zeigen eine große Effizienz in der Sternentstehung. Die Effizienz der Sternentstehung, abgeleitet aus $L_{\mathrm{IR}}/M(\mathrm{H}_2)$, ist einen

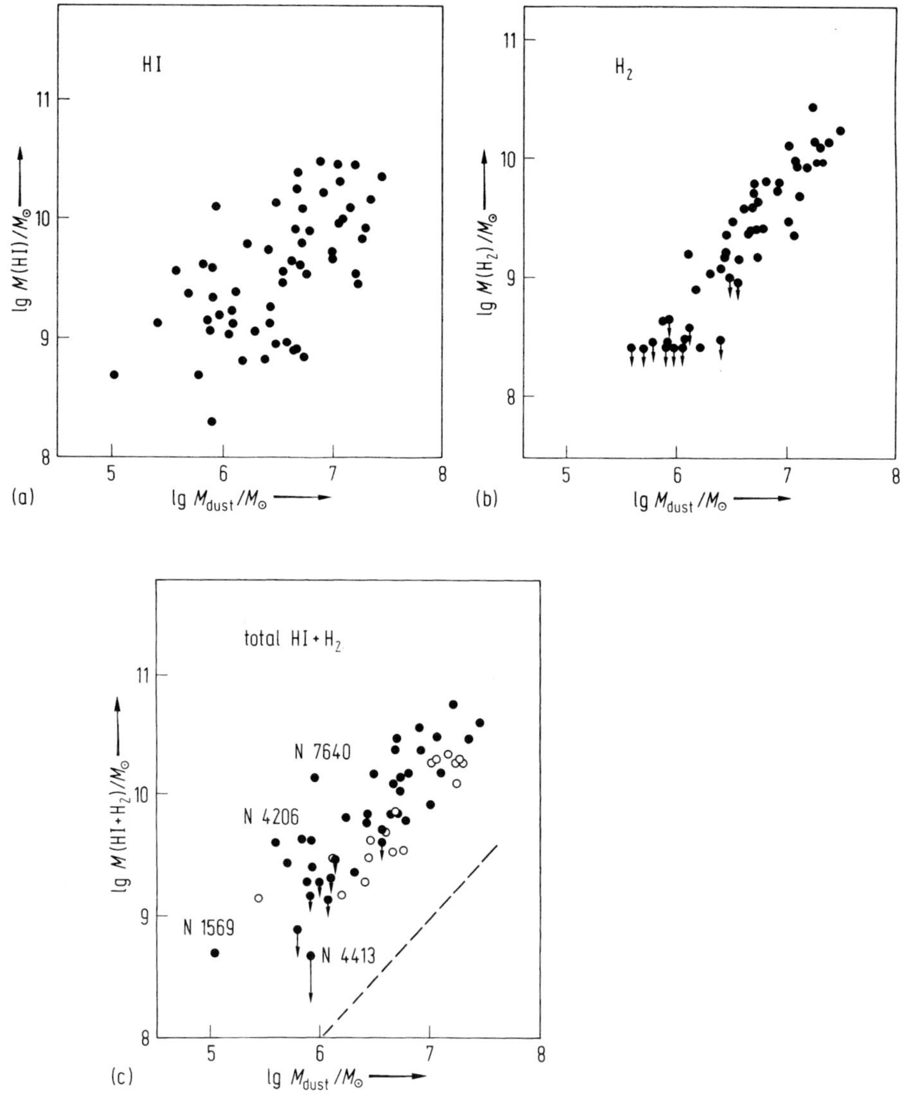

Abb. 3.15 Korrelation zwischen Staub, molekularem und atomarem Wasserstoff für eine typische Galaxienstichprobe [41].

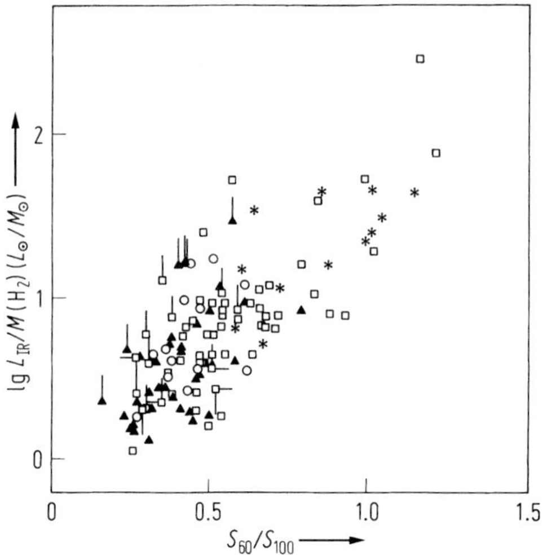

Abb. 3.16 Vergleich der Verhältnisse von L_{IR}/M (H_2) und den Strahlungsflüssen $S_{60\,\mu m}/S_{100\,\mu m}$ als Maß für die Sternentstehungsaktivität bei normalen und gestörten Galaxien [40]: $*$ wechselwirkend, ○ isoliert, ▲ Virgo-Haufen, □ andere.

Faktor 7 größer bei stark wechselwirkenden Systemen (Abb. 3.16). Ursache hierfür sind die erhöhte Anzahl der Wolkenzusammenstöße durch Gezeitenstörungen in den Sternsystemen.

Lange Zeit galten die S0- und E-Systeme als gasfrei. Neue empfindlichere und andere Wellenlängenbereiche benützende Beobachtungen (Radio-, Infrarot-, Röntgen- und Millimeter-Wellenlängen) haben auch in diesen Systemen alle Komponenten der interstellaren Materie nachgewiesen [42] (wenn auch nur im Bereich von 2% bis 3%). Bei den S0-Galaxien überstreichen die Quotienten aus L_{CO}/L_B und $M(HI)/L_B$ größere Spielräume als bei Spiralsystemen

$$0.01\,\frac{M_\odot}{L_\odot} < \frac{M(\mathrm{HI})}{L_\mathrm{B}} < 1\,\frac{M_\odot}{L_\odot}\,.$$

Ein Grund hierfür könnte sein, daß das interstellare Medium sich in keinem stetigen Gleichgewichtszustand mit den Sternen befindet. Ebenso ist das Verhältnis der Strahlungsflüsse von CO und HI in diesen Galaxien bedeutend höher als in normalen Spiralen. Die Röntgenleuchtkräfte lassen auf heißes Gas von 10^8 bis $10^9\,M_\odot$ schließen; es ist der Anteil, den man aus *stellaren Massenverlustraten* erwartet. In den inneren Bereichen der S0-Galaxien findet *Sternentstehung* auf Skalen von 1 kpc und größer statt.

Bei den elliptischen Systemen wurde ebenfalls heißes Gas in Mengen entsprechend den stellaren Massenverlustraten nachgewiesen. Auch hier findet in geringem Maße Sternentstehung statt, vor allem in Systemen mit kleiner Leuchtkraft; sie liegt bei 0.1 bis 1 $M_\odot$/Jahr. In Systemen mit großer Leuchtkraft wird das interstellare Medium durch den aktiven Kern dominiert. 40% der E-Systeme zeigen Staubabsorption.

Die Massen an kaltem Gas sind um 1/10 kleiner als die Massenanteile des heißen Gases; heißes und kaltes Gas zeigen keinerlei Entsprechung und befinden sich im Vergleich zu den Spiralsystemen in einem Nichtgleichgewichtszustand.

3.3.4 Massen

Galaxienmassen sind aus einem Grunde unsicher: Die Rotationskurven der meisten Sternsysteme zeigen keinen Keplerabfall im Außenbereich

$$v(r) \sim r^{-\frac{1}{2}},$$

der zu erwarten wäre, wenn die Massenverteilung der sichtbaren Helligkeitsverteilung folgen würde. Die Rotationskurven sind flach

$$v(r) \sim \text{const.}$$

Dies bedeutet, daß Galaxien ausgedehnte massenreiche *Halos* an dunkler Materie (über elektromagnetische Strahlung noch nicht direkt nachgewiesen) besitzen. Aus der Systemdynamik kann dieser Massenanteil errechnet werden (s. Abschn. 3.5).

Um aus beobachteten kinematischen Daten die Galaxienmassen abzuleiten, stehen 6 Verfahren zur Verfügung:

1. Rotationskurven (besonders bei Spiralen),
2. Linienbreite der 21-cm-Linie,
3. Geschwindigkeitssteuerung der Sterne (besonders bei E's),
4. Kinematik von Begleitgalaxien oder Kugelsternhaufen,
5. Kinematik von Doppelgalaxien,
6. Geschwindigkeitssteuerung in Galaxiengruppen oder -haufen.

Meistens handelt es sich um hinweisende Massen (vgl. Abschn. 3.1.1), die aus den Verfahren abgeleitet werden.

Rotation. Die Rotationskurven stellen den Zusammenhang her zwischen Geschwindigkeit und Abstand vom Zentrum in einer Galaxie; es werden Kreisbahnen angenommen. Die Rotationsgeschwindigkeit $v_{\text{rot}}(r)$ ist mit dem Gravitationspotential in der Systemebene $\Phi(r)$ verknüpft

$$v_{\text{rot}}^3(r) = \frac{-\partial\phi}{\partial r}.$$

Ist $\partial\Phi/\partial r$ bekannt, kann die Masse bis zum letzten beobachteten Punkt $v_{\text{rot}}(r)$ bestimmt werden. Dies geschieht entweder durch direkte Umkehr von $v(r)$ oder durch Modellanpassungen beobachteter Rotationskurven. Die Modellanpassung benützt Punktmassen, abgeflachte und geschachtelte Sphäroide und Scheiben mit variablen Dichtegradienten. Die Zahl der freien Parameter muß dabei möglichst klein gehalten werden.

Eines der üblichen Verfahren zur Massenschätzung verwendet eine empirische Formel für das Kraftfeld F als Funktion des Radius r

$$F(r) = \frac{v_{\text{rot}}^2}{r} = \tilde{a}r(1+\tilde{b}r^2)^{-1}.$$

Die Konstanten $\tilde{a}, \tilde{b}$ können durch die maximale Rotationsgeschwindigkeit $v_{\max}$ in der entsprechenden Entfernung $r_{\max}$ ausgedrückt werden

$$\tilde{a} = 3(v_{\max}/r_{\max})^3$$
$$\tilde{b} = 2r_{\max}^{-3}$$

Unter der Annahme, die Galaxie verhalte sich in großer Entfernung wie eine Punktmasse, folgt

$$M = \tilde{a}(G\tilde{b})^{-1} = \frac{3}{2} G^{-1} r_{\max} v_{\max}^2 \,.$$

21-cm-Linienbreite. Galaxienmassen lassen sich aus der Linienbreite eines gesamten 21-cm-Spektrums abschätzen (s. Band 7, Kap. 5); denn durch die Rotation wird das Linienprofil dopplerverbreitert, entsprechend der maximalen Rotationsgeschwindigkeit. Die Masse innerhalb des optisch photometrischen Durchmessers einer Galaxie kann so für flache Rotationskurven angegeben werden. Als gute Näherung findet man

$$\frac{M_{\text{opt}}}{M_\odot} = 10^{3.7 \pm 0.15} \cdot \Delta v_0^2 D(0) \cdot D \,;$$

Δv_0 Linienbreite in km/s
$D(0)$ photometrischer Durchmesser in arc min, entsprechend einem $\mu_B = 25$ mag/arc s^2
D Galaxienentfernung in mpc.

Geschwindigkeitsstreuung der Sterne. Im Fall von gut durchmischten Sternsystemen wird das *Virial-Theorem* benützt

$$2\tilde{T} + W = 0$$

mit $\tilde{T}$ der gesamten kinetischen Energie und W der potentiellen Energie. Daraus folgt, daß die Geschwindigkeitsstreuung σ proportional dem Quotienten aus der Masse und dem Systemdurchmesser $2r$ ist

$$\langle\sigma^2\rangle \sim MG(2r)^{-1} \,.$$

Tab. 3.4 Die Massenbereiche für verschiedene Galaxientypen.

Typ	Masse (in Sonnenmassen)
cD	10^{13}
E, S0	$0.4 \cdot 10^{10}$–$4 \cdot 10^{12}$
dE	$0.3 \cdot 10^{6}$–$5 \cdot 10^{7}$
Sa	$(0.2$–$2)\,10^{12}$
Sb	$(0.2$–$6)\,10^{11}$
Sc	$(0.2$–$5)\,10^{11}$
Sd-Sm	10^{10}
Irr	10^{9}
dSd–m	$(0.3$–$5)\,10^{6}$

Die gleiche Überlegung kann auf Galaxiengruppen und Galaxienhaufen angewandt werden. Wird dies getan, ist die so abgeleitete dynamische Masse immer wesentlich höher als die über photometrische Methoden abgeleitete Masse. Das Problem der fehlenden Masse in den Galaxienhaufen hängt sicherlich mit der dunklen Materie zusammen, die über elektromagnetische Strahlungsvorgänge noch nicht nachgewiesen werden konnte. Die Massenbestimmungen durch die Kinematik von Begleitgalaxien oder Kugelhaufen und bei Doppelgalaxien liefern Ergebnisse, die mit anderen Verfahren gut übereinstimmen. In Tab. 3.4 ist der Massenbereich für die Galaxientypen aufgelistet. Für das Milchstraßensystem wird eine Gesamtmasse zwischen 4 10^{11} bis 1,4 $10^{12}\,M_\odot$ diskutiert. Die Gesamtleuchtkraft der Milchstraße ist um einen Faktor 2 unsicher. Neuere Abschätzungen liefern $L_B = (2.3 \pm 0.6) \cdot 10^{10}\,L_\odot$ [43].

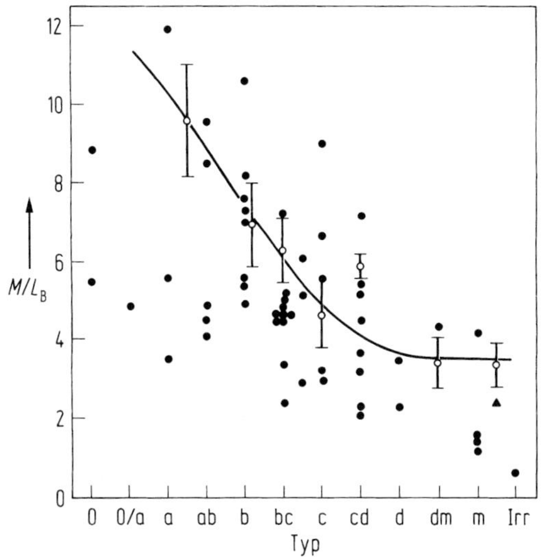

Abb. 3.17 Verhältnis von Gesamtmasse und blauer Leuchtkraft als Funktion des Galaxientyps [44]: ○ logarithmische Mittelwerte, △ dIrr.

Die dynamischen Verfahren der Massenbestimmung zeigen, daß ein Großteil der Masse unserer eigenen und anderer Galaxien außerhalb der Verteilung der sichtbaren Sterne liegt; dies ist die *dunkle Materie* oder die nicht sichtbare Halokomponente. Form und Ausdehnung des Halos sind unbekannt. Ältere Bestimmungen von Masse-Leuchtkraftverhältnissen (vor ~ 1975) können daher heute nicht mehr verwendet werden. In Abb. 3.17 ist das Masse-Leuchtkraftverhältnis dargestellt. Der Trend spiegelt die Änderung des Sterninhaltes als Funktion des Galaxietyps wieder. Für elliptische Systeme ist $M/L \approx 30$ mit Einzelwerten bis zu 100. Die Zunahme der Unsicherheiten im M/L-Verhältnis wird in Abb. 3.18 deutlich. Je höher die hierarchische Stufe, in der Massen von Systemen bestimmt werden, desto größer wird der Anteil an dunkler Materie.

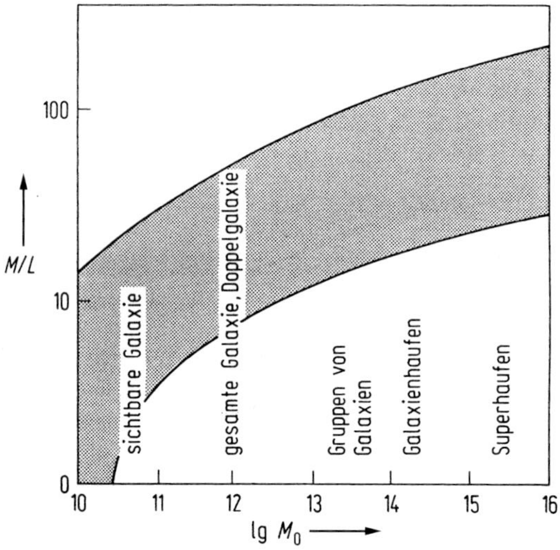

Abb. 3.18 Verhältnis von leuchtender zu nichtleuchtender Masse [45].

3.3.5 Sternpopulationen

Spiral- und irreguläre Galaxien scheinen mehr aus hellen blauen Sternen und interstellarer Materie zu bestehen (*Population I*), während elliptische Systeme ausschließlich aus schwachen roten Sternen (*Population II*) aufgebaut sind. Diese Feststellung von Walter Baade in den 50er Jahren führte zur Einführung von Sternpopulationen. Sie wurden durch vier Parameter beschrieben: Ort (innerhalb der Sternsysteme), Farbe, Kinematik und Verknüpfung mit interstellarer Materie. In Abb. 3.19a ist das klassische Zwei-Punkt-Populationsdiagramm gezeigt [46], [47], [48]. Grundlegende Variable dieser Einteilung sind *Sternalter* und *Elementhäufigkeiten* in Sternen. Alle Populationsunterschiede können mit Hilfe dieser zwei Größen verstanden werden. Sternpopulationen sind daher durch zwei Segmente auf einer Linie darstellbar, welche die chemische Anreicherung einer Sterngruppe als Funktion der Zeit angibt (Abb. 3.19b); hierbei sind fließende Übergänge, d.h. Zwischenpopulationen möglich. Ein mehr morphologisches Vorgehen, dargestellt in Abb. 3.19c, untermauert dies. Bestimmte Sternarten häufen sich in bestimmten galaktischen Umwelten. Dies läßt sich anhand von Abb. 3.19d verstehen; hier ist die chemische Elementanreicherung der Milchstraße (Spiralgalaxie Sbc) und der irregulären Zwerggalaxie *Kleine Magellansche Wolke* (dIr) als Funktion der Zeit dargestellt. Wahrscheinlich wegen ihrer kleineren Masse und deshalb einer stets geringeren Sternentstehungsrate erfuhr die Kleine Magellansche Wolke eine geringere Elementanreicherung. Sie enthält daher relativ junge Sterne, die metallarm sind. Die *Sternentstehungsrate* ist also die dritte Variable, die die Populationszusammensetzung einer Galaxie steuert.

Um die Populationsunterschiede verschiedener Galaxien darzustellen, wird ein *dreidimensionaler Populationsraum* benützt (Abb. 3.20a), der sich aus Sternalter τ,

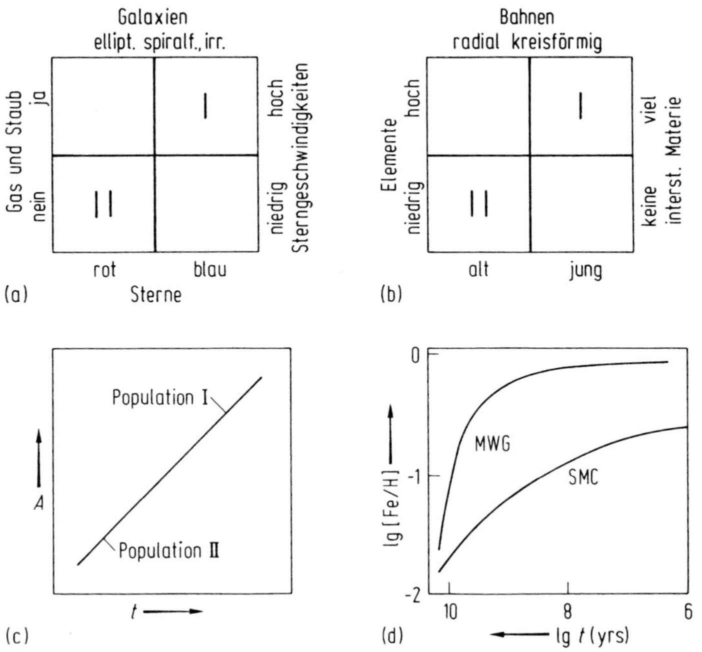

Abb. 3.19 Populationen [44], [46]. (a) Zwei-Punkt-Populationsdiagramm. (b) Die zwei Populationen als Entwicklungsfolge. (c) Die Populationsmorphologie in der Entwicklungsebene. *A*: Anreicherung an schweren Elementen, *t*: Entwicklungszeit. (d) Anreicherung an schweren Elementen für die Milchstraße Sbc (MGW) und die Kleine Magellansche Wolke (SMC).

Elementhäufigkeit Z (gemessen über den Eisengehalt) und Sternentstehungsraten f aufspannt. In diesem Raum stellt sich zum Beispiel eine einfache galaktische Entwicklung als Linie dar (Abb. 3.20 b). Die Galaxien begannen mit der Sternentstehung vor rund 15 Ga (1 Ga $= 10^9$ Jahre) und bildeten dann Sterne mit stetig abnehmender Rate, entsprechend dem kleiner werdenden Vorrat an interstellarer Materie. Als Funktion der Zeit nimmt die kosmische Elementhäufigkeit in dem Maße zu, wie schwere Elemente in den Sternen gebildet und an das interstellare Medium abgegeben werden. Dieses Entwicklungsbild ist natürlich noch unrealistisch, da eine reale Galaxie keine gleichförmige Anreicherung und keine stetige Sternentstehung besitzt. Das klassische Bild einer Population-II-Galaxie ist in Abb. 3.20 c dargestellt. Der Hauptteil der Sternentstehung ereignete sich in einem anfänglichen Sternentstehungsausbruch; in der kurzen Zeit konnte nur eine geringe Elementanreicherung ablaufen. Eine reine (unphysikalisch) Population-I-Galaxie gibt Abb. 3.20 d wieder. Seit ihrer Bildung läuft eine gleichförmige Sternentstehung; die Elementhäufigkeit ist und war etwa sonnenähnlich.

Galaxien unserer lokalen Gruppe und natürlich auch die Milchstraße sind soweit erforscht, daß eine Populationsanalyse gemäß dem dargestellten Verfahren durchgeführt werden kann. Im Detail bestehen zwar noch viele Unsicherheiten, die in den Populationsräumen auftretenden Trends können jedoch als verläßlich angesehen

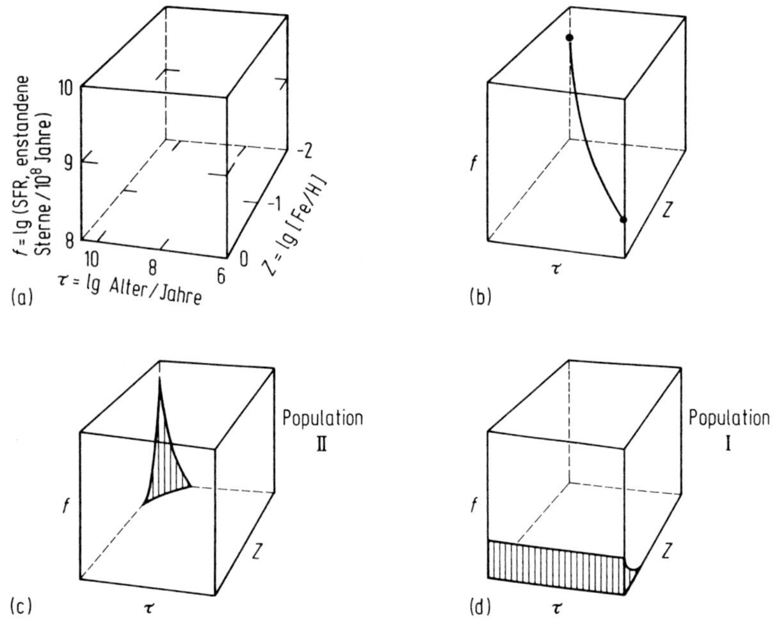

Abb. 3.20 Populationen. (a) Der dreidimensionale Populationsraum: Sternentstehung, Alter und Chemie. (b) Eine einfache galaktische Entwicklung im Populationsraum. (c) Eine reine Population-II-Galaxie. (d) Eine reine Population-I-Galaxie.

werden. In Abb. 3.21 a–d sind die Milchstraße (Sbc), der Andromeda-Nebel (Sb), die Große Magellansche Wolke (Sm) und NGC 205 (E) dargestellt. Die Populationsfläche $P(f, \tau, Z)$ für die Milchstraße zeigt einen anfänglich starken Sternentstehungsausbruch bei niedrigen Z-Werten. Die Sternentstehung läuft dann mit leicht abnehmender Rate weiter. Z nimmt allmählich, jedoch nicht unbedingt stetig zu. Der Andromeda-Nebel ähnelt in vielen Grundparametern unserer Milchstraße. Die Populationen in beiden Systemen sollten also ähnlich sein. M 31 muß eine längere und heftigere anfängliche Sternentstehungsrate gehabt haben. Die heutige mittlere Rate liegt unterhalb der Milchstraßenwerte. Die Anreicherung ist in beiden Systemen ähnlich.

Ein ganz anderes Verhalten zeigt die Große Magellansche Wolke. Hier liegt eine ungleichförmige Sternentstehungsgeschichte vor. Nach einem mäßigen Beginn steigerte sich die Sternentstehungsaktivität, klang wieder ab und zeigt heute wieder hohe Werte. Wir finden eine sehr große Streuung in den Z-Werten; ihre schlechte, global langsame Durchmischung, könnte in der geringen Rotationsgeschwindigkeit liegen [49].

Obgleich NGC 205 als elliptisches System klassifiziert wird, ist sie als Begleitgalaxie des Andromedanebels möglicherweise für E-Systeme nicht gänzlich typisch. In ihren Zentralbereichen gibt es eine junge O und B Sternpopulation mit interstellarer Materie. Dies spiegelt sich in ihrer Populationsgeschichte wieder. Ein Großteil der Sterne entstand bei ihrer Bildung, wie wir es für E-Systeme erwarten. Die Sternentstehung setzt sich stetig und schwach bis heute fort. Sie ist begleitet von einem Anwachsen der schweren Elementhäufigkeit.

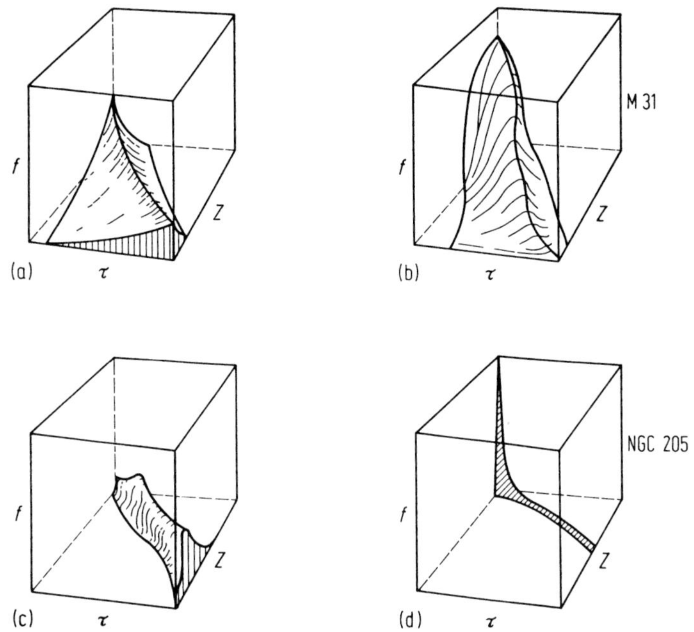

Abb. 3.21 Die Populationsräume der Milchstraße Sbc (a), des Andromedanebels Sb (b), der Großen Magellanschen Wolke Sm (c), NGC 205 E (d).

Die Lokale Gruppe zeigt große Vielfalt in den möglichen Sternpopulationen von Galaxien. Wir können dies als erstes richtungsweisendes Schlaglicht auf die Populationsvielfalten in den Sternsystemen allgemein auffassen.

3.3.6 Die physikalische Bedeutung der Galaxienklassifikation

Eine große Zahl beobachtbarer Galaxieneigenschaften sind wechselseitig miteinander korreliert. Welches die fundamentalen Parameter sind, die den Aufbau und die Entwicklung steuern, also das morphologische Erscheinungsbild bestimmen, kann über eine Hauptkomponentenanalyse ermittelt werden [16]. Voraussetzung hierfür ist eine genügend große und vollständige Datenmenge. Die Änderung der Parameter entlang der Klassifikationsabfolge gibt Aufschluß über die astrophysikalischen Grundlagen der Galaxienklassifikation.

Abbildung 3.22 zeigt die Abhängigkeit einiger photometrischer Parameter von der Klassifikationsstufe T. Das morphologische Klassifikationsschema spiegelt sich eindeutig in den Farben, Flächenhelligkeiten und im Wasserstoffindex wieder. Der Wasserstoffindex $\mathrm{HI} = \tilde{m}_{\mathrm{R}} - \tilde{m}_{\mathrm{opt}}$ wird aus der Radiohelligkeit (z. B. bei 21 cm) und einer Blauhelligkeit gebildet. Er ermöglicht den Vergleich von Radio- und optischen Galaxienleuchtkräften. Ein besonders wichtiger Parameter ist der Leuchtkraftanteil des Zentralkörpers (des sphäroidalen Körpers bei S-Systemen) $\Delta\tilde{m}$, ausgedrückt entweder als Verhältnis von Zentralkörper und Scheibe oder von Zentralkörper und

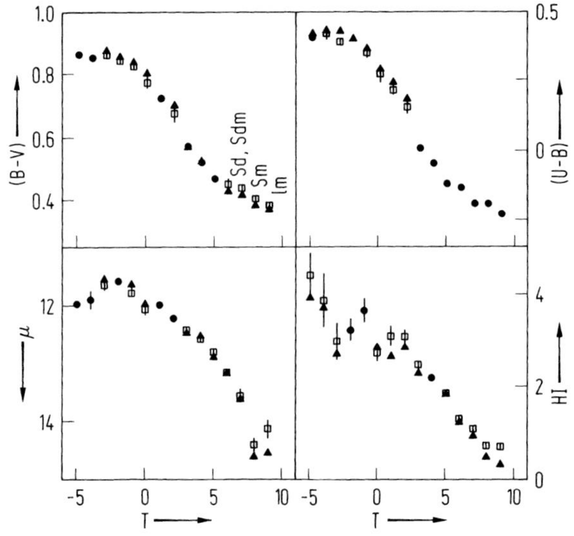

Abb. 3.22 Photometrische Galaxienparameter als Funktion der Klassifikationsstufe T [4], [12]; Es sind die Farbindizes, die effektive Flächenhelligkeit (μ_e) und der Wasserstoffindex HI dargestellt.

Gesamthelligkeit; er wird oft auch als Helligkeitsdifferenz geschrieben

$$\Delta\tilde{m} = \tilde{m}_Z - \tilde{m}_G \,,$$

$\tilde{m}_Z$: Helligkeit des Zentralkörpers, $\tilde{m}_G$: Helligkeit der Galaxie.

Die Änderung von $\Delta\tilde{m}$ als Funktion der Klassifikationsstufe ist in Abb. 3.23 dargestellt. Das Verhältnis Zentralkörper (oder bulge) zur Scheibe wird allgemein als eine Struktureigenschaft angesehen, die die Systeme schon bei ihrer Entstehung mitbekommen haben. Gestützt wird dies durch das sich stetig ändernde Elliptizitätsverhältnis von Zentralkörper und Scheibe entlang der Klassifikationsreihe T. Die

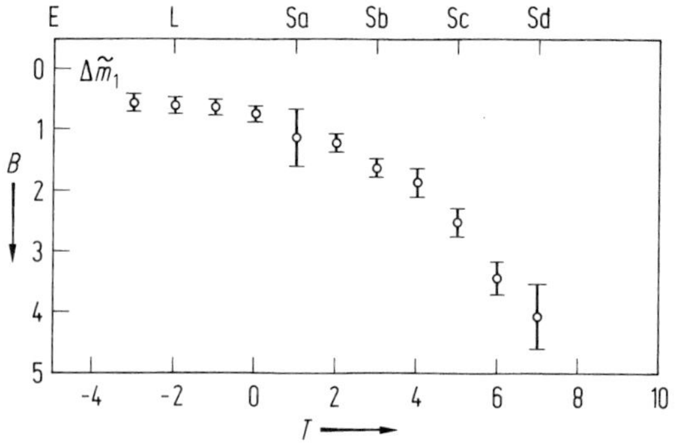

Abb. 3.23 Änderung von $\Delta\tilde{m}$ (Helligkeitsverhältnis Zentralkörper-Scheibe, ausgedrückt in B-Helligkeiten) als Funktion des Klassifikationstyps T [50].

Elliptizität als Abflachung ist eine dynamische Eigenschaft, die sich nicht auf Zeitskalen ändern kann, die kleiner als die Relaxationszeit der Systeme sind. Die *Relaxationszeiten für Sternsysteme* liegen bei 10^{12} bis 10^{14} Jahren; dies ist ein größerer Zeitraum als das augenblickliche Weltalter. Die Unterschiede in den wahren Abflachungen zwischen E- und S-Systemen und ihren Zentralkörpern zeigen also, daß ein Typ sich nicht in andere entwickeln kann. Die Klassifikationsabfolge T ist keine Entwicklungssequenz. Sowohl für das Verständnis der Verteilung der Sternpopulationen in den Galaxien wie auch der Sternentstehungsraten, ist der Anteil der interstellaren Materie in den einzelnen Klassifikationsstufen wichtig. In Abb. 3.24c

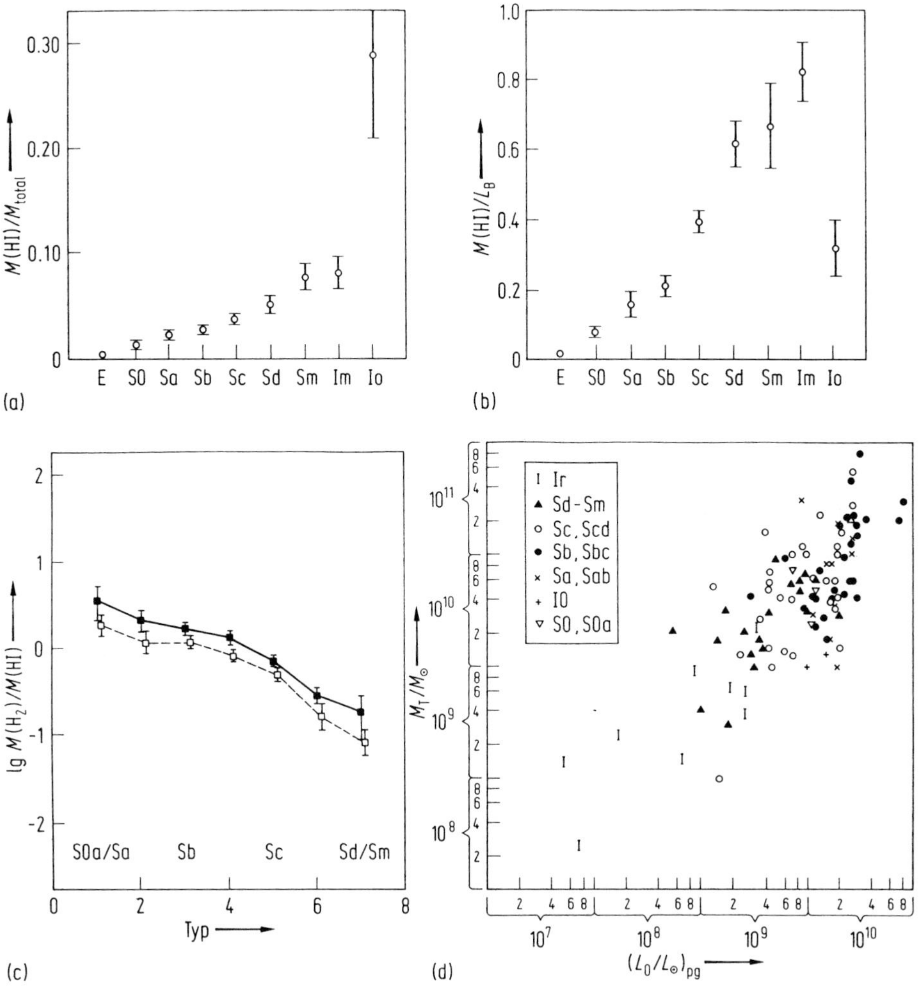

Abb. 3.24 Galaxiengrundparameter. (a) Verhältnis von Wasserstoffmasse zur Gesamtmasse als Funktion des Galaxientyps [52]. (b) Verhältnis von Wasserstoffmasse zur Leuchtkraft als Funktion des Galaxientyps [52]. (c) Verhältnis von molekularem zu atomarem Gas als Funktion des Galaxientyps [41]. (d) Beziehung zwischen Gesamtmasse und Leuchtkraft [52].

ist das Verhältnis von molekularem zu atomarem Wasserstoff für Spiralgalaxien dargestellt. Der morphologisch bestimmte Galaxientyp zeigt eine Abhängigkeit vom Gasinhalt. $M(\mathrm{HI})/L_\mathrm{B}$ nimmt um den Faktor 5 stetig zu (Abb. 3.24 b); das Verhältnis $M(\mathrm{H}_2)/L_\mathrm{B}$ ist zwischen $1 \leq T \leq 5$ fast konstant und nimmt dann um den Faktor 3 ab [51]. Eine Folge hiervon ist, daß das mittlere Verhältnis von $M(\mathrm{H}_2)/M(\mathrm{HI})$ um den Faktor 20 stetig, als Funktion des Galaxientyps, kleiner wird. Die dominierende Gasphase ändert sich also mit der Klassifikationsstufe. Dies deutet auf eine Umwandlung von atomarem in molekulares Gas, bei kleineren Säulendichten innerhalb von Sa, Sb Galaxien, hin; Grund hierfür ist die geringere Geschwindigkeitsstreuung in der Gaskomponente im Vergleich zu Sc-Sm-Systemen. Während die globale Leuchtkraftbeziehung keine Typ-Korrelation enthält (Abb. 3.24 d), ist das Verhältnis Wasserstoffmasse zur Gesamtmasse gut mit dem morphologischen Typ korreliert (Abb. 3.24 a).

Auf der Grundlage dieser Korrelationen stellt sich die Frage, welche und wieviele Parameter die Galaxieneigenschaften bestimmen. Eine statistische Hauptkomponentenanalyse für Spiralgalaxien [12] und elliptische Systeme zeigt hierbei den Weg. Die hierzu verwendeten Parametersätze sind in Tab. 3.5 aufgelistet. Man findet stets zwei dominierende Achsen; die erste hat einen hohen Korrelationskoeffizienten zur Größe und Skalenlänge, die zweite zum Aussehen. Skalenlängen (in den radialen photometrischen Gesetzen und bei den Rotationskurven) und Gestalt (Farbe und Zentralkörper – Gesamthelligkeitsverhältnis) spannen die Fundamentalebene der Spiralgalaxienkomponenten auf.

Tab. 3.5 Parametersätze für die Hauptkomponentenanalyse.

Spiralgalaxien
Morphologischer Typ
Farbindizes
Leuchtkraft oder Helligkeit
Leuchtkraftkonzentrationsindex
Durchmesser
Helligkeitsverhältnis von Zentralkörper zur Gesamthelligkeit
Mittlere Flächenhelligkeit
Gesamtmasse oder hinweisende Masse
Wasserstoffmasse
maximale Rotationsgeschwindigkeit
Radius der maximalen Rotationsgeschwindigkeit
Elliptische Galaxien
Leuchtkraft
Leuchtkraftkonzentrationsindex
Flächenhelligkeit
Radius/effektiver Radius
Achsenverhältnis
zentrale Geschwindigkeitsstreuung
Metallhäufigkeit/Linien-Äquivalentbreiten
Metallizitätsindex

Bis etwa 1980 ging man davon aus, die elliptischen Galaxien würden eine einparametrige Strukturfamilie darstellen, vor allem wegen der engen Korrelation zwischen Leuchtkraft L, Metallizität, Farbe und zentraler Geschwindigkeitsstreuung σ_c [31]. Die Gesamtleuchtkraft, und deshalb die Gesamtmasse, wurde als Grundparameter betrachtet. Insbesondere ist die enge Korrelation [53]

$$L \sim \sigma_c^n$$

zwischen einer photometrischen und dynamischen Eigenschaft der Einstieg zur Physik dieser Galaxien. Erweiterte Hauptkomponentenanalysen zeigten einen im wesentlichen zweiachsigen Parameterraum. Die erste Achse ist eng verknüoft mit den Skalenlängen und enthält die Korrelation $L \sim \sigma$; die zweite Achse enthält die Form der Systeme, also die Elliptizität q. Eine dritte Achse, verknüpft mit der Flächenhelligkeit μ, ist von untergeordneter Wichtigkeit; ihre Einführung vermindert die Streuung in den Korrelationen der Achsen 1 und 2.

Die morphologische Klassifikation [36] baut sich wesentlich aus zwei Parametern auf: die stete Abnahme des Zentralkörper – Scheiben Helligkeitsverhältnisses, die Zunahme von jungen Sternen und des Gasanteils von E nach Sm. Aus der Populationsanalyse folgt, daß bei den zentralsymmetrisch aufgebauten ellipsoidischen Komponenten die Sternentstehung in der ersten Phase der Galaxienbildung eingesetzt haben muß. Globale Galaxienstrukturen hängen mit den Anfangsbedingungen bei der Galaxienentsteheung zusammen; eine große Unbekannte hierbei ist die dunkle Materie im Halobereich der Systeme. Es scheint so zu sein, daß die prozentualen Anteile an dunkler Materie [54] an der Gesamtmasse von E nach Sm zunehmen. Ist dies der Fall, so ist der über die Galaxiendynamik nachgewiesene Massenanteil des Halos der dominierende Parameter, der die Galaxientypen prägt. Wenn sich der sichtbare Teil einer Galaxie innerhalb eines vorgegebenen Halopotentials gebildet hat, so hemmt dieser Halo die Sternentstehung, da er das Zusammenstürzen der Gaswolken aufgrund ihrer Eigengravitation abschwächt. Wenn die Sternentstehungsrate geringer wird, dann ist mehr Zeit für inelastische Wolkenstöße, die schließlich zur Ausbildung einer Scheibe führen. Erhöhung des prozentualen Halo-Massenanteils führt also zu größeren Zentralkörper-Scheiben Massenverhältnissen und ebenso zu größeren Anteilen übrigbleibenden Gases nach der Scheibenbildung. Aus dem Restgas wird in Scheibensystemen die Sternentstehung weiter gespeist.

Eine weitere Stütze findet dieses Modell in den Leuchtkraftfunktionen $\varphi(\tilde{M})$ der Galaxien. Die *optische Leuchtkraftfunktion der Galaxien* ist eine Wahrscheinlichkeitsverteilung $\varphi_T(\tilde{M})$ über die absolute Helligkeit $\tilde{M}$ als Funktion des Galaxientyps. Aufsummiert über alle Typen wird sie *allgemeine* oder *universale Leuchtkraftfunktion* genannt. Das Konzept einer universalen Leuchtkraftfunktion kann heute nicht mehr aufrechterhalten werden, da die relative Häufigkeit der Galaxientypen stark von den Umgebungsdichten in den Galaxienhaufen abhängen [55]. Die Umgebungsdichte muß aber von den Halodichten geprägt sein. Für unterschiedliche T unterscheiden sich die $\varphi_T(\tilde{M})$-Funktionen in ihrer Form. Eine Summe über alle Typen, dies wäre die universale Funktion, kann daher keine allgemeine Form für alle Umgebungsdichten annehmen.

Es sei $\nu(\tilde{M}, x, y, z)$ die Anzahl der Galaxien im Volumen $\mathrm{d}V$ am Orte (x, y, z) mit absoluten Helligkeiten zwischen $\tilde{M}$ und $\tilde{M} + \mathrm{d}\tilde{M}$. Da die Galaxienhelligkeiten nicht räumlich korreliert sind, gilt

$$\nu(\tilde{M}, x, y, z)\,\mathrm{d}\tilde{M}\,\mathrm{d}V = \varphi(\tilde{M})\,D'(x, y, z)\,\mathrm{d}\tilde{M}\,\mathrm{d}V$$

mit

$$\int_{-\infty}^{+\infty} \varphi(\tilde{M})\,\mathrm{d}\tilde{M} = 1\,;$$

$\varphi(\tilde{M})$ ist der Galaxienbruchteil pro Größenklasse im Helligkeitsintervall $\tilde{M}$, $\tilde{M} + \mathrm{d}\tilde{M}$. $\varphi(\tilde{M})$ heißt typenunabhängige Leuchtkraftfunktion. Die Dichtefunktion $D'(x, y, z)$ gibt die Anzahl der Galaxien im Volumen $\mathrm{d}V$ an. φ und D' sind Wahrscheinlichkeitsdichten. In der Abb. 3.25 sind die Leuchtkraftfunktionen für Feldgalaxien und für den Virgogalaxienhaufen dargestellt. Der Nullpunkt von $\lg \varphi_{\mathrm{T}}(\tilde{M})$ ist offengelassen und willkürlich; der Datensatz für den Virgohaufen ist vollständiger als der für die Feldgalaxien. Die Leuchtkraftfunktionen für die verschiedenen Galaxientypen unterscheiden sich stark; der Versuch einer universalen Leuchtkraftfunktion ist als Summe der vielen einzelnen, glockenförmigen Kurven eingezeichnet. Die Leuchtkraftfunktionen von Feld und Haufen unterscheiden sich in ihren schwächer werdenden Helligkeitsenden; besonders das Fehlen von blauen kompakten Zwerg-

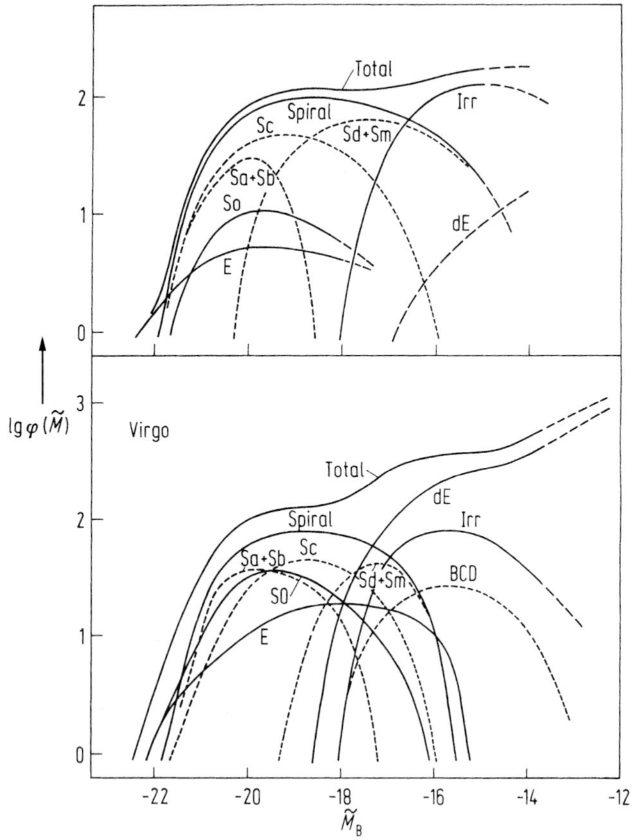

Abb. 3.25 Leuchtkraftfunktion $\varphi(\tilde{M})$ für Feld- und Haufen-Galaxien (Virgo-Haufen): BCD sind blaue kompakte Zwerggalaxien [55].

galaxien (BCD-Galaxien) im Feld ist auffallend. Andererseits sind der typische Verlauf von Feld- und Haufenfunktionen der einzelnen Galaxientypen ähnlich. Die Zunahme von Zwerggalaxien ist offensichtlich. Sollten sie als Plankton des Universums die Massenbilanz beherrschen? Das Verständnis des Zustandekommens der Leuchtkraftfunktionen ist einer Theorie der Galaxienentstehung vorbehalten.

3.4 Dynamik von Galaxien

Galaxien sind N-Körper-Objekte. Ihre Formen und ihre inneren Bewegungszustände können durch die Gravitationswirkungen ihrer Bestandteile beschrieben werden. Hauptziel der Stellar- und Gasdynamik ist es, Beziehungen zwischen Dichte und Geschwindigkeitsverteilung der Sterne und des Gases in den Sternsystemen aufzustellen und ihre zeitliche Entwicklung zu beschreiben [56]. Die Konstruktion *dynamischer Modelle* von Galaxien beruht auf drei Annahmen: die Anzahl der Partikel bleibt erhalten, d. h. die Gesamtmasse des Systems ist unveränderlich. Es gibt keine nahen Sternbegegnungen. Die Zeitskalen für Wechselwirkungen durch nahe Sternbegegnungen sind viel größer als das Alter der Systeme. Die Systeme erhalten sich durch Eigengravitation. Jeder Stern und das Gas bewegen sich im kollektiven Anziehungsfeld aller Systembestandteile.

Die statistische Beschreibung eines Sternsystems wird durch die Verteilungsfunktion

$$f(x, y, z, u, v, w, z)$$

gewährleistet; sie ist definiert als Anzahl der Sterne durch Masse m im Volumen $\vec{r}(x, y, z)$ und im Geschwindigkeitsraum $\vec{v}(u, v, w)$ zur Zeit t. Der zeitlichen Entwicklung eines Sternsystems entspricht die zeitliche Entwicklung der Verteilungsfunktion im sechsdimensionalen Phasenraum, der aus den drei Raum- und den drei Geschwindigkeitskoordinaten besteht; also haben wir

$$\frac{\mathrm{d}f}{\mathrm{d}t} + \sum_{i=1}^{3} \left(v_i \frac{\partial t}{\partial x_i} - \frac{\partial \phi}{\partial x_i} \frac{\partial t}{\partial v_i} \right) = 0 \,. \tag{3.3}$$

Diese zeitliche Entwicklung enthält die Erhaltung von f im mitbewegten Volumenelement. Aus der Definition von f ergibt sich die Massendichte ϱ des Volumenelements zu

$$\varrho = m \int f \mathrm{d}^3 v$$

und somit die Gleichung für das schon in Abschn. 3.3.4 auftretende Potential

$$\nabla^2 \phi = 4\pi G m \int f(\vec{r}, \vec{v}) \mathrm{d}^3 \vec{v} = 4\pi G \varrho \tag{3.4}$$

als *Poisson-Gleichung*.

Jede Funktion $f \geq 0$, die das Integro-Differentialgleichungssystem Gln. (3.3), (3.4) erfüllt, stellt somit ein mögliches Sternsystem dar. Die allgemeine Lösung von Gl. (3.3) läßt sich schreiben

$$f = f(I_i) \qquad i = 1 \cdots 6 \,.$$

Hier sind der Funktionensatz I_i die sechs Integrale der Bewegungsgleichung für einen einzelnen Stern der Masse m;

$$\frac{\mathrm{d}x_i}{\mathrm{d}t} = v_i\,, \qquad \frac{\mathrm{d}v_i}{\mathrm{d}t} = -\frac{\partial\phi}{\partial x_i}\,;$$

$\partial\phi/\partial x_i = F_i$ sind die Gravitationskräfte durch Masse in Richtung der drei Hauptachsen.

Bei expliziter Behandlung dynamischer Fragen liegen zwei abhängige Variable vor: ϕ, f. Die unabhängigen Variablen sind r_i, v_i. Jede spezielle Lösung von Gl. (3.3) und Gl. (3.4) heißt selbstkonsistentes Modell. Die Randwerte für eine physikalisch realistische Lösung des Problems lauten

$$f \geq 0\,, \quad \phi(r) \rightarrow r^{-1} \quad \text{mit} \quad r \rightarrow \infty$$

und

$$\phi(r = 0) = \text{Minimum}\,.$$

Die erste Bedingung schließt negative Dichten aus, die zwei anderen sichern den stetigen Potentialverlauf. In gleicher Weise müssen die Integrationsgrenzen im Geschwindigkeitsraum festgelegt werden. Für endliche Systeme lautet die Bedingung für die kinetische Energie $\tilde{T}$

$$\phi \leq \tilde{T} \leq 0\,.$$

Dies bedeutet eine Abschneideenergie knapp unter der Entweichgeschwindigkeit im Geschwindigkeitsraum; damit wird eine Systemabgrenzung festgelegt; wenn keine Sterne entweichen können, ist somit auch die erste Annahme der Massenerhaltung erfüllt.

3.4.1 Einfache Potentiale und Kraftgesetze

Die Zerlegung der Galaxien in Grundkomponenten gemäß der gemessenen Helligkeitsverteilungen weist ebenfalls den Weg für die Konstruktion der Potentiale. Die Potentialstruktur folgt der Massenverteilung und die Massenverteilung spiegelt sich wenigstens zum Teil in der Helligkeitsverteilung und in der Geschwindigkeitsverteilung, auch in den Rotationskurven, wieder. In der Praxis bedeutet dies, daß wir versuchen müssen, die Galaxien durch Kombinationen von Scheiben und Sphäroiden mit homogenen oder inhomogenen Massenverteilungen darzustellen. Das grundlegende Verfahren ist dann, die beobachtete Struktur und Geschwindigkeitsverteilung durch entsprechende Massenverteilungen zu simulieren, deren Kraftgesetze dann das Sternsystem beschreiben.

Die einfachsten Massenverteilungen sind die einer homogenen Kugel (1. Näherung für einen Zentralkörper) oder eine *Punktmasse* (*galaktischer Kern*). Für eine Punktmasse gilt das Kraftgesetz

$$F_r = -GMR^{-2}\left(\frac{r}{R}\right),$$

$$F_z = -GMR^{-2}\left(\frac{z}{R}\right)$$

und

$$R = (r^2 + z^2)^{\frac{1}{2}} .$$

Hierbei ist r der radiale Abstand und z der Abstand von der Grundebene des Systems. Für Punkte innerhalb der homogenen kugelförmigen Massenverteilung, etwa im Abstand b vom Zentrum, erzeugen nur Bereiche mit $r \leq b$ eine Nettokraft. Alle Bereiche außerhalb von b wirken am Testpunkt mit der Nettokraft Null. Bei gleichförmiger Dichte ϱ wird die effektiv wirkende Masse dann

$$M_{\mathrm{KV}} = \frac{4}{3} \pi \varrho b^3 .$$

Abgeflachte homogene Sphäroide kommen der galaktischen Wirklichkeit schon näher. Mit der Exzentrizität e gilt für die kleine Achse c

$$c = a(1 - e^2)^{\frac{1}{2}} .$$

Der Testpunkt habe die Koordinaten (r, z). Die Sphäroidmasse ist

$$M_{\mathrm{SP}} = \frac{4}{3} \pi \varrho a^3 (1 - e^2)^{\frac{1}{2}} ,$$

und das Kraftgesetz lautet

$$F_r = -\frac{3}{2} M_{\mathrm{SP}} (a \cdot e)^{-3} r (\beta - \sin\beta \cos\beta) ,$$

$$F_z = -3 M_{\mathrm{SP}} (a \cdot e)^{-3} z (\mathrm{tg}\,\beta - \beta) .$$

Das Potential hat dann die Gestalt

$$\phi(r, z) = 2\pi e^{-1} (1 - e^2)^{\frac{1}{2}} \varrho a^3 \beta - \frac{1}{2} (r F_r + z F_z) .$$

In diesen Gleichungen ist der Parameter β wie folgt definiert: Für einen Testpunkt innerhalb des Sphäroids gilt

$$\sin\beta = e$$

und damit

$$\cos\beta = (1 - e^2)^{\frac{1}{2}} ,$$

$$\mathrm{tg}\,\beta = \mathrm{e}(1 - e^2)^{-\frac{1}{2}} .$$

Für einen Testpunkt außerhalb des Sphäroids wird β so gewählt, daß die Gleichung

$$r^2 \sin^2\beta + z^2 \,\mathrm{tg}^2\beta = a^2 e^2 \tag{3.5}$$

befriedigt wird. An der Oberfläche des Sphäroids selbst gilt

$$\frac{r^2}{a^2} + \frac{z^2}{a^2} (1 - e^2) = 1 .$$

Für $\sin\beta = e$ entspricht diese Gleichung der Gl. (3.5). Damit ist die Stetigkeit von β, wenn die Grenzfläche überschritten wird, gesichert.

Setzen wir nun die Massenverteilung von Modellgalaxien aus einem kugelförmigen und einem sphäroidalen Anteil zusammen, so können wir schreiben

$$-F_r = M_{KV} r^{-2} + \frac{3}{2}(ae)^{-3} r M_{SP}(\sin^{-1} e + e(1-e^2)^{\frac{1}{2}}) .$$

Dieses Kraftgesetz erlaubt dann, z. B. die Rotationsgeschwindigkeit des Systems zu berechnen und mit gemessenen Werten zu vergleichen.

Am geeignetsten für die Modellierung von Sternsystemen sind Potentiale (Kraftgesetze), die durch einfache und realistische Dichteverteilungen aufgebaut werden. Ein Beispiel hierfür ist

$$\phi(r, z) = -GM_{SP}(r^2 + (a + (z^2 + b^2)^{\frac{1}{2}}))^{-\frac{1}{2}} .$$

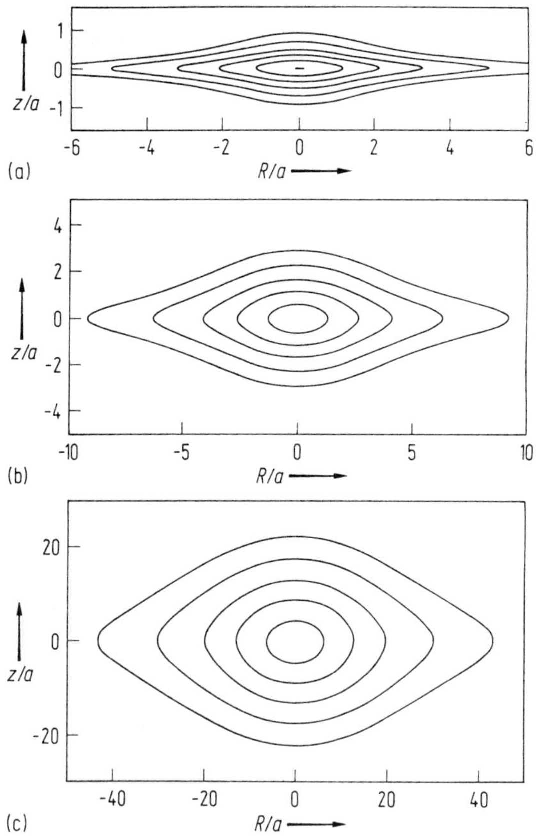

Abb. 3.26 Dichteprofile in der (r, z)-Ebene [56]. Die Dichteniveaus sind auf das Verhältnis von Gesamtmasse M und großer Systemachse a normiert. (a) $b/a = 0.2$, $f = M/a^3$. (b) $b/a = 1.0$, $f = 0.1\,M/a^3$. (c) $b/a = 10$, $f = 0.0001\,M/a^3$. (Dichteniveaus: f (1, 0.3, 0.1, 0.03, 0.01).

Je nach Wahl des Achsenverhältnisses a, b kann sich die Potentialform von einer infinitesimal dünnen Scheibe bis zu einem sphärischen System verändern. Über die Poissongleichung läßt sich die Massenverteilung berechnen

$$\varrho(r, z) = \left(\frac{b^2 M_{SP}}{4\pi}\right) \frac{ar^2 + (a + 3(z^2 + b^2)^{\frac{1}{2}})(a + (z^2 + b^2)^{\frac{1}{2}})^2}{(r^2 + (a + (z^2 + b^2)^{\frac{1}{2}})^2)^{\frac{5}{2}}(z^2 + b^2)^{\frac{3}{2}}} .$$

In Abb. 3.26 sind die Dichteprofile für verschiedene b/a dargestellt. $b/a = 0.2$ entspricht qualitativ der Helligkeitsverteilung in einer Scheibengalaxie; der Dichteabfall erfolgt hier allerdings für große r nach $\varrho(r, 0) \sim r^{-3}$ und nicht exponentiell. Für unsere Milchstraße sind nach [19] die *Isopotentialkurven* in Abb. 3.27 gezeigt.

Das generelle Verfahren wird nun einsichtig. Durch Kombination der Massenverteilungen entsprechender Komponenten kann die Helligkeits- und die Geschwindigkeitsverteilung von Sternsystemen modelliert werden. Danach nehmen Fragen nach der Stabilität und der Konsistenz der Systeme einen wesentlichen Platz ein.

Die Skalenlängen und Dichten der verschiedenen Komponenten eines Sternsystems werden nach zwei Verfahren bestimmt. Die photometrische Methode entnimmt diese Größen dem Verlauf der Flächenhelligkeiten, dann wird ein im betrachteten Sternsystem vom Ort unabhängiges Masse-Leuchtkraft-Verhältnis gewählt, mit dem die Flächenhelligkeit multipliziert wird. Daraus ergibt sich die Massendichte.

Die dynamische Methode nimmt an, daß jede Komponente ein ortsunabhängiges Masse-Leuchtkraft-Verhältnis besitzt. Skalenlängen und Massendichten werden nun so gewählt, daß bekannte, d.h. gemessene dynamische Eigenschaften gut angepaßt werden können. Diese Methode verzichtet bei der Festlegung des Massenmodells auf Informationen aus der Helligkeitsverteilung.

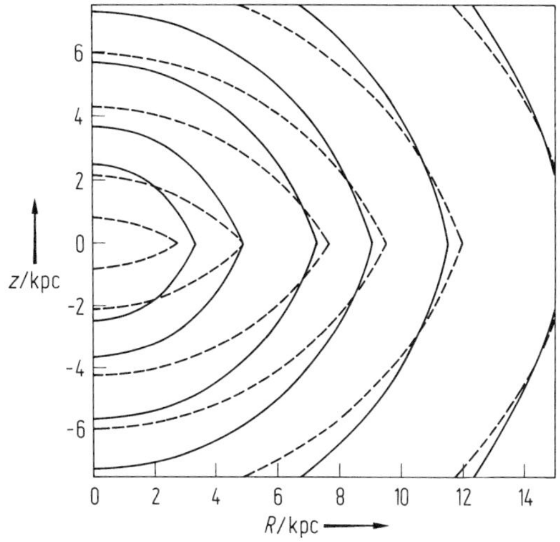

Abb. 3.27 Isopotentiallinien für die Milchstraße [19]: Die gestrichelten Kurven sind die Beiträge der Scheibe zum Gesamtpotential.

3.4.2 Sternbahnen

Die Sternbahnen in den verschiedenen Potentialen unterliegen gewissen Einschränkungen, die sich aus der Energie- und Drehimpulserhaltung ergeben. Da die Summe der möglichen Sternbahnen die Galaxienkörper aufbaut, ist es wichtig zu verstehen, welche dreidimensionalen Formen Sternbahnen annehmen können. Die Bewegungsgleichungen lauten in Zylinderkoordinaten (r, θ, z):

$$\ddot{r} = r\dot{\theta}^2 - \frac{\partial \phi}{\partial r}$$

$$\frac{\mathrm{d}}{\mathrm{d}t}(r^2\dot{\theta}) = -\frac{\partial \phi}{\partial \theta}$$

$$\ddot{z} = -\frac{\partial \phi}{\partial z}$$

Die Lösung des Bewegungsproblems kann im Prinzip mit Hilfe von sechs Integralen folgender Form geschrieben werden

$$I_i(r, \theta, z, \dot{r}, \dot{\theta}, \dot{z}, t) = C\,, \qquad i = 1 \cdots 6\,.$$

In praxi sind nicht alle sechs Integrale bekannt. Unter der Annahme der zeitlichen Unabhängigkeit der Potentialfunktion ϕ, muß die Gesamtenergie der Sterne konstant bleiben. Daraus ergibt sich das Energieintegral

$$I_1 = \frac{1}{2}(\dot{r}^2 + \dot{\theta}^2 + \dot{z}^2) + \phi(r, z)\,.$$

Nehmen wir das Potential achsialsymmetrisch an, $\partial\phi/\partial\theta = 0$ ergibt sich ein zweites Integral als Erhaltung des Drehimpulses

$$I_2 = r^2\dot{\theta} = J\,.$$

Damit läßt sich in den Bewegungsgleichungen die Variable θ eliminieren

$$\ddot{r} = -\frac{\partial \phi}{\partial r} + \frac{J^2}{r^3}\,,$$

$$\ddot{z} = -\frac{\partial \phi}{\partial z}\,.$$

Definieren wir nun eine neue Potentialfunktion $U(r, z)$ durch

$$U(r, z) = \phi(r, z) + \frac{1}{2}J^2 r^{-2}\,,$$

dann ist

$$\ddot{r} = -\frac{\partial U}{\partial r} \quad \text{und} \quad \ddot{z} = -\frac{\partial U}{\partial z}\,.$$

$U(r, z)$ heißt *effektives Potential.* Für die Gesamtenergie kann somit geschrieben werden

$$E = \frac{1}{2}(\dot{r}^2 + \dot{z}^2) + \frac{1}{2}r^2\dot{\theta}^2 + \phi(r, z) = \frac{1}{2}(\dot{r}^2 + \dot{z}^2) + U(r, z)\,. \tag{3.6}$$

Mit der Potentialfunktion $U(r, z)$ wird das Bewegungsproblem auf zwei Dimensionen in einer meridionalen Systemebene reduziert. Die *Meridionalebene* rotiert mit der Winkelgeschwindigkeit $\dot{\theta} = J/r^2$. Die Hauptcharakteristika einer Sternbahn sind demnach die Bewegung auf oder weg vom Zentrum einer Galaxie und die Lage oberhalb oder unterhalb der Systemebene. Die Lage des Sterns in tangentialer Richtung hinsichtlich der Systemrotation ergibt sich für jeden Zeitpunkt aus

$$\theta(t_2) - \theta(t_1) = J\int_{t_1}^{t_2} r^{-2}(t)\,\mathrm{d}t\,.$$

Die Bewegung in einer meridionalen Ebene (r, z) ist für vorgegebene Gesamtenergiewerte E auf bestimmte Gebiete A beschränkt, denn es muß stets $\dot{r}^2 > 0$, $\dot{z}^2 > = 0$ sein (s. Abb. 3.28). Die Grenzkurve C, welche das Gebiet A umschließt, ergibt sich aus Gl. (3.6) durch gleichzeitiges Setzen $\dot{r}^2 = 0$, $\dot{z}^2 = 0$; dies legt die Punkte (r, z) fest, für die gilt

$$E = U(r, z)\,.$$

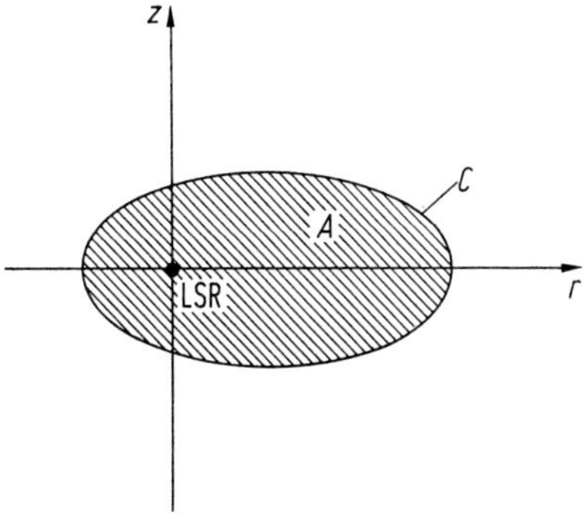

Abb. 3.28 Ein Stern mit fester Gesamtenergie E ist in einem Potential in seiner Bewegung auf den Bereich A beschränkt. Die Grenzlinie ist die Nullgeschwindigkeitskurve C; LSR: Lokales Bezugssystem.

C ist demnach die Kurve, auf der die potentielle und die kinetische Energie des Sterns gleich sind; sie heißt *Nullgeschwindigkeitskurve*. Der Stern kann also das Gebiet A nicht verlassen; er kann aber im Laufe der Zeit jeden beliebigen Ort in diesem Gebiet erreichen. Durch Variation der gesamten Energie E, d.h. der Geschwindigkeiten $\dot{r}$, $\dot{z}$, können die Grundkomponenten der Sternsysteme bahnmäßig dargestellt werden. Die numerische Integration der Bewegungsgleichungen für mögliche galaktische Potentiale liefert drei charakteristische Bahnformen: *Schachtel-*, *Schlauch-* und *Hüllen-Bahnen*. In Abb. 3.29 sind die Bahnfamilien für ein unserer Milchstraße angepaßtes zweiachsiges Potential gezeigt; in Abb. 3.30 sehen wir Bahnfamilien für ein dreiachsiges Potential.

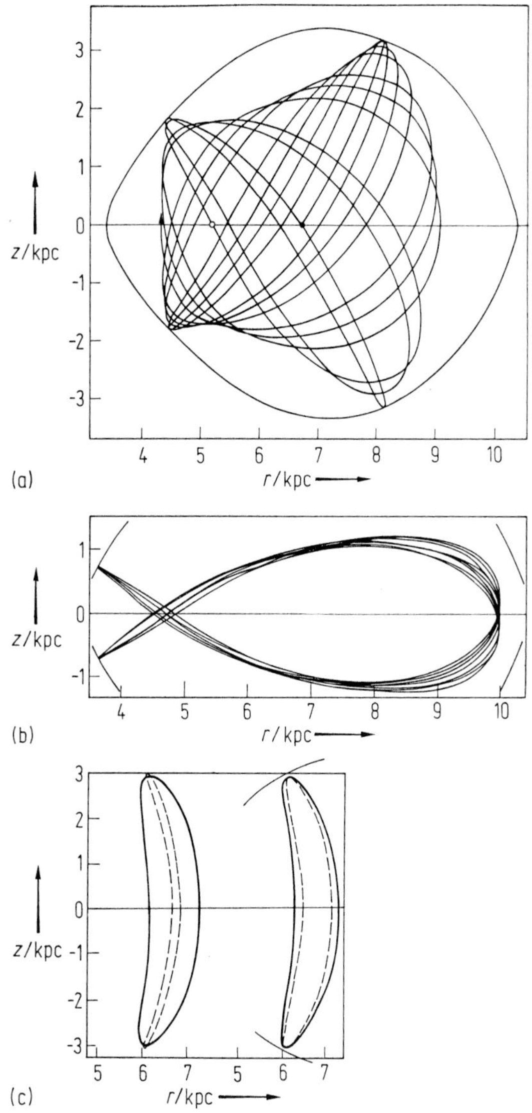

Abb. 3.29 (a) Schachtel-, (b) Schlauch-, (c) Hüllenbahnen für ein Gesamtpotential der Milchstraße [58].

Zur Zeit gibt es nur Ansätze einer Theorie zur Vorhersage von Bahnformen [57]. Die Bahnformen in den realistischen Potentialen der Sternsysteme scheinen auch auf ein drittes Bewegungsintegral hinzudeuten, das einen Energieaustausch zwischen $\dot{r}$ und $\dot{z}$ steuert. Dies hängt mit den Übergängen von sphärischen zu abgeflachten Potentialkomponenten zusammen; dadurch werden Bahnpräzessionen ausgelöst, die einer Dämpfung unterliegen.

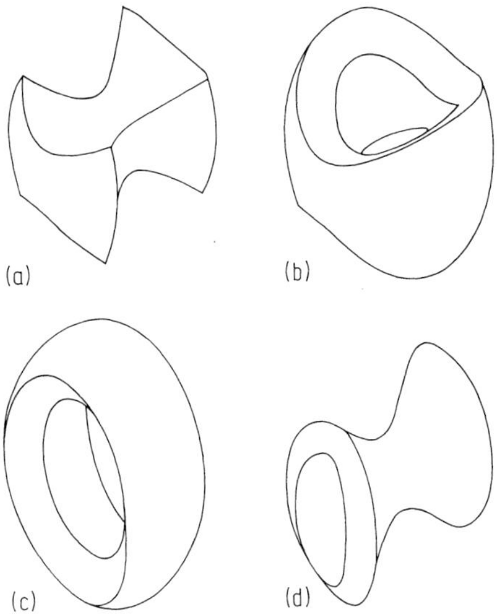

Abb. 3.30 Bahnen in einem nichtrotierenden dreiachsigen Potential: (a) Schachtel-, (b) kurzachsige Schlauch-, (c) innere langachsige Schlauch-, (d) äußere langachsige Schlauchbahnen [59].

Neben dem gleichförmigen Gravitationsfeld einer Galaxie muß auch ein irreguläres Feld vorhanden sein; es verursacht Relaxationseffekte und eine Diffusion von Sternbahnen. Gravitative Wechselwirkungen zwischen Sternen und massereichen interstellaren Wolken sind hierfür wahrscheinlich verantwortlich. Unter der Annahme stochastischer Störungen der regulären Sternbahnen, ergibt sich ein *Diffusionskoeffizient* [60], [61] für unsere Galaxie von

$$\delta = 2.0 \cdot 10^{-7}\,(\mathrm{km/s})^2/\mathrm{Jahr}\,.$$

Hier liegen auch die Ansätze für völlig *chaotische Sternbahnen* [62].

Die immer vorhandenen kleinen Abweichungen von den regulären Sternbahnen (Kreisbahnen v_{K}, Bezugsradius r_{K}) lassen sich im Rahmen einer Störungstheorie als Schwingungen um die Grundbahn darstellen. Die Schwingungsfrequenz $\varkappa$ (*Epizykelfrequenz*) ist

$$\varkappa^2 = \left(\frac{\partial^2 \phi}{\partial r^2}\right)_{r_{\mathrm{K}}} + 3J^2 r_{\mathrm{K}}^{-4}\,,$$

wobei sich der Bezugsradius r_{K} aus dem Minimum von $U(r, z)$ ergibt

$$0 = \frac{\partial U}{\partial r} = \frac{\partial \phi}{\partial r} - J^2 r^{-3}\,,$$

$$\left(\frac{\partial \phi}{\partial r}\right)_{r_{\mathrm{K}}} = J^2 r_{\mathrm{K}}^{-3} = r_{\mathrm{K}}\dot{\theta}^2\,.$$

3.4.3 Elliptische Systeme

Eine Kugel mit gleichförmiger Dichteverteilung ϱ innerhalb des Radius r hat die Masse

$$M = \frac{4}{3}\pi\varrho r^3 .$$

Wir betrachten die Kugel als idealisiertes sphärisches Sternsystem. Die Kreisgeschwindigkeit für einen Probekörper beträgt dann

$$v_{\mathrm{K}} = \left(\frac{4}{3}\pi G\varrho r\right)^{\frac{1}{2}},$$

und die zugehörige Bahnperiode ist

$$P = 2\pi r v_{\mathrm{K}}^{-1} = (3\pi G^{-1}\varrho^{-1})^{\frac{1}{2}} .$$

Den Fall einer Probemasse im Schwerefeld der Kugel beschreibt die Differentialgleichung

$$\frac{\mathrm{d}^2 r}{\mathrm{d}t^2} = -GMr^{-2} = \frac{4}{3}\pi G\varrho r$$

als Bewegungsgleichung eines harmonischen Oszillators mit der Frequenz $\omega = 2\pi P^{-1}$. Der Probekörper wird für den Weg vom Rand zum Zentrum 1/4 der Schwingungszeit benötigen. Diese Zeitskala heißt *dynamische Zeitskala*

$$t_{\mathrm{dyn}} = \frac{P}{4} = \left(\frac{3\pi}{(16G\varrho)}\right)^{\frac{1}{2}} .$$

Obwohl dieses Ergebnis nur für eine homogene Kugel richtig ist, wird die Zeitskala auf alle Sternsysteme angewandt, sofern eine mittlere Dichte ϱ angegeben werden kann. Die dynamische Zeitskala in elliptischen Galaxien, die als entartete sphärische Sternansammlungen aufgefaßt werden können, liegt bei 10^5 Jahren in den Zentralbereichen und bei mehr als einigen 10^9 Jahren für die Außengebiete. Da außerdem die Zwei-Körper-Wechselwirkungszeiten überall größer als das Weltalter sind, können elliptische Galaxien als stoßfreie Sternsysteme betrachtet werden. Sie befinden sich im dynamischen Gleichgewicht; das reguläre und stetige optische Erscheinungsbild untermauert dies. Die Struktur und Dynamik stoßfreier Sternsysteme ist vollständig durch die Verteilungsfunktion f beschrieben. In den Gleichgewichtsmodellen gilt

$$\frac{df}{dt} = 0 ,$$

und die Integration über f für alle v_i liefert die Dichteverteilung $\varrho(\vec{r})$ des Systems. Über die Phasenraumkoordinaten (r_i, v_i) ist die Verteilungsfunktion f mit den Bewegungsintegralen verknüpft, welche von den möglichen Gravitationspotentialen der Systeme zugelassen werden. Jedes stoßfreie dynamische Galaxienmodell kann hinsichtlich seiner Masse, seines effektiven Radius und seiner zentralen Geschwindigkeitsstreuung skaliert werden. Zwei dieser drei Parameter sind frei wählbar [28], [36], [56], [63].

Die für die Untersuchung der Dynamik von E-Systemen wichtige Beobachtungsgrößen sind: Flächenhelligkeitskarten, Radialgeschwindigkeiten, Geschwindigkeitsstreuungen, Absorptionslinienprofile und, wenn möglich, Geschwindigkeitsfelder des kalten Gases. Die *selbstkonsistenten Galaxienmodelle* werden häufig hinsichtlich Radius und zentraler Geschwindigkeitsstreuung skaliert; da das Masse-Leuchtkraftverhältnis von elliptischen Systemen nicht apriori festgelegt ist, liefern Korrelationen zwischen globalen Parametern Informationen über Aufbau und Entstehung der Galaxien.

Die wichtigste Korrelation bei elliptischen Galaxien ist die zwischen der Dynamik und einer photometrischen Eigenschaft. Die Gesamtleuchtkraft L ist proportional zur zentralen Geschwindigkeitsstreuung

$$L \sim \sigma_c^n \quad \text{mit} \quad 3 < n < 5 . \tag{3.7}$$

Die Streuung in dieser Relation beträgt 0.6 bis 0.7 mag. Für Scheibengalaxien gilt eine ähnliche Verknüpfung mit einer Streuung von 0.3 bis 0.5 mag.

Die Hauptkomponentenanalyse zeigte, daß im Zustandsraum der Galaxien eine Grundebene von mehreren korrelierten Galaxieneigenschaften aufgespannt wird. Benützt man als zweiten Parameter r_e, so reduziert sich die Streuung in Gl. (3.7)

$$L \sim \sigma_c^{2.65} \cdot r_e^{0.65} .$$

Elliptische Galaxien füllen also nicht den dreidimensionalen Parameterraum (L, σ_c, r_e) aus, sondern liegen auf einer zweidimensionalen Fläche, der Grundebene. Das Vorhandensein einer *Parametergrundebene* zieht die systematische Änderung von M/L als Funktion von L und der Flächenhelligkeit μ nach sich [64].

Die Streuung in L ($\pm$ 0.5 mag) ist überraschend klein. Die gemessene Geschwindigkeitsstreuung ist die zentrale Geschwindigkeitsstreuung, die empfindlich von den Anisotropien der Geschwindigkeitsverteilung in den Systemen abhängt. Da die Modelle eine große Variation in den Anisotropien zulassen, auch, wenn die Dichteprofile konstant gehalten werden, muß der wahre in den Galaxien vorkommende Spielraum für die Geschwindigkeitsanisotropien sehr klein sein. In Abb. 3.31 ist der Verlauf der Geschwindigkeitsstreuung als Funktion des Galaxienradius angegeben; die meisten E-Galaxien zeigen eine mit dem Radius abnehmende Geschwindigkeitsstreuung [65]. E-Galaxien rotieren, wenn überhaupt, extrem langsam. Ein typischer Wert hierfür, NGC 1600 als Beispiel gewählt, liegt bei $v_{\text{rot}} = 1.9 \pm 2.3$ km/s in Hauptachsenrichtung [66]; dies liefert $v_{\text{rot}}/\sigma_c \leq 0.013$. Die leuchtkräftigeren elliptischen Sy-

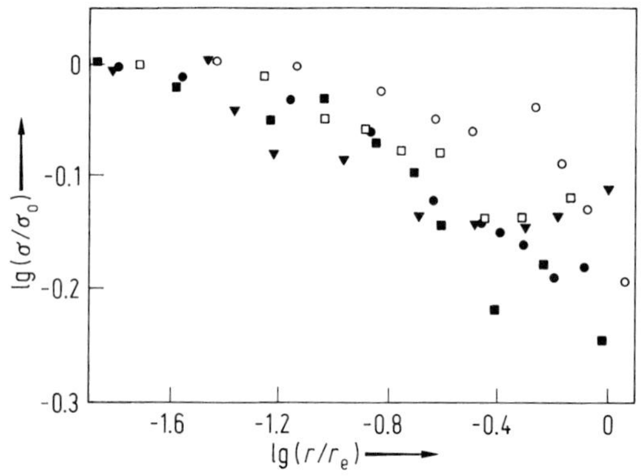

Abb. 3.31 Verlauf der radialen Geschwindigkeitsstreuung σ für 5 E-Systeme bezogen auf die zentrale Geschwindigkeitsstreuung σ_0 [65].

steme ($M_B \geq -20.5$ mag) haben $v_{rot}/\sigma_c \approx 0.2$, bedeutend kleiner als für abgeplattete isotrope Rotatoren erwartet. Also ist die Form der hellen elliptischen Systeme die Folge von Anisotropien in den Geschwindigkeitsverteilungen und keine Rotationsabplattung. Ein nützlicher Indikator hierfür ist

$$\left(\frac{v_{rot}}{\sigma}\right)^* = \frac{(v_{rot}/\sigma)_{mess}}{(v/\sigma)_{iso}}$$

mit $(v/\sigma)_{iso}$, dem theoretisch zu erwartenden Wert für abgeplattete rotationsabgeflachte Galaxien; in guter Näherung läßt sich schreiben

$$\left(\frac{v}{\sigma}\right)_{iso} = \left(\frac{\varepsilon}{(1-\varepsilon)}\right)^{\frac{1}{2}}.$$

Anders verhalten sich die Zentralkörper von Spiralgalaxien; es sind schnelle Rotatoren mit $v_{rot}/\sigma \geq 0.5$. Modellrechnungen, die den Einfluß der Scheibenkomponenten berücksichtigen, zeigen eine Zentralkörperrotation, wie sie für abgeplattete isotrope Rotatoren zu erwarten ist. Elliptische Systeme geringer absoluter Helligkeit ($-18 \leq \tilde{M}_B \leq -20.5$) besitzen ein $(v/\sigma)^* \approx 0.9$. Ihre Rotation liegt in der Größenordnung der Zentralkörper von Scheibensystemen. In Abb. 3.32 wird in einem $(v_m/\sigma - \varepsilon)$-Diagramm die globale dynamische Wichtigkeit von Rotation, Geschwindigkeitsstreuung und Elliptizität verglichen ($-19.5 \leq \tilde{M}_B \leq -23.5$). Die vorhergesagte Rotation für isotrope abgeplattete Sphäroide zeigt die O-Linie. Helle E-Systeme rotieren 1/3 bis 2/3 langsamer als Modelle isotroper abgeplatteter Sphäroide. Sie besitzen daher nur 1/9 bis 1/2 der Rotationsenergie, die nötig wäre, um sie durch Rotation abzuflachen. Zentralkörper von Scheibengalaxien werden jedoch gut von den Modellen erfaßt. Für helle Systeme ergeben sich beim Vergleich mit den Modellen konsistente Ergebnisse, wenn gestreckte (teilweise dreiachsige) Sphäroide benützt werden. Wenn die achsiale Geschwindigkeitsstreuung σ_z kleiner ist als σ_r, σ_θ, dann sind nur kleine Rotationsanteile nötig, um große Abplattungen zu erhalten. Mit $\delta = 1 - \sigma_z^2/\sigma_r^2$ und $0.7 \leq 1 - \delta \leq 1$ (als Maß für die Anisotropie des Geschwin-

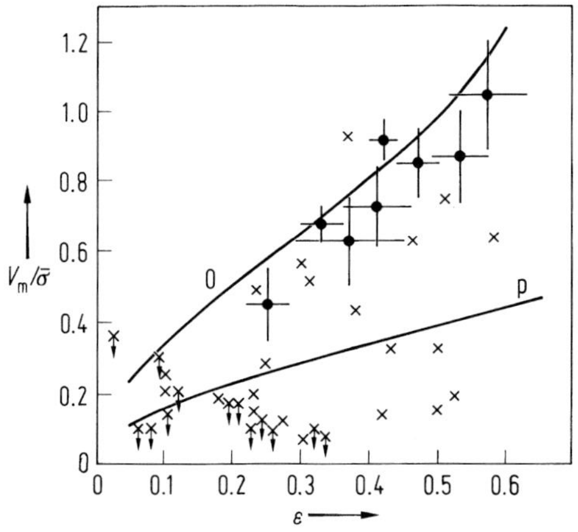

Abb. 3.32 Vergleich der Rotation von E-Systemen (∗) und Zentralkörpern (●); v_m ist die maximale projizierte Rotationsgeschwindigkeit; O sind abgeflachte, P gestreckte Systeme; $\zeta = 1 - b/a$; [67].

digkeitsstreuungstensors) sind die Beobachtungen gut zu erklären. Der Zusammenhang $L \sim v/\sigma$ ist schwach korreliert; leuchtkräftige Systeme rotieren langsamer. Der spezifische Drehimpuls J/M (bezogen auf die Gesamtmasse) ist für helle Systeme kleiner. In der Abb. 3.33a–f sind Daten der Grundparameter gesammelt; photometrische und dynamische Größen zeigen ausgeprägte Korrelationen. Zur Zeit gibt es keine befriedigende Erklärung für diese Ergebnisse. Die systematischen Unterschiede zwischen hellen (massereichen) und weniger hellen (masseärmeren) Systemen sind nicht über die Galaxienentstehung und verschiedene Sternentstehungsraten verstehbar. Vermutlich spielen Galaxienverschmelzungsprozesse eine wichtige Rolle.

Ein Teil der elliptischen Systeme läßt sich gut durch Modelle beschreiben, die ein konstantes Masse-Leuchtkraftverhältnis und $f = f(E, J)$, d. h. $\sigma_z = \sigma_r$ besitzen; ein anderer Teil der Systeme scheint Verteilungsfunktionen zu haben, die von drei Integralen abhängen und mit radiusabhängigen Masse-Leuchtkraftwerten gekoppelt sind; hier ist $\sigma_r \neq \sigma_\theta \neq \sigma_z$.

3.4.3.1 Balkenstrukturen

Rund die Hälfte der Scheibengalaxien enthält zentralgelegene *dreiachsige Strukturen*, sogenannte *Balken*. Balken unterscheiden sich von E-Systemen und ovalen Scheiben durch ihre größere Elliptizität ($b/a = 0.2$) und durch die Unterschiede in den Helligkeitsverläufen entlang ihrer großen und kleinen Achsen. Entlang der Hauptachse ist die Flächenhelligkeit konstant bis zu einem scharfen Rand, die kleine Achse zeigt einen $r^{1/4}$-Abfall.

Balken erzeugen in den Sternsystemen nichtachsialsymmetrische Kraftfelder, die stark genug sind, die Systemdynamik aufzurühren. Balken sind vermutlich die Motoren für säkulare Entwicklungsprozesse; sie bestimmen und steuern in der Gala-

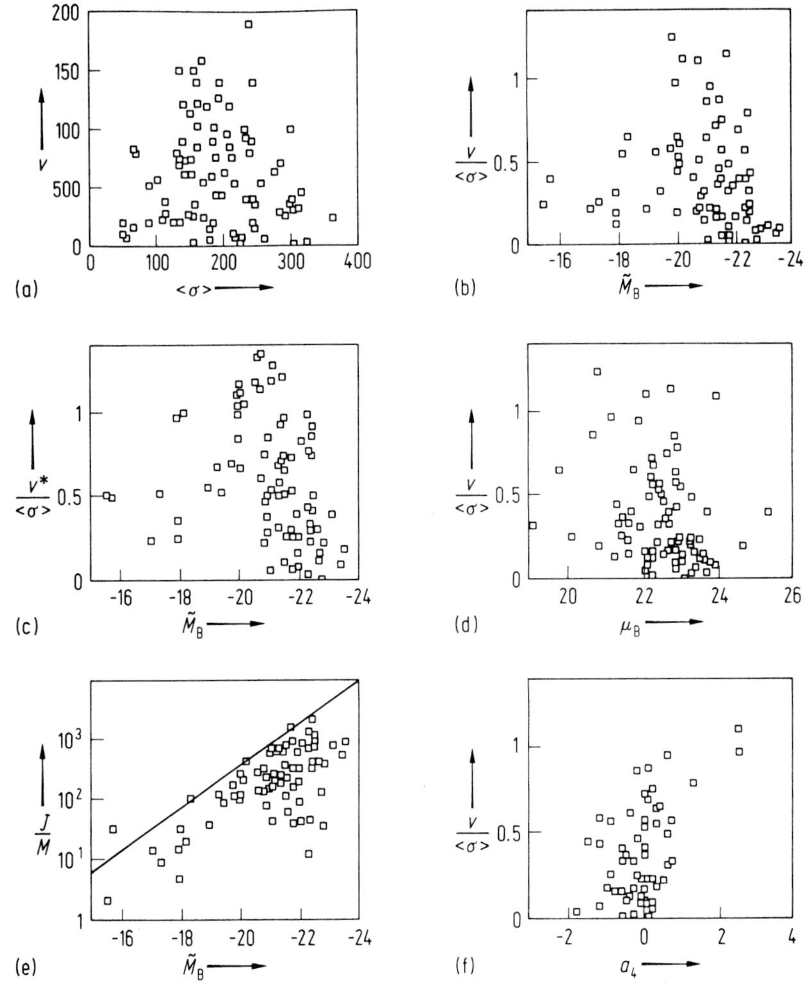

Abb. 3.33 Struktur- und Dynamik-Parameter von elliptischen Galaxien [28]; v ist die Rotationsgeschwindigkeit, σ die Geschwindigkeitsstreuung (km/s), $(v/\sigma)^*$ die im effektiven Radiusbereich, M_B ist die absolute Helligkeit, μ_B die Flächenhelligkeit, J/M der spezifische Drehimpuls, der Isophotenparameter a_4 mißt die Abweichungen der Isophoten von der Ellipse.

xienklassifikation die Varietät. Der schnelle Austausch von Energie und Drehimpuls zwischen Einzelsternen und der kohärenten Balkenstruktur ist hierfür verantwortlich. Balken erzeugen und verstärken Spiralstruktur. Die Balkenstrukturen rotieren starr, während die Sterne differentiell rotieren; daher müssen sie durch die Struktur hindurchströmen oder um sie herum zirkulieren. Es sind zur Zeit keine selbstkonsistenten Balkenmodelle bekannt, d. h. gesucht ist ein nichtachsialsymmetrisches Potential, das ein Sternensemble auf langgestreckte Bahnen zwingt und sie veranlaßt, sich derart zu organisieren, daß das Potential erhalten wird. Ist der Balken eine

Dichtewelle oder eine materielle Struktur mit innerer Zirkulation? Sowohl numerische Vielkörperrechnungen wie Beobachtungen, deuten auf Zirkulationsmodelle hin [56], [68]. Dieser Frage wird in Abschn. 3.5.2 weiter nachgegangen.

3.4.4 Scheibengalaxien

Die grundlegenden Korrelationen, die die allgemeinen Eigenschaften der Galaxien miteinander verknüpfen, sind bivariant, sowohl für elliptische wie auch für Scheibensysteme. Die Galaxien stellen sich durch eine zweidimensionale Ebene im Parameterraum dar, deren Achsen sein können: Größe (Masse, Leuchtkraft oder Radius), Dichte oder Flächenhelligkeit und kinetische Temperatur (Geschwindigkeitsstreuung, Kreisbahngeschwindigkeit für Scheiben). Die Parameterebene der Galaxien verspricht, ähnlich dem Zustandsdiagramm der Sterne, ein universales Werkzeug für alle theoretischen Arbeiten zu werden, wenn erst einmal genügend verläßliche Werte vorliegen. Leider sind wir von dieser idealen Situation noch weit entfernt.

Der Ausdruck Spiralgalaxie ist mit Bildern von Sternsystemen verknüpft, die zwei dominierende symmetrische Spiralarme zeigen, die sich aus jungen Sternen und Gas aufbauen und vom Zentrum stetig zum Rande der sichtbaren Scheibe verlaufen. Solche kohärenten zweiarmigen Spiralen illustrieren die Galaxienklassifikationen Sa–Sc, obwohl derartige Strukturen keineswegs vorherrschend sind. Mit einem gleichmäßigen und hellen Sternmuster sind diese Strukturen nur in den hellsten Systemen zu finden; die Grundlage der Leuchtkraftklassifikation ist hier zu suchen. Neben den großräumigen stetigen Mustern zeigen zumindest 30% der Scheibensysteme eine große Anzahl kurzer Spiralarmfilamente, die sich nicht zu einer kohärenten Struktur zusammenfügen, obwohl der generelle Eindruck einer Zweiarmigkeit erhalten bleibt. Sie werden *filamentartige* oder *flockulente Spiralgalaxien* genannt [36], [69], [70]. Flockulente Systeme können in allen Klassifikationsstufen a–Sc gefunden werden; gegen Ende der Klassifikation (Sd, Sm) überwiegen flockulente Systeme mit stark zerrissenen und unzusammenhängenden Armen [49].

In Farbbild 3 wird je nach benützten Wellenlängenband die junge oder die alte Sternpopulation sichtbar. Zum einen ist die Aufnahme dominiert von dem blauen Licht leuchtkräftiger junger O- und B-Sterne und HII-Gebieten. Da O, B-Sterne Lebensdauern um 10^7 Jahre haben, sieht man sie nur in Gebieten frischer Sternentstehung; Spiralarme sind also die Orte schneller heftiger und aktiver Sternentstehung. Bei längeren Wellenlängen, im roten Licht der älteren Scheibenpopulation, verbreitert sich das Spiralband stark, wird stetiger und weist Helligkeitsamplituden von lediglich 10 bis 20% auf. Es scheint, daß solche alten Strukturen in Systemen mit großräumiger kohärenter Spiralstruktur überwiegen. Verstärkte Sternentstehung muß also mit Dichtevariationen der alten Sternpopulation der Scheibe zusammenhängen; die gesamte Scheibe ist an der Ausbildung von Spiralstruktur beteiligt.

Der grundlegende Unterschied zwischen linsenförmigen oder SO-Systemen und Spiralsystemen ist die Abwesenheit von Gas und Staub oder die Abwesenheit von Spiralarmen. Beide Sachverhalte sind stark miteinander korreliert. Es gibt praktisch kein gasfreies Sternsystem, welches Spiralarme zeigt. Wenn auch Spiralstruktur in den alten Scheibensternen vorhanden ist, so ist dennoch das interstellare Medium das wesentliche Kennzeichen für Spiralstrukturen.

Die exponentiellen Scheiben, die die Spiralstruktur tragen, haben eine allgemeine Flächenhelligkeitsverteilung [71], [72], [73] gemäß

$$I(r, z) = I_0 \mathrm{e}^{-r/r_0} \operatorname{sech}^2(z/z_0) .$$

Eine dieser Helligkeitsverteilung folgende Flächendichteverteilung entspricht einer lokal isothermen Schicht; dann ist σ_z unabhängig von z. Für das vertikale Kraftgesetz schreiben wir

$$\frac{\partial \phi}{\partial z} = -F_z$$

oder

$$\frac{\mathrm{d}\varrho}{\mathrm{d}z} = \varrho F_z \sigma_z^{-2} .$$

Division dieser Gleichung durch σ und Ableitung nach z liefert

$$\frac{\mathrm{d}}{\mathrm{d}z}\left(\frac{1}{\varrho}\frac{\mathrm{d}\varrho}{\mathrm{d}z}\right) = \sigma_z^{-2} ; \quad \frac{\mathrm{d}F_z}{\mathrm{d}z} = -4\pi \varrho G \sigma_z^{-2} ,$$

wenn die Poissongleichung verwendet wird. Diese Differentialgleichung besitzt die Lösung

$$\varrho(z) = \varrho_0 \operatorname{sech}^2(z/z_0)$$

mit

$$z_0 = (\sigma_z^2 (2\pi G \varrho_0)^{-1})^{\frac{1}{2}} .$$

Die Skalenlängen liegen im Mittel bei $z_0 = 700$ pc, sie sind unabhängig vom Radius. Für $z \gg z_0$ wird

$$\operatorname{sech}^2(z/z_0) \quad \rightarrow \quad \mathrm{e}^{-2z/z_0} .$$

Bei radiusunabhängigen Skalenhöhen ergibt sich für die Geschwindigkeitsstreuung

$$\sigma_z(r) \sim \mathrm{e}^{-r/2r_0}$$

und, wenn das Anisotropieverhältnis σ_r/σ_z genähert konstant ist, gilt auch

$$\sigma_r(r) \sim \mathrm{e}^{-r/2r_0}$$

was Beobachtungen bestätigen [74]. Die Konstanz von σ_r/σ_z erfordert einen in r- und z-Richtung wirksamen Prozeß, der die Scheibe aufrührt (erhitzt). Der konstante dynamische Aufheizprozeß der Scheibe sichert die konstante Skalenhöhe und die konstante Isotropie [75].

Neben der dünnen Scheibe besitzen einige Galaxien dicke Scheiben mit Skalenhöhen um 1500 pc; ob dicke Scheiben durch exponentielle oder $r^{1/4}$-Verläufe besser darstellbar sind, ist noch nicht entschieden. Als Hauptmechanismen für den Erhalt der Scheibendicke, d.h. für die Scheibenaufheizung, kommen folgende Prozesse in Frage: Spiralstruktur und Streuung der Sterne an großen Molekülwolken [76]. Das erstere wäre eine Streuung an Sterndichtewellen, das zweite ein Zweikörperstreuprozeß. Die Scheibenaufheizung kann als Diffusion der Sterne im Geschwindigkeitsraum aufgrund vieler einzelner Streuprozesse angesehen werden. Die zeitliche Entwicklung der Geschwindigkeitsstreuung läßt sich modellieren

$$\frac{(\mathrm{d}\sigma^2)}{\mathrm{d}t} = \delta(t)\sigma^{-n}$$

mit n beliebig und δ dem Diffusionskoeffizienten. Für den Sonderfall, daß $\delta(t) = \text{const.}$ und $\sigma_0(t) = \text{const.}$, ist die Zeitabhängigkeit der Geschwindigkeitsstreuung gegeben durch

$$\sigma(t) = (\sigma_0^{n+2} + ct)^{\frac{1}{n+2}}$$

(c ist eine Normierungskonstante). Daten für die Milchstraße und Sonnenumgebung sind in Abb. 3.34 dargestellt.

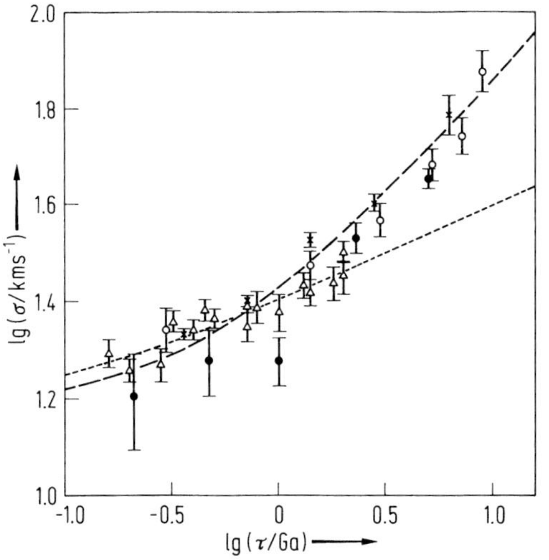

Abb. 3.34 Geschwindigkeitsstreuung als Funktion des Alters für die Sonnenumgebung [76]; Symbole: unterschiedliche Autoren.
––– $\sigma_0 = 15$ km/s, $C = 500$ (km/s)^2 Ga^{-1}
···· $\varrho_0 = 15$ km/s, $C = 10^7$ (km/s)^5 Ga^{-1}

Einsicht in den Zusammenhang zwischen Sternbahnen und der Geschwindigkeitsstreuung in Scheiben läßt sich über die *Epizykelnäherung* gewinnen (Band 7 Kap. 4.2). Eine Sternbahn kann als schwingungsfähig angesehen werden, wenn die Abweichung von der stabilen Kreisbahn klein ist

$$u, v, w \ll v_K\,, \quad z \ll z_0\,.$$

Der Stern kann unabhängige radiale und vertikale Schwingungen um ein mit v_K umlaufendes Führungszentrum durchführen, dessen Bezugsradius r_K ist. Für diese Schwingungen gilt die Energieerhaltung

$$E_K = \frac{1}{2}(u^2 + v^2\gamma)\,; \quad E_z = \frac{1}{2}(w^2 + r^2 z^2)$$

mit

$$\gamma = 2\,\frac{\Omega}{\varkappa} = \left(1 + \frac{1}{2}\,\frac{\mathrm{d}\ln\Omega}{\mathrm{d}\ln r}\right)^{-\frac{1}{2}}.$$

Ω ist die Winkelgeschwindigkeit einer Kreisbahn, $\varkappa$ die schon eingeführte Epizykelfrequenz und ν die Schwingungsfrequenz senkrecht zur Bahnebene

$$\nu^2 = \left(\frac{\partial^2\phi}{\partial z^2}\right)_{(r_\mathrm{K},0)}.$$

$1 \leq \gamma \leq 2$ gilt für Rotationskurven zwischen starrer Rotation und Keplerrotation; für eine Kreisbahngeschwindigkeit $v_\mathrm{K} = \mathrm{const.}$ wird

$$\gamma = 2^{\frac{1}{2}}.$$

Eine Sternpopulation im dynamischen Gleichgewicht (Phasenraum durchmischt) zeigt für z gemittelte Geschwindigkeitsstreuungen

$$\sigma_u^2 = \gamma^2\sigma_v^2 = \langle E_\mathrm{K}\rangle\,,$$
$$\sigma_w^2 = \langle E_z\rangle\,.$$

Die horizontalen Komponenten stehen dann im Verhältnis

$$\frac{\sigma_u}{\sigma_v} = \frac{1}{\gamma}.$$

Dies gilt unabhängig vom Aufheizungsmechanismus der Scheibe. Für flache Rotationskurven in Spiralgalaxien muß daher

$$\frac{\sigma_v}{\sigma_u} = 0.71$$

gelten. Abweichungen hiervon können durch Asymmetrien wie Balken, Spiralarme, Dichtewellen, Verwölbungen der Scheibe, elliptische Verzerrungen von Zentralkörper und Scheibe und einseitige Wasserstoffverteilungen erklärt werden [77].

In den rotierenden galaktischen Scheiben muß radiales Kräftegleichgewicht herrschen. Die radiale Kraftkomponente hängt daher zusammen mit dem Mittelwert der Rotationsgeschwindigkeit, wenn die Geschwindigkeitsstreuungen klein gegen die Rotationsgeschwindigkeit sind

$$-\left(\frac{\partial\phi}{\partial r}\right)_{z=0} = F_r(r,0) = -\,v_\mathrm{K}^2\,r^{-1}\,.$$

Die räumliche Verteilung der Massendichte in der Scheibe von Sternen und Gas (und den übrigen Komponenten der Sternsysteme) bestimmt den Verlauf des Potentials und somit das Kraftgesetz und folglich den Verlauf der Rotationskurve $v(r)$. Aus den Rotationskurven können daher Schlüsse auf die Massenverteilung gezogen werden. Unter Vernachlässigung der Spiralstruktur geht man von geeignet erscheinenden mathematischen Ansätzen für die Dichteverteilung (Potentiale) der einzelnen Komponenten aus. Die Lösung der Poissongleichung liefert je nach Ansatz Dichte oder Potential; die Ableitung des Potentials nach r führt zur Rotationskurve. Weil

ϕ und ϱ in der Poissongleichung linear auftreten, addieren sich die von den einzelnen Komponenten Scheibe, Zentralkörper, Halo usw. gelieferten Potentiale

$$\phi = \phi_s + \phi_z + \phi_H + \cdots,$$

und dies folgt auch für die Anteile an $v^2(r)$

$$v^2(r) = v_s^2 + v_z^2 + v_H^2 + \cdots.$$

Die Parameter der Modellansätze wählt man nun so, daß sowohl die beobachteten Werte $v(r)$, also auch möglichst viele weitere empirisch bekannte Größen, optimal approximiert werden. Für die Milchstraße ist die Komponentenanalyse der Rotationskurve in Abb. 3.35 dargestellt. Der entscheidende Punkt hierbei ist die Hinzunahme eines massereichen unsichtbaren Halos. Nur so kann der Verlauf der Rotationsgeschwindigkeit beschrieben werden [78], [79].

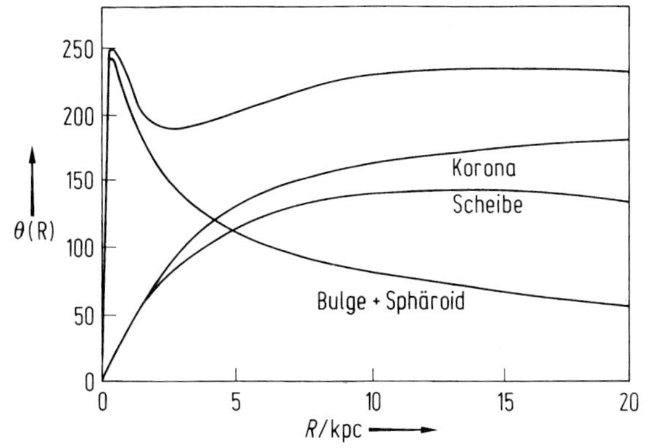

Abb. 3.35 Gesamtrotationskurve der Milchstraße ($\theta(R)$ km/s) und die Anteile ihrer Hauptkomponenten [78].

Über den Dopplereffekt können Rotationskurven spektroskopisch in der Strahlung einzelner Linien (im optischen oder radioastronomischen Spektralbereich) aufgenommen werden [80], [81]. Der ideale Datensatz für eine Galaxie, z. B. aus der 21-cm-Linienmessung des neutralen Wasserstoffs ist in Abb. 3.36 dargestellt. Der Datenwürfel wird von zwei Winkelkoordinaten an der Himmelssphäre und der Radialgeschwindigkeit aufgespannt. Diese Werte entsprechen der Abbildung der sechsdimensionalen Positions-Geschwindigkeits-Verteilung des Galaxienwasserstoffes. Im Idealfall kann angenommen werden, daß das Gas in der Mittelebene einer dünnen Scheibe lokalisiert ist; Achsialsymmetrie soll für Verteilung und Geschwindigkeitsfeld gelten. In den Abb. 3.36a, b, c wird die typische radiale Flächendichte der HI-Verteilung gezeigt. In Abb. 3.36b ist die Scheibe unter einem Anstellwinkel $i = 60^\circ$ gezeichnet; der Grad der Schattierung entspricht einer Säulendichte, die durch Integration des Datenwürfels entlang der Radialgeschwindigkeitsachse gewonnen wurde. Jede der darüber gelegten Linien stellt die Gesamtheit der Orte gleicher Radialgeschwindigkeit dar. Die Rotationskurve (Abb. 3.36c) wurde entlang der Haupt-

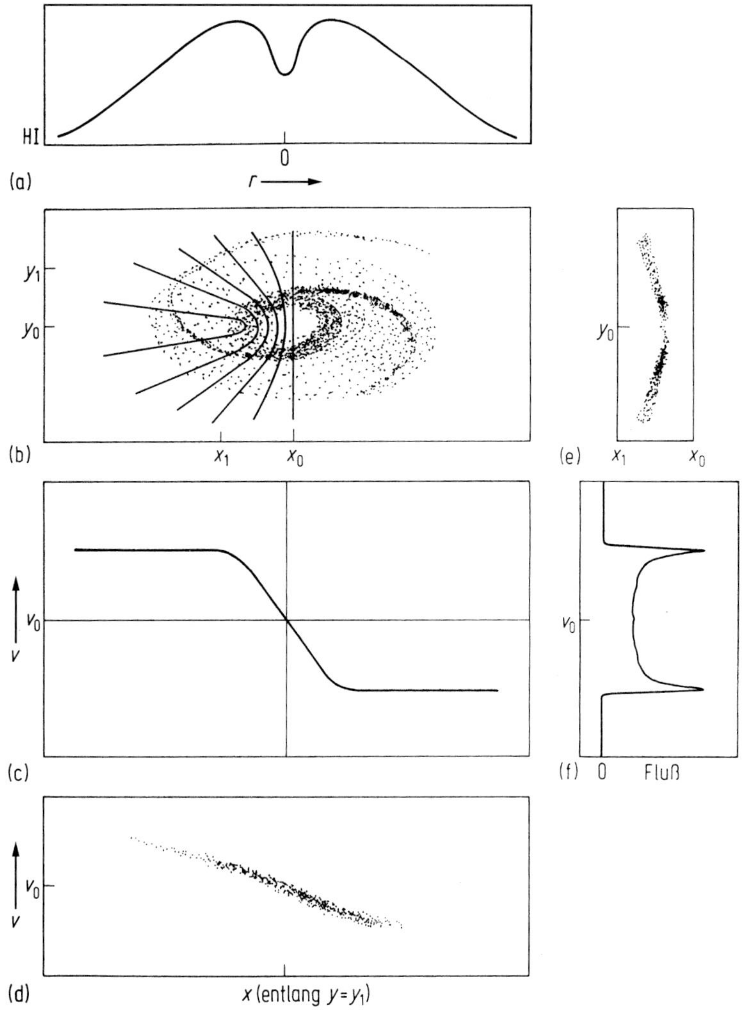

Abb. 3.36 Der Datenwürfel für radioastronomisch beobachtete Geschwindigkeitsfelder in Galaxien [80].

achse $y = y_0$ abgegriffen. Die Systemgeschwindigkeit der Galaxie ist v_0; mit dieser Geschwindigkeit bewegt sie sich auf uns zu oder von uns weg. Wenn nicht über die Radialgeschwindigkeiten aufintegriert wird, kann der Datenwürfel bei beliebigen Himmelskoordinaten geschnitten werden, etwa bei y_1, parallel zur Hauptachse. Wir erhalten so eine Positions-Geschwindigkeitskarte (Abb. 3.36d). Sie ähnelt in der Form, nicht jedoch in der Steigung, der Rotationskurve. Ein Schnitt des Datenwürfels bei konstanter Geschwindigkeit liefert eine Geschwindigkeitskanalkarte (Abb. 3.36e); es ist dies die Winkelverteilung des gesamten galaktischen Gases in einem festgelegten Geschwindigkeitsintervall; die Verteilung gleicht einer der Isogeschwindigkeitskurven in Abb. 3.36b. Wird eine Galaxie mit einem Radiospiegel

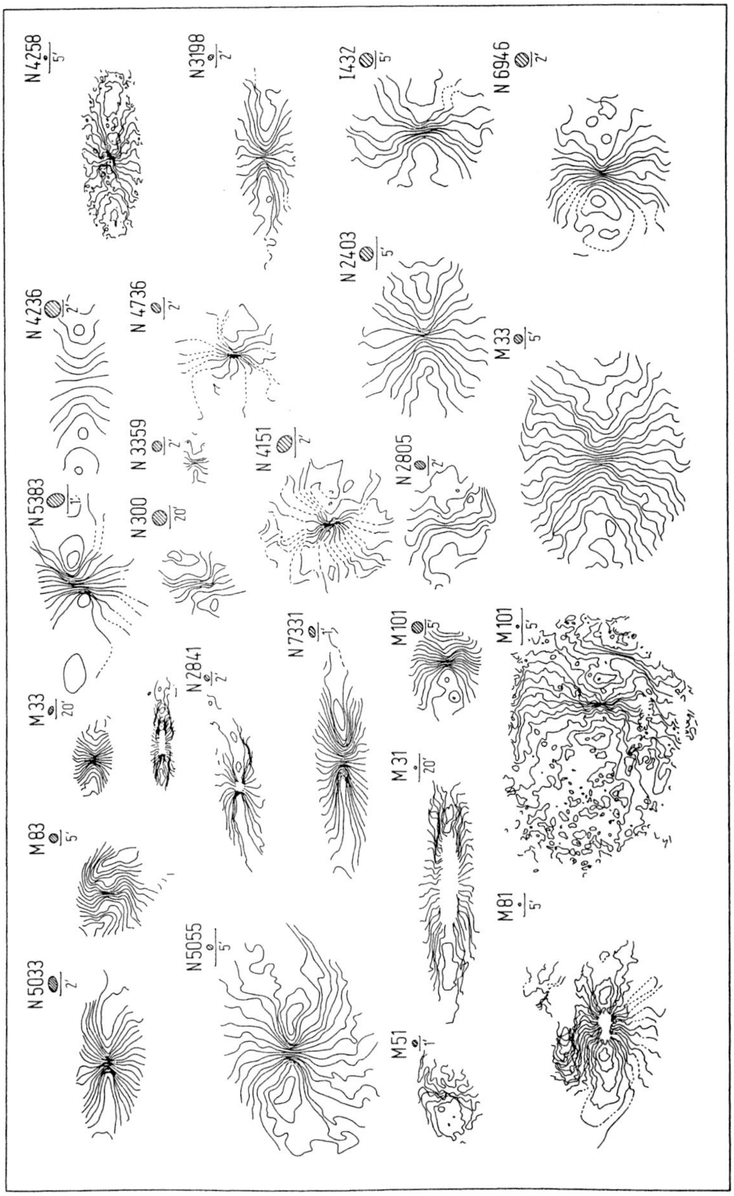

Abb. 3.37 Geschwindigkeitsfelder von Scheibengalaxien [82].

beobachtet, der die Scheibe nicht auflösen kann, ergibt sich ein Gesamtprofil der Galaxie als Geschwindigkeitsspektrum (Abb. 3.36f). Solche Messungen legen die Linienbreite Δv fest und ermöglichen hinweisende Massenbestimmungen. Eine Auswahl von Geschwindigkeitsfeldern verschiedener Galaxien ist in Abb. 3.37 und von Rotationskurven in Abb. 3.38 dargestellt. Aus deren Verläufen und photometrischen Daten lassen sich *Massenmodelle* aufbauen [83].

In vielen Galaxien ist das Geschwindigkeitsfeld, ideal dargestellt in Abb. 3.36b, gestört und weicht von achsialer Symmetrie ab. Typische Abweichungen zeigen die Galaxien NGC 5383 und M 83. Ist die Gasscheibe verwölbt, ändern sich also Positionswinkel der Hauptachse und Neigung der Gasscheibe wie bei M 83, entsteht eine S-förmige Versetzung als Zeichen einer kinematischen Verwölbung; derartige Störungen findet man oft in den Außenbereichen der Galaxien. Ovale Verzerrungen, wie bei NGC 5383, betreffen mehr die Innenbereiche und sind die Folge von Balken, deren Gravitationswirkung die Symmetrie des Geschwindigkeitsfeldes bricht; große und kleine Achse des Feldes stehen nicht mehr aufeinander senkrecht.

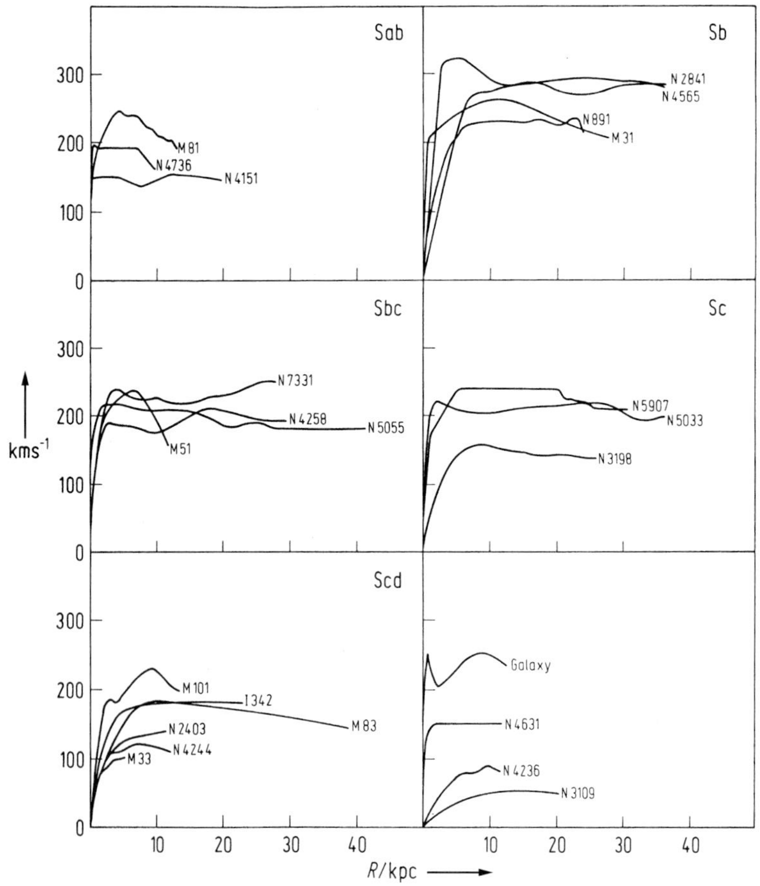

Abb. 3.38 Rotationskurven von Galaxien verschiedenen Typs [82].

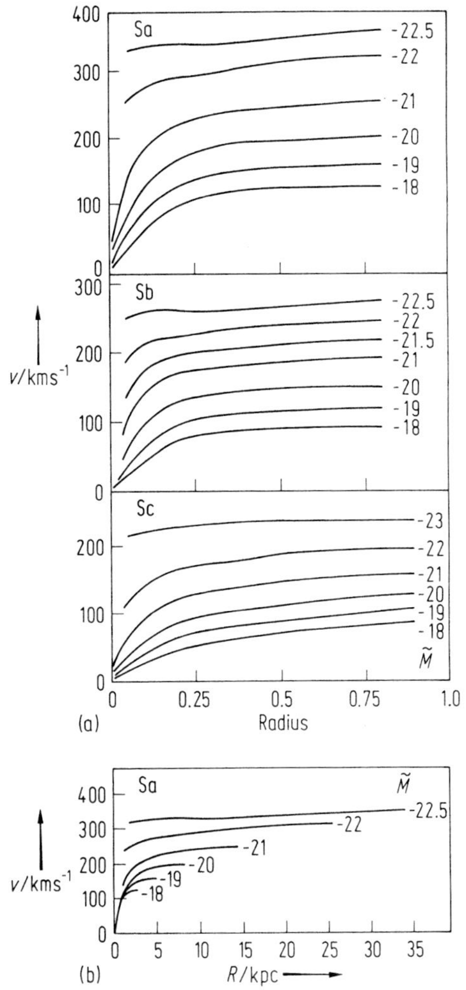

Abb. 3.39 Rotationskurven [81]. (a) Normierte Rotationskurven (in km/s) für Sa, Sb, Sc Galaxien, geordnet nach absoluter Leuchtkraft; die radiale Koordinate ist auf den Isophotenradius r_{25} bezogen. (b) wie (a), jedoch als Funktion des linearen Radius.

Die in den Außenbereichen der Galaxien flach werdenden Rotationskurven implizieren eine mit dem Radius zunehmende Gesamtmasse und eine mit r^{-2} abnehmende mittlere Dichte. Da die leuchtende Materie mit r exponentiell abnimmt, wächst das Verhältnis aus dynamischer und leuchtender Masse mit r an. Im allgemeinen bleiben die Rotationskurven von Scheibengalaxien flach (kein Kepler-Abfall $r^{-1/2}$), oft werden sie sogar mit $r^{+0.1}$ bei großen Radien steiler. Innerhalb eines jeden Galaxientyps haben kleine Galaxien geringer Leuchtkraft Rotationsgeschwindigkeiten, die allmählich vom Kern ansteigen und ein Maximum am optischen Rand des Systems erreichen. Große Galaxien hoher Leuchtkraft haben steile Rotationsgeschwindigkeitsanstiege und erreichen die hohen Maxima weit innerhalb des optischen Galaxienradius. Auf absolute Helligkeit und Bruchteile des Isophoten-Radius r_{25} normierte sogenannte synthetische Rotationskurven [81], sind für Sa, Sb, Sc Galaxien in Abb. 3.39a dargestellt; Abb. 3.39b zeigt diese Kurven als Funktion des linearen Radius für Sa-Systeme. Der stetige Übergang als Funktion der Leuchtkraft von kleinen Geschwindigkeitsgradienten zu großen und von niedrigen zu hohen Rotationsgeschwindigkeiten ist bei allen Galaxientypen vorhanden. Innerhalb eines Galaxientyps ist die Form der Rotationskurve ein eindeutiger Leuchtkraftindikator. Die Form der Rotationskurven ist für alle Galaxienklassen dieselbe, unabhängig von der Galaxienmorphologie. Die Ähnlichkeit wird in Abb. 3.40 deutlich, wo für Sa-, Sb- und Sc-Galaxien mit unterschiedlichen Verhältnissen von Zentralkörper- und Scheibenleuchtkraft die Rotationskurven verglichen werden (Sa: $Z/S = 4.0$; Sb: $Z/S = 0.3$, Sc: $Z/S = 0.1$). Die ähnlichen Formen der Rotationskurven spiegeln keine der ausgeprägten Strukturunterschiede wieder, die zu der unterschiedlichen Klassifikation führten. Diese Ähnlichkeit stützt den Sachverhalt, daß die optischen Leuchtkräfte nicht das Gravitationspotential an irgendeinem Ort innerhalb der optisch sichtbaren Galaxie wiedergeben.

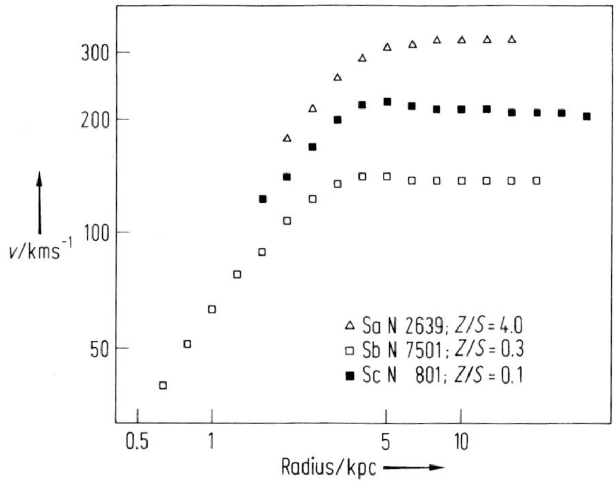

Abb. 3.40 Rotationskurven für Galaxien (Sa, Sb, Sc) mit unterschiedlichen Zentralkörper (B) – Scheiben (D) – Leuchtkraftverhältnissen [81].

Der Zusammenhang zwischen absoluter Blauhelligkeit und maximaler Rotationsgeschwindigkeit ist in Abb. 3.41 aufgezeigt. Die Korrelationsgraden haben typenabhängige Steigungen; für Infrarot-Helligkeiten ändern sich die Korrelationskoeffizienten, ansonsten bleibt die Abhängigkeit qualitativ erhalten.

Innerhalb eines Galaxientyps nehmen Geschwindigkeit und deshalb Masse und Massendichte mit zunehmender Leuchtkraft zu. Bei festen Werten für Radius und Leuchtkraft besitzen Sa-Systeme höhere Rotationsgeschwindigkeiten und daher größere Dichten. Beachten wir das Wechselspiel zwischen Leuchtkraft und Galaxientyp. Eine extrem leuchtkräftige Sc-Galaxie kann hinsichtlich Geschwindigkeit, Masse und Massendichte ein mittleres Sa-System imitieren, der Radius der Sc-Galaxie muß

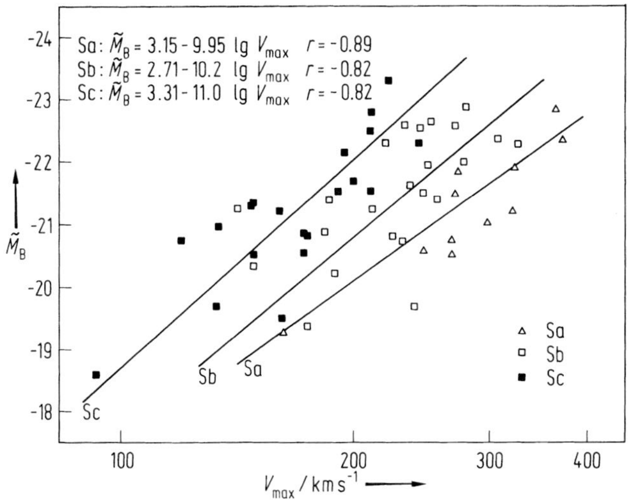

Abb. 3.41 Korrelation zwischen maximaler Rotationsgeschwindigkeit und absoluter Helligkeit für Sa-, Sb-, Sc-Systeme [81].

dann allerdings sehr groß sein. Die Abhängigkeit der mittleren Masse (ermittelt innerhalb des optischen Bildes einer Galaxie), $M(r_{25})$ vom Galaxientyp liefert als obere Grenze $\sim 10^{12}$ Sonnenmassen; diese Massenobergrenze ist typenunabhängig. Solche Zusammenhänge werden aus den Korrelationen $(r_{25}, \tilde{M}_B)$ (Abb. 3.42a) und $(M, \tilde{M}_B)$ (Abb. 3.42b) deutlich. $(r_{25}, \tilde{M}_B)$ ist die einzige Korrelation, die nicht in Galaxientypen aufspaltet. Die $(M, \tilde{M}_B)$-Korrelation läßt die Masse-Leuchtkraft-Verhältnisse für jeden Galaxientyp konstant. M/L enthält also Information über den Typ, nicht aber über die Leuchtkraft. Die maximale Rotationsgeschwindigkeit von Galaxien ist vom Galaxientyp abhängig (Abb. 3.43)

Typ	$\langle v_{max} \rangle$/km s^{-1}
Sa	299
Sb	222
Sc	175

Die Korrelationen zwischen Masse, Leuchtkraft, Radius, maximaler Rotationsgeschwindigkeit, Galaxientyp und M/L können in einem Diagramm vereinigt werden (Abb. 3.44). Es illustriert die Beziehungen der Grundparameter der Systeme und enthält in kompakter Form unser Wissen über die Dynamik von Scheibensystemen. Es zeigt, daß mindestens zwei Parameter nötig sind, um eine Galaxie in dieser Ebene einzuordnen. Die Korrelationen von $(v_{max}, \tilde{M}_B)$ und $(M, \tilde{M}_B)$ implizieren auch Korrelationen zwischen Masse und Drehimpulsdichte für jeweils einen einzelnen Galaxientyp. Es gibt keinen Hinweis darauf, daß die Abfolge der Galaxientypen eine Abfolge der Drehimpulsdichte sei [85].

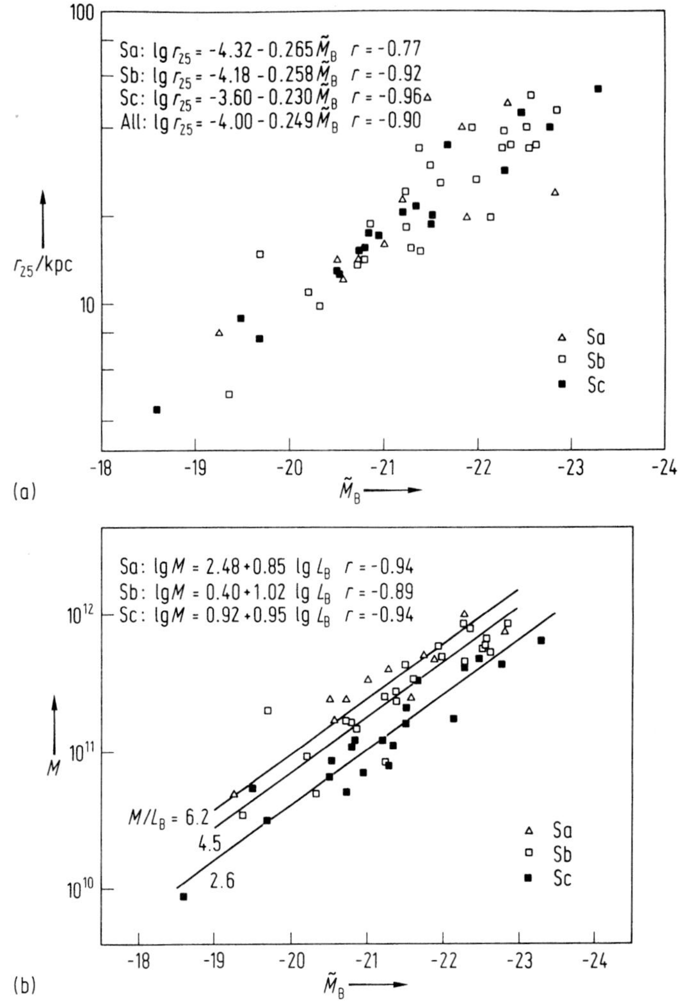

Abb. 3.42 Helligkeit und Radius [81]. (a) Korrelation von absoluter Blauhelligkeit und Radius r_{25}; es besteht keine Typabhängigkeit. (b) Korrelation von absoluter Helligkeit und Masse.

3.4.5 Dunkle Materie

Die Rotationskurven, als Ausfluß der dynamischen Galaxienmasse, zeigen wenig Beziehung zu den aus der Verteilung der optischen Leuchtkräfte abgeleiteten Geschwindigkeiten. Wir nennen die nichtleuchtenden Masse „Halo-Masse" und unterstellen eine sphärische Verteilung. Obgleich Details der dunklen Materie noch nicht zu fassen sind, können zahlreiche Einschränkungen hinsichtlich ihrer Eigenschaften durch die dargestellten Beobachtungen gemacht werden [86], [87].

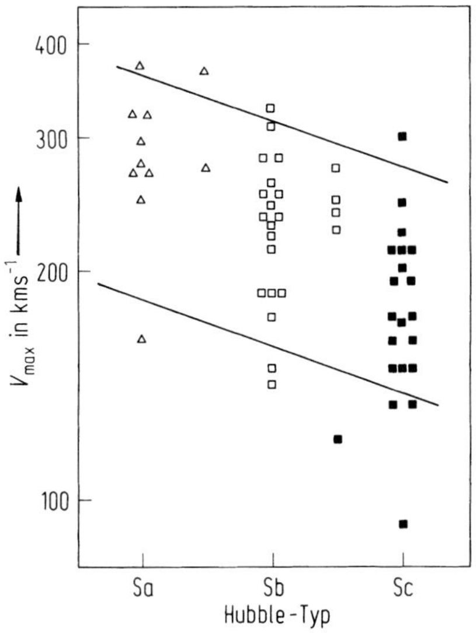

Abb. 3.43 Korrelation zwischen Galaxientyp und maximaler Rotationsgeschwindigkeit [81].

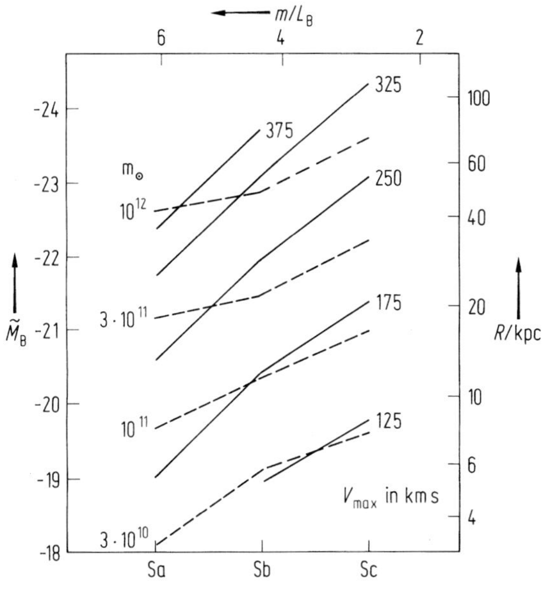

Abb. 3.44 Ein Zustandsdiagramm für Galaxien; die Verknüpfung von 6 Grundparametern wie es augenblickliche Beobachtungen nahelegen [84].

Die nichtleuchtende Halomaterie ist kein Teil einer gleichförmigen Hintergrundsmassenverteilung zwischen den Galaxien; die Materie ist um die Galaxien geklumpt. Dies folgt aus ihrer radialen Abnahme, bezogen auf die Galaxienzentren; sie hat in den Außenbereichen der Sternsysteme Dichten, die 100 bis 1000mal über der mittleren Dichte des Universums liegen. Die nichtleuchtende Materie zeigt keine ausgesprochenen zentralen Verdichtungen, wie es bei der sichtbaren Materie der Galaxien der Fall ist. Die generelle Formähnlichkeit der Rotationskurven von Scheibensystemen verschiedenen Typs bedeutet, daß sowohl die dunkle Halomaterie wie die leuchtende Scheibenmaterie zur gesamten radialen Massenverteilung innerhalb der sichtbaren Scheibe beitragen. Galaxien verschiedener Morphologie haben Massenverteilungen, die sich nur durch Skalierungsfaktoren unterscheiden; dies wird in Abb. 3.40 deutlich. Obwohl die drei dort gezeigten Galaxien um einen Faktor 40 in den Anteilen der Leuchtkräfte ihrer Zentralkörper differieren, muß die Form ihrer großräumigen Massenverteilung ähnlich sein, denn ihre Rotationskurven sind ähnlich.

Der Anteil an dunkler Materie am Gesamtsystem ist unabhängig von der Galaxienleuchtkraft, d. h. von Galaxienmasse und Radius. Das Verhältnis der dynamischen Masse (leuchtende oder nichtleuchtende Anteile) innerhalb der optischen Scheibe zur Gesamtleuchtkraft der Galaxie M/L_B ist konstant innerhalb eines Galaxientyps. Hierbei kann die Spannweite des Leuchtkraftbereichs bis 100 gehen. Zwischen leuchtender und nichtleuchtender Materie besteht für alle Galaxien eines Galaxientyps eine enge Proportionalität; dies ist unabhängig davon, ob die Galaxie eine kleine niederleuchtkräftige Spirale oder ein hochleuchtkräftiges, massenreiches System ist. Die dunkle Materie scheint zu wissen, wieviel leuchtende Materie das System enthält.

Der Bruchteil an dunkler Materie ist unabhängig vom Galaxientyp. Theoretische Populationsanalysen [88] liefern folgende Masse (sichtbar)-Leuchtkraftverhältnisse:

$$\text{Sa} \quad \frac{M_{si}}{L_B} = 3.1 \qquad \frac{M_{dyn}}{L_B} = 6.2 \pm 0.6$$

$$\text{Sb} \quad \frac{M_{si}}{L_B} = 2.1 \qquad \frac{M_{dyn}}{L_B} = 4.5 \pm 0.4$$

$$\text{Sc} \quad \frac{M_{si}}{L_B} = 1.2 \qquad \frac{M_{dyn}}{L_B} = 2.6 \pm 0.2$$

Die Proportionalität zu den dynamischen Masse-Leuchtkraftverhältnisen (aus Abb. 3.42 b) ist auffällig; diese Proportionalität impliziert die Unabhängigkeit des Anteils der dunklen Materie vom Galaxientyp. Die theoretischen und relativen Masse-Leuchtkraftverhältnisse sind auch gute Abschätzungen der absoluten Werte, d. h. $M_{dyn}/M_{si} \approx 2$. Die dunkle Materie trägt zur Hälfte zur Gesamtmasse innerhalb des optischen Radius r_{25} eines Sternsystems bei. Die dunkle Materie erstreckt sich über die optische sichtbare Scheibe; die Masse der Galaxien nimmt mit dem Radius linear zu. Dies kann aus den radioastronomisch gewonnenen Rotationskurven abgeleitet werden, die aufgrund der größeren Ausdehnung der Gasscheibe weit über das optisch sichtbare System hinausreichen. Elliptische Systeme tragen ebenfalls wesentliche Anteile ihrer Masse in Form von dunkler Materie. Eine untere Grenze liegt auch hier bei 50 %.

Erstreckt sich die Verteilung der dunklen Materie bis zu einem Mehrfachen der optischen/radioastronomischen Galaxienradien, dann kann der Massenanteil der nichtleuchtenden Komponente durchaus bis zum 10fachen der leuchtenden Komponente ansteigen. Damit wäre das Universum zu 90 % aus einem der augenblicklichen direkten Beobachtung über elektromagnetische Strahlung nicht zugänglichen Stoff aufgebaut.

Die normale Materieform des sichtbaren Universums ist baryonisch; sie besteht aus Neutronen und Protonen. Wenn die dunkle Materie baryonisch ist, muß sie in Objekten lokalisiert sein, deren Massen sehr viel kleiner als eine Sonnenmasse sind, um der Entdeckung zu entgehen. Das Deuterium, welches auch nach dem Urknall entstand, wurde größtenteils für die Heliumbildung verwendet. Die heute beobachtete Deuteriumhäufigkeit setzt daher Grenzen für die möglichen Anteile baryonischer Materie im Universum. Diese Anteile erlauben die Galaxienentstehung in einem baryonisch dominierten Weltall zu suchen. Die Galaxienentstehung verursacht Fluktuationen in der kosmischen Mikrowellenhintergrundstrahlung. Solche Fluktuationen wurden nachgewiesen [89]. Deuteriumhäufigkeit und die Fluktuationen deuten auf eine *baryonische Zusammensetzung* der dunklen Materie hin.

3.5 Strukturbildung in Galaxien

Makroskopische Ordnung spielt im Rahmen unserer Beobachtungsmöglichkeiten eine bedeutende Rolle. Von Wasserstrudeln zu Sanddünen, von Kovektionszellen im Erdkörper und in der Sonne bis zu den Kristallstrukturen der Minerale, von Einzelsternen, interstellaren Wolken bis zu Galaxien stoßen wir auf Formen, die makroskopische Ordnungsmechanismen ausdrücken. Die Formenwelt, die Strukturbildung und überhaupt die diese steuernden und regulierenden Wechselwirkungen in den dynamischen galaktischen Systemen stehen am Anfang der Erforschung. Sternsysteme zeigen innere Struktur. Daß Struktur plötzlich in einem turbulenten Medium, sei es im Sterngas, sei es im interstellaren Medium entsteht, sich entwickelt, sich aufrecht erhält, aber auch wieder vergeht, Unordnung in Ordnung übergeht, ist *nichtlinearen dissipativen Prozessen* zuzuschreiben. Die auffallendsten Strukturmerkmale sind die Spiralarme und die Balken in den Sternsystemen.

Viele Energieumverteilungsprozesse laufen in einem Sternsystem ab: Umwandlung von Wasserstoff in Helium, chemische Reaktionen und Heiz- oder Kühlprozesse im interstellaren Medium, Sternentstehung, Sternentwicklung oder Sternexplosionen, Umverteilung von großräumig geordneter Rotationsenergie in Energie der Geschwindigkeitsstreuungen. Alle diese Abläufe sind durch verstärkende (positive) oder abschwächende (negative) Rückkoppelungsschleifen miteinander vernetzt und bilden so ein nichtlineares Prozeßsystem. Die ständige Verfügbarkeit von Gravitationsenergie, in Folge davon auch von Fusionsenergie, und die Möglichkeit der Energieabstrahlung, macht Galaxien zu offenen im Ungleichgewicht befindlichen Systemen.

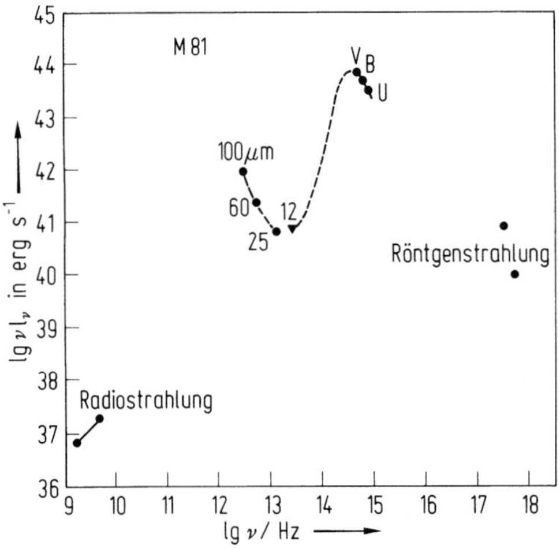

Abb. 3.45 Energieverteilung der Gesamtemission einer normalen Spiralgalaxie (M 81) [90].

Ein Beispiel für den Energieausstoß einer normalen Spiralgalaxie gibt Abb. 3.45. Dominiert wird das Spektrum von der optischen und infraroten Strahlung. Radio-, Röntgen- und γ-Strahlungsemissionen erlauben uns, bestimmte Aspekte des Sternsystems zu untersuchen; Radiostrahlung verschafft uns Zugang zu den Magnetfeldern und der kosmischen Strahlung, Radiolinienstrahlung gibt über die globale Rotation Auskünfte zur Dynamik. Röntgenstrahlung erlaubt einen Blick auf die alte Sternpopulation (z. B. Neutronensterne) und die heiße Komponente des interstellaren Mediums. In der Tab. 3.6 sind die verschiedenen spektralen Bereiche und ihre Strahlungsquellen zusammengefaßt.

3.5.1 Energiegleichgewichte

Die Struktur der Spiralarme ist wesentlich an das interstellare Medium gekoppelt. Sein Energiegleichgewicht bestimmt die Sternentstehungsprozesse, die wiederum Spiralarme oder Spiralarmfilamente markieren. Der Bewegungszustand des interstellaren Mediums in normalen Scheibengalaxien ist aus vier Anteilen zusammengesetzt:

- differentielle Scheibenrotation; bei Sbc-Systemen rund 26 km/s/kpc;
- allgemeine Turbulenz im Bereich von 0.5 bis 1 kpc von $\Delta v \approx 7$ km/s;
- Turbulenz im Inneren von Wolken $\Delta v \sim 1-5$ km/s;
- Geschwindigkeitsstörungen durch stellare Dichtewellen oder Balken $\Delta v \approx 10$ km/s.

Drei Energieformen werden vom interstellaren Medium getragen (mittlere Teilchenzahl $N \approx (10-100)\,\mathrm{cm}^{-3}$):

- thermische Energie der Teilchen $E_{\mathrm{th}} \approx 4.5 \cdot 10^{-13}\,\mathrm{erg\,cm}^{-3}$,
- Turbulenzenergie einzelner Zellen gegeneinander $E_{\mathrm{turb}} \approx 2.9 \cdot 10^{-13}\,\mathrm{erg\,cm}^{-2}$,

Tab. 3.6 Wichtige Strahlungsquellen in Galaxien und die zugehörigen Spektralbereiche.

Spektraler Bereich		stellare Quellen	interstellare Quellen	Absorber
γ-Strahlung	MeV	Supernovae, kosmische Strahlung	Gas und kosmische Strahlung	interstellare Materie, H, H_2
harte Röntgenstrahlung	$kT > 3$ keV	Röntgendoppelsterne, galaktische Kerne	heißeste Phase des interstellaren, intergalaktischen Gases	Staub, H, He
weiche Röntgenstrahlung	$0.1 < kT < 3$ keV	Hauptreihensterne, entwickelte Supernovae	heißes interstellares, Gas, Supernova-Reste	Staub, H, He
EUV	100–912 A	O Sterne, entwickelte POP II Sterne, Akkretionsscheiben	heißes interstellares, Gas, Supernova-Reste	Staub, H, He
fernes UV	912–2000 A	POP I, POP II massereichere Sterne	Planetarische Nebel HII, Ly Alpha	Staub, Metalle, H_2, Ly Alpha
mittleres UV	2000–3300 A	POP I, POP II $> 1.5\,m_\odot$	–	Staub, Metalle, ionisierte Komponenten
optische Strahlung	3300–8000 A	POP I, POP II	HII, H-Balmer, Metalle verboten, Emissionsl.	Staub, neutrale Metalle
nahes IR	0.8–7 μ	entwickelte Riesen, Überriesen, Protosterne	HII, heißer Staub, H_2, Kohlenstoffketten	Staub, Kohlenstoffkettenmoleküle
mittleres IR	7–25 μ	heißer zirkumstellarer Staub, Protosterne, OH/IR Sterne	HII, kleine Staubkörner, Kohlenstoffketten	Staub, Moleküle
fernes IR	25–300 μ	Protosterne, Kohlenstoffsterne	HII, Staub	Staub
unter mm	300 μ–1 mm	–	Staub, Moleküle, thermische, nichtthermische Strahlung	–
Radiostrahlung	1 mm–	– aktive Sterne, galaktischer Kern	thermisch, nichtthermisch, Moleküle, HI, HII	–

– an das heiße, ionisierte Gas gekoppelte magnetische Energie $E_{\text{mag}} \approx 3.6 \cdot 10^{-13}\,\text{erg}\,\text{cm}^{-3}$.

Drei unterschiedliche Arten von Energiequellen können angegeben werden: Sternstrahlung, kosmische Strahlung (als Folge von Supernovae, Novae und Pulsaren) und die differentielle Rotation der Sternsysteme. Die Energiedichten der Einspeisungsmechanismen lauten:

$$\begin{aligned} E_{\text{Str}} &\sim 7 \cdot 10^{-13}\,\text{erg}\,\text{cm}^{-3}\,, \\ E_{\text{kos}} &\sim 10 \cdot 10^{-13}\,\text{erg}\,\text{cm}^{-3}\,, \\ E_{\text{rot}} &\sim 7 \cdot 10^{-13}\,\text{erg}\,\text{cm}^{-3}\,. \end{aligned}$$

Es existiert eine auffallende Gleichverteilung zwischen

$$E_{\text{ther}} \sim E_{\text{tur}} \sim E_{\text{mag}} \qquad \text{(Energiespeicher)}$$

und

$$E_{\text{Str}} \sim E_{\text{kos}} \sim E_{\text{rot}} \qquad \text{(Energieeinspeisung)}$$

und den Einspeisungs- und den Speichermechanismen

$$E_{\text{ein}} \sim E_{\text{Spei}} .$$

Wir betrachten gemäß Abb. 3.46 das interstellare Medium als ein rückgekoppeltes System zwischen den Energieeinspeisungen und den Energiespeichern und der Energieleckrate.

Die Energiequellen sind einerseits die differentielle galaktische Rotation, die über turbulente Reibung – die bei den in der Astrophysik vorherrschenden großen Reynoldszahlen über die molekulare Reibung dominiert – Energie in die Turbulenz speist. Andererseits tragen Sternstrahlung und kosmische Strahlung über Absorption zur Erhöhung der thermischen Energie bei. Turbulenz und thermische Energie sind gegeneinander über räumliche Inhomogenitäten verkoppelt. Turbulenz ist ja gerade räumliche Inhomogenität von Geschwindigkeiten. Über turbulente Dissipation bei hohen Reynoldszahlen wird Gleichverteilung und damit Erhöhung der mittleren thermischen Energie erreicht. Umgekehrt führt lokale Thermalisierung (z. B. durch Sternstrahlung) zu Inhomogenitäten in der Temperaturverteilung, damit zu Druckgradienten und damit zu Geschwindigkeitsgradienten, also zur Zunahme der turbulenten Energie.

Magnetische Energie kann über Turbulenz durch Feldlinienverlängerung umgeschichtet und verstärkt werden, wenn die Gleitzahlen des Feldes klein sind im Vergleich zu typischen Zeiten der turbulenten Bewegung, also bei eingefrorenen Feldern. Umgekehrt wird Turbulenz erzeugt, wenn örtlich so starke Feldlinienkrümmung vorliegt, daß der magnetische Druck größer als der Gasdruck wird.

Es liegt schließlich auch eine Koppelung zwischen thermischer und magnetischer Energie vor, die gemessen an den anderen jedoch klein ist. Es können kleine Anfangsmagnetfelder durch Zusammenstoß von Plasmawolken erzeugt werden, so daß die thermische Energie in magnetische Energie gesteckt wird. Natürlich entweicht auch Energie durch Strahlung aus dem System, wobei angenommen wird, daß aufgrund der Expansion des Weltalls die Photonendichte im intergalaktischen Raum nicht wesentlich zunimmt, andererseits die Photonen, gleichzeitig bei adiabatischer Expansion, energieärmer werden. Schließlich kann Materie auch aus dem System ausgeblasen werden; man spricht von *galaktischen Springbrunnen*.

Wie wird nun in diesem System Gleichverteilung erreicht? Energiespeicher in einem System haben genau dann den gleichen Energieinhalt, wenn die Zeitkonstanten der Kopplungsmechanismen zwischen den Speichern sehr viel kleiner sind als die der Input-Output-Mechanismen. Wenn dies der Fall ist, dann ist der Energieinhalt der Speicher etwa auch dem der Quellen, natürlich nur unter der Bedingung, daß pro Zeiteinheit nicht wesentlich mehr Energie hinein- als herausgepumpt wird. Die Frage der Gleichverteilung der Energiequellen: differentielle galaktische Rotation, kosmische Strahlung und Sternstrahlung, scheint dagegen weitgehend unklar. Ein Ansatz liegt in der Tatsache, daß über die Systemrotation (global), die Dynamik der Sternentstehungsprozesse gesteuert wird, die ihrerseits die Energiereservoirs der Energie-

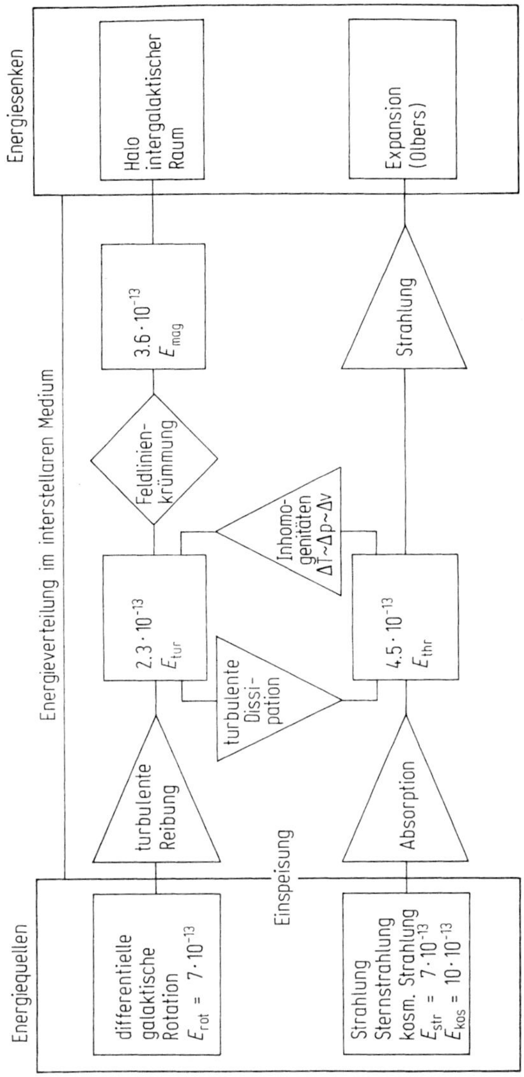

Abb. 3.46 Schema der Energiebilanzen in einem Sternsystem.

quellen schaffen. Die allgemeine Gleichverteilung von stellaren und interstellaren Energieformen ist Voraussetzung für langfristige Stabilität der Sternsysteme.

Hier ist auch der Lösungsansatz für den Zusammenhang zwischen photometrischen und dynamischen Systemeigenschaften verborgen. Zu einem qualitativen Verständnis gelangt man über das *Virialtheorem* [56], [91], [92]

$$2\tilde{T} + W = 0\,. \tag{3.8}$$

Die Dichteverteilung in Scheibengalaxien ist formal

$$\varrho(\bar{r}) = \varrho_0 f\left(\frac{\bar{r}}{r_e}\right) = \varrho_0 f(\tilde{x})$$

und die Flächendichte an der Sphäre

$$\tilde{\chi}(\bar{r}) = \tilde{\chi}_0 g\left(\frac{\bar{r}}{r_e}\right) = \chi_0 g(\tilde{x})\,;$$

$f(\tilde{x})$ und $g(\tilde{x})$ seien dimensionslose allgemeine Strukturfunktionen. Für die Rotationskurven können wir schreiben

$$v(\bar{r}) = v_{\max} h(\tilde{x})\,.$$

Damit erhält man über das dimensionslose Volumenelement $\mathrm{d}\tau$ für $\tilde{T}$ und W

$$T = \frac{1}{2}\int \varrho(\bar{r}) v^2(\bar{r})\,\mathrm{d}\tau = \frac{1}{2}\,\varrho_0 v_{\mathrm{m}}^2 r_{\mathrm{e}}^3 \tilde{a}\,,$$

$$-W = \frac{1}{2}\,G\int \varrho(\bar{r}) \int \frac{\varrho(\bar{r})}{|\bar{r} - r'|}\,\mathrm{d}\tau\,\mathrm{d}\tau' = \frac{1}{2}\,G\varrho_0^2 r_{\mathrm{e}}^5 \tilde{b}\,.$$

Die zwei dimensionslosen Integrale $\tilde{a}, \tilde{b}$ beschreiben die radiale Materieverteilung. Mit (3.8) wird

$$v_{\max}^2 = \frac{1}{2}\,G\varrho_0 r_{\mathrm{e}}^2\,\frac{\tilde{b}}{\tilde{a}}\,.$$

Die Gesamtmasse M läßt sich ebenfalls über dimensionslose Integrale $\tilde{c}, \tilde{d}$ ausdrükken

$$M = \chi_0 r_{\mathrm{e}}^2 \int g(\tilde{x})\,\mathrm{d}\tau = \chi_0 r_{\mathrm{e}}^2 \tilde{c}\,, \quad M = \varrho_0 r_{\mathrm{e}}^3 \int f(\tilde{x})\,\mathrm{d}\tau = \varrho_0 r_{\mathrm{e}}^3 \tilde{d}$$

und liefert schließlich

$$v_{\max}^4 = \frac{1}{4}\,\tilde{b}^2 \tilde{c} \tilde{a}^{-2} \tilde{a}^{-2} \chi_0 M\,, \quad v_{\max}^4 = \mathrm{const.}\,\chi_0 M \sim L$$

unter der Annahme der Konstanz von χ_0 und der Masse-Leuchtkraftverhältnisse.

3.5.2 Spiralstruktur

Weder logarithmische noch hyperbolische Spiralen lassen sich optimal an beobachtete Spiralformen anpassen [93]. Innerhalb der Schwankungsbreite, die die natürlichen Spiralarmunregelmäßigkeiten zeigen, können beide Formen jedoch als geeignete Interpolationsformen benützt werden. Bei der logarithmischen Spirale ist der

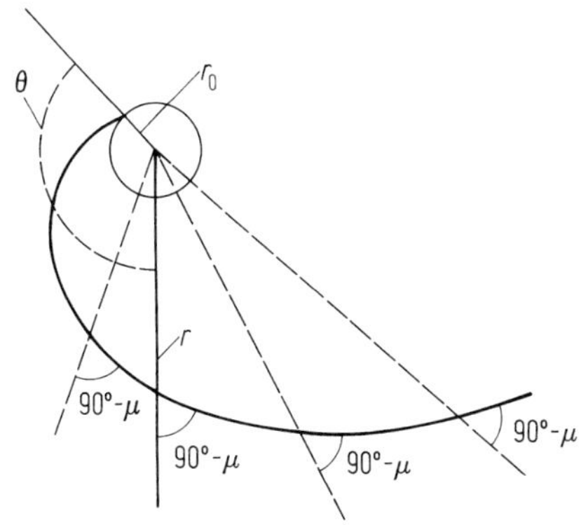

Abb. 3.47 Geometrie der logarithmischen Spirale.

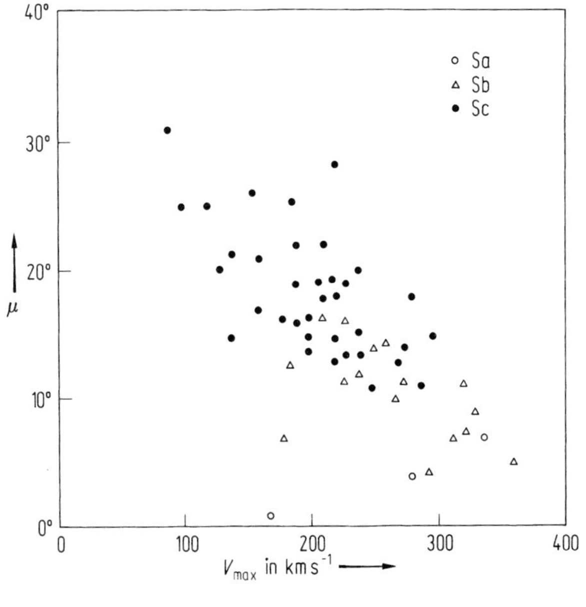

Abb. 3.48 Spiralarm-Anstellwinkel und maximale Rotationsgeschwindigkeit.

Anstell(Öffnungs)winkel μ nahezu konstant (vgl. Abb. 3.47). Innerhalb eines Systems zeigt er eine Streuung von $\pm 4°$. Es gilt

$$r = r_0 \, e^{s(r)\theta} \quad \text{mit}$$
$$s(r) = \operatorname{tg} \mu(r) \, .$$

θ ist der Windungswinkel. Die hyperbolische Form ist darstellbar als

$$r \cdot \theta = \text{const.} \, v(r)$$

hierbei ist die Rotationskurve $v(r)$ des Systems entscheidend [94]. Die Anstellwinkel korrelieren mit der Armstruktur und mit dem Verhältnis von Zentralkörper und Scheibe d.h. mit dem Galaxientyp (Abb. 3.48). Der Anstellwinkel der Spiralarme ist proportional zur maximalen Rotationsgeschwindigkeit; die Spiralform hängt also über die Rotation mit dem dynamischen Zustand des Systems zusammen.

Die differentielle Rotation der Galaxien bedeutet, daß die Winkelgeschwindigkeit der Rotation nach außen abnimmt, auch, wenn die lineare Rotationsgeschwindigkeit konstant bleibt. Eine radiale Struktur wird daher mit der Zeit in einen spiralförmigen Streifen auseinandergezogen; Spiralstruktur scheint also leicht erklärlich zu sein. Ein Spiralarm, als materiefeste Struktur stets der gleichen Sterne und Gaswolken, würde daher schon nach wenigen Rotationsperioden aufgewickelt und verwischt werden; bei einem Sb-System genügen hierzu einige 10^8 Jahre. Um die große Häufigkeit der Galaxien mit Spiralstruktur zu erklären, muß daher die zwingende Annahme gemacht werden, Spiralstruktur sei eine langlebige, wellenartige Störung in den galaktischen Scheiben. Spiralarme werden vor allem durch absolut helle, junge Objekte (OB-Sterne, HII-Gebiete, Überriesen) markiert. An ihren Innenkanten finden sich kühle Dunkelwolken, die in Draufsicht als Absorptionsbereiche auffallen. Je nach benützten Wellenlängenbereich können viele Details des Spiralarmaufbaus festgelegt werden: Molekülwolken, Staubstreifen, heißes Gas, kompakte HII-Gebiete, intensive nichtthermische Radiostrahlung, Magnetfeldkonzentrationen. Zwei Theorien versuchen diese Phänomene zu beschreiben. Die Dichtewellentheorie vermag großräumige spiralige Grundmuster zu erklären, die stochastische Theorie der sich selbst fortpflanzenden Sternentstehung ist bei den flockulenten und sehr langsam rotierenden Systemen (Sc–Sd–Sm) erfolgreicher [95]. Das Farbbild 4 zeigt NGC 1232 (Sc I) und verdeutlicht in der Falschfarbendarstellung die *flockulente Spiraligkeit*. Die starke H α-Emission der HII-Gebiete hebt sich rot hervor und markiert die Spiralarme.

3.5.2.1 Dichtewellentheorie

Spiralstruktur in einer Sternscheibe kann als Dichtewelle aufgefaßt werden, als eine longitudinale Schwingung, die sich durch die Sternscheibe fortpflanzt. Das Spiralmuster bleibt hierbei über viele Bahnperioden langzeitlich stabil; es erscheint als *quasistationäre Struktur* [56], [97], [98], [99], [100]. Die Frage nach dem Ursprung der Spiralstruktur wird zunächst nicht gestellt, sondern angenommen, daß Spiralmuster die instabilsten normalen Schwingungsmoden galaktischer Scheiben sind. In dem Maße, wie sich die Wellenamplitude aufbaut, wird Energie im interstellaren Medium dissipiert und Dämpfungserscheinungen treten auf. Die Dämpfungsrate nimmt in gleicher Weise zu, wie die Wellenamplitude zunimmt, was schließlich zu einer Welle mit stabiler endlicher Amplitude führt; in derartigen Zuständen beobachten wir die Spiralsysteme. Das Verhalten von Dichtewellen in galaktischen Scheiben wird in drei Schritten analysiert: Mit Hilfe der Poissongleichung wird das Gravitationspotential eines über die Flächendichte festgelegten starr rotierenden Dichtewellenmusters errechnet. Dieses Zusatzpotential beeinflußt die Stern- und Gasbahnen und ändert so aktiv die Flächendichte des Sternsystems. Um Konsistenz zu erhalten, wird die sich ergebende Änderung an die eingegebene Ausgangsdichte angepaßt. Für eng gewundene Dichtewellen, d.h. für Wellen, deren radiale Wellenlänge sehr viel kleiner ist als der Scheibenradius, ist die langreichweitige gravitative Koppelung innerhalb der Sternscheibe vernachlässigbar. Die gravitative Wechselwirkung Welle-Scheibe kann lokal mit Verfahren der Wentzel-Kramers-Brillouin-Näherung bestimmt werden. Das Ergebnis derartiger Rechnungen mündet in eine Dispersionsrelation für Spiralwellen in der Stern- und Gaskomponente

$$\varkappa^2 - m^2\left(\Omega_{\mathrm{p}} - \frac{v(r)}{r}\right)^2 = 2\pi G\chi(r)kF\left(\frac{m(\Omega_{\mathrm{p}} - v(r)/r)}{\varkappa}, \frac{k^2\sigma_r}{\varkappa^2}\right);$$

Ω_{p} ist die Winkelgeschwindigkeit des starr rotierenden Spiralmusters; m zeigt die Anzahl der Arme an, in der Regel ist $m = 2$. $\chi(r)$ ist die Flächendichte und F eine komplizierte Reduktionsfunktion, die das Resonanzverhalten der Scheibe für Sterne und Gas beschreibt. k ist die Wellenzahl; zwischen ihr und dem Anstellwinkel der Spirale gilt

$$\operatorname{tg}\mu = m(kr)^{-1}.$$

Sternscheiben sind schwingungsfähige Gebilde; die Epizykelfrequenz ist hierfür ein Maß. So wird in erster Näherung die Bewegung eines Sterns in einer Scheibe mit einer Dichtewelle durch zwei Frequenzen bestimmt: dies sind in einem mit der Welle mitrotierenden Bezugssystem

$$\varkappa(r) \quad \text{und} \quad \left(\frac{v(r)}{r} - \Omega_{\mathrm{p}}\right) = \Omega(r) - \Omega_{\mathrm{p}}.$$

Wenn diese beiden Frequenzen kommensurabel sind, ergeben sich Resonanzen. Kommensurabilität heißt, für die relative Frequenz ν gilt bei Ganzzahligkeit

$$\nu = (\Omega_{\mathrm{p}} - \Omega(r))\,\frac{m}{\varkappa}.$$

Die Hauptresonanzen in einem Sternsystem sind:

innere Lindblad-Resonanz	$\nu = -1$	$\Omega(r) - \frac{\varkappa}{2} = \Omega_{\mathrm{p}}$,
Korotation	$\nu = 0$	$\Omega(r) = \Omega_{\mathrm{p}}$,
äußere Lindblad-Resonanz	$\nu = +1$	$\Omega(r) + \frac{\varkappa}{2} = \Omega_{\mathrm{p}}$.

Die Orte und sogar die Existenz dieser Resonanzen hängen von der Rotationskurve ab, also der Massenverteilung und der Winkelgeschwindigkeit des Spiralmusters. Spiralstruktur scheint in Galaxien mit Dichtewellen wesentlich auf den Bereich zwischen Korotation und innerer Resonanz beschränkt zu sein. Die Existenz von dichtewellenartigen Schwingungszuständen in den galaktischen Scheiben hängt von der Stabilität der Scheibe ab. Es läßt sich zeigen, daß eine Scheibe gegen Kollaps (Jeans-Instabilität der Wellenlänge λ) stabil ist, sobald das kritische λ_{kri} kleiner ist als

$$\lambda_{\mathrm{kri}} = 4\pi G\chi(r)\varkappa^{-2}.$$

Das ist dann der Fall, wenn die Geschwindigkeitsdispersion σ_r größer ist als

$$\sigma_{r,\min} = 3.36\, G\chi(r)\varkappa^{-1} .$$

Das Verhältnis von aktueller zu minimaler Dispersion ist der Stabilitätsparameter

$$\Sigma = \frac{\sigma_r}{\sigma_{r,\min}} ;$$

er ist als eine Art Thermometer für galaktische Scheiben zu verstehen. Heiße Scheiben mit großem σ_r haben große Σ-Werte, für kühle Scheiben gilt das Umgekehrte. Der Stabilitätsparameter Σ legt die radiale Ausdehnung der Spiralen fest. Für $\Sigma = 1$ ist der gesamte Bereich zwischen der inneren und äußeren Resonanz für Dichtewellen mit festen Ω_{p} erlaubt; für $\Sigma \geq 1$ wird die Spirale von Bereichen um die Korotation ausgeschlossen; die Breite dieses Bereichs nimmt mit Σ zu, ab $\Sigma \approx 1.6$ ist keine Dichtewelle mehr möglich. Abschätzungen der Σ-Werte stützen die Annahme der Existenz von Spiralstruktur ausschließlich zwischen Korotation und innerer Resonanz [101]. Da die Korotation als Ort des Aufhörens von Spiralstruktur festgelegt wird, folgt über die Rotationskurve, aus der Resonanzbedingung, die Drehgeschwindigkeit des Spiralmusters. Die Werte für Ω_{p} liegen zwischen 10 und 30 km/s/kpc. Dies bedeutet ein generelles Einströmen von Sternen und interstellarer Materie von hinten in das gravitative Spiralmuster; Gas und Sterne überholen also die Struktur. Die senkrecht zum Arm auftretende Einströmgeschwindigkeit – als Relativgeschwindigkeit – ist

$$w_{\perp} = \left(\frac{v(r)}{r} - \Omega_{\mathrm{p}}\right) r \sin \mu$$

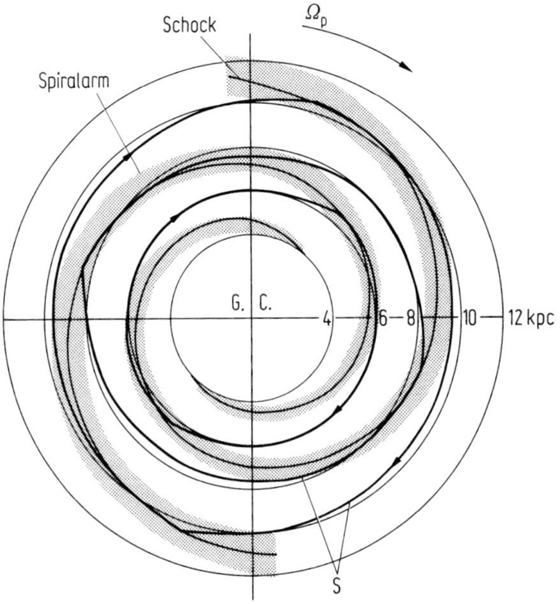

Abb. 3.49 Spiralarmdichtewelle und Strömungslinien (S) des Gases [102].

Abb. 3.49 zeigt ein typisches *zweiarmiges Wellenmuster* der Dichtewellentheorie. Die räumliche Kohärenz des Musters wird durch die Eigengravitation der an ihr teilhabenden stellaren und gasförmigen Komponenten gesichert. Auf die kleine spiralige Dichtestörung der Sternscheibe reagiert die gasförmige Komponente der Scheibe. Die sich neu in der Welle einstellende Flächendichte der gasförmigen sowie der stellaren Komponente ist in etwa proportional dem Quadrat der typischen Komponentengeschwindigkeit. Beim Gas ist dies die Schallgeschwindigkeit, bei den Sternen die mittlere Geschwindigkeitsstreuung. Da die effektive Schallgeschwindigkeit des Gases bei nur einem Drittel bis einem Viertel der stellaren Geschwindigkeitsstreuung der Scheibensterne liegt, wird das gleiche Spiralarmfeld, das nur eine kleine relative Dichteänderung bei den Sternen verursacht, zu großen Dichteänderungen in der Gaskomponente führen. Die Reaktion des interstellaren Gases auf ein kleines Hintergrund-Spiralarm-Gravitationsfeld erweist sich als große Wechselwirkung, bei der Stoßwellen entlang den Spiralarmen des unterliegenden stellaren Spiralmusters entstehen. Das Gas strömt entlang seiner Stromlinien durch die Arme der langsam rotierenden Spiralwelle (und Schockfront) von der inneren zur äußeren Seite. Da Gas die Stromlinie nicht kreuzt, wirken die Stromlinien wie Begrenzungen einer Düse. Bei einem Arm beginnend, ändert sich die Strömungsgeschwindigkeit von überschallig zu unterschallig bis zum nächsten Arm. Angetrieben wird dieses Verhalten des Gases durch 1. das spiralige Gravitationsfeld des Hintergrundmusters zusammen mit der Rotation, 2. den dem Muster folgenden Druck und 3. die sich ändernden Stromlinienquerschnitte. Solche globalen *galaktischen Stoßwellen* sind die Auslösemechanismen für *gravitativen Wolkenkollaps*, der zur Sternentstehung entlang der Spiralarme führt. Da neu entstandene Sterne HII-Gebiete erzeugen, können galaktische Schockwellen als die notwendigen Vorläufer der markanten HII-Gebiete in Spiralarmen angesehen werden. In Abb. 3.50 ist dies illustriert. Die nichtlineare Dichtestörung des Gases besitzt ein steiles und schmales Maximum, das

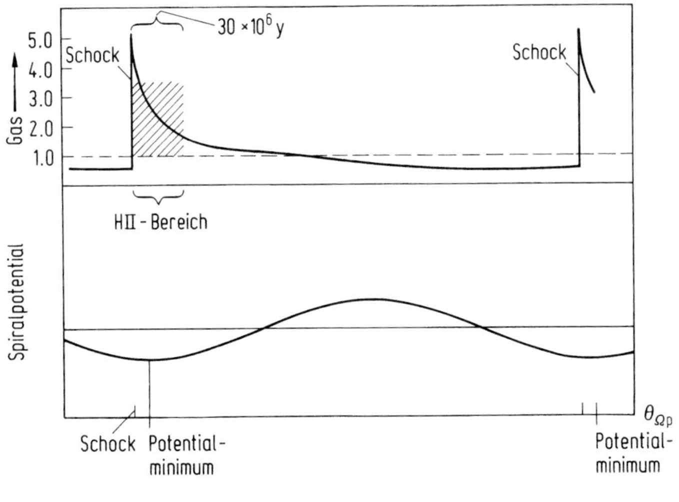

Abb. 3.50 Verlauf von Gasdichte und Potential entlang einer Strömungslinie in einer Dichtewelle; azimutale Geometrie [102].

durch die Stoßwelle hervorgerufen wurde. Die Schockwelle bildet sich im Potentialtrog der stellaren Hintergrunddichtewelle. Das Gas fließt in den Schock und in die Kompressionszone von links nach rechts. Vor Erreichen des Schocks kann ein Teil der interstellaren Molekülwolken schon instabil werden und Sternentstehung einsetzen. Wenn das Gas die Schockregion verläßt, wird es entspannt. Maximale Sternentstehung wird in der Schockregion stattfinden, die an das Spiralmuster gebunden ist. Damit ergibt sich auch für die Beobachtung ein eindeutiges Bild: Schockfront, HI- und H_2-Konzentrationen, schmale Staubbänder, komprimierte Magnetfelder, entsprechend begleitet von Strahlungsmaxima im Radiokontinuum und Geschwindigkeitsströmungen. All dies findet sich an der Innenkante der hellen optischen Spiralarme aus jungen Sternen und HII-Gebieten. Das ist außerdem die zeitliche Entwicklung der physikalischen Phänomene über einen Spiralarmquerschnitt hinweg. Die Verteilung der Spiralarmobjekte in einem Arm, Farbgradienten als Folge zeitlicher Entwicklung und Geschwindigkeitsfelder, sind wesentliche Tests, die die Beobachtung zur Überprüfung der Dichtewellentheorie bereithält. Da keine idealen Spiralgalaxien, d.h. Spiralarmdichtewellen beobachtet werden, sind neben schönen Teilbestätigungen viele Fragen offen. Die Anregung und der zeitliche Erhalt von stellaren Dichtewellen sind noch nicht geklärt [95], [100], [103].

3.5.2.2 Stochastische Sternentstehung und Spiralstruktur

Großräumige stetige Spiralmuster findet man nicht bei allen Galaxien. Bei rund 30% der Systeme überwiegen flockulente, zerrissene Strukturen, in denen sich kurze Spiralarmfilamente aneinanderreihen. Weitere 30% sind Mischtypen. Besonders bei Galaxien ab der Klasse Sc gehen großräumige stetige Spiralmuster verloren [70]. Ein typisches Beispiel für ein flockulentes System ist NGC 7793 [104]. Dieser Beobachtungsbefund, zusammen mit der Tatsache, daß Sternentstehung sich selbständig im interstellaren Medium ausbreiten kann, führte zur Entwicklung einer Spiralstrukturtheorie, die stochastische, sich selbst fortpflanzende Sternentstehung benützt. Strukturbildung in Galaxien wird als ein Perkolationsprozeß aufgefaßt, der auf galaktischen Skalen großräumig Spiralstruktur hervorbringt [105], [106].

Große Sternentstehungsgebiete in Galaxien, die Spiralstruktur markieren, enthalten massereiche, leuchtkräftige Sterne mit Massen zwischen 5 und 50 Sonnenmassen; es sind sogenannte *OB-Sternassoziationen*. Die Lebensdauer eines Sterns ist etwa invers proportional dem Quadrat seiner Masse; ein Stern von 10 Sonnenmassen lebt ungefähr 10^7 Jahre; OB-Assoziationen sind daher junge Objekte. Leuchtkräfte und Temperaturen dieser Sterne sind groß genug, um das interstellare Medium über Entfernungen von einigen hundert pc zu ionisieren, mit der Folge einer sich an der Ionisationsfront fortpflanzenden Schockwelle. Hinzukommen die starken Sternwinde und die am Lebensende massereicher Sterne stattfindenden Supernovaexplosionen. Auch die dabei entstehenden Schockwellen können interstellare Gaswolken zusammenpressen und zum Sternentstehungskollaps bringen. Die großräumigen Prozesse der Strukturbildung sind abhängig von der Sprungwahrscheinlichkeit der Sternentstehung von einer interstellaren Wolke zur benachbarten Wolke. Unter kleinskaligen Prozessen verstehen wir die weiter oben beschriebenen Vorgänge; es ist das mikroskopische Zustandsregime der Sternentstehung [107]. Im Laufe des

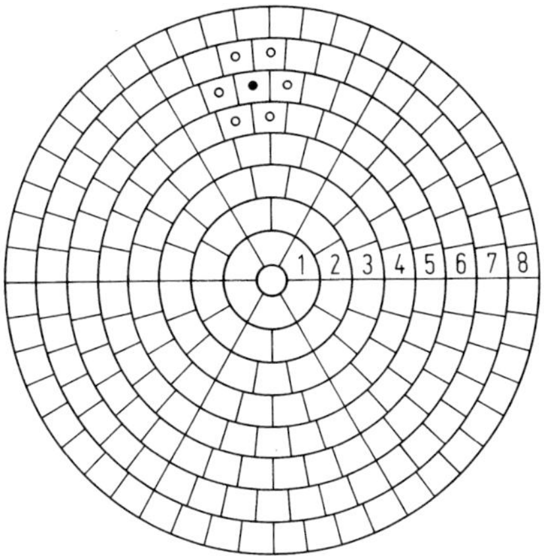

Abb. 3.51 Polargitter bei den Modellrechnungen zur stochastischen Sternentstehung.

Abbrennens einer interstellaren Wolke durch Sternentstehung, ergibt sich die Möglichkeit des Übergreifens der Sternentstehung auf die Nachbargebiete – dies ist der makroskopische Prozeß, der mit Hilfe der Methoden der statistischen Mechanik behandelt wird. Es ist der Prozeß, der über Entfernungen von einigen hundert pc arbeitet und der einem ganzen Sternsystem Spiralstruktur aufprägen kann. Mit Hilfe numerischer Modellrechnungen können derartige Prozesse simuliert werden; die Eingabeparameter werden der Beobachtung entnommen; die Endparameter der Modellrechnungen können mit der Beobachtung verglichen werden.

Eine Scheibengalaxie wird durch ein *zweidimensionales Polargitter* dargestellt, dem realistische Dichteverteilungen und Rotationskurven aufgeprägt werden. Die Zellgröße entspricht der Größe von Sternassoziationen. Die Rechnungen starten mit der zufälligen Verteilung von Sternassoziationen in etwa 1% der Zellen. Die Anfangsverteilung ist nicht entscheidend, da sehr schnell ein Gleichgewichtszustand erreicht wird. Die Assoziationen können neue Assoziationen in den nächstgelegenen Nachbarzellen mit der Wahrscheinlichkeit p erzeugen. Eine nächste Nachbarzelle hat eine gemeinsame Grenze zur Zelle mit laufender Sternentstehung (s. Abb. 3.51).

Die Rotationskurve erzeugt Verscherung und die nächsten Nachbarn einer jeden Zelle wechseln. Die Modellrechnungen sind zeitdiskret. Nach Erzeugung aller neuen Assoziationen wird jeder Kreisring des Polargitters entsprechend der Rotationskurve weitergedreht. Ein Zeitschritt besteht aus der Zeugung der Assoziationen, den entsprechenden Gasumverteilungen und der Gitterdrehung. Im einfachsten Fall wird der Vorgang wiederholt und nur die Assoziationen als aktiv betrachtet, die beim letzten Zeitschritt entstanden sind. Eine Assoziation ist einen Zeitschritt lang aktiv. Die gesamte Modellrechnung iteriert diesen Ablauf solange wie möglich. Da der Prozeß stochastisch ist, besteht eine gewisse Wahrscheinlichkeit für Null-Sternentstehung bei einem Zeitschritt. Um dies zu verhindern, wird, wie in den Galaxien, stets eine kleine spontane Sternentstehungswahrscheinlichkeit mitgeführt.

Ein Sternentstehungsgebiet mit gerade laufender frischer Sternentstehung wird eine gewisse Zeit brauchen, um zu neuer Sternentstehung zu gelangen. Sein Gasinhalt

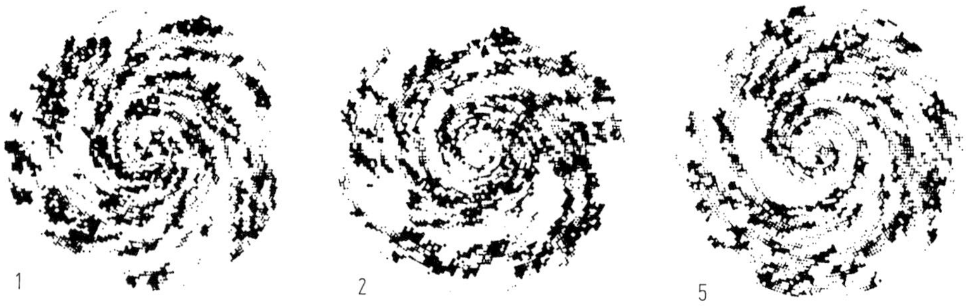

Abb. 3.52 Stochastische Sternentstehung und Spiralstruktur: Kunstgalaxien zu den Zeiten 1, 2, $5 \cdot 10^9$ Jahren; jede Abbildung enthält 10 Zeitschritte.

ist zu heiß und verdünnt; es ist erschöpft. Durch Einführung einer Erholzeit (Abkühlzeit, Kondensationszeit) τ in die Modelle wird dem Rechnung getragen. Die Erholzeit reguliert die Sternentstehung. Die Wahrscheinlichkeit für Sternentstehung ist Null kurz nach dem Sternentstehungsereignis. Sie erreicht ihren maximalen Wert p proportional zur Erholzeit τ.

Typische Ergebnisse solcher Rechnungen sind in Abb. 3.52 dargestellt. Die Bilder zeigen Assoziationen mit einem Alter von bis zu 10 Zeitschritten; die Zeitschritte für Sternentstehung und Anfangsentwicklung liegen bei 10^7 bis einigen 10^7 Jahren. Unter *Alter der Assoziationen* verstehen wir die Zahl der Zeitschritte, die vergangen sind, seit eine Sternentstehungszelle aktiv war. Zellen mit aktiver Sternentstehung haben das Alter 1. Die Symbolgröße jeder Assoziation variiert invers mit dem Alter. Die älteren Assoziationen werden angezeigt, obwohl sie nicht aktiv sind; sie haben jedoch noch sehr hohe Leuchtkraft. Die Abbildungen zeigen deutlich Spiralstruktur. Wichtig ist hierbei die Stabilität der Spiralmuster. In dem Maße wie Spiralarme sich aufwickeln und aussterben, entstehen neue. Das Grundmuster bleibt ständig erhalten.

Die Erholzeit τ hat in den einfachen Modellen mit einer Gasphase keinen großen Einfluß auf die Morphologie des erscheinenden Spiralmusters. Wenn τ abgeändert wird, muß p so eingestellt werden, daß die Änderung in der effektiven Zahl der zur Verfügung stehenden Nachbarzellen aufgefangen wird. Eine Erhöhung von τ hat den Verlust von zur Sternentstehung fähigen Zellen zur Folge. Also muß p größer werden, da ja immer einige Zellen Sternentstehung tragen. Der *wichtigste Parameter* ist p; er stellt die Mikrophysik der Sternentstehung dar. Abb. 3.53 zeigt das Verhalten der Sternentstehungsrate als Funktion von p für einige τ-Werte (in Einheiten der gewählten Zeitschritte). Der für Perkolationssysteme typische Phasenübergang ist deutlich erkennbar. Der Parameterraum für gute Spiralstruktur ist angezeigt. Unterhalb des Streifens erscheinen völlig zerrissene Strukturen. Oberhalb werden soviele Sterne erzeugt, daß die verschiedenen Spiralarme ineinander verschmelzen und verschwinden. Um gute Spiralen bei kleinen τ-Werten zu haben, muß p knapp über der *kritischen Perkolationswahrscheinlichkeit* p_c liegen. Für größere τ-Werte werden die Kurven flacher und p verliert an Wichtigkeit. Die Rotationskurven haben ebenfalls entscheidenden Einfluß auf die Strukturen; sie werden über die maximalen Rotationsgeschwindigkeiten parametrisiert. Der Wert der maximalen Rotationsge-

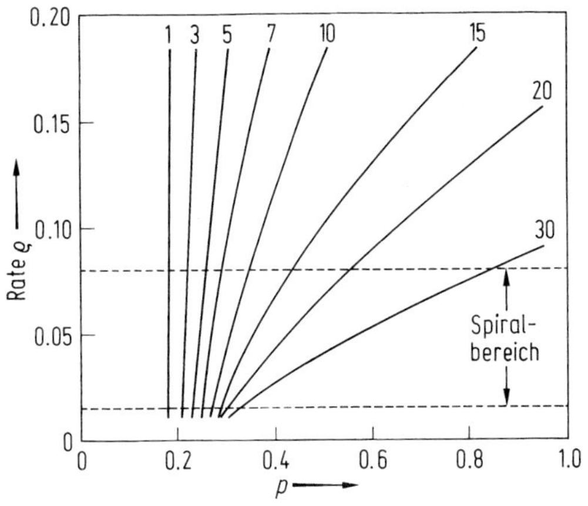

Abb. 3.53 Phasenübergang und Perkolation: τ ist in Zeitschritten angegeben. Die Sternentstehungsrate ist als Funktion der stimulierten Wahrscheinlichkeit (p) aufgetragen.

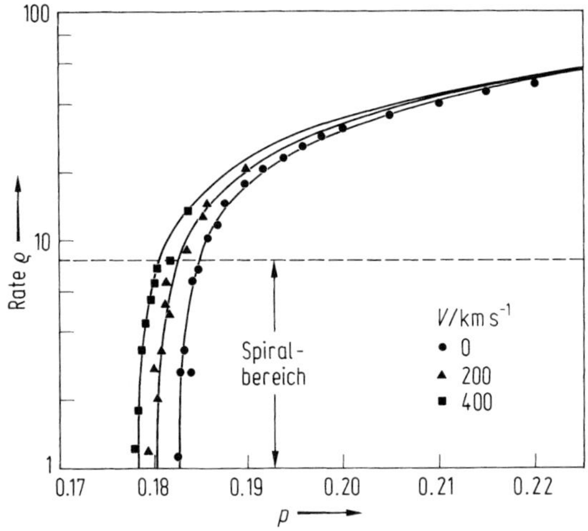

Abb. 3.54 Phasenübergang und maximale Rotationsgeschwindigkeit: p ist die stimulierte Wahrscheinlichkeit.

schwindigkeit legt zwei wichtige Modelleigenschaften fest: Sternentstehungsrate und Galaxientyp.

Hinsichtlich der Sternentstehungsraten gibt es einen wichtigen Unterschied zwischen der stochastischen, sich selbst fortpflanzenden Sternentstehung und anderen galaktischen Entwicklungsmodellen. Allgemein ist Sternentstehung ein anpaßbarer Eingabeparameter, nicht jedoch in diesem Modell. Die relative Sternentstehungsrate ergibt sich aus den Rechnungen; sie kann als Funktion der Systemparameter festgelegt werden. In Abb. 3.54 ist die Sternentstehungsrate als Funktion der maximalen Rotationsgeschwindigkeit für $\tau = 10$ dargestellt. Die kritische Wahrscheinlichkeit

Abb. 3.55 Modellrechnungen mit unterschiedlichen maximalen Rotationsgeschwindigkeiten (in km/s); je langsamer die Rotation, desto zerrissener werden die Spiralarme.

nimmt ab, wenn v_m zunimmt. Wenn v_m zunimmt, wird die Verscherung größer. Dadurch kommen mehr aktive und zur Sternentstehung fähige Zellen in Kontakt. Die mittlere Anzahl möglicher Sternentstehungszellen wird größer, also sinkt p_c ab. p kann als Parameter der Mikrophysik dieser Vorgänge interpretiert werden und ist vom Galaxientyp unabhängig; er muß für alle v_{max} gleiche Werte besitzen. Abb. 3.54 zeigt daher die Proportionalität der Zunahme der Sternentstehungsrate mit v_{max}. Ein solcher Zusammenhang wird durch die Beobachtung bestätigt.

Für das Modell der sich selbst fortpflanzenden Sternentstehung ist der Anstellwinkel der Spiralarme ein kinematischer Effekt als Folge der Rotationskurven. Da die Winkelgeschwindigkeit nicht konstant ist, ist stets Verscherung vorhanden, die sich über die Sternentstehungsprozesse in Spiralstruktur zeigt. Die Verscherung ist abhängig von der Drehgeschwindigkeit; je höher die Geschwindigkeit, desto enger sind die Arme gewickelt. Für flache Rotationskurven ist die Verscherung ψ mit dem Drehwinkel θ

$$\psi = \frac{d\theta}{d \lg r} = r \frac{d}{dr} \Omega t_{OB} = -\frac{v_{max} t_{OB}}{r}$$

t_{OB} ist die Lebensdauer von OB-Sternen, die die Spiralstruktur markieren. Das Ergebnis der Rechnungen zeigt Abb. 3.55 in guter Übereinstimmung mit der Korrelation zwischen v_{max} und dem Anstellwinkel. Die Morphologie dieser Modellgalaxien entspricht flockulenten Systemen; ein typischer, gut dokumentierter Fall ist die Große Magellansche Wolke [49], [108], [109].

Systeme mit großer stetiger Armkohärenz [110] lassen sich modellieren, wenn τ zu großen Werten verschoben wird; die Sternentstehungsraten beginnen dann zu

Abb. 3.56 Modellrechnungen mit großen Erholzeiten τ: Die Spiralstruktur wird großräumig stetig und zweisymmetrisch.

oszillieren, gleichzeitig bilden sich zweisymmetrische Strukturen (Abb. 3.56). Dies ist ein Ansatz flockulente Mischsysteme zu erklären.

Analytische Modelle benützen Reaktions-Diffusions-Gleichungssysteme und erreichen so eine räumliche Koppelung der stochastischen Sternentstehungsprozesse. Es bilden sich zweisymmetrische großräumige Spiralarmwellen aus [111], [112], [113].

Eigenschaften von Zwerggalaxien lassen sich ebenso über die perkolierende Sternentstehung gut beschreiben [114]. Das irreguläre Erscheinungsbild und Sternentstehungsausbrüche sehr vieler Zwergsysteme sind direkte Folge der geringen Anzahl an Sternentstehungszellen. Der Sternentstehungsprozeß läuft in den kleinen Systemen erratisch ab; es kann sich keine großräumige Struktur bilden.

Spiralarmdichtewellen erzeugen globale Muster; sie haben jedoch kurze Lebensdauern [115], [116], [117]. Wenn keine Antriebsmechanismen vorhanden sind, wie etwa ein Balken oder eine nahe Nachbargalaxie (die über Gezeitenstörung die Welle antreibt) oder interne Wellenverstärkung, wird die Dichtewelle nach einigen Umläufen herausgedämpft. Es scheint möglich zu sein, daß stochastische, sich selbst fortpflanzende Sternentstehung und Dichtewellen miteinander verträglich sind und sich gegenseitig stützen und verstärken. Die aktive, zur Sternentstehung bereite interstellare Materie in den Perkolationsmodellen mit großem τ zeigt ein zweiarmiges Spiralmuster. Dieses Muster hat geeignete Symmetrie, um in einer Dichtewelle verstärkt zu werden und kann so die treibende Kraft darstellen, welche die Dichtewelle stabilisiert. Die Erzeugung der stetigen großräumigen und langlebigen Spiralstruktur ist wesentlich ein symbiotischer Prozeß zwischen beiden Mechanismen. Großräumige Gasdynamik, Sternentstehung und der Stern-Gas-Zyklus [118], [119], [120] verknüpfen Stellardynamik und stochastische Perkolation [109] der Sternentstehung.

3.5.3 Stern- und Gasdynamik in Balkensystemen

Balken verschiedenster Größe finden sich in Scheibengalaxien, sowohl in den Spiral- wie auch den Balkenspiralsystemen. Elliptische Systeme sind teilweise dreiachsig, also ähnlich Balken aufgebaut. Es gibt jedoch drei wesentliche Unterschiede zwischen elliptischen Systemen und Balkenstrukturen:

1. Elliptische Systeme sind weniger stark abgeflacht als Balken.
2. Elliptische Systeme zeigen kaum Eigenrotation; Balken rotieren starr und teilweise schnell (50–100 km/s).
3. Elliptische Galaxien haben wenig Gas, während Balken und Balkengalaxien gasreich sind und letztere großräumig stetige Spiralstruktur zeigen.

Die wichtigste Information zur Dynamik eines Galaxienmodells wird durch die Angabe von Lage und Eigenschaft der *Hauptresonanzen* geliefert. Theoretisch, wie auch von der Beobachtung belegt, enden Balken an oder etwas innerhalb der Korotation [56], [100], [121], [122], [123], [124], [125]. Die Sterne und Gasbahnen organisieren sich unter dem Einfluß von achsialsymmetrischem Hintergrundpotential, Balkenpotential und Winkelgeschwindigkeit Ω_B des Balkens. Hintergrundpotential und Ω_B spielen die wichtigste Rolle bei der Festlegung der Hauptresonanzen. Die *Resonanzzahl* n ist gegeben durch

$$n = \varkappa(\Omega_B - \Omega(r))^{-1}$$

und gibt die Anzahl der radialen Schwingungen während m Umläufen eines Sterns an; n/m bezeichnet die *Resonanzfamilien*; $n = 2$, $m = 1$ ist die innere Lindblad-Resonanz. Wenn die Kurve $\Omega - \varkappa/2$ ein Maximum besitzt, ergeben sich für kleine Ω_B zwei innere Lindblad-Resonanzen; geht $\Omega - \varkappa/2$ gegen unendlich, gibt es nur eine innere Lindblad-Resonanz für beliebige Werte von Ω_B.

Die Azimutalabhängigkeit ϕ des Balkenpotentials wird mit einer Fourier-Reihe

$$\phi_B = \sum_{n=1}^{\infty} A_n(r)\cos(2n\theta)$$

beschrieben; das einfachste Balkenmodell hat dann die Form $A_1\cos(2\phi)$. Der Amplitudenterm A zeigt einen $r^{-1/2}$- oder exponentiellen Verlauf.

Die Bahntheorie für Balkenstrukturen ist die Voraussetzung für die noch nicht geglückte Konstruktion selbstkonsistenter Balkenmodelle. Einige Grundeigenschaften der bisher gefundenen Bahnen sind jedoch als allgemeingültig und von Modellen unabhängig erkannt; es sind dies Bahnformen und Verzweigungen. In einem rotierenden Bezugssystem, mit dem ruhenden Balken in y-Richtung, wird die Teilchenbewegung durch das effektive Potential

$$\phi_{\text{eff}} = \phi(x, y) - \frac{1}{2}\,\Omega_B^2(x^2 + y^2)$$

gesteuert. Die Isopotentiallinien sind entlang des Balkens im Innenbereich länglich gestreckt und senkrecht zu ihm im Außenbereich (Abb. 3.57). Die *Lagrangepunkte* (Lagrangepunkte sind Sattelpunkte im Potentialgebirge eines rotierenden Sternbalkens. Sie markieren die stabilen und instabilen Gleichgewichtszonen um den Balken.) L 4 und L 5 sind Maxima, L 1, L 2 sind Sattelpunkte. Die periodischen Bahnen sind das Rückgrat aller Bahnstrukturen; im stabilen Fall werden sie von quasistabilen Bahnen begleitet, im instabilen Fall lösen sie Ergodizität aus. Sie beeinflussen daher entscheidend das Aussehen der Dichtefunktion. Die Hauptfamilien der periodischen Bahnen schneiden senkrecht die Bahnachsen. Sie sind schematisiert in (Abb. 3.57b) dargestellt.

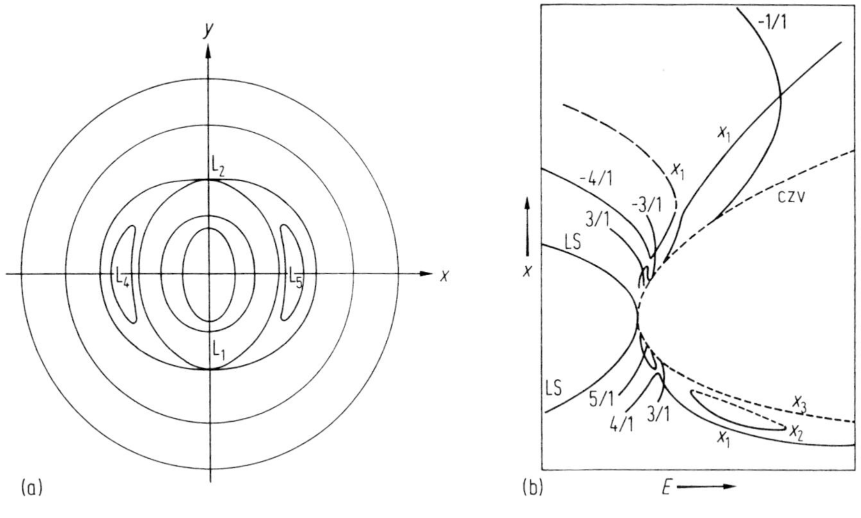

Abb. 3.57 Potential und Bahnen in einem Balken [100]. (a) Isopotentiallinien des effektiven Potentials einer typischen Balkengalaxie. (b) Hauptfamilien der periodischen Bahnen: --- instabile Zweige, CZV: Nullgeschwindigkeitskurve, LS: Lagrang'sche kurzperiodische Bahnen.

Jede Bahn ist durch einen Punkt (E, x) gekennzeichnet; x ist der Radius (kleine Bahnachse) bei dem für $y = 0$ die kleine Balkenachse überschritten wird und E ist die Bahnenergie

$$E = \frac{1}{2}(\dot{x}^2 + \dot{y}^2) + \phi(x, y) - \frac{1}{2}\Omega_B^2(x^2 + y^2) .$$

Wie bei Schachtelbahnen kann nicht jeder Punkt im (E, x)-Diagramm angelaufen werden und es gibt Nullgeschwindigkeitskurven mit

$$E = \phi(x, 0) - \frac{1}{2}\Omega_B^2 x^2 .$$

Die Hauptbahnfamilie innerhalb der Korotation ist x_1, länglich entlang des Balkens und stabil, fast auf seiner gesamten Länge. Im Grenzfall eines gegen Null gehenden Balkenpotentials wird die Familie stetig und entspricht Kreisbahnen. Die Resonanzfamilien sind ebenfalls dynamisch wichtig; x_2, x_3 hängen mit den Lindblad-Resonanzen zusammen; ihre Bahnen liegen senkrecht zum Balken. Beginnend bei kleinen Radien sind Resonanzen mit steigendem m vorhanden und werden bei der Annäherung an die Korotation immer dichter gepackt. Ungerade Resonanzen (3/1, 5/1) zeigen Bifurkationen von x_1, während gerade Resonanzen (4/1, 6/1) x_1 aufspalten und dann stetig in zwei Zweigen verlaufen. Die Bahnen dieser Familien folgen dem langgestreckten Balken, ihre Form ist jedoch anders. Die meisten x_1-Bahnen entsprechen Ellipsen, möglicherweise mit Schleifen an den Enden. 4/1-Bahnen ähneln einem Parallelogramm, dessen längere Seiten zum Balken parallel ausgerichtet sind. In der unmittelbaren Nähe der Korotation gibt es lang- und kurzperiodische Li-

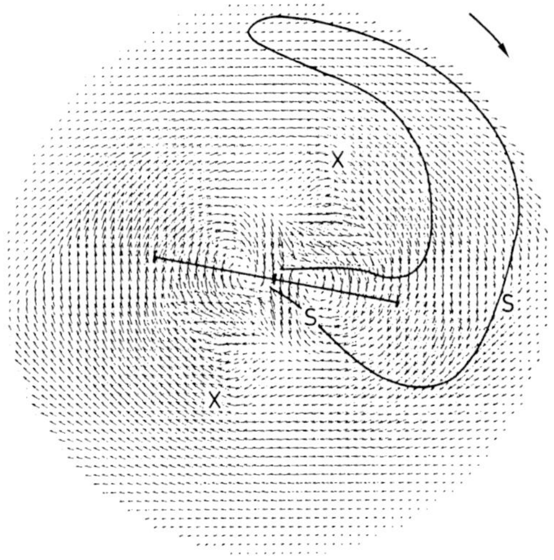

Abb. 3.58 Strömungslinien des Gases in einer Balkengalaxie [126]. Die Pfeilgröße ist zur Geschwindigkeit proportional ($v_m = 223$ km/s); der Balken rotiert im Uhrzeigersinn: die Lage eines Arms mit dem Schock (S) und die Lagrange-Punkte sind angegeben; Modellrechnung für NGC 1300.

brationsbahnen um L4, L5. Außerhalb der Korotation existieren ähnliche Bahnfamilien ($-n/m$); das Minuszeichen weist auf ihren retrograden Charakter hin. Die Ergodizität der Bahn hängt von den Balkenmassen und der Exzentrizität der Balken ab. Die Ausbildung von Ringstrukturen in Galaxien ist gleichfalls auf Resonanzen zurückzuführen.

Das Einfangen von Materie (Gas) in stabilen periodischen Bahnen kann in der Morphologie von Balkengalaxien nachgewiesen werden. Die periodischen Bahnen sind mit den Strömungslinien des Gases verknüpft; unter der Annahme eines druckfreien Mediums fällt eine Strömungslinie mit geschlossen periodischen Bahnen zusammen. Ein Beispiel für das Strömungsverhalten des Gases in einem Balkensystem zeigt Abb. 3.58.

3.5.4 Chemische Entwicklung in Galaxien

Theorien der Galaxienentstehung gehen von gasförmigen Zuständen der Protogalaxien aus. Allmählicher Kollaps der Gaswolken und Fragmentation in Sterne sind der Beginn der chemischen Entwicklung. Im frühen Universum entstanden wesentlich alle Elemente bis zum Helium; die restlichen Elemente stammen aus den Fusionsprozessen im Sterninneren und den Kreisläufen der Massenabgabe und neuerlicher Sternentstehung. Ein Einzelstern oder ein Mehrfachsternsystem produziert eine gewisse Ausbeute an schweren Elementen. Diese Beiträge führen zur chemischen Anreicherung des interstellaren Mediums und müssen in ein zyklisches Entwicklungsschema eingebunden werden, dem auch von außen zusätzliches Material zugeführt werden kann. Solch ein Entwicklungsschema, ein kosmisches Kreislaufmodell, wird als *chemisches Entwicklungsmodell* der Galaxis oder anderer Sternsysteme bezeichnet; ihr Ziel ist es, Aussagen zu machen über den Ursprung und die Häufigkeit der chemischen Elemente [127], [128], [129], [130], [131].

Die chemische Entwicklung legt Sternpopulationseigenschaften fest und diese wiederum photometrische Eigenschaften von Sternsystemen. Die chemische Entwicklung bestimmt die Eigenschaften des interstellaren Mediums. Die Untersuchung der chemischen Entwicklung der Galaxien bringt Aufschlüsse über die räumliche Verteilung und zeitliche Entwicklung der Elementhäufigkeiten in Galaxien. Dabei müssen Sternentstehungsprozesse und die Verteilung der Sterne durch Volumen hinsichtlich Masse und Chemie berücksichtigt werden. Die im interstellaren Medium zu findende Endausbeute an schweren Elementen gibt Aufschluß über die Sterntode und die Weiterverarbeitungsraten. Dem im Prinzip einfachen Beobachtungsvorgehen – stelle die Elementhäufigkeit an möglichst vielen Orten in einem Sternsystem fest – stehen komplizierte Entwicklungsmodelle gegenüber. Sie beschreiben die augenblickliche Galaxienchemie und ihre zeitlichen Veränderungen. Sie machen Aussagen über die chemische Anreicherung als Funktion der Zeit (Abb. 3.59) und die Elementverteilung als Funktion des galaktischen Radius.

Die grundlegenden Parameter solcher Modelle sind: die Anfangsbedingungen bezüglich Homogenität und Elementhäufigkeit, die stellaren Geburtsraten, die chemischen Ausbeuten, die Einfallsraten von fremder Masse (keine abgeschlossenen Systeme) und galaktische Winde, die Materie abblasen. Ferner wird vorausgesetzt, daß die Massenverteilungsfunktion zeitunabhängig ist.

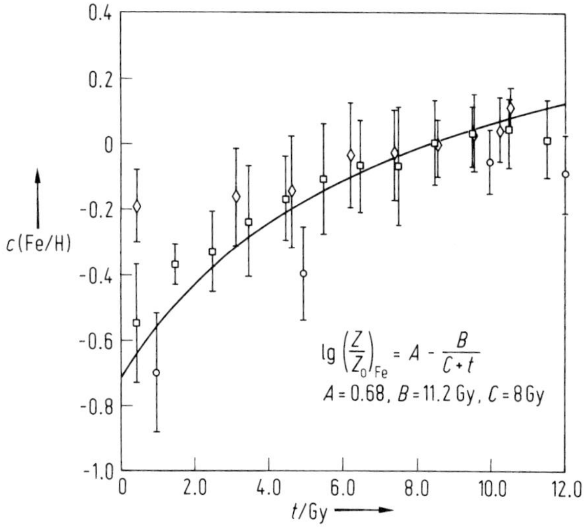

Abb. 3.59 Alter t und Metallgehalt c (Fe/H) für Zwergsterne der Sonnenumgebung nach verschiedenen Autoren. Den Beobachtungen läßt sich folgende Funktion anpassen: $\log(Z/Z_0)_{\text{Fe}} = A - B(C+t)^{-1}$; $A = 0.68$; $B = 11.2$ Gy; $C = 8$ Gy; Z ist die auf Eisen (Z_0 = Fe) normierte Metallizität.

Sei $\xi(m, t)$ diejenige Sternmasse, die im Einheitsvolumen pro Zeiteinheit im Massenbereich $m, m + \mathrm{d}m$ zur Zeit t entsteht; für $\xi(m, t)$ wird Separierbarkeit angenommen

$$\xi(m, t) = \xi(m) f(t) ;$$

$f(t)$ ist die stellare Geburtsfunktion, und $\xi(m)$ ist massenproportional

$$\xi(m) \sim m^{-s} \quad \text{für} \quad 1,2 < s < 3 .$$

Die Massenverteilungsfunktion $\psi(m)$ ist

$$\psi(m) = \xi(m) m^{-1} \sim m^{-(1+s)} .$$

Den Hauptteil ihres Lebensalters $\tau(m)$ verbringen Sterne als *Hauptreihensterne*; die Dauer der übrigen Entwicklungsstufen sind gegen $\tau(m)$ sehr klein und werden vernachlässigt. Sterne beenden ihr Leben nach Massenabwurf als dunkle Restmassen w. Die beobachtete Hauptreihenmassenfunktion $\varphi(m)$ ist somit gegeben durch

$$\varphi(m) = \psi(m) \int_{t_0 - \tau(m)}^{t_0} f^*(t) \mathrm{d}t = \psi(m) \mathscr{D} , \quad \text{wenn } \tau(m) < t_0 ,$$

$$\varphi(m) = \psi(m) , \quad \text{wenn } \tau(m) \geq t_0$$

mit

$$\int_0^{t_0} f^*(t) \mathrm{d}t = 1 .$$

Das Integral $\mathscr{D}$ ist der Bruchteil der Sterne, die sich zur Zeit t noch auf der Hauptreihe befinden. Alle mit $m \leq m_0$ gebildeten Sterne, für die $\tau(m_0) = t_0$, befinden sich auf der Hauptreihe. Bei einer stetigen Bildungsrate ist

$$f^* = t_0^{-1}$$

und

$$\varphi(m) = \psi(m) \tau t_0^{-1} \quad \text{für} \quad m > m_0 .$$

Die in die Sternentstehung bis zur Zeit t gehende Masse M_{St} ist

$$M_{\mathrm{St}}(t) = \int_{m_1}^{m_2} \psi(m) m \, \mathrm{d}m \int_0^t f^*(t) \mathrm{d}t$$

mit m_1, m_2 als Massenober- bzw. Untergrenzen. Bis zur gleichen Epoche t wird von den Sternen Materie M_{ab} abgeworfen

$$M_{\mathrm{ab}}(t) = \int_{m_1}^{m_2} \psi(m)(m - w) \int_0^{t - \tau(m)} f^*(t) \mathrm{d}t \, \mathrm{d}m .$$

In einem geschlossenen System war zur Zeit $t = 0$ die Gasmasse

$$M_{\mathrm{G}}(t = 0) = M ;$$

M ist die Gesamtmasse. Zur Zeit t haben wir dann

$$M = M_{\mathrm{G}}(t) + M_{\mathrm{St}}(t) - M_{\mathrm{ab}}(t) , \tag{3.9}$$

$$M_{\mathrm{S}}(t) = M - M_{\mathrm{G}}(t) = M_{\mathrm{St}}(t) - M_{\mathrm{ab}}(t) . \tag{3.10}$$

Gl. (3.9) entspricht der Massenerhaltung, Gl. (3.10) definiert die Masse M_S in Form von Sternen (leuchtend oder dunkel) zur Zeit t.

$z(t)$ gibt die Schwerelementausbeute an, zM_G also die Masse der schweren Elemente im interstellaren Medium. Die Rate $\mathrm{d}M_G/\mathrm{d}t$, mit der dieser Anteil für neue Sternentstehung verbraucht wird, kann in zwei Anteile aufgespalten werden: $z(\mathrm{d}M_G/\mathrm{d}t)$ ist der verbleibende Anteil der schweren Elemente und $(1-z)(\mathrm{d}M_G/\mathrm{d}t)$ ist der Anteil, der im Sterninneren weiter verarbeitet wird. Für zM_G schreibt sich somit die Bilanzgleichung

$$\frac{\mathrm{d}}{\mathrm{d}t}(zM_G) = z\,\frac{\mathrm{d}M_G}{\mathrm{d}t} - y(1-z)\,\frac{\mathrm{d}M_G}{\mathrm{d}t},$$

$$A = y(z-1)\,\frac{\mathrm{d}M_G}{\mathrm{d}t}.$$

A ist die Anreicherung als Folge der Ausbeute y, mit der die Sterne schwere Elemente an das interstellare Medium zurückgeben. Umschreiben liefert schließlich für $z \cdot y \ll 1$

$$\frac{\mathrm{d}z}{\mathrm{d}t} = -yM_G^{-1}\,\frac{\mathrm{d}M_G}{\mathrm{d}t},$$

$$z(t) = y\ln\left(\frac{M}{M_G(t)}\right) = y\ln\left(\frac{1+M_S(t)}{M_G(t)}\right).$$

Diese Gleichung erlaubt eine Interpretation der Metallhäufigkeit entlang der Galaxien-Klassifikationssequenz ab Typ S. Je kleiner der Bruchteil der Gasmasse an der Gesamtmasse, desto größer ist der Metallgehalt im interstellaren Medium; die y-Werte liegen bei 0.03 ± 0.001 [132], [133], [134]. Das hier geschilderte einfache Modell erklärt die Sauerstoff- und Eisenhäufigkeit gut, und auch radiale Verläufe innerhalb der Galaxien werden damit qualitativ erfaßt, sowohl bei den Spiralsystemen wie auch bei irregulären und blauen kompakten Galaxien.

Radiale Elementhäufigkeitsgradienten sind eine allgemeine Eigenschaft der Spiralsysteme (Abb. 3.60). z nimmt mit der Masse der Systeme zu,

$$z \approx 0.0025\log\left(\frac{M_{\mathrm{gal}}}{10^8 M_\odot}\right),$$

als eine Folge der ablaufenden Sternentstehungsprozesse (M_{gal} ist die Galaxienmasse).

3.5.5 Magnetfelder in Galaxien

Großräumige Magnetfelder wurden seit 1980 in einer Vielzahl von Galaxien nachgewiesen [135], [136], [137], [138]. Die Beobachtung linear polarisierter Synchrotonstrahlung im Radiobereich ist das leistungsfähigste Werkzeug, um interstellare Magnetfelder zu beobachten. Die Intensität der gesamten Synchrotronstrahlung liefert Aufschluß über die Feldstärke des Gesamtfeldes $B_{z,\perp}$ an der Sphäre, die Intensität der linear polarisierten Emission kann verwendet werden die Stärke des stetigen und gleichförmigen Feldes $B_{u,\perp}$ abzuschätzen. Der Polarisationsgrad ist

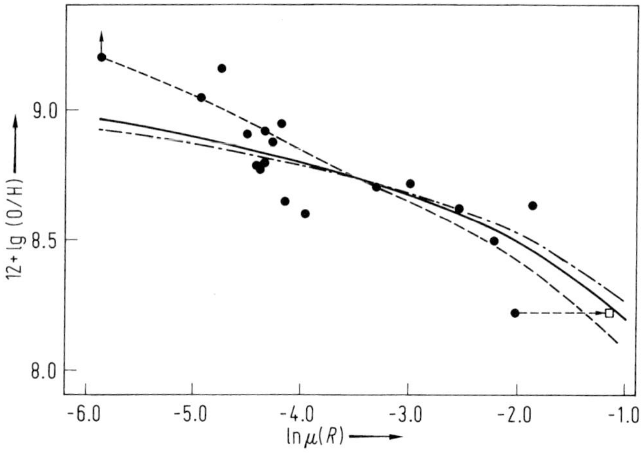

Abb. 3.60 Korrelation zwischen O/H-Häufigkeit und dem HI-Gasanteil als Funktion des Radius für M 81 [133]. Die durchgezogene Linie entspricht dem einfachen Modell, die gestrichelte Linie komplizierteren Rechnungen.

75% im Falle eines völlig stetigen Feldes; er sinkt mit zunehmenden turbulenten Anteilen. Die Orientierung des E-Vektors liegt senkrecht zur $B_{u,\perp}$-Komponente, wird jedoch verdreht (Faraday-Rotation), wenn die Welle ein magnetisiertes Plasma durchläuft. Das Vorzeichen der Rotation liefert die Richtung des Feldes. Die Drehung ist proportional zur Stärke des Feldes $B_{u,\parallel}$ parallel zum Sehstrahl. Magnetfelder können ebenfalls aus der optischen Polarisation des Lichts über den interstellaren Staub und der Zeeman-Aufspaltung von Linien abgeleitet werden.

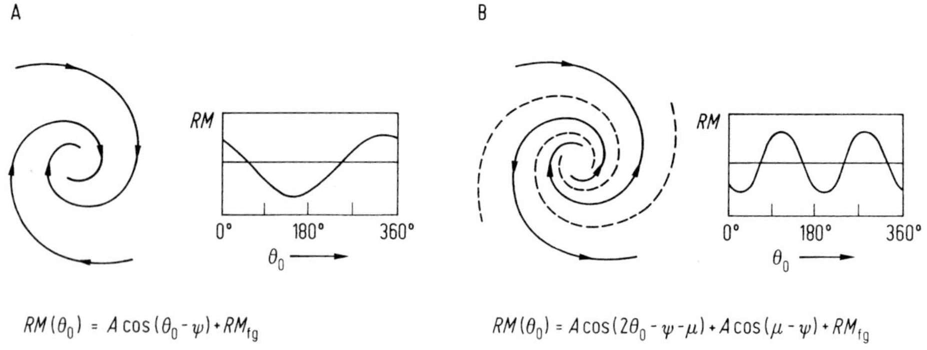

Abb. 3.61 Axialsymmetrisches (Fall A) und bisymmetrisches (Fall B) Magnetfeld in einer Scheibengalaxie. Das Rotationsmaß RM ist als Funktion des Azimutwinkels θ aufgetragen. Die gestrichelten Linien entsprechen den Neutrallinien. Der Fall A läßt sich darstellen durch: $RM(\theta) = A\cos(\theta_0 - \psi) + RM_{fg}$ und der Fall B durch $RM(\theta) = A\cos(2\theta_0 - \psi - \mu) + A\cos(\mu - \psi) + RM_{fg}$. RM_{fg} ist der Vordergrundanteil des Rotationsmaßes.

In den bisher beobachteten rund 2 Dutzend Galaxien verläuft das Feld parallel zu den optischen Armen; d. h. die Variation des Rotationsmaßes erfolgt in azimutaler Richtung. Es wurden bezüglich der Richtung des Feldlinienverlaufs achsensymmetrische und bisymmetrische Spiralfelder gefunden (Abb. 3.61). Die beiden Magnetfeldstrukturen können als unterschiedliche *Moden eines galaktischen Dynamos* verstanden werden. Bei axialsymmetrischer Dichteverteilung liefern lineare Dynamorechnungen eine maximale Anwachsrate für den niedrigsten Mode, der auch beobachtet wird. *Bisymmetrische Moden* können zur Zeit nur über Symmetrieabweichungen erklärt werden; Störungen in der Dichteverteilungen regen vermutlich die Ausbildung eines bisymmetrischen Feldverlaufs an. In unserer eigenen Galaxie gibt es zwei Feldumkehrungen zwischen dem Sonnenort und dem Zentrum; dies wäre mit einem bisymmetrischen Verlauf verträglich. Es gibt jedoch starke Diskrepanzen zwischen dem Anstellwinkel des Magnetfeldes und der Spiralarme.

Von der allgemeinen Orientierung der interstellaren Magnetfelder parallel zu den optischen Armen wird gelegentlich abgewichen; im Falle M 51 brechen die Felder in Richtung der Begleitgalaxie aus. Das unaufgelöste (turbulente) Feld ist am stärksten in den optischen Armen, das stetige Feld B_u ist in den Zwischenarmbereichen am stärksten. Das Gesamtfeld B_t ist nur geringfügig in den Spiralarmen verstärkt, was die Beobachtung einer homogenen stetigen Radioscheibe über alle Radiowellenlängen hinweg erklärt. B_u ist an den Innenkanten der Spiralarme nicht verstärkt, d. h. das Feld wird durch den galaktischen Spiralarmdichtewellenschock nicht komprimiert; ob dies ein Argument gegen die Ausbildung von globalen Spiralarmschockfronten ist, kann noch nicht entschieden werden. Als Beispiel zeigen wir den Feldverlauf im Sternentstehungsring der Andromeda-Galaxie (Abb. 3.62). Turbulentes und gleichförmiges Feld liegen in diesem Ring beieinander. Das gleichförmige

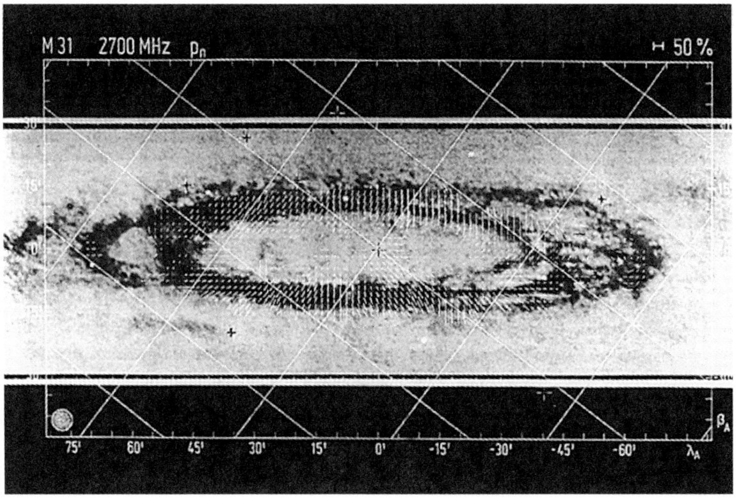

Abb. 3.62 Polarisationsvektoren in der Andromeda-Galaxie [139]. Messungen im 11-cm-Kontinuum, das Magnetfeld liegt senkrecht zu den Vektoren. Die Polarisationsstruktur wurde einer 21-cm-HI-Emissionskarte überlagert.

Feld ist um 200 pc gegen die Innenkante des Staubstreifens verschoben; die Feldgleichförmigkeit B_u/B_t erreicht Werte bis 90%.

Der angenommene *Feldverlauf in Spiralarmen* wird in Abb. 3.63 verdeutlicht. Galaxien mit wenigen Molekülwolken und daher geringer Sternentstehung (M 31) zeigen einen relativ ungestörten Feldverlauf innerhalb der Arme (Abb. 3.63b). Eine große Molekülwolkenanzahl (Abb. 3.63a) verursacht Turbulenz aufgrund der unaufgelösten Überlagerungen der Feldschleifen von Wolke zu Wolke; die Wolkenbewegungen verstärken die Feldlinienverschlingungen. Die Turbulenz drückt das Feld in den Zwischenarmbereich. Gebiete mit wenig molekularen Gas erlauben den Feldlinien die galaktischen Scheiben zu verlassen (Abb. 3.63c).

Die mittlere Feldstärke des Gesamtfeldes B_t kann aus der durchschnittlichen Synchrotron-Intensität abgeschätzt werden. Dabei wird Energiegleichverteilung zwischen der Feldenergie und den kosmischen Strahlungspartikeln, die die Strahlung erzeugen, angenommen. B_t liegt zwischen 4 μG bis 5050 μG (Gauß: $1\ \mathrm{G} = 10^{-4}\ \mathrm{T}$), wobei der hohe Wert im Zentrum der Galaxie M 82 gemessen wurde. Eine Stichprobe von Sb-Galaxien hat

$$\langle B_t \rangle = 8\ \mu\mathrm{G}\,.$$

Die enge Korrelation zwischen Radiokontinuum und infraroter Leuchtkraft bei Spiralgalaxien bedeutet, daß die Energiedichte des Gesamtfeldes $B_z^2/8\pi$ proportional zur Energiedichte des Strahlungsfeldes ist. Das Strahlungsfeld wird von der Sternentstehungsrate bestimmt. Diese Korrelation besteht bis herab zu Skalen von 1000 pc. Sie deutet auf eine Verknüpfung von Magnetfeldstärke und lokaler Sternentstehungsrate hin. Feldstärke und Sternentstehungsrate sind vermutlich über die Molekülgasdichte miteinander verknüpft. Die Sternentstehungsrate ist sicher von den im Medium vorherrschenden Magnetfeldstärken abhängig. Magnetfelder sind für die Wolkenstabilität und die Fragmentation ebenso wichtig, wie für die Physik der Wolkenzusammenstöße. Die Molekülwolkenverteilung und die Feldstruktur hängen, wie es die turbulenten Feldanteile zeigen, zusammen.

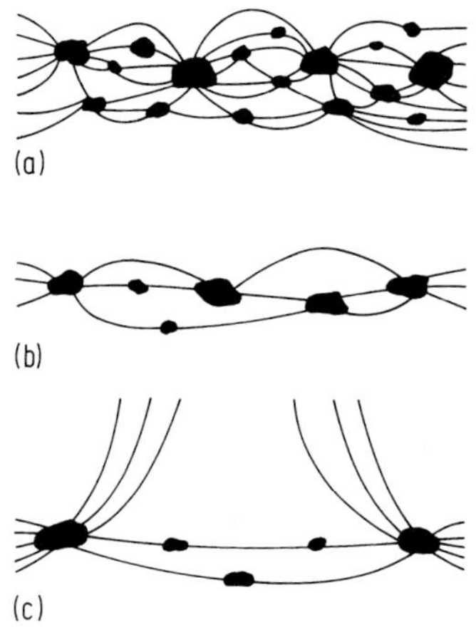

Abb. 3.63 Magnetfeldlinienverlauf und Molekülwolkenverteilung.

3.6 Entfernungsbestimmung von Galaxien

Die astronomischen Entfernungsbestimmungen arbeiten nach dem Verfahren von System und Anschluß. Stets wird zunächst ein *System von Eichpunkten* an der Himmelssphäre errichtet, in das andere Objekte eingemessen werden. In der allerersten Stufe innerhalb unserer Milchstraße sind dies die *trigonometrischen Parallaxen*. An diesen hängt die gesamte astronomische Entfernungsleiter; sie ist in Abb. 3.64 dargestellt. Die primären Methoden der Entfernungsbestimmung von Galaxien benützen Verfahren, die entweder über Beobachtungen oder aus theoretischen Überlegungen in unserem eigenen Sternsystem geeicht werden können. Wenn die Entfernungen zu nahen Galaxien damit festgelegt sind, können die sekundären Eichpunkte in diesen Sternsystemen festgemacht werden. Mit Hilfe dieser sind die Entfernungen der Galaxien in noch größeren Weiten bestimmbar. Tertiäre Entfernungsindikatoren hängen an Galaxieneigenschaften, die über sekundäre Verfahren geeicht wurden [140], [141], [142], [143].

Der Einsatz tertiärer Verfahren wird sich im Laufe der nächsten Jahre erübrigen, denn die Möglichkeiten der primären und sekundären Verfahren sind bei weitem noch nicht erschöpft. Die neuen Großteleskope werden eine Eichung von Galaxienentfernungen möglich machen, die zur Zeit von primären Indikatoren noch nicht

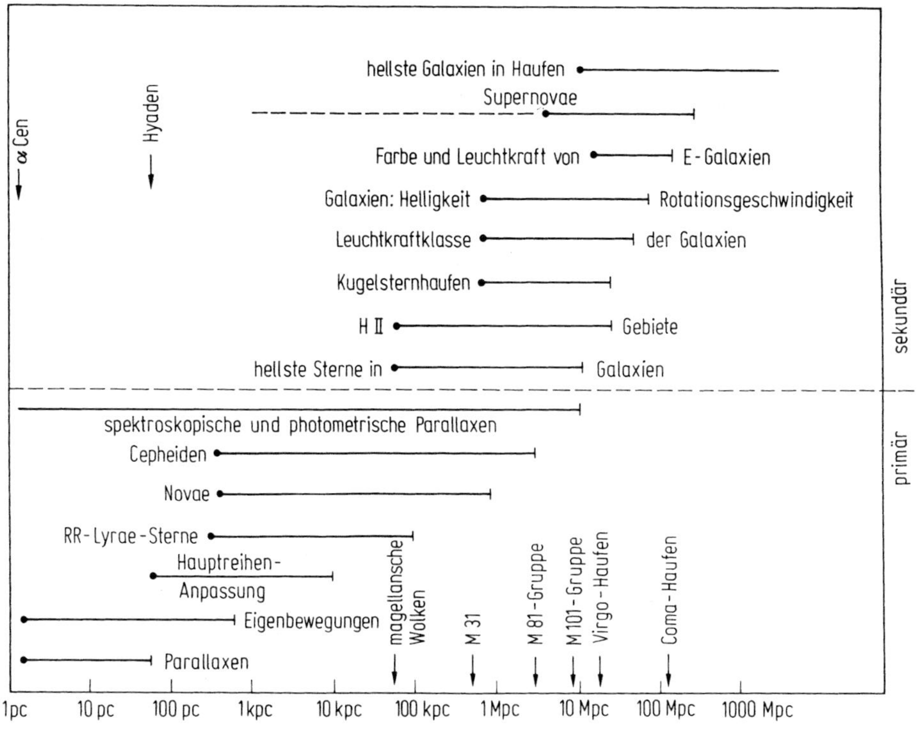

Abb. 3.64 Die kosmische Entfernungsleiter [141].

erreicht werden können. Insbesondere lassen sich dann folgende Entfernungsbestimmungsverfahren ersetzen: Leuchtkraftklasse von Spiralgalaxien, Durchmesser von Galaxien und hellste Galaxien in reichen Galaxienhaufen.

Alle extragalaktischen Entfernungseichungen münden in die Festlegung der *Hubble-Konstanten H*. Die Hubble-Konstante ist der Proportionalitätsfaktor zwischen Fluchtgeschwindigkeit der Galaxien (Expansion des Kosmos) und der Entfernung

$$v_f = H \cdot D_{kos}$$

v_f = Fluchtgeschwindigkeit in km/s
D_{kos} = Entfernung in Mpc
H in (km/s)/Mpc

Ist auch die Reichweite der tertiären Entfernungsindikatoren überschritten, dann kann die Entfernung kosmischer Objekte nur über die Hubble-Beziehung bestimmt werden; dies erfordert die vorherige Eichung. Kosmologische Fragen, wie großräumige Materieverteilung, Gesamtmasse des Universums und Weltmodelle hängen an dem für die Hubble-Konstante gefundenen Wert.

Wenn die Fluchtgeschwindigkeit v_f kosmischer Strukturen in die Größenordnung der Lichtgeschwindigkeit kommt, muß für die Rotverschiebung z der relativistische Dopplereffekt angesetzt werden

$$z = \frac{\lambda - \lambda_0}{\lambda_0} = \left(\frac{1 + \frac{v_f}{c}}{1 - \frac{v_f}{c}} \right)^{\frac{1}{2}} - 1 \,,$$

der für $v_f \ll c$ in den klassischen Dopplereffekt übergeht

$$z = v_f c^{-1} \,.$$

Aus dem Zusammenhang zwischen scheinbarer und absoluter Helligkeit folgt die Eichgleichung für die Hubble-Konstante

$$\begin{aligned} &v_f = H \cdot D \\ &5 \lg (D/\mathrm{pc}) = \tilde{m} - \tilde{M} - 5 \\ &\tilde{m} = 5 \lg (v_f/\mathrm{km\,s^{-1}}) + \underbrace{(\tilde{M} - 5 - 5 \lg [H/(\mathrm{km\,s^{-1}/mpc})])}_{C} \end{aligned}$$

Die Fluchtgeschwindigkeit v_f und die scheinbare Objekthelligkeit m sind direkt meßbar; im Prinzip muß nun $\tilde{m}$ gegen $\lg v_f$ aufgetragen werden. Wenn die Gerade die Steigung 5 besitzt, ist die Linearität gewährleistet und aus der Konstanten C folgt die Hubble-Konstante H, sofern genügend $\tilde{M}$-Werte als Mittelwert der absoluten Helligkeit über eine Objekteigenschaft bekannt sind. In den höheren Gliedern der Rotverschiebung – Entfernungskorrelation sind weitere kosmologische Kenngrößen wie der Dichteparameter und der Abbremsparameter enthalten.

Die Eichung der Hubble-Konstanten erlebte in den letzten 60 Jahren dramatische Änderungsschübe (Abb. 3.65). Heute liegen die Werte für H zwischen 50 und

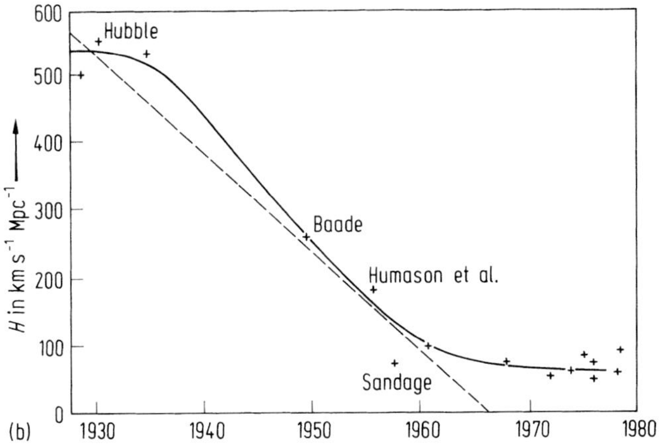

Abb. 3.65 Der Wert der Hubble-Konstante H von 1930 bis 1980.

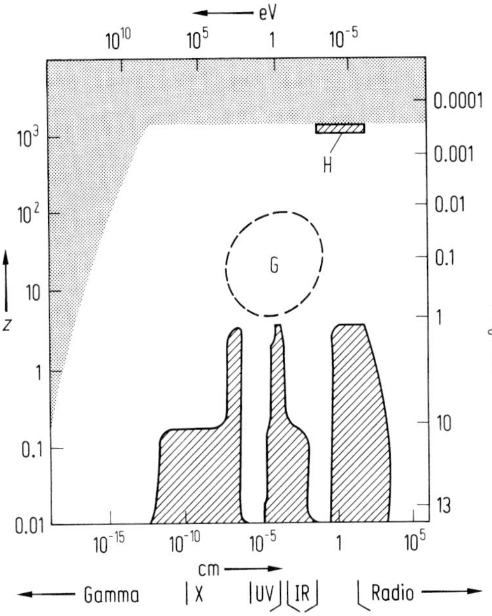

Abb. 3.66 Der kosmische Photonen-Horizont [144]. Der schraffierte Bereich markiert unseren augenblicklichen Horizont. Der dunkel gerasterte Bereich kann nicht direkt beobachtet werden; die Photonen werden entweder an Elektronen gestreut oder liefern bei Stößen Elektronen-Positronen-Paare. Die uns aus größter Entfernung erreichende Strahlung ist die kosmische Hintergrundstrahlung H; z ist die Rotverschiebung, T die Zeit seit dem Urknall, G das Gebiet der Galaxienentstehung.

100 (km/s)/Mpc. Der große Sprung zwischen 1930 und 1952 hatte seine Ursache in einer Fehleichung der Cepheiden. Erst 1952 wurde erkannt, daß es zwei Cepheidenpopulationen von unterschiedlicher absoluter Helligkeit gibt, Einem weiteren Sprung von $H = 250$ auf $H = 100$ im Zeitraum von 1952 bis 1960 lag die Entdeckung zugrunde, die sogenannten hellsten Sterne in nahen Galaxien seien Sterngruppen oder ionisierte Gaswolken. Seit den 60er Jahren wird um eine Verkleinerung des Faktors 2 bei der Festlegung der Hubble-Konstanten gerungen. Verschiedene Arbeitsgruppen geben interne Fehler von 15% bis 20% an; die große Differenz von 100% harrt noch der Aufklärung. Unbekannte systematische und zufällige Fehler sowie Fehlinterpretationen des Beobachtungsmaterials müssen dafür verantwortlich sein.

In Abb. 3.66 ist unser augenblicklicher kosmischer Horizont dargestellt. In Abhängigkeit von der Wellenlänge liegen die überstrichenen Entfernungen oder Rückblickzeiten bei $z = 3$ bis 4. Dies entspricht bei einer Hubble-Konstanten von 50 (km/s)/Mpc einer Entfernung von 5280 Mpc bis 5520 Mpc, bei einer Hubble-Konstanten von 100 (km/s)/Mpc einer Entfernung von 2400 Mpc bis 2760 Mpc, ohne Berücksichtigung spezieller Weltmodelle. Zwischen der durch die Hintergrundstrahlung (s. Kap. 4) gegebene Photonenbarriere und unserem augenblicklichen Horizont liegt noch ein unermeßliches Terra Incognita. Die Astronomie im nächsten Jahrtausend wird dort fündig werden können.

3.6.1 Die weite und die kurze kosmische Entfernungsskala

Vier Grundschritte liegen der Ableitung der kosmischen Entfernungsskala, d.h. der Festlegung der Hubble-Konstanten zugrunde:

1. Wahl eines galaktischen Extinktionsmodells und entsprechender Rötungsgesetze. Damit wird der interstellaren Extinktion Rechnung getragen, um Helligkeit und Farbe von Sternen in anderen Galaxien mit denen unserer eigenen Galaxie vergleichbar zu machen.
2. Ableitung der Entfernung der nahen Galaxien mit Hilfe der primären Indikatoren. Diese sollen über fundamentale geometrische oder photometrische Verfahren in unserem Sternsystem geeicht sein. Dieser Schritt legt den Nullpunkt des extragalaktischen Entfernungsmoduls $(\tilde{m} - \tilde{M})$ fest.
3. Konstruktion eines Gerüstes relativer Entfernungen zu den entfernteren Galaxien mit Hilfe sekundärer und tertiärer Indikatoren, die in den nahen Sternsystemen geeicht wurden. Die relativen Entfernungen müssen linear proportional zu den wahren geometrischen Entfernungen sein. Die absoluten Entfernungen müssen mit dem Nullpunkt verträglich und konsistent sein.
4. Ableitung eines mittleren Entfernungs-Geschwindigkeits-Quotienten $\langle H^* \rangle = \langle v_\mathrm{f} \rangle / \langle D \rangle$ unter Berücksichtigung von Auswahleffekten und Anisotropien in den Fluchtgeschwindigkeiten der Galaxien. Wenn $\langle D \rangle$ groß genug ist ($D \gg 10$ Mpc) und $\langle v_\mathrm{f} \rangle$ mit entsprechenden Korrekturen versehen ist, wird H^* zur Näherung der wahren Hubble-Konstanten H_0.

Die Vielzahl der bei dieser Ableitung durchzuführenden Schritte, die komplexen und oft schiefen Objektstichproben, die systematischen und zufälligen externen und internen Fehler (erkannt oder nicht erkannt) machen jeden Schritt auf der kosmischen Entfernungsleiter unsicher. Dies auch deshalb, weil die Grundanforderungen an die Eichquellen (als Standardkerzen) nicht immer erfüllt sind, sei es aus rein astrophysikalischen Gründen, sei es aus Gründen unseres unvollständigen Wissens. Meßtechnik, physikalischer Objektzustand, Teilwissen, Reduktionsverfahren, all das wirkt zusammen und macht die Fehlerfortpflanzung zur Zeit nicht klar durchschaubar. Die Grundanforderungen an die Standardentfernungsindikatoren sind:

1. Sie müssen unabhängig von Entfernung und Umgebung als verläßliche und reproduzierbare Standards erprobt sein.
   Beispiel: Die mittlere absolute Helligkeit von Kugelsternhaufen kann zur Ableitung der Entfernung des Virgo-Galaxienhaufens verwendet werden. Dabei wird stillschweigend die Annahme gemacht, die Leuchtkraftfunktion der Kugelsternhaufen sei universal. Dies bedeutet soviel wie: Helligkeitsstreuung, mittlere Haufenhelligkeit und Gaußsche Form der Leuchtkraftfunktion sind unveränderlich. Die Leuchtkraftfunktion ist nur bei Systemen innerhalb unserer Milchstraße genügend genau beobachtet, die Annahme der Umgebungsunabhängigkeit ist von der Beobachtung her noch nicht überprüfbar.
2. Die Änderung von wahrer Leuchtkraft und/oder geometrischer Ausdehnung muß einen deutlich meßbaren Effekt auf die entfernungsabhängigen scheinbaren Eigenschaften haben.
   Beispiel: Die lineare Größe der größten HII-Gebiete in Galaxien ist mit der ebenfalls entfernungsabhängigen absoluten Helligkeit der Muttergalaxien korreliert; eine gleiche Korrelation existiert zwischen der Helligkeit der hellsten blauen Sterne und deren Muttersystemen.
3. Die absolute Größe oder die lineare Ausdehnung muß geeicht sein, entweder durch direkte Methoden oder durch Ankoppelung an Entfernungsindikatoren, deren Nullpunkt gut bekannt ist.
   Beispiel: Oft ist der Unterschied zwischen absoluten und relativen Entfernungsindikatoren verdeckt; erstere besitzen einen bekannten Nullpunkt; letztere nicht. Die Schwierigkeiten, einen Entfernungsindikator absolut festzulegen, liegt in der Tatsache, daß gelegentlich der nahegelegenste Repräsentant schon außerhalb des engen Bereichs sicherer Entfernungen liegt. Der Nullpunkt aller extragalaktischen Entfernungsindikatoren hängt von den Entfernungen der lokalen Galaxien ab. Deren Abstände sind auf einem Niveau von 15% bis 20% eingemessen.
4. Die Streuung um die mittlere Leuchtkraft oder mittlere geometrische Ausdehnung der Standardindikatoren muß klein oder auf andere Art gut bekannt sein. Jeder unverstandene Streubereich verursacht systematische Unterschätzungen beim Vorstoß zu großen Entfernungen.

Mehrere Entfernungsskalen hängen an Eichbeziehungen der Form

$$\tilde{M}(\text{Galaxie}) = a\alpha + b\beta + \cdots ;$$

hierbei sind α, β beobachtbare Galaxien-Parameter, die mit der Systemleuchtkraft korrelieren; a, b sind noch über eine Nullpunktseichung zu bestimmende Koeffizienten. Unglücklicherweise ist bis heute kein streuungsfreier Leuchtkraftindikator bekannt, und allgemein betrachtet ist der Streubereich der Leuchtkräfte immer groß.

In Anbetracht dieser grundsätzlichen Schwierigkeiten sind die Unterschiede bei der Wahl des Nullpunkts der Perioden-Helligkeits-Farb-Beziehung der Cepheiden

Tab. 3.7 Unterschiede zwischen den Reduktionsschritten der langen und kurzen Entfernungsskala.

Methode oder Faktor	lange Skala ($H = 50$)	kurze Skala ($H = 100$)
interstellares Extinktionsgesetz	niedrige Werte	hohe Werte
interne Galaxien-Extinktion	bei einigen Anwendungen vernachlässigt	stets benützt
Cepheiden	Perioden-Leuchtkraft-Farb-Relation	Perioden-Leuchtkraft-Relation
RR Lyrae, Novae	benützt um Hyaden-Modul 3.03 zu rechtfertigen	mit gleichem Gewicht wie Cepheiden verwendet
Entfernungen der lokalen Gruppe	nur Cepheiden	verschiedene Methoden, auch sekundäre (Zirkelschlüsse)
hellste rote Sterne	nicht benützt oder als einzige sekundäre Indikatoren	benützt
hellste blaue Sterne	Anwendung bei M 101, Extrapolation	benützt
Durchmesser HII Gebiete	systematischer Fehler vorhanden, M 101	systematische Fehler korrigiert
HII Ringe	nicht benützt	bei allen Eichgalaxien verwendet
Geschwindigkeitsstreuung in HII Gebieten	nicht benützt	bei M 101 extrapoliert
hellster Kugelsternhaufen	benützt um Skala zu bestätigen	benützt
Galaxien: abs. Helligkeit-max. Rotationsgeschwindigkeit	benützt um Skala zu bestätigen	benützt als Linearitätstest
Supernovae	benützt um Skala zu bestätigen	benützt als Linearitätstest
Leuchtkraftklasse oder Index	einziger tertiärer Indikator	wichtigster tertiärer Indikator

oder des Absorptionsanteils innerhalb unseres Sternsystems nicht ausschlaggebend. In der Tab. 3.7 sind die Unterschiede im Reduktionsverfahren für die lange und die kurze Entfernungsskala aufgeführt. Die lange Entfernungsskala hat A. Sandage und G. Tammann als herausragende Verfechter, die kurze Entfernungsskala ist von G. de Vaucouleurs. Als Abstand des Virgo-Haufens wird im Rahmen der langen Entfernungsskala 21.3 ± 0.8 Mpc [145], im Rahmen der kurzen Entfernungsskala 17.8 ± 2.3 Mpc [146] angegeben. Der *Virgo-Galaxienhaufen* ist das Sprungbrett in die Tiefe des Kosmos.

3.6.2 Die Hubble-Konstante

Eine Vielzahl von Arbeitsgruppen mit neuen Messungen hat versucht, beide Skalen zu vereinheitlichen; aber wie auch die Meßverfahren und Reduktionsansätze angesetzt wurden, die für H gefundenen Werte liegen im Bereich 50 (km/s)/Mpc $\leq H \leq$ 120 (km/s)/Mpc. Es scheint daher augenblicklich sinnvoller zu sein, durch Wich-

Tab. 3.8 Unsicherheiten im Entfernungsmodul (in mag) einiger fundamentaler Entfernungsindikatoren [140].

Parameter	Unsicherheiten im Modul in mag
Hyaden-Entfernung	0.2
Hauptreihenkorrektur aufgrund der Hyaden-Elementhäufigkeit	0.2
Cepheiden-Perioden-Leuchtkräfte, Elementhäufigkeit	0.3
Cepheiden, langperiodische Eichung	0.4
Novae in Galaxien der lokalen Gruppe	0.5
RR-Lyrae-Sterne, Eichung und Elementhäufigkeit	0.3
RR-Lyrae-Sterne in Galaxien der lokalen Gruppe	0.2
W-Virginis-Sterne, Eichung	0.3
W-Virginis-Sterne, lokale Gruppe	0.2
hellste Sterne als Funktion des Galaxientyps und Leuchtkraftklasse	0.5
Entfernungen aus Durchmessern von HII-Gebieten	0.4
Entfernungen aus HII-Leuchtkräften	0.4
Cepheiden in NGC 2403	0.3
Leuchtkräfte von Kugelsternhaufen	0.4

Abschätzung der Unsicherheiten aufgrund von Literaturdifferenzen und konservativer Datenbetrachtung.

tungsverfahren und kritische Abschätzung der Fehlergrenzen einen plausiblen Wert für H festzulegen. Berücksichtigt man die in der Literatur auftretenden Unterschiede und führt mehr konservative Abschätzungen durch [140], so ergeben sich die Fehler für die wichtigsten extragalaktischen Entfernungsindikatoren in Größenklassen des Entfernungsmoduls gemäß der Zusammenstellung von Tab. 3.8 [140].

Diese Verfahren gehen mit ihren Fehlern in die Entfernungsbestimmung des Virgo-Galaxienhaufens ein. Der Virgo-Galaxienhaufen ist die wichtigste Eichmarke beim Schritt zu H. Er ist noch nahe genug, um direkte primäre und sekundäre Standards errichten zu können. Andererseits ist er schon so weit entfernt, daß das Radialgeschwindigkeitsfeld des Hubble-Flusses stetiger geworden ist. In der Tab. 3.9 sind

Tab. 3.9 Entfernungsbestimmungen des Virgo-Galaxienhaufens [143].

Methode	$(m - M)$	D/Mpc
Kugelsternhaufen/Leuchtkraftfunktion	31.52 ± 0.16	20.1 ± 1.5
Novae	31.4 ± 0.4	19.1 ± 3.5
Galaxien: Rot.-Geschwindigkeit und abs. Helligkeit	30.85 ± 0.4	14.8 ± 2.8
Supernovae I	32.1 ± 0.4	26 ± 5
Supernovae: Farbtemperatur und Radius	31.8 ± 0.4	23 ± 4
Supernovae radioastronomisch Interferometrie	31.7 ± 0.6	22 ± 6.5
Supernovae (gewichtetes Mittel)	31.9 ± 0.25	24 ± 3
E-Galaxien, Durchmesser und Geschwindigkeitsstreuung	31.69 ± 0.29	21.8 ± 2.9
Gewichtetes Mittel	31.54 ± 0.11	
ungewichtetes Mittel	31.47 ± 0.17	

Verfahren zur Entfernungsbestimmung des Virgo-Haufens aufgelistet, die weitgehend voneinander unabhängig sind, abgesehen von der gemeinsamen Abhängigkeit von den verwendeten Eichgalaxien, besonders vom Andromedanebel (M 31). Der gewichtete mittlere Entfernungsmodul (31.5 ± 0.2) mag entspricht (20 ± 2) Mpc [143]. Eine andere Wichtung mit mehr Einzelwerten [141] liefert 31.32 mag mit einem inneren Fehler von 0.2 mag und einem äußeren von 0.15 mag; dies entspricht einer linearen Entfernung von (18.4 ± 2) Mpc. Die Fehlergrenzen und der Spielraum der Entfernungswerte sind wohl das z. Zt. Beste und Sicherste, was über Distanzen

Tab. 3.10 Die Hubble-Konstante H [141].

Methode	H in (km/s)/Mpc
1. *Abschätzungen für den Virgo-Haufen oder Galaxien innerhalb 20 Mpc*	
M-101-Gruppe	55.5 ± 8.7
Virgo-Haufen/ausgewählte Methoden	57 ± 6
Virgo-Haufen/Linienbreite HI	83 ± 19
Virgo-Haufen/alle Methoden	42–72
Virgo-Haufen/E, SO	49.3 ± 4
HI-Linienbreite	80 ± 3
E, SO, Mittelwerte	50.8
Kugelsternhaufen	80 ± 11
HII-Gebiete, Galaxiendurchmesser	60 (+15, −10)
Durchmesser HII	65
HI-Linienbreite, Infrarot	65 ± 4
Leuchtkräfte von Sb's	75 ± 15
HII-Leuchtkräfte von Virgo Sc's	55
2. *Abschätzungen mit Galaxien jenseits des Virgo-Haufens*	
Entfernte Sc-I	55 ± 6
HI-Linienbreite	50.3 ± 4.3
Durchmesser, abs. Helligkeit	100 ± 10
Supernovae I/optisch	56 ± 15
HI-Linienbreite, Infrarot	95 ± 4
Mittelwerte abs. Helligkeit, Durchmesser	100 ± 10
HI-Linienbreite, Infrarot, Neueichung	82 ± 10
Supernovae I/optisch und infrarot	50 ± 7
3. *Gruppen und Haufen von Galaxien mit verläßlichen Entfernungen*	
alle Gruppen ohne Geschwindigkeitskorrektur	72.9 ± 3.4
alle Gruppen mit Korrektur für Milchstraßen-Raumbewegung	74.6 ± 5.2
4. *Hellste Haufen-Galaxien mit $v_f \leq 10000$ km/s*	
alle Haufen	67.7 ± 1.7

im Mpc-Bereich ausgesagt werden kann. Sie sollen die augenblickliche Verläßlichkeit der Entfernungsskala beschreiben. Als korrigierte kosmologische Rotverschiebung für den Virgo-Galaxienhaufen findet man $v = (1332 \pm 69)$ km/s [143]. Setzt man diese beiden Werte in die Hubble-Beziehung ein, wird

$$\langle H_0 \rangle = 67 \pm 8 \text{ (km/s)/Mpc}\,.$$

Der Entfernungsfehler des Virgo-Haufens liefert den größten Beitrag zum mittleren Fehler von H_0. In Tab. 3.10 sind H-Werte, die mit verschiedenen Verfahren gemessen wurden, zusammengestellt. Interne und externe Fehler, zusammen mit einer Wichtung der Meßverfahren hinsichtlich ihrer Sicherheit (Gewicht 2: Methoden mit bekannter theoretischer Begründung; Gewicht 1: Methoden mit empirischen Korrelationen) ergeben [141] $H_0 = (67 \pm 15)$ (km/s)/Mpc.

3.7 Aktive Galaxien und Quasare

Bei aktiven Galaxien ist im wesentlichen der Kernbereich der Träger von Aktivität. Aktivität bedeutet hier Energieausstoß, der nicht von normaler Sternstrahlung geliefert wird. Eine Galaxie gilt als aktiv, wenn mindestens eines der vier, besser zwei der folgenden Kriterien erfüllt sind:

1. Helleres kompaktes Kerngebiet als der entsprechende Bereich einer Galaxie gleichen Typs;
2. nichtstellaren Anregungsmechanismen entstammende Emissionslinien;
3. variable Emissionslinien oder variables Kontinuum;
4. nichtthermische Kontinuumsemission aus dem Kernbereich.

Viele Quasare, Seyfert-Galaxien und Radiogalaxien zeigen alle vier Eigenschaften; BL-Lac-Objekte sind durch die Eigenschaft 1, 3 und 4 beschreibbar; LINERS zeigen die Eigenschaft 2, manchmal auch 4 oder 1.

Extragalaktische Radioquellen, die ebenfalls den aktiven Galaxien zugeordnet werden, teilt man in drei Gruppen:

1. Radioemission von diffusen Gaswolken in Abständen bis in den Mpc-Bereich von der Muttergalaxie oder dem Quasar;
2. scharfgebündelte Jets und heiße Flecke, die Energie zwischen Muttergalaxie und den diffusen Wolken transportieren;
3. kompakte Quellen, die identisch sind mit den galaktischen Kernen oder Quasaren.

Die *kompakten Radioquellen* sind Sitz der zentralen Maschinen, welche die gewaltigen Energiemengen freisetzen. Fast alle BL-Lac-Objekte, die meisten Quasare und viele Radiogalaxien enthalten kompakte Radiokerne; diese werden auch in anderen aktiven Galaxien festgestellt und finden sich ebenfalls in normalen Spiral- und elliptischen Systemen. In Abschn. 3.2.4, Abb. 3.74 wurden die Skalenlängen gezeigt, auf denen die verschiedenen Aktivitätsphänomene ablaufen und die, je nach vorherrschendem Emissionsmechanismus, für die unterschiedlichen Benamungen verantwortlich sind [147], [148], [149], [150], [151], [152], [153].

3.7.1 Typenbeschreibungen und verallgemeinerte Klassifikation

Quasare sind die leuchtkräftigsten galaktischen Kerne. Ihre visuelle Leuchtkraft liegt zwischen 10^{45} und 10^{49} erg s^{-1} ($-32 \geqslant M_v \geqslant -24$). Quasarbilder sind auf gewöhnlichen Fotoplatten sternähnlich. Auf langbelichteten Aufnahmen bei guten Seeing-Verhältnissen sind schwache, um den Quasar konzentrisch gelegene Aufhellungen zu entdecken; diese Aufhellungen lassen sich als Muttergalaxie deuten. Die Galaxie ist weitaus schwächer als der Quasar und besitzt eine typische Helligkeit, wie sie S- oder E-Systeme zeigen. Quasare sind also die leuchtkräftigen Kerne entfernter Galaxien.

Das optische Spektrum eines Quasars ist nichtthermisch mit einem Spektralindex $\alpha \approx -1$ (Definition: Flußdichte $\sim$ (Frequenz)$^\alpha$), es kann sich ins Infrarot und in den Röntgenbereich fortsetzen (vgl. Abb. 3.67 als Beispiel für den spektralen Verlauf eines aktiven Kernes im Gegensatz zur Abb. 3.45 einer normalen Galaxie). Da Quasare im Vergleich zu normalen Galaxien einen ultravioletten Strahlungsüberschuß besitzen, erscheinen sie bei nicht allzu großen Rotverschiebungen blau. *Quasarspektren* besitzen kräftige, breite Emissionslinien, die einem hochionisierten Gas zuzuschreiben sind: $T = 10^4$ K, $n_e = 10^8$ cm^{-3} (n_e: Elektronendichte); die Linienbreiten entsprechen 10000 km/s; die Größe des Emissionsgebietes liegt im 1-pc-Bereich. Hinzukommt ein größerer Bereich mit $n_e < 10^7$ cm^{-3}, in denen schmale verbotene Emissionslinien entstehen; auch Absorptionslinien wurden nachgewiesen. Nicht alle Quasare sind starke Radioquellen. Radioruhige Quasare (aus optischen Durchmusterungen) sind etwa zehnmal häufiger als radiolaute Quasare. Quasare mit sehr breiten Emissionslinien sind keine starken Radioquellen. Die Muttergalaxien der radiolauten Systeme sind E-Galaxien, die der radioruhigen S-Galaxien.

Viele **Radiogalaxien** mit kompakter zentraler Quelle zeigen starke Emissionslinien und werden daher als aktive Galaxien bezeichnet. Man unterscheidet 2 Gruppen: Radiogalaxien mit *schmalen verbotenen* oder erlaubten Emissionslinien (die Linien-

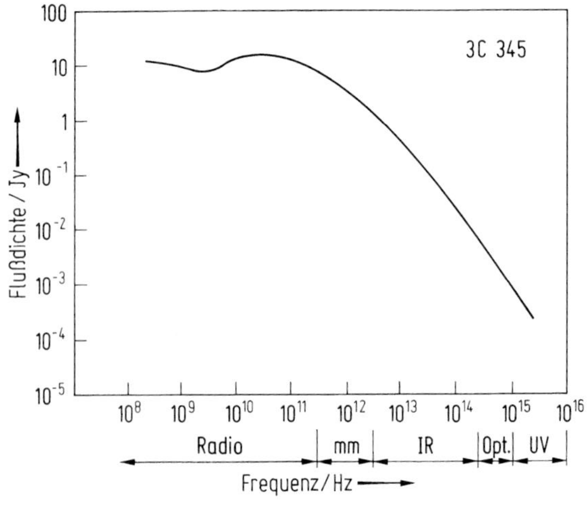

Abb. 3.67 Spektrum des Quasars 3C 345 [152]. Flußdichte in Jansky (Jy): 1 W m^{-2} Hz^{-1} = 10^{26} Jy.

breite entspricht 500 km/s) und Radiogalaxien mit *breiten erlaubten* (Linienbreite 8000 km/s) und *schmalen verbotenen* Linien. Viele breitlinige Radiogalaxien ähneln in ihren Kernleuchtkräften den Seyfert-Galaxien.

Seyfert-Galaxien sind Galaxien mit hellen Kernen und Emissionsliniensystemen; 1 % aller hellen Galaxien sind Seyfert-Galaxien. Auch hier wird zwischen schmalen und breitlinigen Systemen unterschieden. Seyfert-I-Galaxien haben erlaubte *breite* (5000 km/s), Seyfert-II-Galaxien *schmale* erlaubte und verbotene Emissionslinien (300 bis 1000 km/s Linienhalbwertsbreite). Die visuelle Leuchtkraft ihrer Kerne beginnt bei 10^{42} erg/s und endet etwa bei 10^{45} erg/s.

Bei den sogenannten **LINER-Galaxien** (**l**ow **i**onisation **n**uclear **e**mission-line **r**egion) handelt es sich um normale Sternsysteme mit Emissionslinienspektren, die nicht von Sternen stammen. Je nach Definition der unteren Beobachtungsgrenzen gehören 1/3 aller Galaxien zu diesem Typ; schwache nichtthermische visuelle Kontinuumsstrahlung ist nicht bei allen Systemen nachgewiesen.

BL-Lac-Objekte, benannt nach dem Prototyp BL-Lacertae, sind sternähnliche Galaxienkerne mit sehr schwachen, (sehr oft auch keinen) Emissionslinien. Das *Kontinuum* wird durch eine steile Potenzgesetzverteilung ($\alpha \sim 2$) beschrieben. Große schnelle Variabilität über alle Wellenlängen und ein variables polarisiertes Kontinuum sind beobachtet. Die Leuchtkraft der nichtthermischen Quelle liegt im Bereich $-26 \geq \tilde{M}_v \geq -21$. Eine kompakte Radioquelle ist im Zentrum dieser Objektklasse zu finden. BL-Lac-Objekte werden als Quasare mit verstärkter Kontinuumsemission angesehen, welche die Emissionslinien überdeckt.

Bei einigen BL-Lac-Objekten wurde ein schwaches Emissionslinienspektrum nachgewiesen; sie erhielten den Namen *Blazers*. Diese Untergruppe stützt die Vorstellung eines stetigen Überganges zwischen BL-Lac's und Quasaren.

In Abb. 3.68 ist der von der Beobachtung aufgespannte fünfdimensionale *Parameterraum der Galaxienaktivität* abgebildet. Das Zentrum der Klassifikation wird

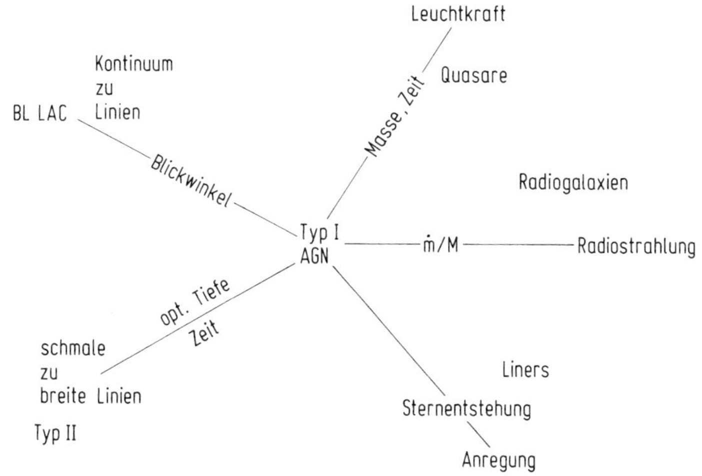

Abb. 3.68 Der fünfdimensionale Klassifikationsraum für Galaxienaktivität [151]: Die Achsenparameter bestimmen das Erscheinungsbild der Aktivität (AGN: aktiver galaktischer Kern); vgl. hierzu Abb. 3.6.

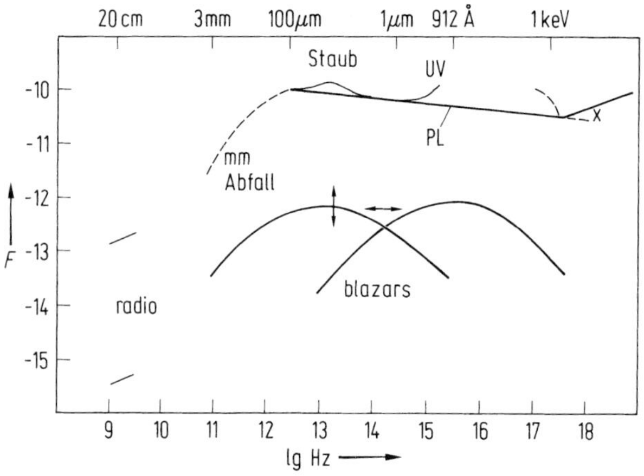

Abb. 3.69 Der charakteristische Spektralverlauf eines aktiven galaktischen Kerns; aufgetragen ist der Fluß durch logarithmisches Frequenzintervall über dem Logarithmus der Frequenz. PL: Power-Law, Potenzgesetz der Abstrahlung

von einem aktiven Kern I eingenommen. Die Achsen markieren die Anregung (Emissionslinien), die Radioleuchtkraft, die Gesamtleuchtkraft und die Intensitätsverhältnisse zwischen Kontinuum und breiten und schmalen Emissionslinien. Die verschiedenen Aktivitätstypen und ihre Übergänge werden durch das Einwirken von Sichtwinkel, Absorption (optische Tiefe), Zeitvariationen der Masseneinströmung, Energieumsetzung und Umgebungsdichten bestimmt. Die Gebiete der breiten und schmalen verbotenen Emissionslinien lassen sich durch folgende typische Werte eingrenzen:

Breite Linien
Größe 1 pc, Gaswolken $n_e \approx 10^9\,\mathrm{cm}^{-3}$, Füllfaktor 0.01, Geschwindigkeit 5000–30000 km/s, Ionisationsparameter der zentralen Quelle (Photonen cm^{-2}/Teilchen cm^{-2}) ≈ 0.01.

Schmale Linien
Größe ≈ 1 kpc, Gaswolken $10^2\,\mathrm{cm}^{-3} < n_e < 10^6\,\mathrm{cm}^{-3}$, $T \sim 10^4$ K; Füllfaktor ≤ 0.001, Geschwindigkeit 200–1000 km/s, Ionisationsparameter der zentralen Quelle Seyfert II ≈ 0.1–0.01; LINERS ≈ 0.001.

Den schematisierten spektralen Verlauf für einen aktiven galaktischen Kern zeigt Abb. 3.69. Die 6 wesentlichen Komponenten sind: Das Kontinuum mit einem Potenzgesetz und niederfrequentem Abknicken; eine thermische infrarote Komponente, die bei aktiven Kernen mit hoher Opazität dominiert; ein Emissionsbuckel im Ultravioletten; Röntgenstrahlungsüberschuß; ein Kontinuum der Jets mit variabler Lage und ein Radiokontinuum, das nicht von den Jets stammt.

Der größere Teil der Strahlung aller extragalaktischen Radioquellen und der ihnen zugrundeliegenden aktiven galaktischen Kerne entstammt *inkohärenten Synchrotronprozessen*. Die Kontinuumsspektren lassen sich wie folgt interpretieren:

a) Die Form der Spektren der ausgedehnten Quellen entspricht Potenz- oder Doppelpotenzgesetzen; ihre speziellen Verläufe sind in Übereinstimmung mit Synchrotronmodellen, bei denen die relativistischen Teilchen sowohl Energieverluste wie Gewinne erfahren.

b) Bei den kompakten Quellen tritt das spektrale Maximum bei umso kürzeren Wellenlängen auf, je kleiner die Quelle ist; dies wird durch das Synchrotronstrahlungsmodell vorhergesagt. Die gemessenen Winkelausdehnungen sind in guter Übereinstimmung mit denen, die aus der Abschätzung des Selbstabsorptionsabschneidens erfolgen.
c) Die maximale beobachtete Helligkeitstemperatur ist 10^{12} K, wie es bei einer inkohärenten Synchrotronquelle erwartet wird, die durch inverse Compton-Streuung kühlt.
d) Die Intensitäts- und Polarisationsvariationen, ihre Wellenlängen und Zeitabhängigkeit sind in Übereinstimmung mit Werten für sich ausdehnende Wolken relativistischer Teilchen.

Die Energiequelle ist die sogenannte zentrale Maschine. Die beobachtete Korrelation zwischen 21-cm-Strahlung der Zentralbereiche und der Stärke der Kernradioquelle stützen folgendes Modell: Die zentrale Maschine, ein supermassives Schwarzes Loch, wird durch Gas gespeist, das über eine Akkretionsscheibe einfließt. Energie von der zentralen Maschine kann über stark kollimierte relativistische Partikelstrahlen, Jets, bis in die äußersten ausgedehnten Radioquellen transportiert werden.

3.7.2 Jets

Unter einem Jet wird eine Struktur verstanden, die mindestens viermal so lang wie breit ist; die bei hoher Auflösung räumlich von anderen ausgedehnten Strukturen entweder trennbar oder durch einen großen Helligkeitskontrast unterschieden werden kann; die mit einem aktiven Kern direkt verbunden ist [155], [156]. Die Jet-Längen reichen vom pc- bis in den hundert-kpc-Bereich. Zur Zeit sind rund 140 Jet-Systeme bekannt. Jets treten bei allen Klassen von aktiven galaktischen Kernen auf; sie können daher einem allen aktiven Kernen gemeinsamen Entstehungsmechanismus zugeschrieben werden; sie hängen eindeutig mit galaktischer Kernaktivität zusammen. In Abb. 3.70 ist die Jet-Struktur der Radioquelle 3C120 über einen weiten Winkelauflösungsbereich dargestellt. Die Richtung des Jets kann bis in den zentralen pc-Bereich erhalten bleiben. Andererseits werden auch Jets beobachtet, die mäandern und abbiegen, wohl die Folge einer Wechselwirkung mit einem äußeren Medium oder einer Präzession der zentralen Quelle. Jets enden in den ausgedehnten diffusen Radiostrahlungskeulen der zugehörigen aktiven Radiogalaxien.

Das Grundmodell unterstellt einen zunächst unsichtbaren *relativistisch schnellen Partikelstrom* aus dem aktiven Kern, der sich in den Radiokeulen im Bereich der sogenannten heißen Flecke auflöst und thermalisiert. Er liefert die Energie für die Radiostrahlung. Durch Energieverluste auf dem Weg dorthin wird der Strahl selbst sichtbar. Den zentralen Kern verlassen symmetrisch zwei solche Materiestrahlen. Der vom Beobachter weggerichtete Strahl ist weitgehend unsichtbar, da seine Synchrotronstrahlung in einer schmalen Keule fokussiert wird, die entgegen die Sichtlinie gerichtet ist. Emissionen von stationären Kernen werden an dem Punkt beobachtbar, wo der sich dem Beobachter nähernde relativistische Strahl undurch-

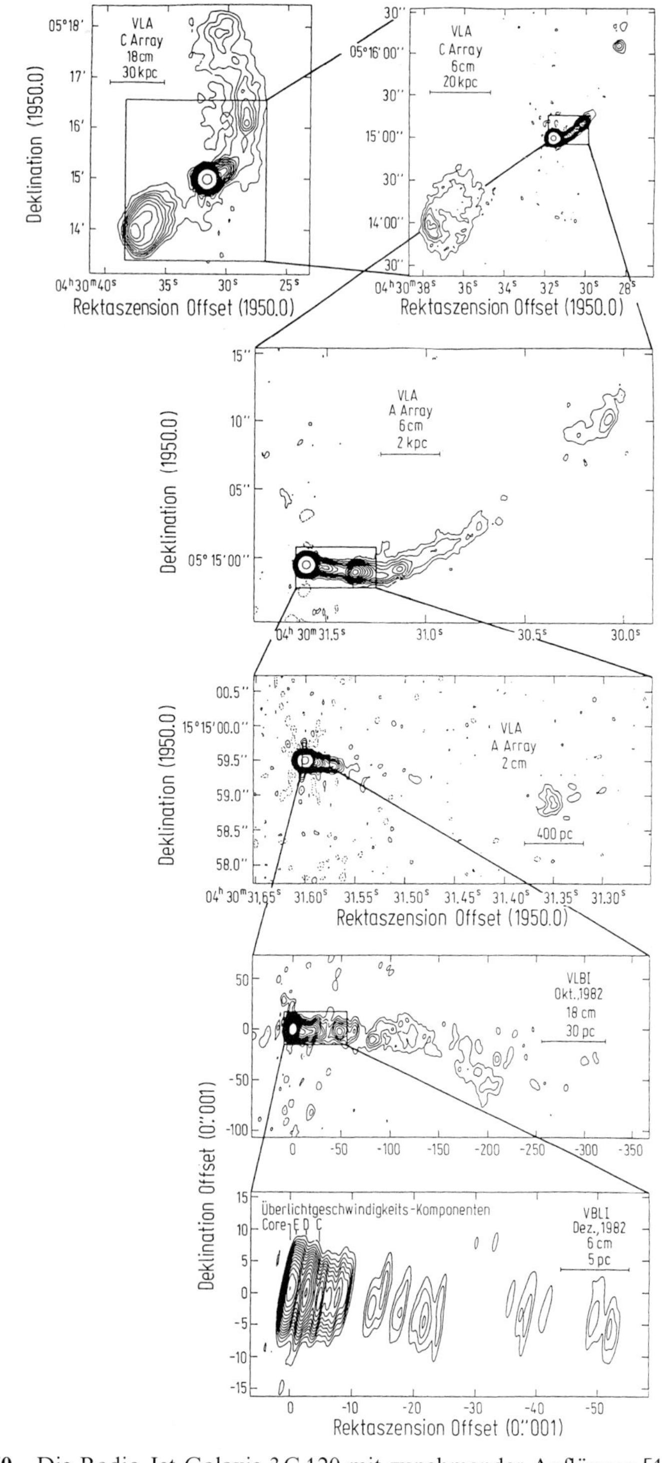

Abb. 3.70 Die Radio-Jet-Galaxie 3C 120 mit zunehmender Auflösung [158].

sichtig wird. Überlichtgeschwindigkeit wird als relativistischer Scheineffekt zwischen diesem stationären Punkt in der Düse und nach außen laufenden Schockfronten oder anderen Inhomogenitäten meßbar.

Der Mechanismus relativistischer Strahlungsquellen kann die Erscheinung der Überlichtgeschwindigkeit, der schnellen Flußvariationen und des Fehlens von über den inversen Comptoneffekt gestreuter Röntgenstrahlung erklären. Die Helligkeit eines Jets im Rahmen eines Modells von magnetischen Flußröhren und relativistischen Partikeln wird beeinflußt durch die Strahlungsverluste, adiabatische Gewinne oder Verluste durch Änderung des Jet-Querschnittes und andere, die relativistischen Elektronen beeinflussende Effekte. Es gibt zur Zeit keinen direkten Ansatzpunkt, Dichte und Geschwindigkeit eines Radiostrahlung emittierenden Jets abzuschätzen oder gar zu messen. Radiohelligkeit und lineare Polarisation in verschiedenen Wellenlängen sind die einzigen Zugänge für ein Modell; hinzu kommen Messungen von äußeren Randbedingungen aus der optischen und der Röntgenstrahlung.

3.7.3 Ursachen der Aktivität: Die zentrale Maschine

Alle Modelle des inneren Bereichs von aktiven Kernen bestehen aus vier Bausteinen, deren Zusammenwirken die energetisch, spektralen und variablen Eigenschaften erklären können. Die Bausteine sind: ein kompaktes, zentrales Objekt, vermutlich ein *supermassives Schwarzes Loch*; eine differentiell rotierende Akkretionsscheibe (Aufsammlungsscheibe), die thermische Photonen im Ultraviolett- und Röntgenbereich abgibt; eine harte Röntgenquelle, die von der inneren Scheibe abgesetzt ist; Jets, die entlang der Rotationsachse des zentralen Objekts abströmen [153], [154], [157].

Der größte Teil der Energie entsteht im Bereich $3 \leq x \leq 10$ mit $x = r/r_G$; r_G ist der Gravitationsradius

$$r_G = 2GMc^{-2} = 10^{-5} M_8 \,\text{pc}\,; \quad M_8 = \frac{M}{10^8 M_\odot}$$

des zentralen Schwarzen Loches mit der Masse M. Die Primärenergie wird auf ihren Weg nach außen umgesetzt, dabei entstehen die verschiedenen Aktivitätsphänomene. Gleichzeitig hat die beobachtete Kurzzeit-Variabilität in dieser Region ihren Ursprung. Sie ist mit der Lichtdurchquerzeit t_G eines Schwarzen Loches vergleichbar

$$t_G = r_G c^{-1} = 10^3 M_8 \,\text{s}\,.$$

Eine charakteristische Leuchtkraft ist die sogenannte *Eddington-Grenzleuchtkraft*, bei der der Strahlungsdruck auf ein freies Elektron der Schwerkraft der Zentralmasse das Gleichgewicht hält

$$L_E = 4\pi G m_p c \sigma_T^{-1} = 1.3 \cdot 10^{14} M_8 \,\text{erg}\,\text{s}^{-1}$$

m_p = Protonenmasse
σ_T = Thompson'scher Streuquerschnitt

Die Beobachtungsdaten lassen auf Zentralmassen von 10^6 bis 10^9 Sonnenmassen schließen. Diese Massen bestimmen in Vielfachen von r_G, t_G und L_E die Längen-, Zeit- und Leuchtkraftskalen des Modells. Der Beweis eines Schwarzen Loches als zentrale Maschine benötigt die Bestimmung seiner Masse und Größe. Methoden hierzu sind die Messung der Geschwindigkeitsstreuung in nahen galaktischen Kernen oder Emissionslinienstärken, die in den Gebieten der breiten Linien entstehen. Kurzzeit-Röntgenvariabilität aufgrund von Materieaufströmen auf die Akkretionsscheibe liefert ebenfalls einen Hinweis auf die Größe der Zentralmasse.

Obgleich ein gewisser Energieanteil aus der Rotation des Schwarzen Loches stammt, ist die Hauptenergiequelle die *Akkretion*. Die Gesamtleuchtkraft ist proportional zur Akkretionsrate

$$L = \varepsilon \dot{m} c^2$$

ε ist die Akkretionsausbeute und liegt im Bereich von 0.1. Die Akkretionsrate $\dot{m}$ läßt sich über ihren kritischen Wert skalieren

$$\dot{m}_\mathrm{E} = L_\mathrm{E} c^{-2}, \quad \dot{m}_\mathrm{kri} = \frac{\dot{m}_\mathrm{E}}{\varepsilon},$$

$$\dot{m}' = \frac{\dot{m}}{\dot{m}_\mathrm{kri}}, \quad \dot{m}' = \frac{L}{L_\mathrm{E}}.$$

Die charakteristische Schwarzkörpertemperatur beträgt für die Leuchtkraft L_E und bei Emission innerhalb eines Radius r_G

$$T_\mathrm{E} = 5 \cdot 10^5 M_8^{-\frac{1}{4}} \mathrm{K}.$$

Gleichzeitig kann eine passende Magnetfeldstärke definiert werden, so daß ihre Energiedichte mit der Strahlung vergleichbar ist

$$B_\mathrm{E} \sim 4 \cdot 10^4 M_8^{-\frac{1}{2}} \mathrm{G}.$$

Die durch Akkretionsflüsse hervorgerufene Feldstärke erreicht obige Größenordnung. Die zugehörige Zyklotronfrequenz ist dann

$$\nu_\mathrm{cE} \sim 10^{11} M_8^{-\frac{1}{2}} \mathrm{Hz}.$$

Dazu gehört die Compton-Kühlungszeitskala für relativistische Elektronen mit dem Lorentz-Faktor γ_e

$$t_\mathrm{cE} \sim \frac{m_\mathrm{e}}{m_\mathrm{p}} \gamma_\mathrm{e}^{-1} \frac{r_\mathrm{G}}{c} \sim 0.3 \gamma_\mathrm{e}^{-1} M_8 \,\mathrm{s};$$

dies entspricht auch der Synchrotronlebensdauer im Felde B_E. Die Photonendichte n_γ innerhalb des Quellvolumens wird

$$n_\gamma \sim \frac{L r^{-2} c^{-1}}{\langle h\nu \rangle}.$$

Aus diesen Maximalabschätzungen ergeben sich für die Strahlungsprozesse, d.h. für das Erscheinungsbild von Kernaktivität, vier Folgerungen; die Annahmen hierbei lauten lediglich: $L \sim L_\mathrm{E}$, $2 \leq x \leq 10$.

Der Hauptstrahlungsbeitrag ist *Synchrotronstrahlung* in einem Feld mit $B \approx B_\mathrm{E}$; das Abknicken durch Selbstabsorption im spektralen Verlauf ist dann bei

$$\nu_{SE} \sim 2 \cdot 10^{14} M_8^{-\frac{5}{14}}$$

d.h. typischer Weise im Infraroten. Aus dem Bereich $r \sim r_G$ können keine wesentlichen Radiostrahlungsanteile stammen, außer kohärente Prozesse, die bei $\nu \sim \nu_{CE}$ arbeiten (CE = Compton Emission). Synchrotronemissionen bei ν_{SE} benötigt Elektronen mit

$$\gamma_e \sim 40 M_8^{\frac{1}{4}} .$$

Thermische Strahlung von optisch dickem Material zeigt sich im fernen Infrarot und als weiche Röntgenstrahlung. Wiederabsorption ist unwichtig, wenn das thermische Gas in diesem Gebiet heiß genug ist. Wenn ein wesentlicher Anteil der Strahlung als γ-Strahlung mit Energien $\geq$ MeV entsteht, werden Elektronen-Positronen-Paare erzeugt.

Unter diesen Bedingungen ist die Lebensdauer für Synchrotronstrahlung oder inversen Compton-Effekt $\leq (r_G/c)$. Die strahlenden Partikel müssen also injiziert oder wiederholt beschleunigt werden und zwar an vielen, über das Quellvolumen verteilten Stellen. Ein massereiches Schwarzes Loch, isoliert im leeren Raum, verhält sich ruhig. Um Energie abzugeben, muß es von einem Plasma (und/oder Magnetfeld) umgeben sein. In galaktischen Kernen ist dies der Fall. Gas von normalen Sternen (Sternwindverluste), von Supernovae oder Sterne selbst, gelangen in das Zentralgebiet. Selbst Gas, das aus dem intergalaktischen Raum eingefangen ist, kann diesen Weg finden. Sternreste, vom Schwarzen Loch zerrissen, oder Reste von Sternkollisionen aus kompakten Sternhaufen der Umgebung sind geeignet, die Materieeinströmraten zu erzeugen [159].

Zwischen dem relativistischen Energieerzeugungsbereich ($r \sim r_G$) und den pc-Skalen spannen sich mehrere Zehnerpotenzen auf, die heute über interferometrische Methoden diagnostiziert werden können und aus denen die Emissionslinien stammen. Innerhalb dieser Skalen wird das Strömungsverhalten durch ein $1/r$-Potential und Magnetfelder geführt. Da jedoch Schwarze-Loch-Potentiale wiederum um Größenordnungen tiefer als übliche galaktische Potentiale sind, kann das Gas auf extreme Art und Weise komprimiert und zusammengehalten werden. So entsteht eine Doppeldüse, die die Jets steuert.

Das Akkretionsströmungsverhalten hängt von zwei Dingen ab. Einmal von der Akkretionsrate

$$\dot{m} = \frac{\dot{M}}{\dot{M}_E} ,$$

die den dynamischen Einfluß des Strahlungsdruckes festlegt, zum anderen von der Zeitskala des Einströmens, die von der Viskosität abhängig ist. Die Kühlungszeitskala ist invers proportional zur Dichte und daher zur Einströmgeschwindigkeit v_{in} für ein $\dot{m}$. Das Verhältnis von v_{in} und Kühlzeit ist ein wichtiger Parameter, der die Gastemperatur kontrolliert; er hängt ab von

$$\dot{m} \left(\frac{v_{in}}{v_{freifall}} \right)^{-2} .$$

Wenn $\dot{m} \geq 1$, ist der Kühlprozeß wirksam und die aus der Akkretion stammende Leuchtkraft in der Größenordnung von L_{Ed}. Eine andere, noch größere Energiequelle als Akkretion schlummert im Schwarzen Loch selbst. Der Teil der Ruhemasse, der im Spin eines rotierenden Schwarzen Loches gebunden ist ($\sim 29\%$), kann im Prinzip über elektromagnetische Wirbel dem Loch entzogen werden und der Materialbeschleunigung dienen.

Die Energetik der Jet-Strukturen und die allgemeine spektrale Variabilität der galaktischen Kerne (70 %) sind Beobachtungstatsachen, die Schwarze-Loch-Maschinen in den Kernen erfordern. Schwarzes Loch und Akkretionsscheibe bilden den Rahmen, um das verschiedene Variabilitätsverhalten zu erklären. Zeitskalen von 10^6 Jahren werden durch ruhige und aktive (Masseneinfall) Phasen der Kerne beschrieben; dies erklärt den Prozentsatz aktiver galaktischer Kerne. Optische Variabilität auf Skalen von Jahren haben ihre Ursache in thermischen Grenzzyklen in den Akkretionsscheiben, die von Masseneinfall und Massenüberlauf der Scheiben gesteuert werden. Variabilität im Röntgenbereich auf Skalen von 10^4 s ist zum Beispiel durch Rotation heißer Aufströmflächen auf der Akkretionsscheibe zu begründen. Für die Variabilität im Minutenbereich wird Paarinstabilität zwischen Elektron-Positronenpaaren vorgeschlagen.

Die Gesamtenergie für die gewaltigen Leuchtkräfte aktiver Galaxien stellen zwei Prozesse zur Verfügung: Akkretion und/oder *Ruhemassenextraktion*. Der zweite Prozeß liefert reine nichtthermische Strahlung, Akkretion hingegen eine beliebige Mischung von thermischen und nichtthermischen Strahlungsanteilen. Die Eigenschaften aktiver Kerne sind von den relativen Anteilen dieser zwei Mechanismen geprägt. Sie sind Funktionen von $\dot{m}$ und dem Spin des Schwarzen Loches. Die Kernmasse M setzt für alle Aktivitätserscheinungen den Rahmen, die dann je nach galaktischer Umgebung in verschiedenster Ausprägung von der Beobachtung erfaßt werden.

Für das Vorhandensein von Schwarzen Löchern in den Kernen aktiver Galaxien gibt es 6 Beobachtungshinweise:

1. Die schnelle Variabilität auf Zeitskalen von einer Minute ergibt Lichtdurchquerungszeiten der Kerne von der Größe eines Schwarzschild-Radius bei 10^7 Sonnenmassen.
2. Galaktische Kerne zeigen schwache, sehr breite Emissionslinien der Gaskomponenten, die auf Potentialtiefen von 10^7 Sonnenmassen schließen lassen.
3. Die Geschwindigkeitsstreuung der Sterne innerhalb des Kernbereichs ist typisch 3000 km/s; ein Schwarzes Loch der Masse 10^7 Sonnenmassen bestimmt das Potential bis 10^6 Schwarzschild-Radien $\sim$ rund 1 pc. Dies ist gut meßbar.
4. Der extreme Energieausstoß galaktischer Kerne läßt sich nur über einen Mechanismus hoher Effizienz bei der Umwandlung von Ruhemasse in Strahlungsenergie abdecken. Kernprozesse oder atomare Prozesse scheiden hierfür aus. Gravitationsenergie ist daher die einzige Alternative. Sie erfordert ein Schwarzes Loch.
5. Die Materieauswurfachsen von Radiogalaxien sind im Raum lediglich auf Zeitskalen $\leq 10^7$ Jahre fest. Ein kompakter Kreisel mit präzidierender Achse in Form eines Schwarzen Loches ist hierfür die einfachste Erklärung.
6. Die beobachtete Expansion mit Überlichtgeschwindigkeit vieler Radioquellen erfordert relativistische Massenbewegungen. Nur ein relativistisch tiefes Schwarzes-Loch-Potential kann dem genügen.

3.7.4 Gravitationslinsen

Die physikalische Grundlage einer Gravitationslinse bildet die Ablenkung von elektromagnetischer Strahlung in Gravitationsfeldern. Für kleine Ablenkwinkel wird die sogenannte *Einstein-Beugung* eines Strahls der nahe an einer kompakten Masse M in der Entfernung b vorbeiläuft

$$\delta = 4GMc^{-2}b^{-1}$$

c = Lichtgeschwindigkeit

Die Einstein-Beugung wurde mit besser als 1% Genauigkeit durch radiointerferometrische Beobachtungen von Quasaren verifiziert, deren Strahlung von der Sonne abgebeugt wurde.

Die Masseninhomogenitäten des Universums (Sterne, Galaxien) stören durch Gravitationslinseneffekte unseren Blick in den Kosmos. In einigen Fällen treten spektakuläre Bildänderungen auf, so z. B. Mehrfachbilder von Einzelquellen. Der erste eindeutige Fall einer Gravitationslinsenwirkung wurde 1979 an dem Quasar QSO 0957 + 561 festgestellt. Mit einer Rotverschiebung $z = 1.41$ wurde sein Bild durch eine Galaxie bei $z = 0.36$ in eine Doppelquelle aufgespalten; seither sind ein Dutzend Mehrfachquasare bekannt.

Andere beobachtete Gravitationslinsenphänomene sind: Galaxien, die zu leuchtenden Bögen durch Galaxienhaufen verzerrt werden; Radioringe, die sich ergeben, wenn eine Vordergrund-Galaxie genau in Sichtlinie zu einer ausgedehnten Radiogalaxie liegt. Das große Interesse an den Gravitationslinsen liegt darin, daß dieses Phänomen zu einem leistungsfähigen astrophysikalischen Werkzeug entwickelt wer-

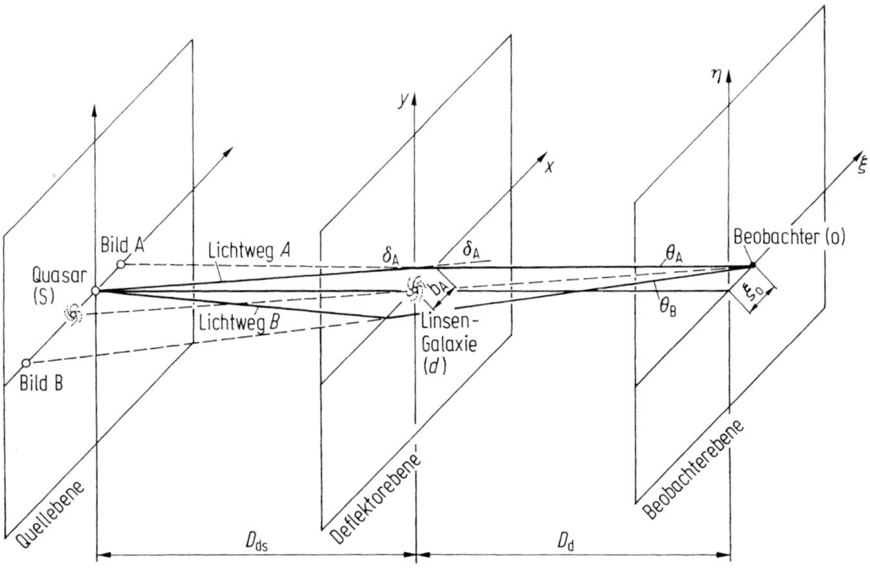

Abb. 3.71 Gravitationsoptische Abbildung eines Quasars durch eine Galaxie; $D_S = D_d + D_{ds}$. b_A: Abstand des Strahlenwegs A zur Linsengalaxie.

den kann. Unter anderem ist es einsetzbar bei der Untersuchsung von: Größe und Struktur von Quasaren, Größe von intergalaktischen Gaswolken, Masse und Massenverteilung der Linsen, Natur von dunkler und leuchtender Materie, Bestimmung der Hubble-Konstanten, Entdeckung zufälliger Bewegung in der kosmischen Expansion [160].

Mit Hilfe der klassischen geometrischen Optik läßt sich das Gravitationslinsenphänomen eingehender betrachten (Abb. 3.71); wir setzen schwache Felder (keine Schwarzen Löcher) voraus und nehmen einen quasistationären Fall an, d.h. die Geschwindigkeit der Eigenbewegung der Gravitationslinse ist gegen die Lichtgeschwindigkeit vernachlässigbar klein. Für kleine Ablenkwinkel ergibt sich dann die Linsengleichung

$$\xi_0 = D_d \left(\frac{D_s}{D_{ds}} (\theta - \delta) \right), \quad D_s = D_d + D_{ds}, \tag{3.11}$$

die für gegebene Beobachtungspositionen ξ_0 die Lage θ der Bilder in Abhängigkeit von der Massenverteilung der Linsen, die in dem Ablenkwinkel δ eingeht, zu bestimmen gestattet. Die Entfernungen D sind sogenannte Raumwinkelentfernungen, also die Quadratwurzel aus dem Verhältnis der Fläche eines Objekts und dem Raumwinkel, unter dem dieses Objekt gesehen wird. In Abb. 3.72 ist der sogenannte Kleeblattquasar QSO 2237 + 0305 gezeigt. Die Linsengalaxie im Zentrum ist schwach sichtbar und hat ein $z = 0.038$; der Quasar liegt bei $z = 1.7$. Das Vorantreiben der Empfindlichkeits- und Auflösungsgrenzen der Teleskope wird über Gravitationslinsen die Quasarstruktur, d.h. den Aufbau galaktischer Kerne zu enthüllen gestatten.

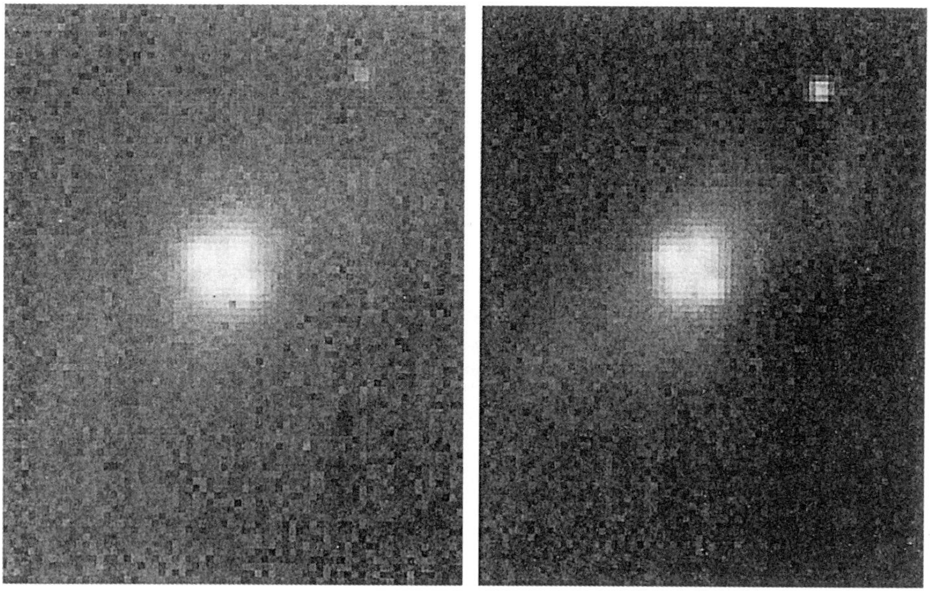

Abb. 3.72 Das gravitationsgelinste Vierfach-Bild des Quasars QSO 2237-030; 2minütige Belichtung in V (links) und R (rechts) (Europäischen Südsternwarte).

Da sich die Gravitationslinsen, Galaxien, Galaxienhaufen und die Lichtquellen (Quasare) in kosmologisch bedeutenden Entfernungen vom Beobachter befinden, kann dies ausgenützt werden, um die Hubble-Konstante H völlig unabhängig von anderen Methoden zu bestimmen. Die Lichtwege für die verschiedenen Quasarbilder um eine Linsengalaxie herum besitzen unterschiedliche Längen. Helligkeitsänderungen in der Quelle werden zu unterschiedlichen Zeiten in den Bildern auftauchen. Sollte die Messung solcher Helligkeitsschwankungen in den Bildern mit guter Genauigkeit möglich werden, ist H bestimmbar. Die Ausdehnung des Universums, während der das Licht unterwegs ist, zwingt zur Einführung eines Rotverschiebungsfaktors $(1 + z_d)$ in Gl. (3.11); ersetzt wird θ durch $\theta_s/(1 + z_d)$.

Der Winkelabstand der beiden Bilder ist $\theta_{t0} = |\theta_A| + |\theta_B|$. Die Wegdifferenz $c\Delta t$, wobei Δt die Zeitdifferenz zwischen dem Auftauchen der Variabilität in den beiden Quellen ist, ist dann

$$c\Delta t = \theta_{t0}\xi_0$$

oder

$$\Delta t = \theta_{t0}(\theta_A + \theta_B)\,\frac{D_s D_d}{D_{ds}} \cdot \frac{1 + z_d}{c}\,.$$

Die Lichtlaufzeit ist aus meßbaren Größen zusammengesetzt, wenn die Entfernungen bekannt sind. Statt der Entfernungen sind die Rotverschiebungen meßbar. Aus dem Hubble-Gesetz ergibt sich mit

$$v_f = z \cdot c\,; \quad D = \frac{c}{H}\,z\,,$$

und da Δt selbst meßbar ist

$$H = \theta_{t0}(\theta_A + \theta_B)\,\frac{z_s z_d}{(z_s + z_d)}\,\frac{(1 + z_d)}{\Delta t}\,.$$

Dies ist eine neue, auf der Messung von Unterschieden in den Lichtankunftszeiten beruhende Methode, die Hubble-Zahl zu bestimmen.

Die Gravitationslinsenphysik wird wichtige Beiträge zum Aufbau und zur Struktur der Sternsysteme liefern.

3.8 Galaxien als Bausteine des Kosmos

Angefangen von Doppel-, Dreifach- und Mehrfachsystemen, über Gruppen von einigen wenigen bis 100 Galaxien, zu reichen Haufen mit tausenden von Mitgliedern, ist die Galaxienverteilung auf allen Skalen geklumpt; (im folgenden wird ein H von 50 (km/s)/Mpc benützt). Galaxienhaufen werden durch die Erhöhung der Flächendichte σ gegenüber einer mittleren Hintergrundanzahl σ_H auffällig;

$$\left\langle \frac{\sigma}{\sigma_H} \right\rangle \geq N$$

Je nach Wahl von N können Galaxienhaufen oder Galaxienverdichtungen auf den verschiedensten Skalen ausgewählt werden. Zusätzliche Kriterien sind: ein Haufen muß mindestens 50 Mitglieder im Helligkeitsintervall $\tilde{m}_3 + 2$ enthalten; $\tilde{m}_3$ ist die scheinbare Helligkeit der dritthellsten Galaxie. Mehr als 50 Mitglieder sollten innerhalb eines Radius von 3 Mpc anzutreffen sein; die unterschiedlichen Rotverschiebungen innerhalb eines Haufens sollten plausible Bereiche nicht übersteigen [161], [162], [163], [164].

3.8.1 Morphologische Eigenschaften der Galaxienhaufen

Der Begriff *Reichtum eines Haufens* mißt die Anzahl der Mitgliedergalaxien innerhalb eines bestimmten Abstandes vom Haufenzentrum; er quantifiziert daher die mittlere Galaxienanzahldichte. Der Reichtum der Haufen variiert über einen großen Bereich, von reichen und dichten Haufen, die tausende Sternsysteme enthalten bis zu Galaxiengruppen geringer Dichte, wie zum Beispiel unsere lokale Gruppe. Die Gesamtzahl der Mitglieder eines Haufens hängt von der Haufendefinition ab. Die geschätzte Galaxiengesamtzahl hängt auch stark von der angenommenen Haufengröße, der Hintergrundkorrektur und der Extrapolation zu schwachen Mitgliedern ab; keine dieser Größen kann mit großer Genauigkeit festgelegt werden. Eine weitgehende entfernungsunabhängige Definition der Reichtumsklasse eines Haufens lautet: Anzahl der Galaxien innerhalb einer festgelegten Helligkeitsklasse ($\tilde{m}_3$, $\tilde{m}_3 + 2$) und eines bestimmten Radius

$$R_{\mathrm{A}} = 1.7/z \,\mathrm{arc\,min} = 3\ \mathrm{Mpc}\,.$$

Eine Hintergrundskorrektur wird über Zählungen in benachbarten Feldern ermöglicht. Reichtumsklassen gemäß dieser Definition liegen zwischen 50 und mehr als 300 Mitgliedern durch Fläche.

Auch Galaxienhaufen lassen sich in einer einparametrigen Folge ordnen. Reguläres und irreguläres Erscheinungsbild sind hierbei die Grenzfälle, wobei reguläre Haufen dynamisch weiterentwickelt sind als irreguläre Haufen. Viele Haufeneigenschaften korrelieren mit der morphologischen Haufengestalt; diese kann beschrieben werden durch Konzentration, Vorherrschen von hellen Galaxien, Galaxieninhalt, Dichteprofil, Massenverteilung, Radio- und Röntgenemission. In Tab. 3.11 ist die Zusammenfassung der Klassifikation und die mit ihnen verknüpften Eigenschaften und Wechselbeziehungen dargestellt. Die Klassifikationsschemata verwenden das morphologische Haufenerscheinungsbild, die Dominanz heller Galaxien und den Galaxieninhalt.

Die Kompaktheit eines Haufens unterscheidet drei Fälle. Ein *kompakter Haufen* enthält eine einzige, hervorstechende Anhäufigung heller Galaxien. Ein *mäßig kompakter Haufen* hat mehrere solcher Konzentrationen oder eine einzige aufgelockerte Anhäufung von bis zu 10 hellen Galaxien. Ein *offener Galaxienhaufen* zeigt keine hervorstechende Objektansammlung. Kompaktheit läßt sich auch durch Regularität, als Maß für zentrale Verdichtung und kreisförmige Symmetrie, wiedergeben. Ein regulärer Haufen hat mindestens 10^3 Objekte im Zentralbereich mit einer Helligkeitsstreuung von ≤ 6 Größenklassen. Ein irregulärer Haufen ist symmetrielos und ohne zentrale Verdichtung. Auch der Galaxieninhalt ist unterschiedlich. Reguläre Haufen werden überwiegend von E- und S0-Systemen bevölkert, während

Tab. 3.11 Kriterien der Galaxienhaufen-Klassifikation.

Eigenschaft/Klasse	regulär	dazwischenliegend	irregulär
Konzentration	kompakt	mäßig kompakt	offen
Helligkeitskontrast der Galaxien	I, I–II, II	(II), II–III	(II–III), III
Galaxienanordnung	cD, B, (L, C)	(L), (F), (C)	(F), I
Inhalt	E-reich	S-arm	S-reich
E : SO : S	3 : 4 : 2	1 : 4 : 2	1 : 2 : 3
Symmetrie	spherisch	dazwischenliegend	irregulär
Zentralkonzentration	groß	mäßig	sehr gering
zentrales Profil	steiler Gradient	dazwischenliegend	flacher Gradient
Radioemission	50% Entdeckungsrate	50%	25%
L_{Radio}	hoch	niedrig	niedrig
X-Emission	33% Entdeckungsrate	8%	8%
L_X	groß	dazwischenliegend	niedrig
Beispiel	A2199, Coma	A194, A539	Virgo, A1228

irreguläre Haufen alle Typen, besonders aber S-Systeme beinhalten. Unter Benützung der 10 hellsten Mitglieder für Klassifikationszwecke läßt sich ein Gabeldiagramm aufstellen:

```
        ╱ L—F
cD—B
        ╲ C—I
```

das die Haufentypen in eine Folge mit stetig variierenden Eigenschaften abbildet:

cD – (überriesig)	21%	der Haufen wird von einer cD-Galaxie dominiert (A401, A2199)
B – (doppel)	9%	der Haufen wird von einem hellen Doppel-System beherrscht (Coma-Haufen)
L – (Linie)	9%	drei oder mehr von den zehn hellsten Systemen sind in einer Linie an geordnet (Perseus-Haufen)
C – (Kern)	14%	mindestens vier der zehn hellsten Systeme bilden den Haufenkern (A2065)
F – (flach)	18%	die zehn hellsten Systeme sind aufgelockert angeordnet (A397)
I – (irregulär)	29%	kein ausgeprägtes Haufenzentrum vorhanden (A1228)

Die Prozentzahlen beziehen sich auf 110 Galaxienhaufen aus dem Abell(A)-Katalog.

Benützt man den relativen Helligkeitskontrast der hellsten Galaxien zu den übrigen Galaxien in einem Haufen, ergibt sich eine Fünfereinteilung:

Haufentyp I:	einzelne, dominierende cD-Galaxie (A2199);
I–II:	Übergang;
II:	die hellsten Mitglieder liegen zwischen cD-Systemen und normalen Riesen-E-Galaxien (Coma);

II–III: Übergang;
III: der Haufen enthält kein dominierendes System (Virgo, Herkules-Haufen).

Die Haufeneinteilung nach Galaxieninhalt ist in Tab. 3.12 zusammengefaßt. Das Verhältnis von S- zu E-Galaxien hängt von den Systemhelligkeiten und dem Abstand vom Haufenzentrum ab. Die hellsten Galaxien eines Haufens sind jedoch stets E- und S0-Systeme. Die Galaxienhaufen bestimmen ihren Galaxieninhalt durch innere Wechselwirkungen und Staudruck ihres intergalaktischen Gasinhaltes. Der Staudruck kann in der Lage sein, das interstellare Gas der Galaxien aus den Systemen herauszuschieben.

Tab. 3.12 Einteilung der Galaxienhaufen nach ihren Inhalten.

	E	SO	S	(E + SO)/S	Beispiel
cD-Haufen	35%	45%	20%	4.0	Coma, A2199
Spiralen arm	15%	55%	30%	2.3	A194, A400
Spiralen reich	15%	35%	50%	1.0	Herc., A1228, A1367, A2197
Feld	15%	25%	60%	0.7	

3.8.2 Dichteprofil, Größe, Masse

Das Dichteprofil der Galaxienverteilung in einem Galaxienhaufen wird durch eine dreiparametrige Funktion beschrieben

$$\varrho(\tilde{R}) = \varrho_0 f_1(\tilde{R}, \tilde{R}_c, \tilde{R}_h)\,,$$
$$\sigma(R) = \sigma_0 f_2(R, R_c, R_h)\,;$$

$\varrho(\tilde{R})$ ist das räumliche, $\sigma(R)$ das projizierte Profil von Masse, Anzahl oder Helligkeit; f_1, f_2 sind Funktionen, die die Beobachtungsdaten gut wiedergeben. Die drei Parameter sind: Zentraldichte (ϱ_0 oder σ_0); zentrale Skalenlänge (der Kernradius ist definiert als Halbwertsradius $\sigma(R_c) = \sigma_0/2$); Grenzradius des Haufens R_h. Zur Zeit können die Haufendichteprofile nur verläßlich bis $10^{-2}\sigma_0$ festgelegt werden. Eine gute und praktische Funktion, um die Haufen zu beschreiben, ist die isothermer Gaskugeln

$$\sigma(R) = \alpha\left[\sigma_{\text{iso}}\left(\frac{r}{\beta}\right) - C\right]$$

mit $\beta = R_c/3$, $C = \sigma_{\text{iso}}(R_h/\beta)$ und $\sigma_{\text{iso}}(r/\beta)$ der Isothermen-Funktion. α ist ein Normalisierungsparameter hinsichtlich der Zentraldichte, β skaliert die Skalenlänge und C ist der konstante Abscheideparameter. R_c und C ergeben sich für eine Haufenstichprobe zu

$$R_c = 0.25\,\text{Mpc}\,, \quad C = 0.015\,\sigma_0\,.$$

Ein mittleres Haufenprofil ist in Abb. 3.73 abgebildet.

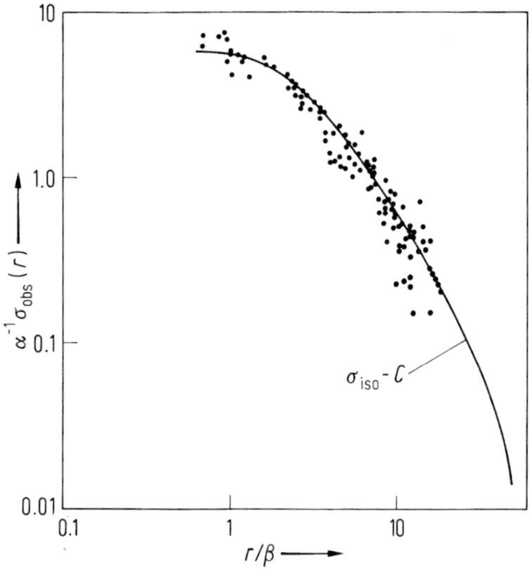

Abb. 3.73 Galaxienhaufen-Profil [165]. Die normalisierte Verteilung von 15 Galaxien-Haufen entspricht dem Modell einer isothermen Gaskugel mit dem Abschneideparameter $C = 0.1$.

Die Form der Flächenhelligkeitsprofile von Haufen ist geringfügig abhängig vom Galaxieninhalt; Haufen, die arm an Spiralgalaxien und cD-Haufen sind, besitzen höhere zentrale Dichten und steilere Dichtegradienten als irreguläre Haufen. Im Rahmen der isothermen Modelle findet man für die zentrale Anzahldichte reicher, regulärer Haufen

$$N(\Delta\tilde{m} = 3) \approx 200 \pm 100 \text{ Galaxien/Mpc}^3$$

für die drei hellsten Größenklassen. Die Gesamtgröße eines Galaxienhaufens ist eine Frage der Definition. Da der Haufenrand keine scharfe Grenze darstellt, wird zu seiner Definition oft die Haufendynamik verwendet. Der Gravitationsradius R_G ist definiert

$$R_G = 2GM(3v_r^2)^{-1};$$

M ist die Haufenmasse und v_r die beobachtete radiale Geschwindigkeitsstreuung. Eine andere Randdefinition, Halorand R_h, nutzt das Dichteprofil und legt als Rand den Übergang in die Hintergrundverteilung fest

$$R_h \approx 20\,R_c\,.$$

Mit 5 verschiedenen Zeitskalen können die Eckdaten eines Galaxienhaufens festgelegt werden. Die Zeitskalen sind die Durchquerungszeit, die Zwei-Körper-Wechselwirkungszeit, dynamische Reibung, Stoßzeit und Bremsstrahlungskühlzeit. Die Durchquerungszeit P_q einer Galaxie mit der Geschwindigkeit v in einem Haufen mit dem Radius R ist bei sphärischer Symmetrie

$$v = (3v_r^2)^{\frac{1}{2}}, \quad P_q = \frac{R}{v} = 0.57\,R v_r^{-1}\,.$$

Die typische Durchquerzeit eines Haufens mit $R = 10$ Mpc beträgt $6 \cdot 10^9$ Jahre. Galaxien an den Rändern großer Haufen ($R \sim 35$ Mpc) haben Durchquerungszeiten $\geq 2 \cdot 10^{10}$ Jahre und je nach angenommenem Weltalter noch keine vollständige Durchquerung erlebt.

Die Zwei-Körper-Wechselwirkungszeit t_W für Galaxien im Haufen mißt die Zeitspanne der wesentlichen Geschwindigkeitsänderung nach engen Begegnungen

$$t_W = v^3 (4\pi G M_g N \ln \Lambda)^{-1} \tag{3.12}$$

N = Galaxienanzahldichte
$\ln \Lambda$ = Verhältnis von maximalem zu minimalem Stoßparameter

In den zentralen Teilen regulärer Haufen ist $N \sim 3.2 \cdot 10^3$ Galaxien/Mpc^3. Mit $M_g \sim 10^{12}\,M_\odot$ wird $t_W \sim 10^9$ Jahre.

Relaxationszeiten aufgrund dynamischer Reibung, (d.h. eine Galaxie bewegt sich im isotropen Haufenhintergrundsfeld), ergeben sich auf Formel (3.12), wenn $N \cdot M_G$ ersetzt durch ϱ_H wird, der mittleren Hintergrundsmassendichte des Haufens. Die Zeitskala der dynamischen Reibung ist mit der Zeitskala der Zwei-Körper-Wechselwirkung über das Verhältnis der Massendichte der helleren Galaxien zu der der leichteren Hintergrundgalaxien verknüpft. Galaxien relaxieren umso schneller, je größer ihre Masse und je dichter das Umgebungsfeld ist. Die beobachtbaren Relaxations-Effekte sind eine räumliche und eine Geschwindigkeitsschichtung der Galaxien, entsprechend ihrer Masse in den Haufen. In einigen Haufen konnte eine Teilentwicklung auf Energiegleichverteilung hin für die massenreichsten Objekte in den Haufenzentren festgestellt werden. Schichtungen für die massenärmeren Objekte sind nur marginal nachgewiesen. Außerhalb der Kernbereiche sind die Relaxationszeiten sehr groß, nämlich $\geq 2 \cdot 10^{10}$ Jahre.

Die mittlere Zeitspanne t_{St} zwischen aufeinander folgenden Stößen einer Galaxie mit anderen Haufengalaxien beträgt (vgl. Abschn. 3.2.3)

$$t_{St} = (2^{\frac{1}{2}}\, v N \pi r_G)^{-1}$$

r_G = Galaxienradius

In den dichten zentralen Teilen homogener Haufen liegt die Stoßzeit zwischen 10^8 und 10^9 Jahren für eine Galaxie von 20 kpc Durchmesser. In den Gebieten niedriger Haufendichte, $N \leq 100$ Galaxie Mpc^{-3}, kann $t_{St} \geq 10^{10}$ Jahre werden.

Die Kühlzeit t_{BR} des intergalaktischen Haufengases durch Bremsstrahlung ist

$$t_{BR} = 9 \cdot 10^7\, T_8^{\frac{1}{2}}\, n_e^{-1} \text{ Jahre}$$

T_8 = Gastemperatur in 10^8 K
n_e = Elektronendichte durch cm^3.

Für eine typische Gastemperatur von 10^8 K, wie man sie aus der Röntgenstrahlung des Haufengases und den internen Haufengeschwindigkeiten der Galaxien ableitet und bei $n_e = 10^{-3}\,\text{cm}^{-3}$ liegen die Kühlzeiten bei 10^9 bis 10^{10} Jahren. Für die Physik der Kühlströme in Haufen wird diese Zeitskala wichtig.

Unter der Annahme einer Galaxienhaufenverteilung aus Dichtestörungen des frühen Universums wird die Haufen-Kollapszeit zu einem Eckparameter. Die Kollapszeit t_{Ko} ist gegeben durch

$$t_{\mathrm{Ko}} = \pi \left(\frac{R^3}{2GM} \right)^{\frac{1}{2}} .$$

Für typische Haufenwerte (Coma-Haufen; $R = 4$ Mpc, $M = 4 \cdot 10^{15} M_\odot$) ist die Kollapszeit $t_{\mathrm{Ko}} \sim 5 \cdot 10^9$ Jahre. Da diese Zeit im Vergleich zum Weltalter kurz ist, kann angenommen werden, daß reiche, reguläre Haufen kollabierte Systeme sind, die schon eine starke Relaxation durchlaufen haben.

Die Festlegung der Gesamtmasse eines Haufens führt zu den schon geschilderten Diskrepanzen aufgrund der dunklen Materie. Dynamische Methoden, unter Benützung der Geschwindigkeitsstreuung, liefern höhere Werte als photometrische Verfahren. Die dynamische Masse ergibt sich aus $\langle v_\mathrm{r} \rangle$ und dem effektiven mittleren Radius R_e

$$R_\mathrm{e} = GM^2 E_\mathrm{G}^{-1} ,$$
$$M = \langle v_\mathrm{r}^2 \rangle R_\mathrm{e} G^{-1} ;$$

E_G ist die Gravitationsenergie des Haufens. Die beobachtete Geschwindigkeitsdispersion muß hierbei für alle Massen gelten; ferner muß die Gesamtmasse auf gleiche Art verteilt sein wie die Galaxien, aus deren Verteilung die potentielle Energie abgeleitet wurde. Die mittlere zentrale Massendichte ist

$$\varrho_0 = 9 \langle v_\mathrm{r}^2 \rangle (4\pi G R_\mathrm{e}^2)^{-1} .$$

Für reiche Galaxienhaufen sind Richtwerte

$$M = 10^{15 \pm 1} M_\odot , \quad L \sim 10^{12} - 10^{13} L_\odot ,$$
$$\frac{M}{L} \sim 50 - 500 \frac{M_\odot}{L_\odot} .$$

Unter der Prämisse der Existenz von dunkler Materie sind etwa 15 bis 20% der Masse in den Galaxien, 10% im intergalaktischen Gas und 75 bis 80% in der dunklen Materie zu lokalisieren.

3.8.3 Kühlströme

Rund 10% der Haufenmasse wird als heißes Gas in Galaxienhaufen und Galaxiengruppen festgestellt. Im Schwerefeld des Haufens kann sich dieses Gas nur dann im hydrostatischen Gleichgewicht halten, wenn seine Schallgeschwindigkeit in der Nähe der Geschwindigkeitsstreuung der Haufengalaxien liegt (500–1200 km/s). Die Gastemperatur beträgt dann $2 \cdot 10^7$ bis 10^8 K. Der wesentliche Energieverlust bei derartig hohen Temperaturen ist *Bremsstrahlung*, die als diffuse Röntgenstrahlung nachgewiesen wird. Indirekte Hinweise auf das intergalaktische Haufengas stammen von Kopf-Schweif-Radio-Galaxien. Aus der schweifartigen Radiospur, die die Galaxienbewegung im intergalaktischen Medium hinterläßt und den Radiodoppelkeulen, kann auf das intergalaktische Medium geschlossen werden [166], [167], [168].

Der größte Teil des beobachteten Haufengases hat eine Elektronendichte von $10^{-4}/\mathrm{cm}^3 \leq n_e \leq 10^{-2}/\mathrm{cm}^3$ und ist in den zentralen Bereichen von 1 bis 2 Mpc Radius enthalten. Die Gesamtgasmasse in reichen Haufen liegt bei $10^{14} M_\odot$ mit einer Bremsstrahlungsleuchtkraft von 10^{43} bis $3 \cdot 10^{45}$ erg/s.

Hochionisierte Emissionslinien von Eisen, Silicium, Schwefel und Sauerstoff zeigen teilweise solare Elementhäufigkeit an (Fe ≈ 0.3 des Sonnenwertes). Die Anreicherung an schweren Elementen deutet direkt auf einen nichtprimordalen Ursprung hin. Teile des Gases müssen vorangehende Sterngenerationen durchlaufen haben, bevor sie über Supernovaexplosionen an das intergalaktische Medium zurückgeliefert wurden. Das Gas könnte auch von jungen Galaxien stammen, die es bei der Haufenbildung verloren haben. Es besitzt die gleiche kinetische Energie durch Masse wie die Galaxien. Die Energie ist letztendlich gravitativer Art und es besteht kein Anlaß, nach zusätzlichen Heizmechanismen zu suchen. Das Vorhandensein von soviel Gas, das vergleichbar mit der gesamten beobachtbaren Sternmasse und mindestens 10% der Virialmasse des Galaxienhaufens ist, deutet auf eine maximale 50%-Effizienz bei der Galaxienbildung hin.

Das Haufengas ist natürlich am dichtesten im Haufenzentrum, und dort ist auch seine kürzeste Strahlungskühlzeit t_{BS} aufgrund der beobachteten Röntgenemission zu finden. Ein Kühlstrom bildet sich aus, wenn t_{BS} kleiner als das Systemalter t_{A} (in der Regel das Weltalter) ist. t_{BS} ist hierbei stets größer als die Zeit t_{Ko} des gravitativen freien Falls

$$t_{\mathrm{A}} > t_{\mathrm{BS}} > t_{\mathrm{Ko}} \, .$$

Der Kühlstrom setzt ein, da bei sinkender Temperatur die Gasdichte steigen müßte, um dem Gewicht der überliegenden Schichten das Gleichgewicht zu halten; der Kühlstrom wird vom Druck angetrieben. Im Einzelnen bedeutet dies: Das Gs ist im Potentialtrog des Haufens gefangen; bei einem bestimmten Radius r_{BS} wird $t_{\mathrm{A}} = t_{\mathrm{BS}}$. Der Gasdruck bei r_{BS} wird durch die überliegenden Schichten bestimmt, die für die Kühlung nicht wichtig sind. Innerhalb des Kühlradius r_{BS} vermindert der Kühlprozeß die Temperatur; die Gasdichte müßte also zunehmen um dem Druck bei r_{BS} standzuhalten. Die einzige Möglichkeit einer Dichteerhöhung besteht im Einwärtsströmen; es entsteht ein Kühlstrom. Beobachtungsevidenz hierfür liefert die Röntgenstrahlung der Galaxiehaufen.

Die Kühlzeit für das Gas im Perseushaufen, das auch die Emissionslinie Eisen XVII ($T \leq 5 \cdot 10^6$ K) zeigt, ist kleiner als $3 \cdot 10^7$ Jahre. Da das Emissionsmaß dieses Gases mit der abgeleiteten Kühlzeit bei höheren Temperaturen übereinstimmt, muß der Kühlstrom stetig und langlebig sein ($\sim t_{\mathrm{A}}$). Alle verfügbaren Beobachtungsdaten sowohl naher ($z \leq 0.1$) als auch weiter entfernter Haufen ($z \sim 0.5$) stützen diesen Befund von stetigen, langandauernden Kühlströmen. Die in den Kühlströmen transportierte Masse ist beträchtlich

$$\dot{m}\, t_{\mathrm{A}} = 10^{12} \left(\frac{\dot{m}}{100\, M_\odot\, \mathrm{a}^{-1}} \right) \left(\frac{t_{\mathrm{BS}}}{10^{10}\, \mathrm{a}} \right) M_\odot \, .$$

Sie ist vergleichbar mit einem wesentlichen Teil der Masse der zentralen Einzelgalaxien; D- oder cD-Systeme könnten Teile ihrer außergewöhnlich hohen Masse auch von Kühlströmen beziehen. Andererseits ist die sich im Zentrum ansammelnde Masse nur ein kleiner Teil der gesamten Gasmasse des Haufens. Falls dieses Gas Sterne bildet, dann sind die Kühlströme die größten und ausgeprägtesten Gebiete von Sternentstehung im derzeit beobachtbaren Universum. Kühlströme können nur massearme Sterne $\langle M_* \rangle < 0.5\,M_\odot$ bilden.

Das Kühlstromgas kann nicht direkt beobachtet werden, wenn seine Temperatur unter $3 \cdot 10^6$ K absinkt. Wenn es dann rekombiniert und massearme Sterne bildet, die über die zentralen Gebiete des Haufens verteilt sind ($M(r) \sim r$), so bleibt es unentdeckbar. Sterne geringer Masse stellen daher eine mögliche Form dunkler baryonischer Materie dar. Das abkühlende Gas kann nicht zur Gänze in den Zentren der Haufen abgelagert werden, denn es würde sehr bald die Masse dominieren und die Geschwindigkeitsstreuung beeinflussen. Die Verteilung der Röntgenstrahlung belegt eine weiträumige Ablagerung des kühleren Gases. Da $\dot{m}(r) \sim r$, muß das gekühlte Gas mit $\varrho \sim r^{-2}$ in Form eines isothermen Halos in dem Haufen vorhanden sein. Die Existenz der Kühlströme in Galaxienhaufen, die dabei stattfindende Sternentstehung und Massenverteilung, sind wichtige Aspekte für das Verständnis der Haufenphysik und der dunklen Materie.

3.8.4 Superhaufen und Leerräume

Die auf Galaxienhaufen folgende nächste hierarchische Stufe kosmischer Einheiten sind die Superhaufen. Mit Durchmessern 10 bis 100 mal so groß wie Galaxienhaufen und einer geringeren Dichte sind sie gewöhnlich *irregulär*, zeigen keine zentralen Verdichtungen und unstetige Besetzungsverteilungen [169], [170], [171], [172], [173]. Für ihre größten Ausdehnungen ist die Durchquerungszeit länger als das Weltalter; sie sind daher *nicht relaxiert*. Unrelaxiertes Erscheinungsbild, zusammen mit Durchmessern im Bereich ≥ 100 Mpc, können als Arbeitsdefinition zur Charakterisierung von Superhaufen verwendet werden. Inhomogenitäten auf den Längenskalen der Superhaufen treten einerseits als Anhäufung von Galaxienhaufen auf, andererseits als Leerräume gleicher Größenordnung. In diesen Leerräumen ist die Dichte von leuchtender Materie praktisch Null. Die Superhaufen voneinander abzugrenzen, ist schwierig; sie gehen ineinander über. Das Universum scheint von einem dreidimensionalen Netzwerk aus Superhaufen durchzogen zu sein, aufgebaut wie ein Schwamm mit Leerräumen und Materieverdichtungen. Die heute beobachteten großräumigen Strukturen sind die kosmischen Fossilien der Bedingungen im frühen Universum; diese Fossilien enthalten Informationen zur Geschichte der Galaxien- und Strukturentstehung und deren Entwicklung.

Die quantitative Erfassung der räumlichen Verteilung reicher Galaxienhaufen und die Bildung von Haufen wird am besten von *Korrelationsfunktionen* beschrieben. Die räumliche Korrelationsfunktion $\xi(r)$ ist definiert über die Wahrscheinlichkeit $\mathrm{d}P(r)$, zwei Objekte im Abstand r innerhalb der Volumenelemente $\mathrm{d}V_1$ und $\mathrm{d}V_2$ zu finden

$$\mathrm{d}P(r) = n^2(1 + \xi \Psi r))\mathrm{d}V_1\,\mathrm{d}V_2\,;$$

n ist die Raumdichte der Objekte. Die Korrelation ist daher Null für eine Zufallsverteilung und positiv für eine geklumpte Verteilung auf entsprechenden Skalen.

Die räumliche Zweipunkt-Korrelationsfunktion für Haufen ξ_{cc} läßt sich aus der Beziehung

$$\xi_{cc}(r) = \left(\frac{F(r)}{F_{ra}(r)}\right) - 1$$

bestimmen; $F(r)$ ist die beobachtete Häufigkeit von Galaxienpaaren in einer Stichprobe und $F_{ra}(r)$ ist die Häufigkeit von Zufallspaaren. Eine Stichprobe von 104 reichen Galaxienhaufen führt zu folgendem Ergebnis: Die Korrelationsfunktion $\xi_{cc}(r)$ läßt sich durch ein Potenzgesetz der Form

$$\xi_{cc}(r) = 360\, r^{-1.8} \tag{3.13}$$

für $5 \leq r \leq 300$ Mpc darstellen. Stark ausgeprägte räumliche Korrelation ist bei Abständen ≤ 50 Mpc zu beobachten; die Korrelation wird schwächer bei Abständen bis 100 Mpc. Die Korrelationsfunktion für reiche Haufen hat gleiche Form und Steigung wie die Korrelationsfunktion von Galaxien in einem Haufen und ist 18mal stärker auf allen Skalenbereichen. Die Haufenkorrelationsfunktion erstreckt sich zu weit größeren Abständen als die Galaxienkorrelation. Die Haufenkorrelationsskalenlänge, d.h. die Skalenlänge, bei der die Korrelationsfunktion eins wird, ist $r_0 \approx 52$ Mpc, bei den Galaxien liegt sie bei $r_0 \approx 10$ Mpc. Die Galaxienkorrelation bricht bei etwa 30 Mpc ab; das Weiterreichen der Haufenkorrelation weist die Superhaufen als existente großräumige Strukturelemente des Universums aus. Tests mit anderen Stichproben und in anderen Himmelsregionen führen zu gleichen Ergebnissen, wobei die geschätzte Streuung in der Korrelationsfunktion bei etwa 15% liegt.

Galaxienhaufen klumpen in Superhaufen zusammen. Läßt sich auch eine Klumpung von Superhaufen nachweisen? Definiert man alle Raumvolumina mit einer räumlichen Haufendichte f größer als die mittlere Haufendichte als Superhaufen, so ist die Dichte von Superhaufen

$$n(\mathrm{SH}) = f n_0\,;$$

Tab. 3.13 Eigenschaften von Superhaufen [173].

Eigenschaft	f			
	20	40	100	400
N	16	12	11	7
n/Reichtum	2–15	2–7	2–7	2–3
R_{max}/Mpc	145	36	36	13
R_x/Mpc	27.1	7.6	7.6	4.5
R_z/Mpc	28.6	14.5	13.5	4.5
F	0.54	0.34	0.30	0.16
V_{sc}/V	0.03	0.008	0.003	0.0004

N: Gesamtzahl der Superhaufen
n: Anzahl der Haufen in einem Superhaufen
R_{max}: lineare Größe der größten Superhaufen
R_x, R_z: mittlere Abstände aller Haufenpaare in einem Superhaufen
F: Bruchteil der zu einem Superhaufen gehörenden Haufen
V_{sc}/V: vom Superhaufen eingenommener Raumanteil

n(SH) ist die räumliche Dichte von Haufen in einem Superhaufen, und n_0 ist die mittlere Haufendichte in der Stichprobe. Der Auswahlprozeß für Superhaufen läßt sich für verschiedene Werte der Überschußdichte f ($f = 10, \ldots, f = 400$) durchführen; je nach Wahl von f variiert der Inhalt von Superhaufenkatalogen. Große f-Werte erfassen die dichten Kerne von Superhaufen, kleine f-Werte beschreiben Superhaufen geringerer Dichte und die Ausläufer der Haufen. Die Grenzen der Superhaufen stellen keine physikalischen Haufenränder dar, sondern definieren Volumina auf verschiedenen f-Niveaus. In der Tab. 3.13 sind für verschiedene Auswahlwerte von f Eigenschaften von Superhaufen zusammengestellt. Die Korrelationsfunktion der Superhaufen hat die Form

$$\xi_{\mathrm{SH}}(r) = 1500\, r^{-1.8} .$$

Dies entspricht einer Korrelationsskalenlänge von 120 Mpc; die Korrelation ist als sicher anzusehen im Bereich $100 \leq r \leq 300$ Mpc. Unterhalb 100 Mpc ist wegen der Größe der Strukturen keine sinnvolle Korrelation zu erwarten. Der kleine Bruchteil des von Superhaufen ausgefüllten Volumens zeigt die Existenz von Leerräumen. Dies wird auch durch die f-Werte gestützt; wenn Regionen mit überdichten f-Werten auf 200 Mpc Skalen auftauchen, gibt es auch Regionen mit Unterdichten. Superhaufen und Leeräume müssen gleichen gemeinsamen Ursprung haben und stellen die zueinander komplementären Effekte kosmischer Entwicklungsprozesse dar. Typische Leerräume haben Durchmesser von 50 Mpc, ihre Randschalen sind von aneinander grenzenden Superhaufen besetzt; die Randschalen zeigen eine nach außen gerichtete Geschwindigkeit zwischen 600 und 1400 km/s, bezogen auf das Leerraumzentrum. Dieser Geschwindigkeitsbereich enthält eine 300-km/s-Komponente, die aus den Einfallgeschwindigkeiten der Galaxien in Richtung des zugehörigen Superhaufenzentrums stammt.

3.8.5 Die Stetigkeit der kosmischen Expansion

Geometrische Positionen an der Himmelssphäre und Entfernungsbestimmung über die Rotverschiebung erschließen die räumliche Struktur des Kosmos, seine Galaxien-Besetzungsdichte. Rotverschiebungsdurchmusterungen über große Himmelsareale oder mit tiefen Erstreckungen (ähnlich einem Tortenstück) erfassen Strukturen im Bereich von 100 bis 200 Mpc. Während reiche Haufen geeignet sind, die großräumigen kosmischen Strukturen zu markieren, bilden Einzelgalaxien aufgrund ihrer größeren Raumdichte und ihrer kleineren mittleren Abstände besser die mittleren Skalen ab. Die großen Skalen von 100 Mpc und mehr sind in den Rotverschiebungsdurchmusterungen eindeutig vertreten; die Einzelgalaxienkorrelationen (s. Formel (3.13)) zeigen hingegen keine positiven Korrelation auf Skalen größer 50 Mpc, wohl aber die Haufenkorrelationen, die gleiches Verhalten wie die Rotverschiebungskorrelationen aufweisen [164], [171], [174], [175], [176].

Rotverschiebungsdurchmusterungen zeigen scharf definierte, von Galaxien besetzte Strukturen, die häufig Leerräume oder unterdichte Galaxiengebiete umgeben. Große Teile der Galaxien scheinen auf scheibenähnlichen Geometrien (Galaxienwiesen) lokalisiert zu sein, mit gelegentlich überdichten Filamenten wie dem *Perseus-Pisces-Superhaufen*. Die Topologie der Geometrie ist schwammähnlich und von fraktaler Verteilung. Die beobachteten Leerräume und überdichten Gebiete liegen auf Skalen von zehntel Mpc im 100-Mpc-Bereich. Ebenso wie Galaxien können Quasare zum Ausloten der Raumstruktur verwendet werden. Auch hier wurden bis in den 200-Mpc-Bereich hinein räumliche Korrelationen gefunden. Die Stärke und Ausdehnung der Quasarklumpung wird den Schlüssel zum Verständnis der frühen Strukturbildung im Universum liefern können.

Die zur Zeit vorhandene Datenmenge an Rotverschiebungen reicht aus, einen verläßlichen Eindruck von der räumlichen Galaxienverteilung zu erstellen; diese räumliche Verteilungen bestätigen die Existenz der großräumigen Strukturen, die zum Teil aus den an die Sphäre projizierten Galaxienverteilungen abgeleitet wurden. Die zur Zeit größte Rotverschiebungsdurchmusterung enthält rund 9000 Objekte (**C**entre **of** **A**strophysics, Harvard). Die Durchmusterung wird an der Nordhalbkugel in einer Reihe schmaler, in Rektaszension und Deklination beschränkter Raumkeile durchgeführt [177], [178]. Das lokale Universum ist strukturreich, schwammartig,

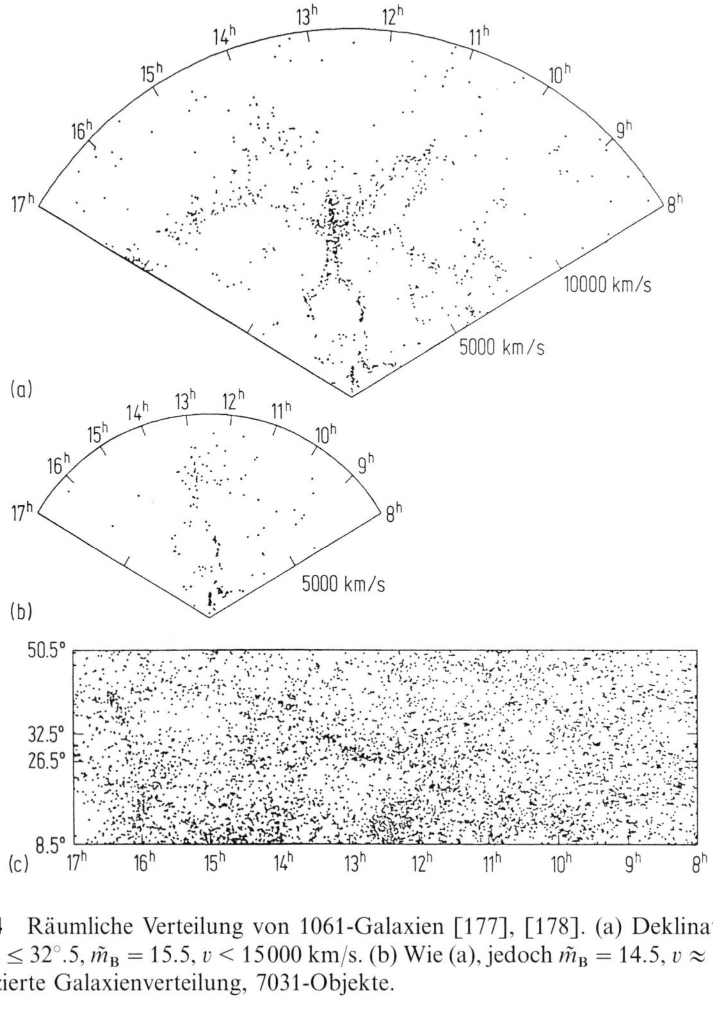

Abb. 3.74 Räumliche Verteilung von 1061-Galaxien [177], [178]. (a) Deklinationsstreifen $26^\circ.5 \leq \delta \leq 32^\circ.5$, $\tilde{m}_B = 15.5$, $v < 15000$ km/s. (b) Wie (a), jedoch $\tilde{m}_B = 14.5$, $v \approx 10000$ km/s. (c) Projizierte Galaxienverteilung, 7031-Objekte.

von fraktaler dreidimensionaler Geometrie und zeigt die Superhaufenbildung und die Leerräume (Abb. 3.74). In dieser Abbildung ist der Coma-Haufen die dickere Struktur in der Mitte des Raumkeils, während der Virgo-Haufen fast im Ursprung der Abbildung zu lokalisieren ist; die Lokale Gruppe mit der Milchstraße erweist sich als Ausläufer des Virgo-Haufens. Mehrere Leerräume fallen ebenfalls auf; der größte von ihnen erstreckt sich von 13 bis 16 h und hat einen Durchmesser von ≈ 100 Mpc.

Man muß im Gedächtnis behalten, daß entdeckte Strukturen im Rotverschiebungsgeschwindigkeitsraum nicht unbedingt die wahre Raumverteilung der Galaxien wiedergeben. Die Band- und blasenartige Galaxienverteilung kann künstlich verstärkt sein, wenn die Abweichungen vom linearen Galaxienstrom vernachlässigt werden. Es müssen solche Nichtlinearitäten schon allein deshalb auftreten, weil die inhomogene Materieverteilung wegen ihrer dynamischen Wirkungen das Geschwindigkeitsfeld der Galaxien deformiert. Sowohl für die Galaxienbesetzung der Ränder der Leerräume als auch zwischen den Galaxienhaufen, sind derartige Abweichungen in den homogenen Strömungsgeschwindigkeiten des Hubble-Flusses beobachtet; die Skalen liegen hier bei 100 Mpc. In Abb. 3.75 ist der Dichtekontrast der Galaxienverteilung, zentriert auf unsere Galaxie, für eine Stichprobe von 973 Galaxien dargestellt; die Kantenlänge beträgt hier 240 Mpc. Die hervorstechendste Struktur ist der große Buckel links $(-5000, +2000)$ im Hydra-Centaurus-Gebiet; er wird in der Literatur *Großer Attraktor* genannt. Der Virgo-Haufen ist der kleine Buckel an der Hangfläche des Großen Attraktors $(-1000, 0)$. Die Superhaufen im Pavo und Indus liegen bei $(-4000, -2000)$. Ein unterbesetztes Gebiet liegt vor dem Virgo-Haufen; es entspricht einem Leerraum. Der Große Attraktor beherrscht das Geschwindigkeitsfeld im Umkreis von 6000 km/s. Die vom stetigen Hubble-Fluß abweichenden Restgeschwindigkeiten des Virgo-Haufens und der lokalen Gruppe lie-

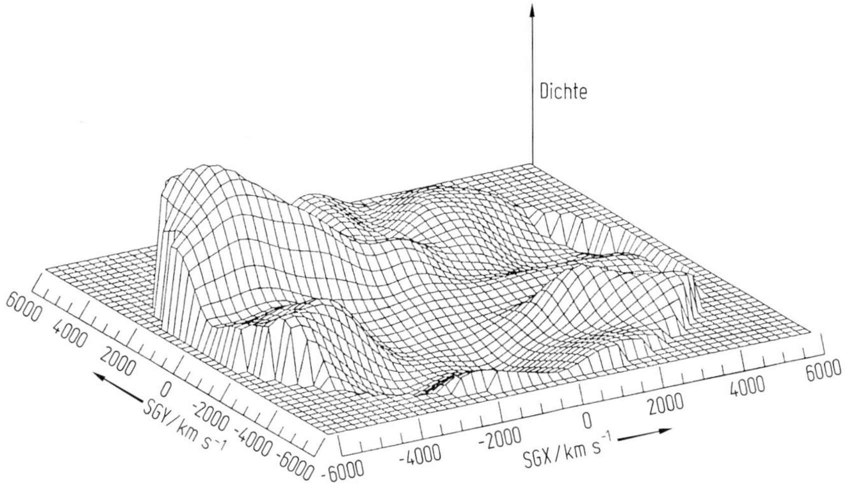

Abb. 3.75 Dichtekontrast der Galaxienverteilung bezogen auf eine mittlere kosmische Galaxiendichte (Maximum ≈ 1.2) [179]. Darstellung in supergalaktischen Koordinaten ($x = y = z =$ Milchstraßenzentrum). Die z-Ebene fällt etwa mit der galaktischen Ebene zusammen; dargestellter Bereich etwa $v \cong 6000$ km/s $\cong 120$ Mpc.

gen bei (650 ± 125) km/s und (550 ± 125) km/s; sie scheinen in den Potentialtrog des Großen Attraktors hineinzufallen; die rms-Fehler betragen bei derartigen Analysen ± 250 km/s und ± 0.2 für den Dichtekontrast.

Die leuchtende Materie ist im augenblicklich beobachtbaren Universum ungleichförmig verteilt. Die ungleichförmige Materieverteilung läßt den Hubble-Fluß der kosmischen Expansionsgeschwindigkeiten auf Skalen der Superhaufen gestört erscheinen.

Die Baryonische Materie – wo ist sie? Mit dieser Frage wird die Astrophysik über die Jahrtausendwende drängen. Das elektromagnetische Spektrum ist in seiner Gänze zugänglich geworden, und dennoch scheint die Astronomie der Großen Räume immer weniger zu sehen. Sollten uns zur Zeit, pessimistisch geschätzt, wirklich nur 5% der Materie des Universums zugänglich sein und der Rest allein über gravitative Effekte? Die Art der Materie und die Materieverteilung, sie bestimmen und bestimmten die Entwicklung des gesamten Kosmos. Der Vorstoß in Entfernungen, in denen Galaxienbildung abläuft, wird genauso fruchtbar werden wie die Aufdekkung der Sternentstehung innerhalb des Milchstraßensystems (siehe Farbbild 5).

Die gewaltigen Energieerzeugungsmechanismen der aktiven Galaxien harren der Beschreibung durch eine konsistente Theorie. Teilaspekte lassen sich mit gewissen Annahmen zu einem einigermaßen logischen Szenario verknüpfen, aber die Bindeglieder sind oft nur indirekt gestützte Vermutungen. Jets und Schwarze Löcher, Teilchenbeschleunigung in Magnetosphären und vor allem die verbrauchten und umgesetzten Materiemengen sind uns bei den aktiven Galaxien immer noch rätselhaft.

Die Strukturbildung innerhalb von Galaxien und das Wechselspiel von den entstehenden Sternen mit dem mehrkomponentigen interstellaren Medium sind teilweise für die morphologische Formenvielfalt der Sternsysteme verantwortlich. Spiralstruktur ist hierfür das auffälligste Beispel. Die nichtlinearen Wechselwirkungen, ihre Vernetzung und die Energieprobleme warten noch auf grundlegende Aufklärung.

Die Astrophysik hat heute als wichtige Grundlagenforschung die Funktion einer Leitwissenschaft übernommen. Sie schafft die Voraussetzungen für die Beantwortung der zeitlosen Fragen nach Struktur, Sinn und Bedeutung des gesamten Kosmos.

Danksagung

Der Verfasser dankt herzlich Frau B. Marquardt für die Geduld und Schnelligkeit bei der Niederschrift des Manuskriptes sowie den Autoren und Verlagen für die Abdruckerlaubnis der Abbildungen: American Institut of Physics, Astronomical Society, Washington (USA); Annual Reviews Inc., Palo Alto (USA); Arp, H.C.; Astronimical Journal; Astrophysical Journal; Block, D.L., R.J. Wainscoat und T. Kinman; Bosma, J.S.; Cambridge University Press, Cambridge (USA); Carnegie Institution of Washington, Washington (USA); Europäische Südsternwarte; Freeman, W.H. and Company, New York (USA); Karttunen, H., P. Kröger, H. Oja, M. Poutanen und K.J. Donner; Kluwer Academic Publishers, Dordrecht (Holland); Macmillan Magazines Ltd., London (England); Nature; Reidel Publishing Company, Dordrecht (Holland); Springer Verlag, Berlin, Heidelberg, New York (Deutschland); University of Chicago Press, Chicago (USA); Wiley J. and Sons, New York (USA); Wissenschaftsverlag B.I., Mannheim (Deutschland).

Literatur

Zitierte Publikationen

[1] Feitzinger, J.V., in: Scheibe, Kugel, Schwarzes Loch. Die wissenschaftliche Eroberung des Kosmos (Schultz, U., Hrsg.), Beck, München, 1990, S. 277
[2] de Vaucouleurs, G., in: Formation and Dynamics of Galaxies (Shakeshaft, J.R., Ed.), Reidel, Dordrecht, 1974
[3] Corwin, H.G., in: The World of Galaxies (Corwin, H.G., Bottinelli, L., Eds.), Springer, New York, 1989
[4] de Vaucouleurs, G., de Vaucouleurs, A., Corwin, H.G., Buta, R.J., Paturel, G., Fouque, P., Third Reference Catalogue of Bright Galaxies, Vol. I–III, Springer, New York, 1991
[5] Sandage, A., The Hubble Atlas of Galaxies, Carnegie Institution of Washington, Washington, 1961, S. 618
[6] Arp, H.C., Ap. J. **142**, 402, 1965
[7] Disney, M., Nature, **263**, 573, 1976
[8] Disney, M., Philips, St., Mon. Not. Roy. Astr. Soc. **205**, 1253, 1983
[9] Freeman, K.C., in: Structure and Properties of Nearby Galaxies (Berkhuijsen, E.M., Wielebinski, R., Eds.), Reidel, Dordrecht, 1978
[10] Burstein, D., Haynes, M.P., Faber, S.M., Nature, **353**, 515, 1991
[11] Block, D.L., Wainscoat, R.J., Nature **353**, 48, 1991
[12] Buta, R., in: The World of Galaxies (Corwin, H.G., Bottinelli, L., Eds.), 29, Springer, New York, Berlin, 1989
[13] van den Bergh, S., Ap. J. **131**, 215 und 558, 1960
[14] de Vaucouleurs, G., Ap. J. **227**, 380, 1977
[15] Thonnat, M., in: The World of Galaxies (Corwin, H.G., Bottinelli, L., Eds.), Springer, New York, Berlin, 1989
[16] Okamura, S., Watanabe, M., Kodaira, K., in: The World of Galaxies (Corwin, H.G., Bottinelli, L., Eds.), Springer, New York, Berlin, 1989
[17] Burda, P., Feitzinger, J.V., Astr. Astrophys. **261**, 697, 1992
[18] Hodge, P.W., Pub. Astr. Soc. Pac., **95**, 721, 1983
[19] de Vaucouleurs, G., Pence, W., Astro. J., **83**, 1163, 1978
[20] Kjär, K., Tarenghi, M. (Eds.), Dwarf Galaxies, European Southern Observatory Workshop-Report, Garching, München, 1980
[21] Börngen, F., Die Sterne, **59**, 131, 1983
[22] Bingelli, B., in: Star-Forming Dwarf Galaxies (Kunth, D., Thuan, T., Thank Van, T., Eds.), Editions Frontieres, Gif sur Yvette, 1986
[23] Alladin, S.M., Narasimhan, K.S., Physics Reports **92**, 6, 341, 1982
[24] Wielen, R. (Ed.), Dynamics and Interactions of Galaxies, Springer, New York, Berlin, 1990
[25] Sulentic, J.W., Telesco, C.M., Keel, W.C. (Eds.), Paired and Interacting Galaxies, NASA Conference Publ. No. 3098, Washington, 1990
[26] Arp, H.C., Madore, B.F., A Catalogue of southern peculiar galaxies and associations, Vol. I, II, Cambridge University Press. Cambridge, 1987
[27] Holmberg, E., in: Galaxies and the Universe (Sandage, A., Sandage, M., Kristian, J., Eds.), **123**, University of Chicago Press, Chicago, 1975
[28] de Zeeuw, Te, Franx, M., Ann. Rev. Astro. Astrophys. **29**, 239, 1991
[29] Sandage, A., Freeman, K.C., Ap. J. **160**, 83, 1970
[30] Feitzinger, J.V., Galinski, T., Astr. Astrophys. **167**, 215, 1986
[31] Kormendy, J., Djorgovski, S., Ann. Rev. Astr. Astrophys. **27**, 235, 1989
[32] Mitton, S., Exploring the Galaxies, Ch. Scribner's sons, New York, 1976

[33] Freeman, K.C., in: Galaxies (Martinet, L., Mayor, M., Eds.), **3**, Geneva Observatory, Sixed Advanced Course, Saas Fee, 1976
[34] Thuan, T.X., Romanishin, W., Ap. J., **248**, 439, 1981
[35] de Vaucouleurs, G., Ap. J. **268**, 451, 1983
[36] Kormendy, J., in: Morphology and Dynamics of Galaxies (Martinet, L., Mayor, M., Eds.), Geneva Observatory, 12. Advanced Course, Saas Fee, 1982
[37] van der Kruit, P.C., in: The World of Galaxies (Corwin, H.G., Bottinelli, L., Eds.), Springer, Heidelberg, 1989
[38] Boronson, T., Ap. J. Suppl. **46**, 177, 1981
[39] Hummel, E., Astr. Astrophys. **96**, 111, 1981
[40] Young, J.S., Scoville, N.Z., Ann. Rev. Astr. Astrophys. **29**, 581, 1991
[41] Young, J.S., in: Windows on Galaxies (Fabbiano, G., Gallagher, J.S., Renzini, A., Eds.), Kluwer Academic Publ., Dordrecht, 1990
[42] Knapp, G.R., in: The Interstellar Medium in Galaxies (Thronson, H., Shull, J.M., Eds.), Kluwer Academic Press, Dordrecht, 1990
[43] Fich, M., Tremaine, S., Ann. Rev. Astr. Astrophys. **29**, 409, 1991
[44] Faber, S.M., Gallagher, J.S., Ann. Rev. Astr. Astrophys. **17**, 135, 1979
[45] Layzer, D., Constructing the Universe, Scientific America Library, New York, 1984
[46] Hodge, P.W., Ann. Rev. Astr. Astrophys. **27**, 199, 1989
[47] Sandage, A., Ann. Rev. Astr. Astrophys. **24**, 421, 1986
[48] Pagel, P.E.J., Edmunds, M.G., Ann. Rev. Astr. Astrophys. **19**, 77, 1981
[49] Feitzinger, J.V., Space Sci. Rev., **27**, 35, 1980
[50] Semien, F., in: The World of Galaxies (Corwin, H.G., Bottinelli, L., Eds.), Springer, Heidelberg, 1989
[51] Young, J.S., Knezek, P., Ap. J. Lett. **347**, L55, 1989
[52] Roberts, M.S., in: Galaxies and the Universe (Sandage, A., Sandage, M., Kristian, J., Eds.), University of Chicago Press, Chicago, 1975
[53] Faber, S.M., Jackson, R.E., Ap. J. **204**, 668, 1976
[54] Tinsley, B.M., Mon. Nat. Roy. Astr. Soc. **194**, 63, 1981
[55] Binggeli, B., Sandage, A., Tammann, G.A., Ann. Rev. Astr. Astrophys. **26**, 509, 1988
[56] Binney, J., Tremaine, S., Galactic Dynamics, Princeton University Press, Princeton, 1987
[57] Binney, J., in: Morphology and Dynamics of Galaxies (Martinet, L., Mayor, M., Eds.), 12. Advanced Course, Geneva Observatory, Saas Fee, 1982
[58] Ollongreen, A., in: Galactic Structure (Blaauwe, A., Schmidt, M., Eds.), University of Chicago Press, Chicago, 1965
[59] Statler, T.S., Ap. J. **321**, 113, 1987
[60] Wielen, R., Astr. Astrophys. **60**, 263, 1977
[61] Larson, R.B., Mon. Nat. Roy. Astr. Soc. **186**, 479, 1979
[62] Contopoulos, G., in: Chaos in Astrophysics (Buchler, J.R., Perdong, J.M., Spiegel, E.A., Eds.), Reidel, Dordrecht, 1985
[63] Faber, S.W., Dressler, A., Davies, R.L., Burstein, D., Lynden-Bell, D., Terlevich, R., Wegner, G., in: Nearly Normal Galaxies (Faber, S.M., Ed.), 1975, Springer, Heidelberg, 1987
[64] Dressler, A., Lynden-Bell, D., Burstein, D., Davies, R.L., Faber, S.M., Terlevich, R.J., Wegner, G., Ap. J. **313**, 42, 1987
[65] Illingworth, G., in: Internal Kinematics and Dynamics of Galaxies (Athanassoula, E., Ed.), Reidel, Dordrecht, 1983
[66] Jedrzejewski, R.I., Schechter, P.L., Astro. J. **98**, 147, 1989
[67] Kormendy, J., Illingworth, G., Ap. J. **256**, 460, 1982
[68] Athanassoula, L., in: Dynamics of Disk Galaxies (Sundelius, B., Ed.), Göteborg Astronomical Inst. Publ., Göteborg, 19991

[69] Kormendy, J., Norman, C.A., Ap. J. **233**, 539, 1979
[70] Elmegreen, D.M., Elmegreen, B.G., Mon. Nat. Roy. Astr. Soc. **201**, 1021, 1035, 1982
[71] van der Kruit, P.C., Searle, L., Astr. Astrophys. **95**, 105, 116, 1981
[72] van der Kruit, P.C., Searle, L., Astr. Astrophys. **110**, 61, 79, 1982
[73] Freeman, K.C., in: Dynamics of Disc Galaxies (Sundelius, B., Ed.), Göteborg Astronomical Inst. Publ., Göteborg, 1991
[74] van der Kruit, P.C., Freeman, K.C., Ap. J. **303**, 556, 1986
[75] Carlberg, R., Ap. J. **322**, 59, 1987
[76] Lacey, C., in: Dynamics of Disc Galaxies (Sundelius, B., Ed.), Göteborg Astronomical Inst. Publ., Göteborg, 1991
[77] Kuijken, K., Tremaine, S., in: Dynamics of Disc Galaxies (Sundelius, B., Ed.), Göteborg Astronomical Inst. Publ., Göteborg, 1991
[78] van der Kruit, P.C., Astr. Astrophys. **157**, 230, 1986
[79] Gilmore, G., Wyse, R.F.G., Kuijken, K., Ann. Rev. Astr. Astrophys. **27**, 55, 1989
[80] Giovanelli, R., Haynes, P.M., in: Galactic and Extragalactic Radio Astronomy (Verschuur, G.L., Kellermann, K.I., Eds.), Springer, Heidelberg, 1988
[81] Rubin, V.C., Burstein, D., Ford, W.K., Thonnard, N., Ap. J. **289**, 81, 1985
[82] Bosma, A., Astro. J. **86**, 1791, 1825, 1981
[83] Athanassoula, E., Bosma, A., in: Nearly Normal Galaxies (Faber, S.M., Ed.), Springer, Heidelberg, 1987
[84] Rubin, V.C., in: Internal Kinematics and Dynamics of Galaxies (Athanassoula, E., Ed.), Reidel, Dordrecht, 1983
[85] Vettolani, G., Marano, B., Zamorani, G., Bergamini, R., Mon. Not. Roy. Astr. Soc. **193**, 269, 1980
[86] Rubin, V.C., in: Highlights of Modern Astrophysics (Shapiro, S.L., Teukolsky, S.A., Eds.), Wiley, New York, 1986
[87] Trimble, V., Ann. Rev. Astr. Astrophys. **25**, 425, 1987
[88] Larson, R.B., Tinsley, B.M., Ap. J. **219**, 46, 1978
[89] Smoot, F.G. et al., Ap. J. Lett, 1992
[90] Fabbiano, G., Ap. J. **325**, 544, 1988
[91] Tully, R.B., in: Windows on Galaxis (Fabbiano, G., Gallagher, J.S., Ranzini, A., Eds.), Kluwer Academic Publ., Dordrecht, 1990
[92] Aaronson, M., Huchra, J.P., Mould, J.R., Ap. J. **229**, 1, 1979
[93] Kenicutt, R.C., Astro. J. **86**, 1847, 1981
[94] Seiden, P.E., Gerola, H., Ap. J. **233**, 56, 1979
[95] Normann, C.A., in: Internal Kinematics and Dynamics of Galaxies (Athanassoula, E., Ed.), Reidel, Dordrecht, 1983
[96] Arp, H., Ap. J. **263**, 54, 1982
[97] Lin, C.C., Shu, F.H., Ap. J. **140**, 646, 1964
[98] Lin, C.C., Lau, Y.Y., Studies in Appl. Mathematics, **60**, 97, 1979
[99] Bertin, G., Physics Reports **61**, 1, 1980
[100] Athanassoula, E., Physics Reports **114**, 319, 1984
[101] Kalnajs, A., in: Dynamics of Disc Galaxies (Sundelius, B., Ed.), Göteborg Astronomical Inst. Publ., Göteborg, 1991
[102] Roberts, W.W., Ap. J. **158**, 123, 1969
[103] Toomre, A., in: Structure and Evolution of Normal Galaxies (Fall, S.M., Lynden-Bell, D., Eds.), Cambridge University Press, Cambridge, 1981
[104] Elmegreen, D.M., Ap. J. Supp. **43**, 37, 1980
[105] Seiden, P.E., Gerola, H., Fundamentals of Cosmic Physics **7**, 241, 1982
[106] Schulman, L.S., Seiden, P.E., Annals of the Israel Phys. Soc. **5**, 252, 1983

[107] Dopita, M.A., in: Nearly Normal Galaxies (Faber, S.M., Ed.), Springer, Heidelberg, 1987
[108] Feitzinger, J.V., Glassgold, A.E., Gerola, H., Seiden, P.E., Astr. Astrophys. **98**, 371, 1981
[109] Feitzinger, J.V., in: Star Forming Regions (Peimbert, H., Jugaku, J., Eds.), 521, Reidel, Dordrecht, 1987
[110] Seiden, P.E., Schulman, L.S., Feitzinger, J.V., Ap. J. **253**, 91, 1982
[111] Feitzinger, J.V., Neukirch, Th., Man. Not. Roy. Astr. Soc. **235**, 1343, 1988
[112] Shore, S.N., Ap. J. **265**, 202, 1983
[113] Nozakura, T., Ikeuchi, S., Ap. J. **333**, 68, 1988
[114] Gerola, H., Seiden, P.E., Schulman, L.S., Ap. J. **242**, 517, 1980
[115] Toomre, A., Ap. J. **158**, 899, 1969
[116] Feitzinger, J.V., Schmidt-Kaler, Th., Astr. Astrophys. **88**, 41, 1980
[117] Toomre, A., Kalnays, A.J., in: Dynamics of Disc Galaxies (Sundelius, B., Ed.), Göteborg Astronomical Inst. Publ., Göteborg, 1991
[118] Balbus, S.A., in: The Interstellar Medium in Galaxies (Thronson, H.A., Shull, M., Eds.), Kluwer Academic Publ., Dordrecht, 1990
[119] Kennicutt, R.C., in: The Interstellar Medium in Galaxies (Thronson, H.A., Shull, M., Eds.), Kluwer Academic Publ., Dordrecht, 1990
[120] Dopita, M.A., in: The Interstellar Medium in Galaxies (Thronson, H.A., Shull, M., Eds.), Kluwer Academic Publ., Dordrecht, 1990
[121] Kormendy, J., in: The Structure and Evolution of Normal Galaxies (Fall, S.M., Lynden-Bell, D., Eds.), Cambridge University Press, Cambridge, 1981
[122] Contopoulos, G., Gottesman, S.T., Hunter, J.H., England, M.N., Ap. J. **343**, 608, 1989
[123] Contopoulos, G., Grosbol, P., Astr. Astrophys. Rev. **1**, 126, 1989
[124] Sellwood, J., in: Dynamics of Disc Galaxies (Sundelius, B., Ed.), 123, Göteborg Astronomical Inst. Publ., Göteborg, 1991
[125] Athanassoula, L., in: Dynamics of Disc Galaxies (Sundelius, B., Ed.), 149, Göteborg Astronomical Inst. Publ., Göteborg, 1991
[126] England, M.N., Ap. J. **344**, 669, 1989
[127] Tinsley, B.M., Fundamentals of Cosmic Physics **5**, 287, 1980
[128] Rana, N.Ch., Ann. Rev. Astr. Astrophys. **29**, 129, 1991
[129] Wilson, T.L., Matteucci, F., Astr. Astrophys. Rev. **4**, 1, 1992
[130] Trimble, V., Astr. Astrophys. Rev. **3**, 1, 1991
[131] Shields, G.A., Ann. Rev. Astr. Astrophys. **28**, 525, 1990
[132] Pagel, B.E.J., Edmunds, M.G., Ann. Rev. Astr. Astrophys. **19**, 77, 1981
[133] Garnett, D.R., Shields, G.A., Ap. J. **317**, 82, 1987
[134] van der Kruit, P.C., in: The Milky Way as a Galaxy (Buser, R., King, I., Eds.), 19. Advanced Astrophys. Course, Geneva Observatory, Saas Fee, 1989
[135] Sofue, Y., Fujimoto, M., Wielebinski, R., Ann. Rev. Astr. Astrophys. **24**, 459, 1986
[136] Beck, R., Gräve, R. (Eds.), Interstellar Magnetic Fields, Springer, Heidelberg, 1986
[137] Ruzmaikin, A.A., Shukurow, A.M., Sokoloff, D.D., Magnetic Fields of Galaxies, Kluwer, Academic Publ., Dordrecht, 1988
[138] Beck, R., Kronberg, P.P., Wielebinski, R. (Eds.), Galactic and Intergalactic Magnetic Fields, Kluwer, Academic Publ., Dordrecht, 1990
[139] Beck, R., Astr. Astrophys. **106**, 121, 1982
[140] Hodge, P.W., Ann. Rev. Astr. Astrophys. **19**, 357, 1981
[141] Rowen-Robinson, M., The Cosmological Distance Ladder, Freeman, New York, 1985
[142] van den Bergh, S., Pritchet, C.J., The Extragalactic Distance Scale, ASP Conference Series, No. 4, Brigham University Press, Provo, 1988
[143] von den Bergh, S., Astr. Astrophys. Rev. **1**, 111, 1989

[144] Wagoner, R.V., Goldsmith, D.W., Cosmic Horizons, Freeman, New York, 1983
[145] Tammann, G.A., Physica Scripta, 1992
[146] de Vaucouleurs, G., Ap. J. **227**, 729, 1979
[147] Kellermann, K.I., Pauliny-Toth, I.I.K., Ann. Rev. Astr. Astrophys. **19**, 373, 1981
[148] Begelman, M.C., Blandford, R.D., Rees, M.J., Rev. Mod. Phys. **56**, No. 2, 255, 1984
[149] Osterbrock, E.D., Mathews, W.G., Ann. Rev. Astr. Astrophys. **24**, 171, 1986
[150] Weedmann, D.W., Quasar Astronomy, Cambridge University Press, Cambridge, 1986
[151] Lawrence, A., Pub. Astr. Soc. Pacific **99**, 309, 1987
[152] Kellermann, K.I., Owen, F.N., in: Galactic and Extragalactic Radio Astronomy (Verschuur, G.L., Kellermann, K.I., Eds.), Springer, Heidelberg, 1988
[153] Wallinder, F.H., Kato, S., Abramowicz, M.A., Astr. Astrophys. Rev. **4**, 79, 1992
[154] Bregman, J.N., Astr. Astrophys. Rev. **2**, 125, 1990
[155] Bridle, A.H., Perley, R.A., Ann. Rev. Astr. Astrophys. **22**, 319, 1984
[156] Bridle, A.H., Can. J. Phys. **64**, 353, 1986
[157] Rees, M.J., in: Highlights of Modern Astrophysics (Shapiro, S.L., Teukolsky, S.A., Eds.), Wiley, New York, 1986
[158] Walker, R.C., Benson, J.M., Unwin, S.C., Ap. J. **316**, 546, 1987
[159] Balick, B., Heckman, T.M., Ann. Rev. Astr. Astrophys. **20**, 431, 1982
[160] Blandford, R.D., Narayan, R., Ann. Rev. Astr. Astrophys. **30**, 311, 1992
[161] Bahcall, N., Ann. Rev. Astr. Astrophys. **15**, 505, 1977
[162] Hewitt, A., Burbidge, G., Fang, F.Z. (Eds.), Observational Cosmology, IAU Symp., 124, Reidel, Dordrecht, 1987
[163] Mardirosian, F., Giuricini, G., Mezzetti, M. (Eds.), Clusters and Groups of Galaxies, Reidel, Boston, 1984
[164] Börner, G., The Early Universe, Springer, Berlin, 1988
[165] Bahcall, N., Ap. J. **198**, 249, 1975
[166] Sarazin, C.L., Rev. Mod. Phys. **58**, 1, 1986
[167] Fabian, C.A., Cooling Flows in Clusters and Galaxies, Kluwer Academic Press, Dordrecht, 1988
[168] Fabian, C.A., Astr. Astrophys. Rev. **2**, 191, 1991
[169] Peebles, P.J.E., The Large Scale Structure of the Universe, Princeton University Press, Princeton, 1980
[170] Oort, J.H., Ann. Rev. Astr. Astrophys. **21**, 373, 1983
[171] Davies, M., Peebles, P.J.E., Ann. Rev. Astr. Astrophys., **21**, 109, 1983
[172] Rood, H.J., Ann. Rev. Astr. Astrophys., **26**, 245, 1988
[173] Bahcall, N., Ann. Rev. Astr. Astrophys., **26**, 631, 1988
[174] Latham, D.W., da Costa, L.N. (Eds.), Large Scale Structure and Peculiar Motions in the Universe, Publ. Astr. Soc. Pac. Press, Vol. **15**, San Francisco, 1991
[175] Hendry, M.A., Vistas in Astronomy, **35**, 239, 1992
[176] Rubin, V.C., Coyne, G.V. (Eds.), Large Scale Motions in the Universe, Princeton University Press, Princeton, 1988
[177] Lapparent, V., de, Geller, M.J., Huchra, J.P., Ap. J. Lett. **302**, L1, 1986
[178] Lapparent, V., de, Geller, M.J., Huchra, J.P., Ap. J. **369**, 273, 1991
[179] Bertschinger, E., Deckel, A., Faber, S., Dressler, A., Burstein, D., Ap. J. **364**, 370, 1990

Weiterführende Literatur: [3], [12], [36], [42], [56], [68], [134], [141], [152], [164], [174].

4 Kosmologie

Hans-Joachim Blome, Josef Hoell, Wolfgang Priester

4.1 Einleitung

Grundlage der modernen Kosmologie sind Einsteins Allgemeine Relativitätstheorie und die Quantenfeldtheorie. Vorausgesetzt wird dabei, daß die „lokal geprüften“ physikalischen Gesetze universell gültig sind, d. h. auch jenseits unseres Horizontes der Erfahrbarkeit. Eine Einführung in den Gedankenkreis der Allgemeinen Relativitätstheorie (AR) und ihre experimentellen Bestätigungen findet man in Band 3, Kap. 12.

Einsteins Gleichungen bestehen aus zehn partiellen Differentialgleichungen zweiter Ordnung. In ihrer allgemeinsten Form erlauben sie eine große Mannigfaltigkeit verschiedener Lösungen. Durch Spezifizierung eines Materiemodells für das kosmologische Substrat und Vorgabe von Anfangsbedingungen wäre das Ziel der Kosmologie die deduktive Ableitung der beobachteten Struktur des Universums. Aber weder sind uns die Anfangsbedingungen bekannt noch wissen wir, wie es zu diesem Anfangszustand kam. Der einzige uns offen stehende Weg ist der der Rückextrapolation gegebener Beobachtungsdaten im Rahmen eines angenommenen Modells und/oder die Annahme von Anfangs- und Randbedingungen (z. B. Symmetrien, plausible Zustandsgleichungen etc.), deren Konsequenz im Rahmen der Theorie berechnet und durch Konfrontation mit der Erfahrung geprüft wird. Daher ist es die Aufgabe der Astronomen herauszufinden, welches Lösungsmodell unsere Wirklichkeit am besten beschreiben kann.

Glücklicherweise legen die Beobachtungen nahe, daß – großräumig gesehen – unser Kosmos eine hinreichend homogene Massenverteilung besitzt (d. h. homogene Verteilung der Galaxien auf Skalenlängen oberhalb von 100 Mpc [1 Mpc (Megaparsec) = $3.086 \cdot 10^{19}$ km = 3.26 Mly (Megalichtjahr)] und daß der Kosmos für alle Beobachter isotrop erscheint. Diese Voraussetzungen vereinfachen Einsteins Gleichungen zu den Einstein-Friedmann-Gleichungen, die nur noch aus zwei Differentialgleichungen für den Skalenfaktor $R(t)$ bestehen, der die zeitliche Veränderung des Raumes beschreibt. Alle an ihren Koordinaten (im mitbewegten System) festsitzende Galaxien haben die gleiche Eigenzeit, die kosmische Zeit. Wir können somit ziemlich einfach das zeitliche Verhalten des expandierenden Raumes studieren. Für alle kosmologischen Modelle, die mit einem überdichten Zustand (Singularität, Urknall, Big Bang) beginnen, wird die kosmische Zeit auch als Friedmann-Zeit bezeichnet, wobei dem Urknall der Zeitpunkt $t = 0$ zugeordnet wird.

Die Gesamtheit der Lösungen hat Alexander Alexandrowitsch Friedmann bereits 1922 und 1924 in zwei fundamentalen Arbeiten in der Zeitschrift für Physik diskutiert und zwar *mit* und *ohne* Einsteinsche Λ-Konstante. Schon in seiner ersten Arbeit „Über die Krümmung des Raumes" steht gleich im zweiten Absatz das Ziel der Arbeit: „Beweis der Möglichkeit einer Welt, deren Raumkrümmung von der Zeit abhängt".

Interessanterweise hat er nur die Lösungen für sphärische und hyperbolische Raummetrik behandelt. Der dazwischen liegende Übergangsfall der euklidischen Metrik schien ihm wohl wenig wahrscheinlich, etwa wie es z.B. in der Himmelsmechanik zwischen Ellipsen- und Hyperbelbahnen wohl nie eine exakte Parabel gibt. Da Friedmann 1925 mit 37 Jahren an Typhus starb, hat er den späten Triumph seiner Arbeiten nicht mehr erleben dürfen. Friedmanns Voraussage einer „Expansion" (oder Kontraktion) des Kosmos blieb bei den Astronomen unbeachtet, bis der Abbé George Lemaître 1927 das Problem erneut aufgriff. Im Jahre 1929 hat H.P. Robertson den Fall der euklidischen Metrik hinzugefügt. Weltweite Beachtung fanden Lemaîtres Arbeiten, die ursprünglich in französischer Sprache publiziert wurden, erst als ab 1930 Sir Arthur Eddington sie in einer Arbeit diskutierte, in der er die Instabilität des statischen Einstein-Kosmos nachwies. Eddington hat eine englische Übersetzung der Lemaîtreschen Arbeit veranlaßt. Sie erschien 1931 in den Monthly Notices of the Royal Society. Lemaître hat auch die Lichtausbreitung im expandierenden Raum untersucht und deutlich gemacht, daß die beobachteten „Fluchtgeschwindigkeiten" ein „kosmischer Effekt der Expansion des Universums" sind. Unglücklicherweise hat Lemaître die kosmische Rotverschiebung als Doppler-Effekt bezeichnet. Diese in gewisser Weise irreführende Bezeichnung hat sich dann vor allem bei den beobachtenden Astronomen bis heute erhalten, obwohl Max von Laue bereits 1931 die Lichtfortpflanzung in Räumen mit zeitlich veränderlicher Krümmung nach der Allgemeinen Relativitätstheorie in einwandfreier Weise untersucht hat. Solange die beobachteten Rotverschiebungen $z = \Delta\lambda/\lambda \ll 1$ sind, ist die Analogie zum Doppler-Effekt unproblematisch. Man sollte jedoch beachten, daß die kosmische Rotverschiebung erst „unterwegs" während der gesamten Lichtlaufzeit akkumuliert (Man vergleiche hierzu Abb. 4.8 im Abschn. 4.3.1.)

Die erste systematische Darstellung aller kosmologischen Modelle für das homogen-isotrope Universum hat Otto Heckmann (1931) gegeben.

Wir werden uns im folgenden ausschließlich auf Modelle für das homogen-isotrope Universum beschränken, insbesondere auf solche, die sich vor etwa 10 bis 30 Milliarden Jahren aus einer überdichten Phase entwickelt haben.

Über die physikalischen Vorgänge im frühen Kosmos ($t < 3$ Minuten) lassen sich „verläßliche" Aussagen nur unter Voraussetzung einer Theorie der Elementarteilchen und ihrer Wechselwirkungen machen (s. Bd. 4, Kap. 3).

Der Versuch, die Kosmologie mit den neuen Entwicklungen in der Elementarteilchenphysik, den „Großen Vereinigungs-Theorien (grand unification theories, GUT)", in Einklang zu bringen, hat in den letzten Jahren zu einer Hypothese geführt, die als „Inflationäres Szenario" bekannt geworden ist. Sie geht auf Allan Guth am Massachusetts Institute of Technology in Cambridge/USA und auf Andrei Dimitrovich Linde in Moskau (jetzt Stanford, California) zurück. Es ging zunächst darum, das Fehlen der magnetischen Monopole im Kosmos zu erklären. Dieses Problem war vordringlich, weil alle GUTs die Entstehung einer extrem großen Zahl von magnetischen Monopolen voraussagen bei Dichten im Bereich von $10^{80}\,\mathrm{g\,cm^{-3}}$, wie man sie unmittelbar nach dem Urknall im ganz frühen Kosmos erwarten sollte.

Darüber hinaus liefert die Inflationshypothese als zusätzlichen Bonus eine mögliche Erklärung für die beobachtete großräumige Homogenität des Kosmos. In diesem Zusammenhang findet man häufig die Behauptung, daß die Inflationshypothese für unseren heutigen Kosmos eine euklidische Raumstruktur verlangt. Diese Aussage kann jedoch nicht aufrecht erhalten werden. Wir kommen hierauf in Abschn. 4.4 zurück.

4.2 Beobachtungsergebnisse

Für die Eingrenzung der Lösungen der Einstein-Friedmann-Gleichungen ist die Kenntnis von Randbedingungen erforderlich, die man aus den Beobachtungen bestimmen muß. Die sechs wichtigsten Beobachtungsbefunde sind:

1. Die *Rotverschiebung* in den Spektren der Galaxien. Aus Rotverschiebungen und Entfernungen der Galaxien ergibt sich die Expansionsrate, die empirische Hubble-Relation.
2. Die *Hintergrundstrahlung*, die im Mikrowellenbereich gemessen wird und als Reststrahlung des heißen Urknall-Plasmas verstanden wird.
3. Die Bestimmung der *heutigen mittleren Dichte* der beobachtbaren (d.h. leuchtenden) Materie im Kosmos, die sich in Sternen oder im interstellaren Gas bzw. im Staub befindet. Auch ein Anteil an intergalaktischer Materie wäre hier zu berücksichtigen, ferner der Anteil an dunkler Materie (baryonische Materie in nichtleuchtenden Objekten und nicht-baryonische (sog. exotische) Materie).
4. Bestimmung des *primordialen Anteils* von Helium und Deuterium in der Urmaterie, bevor es zur Bildung von Sternen kam. Aus den Messungen des Helium und Deuterium läßt sich mit der Theorie der primordialen Nukleosynthese das Verhältnis der Anzahl der Photonen zur Anzahl der Baryonen (Protonen + Neutronen) im Kosmos bestimmen.
5. *Altersbestimmung unserer Galaxis*
   a) aus der Analyse des radioaktiven Zerfalls in Meteoriten (und auch in Sternatmosphären durch Beobachtung von Thorium-Linien in Sternspektren),
   b) aus der Sternentwicklung in Kugelsternhaufen,
   c) aus der Abkühlzeit von Weißen Zwergsternen.
   Hieraus läßt sich eine untere Grenze für das Weltalter t_0 angeben.
6. Einsteins Kosmologische Konstante Λ aus Quasar-Spektren (Abschn. 4.3.9).

4.2.1 Die Hubble-Beziehung

Die Expansion des Kosmos macht sich bei der Beobachtung der Galaxien und der Quasare bemerkbar durch die **Rotverschiebung** der Spektrallinien in der Lichtstrahlung dieser Objekte. Der amerikanische Astronom Edwin P. Hubble hat im Jahre 1929 gezeigt, daß die Rotverschiebung linear mit der Entfernung der Galaxien anwächst, nachdem bereits Carl Wirtz 1924 in Kiel ein systematisches Anwachsen der Rotverschiebung gefunden hatte.

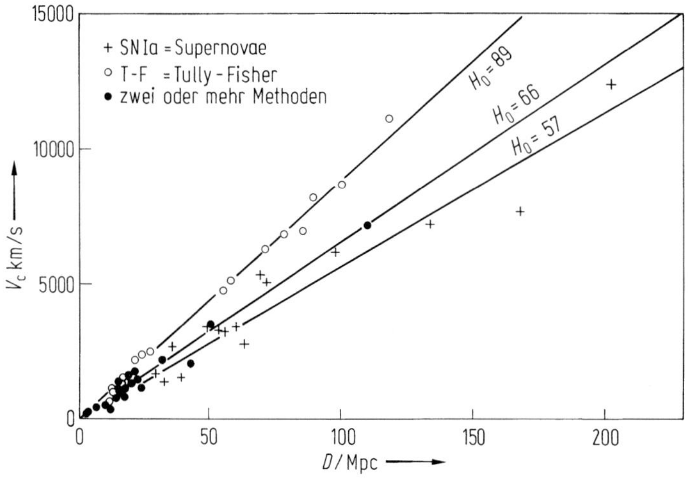

Abb. 4.1 Beziehung zwischen der Distanz D und der Rotverschiebung z bzw. „Fluchtgeschwindigkeit" v_c für die hellsten Galaxien in Galaxienhaufen (nach der Analyse von M. Rowan-Robinson, 1988). Die Geschwindigkeiten wurden korrigiert für die Rotationsgeschwindigkeit der Sonne um das galaktische Zentrum und für die Pekuliargeschwindigkeit unserer Galaxis gegenüber der Hintergrundstrahlung. Wegen der möglichen systematischen Fehler in der Entfernungsbestimmung kann der Zahlenwert der Hubble-Zahl H_0 nur auf den Bereich $50 < H_0 < 100$ (km/s)/Mpc eingegrenzt werden.

Wenn man die Rotverschiebung als die allseitige Flucht der Galaxien interpretiert, liefert der Doppler-Effekt den Zusammenhang zwischen der **Fluchtgeschwindigkeit** v und der Rotverschiebung z:

$$1 + z = \frac{1 + (v/c)}{\sqrt{1 - (v/c)^2}}, \tag{4.1}$$

wobei

$$z = \frac{\lambda(\text{beob}) - \lambda_0}{\lambda_0} = \frac{\Delta\lambda}{\lambda_0} \tag{4.2}$$

ist. Die *Doppler-Formel* darf nicht darüber hinwegtäuschen, daß die so definierte Fluchtgeschwindigkeit durch die Expansion des Raumes und nicht durch die eigene Bewegung der Galaxien im Raum bedingt ist.

Für $z \ll 1$ gilt die Doppler-Formel für $v \ll c$:

$$z = \frac{v}{c}. \tag{4.3}$$

Die empirische *Hubble-Beziehung* lautet:

$$cz = v = H_0 \cdot E, \tag{4.4}$$

wobei der Proportionalitätsfaktor H_0 die **Hubble-Zahl** ist (Abb. 4.1).

In den Gleichungen (4.1) bis (4.3) bedeuten:

c Lichtgeschwindigkeit = 299 792.458 km/s.

λ_0 Laborwellenlänge, das ist die im Ruhesystem der beobachteten Galaxis emittierte Wellenlänge einer Emissions- oder Absorptionslinie.

λ(beob) die heute von uns beobachtete Wellenlänge. Beispielsweise finden wir bei den sehr weit entfernten Quasaren die stärkste Linie des Wasserstoffatoms (Lyman α mit der Laborwellenlänge $\lambda_0 = 121.6$ nm) bis in den roten Spektralbereich verschoben. So wird Ly α mit einer Rotverschiebung von $z = 4$ bei der Wellenlänge $\lambda(\text{beob}) = (1 + z) \cdot 121.6$ nm $= 608.0$ nm beobachtet.

E Entfernung (Distanz zwischen uns und der betreffenden Galaxis (oder dem Quasar)). Sie wird in der Astronomie üblicherweise in Parsec (pc) bzw. Megaparsec (Mpc) angegeben. In der Kosmologie bietet sich auch als Entfernungsmaß das Lichtjahr (ly = light year) bzw. Megalichtjahr (Mly) an. Es ist 1 Mpc = 3.2615 Mly = $3.0856 \cdot 10^{19}$ km.

H_0 heutiger Wert der Hubble-Zahl in (km/s)/Mpc (gelegentlich auch in (km/s)/Mly angegeben).

Da im Rahmen der Einsteinschen Kosmologie der Raum zwischen den Galaxien expandiert, ist die Fluchtgeschwindigkeit als Ausdruck der zeitlichen Expansion des Raumes zu verstehen. Die Galaxien werden als festgeheftet an ihren räumlichen Koordinaten betrachtet. Pekuliare Bewegungen relativ zu diesem mitbewegten Koordinatensystem werden hierbei vernachlässigt. Die Expansion des Raumes wird durch den **Skalenfaktor** $R(t)$ im homogen isotropen Universum ausgedrückt. Alle Abstände zwischen den Galaxien wachsen proportional zu $R(t)$. Daher gilt für die Rotverschiebung z bzw. den Rotverschiebungsfaktor ζ (vgl. Abschn. 4.3)

$$\zeta = 1 + z = \frac{R_0}{R(t_\mathrm{E})} . \tag{4.5}$$

Hierin ist $R_0 = R(t_0)$ der heutige Wert des Skalenfaktors und $R(t_\mathrm{E})$ der Skalenfaktor zur Zeit t_E der Emission der Strahlung der Galaxis, die heute mit der Rotverschiebung z beobachtet wird. Entwickelt man $R(t_\mathrm{E})$ in eine Taylor-Reihe, die man für $z \ll 1$ nach dem zweiten Glied abbricht, so ergibt sich

$$R(t_\mathrm{E}) = R_0 + \dot{R}(t_0) \cdot (t_\mathrm{E} - t_0) + \cdots \tag{4.6}$$

Damit folgt aus Gl. (4.4) und Gl. (4.5) für $z \ll 1$

$$cz = \frac{\dot{R}(t_0)}{R_0} \cdot c(t_0 - t_\mathrm{E}) = H_0 \cdot E . \tag{4.7}$$

Hieraus wird bereits ersichtlich, daß – allgemein gesehen – die Expansionsrate des Raumes, die Hubble-Zahl, eine Funktion der Friedmann-Zeit ist:

$$H(t) = \frac{\dot{R}(t)}{R(t)} , \tag{4.8}$$

wobei $\dot{R}(t) = \dfrac{\mathrm{d}R}{\mathrm{d}t}$ ist. Der heutige Wert von H ist

$$H_0 = H(t_0) = \frac{\dot{R}(t_0)}{R_0} . \tag{4.9}$$

Die Entfernung E ist hier als Produkt der Lichtlaufzeit $(t_0 - t_E)$ mit der Lichtgeschwindigkeit c definiert. Leider kann man die Lichtlaufzeit nicht messen. Die Entfernungsbestimmungen von Galaxien und Quasaren sind vermutlich noch mit erheblichen systematischen Fehlern behaftet, da die Entfernungsskala durch Messungen von scheinbaren Helligkeiten von Objekten festgelegt werden muß, deren absolute Helligkeiten aus Vergleichen mit ähnlichen Objekten in unserer näheren Umgebung bzw. in unserer Galaxis abgeschätzt werden müssen.

Aus Gl. (4.7) ist unmittelbar ersichtlich, daß die Hubble-Zahl ohne vorherige Festlegung eines kosmologischen Modells nur aus Beobachtungen relativ naher Galaxien bestimmt werden kann. Diese Einschränkung ergibt sich jedoch zwangsläufig, da eine unabhängige Entfernungsbestimmung zur Zeit nur bis zu Rotverschiebungen $z = 0.04$, entsprechend $v = 12\,000$ km/s, möglich ist. Auf die vielfältigen Verfahren zur Entfernungsbestimmung können wir hier nicht im einzelnen eingehen. Wir verweisen auf das Buch von Michael Rowan-Robinson (1985) und auf Hans-Heinrich Voigt: Abriss der Astronomie, 5. Aufl. (1991), Kap. X.2. Die Problematik der Entfernungsbestimmung von Galaxien wird deutlich, wenn man bedenkt, daß es erst 1985 erstmalig gelungen ist, drei δ-Cephei-Sterne im Virgo-Galaxienhaufen nachzuweisen. Bei δ-Cephei-Sternen ist die absolute Helligkeit mit der Periode ihrer Leuchtkraft korreliert. Sie gehören zu den veränderlichen Sternen, bei denen der Radius systematisch pulsiert (vgl. Kap. 2). Der Virgo-Haufen ist noch sehr nahe (Rotverschiebung $z \approx 0.003$, entsprechend $v \approx 1000$ km/s). Seine Entfernung wird von verschiedenen Autoren zwischen 11 und 22 Mpc angegeben. Da die Pekuliargeschwindigkeit des Virgo-Haufens nur mit erheblicher Unsicherheit abgeschätzt werden kann und die Pekuliarbewegung unserer Galaxis gegenüber dem aus der Hintergrundstrahlung festgelegten kosmischen Inertialsystem etwa 550 ± 70 km/s (in Richtung $l = 261^\circ \pm 9^\circ$ und $b = 39^\circ \pm 1^\circ$) beträgt, erkennt man, daß nahe Galaxienhaufen keine zuverlässige Bestimmung der Hubble-Zahl erlauben. (l, b = galaktische Länge bzw. Breite, vgl. Abschn. 4.2.2). Darüber hinaus gibt es Hinweise, daß der Virgo-Haufen in ein lang gestrecktes Filament (Blasen-Wall) in der Verteilung der Galaxien eingebettet ist.

Zwei besonders wichtige Methoden der Entfernungsbestimmung sind die Supernova (Typ Ia)-Methode und die Tully-Fisher-Relation.

Die *Supernova-Methode* benutzt die Beobachtungen von Supernovae des Typs Ia, die in fernen Galaxien entdeckt werden. Durch Vergleich mit den absoluten Helligkeiten, die aus Beobachtungen an nahen Galaxien als bekannt gelten können, wird die Entfernungsskala aufgebaut. Problematisch ist hierbei z. B. die mögliche Untermischung von anderen Typen bzw. Subtypen von Supernovae.

Bei der *Tully-Fisher-Methode* wird die Masse einer Galaxis aus der beobachteten Breite der 21-cm-Linie des neutralen Wasserstoffs abgeleitet. Diese Linienbreite ist ein Maß für die Rotationsgeschwindigkeit der Galaxis, wobei noch die Neigung der Äquatorebene der Galaxis gegen unsere Blickrichtung berücksichtigt werden muß. Die Massen werden empirisch mit den Infrarot-Helligkeiten korreliert. Damit wird die Entfernungsskala aufgebaut.

Alle Methoden können noch erhebliche systematische Fehler enthalten. Daher hat Rowan-Robinson die vorliegenden Daten kritisch untersucht. Wenn er annimmt, daß systematische Fehler ausschließlich in der Supernova-Methode liegen, erhält er $H_0 = 78$ (km/s)/Mpc. Liegen die Fehler in der Tully-Fisher-Methode, ergibt sich

$H_0 = 56\,(\mathrm{km/s})/\mathrm{Mpc}$. Damit ergibt sich als Mittelwert bei Berücksichtigung der Fehlerbereiche $H_0 = (67 \pm 15)\,(\mathrm{km/s})/\mathrm{Mpc}$ (s. Abb. 4.1 und Tab. 4.1). Aus unseren Analysen resultiert seit 1992 $H_0 = (90 \pm 12)\,(\mathrm{km/s})/\mathrm{Mpc}$ (s. Abschn. 4.3.9 und Tab. 4.2). Zusätzlich zu dem hier angegebenen Fehlerbereich muß immer noch die Möglichkeit eines größeren systematischen Skalierungsfehlers bei den Entfernungen in Betracht gezogen werden.

Die obigen Zahlen reflektieren eine langjährige Kontroverse zwischen den Arbeitsgruppen um Sandage und Tammann, die Werte zwischen 50 und 57 ± 5 bevorzugen, und um G. de Vaucouleurs (gest. 1995), der Werte im Bereich $(100 \pm 10)\,(\mathrm{km/s})/\mathrm{Mpc}$ ableitete. Auch durch die neuen Beobachtungen mit dem Hubble Space Telescope (Mai 1996) hat sich noch nichts entscheidendes geändert. Auf Grund dieser Situation werden wir hier vorwiegend den „Mittelwert“ $H_0 = 75\,(\mathrm{km/s})/\mathrm{Mpc}$ benutzen.

Da die Fehler systematischer Natur sind, muß man bezüglich der Auswahl kosmologischer Modelle den Unsicherheitsbereich offen halten. Dies geschieht üblicherweise durch Einführung der dimensionslosen *Skalierungsgröße* h mit

$$h = \frac{H_0}{100\,\mathrm{km\,s^{-1}\,Mpc^{-1}}}\,. \tag{4.10}$$

Auf Grund des oben Gesagten kann h zwischen 0.5 und 1.0 liegen, im extremen Fall sogar zwischen 0.4 und 1.1. Entfernungsangaben von Galaxien, die aus Rotverschiebungen abgeleitet wurden, sollten immer den Skalierungsfaktor h enthalten.

Kosmologische Längen sind immer proportional zu h^{-1}. Somit sind Dichten proportional h^3 und Leuchtkräfte proportional h^{-2}, da diese aus gemessenen Helligkeiten bestimmt werden, wobei mit dem Quadrat der Entfernung zu multiplizieren ist. In diesem Zusammenhang weisen wir bereits hier darauf hin, daß die in Gl. (4.11) eingeführte *Leuchtkraftdichte* zu h proportional ist. Bei den aus der Rotationsgeschwindigkeit bestimmten Galaxienmassen geht der Bahnradius ($\sim h^{-1}$) ein, so daß das Masse-Leuchtkraft-Verhältnis M/L die Proportionalität $h^{-1}/h^{-2} = h$ besitzt.

4.2.2 Die Mikrowellen-Hintergrundstrahlung

Wenn das Universum seinen Anfang aus einem extrem dichten Zustand nahm, sollte man erwarten, daß in der Frühphase des Kosmos – ehe es zur Bildung von Sternen und Galaxien kommen konnte – ein dichtes, heißes Plasma existierte, das zunächst optisch dick, d.h. undurchlässig für Strahlung war. Nachdem das Plasma durch die Expansion auf Temperaturen zwischen 3000 und 6000 Kelvin abgekühlt war, bildeten sich aus Protonen und Elektronen neutrale Wasserstoffatome. Dadurch wurde die Materie durchsichtig, und Materie und Strahlung konnten entkoppeln, d.h. die Strahlung breitete sich von diesem Zeitpunkt an nahezu wechselwirkungsfrei aus.

Aufgrund solcher Überlegungen hatte im Jahre 1948 George Gamow (1904–1968) ausgerechnet, daß heute noch eine Reststrahlung dieses primordialen Plasmas vorhanden sein muß. Die Strahlungstemperatur erwartete er im Bereich zwischen 3 und 10 Kelvin (K). Das war eine erstaunlich genaue Vorhersage, die jedoch damals keine Beachtung bei den Radioastronomen fand. Allerdings gab es in den fünfziger

Jahren auch noch nicht die empfängertechnischen Voraussetzungen für ihren Nachweis. Erforderlich waren hochempfindliche Empfänger im cm-Wellenbereich mit extrem geringem Eigenrauschen.

So kam es erst 1965 zur Zufallsentdeckung der Hintergrundstrahlung, als Arno Penzias und Robert Wilson von den Bell Telephone Laboratories bei der Untersuchung des Rauschuntergrundes ihrer großen Hornantenne für Kommunikationssatelliten vom Echo-Typ auf einen isotropen kosmischen Strahlungsanteil stießen, der einer Temperatur des Kosmos von etwa 3 K entsprach. Penzias und Wilson beobachteten bei einer Wellenlänge von 7.5 cm.

In den nachfolgenden Jahren ergab sich auch im mm-Bereich der entsprechende Befund. Das Spektrum entspricht einer Planckschen Strahlungskurve für eine Temperatur von 2.735 K. Darüber hinaus ist die Strahlung in hohem Maße isotrop. Die gemessene Strahlungsintensität ist innerhalb einer Fehlerspanne von 1 Promille aus allen Richtungen konstant. Es sind genau diese zwei Eigenschaften, das Plancksche Spektrum und die hochgradige Isotropie der Intensität, die man aufgrund der homogenen Friedmann-Modelle des Kosmos erwarten sollte. Aus den Meßergebnissen resultiert, daß der Kosmos gleichmäßig mit einem Photonengas mit einer Dichte von $N_{\text{ph}} = (375 \pm 25) \cdot 10^6$ Photonen/m^3 gefüllt ist, bei einer mittleren Photonenenergie von $h\nu = 3kT = 0.7 \cdot 10^{-3}$ eV. Die heutige Energiedichte der Strahlung ergibt sich zu 0.26 eV/cm^3. Das entspricht einem Masseäquivalent von $0.47 \cdot 10^{-33}$ g/cm^3.

Die Expansion des Kosmos und die Existenz der Hintergrundstrahlung sind die beiden fundamentalen Stützen für die isotropen kosmologischen Weltmodelle mit großräumig homogener Verteilung der Galaxien. Daher wurde diese fundamentale Entdeckung von Arno Penzias und Robert Wilson im Jahre 1978 mit dem Nobelpreis für Physik ausgezeichnet, nachdem die Isotropie und die Planck-Verteilung mit hinreichender Präzision gesichert waren.

In den letzten Jahren wurden viele, teilweise noch laufende Experimente über die genaue Isotropie der Hintergrundstrahlung gemacht. Wegen des störenden Einflusses der „heißen" Erdoberfläche und der Erdatmosphäre sind zunächst Ballon- und inzwischen auch Satellitenbeobachtungen durchgeführt worden. Bereits die Ballonexperimente zeigten geringe Abweichungen in der Isotropie mit dipolartiger Verteilung. Die Strahlungsintensität aus Richtung der Sternbilder Leo und Hydra ist um etwa ein Promille größer, die Strahlung aus der Gegenrichtung, dem Sternbild Aquarius, um ein Promille niedriger als die mittlere Strahlungsintensität. Diese systematische Anisotropie läßt sich erklären durch die Bewegung unseres Sonnensystems im Kosmos. Diese setzt sich zusammen aus der Umlaufgeschwindigkeit des Sonnensystems um das galaktische Zentrum mit etwa 220 km/s in Richtung auf das Sternbild Cygnus und, in nahezu entgegengesetzter Richtung, einer Pekuliargeschwindigkeit unserer Galaxis in Richtung auf den Galaxienhaufen im Sternbild Hydra. Unter Berücksichtigung der galaktischen Rotation liefert die Messung der Dipolanisotropie einen Wert von 550 ± 70 km/s für diese Pekuliargeschwindigkeit.

Um den Störungen durch die Erdatmosphäre vollständig zu entgehen, wurde in der Sowjetunion im Juli 1983 ein Spezialsatellit (Prognoz 9) in eine extrem hohe Bahn geschossen. Das Apogäum lag in einer Entfernung von 700 000 km, das Perigäum bei 10 000 km. Innerhalb von 6 Monaten hatte der Satellit die Hintergrundstrahlung der gesamten Sphäre analysiert.

Die NASA startete im Jahre 1989 den „Cosmic Background Explorer" COBE, der die bisher exakteste Untersuchung der kosmischen Hintergrundstrahlung durchführte. Mit dem FIRAS-Experiment wurde eindrucksvoll die im Rahmen der Meßgenauigkeit exakte Planck-Form des Spektrums für eine Temperatur von 2.735 K nachgewiesen. Die Anisotropie wird mit einem differentiell messenden Mikrowellen-Radiometer bei drei verschiedenen Wellenlängen untersucht. Abgesehen von dem Dipoleffekt fand man schließlich Strukturen mit einer Temperaturabweichung von nur etwa 30 μK, entsprechend einer Meßgenauigkeit von $\Delta T/T = 10^{-5}$.

Das beobachtete Spektrum ist in Abb. 4.2 wiedergegeben. Am linken Rand ist auch ein mittleres Spektrum der galaktischen Synchrotronstrahlung eingezeichnet, die durch Elektronen der kosmischen Strahlung erzeugt wird, die mit relativistischen Geschwindigkeiten in den Magnetfeldern unserer Galaxis auf Helix-Bahnen umlaufen. Aus dem Verlauf dieses Spektrums erkennt man leicht, daß die Synchrotronstrahlung, die im Meterwellenbereich dominiert, im cm-Bereich praktisch keine Rolle mehr spielt.

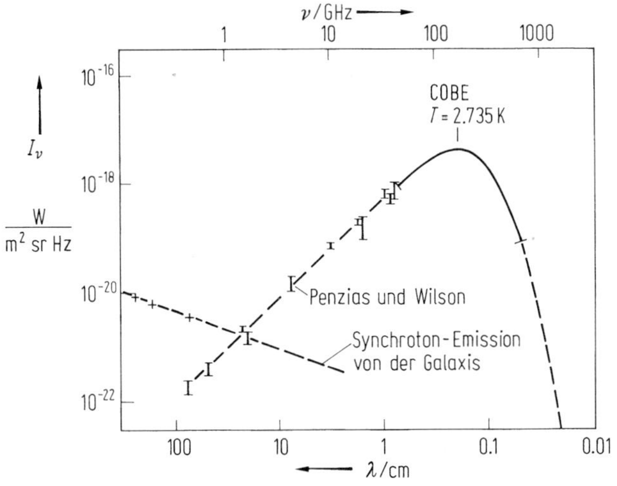

Abb. 4.2 Spektrum der Hintergrundstrahlung im Wellenlängenbereich von 0.2 mm bis 1 m, verglichen mit der Synchrotron-Strahlung unserer Galaxis, die im Meterwellenbereich überwiegt. Die ausgezogene Kurve repräsentiert die Planck-Funktion für 2.735 K nach den COBE-Messungen (Mather et al., 1990). Der Meßfehler wurde zu 1 % abgeschätzt.

Abbildung 4.3 zeigt die von COBE bis 1992 gemessenen Strukturen in der Hintergrundstrahlung. Sie sind in galaktischen Koordinaten dargestellt, wobei das galaktische Zentrum im Mittelpunkt der Abbildung liegt. In den dunklen Bereichen liegt die Strahlungstemperatur 30 μK über dem Mittelwert, in den hellen Bereichen um 30 μK darunter. Das Winkelauflösungsvermögen des Meßinstrumentes beträgt 7°, es ermöglicht Messungen bei 3.3, 5.7 und 9.5 mm Wellenlänge. Sowohl die Dipolasymmetrie als auch der Beitrag der galaktischen Strahlung wurden eliminiert. Inzwischen gibt es Bestätigungen für die Strukturen sogar auf kleineren Winkelskalen ($\approx 30'$) (Scott et al., 1996) in einem Feld von $2° \times 2°$ im Ursa major. Zur weiteren

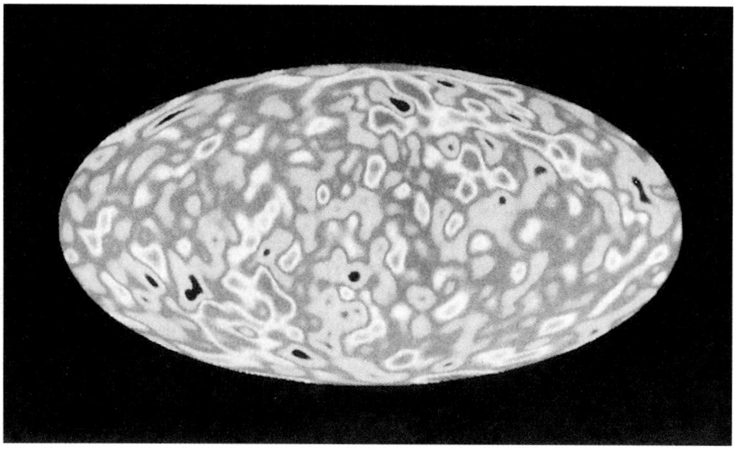

Abb. 4.3 Strukturen in der Hintergrundstrahlung, wie sie bis 1992 von dem COBE-Satelliten gemessen wurden, dargestellt in galaktischen Koordinaten. Die Abweichungen von der isotropen Strahlung betragen $\pm 30\ \mu K$ (Smoot et al., 1992).

Überprüfung der Strukturen sind Satelliten-Projekte (PLANCK SURVEYOR der ESA) in Vorbereitung.

4.2.3 Die Dichte der leuchtenden Materie

Neben der Expansionsrate (Hubble-Zahl) ist die Kenntnis der heutigen mittleren Dichte der Materie die wichtigste Randbedingung für die Auswahl der kosmologischen Modelle. Im Rahmen der homogen isotropen Modelle erzielt man damit eine brauchbare Beschreibung der zeitlichen Entwicklung des Kosmos in Vergangenheit und Zukunft.

Wir wollen zunächst die Bestimmung der Dichte der beobachtbaren Materie erörtern. Dabei bleibt der Anteil der „unsichtbaren“ Materie zunächst offen. Er muß aus dynamischen Massenbestimmungen der Galaxien zusätzlich berücksichtigt werden.

Eine sorgfältige Analyse hat P. J. E. Peebles (1971) in seinem Buch *Physical Cosmology* gegeben. Wir beschränken uns hier auf eine vereinfachte Beschreibung. Man geht aus von einer Bestimmung der **Leuchtkraftdichte** $\mathscr{L}$, d. h. der volumenbezogenen Leuchtkraft, die von den Galaxien erzeugt wird. Man kann sie aus Zählungen der Anzahl der Galaxien bis zu einer vorgegebenen Grenzhelligkeit erhalten. Überschaubare Zahlen erzielt man, wenn man die Leuchtkraft unserer Sonne als Bezugseinheit benutzt:

$$L_{\odot} = 4 \cdot 10^{26}\ \mathrm{W}\,.$$

Peebles erhält für die Leuchtkraftdichte $\mathscr{L}$:

$$\mathscr{L} = 3.0 \cdot 10^{8} \cdot h \cdot L_{\odot} \quad (\mathrm{Mpc})^{-3}\,, \tag{4.11}$$

wobei die Entfernungsskalierung durch h aus Gl. (4.10) berücksichtigt ist. Ein $(\mathrm{Mpc})^3$ entspricht $2.94 \cdot 10^{67}\,\mathrm{m}^3$. Zur Veranschaulichung erwähnen wir, daß innerhalb unserer lokalen Gruppe der Abstand zu unserer nächsten großen Galaxie, dem Andromeda-Nebel (M 31 = Nummer 31 im Messier-Katalog), (0.73 ± 0.04) Mpc beträgt. Der Durchmesser der lokalen Gruppe kann mit 3 Mpc angesetzt werden. Um aus der Leuchtkraftdichte die Massendichte zu erhalten, müssen wir noch mit dem für Galaxien typischen *Masse-Leuchtkraft-Verhältnis* multiplizieren. Wenn unsere Sonne typisch wäre mit ihrer Masse $M_\odot$ $2 \cdot 10^{30}$ kg, wäre unser Problem einfach gelöst. Wenn man jedoch die Massen der Galaxien aus den beobachteten Rotationsgeschwindigkeiten abschätzt, sieht man, daß die zahlreichen lichtschwachen Sterne ganz erheblich zum Masse-Leuchtkraft-Verhältnis beitragen. Eine einfache Massenabschätzung erhält man bereits aus dem drittem Keplerschen Gesetz

$$M(r) = \frac{r \cdot v^2}{G} . \tag{4.12}$$

Hierin ist $M(r)$ die innerhalb des Radius r enthaltene Masse der Galaxis und $v = v(r)$ die beobachtete Rotationsgeschwindigkeit als Funktion des Abstandes r vom Zentrum der Galaxis. Für Spiralgalaxien erhält man

$$\frac{M}{L} = (3 \text{ bis } 8) \cdot h \cdot \frac{M_\odot}{L_\odot} . \tag{4.13}$$

Bei elliptischen Galaxien gestaltet sich die Bestimmung schwieriger. Hier wird die Rotation von Galaxienpaaren herangezogen. Dies liefert Faktoren von 20 bis 30 anstelle der 3 bis 8 in Gl. (4.13).

Als sinnvollen mittleren Wert hat Peebles

$$\frac{M}{L} = 20 h \frac{M_\odot}{L_\odot} \tag{4.14}$$

angesetzt.

Die Zahl 20 entspricht dem Masse-Leuchtkraft-Verhältnis von roten Zwergsternen (Spektraltyp M). Man erkennt, daß die leuchtschwachen Sterne die Masse der Galaxien dominieren. Das entsprechende Verhältnis der Sterne der näheren Sonnenumgebung ist 3.

Wir erhalten aus Gl. (4.11) und Gl. (4.14) die heutige mittlere Dichte der in Galaxien enthaltenen Masse:

$$\varrho_\mathrm{G} = \mathscr{L} \cdot \frac{M}{L} = 0.4 \cdot 10^{-30} h^2 \,\mathrm{g\,cm}^{-3} . \tag{4.15}$$

Die Entfernungsskala (h) geht quadratisch in diese Gleichung ein. Die Dichte der galaktischen Materie dürfte also zwischen 0.1 und $0.4 \cdot 10^{-30}\,\mathrm{g\,cm}^{-3}$ liegen[1]. Wegen

[1] Die Einheit $10^{-30}\,\mathrm{g \cdot cm}^{-3}$ bietet sich an, da 10^{-30} eine einprägsame Zahl ist, aus der man leicht die zweite und die dritte Wurzel ziehen kann.

der Abhängigkeit dieser Zahl von der Hubble-Zahl benutzt man gern den *Masseparameter* Ω_0, der unabhängig von H_0 bestimmt wird:

$$\Omega_0 = \frac{\varrho_0}{\varrho_{c,0}} \tag{4.16}$$

wobei

$$\varrho_{c,0} = \frac{3H_0^2}{8\pi G} = 18.8 \cdot 10^{-30} \cdot h^2 \text{ g cm}^{-3} \tag{4.17}$$

ist. Sie wird die *kritische Dichte* genannt. Es ist die Dichte im Standardmodell mit euklidischer Raummetrik. Aus Gl. (4.15) und Gl. (4.17) folgt

$$\Omega_0 = 0.02\,. \tag{4.18}$$

Neue Messungen der Leuchtkraftdichte im „Muenster Redshift Projekt" (Schuecker et al. 1990) führen auf einen geringeren Zahlenwert (2.3 anstelle von 3.0 in Gl. (4.11)) und damit auf

$$\Omega_0 = 0.015\,. \tag{4.18a}$$

Im nächsten Abschnitt werden wir sehen, daß diese relativ geringe Dichte im Rahmen der Standardmodelle ($\Lambda = 0$) auf einen Kosmos mit hyperbolischer Raummetrik führt, der ins Unendliche expandiert.

In den letzten Jahren hat sich gezeigt, daß Galaxien von ausgedehnten **Halos** umgeben sind, die sich weit über die sichtbare Galaxie hinaus erstrecken. Diese Erkenntnis beruht auf drei Beobachtungsbefunden:

Die Halos lassen sich durch die ausgedehnte Verteilung des neutralen Wasserstoffs nachweisen, der im Radiobereich bei 21 cm Wellenlänge gemessen wird. Die Dichte des Wasserstoffs im Halo ist allerdings wesentlich geringer als man sie etwa in den Armen der Spiralnebel findet.

Auch im optischen Spektralbereich ist es durch moderne Beobachtungstechnik gelungen, die sehr leuchtschwache, nahezu sphärische Form der ausgedehnten Halos nachzuweisen. Die Natur dieser Strahlung ist noch nicht generell geklärt. Man nimmt an, daß sie von sogenannten *Braunen Zwergsternen* herrührt. Wenn unsere Vorstellung richtig ist, daß sich Galaxien aus zunächst mehr oder weniger sphärischen Dichte-Inhomogenitäten im frühen Kosmos gebildet haben, dann sollten diese Sterne sehr alt sein und bereits zu Beginn der Kontraktionsphase der Galaxien entstanden sein. Braune Zwerge sollten sehr massearm sein verglichen mit unserer Sonne. Allerdings dürfte man erwarten, daß in der Frühphase auch massereiche Sterne entstanden sind. Die Sterne mit mehrfacher Sonnenmasse würden bereits „erloschen" sein, d.h. sich zu extrem kalten „Weißen" Zwergen, zu Neutronensternen oder sogar zu Schwarzen Löchern entwickelt haben.

Der dritte Beobachtungsbefund ist das Faktum, daß die Rotationskurven der Galaxien bis in große Entfernungen vom jeweiligen Zentrum flach verlaufen, also nicht den nach den Keplerschen Gesetzen zu erwartenden Abfall mit $1/\sqrt{r}$ zeigen (Abb. 4.4). Aus diesen Beobachtungsdaten wurde errechnet, daß die Masse des Halos vergleichbar ist mit der Masse der sichtbaren Galaxie (John Bahcall, St. Casertano, 1985).

Da im vorn benutzten Masseverhältnis Gl. (4.14) bereits die Halo-Masse zumindest annähernd berücksichtigt ist, sollte sich eine Unterschätzung der Massen der

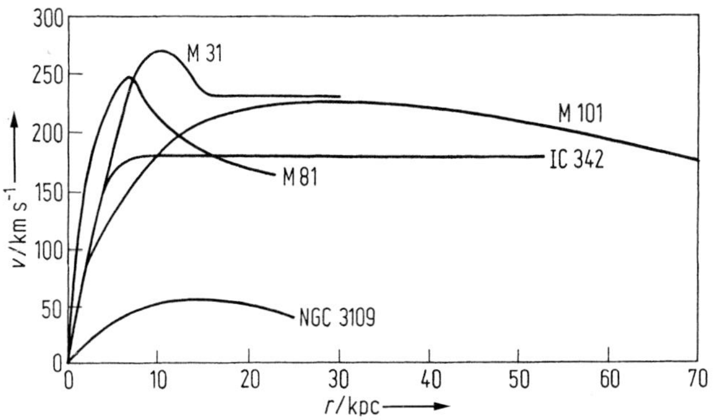

Abb. 4.4 Rotationskurven von fünf Spiralgalaxien, abgeleitet aus Messungen der 21-cm-Linie des Wasserstoff. Die Abszisse r ist der Abstand vom Zentrum der Galaxie (nach der Zusammenstellung von Mihalas und Binney, 1981).

Galaxien in engen Grenzen halten. Von einigen Autoren wird jedoch auch ein Masse-Leuchtkraft-Verhältnis von

$$\frac{M}{L} = 100 \cdot h \cdot \frac{M_\odot}{L_\odot} \tag{4.19}$$

als im Bereich des Möglichen liegend angesehen. Damit würde

$$\Omega_0 = 0.1 \tag{4.20}$$

werden. Das entspräche einer Dichte von einem Zehntel der kritischen Dichte.

Daraus folgt, daß für einen Kosmos, der durch ein euklidisches Standardmodell repräsentiert werden kann, immer noch 90 Prozent der Masse fehlen würde. Sie müßte dann wohl durch „exotische“ Materie bereitgestellt werden. Die mögliche Unterschätzung der heutigen, mittleren Materiedichte nennt man das **Problem der fehlenden Masse** (*the missing mass problem*).

Sollte es die „fehlende Masse“ im Kosmos in Form von nicht-baryonischer Materie wirklich geben, wäre in erster Linie daran zu denken, daß die Neutrinos eine merklich von Null verschiedene Ruhemasse haben könnten. Ansonsten wären im Zoo der Elementarteilchenphysiker neben den drei Neutrino-Arten noch eine Reihe von hypothetischen Teilchen (z. B. Axions, Photinos etc.) denkbar. Derzeit ist aber außer den Neutrinos noch kein anderer Kandidat im Labor nachgewiesen. Auf den möglichen Beitrag der Neutrinos zur mittleren Dichte im Kosmos gehen wir in Abschn. 4.5 noch einmal ein.

4.2.4 Die heutige mittlere baryonische Dichte

Neben der in Abschn. 4.2.3 dargestellten Methode, die heutige kosmische Dichte zu bestimmen, gibt es noch ein weiteres Verfahren, das im Gegensatz zu dieser mittlere Dichten liefert, die erstens von der Hubble-Zahl praktisch unabhängig sind und die zweitens auch die in ausgebrannten oder extrem leuchtschwachen Sternen (Braune Zwerge, extrem kalte „Weiße“ Zwerge, Neutronensterne, Schwarze Löcher) steckende Masse mitberücksichtigen.

Dies Verfahren benutzt die beobachteten relativen Massenanteile des Helium-4 (^{4}He) und des Deuterium (^{2}H). Ferner kann noch Helium-3 (^{3}He) und Lithium-7 (^{7}Li) herangezogen werden. Zur Vereinfachung werden wir uns hier auf den im interstellaren Gas beobachteten Anteil des ^{4}He und ^{2}H beschränken. Wir erhalten daraus die mittlere Dichte der in Form von Atomen, Molekülen oder Protonen bestehenden Materie. Das wäre im Gegensatz zu den in Abschn. 4.2.3 erwähnten „exotischen“ Teilchen das, was wir normale Materie nennen. Wir bezeichnen Protonen und Neutronen als **baryonische Materie**. Nur sie tragen zur Masse der Atome wesentlich bei.

Wenn man die relativen Häufigkeiten der (wichtigsten) chemischen Elemente in den Sternatmosphären zusammenstellt, wie sie sich aus den spektroskopischen Untersuchungen des Sternenlichtes ergeben, stößt man auf ein merkwürdiges Phänomen:

Der Anteil an schweren Elementen in den Sternen ist ganz signifikant davon abhängig, zu welchem Zeitpunkt im Leben unserer Galaxis sich Sterne aus dem interstellaren Medium gebildet haben. Sterne, die heute als alte Sterne zu bezeichnen sind, haben sich in der Frühzeit der Galaxis aus dem „jungfräulichen“, interstellaren Gas geformt, während sich junge Sterne, die erst vor wenigen Millionen Jahren entstanden sind, aus „altem“ Gas gebildet haben. Unter *schweren Elementen* wollen wir hier die wichtigsten zusammenfassen: Kohlenstoff (C), Stickstoff (N), Sauerstoff (O) und Eisen (Fe). Ihr Massenanteil liegt in den ältesten Sternen ganz wesentlich unterhalb von 1 %, während er bei den jungen Sternen bis auf etwa 4 % angestiegen sein kann. Ganz anders verhalten sich die wichtigsten leichten Elemente: Wasserstoff und Helium.

Wasserstoff ist in allen Sternen und im interstellaren Gas das weitaus dominierende Element. Über 70 % der baryonischen Masse des Kosmos besteht aus Wasserstoff bzw. aus Protonen, wenn der Wasserstoff ionisiert ist. Wichtig ist in unserem Zusammenhang der Massenanteil des *Heliums*. Er liegt bei den alten Sternen bei etwa 25 %, bei den ganz jungen Sternen kann er bis zu 30 % betragen. Bei unserer Sonne rechnen wir mit 28 %. Der Anteil des Heliums ist also nur wenig davon abhängig, wann sich ein Stern aus dem interstellaren Gas gebildet hat.

Diese Befunde kann man verstehen und in Stern-Entwicklungsmodellen nachrechnen, wenn man annimmt, daß das Helium zum größten Teil in der ganz frühen Phase der Galaxienentwicklung zum weit überwiegenden Anteil bereits vorhanden war – wir sprechen vom *primordialen Heliumanteil* – während die schweren Elemente erst in den Fusionsreaktoren im Inneren von relativ massereichen Sternen „gekocht“ wurden. Diese angereicherte Materie wurde bei Supernova-Explosionen wieder an die interstellare Materie abgegeben, aus der dann die nächste Generation von Sternen entstand. Wir müssen hierbei berücksichtigen, daß die massereichen OB-Sterne nur eine Lebensdauer von einigen Millionen bis einigen zehn Millionen Jahren haben. Das heißt aber beispielsweise, daß ehe unsere Sonne vor 4.6 Milliarden Jahren entstand, einige hundert bis tausend Generationen von OB-Sternen vorher existiert haben können. Als *OB-Sterne* bezeichnet man Sterne, deren Leuchtkraft über dem Zehntausendfachen der Leuchtkraft unserer Sonne liegt. Sterne dieses Typs durchlaufen an ihrem Ende ein Supernova-Stadium, bei dem ein wesentlicher Teil ihrer

Masse ausgeschleudert wird. Sie enden als Neutronenstern oder möglicherweise als Schwarzes Loch.

Für die Kosmologie ist also die Frage wichtig, ob der Massenanteil des Heliums von knapp 25% in der Urknallphase entstanden sein kann. Es hat sich gezeigt, daß im frühen Kosmos eine *primordiale Nukleosynthese* stattgefunden haben muß, die nicht nur den Heliumanteil, sondern auch den Anteil des Deuteriums, das wir im interstellaren Gas und in den Atmosphären von Jupiter und Saturn finden, quantitativ zwanglos aus der Materieentwicklung in den ersten drei Minuten nach dem Beginn der Expansion erklären kann.

Die Fusion der Protonen und Neutronen zu Deuterium und Helium läßt sich für die ersten Minuten nach dem Urknall aus dem kosmologischen Modell berechnen. Der Vergleich der berechneten Massenanteile von Deuterium und Helium mit den heute beobachteten Anteilen erlaubt es, das Verhältnis der Anzahl der Photonen N_{ph} zur Anzahl der Baryonen N_B im frühen Kosmos festzulegen. Man kann nun leicht einsehen, daß sich dieses Zahlenverhältnis seither nicht mehr wesentlich geändert haben kann, da die Umwandlung von Materie in Strahlung in den Fusionsreaktoren der Sterne insgesamt nur höchstens einige Prozent zur Anzahldichte der Photonen aus dem frühen Strahlungskosmos hinzugefügt haben kann.

Wenn wir aber das heutige Zahlenverhältnis der Photonen zu Baryonen ableiten können, läßt sich leicht die heutige Anzahldichte der Baryonen errechnen, da sich die Anzahldichte der Photonen $N_{ph} = (375 \pm 25)\,\mathrm{cm}^{-3}$ aus der Hintergrundstrahlung (Abschn. 4.2.2) ergeben hatte. Die Fusionsrechnungen liefern

$$\frac{N_{ph}}{N_B} = 10^{9.5(+0.3,\,-0.2)}\,, \tag{4.21}$$

vergleiche hierzu Abb. 4.5 und 4.6.

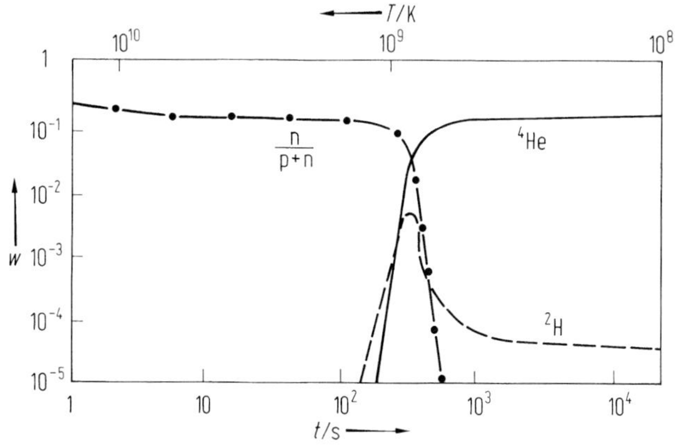

Abb. 4.5 Primordiale Fusion von (^{4}He) Helium- und (^{2}H) Deuterium-Kernen im frühen Kosmos bei $T = 10^9$ K (nach Wagoner, R., 1973). Aufgetragen sind die Massenanteile w der Neutronen n/(n + p), des ^{4}He und des ^{2}H bezogen auf die Massensumme H + He als Funktion der Temperatur bzw. der Friedmann-Zeit.

Tab. 4.1 Heutige Randbedingungen.

Beobachtungsdaten		Literatur
1. Mikrowellen-Hintergrundstrahlung		
Temperatur:	$T = 2.735 \pm 0.005$ K	[1]
Anzahldichte der Photonen:	$N_{ph} = 375 \pm 25\ \text{cm}^{-3}$	
Mittlere Photonenenergie:	$h\bar{v} = 3kT = 7 \cdot 10^{-4}$ eV	
Energiedichte:	$\varepsilon_S = 0.26 \pm 0.02\ \text{eV} \cdot \text{cm}^{-3}$	
äquivalente Massendichte:	$\varrho_S = (0.47 \pm 0.03) \cdot 10^{-33}\ \text{g} \cdot \text{cm}^{-3}$	
Pekuliargeschwindigkeit der Galaxis in Richtung Hydra-Leo:	$v_p \approx 600$ km/s	
Isotropie:	$\delta T/T < 10^{-4}$ auf Winkelskalen $\theta < 1°$	
2. Hubble-Zahl H_0/km s^{-1} Mpc^{-1}	$(1/H_0)/10^9$ Jahre	
55 ± 7	17.8 (+2.6, −2.0)	[2]
66 ± 15 (58(a), 89(b))	14.6 (+4.2, −2.7)	[3]
78 ± 11	12.6 (+2.0, −1.7)	[4]
80 ± 17	12.2 (+3.3, −2-1)	[5]
87 ± 7	11.2 (+1.0, −0.8)	[6]
100 ± 10	9.8 (+1.1, −0.9)	[7]
Verzögerungsparameter q_0: $-1.3 < q_0 < +2$		[3]
Diese Auswahl der Messungen von H_0 demonstriert die langjährige Kontroverse, die auf der systematischen Unsicherheit der Entfernungsmessungen beruht!		
3. Heutige mittlere Dichte $\varrho_{m,0}$*		
$\varrho_{m,0} = 0.3 \cdot 10^{-30} h^2\ \text{g} \cdot \text{cm}^{-3}$ bzw.	$\Omega_0 = \varrho_{m,0}/\varrho_c = 0.015$	[8]
mit $h = H_0/100$ und $M/L = 20$. Vergleiche hierzu auch die sog. kritische Dichte:		[9]
$\varrho_c = 18.8 \cdot 10^{-30} h^2\ \text{g} \cdot \text{cm}^{-3} = \frac{3}{8\pi G} H_0^2$		
4. Heutige mittlere Dichte der Baryonen $\varrho_{B,0}$**		
$\varrho_{B,0} = 0.2(+0.3, -0.1) \cdot 10^{-30}\ \text{g cm}^{-3}$	(unabhängig von H_0!) (vgl. Abb. 4.6)	[10]
$\Omega_0 = (0.0125 \pm 0.0025) \cdot h^{-2}$		
a) Primordialer Masseanteil von Helium und Deuterium (bezogen auf die Massensumme von Wasserstoff und Helium)		[11]
	gemessen aus:	
^{4}He $= 0.235 \pm 0.005$	Radio- und optischen Spektren	
^{3}He $= 5\ (+6, -5) \cdot 10^{-5}$	Radio-Spektren	
^{2}H $= 5\ (+6, -4) \cdot 10^{-5}$	UV-Spektren (Lyman (D))	
^{7}Li $\leq 5 \cdot 10^{-10}$	optischen Spektren	
b) Heutige mittlere Anzahldichte N der Leptonen		
Elektronen:	$N_{e^-} = N_p$ (Ladungsneutralität)	
Neutrinos:	$N_\nu \approx 330\ \text{cm}^{-3}$	
Mittlere Neutrinomasse (für ν_e, ν_μ, ν_τ):	$0 \leq \bar{m}_\nu < 20$ eV	
Massendichte der Neutrinos:	$0 \leq \bar{\varrho}_\nu < 12 \cdot 10^{-30}\ \text{g cm}^{-3}$	[12]

Tab. 4.1 Fortsetzung

Beobachtungsdaten	Literatur
5. Alter der Galaxis $t_{GAL}/10^9$ Jahre	
a) Entwicklungsalter der Kugelsternhaufen: $t_{GAL} = (17 \pm 6)$	[13]
b) Aus dem Thorium/Uran-Verhältnis in Meteoriten: $t_{GAL} = 20.8\ (+2, -4)$	[14]
$= 18.6 \pm 6$	[15]
Daraus zusammenfassend: Alter des Universums t_0 $t_0 \geqslant (19 \pm 7) \cdot 10^9$ Jahre	[16]

* Die Dichten basieren auf scheinbaren Helligkeiten und Masse/Leuchtkraft-Verhältnissen: Benutzt wurde $M/L = 20 \cdot h \cdot M_\odot/L_\odot$ (mit $h = H_0/100$) [8], [9].

** Die baryonische Dichte wurde abgeleitet aus Beobachtungen des Massenanteils von ^{4}He und ^{2}H und unter Berücksichtigung einer neuen Halbwertszeit des Neutrons von 10.2 Minuten [12].

[1] Mather, J.C. et al., Astrophys. J. **354**, L37–L40, 1990
[2] Sandage, A., Tammann, G.A., Astrophys. J. **446**, 1–11, 1995
[3] Rowan-Robinson, M., The Extragalactic Distance Scale, Space Sci. Rev. **48**, 1–77, 1988. (a) Seite 61: $H_0 = 58$, wenn systematischer Fehler ausschließlich in der Infrarot-Tully-Fischer-Methode; (b) Seite 61: $H_0 = 89$, wenn der Fehler in der Typ I-Supernova-Methode.
[4] Whitmore, B.C. et 4 Coauthors, Astrophys. J. **454**, L 73 + L 76, 1995
[5] Freedman, W.L. et al., Nature **371**, 757 + 762, 1994
[6] Pierce, M.J. et al., Nature **371**, 385–389, 1994
[7] de Vaucouleurs, G., Peters, W.L., Astrophys. J. **287**, 1, 1984
[8] Peebles, P.J.E., Physical Cosmology, Princeton Univ. Press, Princeton, 1974, S. 58ff.
[9] Schuecker, P. et al., Rev. Mod. Astronomy **2**, 109–112, 1989
[10] Olive, K.A., Science **251**, 1194, 1991
[11] Mezger, P.G., Schmid-Burgk, J., Mitt. Astron. Ges. **58**, 31, 1983
[12] Priester, W., Urknall und Evolution des Kosmos – Fortschritte in der Kosmologie, Westdeutscher Verlag, Opladen, N 333, 1984, S. 55ff.
[13] Sandage, A., Astrophys. J. **252**, 553, 1982
[14] Thielemann, F.K., Metzinger, J., Klapdor, H.V., Astron. Astrophys. **123**, 162, 1983
[15] Thielemann, F.K., Truran, J., 5. Moriond Astrophys. Meeting, 3/1985
[16] Blome, H.J., Priester, W., Astrophys. Space Sci. **117**, 327, 1985

Damit wird die *heutige mittlere baryonische Dichte*

$$\varrho_{B,0} = 0.2(+0.3,\ -0.1) \cdot 10^{-30}\,\mathrm{g\,cm^{-3}}\,. \tag{4.22}$$

Diese Resultate haben wir zusammen mit den beobachteten Häufigkeiten von Helium und Deuterium in Tab. 4.1 zusammengefaßt. Die Beobachtungsdaten der Häufigkeiten sind dem Review von Mezger und Schmid-Burgk (1983) entnommen.

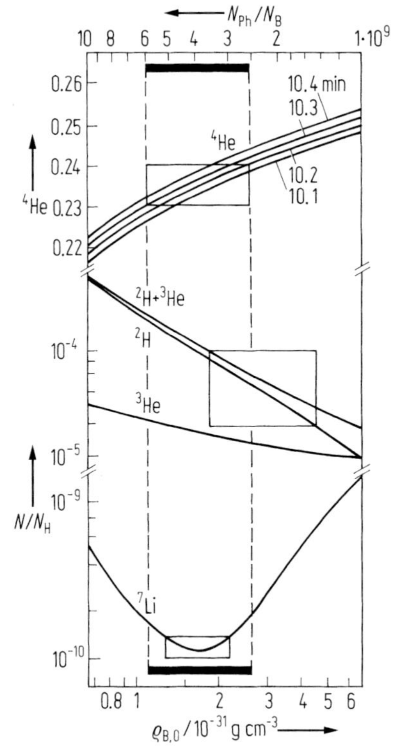

Abb. 4.6 Der Massenanteil von primordialen Helium, Deuterium und Lithium hängt empfindlich vom Zahlenverhältnis der Photonen zu Baryonen N_{ph}/N_B und von der Halbwertszeit τ_N des freien Neutrons ab (10.2 ± 0.1 Minuten) (Berechnungen nach Olive, 1991). Die untere Abszisse gibt die heutige baryonische Dichte $\varrho_{B,0}$ an.

4.2.5 Das Alter der Galaxis

Das Alter des Universums ist ein wichtiges Kriterium zur Beurteilung der theoretisch denkbaren kosmologischen Modelle. Allerdings können wir für das Weltalter, abgeleitet aus Beobachtungen, nur eine *untere Grenze* angeben, die durch das Alter der Milchstraße gegeben ist. Um dieses Alter zu bestimmen, werden die folgenden Methoden verwendet.

Zu den ältesten Objekten in unserer Galaxis gehören die Kugelsternhaufen. Sie enthalten nur einen sehr geringen Anteil an schweren Elementen und sind nahezu sphärisch um die Milchstraße verteilt. Diese Eigenschaften deuten auf eine Entstehung während der frühen Kontraktionsphase unserer Milchstraße hin. Das auffällige Merkmal der alten Kugelsternhaufen ist, daß sie Entwicklungseffekte zeigen, wobei sich die massereicheren Sterne im linken Bereich der Hauptreihe des Hertzsprung-Russel-Diagramms bereits zu roten Riesensternen entwickelt haben. Durch den Vergleich mit theoretischen Sternentwicklungsmodellen läßt sich das *Alter des Kugelsternhaufens* bestimmen. Hierbei spielt der sogenannte „turn-off point" eine entscheidende Rolle. Die so bestimmten Alter liegen im Bereich von 17 ± 3 Milliarden Jahren. Allerdings muß man hier noch mit möglichen systematischen Fehlern rechnen. Den gesamten Unsicherheitsbereich für das Alter der Kugelsternhaufen kann man zu 17 ± 6 Milliarden Jahren abschätzen (Tab. 4.1).

Eine zweite, sehr bedeutsame Methode ist die Altersbestimmung aus dem *Zerfall radioaktiver Elemente.* Hier greift man zweckmäßig auf solche Elemente zurück, deren Halbwertszeit für den radioaktiven Zerfall in der gleichen Größenordnung liegt wie das vermutete Alter der Milchstraße. Als Chronometer kann z. B. das Uran-Isotop ^{238}U mit einer Halbwertszeit von $4.46 \cdot 10^9$ Jahren oder das Thorium-Isotop ^{232}Th mit einer Halbwertszeit von $14.05 \cdot 10^9$ Jahren dienen. Diese beiden Kerne werden bei Supernova-Ausbrüchen im sogenannten r-Prozeß (r für „rapid", da die Neutronen-Anlagerungen sich rasch im Vergleich zu den konkurrierenden β-Zerfällen ereignen) in einem bestimmten Mengenverhältnis produziert. Danach zerfallen sie entsprechend ihrer individuellen Halbwertszeit. Dabei ändert sich ihr Häufigkeitsverhältnis im Laufe der Zeit. Somit kann man aus dem beobachteten Häufigkeitsverhältnis auf den Zeitpunkt des Beginns des Zerfallwettlaufs schließen, vorausgesetzt man kennt das ursprüngliche Verhältnis, wie es durch den r-Prozeß erzeugt wurde. In der nicht ganz eindeutigen Kenntnis dieser Produktionsraten liegt die Problematik des Verfahrens. Die Produktion wird erheblich durch die Zerfallseigenschaften der neutronenreichen Kerne beeinflußt, die kurzfristig im Verlauf der r-Prozesse entstehen.

Die Bestimmung der gegenwärtigen Häufigkeitsverhältnisse der Chronometer-Elemente basiert im allgemeinen auf ihrem Vorkommen in Meteoriten. Die Untersuchungen von Klapdor, Metzinger, Thielemann und Truran (s. Klapdor (1989)) vor allem an Thorium und Uran liefern ein Alter der Galaxis von 18.6 ± 6 Milliarden Jahre. Das Ergebnis hängt noch von den Annahmen über den Verlauf der Produktionsrate der radioaktiven Elemente im Laufe des Weltalters ab. Wenn in der frühen Kontraktionsphase unserer Galaxis die Supernovarate signifikant größer gewesen ist als in späteren Zeiten, würde man mit einem Alter unserer Galaxis an der unteren Grenze des angegebenen Fehlerbereichs rechnen müssen, also bei etwa 13 Milliarden Jahren.

Bei einer anderen Methode, die ebenfalls auf der Existenz eines langlebigen Thorium-Isotops beruht, werden die *Spektren von G-Sternen* verschiedenen Alters untersucht. Aus dem Vergleich des Intensitätsverhältnisses der Thorium-Linie mit einer Neodym-Linie wird im Zusammenhang mit Modellen der galaktischen chemischen Evolution ein Alter der Galaxis von 15 bis 20 Milliarden Jahren abgeleitet.

Ein weiteres Verfahren, das aber noch nicht ganz ausgereift ist, basiert auf Überlegungen zur *Abkühlzeit von Weißen Zwergen.* Es liefert für die Weißen Zwerge in der galaktischen Ebene (!) und in der Umgebung unserer Sonne ein Alter von nur 9 ± 2 Milliarden Jahren, im Gegensatz zu den anderen hier beschriebenen Methoden, die in guter Übereinstimmung ein Alter von etwa 18 Milliarden Jahren ergeben.

Wenn man annimmt, daß sich unsere Galaxis schon sehr früh nach dem Urknall gebildet hat, brauchen wir zur Bestimmung des Weltalters lediglich zum Alter unserer Galaxis die Zeitdauer zu addieren, die minimal für die Bildung einer Galaxie aus einer primären Dichteschwankung anzusetzen ist. Diese zusätzliche Zeitdauer wird üblicherweise zu einer Milliarde Jahre angenommen. Diese Zeit wird verständlich, wenn man sie mit den beobachteten Rotationszeiten großer Galaxien vergleicht, die zwischen 0.2 und 0.5 Milliarden Jahren liegen. Unter dieser Voraussetzung wäre das Alter des Kosmos

$$t_0 = (19 \pm 6) \cdot 10^9 \, \text{Jahre}\,, \tag{4.23}$$

wobei man im Falle besonderer Vorsicht den Unsicherheitsbereich auch auf 10 bis 25 Milliarden Jahre ausdehnen müßte. Nach neuen Rechnungen muß man für die Abkopplung der protogalaktischen Wolke von der rasanten frühen Expansion mit 4 bis 8 Milliarden Jahren rechnen (Hoell u. Priester, 1994).

4.2.6 Die großräumige Struktur des Universums

Die *Materieverteilung im Universum*, wie wir sie im Fernrohr beobachten können, weist eine hierarchische Struktur auf, die von Sternen über Galaxien und Galaxienhaufen bis zu den Superhaufen reicht. Setzt sich diese Strukturierung nach oben noch weiter fort oder gibt es eine Längenskala, auf der die Materie im Universum homogen verteilt ist? Die Beantwortung dieser Frage wird dadurch erschwert, daß wir nicht alle Galaxien in einem bestimmten Raumbereich sehen können. Einige werden verdeckt oder sind zu lichtschwach, und oft sind ihre Entfernungen nicht genau genug bekannt.

In den unter anderem am Harvard Center for Astrophysics (CfA) durchgeführten Untersuchungen werden die nach geeigneten Auswahlkriterien selektierten Galaxien in einem dreidimensionalen Rotverschiebungsraum dargestellt. Dabei wird die Rotverschiebung z (oder äquivalent die durch die lineare Doppler-Formel definierte Fluchtgeschwindigkeit $v = cz$) als Maß für die Entfernung über den zwei Winkelkoordinaten der Galaxie an der Himmelssphäre aufgetragen. Zur Rotverschiebung trägt allerdings neben der kosmischen Expansion auch die Eigenbewegung der Galaxie entlang der Sichtlinie bei. Das führt zu einer leichten Verzerrung der Strukturen im Rotverschiebungsraum gegenüber dem reellen Raum. In der so bis zu einer Rotverschiebung von $z = 0.05$ ($v = 15\,000$ km/s) dargestellten *Galaxienverteilung* (s. Abb. 4.29 in Abschn. 4.4.4) zeigt sich eine auffällige Blasenstruktur. Der Raum ist durchsetzt mit großen Leerräumen (*Voids*), nahezu frei von leuchtender Materie und mit Durchmessern bis zu etwa 150 Millionen Lichtjahren. Teilweise sind die Voids miteinander verbunden, aber es existieren auch Zwischenwände ohne signifikante Löcher. Die Galaxien sind größtenteils in relativ dünnen Schichten oder Filamenten angeordnet. Besonders auffällig ist der „Great Wall", der sich vom Coma-Haufen nach zwei Seiten bis zu den Grenzen des CfA-Surveys erstreckt. Diese Beobachtungen lassen vermuten, daß die Voids die fundamentalen Strukturen sind, so daß die Materieverteilung auf Skalenlängen oberhalb von etwa 500 Millionen Lichtjahren als homogen angesehen werden kann.

Durch die unabhängige Messung der Entfernung und der Rotverschiebung einer Galaxie läßt sich der kosmologische Anteil in der Rotverschiebung separieren und die radiale Komponente der Pekuliargeschwindigkeit der Galaxie bestimmen. Die Entfernungsmessungen sind allerdings mit wesentlich größeren Fehlern behaftet (größer als 20 %) als die der Rotverschiebung. Aus den Pekuliargeschwindigkeiten erhält man das *dreidimensionale Strömungsfeld*. Vorausgesetzt, daß die Bewegungen auf gravitativen Wechselwirkungen beruhen, kann man aus dem Strömungsfeld eine Massenverteilung ableiten. Die bisherigen Ergebnisse lassen sich mit der Existenz von zwei großen Massenkonzentrationen erklären, eine („Great Attractor") in Richtung auf die Sternbilder Hydra-Centaurus und eine kleinere bei Perseus-Pisces. Der „Great Attractor" wird allerdings in den Galaxien-Durchmusterungen nicht gesehen. Möglicherweise wird er teilweise durch die galaktische Scheibe verdeckt, oder er besteht aus nichtleuchtender Materie. Aufgrund der unsicheren Bestimmung der Pekuliargeschwindigkeiten haben solche Aussagen allerdings noch vorläufigen Charakter. Sollten sie sich bestätigen, wäre die Materie im Universum weit inhomogener verteilt, als es die Blasenstruktur der Galaxien-Verteilung im Rotverschiebungsraum nahelegt.

4.3 Kosmologische Modelle

Im letzten Abschnitt haben wir gesehen, welche Beobachtungen für die moderne Kosmologie von Bedeutung sind. Welche Aussagen lassen sich daraus über die Vergangenheit und die Zukunft des Universums machen? Diese Fragen lassen sich nur im Rahmen der Allgemeinen Relativitätstheorie behandeln. Im Rahmen der Newtonschen Gravitationstheorie ist eine in allen Aspekten widerspruchsfreie Beschreibung der kosmischen Dynamik nicht möglich. Näheres hierzu siehe z. B. bei O. Heckmann (1968), B. Kanitscheider (1984), D.-E. Liebscher (1994) oder H. Goenner (1994). Eine systematische Darstellung der Allgemeinen Relativitätstheorie findet man z. B. bei H. Stephani (1980) und Misner, Thorne und Wheeler (1973). Eine kurze Einführung ist im Bergmann-Schaefer, Band 3, Kap. 12.

4.3.1 Grundbegriffe der relativistischen Kosmologie

Während Newton die Gravitationswirkung der Materie durch ein in den euklidischen Raum eingelagertes Kraftfeld beschreibt, stellt nach der Einsteinschen Gravitationstheorie (A. Einstein, 1915, 1922) jedes Gravitationsfeld nichts anderes dar als eine Änderung der raumzeitlichen Metrik $g_{ik}(t, x_\mu) = g_{ik}(x^j)$, die den Zusammenhang zwischen dem Abstand $\mathrm{d}s$ zweier benachbarter Punkte und den zugehörigen Koordinatendifferenzen beschreibt:

$$\mathrm{d}s^2 = g_{ik}\mathrm{d}x^i\mathrm{d}x^k \, . \tag{4.24}$$

Lateinische Indizes i, k laufen von 0 bis 3; $x^0 = ct$ ist die Zeitkoordinate und x^1, x^2 und x^3 sind die Raumkoordinaten. Über doppelt auftauchende Indizes wird summiert (*Einsteinsche Summationskonvention*). Nur dann, wenn der Riemannsche Krümmungstensor verschwindet, ist eine Reduktion von $\mathrm{d}s^2$ auf die pseudoeuklidische Form

$$\mathrm{d}s^2 = c^2\mathrm{d}t^2 - \mathrm{d}x^2 - \mathrm{d}y^2 - \mathrm{d}z^2 \tag{4.25}$$

global möglich. Im allgemeinen Fall existieren nur in infinitesimalen Bereichen pseudoeuklidische Verhältnisse, d.h. lokale Inertialsysteme. Der zur metrischen Form (4.24) gehörige *Ricci-Tensor* $\boldsymbol{R}_{ik}$, der durch die Operation der Verjüngung aus dem Riemann-Tensor entsteht, ist durch die **Einsteinschen Feldgleichungen**

$$\boldsymbol{R}_{ik} - \frac{1}{2}\mathscr{R} \cdot g_{ik} - \Lambda g_{ik} = \frac{8\pi G}{c^4}\boldsymbol{T}_{ik} \tag{4.26}$$

mit dem Energie-Impuls-Tensor der die Welt erfüllenden Materie und Strahlung verknüpft. [Die Vorzeichenkonventionen in den Einsteinschen Gleichungen sind in der Literatur sehr unterschiedlich. Wir verwenden hier die von Zel'dovich-Novikov benutzte Konvention.] Der *Energie-Impuls-Tensor* $\boldsymbol{T}_{ik}$ verallgemeinert den im dreidimensionalen Raum erklärten Maxwellschen Spannungstensor bzw. Drucktensor, indem er Energiedichte, Impulsdichte und Energiestromdichte zusammenfaßt. Für ein Gas oder eine Flüssigkeit hat er die Gestalt:

$$\boldsymbol{T}_{ik} = (\varepsilon + p)u_i u_k - p g_{ik}\,. \tag{4.27}$$

Hier ist $\varepsilon = \varrho \cdot c^2$ die Energiedichte, ϱ die Massendichte, p der Druck und u_i die Vierergeschwindigkeit. In Gl. (4.27) ist jede Art von Energiedissipation, die zum Wachstum von Entropie führen würde, unberücksichtigt. Für den Fall eines drucklosen Substrates („Staub", Sterne, Galaxien, inkohärente Materie) reduziert sich der Tensor auf:

$$\boldsymbol{T}_{ik} = \varepsilon u_i u_k\,. \tag{4.28}$$

In den quasilinearen Differentialgleichungen zweiter Ordnung (4.26) für die metrischen Koeffizienten g_{ik}, ausgedrückt durch den Ricci-Tensor $\boldsymbol{R}_{ik}$ und den Krümmungsskalar $\mathscr{R}$, ist Λg_{ik} das kosmologische Glied. Es wurde ursprünglich von Einstein (1917) ad hoc eingeführt, später jedoch häufig vernachlässigt. Nach heutiger Kenntnis ergibt sich bei einer durch allgemeine Prinzipien geleiteten Aufstellung der Feldgleichungen der Λ-Term zwangsläufig (Ehlers, 1979; Heckmann, 1968; Lovelock, 1972). Der Term Λg_{ik} läßt sich als zusätzlicher Energie-Impuls-Tensor

$$\boldsymbol{T}^*_{ik} = \frac{c^4}{8\pi G}\Lambda \cdot g_{ik} \tag{4.29}$$

interpretieren:

$$\boldsymbol{R}_{ik} - \frac{1}{2}\mathscr{R} g_{ik} = \frac{8\pi G}{c^4}\left(\boldsymbol{T}_{ik} + \frac{c^4}{8\pi G}\Lambda g_{ik}\right). \tag{4.30}$$

Er trägt mit einer Energiedichte ε_Λ und einem Druck p_Λ

$$\varepsilon_\Lambda = \frac{\Lambda \cdot c^4}{8\pi G}, \quad p_\Lambda = -\varepsilon_\Lambda \tag{4.31}$$

zusätzlich zur Gravitationswirkung der Materie bei.

In diesem Zusammenhang sei bemerkt, daß die Einsteinschen Gleichungen in ihrer klassischen Form von Gl. (4.26) der Grenzfall einer verallgemeinerten Feldgleichung einer Quanten-Gravitationstheorie sein könnten (Zel'dovich 1974). Dieser Problematik war sich auch schon Einstein (1922) bewußt: „Die gegenwärtige Relativitätstheorie beruht auf einer Spaltung der physikalischen Realität in metrisches

Feld (Gravitation) einerseits und Materie und elektromagnetisches Feld andererseits. In Wahrheit dürfte das Raumerfüllende von einheitlichem Charakter sein und die gegenwärtige Theorie nur als Grenzfall gelten.“

Ein nichtverschwindender Term $\Lambda \cdot g_{ik}$ hat auch Auswirkung auf den Newtonschen Grenzfall der Einstein-Gleichungen. Unter der Voraussetzung schwacher Felder und kleiner Geschwindigkeit der Quellen ergibt sich aus Gl. (4.26) (s. z. B. Stephani, 1980) ein zusätzlicher Term auf der rechten Seite in der Poisson-Gleichung:

$$\nabla^2 \Phi = 4\pi G\varrho + \Lambda c^2 . \tag{4.32}$$

Dieser Λ-Term führt in einer Entfernung

$$r > r_\Lambda = \sqrt[3]{\frac{3GM}{\Lambda c^2}} \tag{4.33}$$

zu einer Abstoßung gegenüber der durch die Masse M bewirkten Anziehung.

Aus den Gravitationsgleichungen ergeben sich auch Gleichungen für die dieses Feld erzeugende Materie. Deswegen kann die Verteilung und Bewegung der das Gravitationsfeld erzeugenden Materie nicht beliebig vorgegeben werden. Die Gleichungen

$$\nabla_i \boldsymbol{T}_k^i = 0 \tag{4.34}$$

drücken einerseits den Energie-Impuls-Erhaltungssatz aus und enthalten andererseits wieder die Bewegungsgleichungen des physikalischen Systems, auf das sich der betrachtete Energie-Impuls-Tensor bezieht. Überschiebung von Gl. (4.34) mit u_i/c^2 ergibt die lokale Energiebilanz

$$\dot{\varepsilon} + (\varepsilon + p/c^2)u^k_{;k} = 0$$

und Überschiebung mit $h_l^m = g_l^m + u^l u_m/c^2$ die Impulsbilanz

$$(\varepsilon + p/c^2)\dot{u}^l + h^{lm} P_{,m} = 0 ,$$

wobei wir den Energie-Impuls-Tensor für eine ideale Flüssigkeit benutzt haben. Vergleiche hierzu Stephani (1980).

Im räumlich homogenen und isotropen Universum ist die *Raumkrümmung* in jedem Raumpunkt gleich. Die g_{ik} werden dadurch von den Raumkoordinaten unabhängig. Insbesondere verschwinden aufgrund der Isotropie die Komponenten g_{01}, g_{02}, g_{03}. Dies bewirkt eine *universelle kosmische Zeit*. In diesem Fall ist das Linienelement gegeben durch

$$ds^2 = c^2 dt^2 - R^2(t)(d\chi^2 + r^2 d\Theta^2 + r^2 \sin^2\Theta \, d\Phi^2) \tag{4.35}$$

mit

$$r = \begin{cases} \sin\chi \\ \chi \\ \sinh\chi \end{cases} \quad \text{für } k = \begin{cases} +1 \\ 0 \\ -1 \end{cases} \tag{4.36}$$

(A. Friedmann 1922). Die Konstante k bestimmt die Geometrie des Raumes:

$k = +1$ sphärische Metrik, positive Raumkrümmung,
$k = 0$ euklidische Metrik, „flacher" Raum,
$k = -1$ hyperbolische Metrik, negative Raumkrümmung.

Die Bedeutung der Koordinaten wird leicht verständlich im zweidimensionalen Analogon der flachen bzw. gekrümmten Flächenwelt (vgl. Abb. 4.7). χ wird radiale, r wird metrische Koordinate genannt. Die Position einer Galaxie oder eines Quasars ist durch die zeitunabhängigen, dimensionslosen Koordinaten χ, Θ und Φ festgelegt. Dieses Koordinatensystem expandiert mit dem Universum.

Es wird daher als *mitbewegtes Koordinatensystem* bezeichnet. Die Expansion wird im homogenen und isotropen Universum durch den zeitabhängigen Skalenfaktor $R(t)$ beschrieben. Er hat die Dimension einer Länge. In Modellen mit sphärischer und hyperbolischer Metrik hat er auch die Bedeutung eines Krümmungsradius. Die Geometrie der dreidimensionalen Ortsräume zur Zeit t wird durch die Gaußsche Krümmung

$$K(t) = \frac{k}{R^2(t)} \tag{4.37}$$

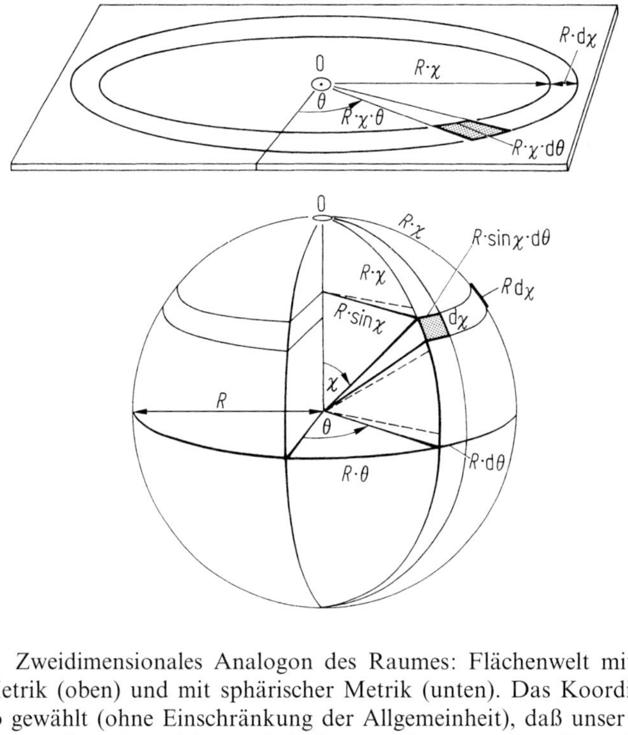

Abb. 4.7 Zweidimensionales Analogon des Raumes: Flächenwelt mit flacher (= euklidischer) Metrik (oben) und mit sphärischer Metrik (unten). Das Koordinatensystem χ, θ, ϕ wurde so gewählt (ohne Einschränkung der Allgemeinheit), daß unser Ort (O) im Koordinatenursprung liegt. Das Licht der Galaxien erreicht uns entlang der radialen Koordinaten χ. Der gepunktete Bereich bezeichnet jeweils ein Flächenelement. Seine Diagonale ist oben: $ds = (R^2 \cdot d\chi^2 + R^2 \cdot \chi^2 \cdot d\theta^2)^{1/2}$, unten: $ds = (R^2 \cdot d\chi^2 + R^2 \cdot \sin^2\chi \cdot d\theta^2)^{1/2}$.

charakterisiert. Bei Annäherung an die euklidische Metrik verschwindet die Raumkrümmung, d.h. der Krümmungsradius wächst über alle Grenzen ($R \to \infty$). Daher muß für $k = 0$ der Skalenfaktor normiert werden. Am einfachsten kann die Singularität ($R \to \infty$) vermieden werden, wenn generell der *normierte Skalenfaktor*

$$x(t) = \frac{R(t)}{R_0} \tag{4.38}$$

eingeführt wird, wobei R_0 der heutige Wert des Skalenfaktors bzw. des Krümmungsradius ist. Hierdurch wird auch ein stetiger Übergang von sphärischer zu hyperbolischer Raummetrik erreicht.

Fundamentalbeobachter werden repräsentiert durch Galaxien, die keine Pekuliarbewegung gegenüber dem Koordinatensystem ($\chi, \Theta, \phi =$ konstant) haben. Für sie existiert in homogen isotropen Modellen eine Eigenzeit t, die mit der vorn erwähnten kosmischen Zeit koinzidiert. Bei Modellen, die mit einer Singularität beginnen, wird die Zeit vom Urknall an gezählt. Sie wird als **Friedmann-Zeit** bezeichnet.

Die Lichtausbreitung der von einer Galaxie emittierten Welle verläuft längs der radialen Koordinate χ auf einer geodätischen Linie. Für die elektromagnetischen Wellen muß also $\mathrm{d}s^2 = 0$ sein, daher folgt:

$$R(t) \cdot \mathrm{d}\chi = -\,c\,\mathrm{d}t\,. \tag{4.39}$$

In Abb. 4.8 haben wir die Lichtausbreitung anhand der Weltlinie eines Quasars und des Rückwärts-Lichtkegels erläutert. Letzterer ist der geometrische Ort für den Lauf des Wellenpaketes der Strahlung, die $2.5 \cdot 10^9$ Jahre nach dem Urknall von dem Quasar emittiert wurde und die uns heute, $10.5 \cdot 10^9$ Jahre später, mit einer Rotverschiebung $z = 2$ erreicht. Das Weltalter in dem hier zugrunde gelegten Modell ist $13 \cdot 10^9$ Jahre. Bei $t = 7 \cdot 10^9$ Jahren, also $4.5 \cdot 10^9$ Jahre nach der Emission, hatte das Wellenpaket eine Rotverschiebung $z = 1$.

Durch die Verknüpfung von Raum und Zeit können wir nur solche Ereignisse beobachten, die auf unserem, zum heutigen Zeitpunkt gehörigen Lichtkegel stattgefunden haben. Der Schnittpunkt der Weltlinie eines Objektes mit dem Lichtkegel ist für die Beobachtbarkeit maßgebend. Der Schnittpunkt legt den Zeitpunkt der Emission der von uns heute beobachteten Strahlung fest.

Leider läßt sich die radiale Koordinate aus astronomischen Beobachtungen nicht berechnen. Alle Messungen (z.B. photometrische Messungen der scheinbaren Helligkeit einer Galaxie) führen auf die metrische Koordinate r, die mit χ durch die Gl. (4.36) verbunden ist (s. Abschn. 4.3.5.3). Um diesem Umstand auch in der Darstellung des Linienelementes Rechnung zu tragen, wurde von Robertson und Walker 1936 die Form

$$\mathrm{d}s^2 = c^2\mathrm{d}t^2 - R^2(t)\left(\frac{\mathrm{d}r^2}{1-kr^2} + r^2\mathrm{d}\Theta^2 + r^2\sin^2\Theta\,\mathrm{d}\phi^2\right) \tag{4.40}$$

eingeführt. Sie ist der Form Gl. (4.35) gleichwertig und ergibt sich, wenn $\mathrm{d}\chi$ durch $\mathrm{d}r$ gemäß Gl. (4.36) ersetzt wird. Wegen der größeren Anschaulichkeit werden wir die Friedmannsche Form (4.35) bevorzugen.

Im homogen isotropen Universum vereinfachen sich die Einsteinschen Gleichungen zu den Einstein-Friedmann-Gleichungen, deren Lösungen wir in den Abschnitten 4.3.3 bis 4.3.5 behandeln.

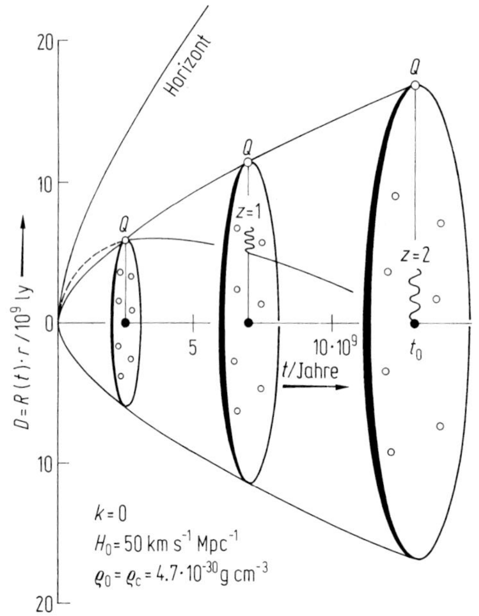

Abb. 4.8 Entwicklung des Kosmos als Funktion der Zeit t: Kosmologisches Standardmodell mit euklidischer Metrik und einer Hubble-Zahl $H_0 = 50$ (km/s)/Mpc. Die Abszisse ist unsere Weltlinie. Die obere Kurve ist die Weltlinie eines Quasars, dessen Strahlung uns heute (t_0) mit der Rotverschiebung $z = 2$ erreicht. Eingezeichnet wurden zwei frühere „Ausschnitte" des Kosmos 1. zur Zeit t_E der Emission der Strahlung: $t_E = 2.5 \cdot 10^9$ Jahre und 2. bei $t = 7 \cdot 10^9$ Jahre, als das Wellenpaket etwa die halbe Distanz zu uns zurückgelegt hat. Die Strahlung läuft gegen den expandierenden Raum an. Die Ordinate ist die metrische Distanz $D_r = R(t) \cdot r$. Im euklidischen Fall ist die metrische Koordinate r gleich der radialen Koordinate χ.

4.3.2 Grundannahmen kosmologischer Modelle

Zur Lösung der Einsteinschen Feldgleichungen werden uns aus der Beobachtung folgende Zusatzannahmen nahegelegt:

1. *Das Universum ist räumlich isotrop*, d.h. es gibt keine ausgezeichnete Richtung. Diese Annahme wird gestützt durch die Isotropie der Hintergrundstrahlung. Isotropie an jedem Punkt des Universums impliziert räumliche Homogenität.
2. *Räumliche Homogenität*. Das bedeutet, daß kein Ort im Universum ausgezeichnet ist. Die Strukturierung des Weltalls von Sternen bis hin zu Galaxien-Superhaufen, zwischen denen sich große Leerräume mit Durchmessern von 10 bis 50 Mpc befinden, scheint dieser Bedingung zu widersprechen. Nach dem derzeitigen Stand der Beobachtung kann man aber auf Skalenlängen größer als etwa 100 Mpc mit hinreichend homogener Materieverteilung rechnen.

Die Annahme von räumlicher Homogenität und Isotropie wird auch als *Weltpostulat* oder *kosmologisches Prinzip* bezeichnet.

3. Die dritte Annahme wird durch die Rotverschiebung entfernter Galaxien und Quasare nahegelegt: *das Universum expandiert.* Aufgrund der Homogenität ist die Expansionsrate an jedem Punkt des Universums gleich.
4. In Modellen mit verschwindender kosmologischer Konstante Λ, für die sich der Begriff **Standardmodell** eingebürgert hat, wird die Expansionsrate durch die Energiedichte gravitierender Teilchen bestimmt. Sie setzt sich aus mehreren Anteilen (Baryonen, Photonen, Neutrinos usw.) zusammen, von denen heute die Materie (Teilchen mit Ruhemasse $m_0 \neq 0$) energetisch dominiert. Somit leben wir in einer materiedominierten Epoche, kurz *Materiekosmos* genannt. Der Druck, sowohl von den Pekuliargeschwindigkeiten der Galaxien als auch der intergalaktische Gasdruck, kann im Materiekosmos vernachlässigt werden ($p \ll \varrho c^2$). Wird im Rahmen des Materiekosmos die kosmologische Konstante Λ, die ebenfalls die Expansionsrate des Universums beeinflußt, wesentlich, bezeichnen wir die entsprechenden Modelle als *Friedmann-Lemaître-Modelle.*
5. In der Frühgeschichte des Universums gab es eine heiße, strahlungsdominierte Epoche (*Strahlungskosmos*). Diese Voraussetzung über die heiße Frühgeschichte des Kosmos bildet die Grundlage für die Berechnung primordialer Nukleosynthese. Die 3-K-Strahlung mit ihrer Planckschen Intensitätsverteilung wird als Relikt dieser Epoche angesehen.
6. Zur Lösung der Einsteinschen Gleichungen ist die Kenntnis der Zustandsgleichungen des kosmischen Substrates notwendig. Es gibt zwei Methoden, die Eigenschaften von Materie- und Strahlungskosmos zu erfassen:
   Bei einer *mikroskopischen Beschreibung* wird die Art der Elementarteilchen betrachtet, ihre Temperaturen und Energien, ihre Verteilungsfunktion und die Wechselwirkungen untereinander. Die Expansionsrate ist $H(t) = \dot{R}(t)/R(t)$, die Reaktionsrate ist $n \cdot \sigma \cdot v$ (n ist die Teilchendichte, v ihre Geschwindigkeit und $\sigma(E)$ der energieabhängige Wirkungsquerschnitt). Ist die Reaktionsrate kleiner als die Expansionsrate, so entkoppeln die entsprechenden Teilchen vom kosmischen Substrat, sie „frieren aus".
   Bei einer *makroskopischen Beschreibung* wird dem kosmischen Substrat phänomenologisch eine Zustandsgleichung $p(\varrho, T)$ zugeordnet. Die Beziehungen zwischen Druck p, Dichte ϱ und Temperatur T in den für die Kosmologie relevanten Zustandsgleichungen lassen sich in der Form

$$p = (\gamma - 1)\varrho c^2 \tag{4.41}$$

darstellen. γ kann folgende Werte annehmen:

$$\gamma = 1\,, \quad p = 0 \quad \textit{für inkohärente Materie}\,,$$

$$\gamma = \frac{4}{3}\,, \quad p = \frac{\varrho c^2}{3} = \frac{aT^4}{3} \quad \textit{für elektromagnetische Strahlung}\,,$$

$$\gamma = 0\,, \quad p = -\varrho c^2 \quad \text{für das } \textit{Quantenvakuum} \text{ („}\textit{virtuelle}\text{" } \textit{Materie}\text{)}. \tag{4.42}$$

Hier ist $a = \dfrac{4\sigma}{c} = \dfrac{\pi^2 k^4}{15 c^3 \hbar^3}$ die Strahlungskonstante, σ die Stefan-Boltzmann-Konstante, k die Boltzmann-Konstante und $\hbar = h/2\pi$ die Planck-Konstante.

Inkohärente Materie ist die Zustandsform unseres heutigen Universums. Es wird wie ein ideales Gas behandelt, dessen Temperatur und damit auch dessen Druck vernachlässigbar klein sind. Der ebenfalls gebräuchliche Begriff „*Staubkosmos*“ ist etwas irreführend. Die Materie befindet sich vorwiegend in Sternen, die die Galaxien bilden.

Unter *„virtueller“ Materie* versteht man die aufgrund der Heisenbergschen Unschärferelation entstehenden Teilchen/Antiteilchen-Paare, die nur eine extrem kurze Lebensdauer haben, denen aber durchaus eine mittlere Dichte und ein mittlerer Druck zugeordnet werden können. Da sie auch im materie- und strahlungsfreien Raum entstehen, ist die Bezeichnung *Quantenvakuum* gebräuchlich. Eine mögliche Bedeutung des Quantenvakuums für die Kosmologie muß noch als kontrovers bzw. spekulativ gelten, da die Quantenfeldtheorie keine Aussagen für die Energiedichte liefert. Das gilt auch für die Form der Zustandsfunktion $p = -\varrho c^2$. Wir folgen hier den heuristischen Resultaten von Gliner (1966), Zel'dovich (1968) und Streeruwitz (1975) (s. auch Abschn. 4.4.7).

4.3.3 Die Grundgleichungen

Die in Abschn. 4.3.2 besprochenen Zusatzannahmen ermöglichen es, die Einsteinschen Feldgleichungen so zu vereinfachen, daß konkrete Eigenschaften kosmologischer Modelle berechnet werden können.

Mit der Voraussetzung der Homogenität und Isotropie werden die Feldgleichungen auf zwei Differentialgleichungen reduziert, die **Einstein-Friedmann-Gleichungen**. Sie beschreiben die zeitliche Änderung des kosmischen Skalenfaktors $R(t)$ in Abhängigkeit von der kosmologischen Konstanten Λ, der Dichte $\varrho(t)$ und dem Druck $p(t)$ des kosmischen Substrats:

$$\frac{\dot{R}^2}{R^2} = \frac{8\pi G}{3} \cdot \varrho + \frac{\Lambda c^2}{3} - \frac{k c^2}{R^2} \tag{4.43}$$

$$\frac{\ddot{R}}{R} = -\frac{4\pi G}{3}\left(\varrho + \frac{3p}{c^2}\right) + \frac{\Lambda c^2}{3} \tag{4.44}$$

wobei $R(t)$, $\dot{R}(t)$, $\ddot{R}(t)$, $\varrho(t)$ und $p(t)$ Funktionen der Zeit sind. Dichte und Druck lassen sich aufteilen in Komponenten ϱ_{m} bzw. p_{m} für Materie und ϱ_{s} bzw. p_{s} für Strahlung. Durch eine Umdimensionierung kann man auch der kosmologischen Konstante eine *äquivalente Dichte* ϱ_Λ zuordnen:

$$\varrho_\Lambda = \frac{c^2}{8\pi G}\Lambda\,. \tag{4.45}$$

Zahlenbeispiel: $\varrho_\Lambda = 10.0 \cdot 10^{-30}\,\mathrm{g/cm^3}$ entspricht $\Lambda = 1.86 \cdot 10^{-56}\,\mathrm{cm^{-2}}$.

Einsetzen von Gl. (4.45) in Gl. (4.43) und Gl. (4.44) ergibt:

$$\frac{\dot{R}^2}{R^2} = \frac{8\pi G}{3}(\varrho_{\mathrm{m}} + \varrho_{\mathrm{s}} + \varrho_\Lambda) - \frac{k c^2}{R^2}\,, \tag{4.46}$$

$$\frac{\ddot{R}}{R} = -\frac{4\pi G}{3}\left(\varrho_{\mathrm{m}} + \varrho_{\mathrm{s}} - 2\varrho_{\Lambda} + 3\,\frac{p_{\mathrm{m}} + p_{\mathrm{s}}}{c^2}\right). \tag{4.47}$$

Mit der dritten Grundgleichung – der Zustandsgleichung $p(\varrho)$, Gl. (4.41) – läßt sich Gl. (4.47) umformen zu:

$$\frac{\ddot{R}}{R} = -\frac{4\pi G}{3}\left(\varrho_{\mathrm{m}} + 2\varrho_{\mathrm{s}} - 2\varrho_{\Lambda}\right). \tag{4.48}$$

Im Analogon zur Newtonschen Gravitationstheorie entspricht die Gl. (4.46) einer Energiegleichung, die Gl. (4.48) einer Bewegungsgleichung.

In beiden Einstein-Friedmann-Gleichungen geht die Dichte als Funktion der Zeit ein. Ihre Abhängigkeit von den heutigen Werten $\varrho_{\mathrm{m},0}$ und $\varrho_{\mathrm{s},0}$ ist durch die lokale Energiebilanz festgelegt:

$$\frac{\mathrm{d}\varrho}{\mathrm{d}t} = -3\,\frac{\dot{R}}{R}\left(\varrho + \frac{p}{c^2}\right). \tag{4.49}$$

Vorausgesetzt, daß Strahlung und Materie nicht miteinander wechselwirken, folgt aus Gl. (4.49) mit den Zustandsgleichungen (4.41) und (4.42) für Materie

$$\varrho_{\mathrm{m}}(t)\cdot R^3(t) = \varrho_{\mathrm{m},0}\,R_0^3 = \text{const.} \tag{4.50}$$

und für die Strahlung

$$\varrho_{\mathrm{s}}(t)\cdot R^4(t) = \varrho_{\mathrm{s},0}\,R_0^4 = \text{const.} \tag{4.51}$$

Hier ist $\varrho_{\mathrm{m},0}$ die heutige mittlere Materiedichte und $\varrho_{\mathrm{s},0}$ die heutige äquivalente Dichte des Photonengases. Beide Größen sind aus Beobachtungsdaten ableitbar (vgl. Abschn. 4.2). Mit Hilfe von Gl. (4.50) und Gl. (4.51) lassen sich durch Multiplikation mit $(R/R_0)^2$ die Einstein-Friedmann-Gleichungen in eine leichter integrierbare Form bringen:

$$\frac{\dot{R}^2}{R_0^2} = \frac{8\pi G}{3}\left(\varrho_{\mathrm{m},0}\,\frac{R_0}{R} + \varrho_{\mathrm{s},0}\left(\frac{R_0}{R}\right)^2 + \varrho_{\Lambda}\left(\frac{R}{R_0}\right)^2\right) - \frac{kc^2}{R_0^2}. \tag{4.52}$$

Hier sind nur noch $R(t)$ und $\dot{R}(t)$ zeitabhängige Größen. $R(t)$ tritt ausschließlich in der Form $R(t)/R_0$ auf. Wir führen daher für den *normierten Skalenfaktor* die folgenden Abkürzungen ein:

$$x(t) = \frac{R(t)}{R_0} \tag{4.53}$$

und

$$\dot{x}(t) = \frac{\dot{R}(t)}{R_0}. \tag{4.54}$$

Letztere darf nicht mit der zeitabhängigen Hubble-Zahl $H(t)$ verwechselt werden:

$$H(t) = \frac{\dot{R}(t)}{R(t)} \quad \text{und} \quad H_0 = \frac{\dot{R}(t_0)}{R_0}. \tag{4.55}$$

Es ist $\dot{x}(t_0) = H_0$ und $x(t_0) = 1$. Der heutige Wert des Hubble-Parameters H_0 ist bereits in Gl. (4.3) als eine aus der Beobachtung ableitbare Proportionalitätskonstante eingeführt worden.

Somit wird aus Gl. (4.52):

$$\dot{x}^2 = \frac{8\pi G}{3}\left(\varrho_{\mathrm{m},0}\frac{1}{x} + \varrho_{\mathrm{s},0}\frac{1}{x^2} + \varrho_\Lambda x^2\right) - \frac{kc^2}{R_0^2} \tag{4.56}$$

und für $t = t_0$:

$$H_0^2 = \frac{8\pi G}{3}(\varrho_{\mathrm{m},0} + \varrho_{\mathrm{s},0} + \varrho_\Lambda) - \frac{kc^2}{R_0^2}\,. \tag{4.57}$$

Im euklidischen Standardmodell mit heute vernachlässigbarer Strahlungsdichte $\varrho_{\mathrm{s},0}$ wird die mittlere Materiedichte als *kritische Dichte* $\varrho_{\mathrm{c},0}$ bezeichnet. Sie läßt sich aus Gl. (4.57) berechnen (mit $k = 0$ und $\Lambda = 0$):

$$\varrho_{\mathrm{m},0} = \varrho_{\mathrm{c},0} = \frac{3H_0^2}{8\pi G}\,. \tag{4.58}$$

Wir werden Gl. (4.58) als bequeme Umdimensionierung der Hubble-Zahl benutzen, weil jetzt alle wesentlichen Größen als Dichten in der Dimension $10^{-30}\,\mathrm{g/cm^3}$ darstellbar sind und somit unmittelbar in ihrer relativen Bedeutung beurteilt werden können. $\varrho_\mathrm{c} = 3H^2/8\pi G$ läßt sich generell als Umschreibung für die zeitabhängige Hubble-Zahl $H(t)$ definieren. $\varrho_{\mathrm{c},0}$ bezeichnet den heutigen Wert.

Zahlenbeispiel: Mit der Abkürzung $h = H_0/100$ (H_0 in km/(s Mpc)) gilt

$$\varrho_{\mathrm{c},0} = h^2 \cdot 18.8 \cdot 10^{-30}\,\mathrm{g/cm^3}\,.$$

Eine weitere wichtige Größe wird aus Gl. (4.57) berechnet: der heutige Wert des Skalenfaktors R_0. Er hat bei sphärischer Raummetrik ($k = 1$) und bei hyperbolischer Raummetrik ($k = -1$) die Bedeutung eines Krümmungsradius. Bei euklidischer Metrik ist der Krümmungsradius unendlich. Daher ist hier auch die Bezeichnung *flacher Raum* oder *flache Raummetrik* gebräuchlich. Der Wert für R_0 ist wegen $k = 0$ und $\Omega_0^\blacktriangle - 1 = 0$ unbestimmt, der Grenzwert $\lim\limits_{\Omega_0^\blacktriangle \to 1} R_0$ geht gegen Unendlich. Um diese mathematische Singularität zu vermeiden, ist es zweckmäßig, mit dem normierten Skalenfaktor $x(t) = R(t)/R_0$ zu rechnen, wodurch der Übergang von sphärischer zu hyperbolischer Raummetrik stetig wird. Es ist

$$R_0 = \sqrt{\frac{3kc^2}{8\pi G(\varrho_{\mathrm{m},0} + \varrho_\Lambda - \varrho_{\mathrm{c},0})}} = \frac{c}{H_0}\sqrt{\frac{k}{\Omega_0^\blacktriangle - 1}}\,. \tag{4.59}$$

Hier ist $\Omega_0^\blacktriangle$ eine allgemeine Definition des Dichteparameters:

$$\Omega_0^\blacktriangle = \frac{\varrho_{\mathrm{m},0} + \varrho_\Lambda}{\varrho_{\mathrm{c},0}} \quad \text{bzw.} \quad \frac{\varrho_{\mathrm{m},0} + \varrho_{\mathrm{s},0} + \varrho_\Lambda}{\varrho_{\mathrm{c},0}}\,, \tag{4.60}$$

wenn der Strahlungsterm $\varrho_{\mathrm{s},0}$ nicht vernachlässigt wird.

Für $\varrho_\Lambda = 0$ geht er über in die Definition des Dichteparameters im Standardmodell

$$\Omega_0 = \frac{\varrho_{\mathrm{m},0}}{\varrho_{\mathrm{c},0}}\,. \tag{4.61}$$

Der normierte Strahlungsterm wird häufig als

$$\omega_0 = \frac{\varrho_{s,0}}{\varrho_{c,0}} \tag{4.61 a}$$

bezeichnet.

Mit Gl. (4.59) läßt sich Gl. (4.56) schreiben:

$$\dot{x}^2 = \frac{8\pi G}{3}\left(\frac{\varrho_{m,0}}{x} + \frac{\varrho_{s,0}}{x^2} + \varrho_\Lambda \cdot x^2 + \varrho_{c,0} - \varrho_{m,0} - \varrho_{s,0} - \varrho_\Lambda\right). \tag{4.62}$$

Durch eine Integration kann daraus die Friedmann-Zeit für ein vorgegebenes R/R_0 berechnet werden, insbesondere auch das heutige Weltalter t_0 für $R/R_0 = 1$:

$$t = \frac{1}{H_0} \int\limits_0^{x=\frac{R}{R_0}} \frac{\mathrm{d}x}{\sqrt{\frac{\varrho_{m,0}}{\varrho_{c,0}} \cdot \frac{1}{x} + \frac{\varrho_{s,0}}{\varrho_{c,0}} \cdot \frac{1}{x^2} + \frac{\varrho_\Lambda}{\varrho_{c,0}} \cdot x^2 + 1 - \frac{\varrho_{m,0} + \varrho_{s,0} + \varrho_\Lambda}{\varrho_{c,0}}}}. \tag{4.63}$$

Die **Grundgleichungen der Kosmologie**, kurz zusammengefaßt, sind also: Die *Zustandsgleichungen* (4.41), die beiden *Einstein-Friedmann-Gleichungen* (4.43) und (4.44) und die *lokale Energiebilanz* Gl. (4.49). In den nächsten Abschnitten werden mit Hilfe dieser Gleichungen die charakteristischen Eigenschaften verschiedener kosmologischer Modelle berechnet.

Auf eine Konsequenz aus diesen Gleichungen sei schon hier hingewiesen. Ist zu jeder Zeit die Bedingung

$$\varrho + \frac{3p}{c^2} - \frac{\Lambda c^2}{4\pi G} > 0 \tag{4.64}$$

(*Hawking-Penrose-Theorem*) erfüllt, dann ist nach Gl. (4.44) immer $\ddot{R}$ kleiner als Null, d.h. die Expansion wird verlangsamt und vor einer endlichen Zeit t_0 war $R = 0$ (*Urknall, Big Bang*). Beim Standardmodell ($\Lambda = 0$) gilt diese Beziehung als stets erfüllt. Bei einer speziellen Wahl von Λ oder $p < 0$ kann die Singularität dagegen vermieden werden.

Außerdem ist zu beachten, daß bei einer Friedmann-Zeit $t < 10^{-43}$ s die Allgemeine Relativitätstheorie an die Grenzen ihrer Anwendbarkeit stößt. Es ist möglich, daß mit einer Quantentheorie der Gravitation, die die Allgemeine Relativitätstheorie in diesem Zeitbereich ablösen würde, völlig neue Phänomene auftreten (vgl. Abschn. 4.7).

4.3.4 Der Strahlungskosmos

Für den frühen Kosmos lassen sich die Einstein-Friedmann-Gleichungen besonders einfach lösen. Er soll daher zuerst betrachtet werden.

In den ersten 10^5 Jahren nach dem Urknall dominierte der Strahlungsterm ϱ_s gegenüber anderen Beiträgen. Die Materie, die zu dieser Zeit noch als Plasma, bestehend aus freien Elektronen, Wasserstoff- und Heliumkernen, im jeweiligen thermodynamischen Gleichgewicht mit der Strahlung vorlag, wurde erst später für die Expansion des Universums bestimmend.

Die Wechselwirkung zwischen Strahlung und Materie muß nur im Zeitraum zwischen 10^5 und 10^6 Jahren berücksichtigt werden. Es stellt sich aber heraus, daß die Fehler, die durch die Vernachlässigung der Wechselwirkung entstehen, für die heutige Expansionsrate unbedeutend sind.

Aus Gln. (4.50) und (4.51) wird deutlich, wie sich ϱ_m und ϱ_s während der Expansion ändern. Da die heutige Materiedichte $\varrho_{m,0}$ und die heutige Strahlungsdichte $\varrho_{s,0}$ innerhalb gewisser Fehlergrenzen bekannt sind, läßt sich der Dichteverlauf, wie in Abb. 4.9 dargestellt, zurückverfolgen.

Man erkennt, daß die Strahlung für $R/R_0 < 10^{-3}$ dominierte. Die zugehörigen Zeiten (etwa 10^5 Jahre) ergeben sich aus den Lösungen der Einstein-Friedmann-Gleichungen.

In dieser Frühphase des Universums (*Strahlungskosmos*) können also ϱ_m und ϱ_Λ vernachlässigt werden. Ferner können wir uns hier ohne nennenswerten Fehler auf

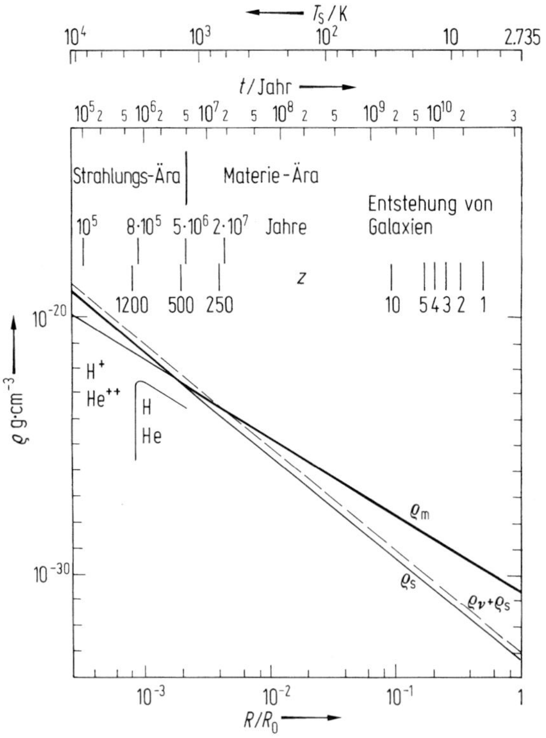

Abb. 4.9 Verlauf der Dichte der Materie ϱ_m (fette Kurve) und der Strahlung ϱ_s (dünne Gerade) als Funktion des Skalenfaktors $R(t)/R_0$ und der Strahlungstemperatur T_s bzw. der Friedmann-Zeit t von $t = 10^5$ Jahre bis zu einem Weltalter von 30 Milliarden Jahren. Die gestrichelte Gerade gibt die Summe $\varrho_\nu + \varrho_s$ der Dichte der Strahlung (s) und der Neutrinos (ν). Die Ruhemasse der Neutrinos wurde zu $\bar{m}_\nu = 0$ angenommen.

euklidische Metrik ($k = 0$) beschränken. Die Einstein-Friedmann-Gleichungen gewinnen dadurch die einfache Form:

$$H^2(t) = \frac{\dot{R}^2}{R^2} = \frac{8\pi G}{3}\varrho_s(t) = \frac{8\pi G}{3}\varrho_{s,0}\left(\frac{R_0}{R}\right)^4 \tag{4.65}$$

bzw.

$$\dot{x}^2 = \frac{\dot{R}^2}{R_0^2} = \frac{8\pi G}{3}\varrho_{s,0}\frac{1}{x^2}\,. \tag{4.66}$$

Diese Gleichung läßt sich leicht integrieren:

$$t = \frac{x^2}{2\sqrt{\frac{8\pi G}{3}\varrho_{s,0}}}\,. \tag{4.67}$$

Das zeitliche Verhalten des Skalenfaktors wird also beschrieben durch:

$$\frac{R}{R_0} = \sqrt[4]{\frac{32\pi G}{3}\varrho_{s,0}}\cdot\sqrt{t}\,. \tag{4.68}$$

Der Hubble-Parameter ergibt sich durch Einsetzen von Gl. (4.68) in Gl. (4.65):

$$H(t) = \frac{1}{2t}\,. \tag{4.69}$$

Die Dichte ändert sich mit

$$\varrho_s(t) = \frac{3}{32\pi G\cdot t^2}\,. \tag{4.70}$$

Das Spektrum eines isothermen, optisch dicken Plasmas weist eine Planck-Verteilung auf. Für die Temperaturabnahme während der Expansion gilt:

$$T = \sqrt[4]{\frac{\varrho_s\cdot c^2}{a}} = \sqrt[4]{\frac{3c^2}{32\pi Ga}}\cdot t^{-\frac{1}{2}}\,. \tag{4.71}$$

Da die Strahlungsdichte mit R^{-4} sinkt, die Materiedichte dagegen mit R^{-3}, wird die Differenz zwischen ihnen im Laufe der Zeit kleiner und nach einigen 10^5 Jahren beginnt die Materie zu überwiegen (Abb. 4.9). Etwa gleichzeitig mit dem Ende des Strahlungskosmos unterschreitet die Strahlungstemperatur den Bereich ($T \approx 4200$ K), bei dem Protonen und Elektronen überwiegend neutrale Wasserstoffatome gebildet haben. Die freien Elektronen waren bis zu diesem Zeitpunkt aufgrund der sehr effektiven Wechselwirkung mit den Photonen (Thomson-Streuung) für die Undurchsichtigkeit des Universums verantwortlich. Danach wurde das Universum durchsichtig. Die nun von der Materie abgekoppelte Strahlung, die während der Expansion weiter abkühlt, wird heute als isotrope Hintergrundstrahlung mit einer Temperatur von (2.735 ± 0.005) K beobachtet.

4.3.5 Der Materiekosmos

Nach etwa 10^6 Jahren Friedmann-Zeit ist die Strahlungsdichte im Universum vernachlässigbar gegenüber der Materiedichte. Wir sprechen daher von einem *Materiekosmos*. Die Expansion wird nun nur noch von der Materie und – möglicherweise – dem Λ-Term bestimmt.

Der Materiekosmos wird beschrieben durch ein Gas, in dem die Galaxien die Rolle der Atome spielen. Mittelung über Regionen, die groß gegenüber dem Abstand der Galaxien sind, und Vernachlässigung der Pekuliarbewegung erlauben die Idealisierung durch inkohärente Materie (Druck $p = 0$).

Die Einstein-Friedmann-Gleichungen im Materiekosmos lauten damit:

$$\frac{\dot{R}^2}{R^2} = \frac{8\pi G}{3}(\varrho_{\mathrm{m}} + \varrho_\Lambda) - \frac{kc^2}{R^2} \tag{4.72a}$$

und

$$\frac{\ddot{R}}{R} = -\frac{4\pi G}{3}(\varrho_{\mathrm{m}} - 2\varrho_\Lambda)\,. \tag{4.72b}$$

Wenn man berücksichtigt, daß sich die Materiedichte nach Gl. (4.50) mit

$$\varrho_{\mathrm{m}}(t) = \varrho_{\mathrm{m},0}\left(\frac{R_0}{R}\right)^3$$

ändert, folgt aus der ersten Gleichung:

$$\frac{\dot{R}^2}{R_0^2} = \frac{8\pi G}{3}\left[\varrho_{\mathrm{m},0}\frac{R_0}{R} + \varrho_\Lambda\left(\frac{R}{R_0}\right)^2\right] - \frac{kc^2}{R_0^2}\,. \tag{4.73}$$

Für den Zeitraum bis zur Galaxienbildung ist die Annahme druckfreier Materie eine unphysikalische Näherung. Beschreibt man die Materie mit der Zustandsgleichung des idealen Gases, folgt für die Temperatur-Abnahme eines einatomigen Gases für die Zeit nach der Rekombination

$$T_{\mathrm{Mat}}(t) = T_{\mathrm{Mat}}(t_{\mathrm{rec}}) \cdot \left(\frac{R(t_{\mathrm{rec}})}{R(t)}\right)^2 \tag{4.73a}$$

(s. Weinberg, 1972). Allerdings wird mit dem Einsetzen der Galaxienbildung das Medium durch die Abstrahlung der gravitativen Bindungsenergie teilweise wieder aufgeheizt.

4.3.5.1 Das Standardmodell ($\Lambda = 0$)

Eine verschwindende kosmologische Konstante vereinfacht die Einstein-Friedmann-Gleichungen ganz erheblich. Ihre Lösungen, die nun analytisch darstellbar sind, werden gewöhnlich durch den *Verzögerungsparameter* q_0 klassifiziert. Er ist definiert durch

$$q(t) = -\frac{\ddot{R}\cdot R}{\dot{R}^2}\,. \tag{4.74}$$

Im Standardmodell ist $q = \frac{\varrho_m}{2\varrho_c} = \frac{\Omega}{2}$. Sein heutiger Wert $q_0 = \frac{\varrho_{m,0}}{2\varrho_{c,0}}$ ist von besonderem Interesse, da er aus Beobachtungen der Galaxienhelligkeiten bestimmt werden kann, allerdings nur mit einer großen Fehlerspanne.

In diesem reinen Materieuniversum lassen sich, je nachdem, wie das Verhältnis von Materiedichte ϱ_m zur kritischen Dichte $\varrho_c = 3H^2/8\pi G$ ist, drei Fälle unterscheiden:

1. Modell mit euklidischer Raummetrik (Einstein-de-Sitter-Modell).

$$\varrho_m = \varrho_c\,, \quad \Omega_0 = 1\,, \quad q_0 = \frac{1}{2}\,.$$

Dieses Modell beschreibt den Grenzfall zwischen einem offenen und einem geschlossenen Universum. Die Raummetrik ist charakterisiert durch $k = 0$. Die Materiedichte ϱ_m ist daher zu jeder Zeit gleich der kritischen Dichte:

$$\varrho_m(t) = \varrho_c(t) = \frac{3}{8\pi G} H^2(t)\,. \tag{4.75}$$

Die Einstein-Friedmann-Gleichungen vereinfachen sich zu

$$H^2(t) = \frac{\dot{R}^2}{R^2} = \frac{8\pi G}{3} \varrho_m(t) = \frac{8\pi G}{3} \varrho_{m,0} \left(\frac{R_0}{R}\right)^3 \tag{4.76}$$

bzw.

$$\dot{x}^2 = \frac{\dot{R}^2}{R_0^2} = \frac{8\pi G}{3} \varrho_{m,0} \cdot \frac{1}{x}\,. \tag{4.77}$$

Elementare Integration dieser Gleichung führt auf

$$t = \frac{2x^{\frac{3}{2}}}{3 \cdot \sqrt{\frac{8\pi G}{3} \varrho_{m,0}}}\,. \tag{4.78}$$

Nach Umstellung und Einsetzen von Gl. (4.75) erhält man den zeitlichen Verlauf des Skalenfaktors

$$x = \frac{R}{R_0} = \sqrt[3]{6\pi G \cdot \varrho_{m,0} \cdot t^2} = \left(\frac{3}{2} H_0 \cdot t\right)^{\frac{2}{3}}\,. \tag{4.79}$$

Einsetzen von Gl. (4.78) in Gl. (4.75) liefert den zeitabhängigen Hubble-Parameter

$$H(t) = \frac{2}{3t}\,. \tag{4.80}$$

Die Dichte sinkt mit fortschreitender Friedmann-Zeit gemäß

$$\varrho_m(t) = \frac{1}{6\pi G \cdot t^2}\,. \tag{4.81}$$

Auch für das Weltalter, das allgemein durch numerische Integration aus Gl. (4.63) berechnet wird, existieren im Standardmodell analytische Lösungen. Für $k = 0$ ist

$$t_0 = \frac{2}{3H_0}. \tag{4.82}$$

2. Modelle mit sphärischer Raummetrik.

$$\varrho_m > \varrho_c, \quad \Omega_0 > 1, \quad q_0 > \frac{1}{2}.$$

Die Krümmung des dreidimensionalen Raumes ist positiv ($k = 1$). Der Graph des normierten Skalenfaktors beschreibt eine Zykloide, die nach Einführung eines Entwicklungswinkels η beschrieben wird durch die Gleichungen (Weinberg 1972):

$$\frac{R}{R_0} = \frac{R_{max}}{2R_0}(1 - \cos\eta) = \frac{q_0}{2q_0 - 1}(1 - \cos\eta), \tag{4.83}$$

$$t = \frac{R_{max}}{2c}(\eta - \sin\eta) = \frac{q_0}{H_0 \cdot (2q_0 - 1)^{\frac{3}{2}}}(\eta - \sin\eta). \tag{4.84}$$

Den Nachweis für die Brauchbarkeit dieser Parameter-Darstellung erhält man, wenn man

$$\dot{x} = \frac{dx/d\eta}{dt/d\eta}$$

aus Gl. (4.83) bzw. Gl. (4.84) bildet und in Gl. (4.73) (mit $\varrho_\Lambda = 0$) einsetzt. Es ist:

$$R_0 = \frac{c}{H_0}\sqrt{\frac{k}{\Omega_0 - 1}}. \tag{4.85}$$

Das Maximum der Zykloide liegt bei

$$R_{max} = R_0 \frac{2q_0}{2q_0 - 1} = R_0 \frac{\Omega_0}{\Omega_0 - 1} = \frac{c}{H_0}\frac{\Omega_0}{(\Omega_0 - 1)^{3/2}} \tag{4.86}$$

zur Zeit

$$t(R_{max}) = \frac{\pi q_0}{H_0(2q_0 - 1)^{3/2}} = \frac{\pi}{2} \cdot \frac{R_{max}}{c}. \tag{4.86a}$$

Diese Modelle kollabieren (im „Schlußknall") bei

$$t_{coll} = \frac{\pi}{H_0} \cdot \frac{\Omega_0}{(\Omega_0 - 1)^{3/2}} = \pi \cdot \frac{R_{max}}{c}. \tag{4.86b}$$

Das heutige Weltalter in diesen Modellen ist:

$$t_0 = \frac{1}{H_0}\left(\frac{q_0}{(2q_0 - 1)^{3/2}} \operatorname{arc\,cos}\left(\frac{1}{q_0} - 1\right) - \frac{1}{2q_0 - 1}\right). \tag{4.87}$$

3. Modelle mit hyperbolischer Raummetrik.

$$\varrho_{\rm m} < \varrho_{\rm c}\,, \quad \Omega_0 < 1\,, \quad q_0 < \frac{1}{2}\,.$$

In diesem Modell hat der dreidimensionale Raum eine negative Krümmung ($k = -1$). Der Verlauf des normierten Skalenfaktors wird beschrieben durch die Gleichung

$$\frac{R}{R_0} = \frac{R_{\rm M}}{2\,R_0}\,(\cosh\eta - 1) = \frac{q_0}{1-2\,q_0}\,(\cosh\eta - 1)\,, \tag{4.88}$$

$$t = \frac{R_{\rm M}}{2\,c}\,(\sinh\eta - \eta) = \frac{q_0}{H_0(1-2\,q_0)^{3/2}}\,(\sinh\eta - \eta) \tag{4.89}$$

mit Gl. (4.59),

$$R_0 = \frac{c}{H_0}\sqrt{\frac{k}{\Omega_0 - 1}}\,,$$

mit

$$R_{\rm M} = R_0\,\frac{2\,q_0}{1-2\,q_0} = R_0\,\frac{\Omega_0}{1-\Omega_0}\,.$$

Das Weltalter ist

$$t_0 = \frac{1}{H_0}\left[\frac{1}{1-2\,q_0} - \frac{q_0}{(1-2\,q_0)^{3/2}}\,\ln\left(\frac{1-q_0}{q_0} + \frac{(1-2\,q_0)^{1/2}}{q_0}\right)\right]$$

bzw. (4.90)

$$t_0 = \frac{1}{H_0}\left[\frac{1}{1-2\,q_0} - \frac{q_0}{(1-2\,q_0)^{3/2}}\,\operatorname{arcosh}\left(\frac{1}{q_0} - 1\right)\right].$$

In allen Standardmodellen ist das Weltalter kleiner als die Hubble-Zeit $t_{\rm H} = 1/H_0$. Sie dient als grobe Abschätzung. Generell gilt für das Weltalter in den Standardmodellen:

$$t_0 < \frac{2}{3\,H_0} \quad \text{für } k = +1 \text{ (sphärische Raummetrik)}$$

$$t_0 = \frac{2}{3\,H_0} \quad \text{für } k = 0 \text{ (euklidische Raummetrik)}$$

$$\frac{2}{3\,H_0} < t_0 < \frac{1}{H_0} \quad \text{für } k = -1 \text{ (hyperbolische Raummetrik)}\,.$$

Aus diesen Zusammenhängen wird klar, welche Bedeutung eine unabhängige Bestimmung des Weltalters für die Kosmologie hat.

Wie wir sehen werden, kehren sich die Verhältnisse bei den Friedmann-Lemaître-Modellen ($\Lambda > 0$) mit vorgegebenen heutigen Randbedingungen (H_0, $\varrho_{\rm m,0}$) um. Hier ist das Weltalter bei sphärischer Raummetrik größer als bei hyperbolischer.

In der Abbildung 4.10 haben wir beispielhaft für drei Standardmodelle den normierten Skalenfaktor R/R_0 für eine Hubble-Zahl $H_0 = 75$ (km/s)/Mpc als Funktion

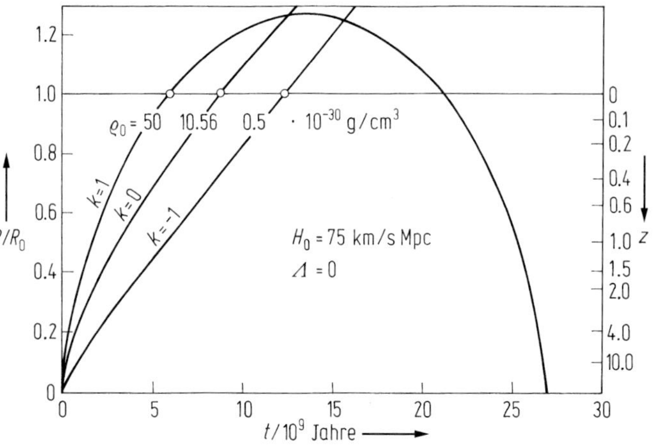

Abb. 4.10 Kosmologische Standardmodelle ($\Lambda = 0$) für eine Expansionsrate $H_0 = 75$ (km/s)/Mpc: Skalenfaktor $R(t)/R_0$ als Funktion der Friedmann-Zeit in Milliarden Jahren. Das Modell mit hyperbolischer Raum-Metrik ($k = -1$) basiert auf einer Materie-Dichte $\varrho_0 = 0.5 \cdot 10^{-30}\,\mathrm{g\,cm^{-3}}$, Weltalter $t_0 = 12.2 \cdot 10^9$ Jahre. Das euklidische Modell ($k = 0$) erfordert eine heutige mittlere Dichte von $\varrho_0 = \varrho_c = 10.56 \cdot 10^{-30}\,\mathrm{g\,cm^{-3}}$, Weltalter $t_0 = 8.7 \cdot 10^9$ Jahre. Für das Modell mit sphärischer Metrik wurde eine extreme Dichte ausgewählt: $\varrho_0 = 50 \cdot 10^{-3}\,\mathrm{g\,cm^{-3}}$. Weltalter $t_0 = 6 \cdot 10^9$ Jahre. Ein solches Universum würde bei $t = 27 \cdot 10^9$ Jahre rekollabieren.

der Friedmann-Zeit dargestellt. Für das Modell mit sphärischer Raummetrik ($k = +1$) haben wir eine extrem große heutige mittlere Dichte $\varrho_0 = 50 \cdot 10^{-30}$ g/cm^3 gewählt. Sie führt auf ein sehr kurzes Weltalter von $6 \cdot 10^9$ Jahren, das also nur eine Milliarde Jahre älter als unser Sonnensystem ist. Man kann davon ausgehen, daß dieses Weltalter die *absolute untere Grenze* für ein realistisches Weltalter darstellt allerdings im krassen Gegensatz zum Alter der Kugelsternhaufen.

Die Abbildungen 4.11, 4.12 und 4.13 zeigen die Weltlinien für drei charakteristische Weltmodelle: In Abb. 4.11 sind die *Weltlinien für euklidische Metrik* ($k = 0$) dargestellt. In diesen Modellen ist die heutige mittlere Dichte ϱ_0 gleich der kritischen Dichte, d.h. der Dichteparameter ist $\Omega_0 = 1$. *Weltlinien für hyperbolische Metrik* sind in Abb. 4.12 dargestellt. Für den Dichteparameter ist $\Omega_0 = 0.1$ gewählt, wie es sich aus den Beobachtungen der Galaxienhelligkeiten anbietet. Die rechte Ordinate gibt zu den angegebenen heutigen Rotverschiebungen z die radiale Distanz $D_\chi = R_0 \cdot \chi(z)$ in Milliarden Lichtjahren für $H_0 = 50$ (km/s)/Mpc. Auf der linken Seite sind auch die radialen Distanzen für $H_0 = 75$ und 100 (km/s)/Mpc angegeben. Wie man leicht erkennt, skalieren bei festgehaltenem Dichteparameter sowohl die Ordinate als auch die Abszisse (Friedmann-Zeit) umgekehrt proportional zur Hubble-Zahl H_0. Auf den ersten Blick mag es überraschen, daß die Ausdehnung des heutigen Kosmos, z.B. charakterisiert durch die Rotverschiebung $z = 4$, kleiner ist bei der größeren Expansionsrate ($H_0 = 100$) verglichen mit $H_0 = 50$ (km/s)/Mpc. Dies entsteht durch das Festhalten des Dichteparameters, dessen Nenner durch die kritische Dichte $\varrho_{c,0}$ gegeben ist und somit von H_0^2 abhängt. Die Ausdehnung des Kosmos würde in den Modellen anders aussehen, wenn man die heutige Dichte ϱ_0

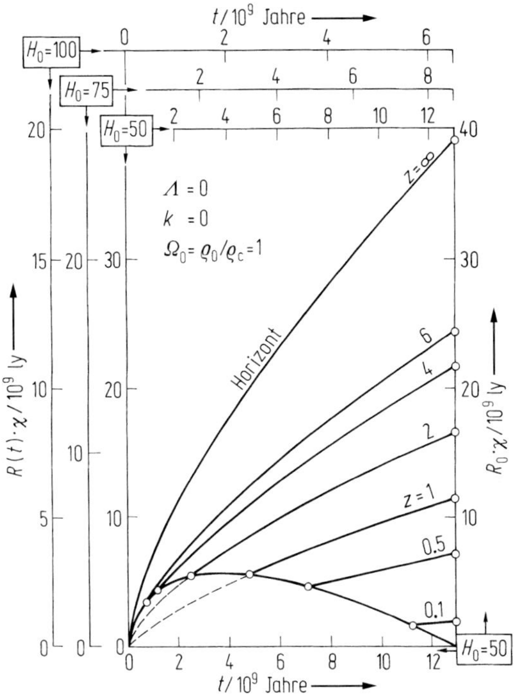

Abb. 4.11 Weltlinien im kosmologischen Standardmodell ($\Lambda = 0$) mit *euklidischer* Metrik ($k = 0$). Die Ordinate ist die radiale Distanz $D_\chi(t) = R(t) \cdot \chi$. Der Dichteparameter ist $\Omega = \varrho/\varrho_c = 1$. Die untere Abszisse bezeichnet das Weltalter t_0 für eine Expansionsrate $H_0 = 50$ (km/s)/Mpc. Für Standardmodelle mit vorgegebenem Dichteparameter sind die Weltlinien für verschiedene Expansionsraten H_0 einander ähnlich. Die Ordinatenskalen und die Abszissenskalen sind umgekehrt proportional zu H_0. Zur Verdeutlichung wurden die Ordinatenskalen (links) und die Abszissenskalen (oben) für die drei Werte $H_0 = 50$, 75 und 100 (km/s)/Mpc angegeben. Die zugehörigen Weltalter sind $t_0 = 13.1$, 8.7 und $6.5 \cdot 10^9$ Jahre. Der Parameter an den Kurven ist die Rotverschiebung z, die heute beobachtet würde. Die Kurve im unteren Bildteil stellt den Rückwärts-Lichtkegel dar, den geometrischen Ort der Weltlinienpunkte zur Zeit der Emission. Objekte oberhalb des Horizontes sind heute prinzipiell unbeobachtbar. Die Horizontlinie entspricht der heutigen Rotverschiebung $z = \infty$.

vorgibt. Denn letztlich bestimmt sie zusammen mit H_0 die Ausdehnung des heutigen Kosmos.

Der *Grenzfall eines leeres Kosmos* ($\varrho = 0$) ist in Abb. 4.13 dargestellt. Sein Weltalter ist $t_0 = 1/H_0$. Die Weltlinien hängen linear von der Zeit ab. In diesem Modell existiert kein Horizont, d. h. die radiale Distanz D_χ bei $z = \infty$ ist unendlich!

Wie in den Standardmodellen das Weltalter t_0 und der Dichteparameter Ω_0 (obere Abszisse) bzw. der Verzögerungsparameter q_0 (untere Abszisse) zusammenhängen, ist in Abb. 4.14 für fünf verschiedene Werte der Hubble-Zahl verdeutlicht. Dadurch soll der gesamte mögliche Fehlerbereich von H_0 abgedeckt sein. Der aus den Beobachtungen der Galaxienhelligkeiten abgeleitete Bereich für den Dichteparameter ist in der oberen Abszisse markiert. Der punktierte Bereich entspricht dem Fehler-

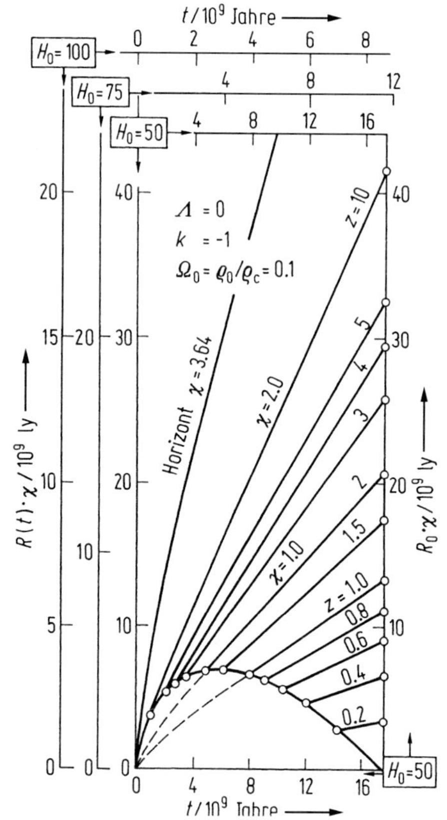

Abb. 4.12 Weltlinien im kosmologischen Standardmodell ($\Lambda = 0$) mit hyperbolischer Metrik ($k = -1$). Die Ordinate ist die radiale Distanz $D_\chi(t) = R(t) \cdot \chi$. Der Dichteparameter ist $\Omega_0 = \varrho_0/\varrho_{c,0} = 0.1$. Die Ordinaten- und Abszissenskalen sind für die Expansionsraten $H_0 = 100$, 75 und 50 (km/s)/Mpc angegeben. Sonstige Bezeichnungen sind wie in Abb. 4.11. Man beachte, daß bei vorgegebenem festen Wert für den Dichteparameter die Expansion des beobachtbaren Universums *umgekehrt* proportional zur Expansionsrate ist.

bereich für die heutige mittlere baryonische Dichte ϱ_0. Wenn es keinen wesentlichen Beitrag durch unbeobachtbare Dunkelmaterie (exotische Elementarteilchen) gibt, resultiert aus den Beobachtungen im Rahmen der Standardmodelle ein Kosmos mit hyperbolischer Raummetrik. Ein eventueller Beitrag der Neutrinos hängt entscheidend von der mittleren Neutrinomasse $\bar{m}_\nu$ der drei Neutrinosorten (ν_e, ν_μ und ν_τ) ab. Wir können mit etwa 330 Neutrinos/cm^3 im Kosmos rechnen, die sich in den ersten Minuten nach dem Urknall wechselwirkungsmäßig von den Baryonen und den Elektronen abgekoppelt haben. Ihr möglicher Beitrag zur mittleren Dichte ist als Funktion ihrer mittleren Masse $\bar{m}_\nu$ im oberen rechten Teil der Abbildungen dargestellt. Erst bei einer Neutrinomasse von ≥ 5 eV/c^2 könnte ein Standardkosmos mit euklidischer oder sphärischer Metrik resultieren.

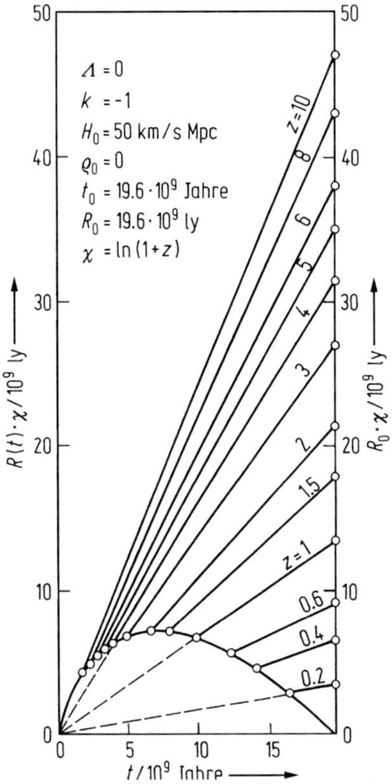

Abb. 4.13 Extremfall: *leerer Kosmos* (Dichte $\varrho(t) \equiv 0$). Eingezeichnet wurden die Weltlinien für 12 Probekörper (Quasare bzw. Galaxien), deren heutige Rotverschiebungen z im Bereich von 0.2 bis 10 liegen würden.

4.3.5.2 Friedmann-Lemaître-Modelle

Die kosmologischen Modelle, die aus den Einstein-Friedmann-Gleichungen mit einer von Null verschiedenen kosmologischen Konstante abgeleitet werden, bezeichnen wir als *Friedmann-Lemaître-Modelle*. Sie unterscheiden sich von den Standardmodellen durch folgende Eigenschaften:

1. Die Existenz einer positiven kosmologischen Konstante wirkt wie eine repulsive „Kraft“ zwischen massebehafteten Objekten, die für Abstände größer als

$$r_\Lambda = \sqrt[3]{\frac{3GM}{\Lambda c^2}}$$

gegenüber der Gravitation überwiegt (siehe auch Gln. (4.32) und (4.33)).
Mit $\Lambda = 3 \cdot 10^{-56}\,\text{cm}^{-2}$, dem Wert, der noch keine direkt beobachtbaren Konsequenzen hat, ist für eine typische Galaxie ($M \approx 10^{11} M_\odot$) $r_\Lambda = 1.2 \cdot 10^6$ ly, für

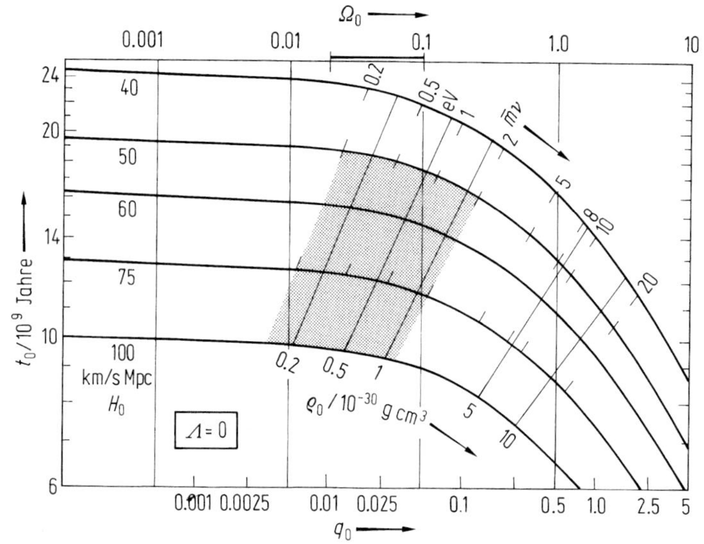

Abb. 4.14 Kosmologische Standardmodelle ($\Lambda = 0$). Zusammenhang zwischen dem Weltalter t_0 (in Milliarden Jahren) (Ordinate), dem Verzögerungsparameter der kosmischen Expansion q_0 (untere Abszisse) und der Expansionsrate (Hubble-Zahl) H_0 (Kurvenparameter) für $H_0 = 40$, 50, 60, 75 und 100 (km/s)/Mpc. Die obere Abszisse gibt den Dichteparameter $\Omega_0 = 2q_0 = \varrho_0/\varrho_{c,0}$. Der beobachtete Bereich von 0.02 bis 0.1 ist markiert. Die mittlere baryonische Dichte ist an den schräg verlaufenden Geraden angegeben. Der beobachtete Bereich ist gepunktet. Ferner wurden die möglichen Werte der mittleren Ruhemasse $\bar{m}_\nu$ der Neutrinos angegeben, die mit 330 Neutrinos/cm^3 die Dichte ϱ_0 ergeben können.

einen Galaxienhaufen mit $M \approx 10^{15} M_\odot$ ist $r_\Lambda = 2.6 \cdot 10^7$ ly (ly = Lichtjahr). ($M_\odot = 2 \cdot 10^{30}$ kg ist die Sonnenmasse).
Die repulsive „Kraft“ führt zu einem exponentiellen Aufblähen des späten Universums in der Zukunft.

2. Wie man aus Gl. (4.73) ersehen kann, setzt der Einfluß des Λ-Terms etwa bei

$$\frac{R}{R_0} = \sqrt[3]{\frac{\varrho_{m,0}}{\varrho_\Lambda}}$$

ein. Er bewirkt einen Wendepunkt im Graphen von $R(t)/R_0$, der in der Abb. 4.15 (s. weiter unten) mit einem * gekennzeichnet ist. Im Wendepunkt ist

$$\frac{R_*}{R_0} = \sqrt[3]{\frac{\varrho_{m,0}}{2\varrho_\Lambda}}.$$

3. Das Weltalter in Friedmann-Lemaître-Modellen mit positivem Λ ist unter gleichen Randbedingungen (H_0 und $\varrho_{m,0}$) immer größer als in Standardmodellen. Es kann auch größer als die Hubble-Zeit $t_H = 1/H_0$ werden.
4. Wie Einstein 1917 gezeigt hatte, ist mit einer von Null verschiedenen kosmologischen Konstante ein statisches Universum möglich. Dieses Modell ist aber in-

stabil und geht bei der geringsten Störung entweder in Expansion oder Kontraktion über (Eddington 1930). Ferner existieren Modelle, die sich ausgehend von einer dichten Anfangsphase (Urknall) asymptotisch einem statischen Universum annähern.

Für die mathematische Behandlung von Friedmann-Lemaître-Modellen ist es sinnvoll, den Skalenfaktor $R(t)$ in Einheiten von R_*, den Skalenfaktor am Wendepunkt, zu betrachten. Für diesen Wendepunkt erhält man mit $\ddot{R} = 0$ und $\varrho_s = 0$ aus der zweiten Einstein-Friedmann-Gleichung (4.48) die Bedingung:

$$\varrho_{m,*} = 2\varrho_\Lambda . \tag{4.91}$$

Aus der Kontinuitätsgleichung (4.50) folgt:

$$\varrho_m(t) \cdot R(t)^3 = \varrho_{m,0} \cdot R_0^3 = \varrho_* \cdot R_*^3 = 2\varrho_\Lambda \cdot R_*^3 . \tag{4.92}$$

Die Einstein-Friedmann-Gleichung (4.72) für R/R_* lautet

$$\frac{\dot{R}^2}{R_*} = \frac{8\pi G}{3}(\varrho_m(t) + \varrho_\Lambda)\left(\frac{R}{R_*}\right)^2 - \frac{kc^2}{R_*^2} . \tag{4.93}$$

Mit $x_* = R/R_*$ gilt damit für *euklidische Modelle* ($k = 0$)

$$\dot{x}_*^2 = \frac{8\pi G}{3} \cdot \varrho_\Lambda \left(\frac{2}{x_*} + x_*^2\right) . \tag{4.94}$$

Nach Einführung einer charakteristischen Zeit τ

$$\tau = \frac{1}{\sqrt{24\pi G \cdot \varrho_\Lambda}} = \frac{14.13 \cdot 10^9 \text{ Jahre}}{\sqrt{\varrho_\Lambda[-30]}} \tag{4.95}$$

(Hier ist $\varrho_\Lambda[-30]$ in Einheiten von $10^{-30}\,\mathrm{g\,cm^{-3}}$ zu nehmen)

und der Substitution $y = x^3 + 1$ erhält man aus Gl. (4.94)

$$\frac{1}{\tau}\,\mathrm{d}t = \frac{3\,\mathrm{d}x_*}{\sqrt{x_*^2 + \frac{2}{x_*}}} = \frac{3x_*^2\,\mathrm{d}x_*}{\sqrt{x_*^6 + 2x_*^3}} = \frac{\mathrm{d}y}{\sqrt{y^2 - 1}} . \tag{4.96}$$

Diese Differentialgleichung hat die Lösung

$$\frac{t}{\tau} = \operatorname{arcosh} y = \operatorname{arcosh}\left(\left(\frac{R}{R_*}\right)^3 + 1\right) . \tag{4.97}$$

Der Wendepunkt in *euklidischen Modellen* wird erreicht zu einer Zeit

$$t_* = \tau \cdot \operatorname{arcosh} 2 = 1.317 \cdot \tau . \tag{4.98}$$

Das Weltalter ist

$$t_0 = \tau \cdot \operatorname{arcosh}\left(\frac{2\varrho_\Lambda}{\varrho_{m,0}} + 1\right) = \tau \cdot \operatorname{arcosh}\left(\frac{2\varrho_{c,0}}{\varrho_{m,0}} - 1\right) . \tag{4.99}$$

(Man beachte, daß bei euklidischer Metrik $\varrho_\Lambda = \varrho_{c,0} - \varrho_{m,0}$ ist.)

Der zeitliche Verlauf des Skalenfaktors bei *euklidischer Raummetrik* folgt der Gleichung

$$\frac{R}{R_*} = \sqrt[3]{\cosh\left(\frac{t}{\tau}\right) - 1}\,. \tag{4.100}$$

bzw. (mit Hilfe der Kontinuitätsgleichung (4.92) auf seinen heutigen Wert normiert)

$$\frac{R}{R_0} = \sqrt[3]{\frac{\varrho_{\mathrm{m},0}}{2\varrho_\Lambda}\left(\cosh\left(\frac{t}{\tau}\right) - 1\right)}\,. \tag{4.101}$$

Für Friedmann-Lemaître-Modelle mit euklidischer Metrik gilt

$$\varrho_\Lambda = \varrho_{\mathrm{c},0} - \varrho_{\mathrm{m},0}\,,$$

da der verallgemeinerte Dichteparameter Gl. (4.60) gleich Eins ist.

Der zeitliche Verlauf des normierten Skalenfaktors ist in Abb. 4.15 für einige ausgewählte Modelle dargestellt. In dem Modell, dessen Skalenfaktor sich asymptotisch einem konstanten Wert nähert, beträgt für $\varrho_{\mathrm{m},0} \leq \varrho_{\mathrm{c},0}/2$ die Λ-Dichte (Blome und Priester 1985):

$$\varrho_\Lambda = \varrho_{\mathrm{c},0} - \varrho_{\mathrm{m},0} + \Delta\varrho \tag{4.102}$$

mit

$$\Delta\varrho = \frac{3}{2}\sqrt[3]{\varrho^2_{\mathrm{m},0}(m+n)} + \frac{3}{2}\sqrt[3]{\varrho^2_{\mathrm{m},0}(m-n)}$$

und den Abkürzungen

$$m = \varrho_{\mathrm{c},0} - \varrho_{\mathrm{m},0}$$

und

$$n = \sqrt{\varrho_{\mathrm{c},0}(\varrho_{\mathrm{c},0} - 2\varrho_{\mathrm{m},0})}\,.$$

Man erhält diese Formel, indem man den Wendepunkt R_* im Grenzfall $t \to \infty$ betrachtet. Für $\varrho_{\mathrm{m},0} > 0.5 \cdot \varrho_{\mathrm{c},0}$ erhält man Lösungen, die zweckmäßig in Parameterform dargestellt werden (s. Felten und Isaacman, 1986).

Gl. (4.102) liefert den maximal möglichen Wert für ϱ_Λ, der in Friedmann-Lemaître-Modellen mit Wendepunkt ($*$) auftreten kann, wenn das Weltalter $t_0 \to \infty$ geht. Größere Werte können nicht mehr an die vorgegebenen Randbedingungen (H_0, $\varrho_{\mathrm{m},0}$, Urknall) angepaßt werden.

Aufgrund unserer heutigen Kenntnis der Beobachtungsdaten und ihrer Fehlerbereiche sollte die Auswahl der kosmologischen Modelle am zweckmäßigsten durch die drei folgenden Parameter festgelegt werden: 1. die Hubble-Zahl H_0, 2. die (unabhängig von H_0 bestimmte) heutige mittlere Materiedichte $\varrho_{\mathrm{m},0}$ und 3. das (unabhängig von H_0 bestimmte) Weltalter t_0 (s. Tab. 4.1).

Eine deutliche Evidenz für eine von Null verschiedene, positive kosmologische Konstante ergibt sich, wenn die Hubble-Zahl $H_0 \geq 70$ (km/s)/Mpc und das Weltalter $t_0 \geq 14$ Milliarden Jahre ist. In diesem Falle gibt es keine Lösung der Einstein-Friedmann-Gleichungen mit $\Lambda = 0$ bzw. $\varrho_\Lambda = 0$.

Dieses Resultat ist ganz unabhängig davon, wie groß die heutige mittlere Materiedichte $\varrho_{\mathrm{m},0}$ ist, d.h. ob wir z.B. mit einem erheblichen Anteil an unbeobachtbarer

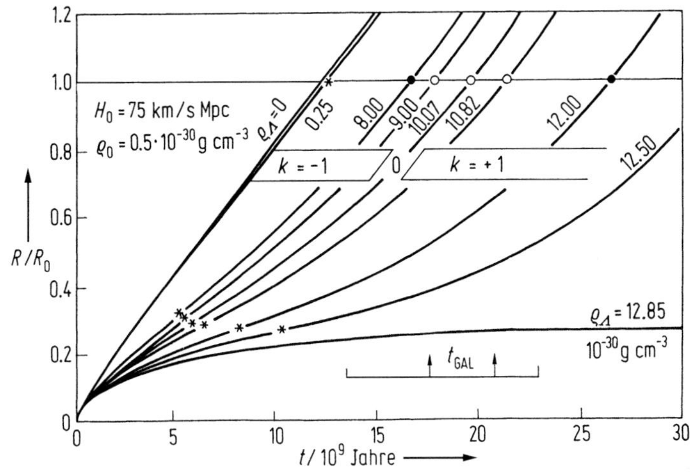

Abb. 4.15 Friedmann-Lemaître-Modelle ($\Lambda \geq 0$) für $H_0 = 75$ (km/s)/Mpc und eine heutige mittlere Materiedichte $\varrho_0 = 0.5 \cdot 10^{30}$ g cm^{-3}. Skalenfaktor $R(t)/R_0$ als Funktion der Friedmann-Zeit t in Milliarden Jahren. Das Alter unserer Galaxis t_{GAL} ist unten rechts markiert. Das Modell mit euklidischer Metrik ($k = 0$) erfordert eine Λ-äquivalente Dichte $\varrho_\Lambda = 10.07 \cdot 10^{-30}$ g cm^{-3}. Weltalter: $t_0 = 19.7 \cdot 10^9$ Jahre. Das Standardmodell $\varrho_\Lambda = 0$ mit $t_0 = 12.2 \cdot 10^9$ Jahren ist identisch mit dem entsprechenden Modell in Abb. 4.10 und 4.14.

Dunkelmaterie rechnen müssen. Es ist auch unerheblich, ob sie aus baryonischer oder nichtbaryonischer, aus relativistischer oder nichtrelativistischer Materie bestehen würde, denn jede zusätzliche Materie würde das Weltalter des Modells lediglich unter den Grenzwert von 14 Milliarden Jahren verkürzen.

4.3.5.3 Entfernungen im Kosmos

Oft wird an Astronomen die Frage gestellt, wie weit kosmische Objekte wie Quasare oder Galaxien, deren Licht mit der Rotverschiebung z empfangen wird, von uns entfernt sind. Um diese Frage zu beantworten, ist es nötig, den Abstand eindeutig zu definieren. Hier bieten sich mehrere Möglichkeiten an.

1. Die radiale Distanz $D_\chi = R_0 \cdot \chi$. Der Abstand, den man auf einem Maßband ablesen würde, das entlang einer geodätischen Linie zwischen dem beobachteten Objekt und dem Beobachter gespannt wäre, ist die radiale Distanz $D_\chi = R_0 \cdot \chi$. Eine solche Messung ist natürlich in der Praxis nicht realisierbar. Denn zuvor müßte die kosmische Expansion (und die pekuliare Dynamik) weltweit zur gleichen Zeit angehalten werden. Aber selbst unter dieser nicht realisierbaren Bedingung müßte man, wenn man dann die Entfernung mit einem Laser-Echolot mißt, bereits beim nahen Andromeda-Nebel über vier Millionen Jahre auf das Echo warten.

Da auf der Geodäte auch die Lichtfortpflanzung erfolgt, gilt die Gleichung:

$$R(t) \cdot \mathrm{d}\chi = -c \cdot \mathrm{d}t \,. \tag{4.103}$$

Für ein Objekt (Quasar, Galaxie), dessen Strahlung zur Zeit t_E emittiert wurde und die heute (t_0) bei uns eintrifft, gilt dann

$$\chi = c \int_{t_E}^{t_0} \frac{dt}{R(t)} . \tag{4.104}$$

Mit dem normierten Skalenfaktor $x(t) = R(t)/R_0$ folgt für die radiale Distanz D_χ:

$$D_\chi = R_0 \cdot \chi = c \int_{t_E}^{t_0} \frac{dt}{x(t)} = c \int_{R(t_E)/R_0}^{1} \frac{dx}{\dot{x}(t) \cdot x(t)} . \tag{4.105}$$

Nach Umrechnung des normierten Skalenfaktors in die Rotverschiebung z der zur Zeit t_E emittierten Strahlung

$$\frac{R(t_E)}{R_0} = \frac{1}{1+z} \tag{4.5}$$

erhalten wir die radiale Distanz als Funktion von z:

$$D_\chi(z) = R_0 \cdot \chi(z) = c \int_0^z \frac{dz}{\dot{x}(z) \cdot (1+z)} . \tag{4.106}$$

Hier muß $\dot{x}(z)$ aus der Einstein-Friedmann-Gleichung (4.56) unter Beachtung von Gl. (4.5) eingesetzt werden. Im Integral (4.106) ist die obere Grenze z die heutige Rotverschiebung der Galaxie bzw. des Quasars. Daraus resultiert mit dem kosmologischen Term $\lambda_0 = \varrho_\Lambda / \varrho_{c,0}$ die nützliche Formel für die radiale Distanz

$$D_\chi(z) = R_0 \cdot \chi(z) = \frac{c}{H_0} \int_1^{\zeta = 1+z} \frac{d\zeta}{\sqrt{\Omega_{m,0} \cdot \zeta^3 + (1 - \Omega_{m,0} - \lambda_0)\zeta^2 + \lambda_0}} . \tag{4.106a}$$

2. Die Lichtlaufstrecke E. Eine weitere Entfernungs-Definition ist die Strecke, die das Licht seit seiner Emission zurückgelegt hat, also Lichtlaufzeit mal Lichtgeschwindigkeit:

$$E = c \cdot (t_0 - t_E) . \tag{4.107}$$

Die Lichtlaufzeit ist natürlich stets kleiner als das Weltalter. Die radiale Distanz ist aufgrund der raschen Expansion des Raumes immer größer als die Lichtlaufstrecke und kann sogar das Weltalter (mal Lichtgeschwindigkeit) überschreiten. Man vergleiche hierzu die Weltlinien in den Abb. 4.16, 4.17 und 4.18.

3. Die metrische Distanz $D_r = R_0 \cdot r$. Verfolgt man die Lichtausbreitung in einer sphärisch gekrümmten Flächenwelt (Abb. 4.7) so erkennt man leicht, daß die beobachtbare Helligkeit (die scheinbare Helligkeit in der Sprache der Astronomie) von $r \cdot d\Theta = \sin\chi \cdot d\Theta$ abhängt. Auch der Winkel $d\Theta$, unter dem ein kosmisches Objekt beobachtet wird, hängt von der metrischen Koordinate r, nicht aber von der radialen Koordinate χ ab.
In der astronomischen Beobachtungspraxis werden Entfernungen von Galaxien durch Messung von scheinbaren Helligkeiten oder von Winkeldurchmessern be-

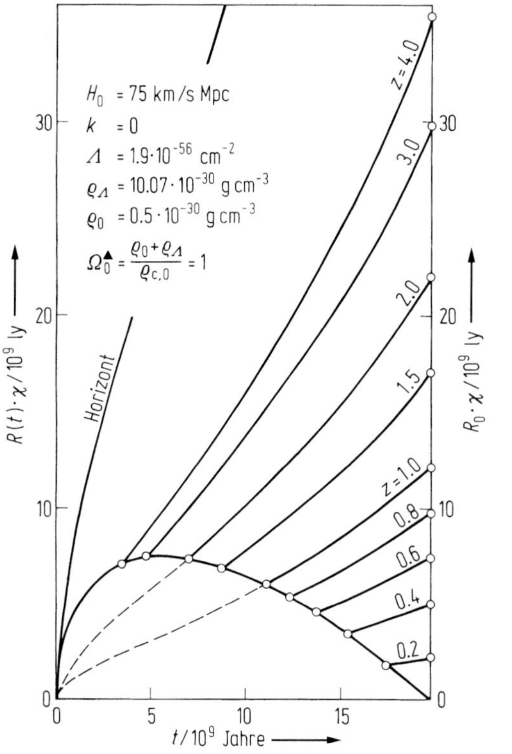

Abb. 4.16 Weltlinien für ein Friedmann-Lemaître-Modell ($\Lambda \geq 0$) mit *euklidischer* Metrik ($k = 0$) und einer Expansionsrate $H_0 = 75\,(\text{km/s})/\text{Mpc}$. Die Ordinate ist die radiale Distanz $D_\chi(t) = R(t) \cdot \chi$. Der kosmologischen Konstanten Λ entspricht die äquivalente Dichte $\varrho_\Lambda = \Lambda c^2/8\pi G = 10.07 \cdot 10^{-30}\,\text{g cm}^{-3}$. Der Dichteparameter (in der allgemeinen Definition) ist $\Omega_0^\blacktriangle = (\varrho_0 + \varrho_\Lambda)/\varrho_{c,0} = 1$ für euklidische Metrik, die kritische Dichte $\varrho_{c,0} = 3H_0^2/8\pi G = 10.57 \cdot 10^{-30}\,\text{g cm}^{-3}$. Für die heutige mittlere Materiedichte wurde der Wert $\varrho_0 = 0.5 \cdot 10^{-30}\,\text{g cm}^{-3}$ gewählt, wie er sich als oberer Grenzwert aus der Helium-Deuterium-Analyse ergibt. Die Weltlinien haben einen Wendepunkt beim Weltalter $t_* = 5.9 \cdot 10^9$ Jahre. Sonstige Bezeichnungen wie in Abb. 4.11.

stimmt, wobei im Prinzip die absolute Helligkeit oder der wahre Durchmesser der Galaxie anderweitig bekannt sein sollte. Die so bestimmten Entfernungen liefern die metrische Distanz $D_r = R_0 \cdot r$. Sie spielt in der kosmologischen Beobachtung eine dominierende Rolle. Im Rahmen der Modelle wird im allgemeinen Fall die metrische Distanz durch numerische Integration aus Gl. (4.105) bzw. Gl. (4.106a) berechnet, wobei wiederum gilt:

$$r = \begin{cases} \sin\chi & \text{für } k = +1 \\ \chi & \text{für } k = 0 \\ \sinh\chi & \text{für } k = -1 \end{cases} \tag{4.108}$$

Es gibt aber auch analytische Lösungen der Gl. (4.106). Sie wurden 1958 von Wolf-

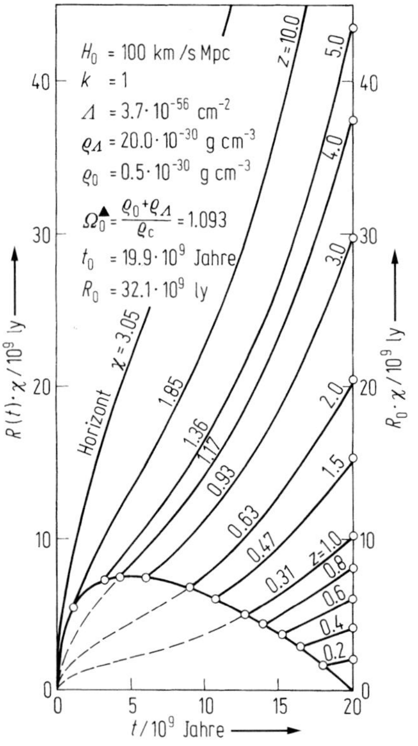

Abb. 4.17 Weltlinien im Friedmann-Lemaître-Modell ($\Lambda > 0$) mit *sphärischer* Metrik ($k = +1$) und der Expansionsrate $H_0 = 100$ (km/s)/Mpc. Die Ordinate gibt die radiale Distanz $D_\chi(t) = R(t) \cdot \chi$. Für die heutige mittlere Materiedichte wurde $\varrho_0 = 0.5 \cdot 10^{-30}$ g cm^{-3} und für die Λ-äquivalente Dichte $\varrho_\Lambda = 20 \cdot 10^{-30}$ g cm^{-3} gewählt. Diese Parameterwahl führt auf ein Weltalter $t_0 = 19.9 \cdot 10^9$ Jahre und auf einen Krümmungsradius $R_0 = 32.1 \cdot 10^9$ Lichtjahre. Der Horizont liegt mit $\chi = 3.05$ bereits nahe am Gegenpol ($\chi = \pi$). Die Wendepunkte in den Weltlinien liegen bei $t_* = 6 \cdot 10^9$ Jahre. Man vergleiche dieses Modell mit dem hyperbolischen Standardmodell für $H_0 = 50$ (Abb. 4.12) mit nahezu gleichem Weltalter und vergleichbaren Dimensionen für den *beobachtbaren* Bereich des Kosmos.

gang Mattig für die Standardmodelle und 1971 von S. E. Kaufmann und E. L. Schükking für den allgemeinen Fall angegeben. Da letztere aber auf die Umkehrfunktion der Weierstrasschen $\mathscr{P}$-Funktion zurückgreift, sind die numerischen Lösungen auf dem Computer wesentlich bequemer.

4. Die Mattig-Formeln für die Standardmodelle. Für die Standardmodelle ($\Lambda = 0$) hat erstmalig W. Mattig (1958) analytische Lösungen sowohl für die radiale Distanz $D_\chi = R_0 \cdot \chi(z)$ als auch für die metrische Distanz $D_r = R_0 \cdot r(z)$ gefunden. Die Mattig-Formeln folgen nach einigen Substitutionen aus dem Integral (4.106) nach Einsetzen von $\dot{x}$ aus der Einstein-Friedmann-Gleichung (4.56) für $\Lambda = 0$.

Wir verzichten hier auf die langwierigen Umformungen und geben die Ergebnisse in leicht veränderter Schreibweise gegenüber Mattigs Originalarbeit (1958) wieder.

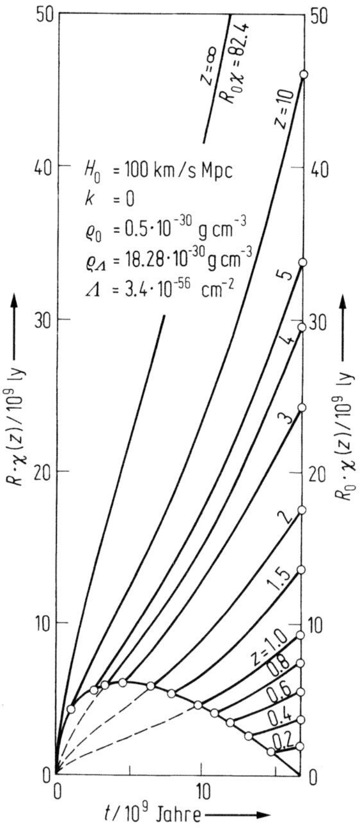

Abb. 4.18 Weltlinien für ein Friedmann-Lemaître-Modell ($\Lambda > 0$) mit *euklidischer* Raummetrik ($k = 0$) und einer Expansionsrate $H_0 = 100\,(\mathrm{km/s})/\mathrm{Mpc}$; vergleiche Abb. 4.16 mit $H_0 = 75\,(\mathrm{km/s})/\mathrm{Mpc}$. Für die heutige mittlere Dichte wurde $\varrho_0 = 0.5 \cdot 10^{-30}\,\mathrm{g\,cm^{-3}}$ gewählt. Die kritische Dichte ist $\varrho_{c,0} = \dfrac{3H_0^2}{8\pi G} = 18.8 \cdot 10^{-30}\,\mathrm{g\,cm^{-3}}$. Die Weltlinie des Horizonts entspricht einer heutigen Rotverschiebung von $z = \infty$. Die zugehörige radiale Distanz ist $D_\chi = R_0 \cdot \chi(z = \infty) = 82.4 \cdot 10^9$ Lichtjahre.

Die radiale Distanz ergibt sich zu:

$$D_\chi(z) = \begin{cases} \dfrac{c}{H_0}\sqrt{\dfrac{1}{2q_0 - 1}}\left\{\arccos\left(\dfrac{2q_0 - 1}{q_0(1+z)} - 1\right) - \arccos\left(\dfrac{2q_0 - 1}{q_0} - 1\right)\right\} & \text{für } k = +1 \\ \dfrac{2c}{H_0}\left\{1 - \dfrac{1}{\sqrt{1+z}}\right\} & \text{für } k = 0 \\ \dfrac{c}{H_0}\sqrt{\dfrac{1}{1 - 2q_0}}\left\{\operatorname{arcosh}\left(\dfrac{1 - 2q_0}{q_0} + 1\right) - \operatorname{arcosh}\left(\dfrac{1 - 2q_0}{q_0(1+z)} + 1\right)\right\} & \text{für } k = -1 \end{cases} \quad (4.109)$$

mit

$$2q_0 = \Omega_0 = \frac{\varrho_{\mathrm{m},0}}{\varrho_{\mathrm{c},0}}\,.$$

Die metrische Distanz $D_\mathrm{r}(z) = R_0 \cdot r(z)$ geben wir sowohl in der von Mattig formulierten Schreibweise als auch in einer leicht umgeformten Version an, aus der sich der Grenzwert für $z \to \infty$ (Definition des Teilchenhorizonts) unmittelbar ablesen läßt. Die Formel gilt für $q_0 > 0$ bei beliebiger Krümmung:

$$\begin{aligned} D_\mathrm{r}(z) &= \frac{c}{H_0 q_0^2 (1+z)} \{q_0 z + (q_0 - 1)[\sqrt{1 + 2q_0 z} - 1]\} \\ &= \frac{c}{H_0 \cdot q_0} \left\{1 + \frac{1}{1+z}\left[\frac{q_0 - 1}{q_0}\sqrt{1 + 2q_0 z} - \frac{2q_0 - 1}{q_0}\right]\right\}. \end{aligned} \qquad (4.110)$$

Aufgrund des endlichen Weltalters kann der Abstand zwischen zwei Punkten im Universum, die kausal miteinander verknüpft sind, nicht größer sein als der sogenannte *Teilchenhorizont* $D_\mathrm{r}(z = \infty)$:

$$D_\mathrm{r}(z = \infty) = R_0 \cdot r(z = \infty) = \frac{c}{H_0 q_0}\,. \qquad (4.111)$$

Die metrische Distanz für das leere Standardmodell (Dichte $\varrho(t) = 0$, also auch $q(t) = 0$) erhält man nach Entwicklung der Wurzel in Gl. (4.110):

$$D_\mathrm{r}(z) = R_0 \cdot r = \frac{c}{H_0} \frac{z(1 + z/2)}{1+z} \qquad \text{für } q_0 = 0\,. \qquad (4.112)$$

In diesem leeren Universum gilt wegen

$$r(z) = \sinh \chi(z) = \frac{1}{2} \cdot (\mathrm{e}^{\chi} - \mathrm{e}^{-\chi})$$

für $\chi(z)$ der einfache Ausdruck:

$$\chi(z) = \ln(1+z)\,. \qquad (4.113)$$

Die radiale Distanz im leeren Standardmodell ist daher:

$$D_\chi(z) = R_0 \cdot \chi(z) = \frac{c}{H_0} \ln(1+z)\,. \qquad (4.114)$$

Als Beispiel für die Anwendung der Mattig-Formeln in zwei typischen Modelluniversen geben wir hier die metrische Distanz an:

a) Im Standardmodell mit hyperbolischer Raummetrik und $q_0 = 1/20$ bzw. $\Omega_0 = 0.1$ ist

$$D_\mathrm{r}(z) = \frac{20c}{H_0}\left\{1 - \frac{1}{1+z}\left[19\sqrt{1 + \frac{z}{10}} - 18\right]\right\}, \qquad (4.115)$$

b) im Standardmodell mit sphärischer Raummetrik und $q_0 = 1$ bzw. $\Omega_0 = 2$ ist

$$D_\mathrm{r}(z) = \frac{c}{H_0}\left\{1 - \frac{1}{1+z}\right\} = \frac{c}{H_0}\frac{z}{1+z}\,. \qquad (4.116)$$

4.3.6 Beobachtungsrelationen

Wie wir in den vorherigen Abschnitten gesehen haben, ist der Verlauf des kosmischen Skalenfaktors $R(t)$ determiniert durch die Angabe des Hubble-Parameters H_0, der mittleren Materiedichte $\varrho_{m,0}$ und der Λ-äquivalenten Dichte ϱ_Λ. Andere kosmologische Größen (z. B. die heutige Raumkrümmung K_0 (Gln. (4.37) und (4.59)), das Weltalter t_0 (Gl. 4.63) oder der Verzögerungsparameter q_0) lassen sich direkt aus diesen ableiten. Um die möglichen Werte, die diese Parameter annehmen können, einzugrenzen, muß eine Beziehung zu den beobachtbaren Größen gefunden werden. Beobachtet werden die Helligkeit m von Objekten, ihr Winkeldurchmesser α und die Anzahl n pro Raumwinkel. Es ist aber zu beachten, daß jeder Blick ins Universum ein Blick in die Vergangenheit ist. Wir sehen entfernte Galaxien und Quasare, wie sie vor Milliarden von Jahren ausgesehen hatten, also zu einer Zeit, wo sich nicht nur diese Objekte selbst, sondern auch die Werte der oben genannten kosmologischen Parameter zum Teil völlig von den heutigen Werten unterschieden. Dieser räumliche und zeitliche Abstand wird aus der Rotverschiebung z bestimmt.

4.3.6.1 Die $m(z)$-Relation

Die klassische Beobachtungsrelation, aufgrund derer schon Hubble sein berühmtes Expansionsgesetz Gl. (4.4) gefunden hatte, ist die Beziehung zwischen scheinbarer Helligkeit m, absoluter Helligkeit M und Rotverschiebung z:

$$m_{\mathrm{bol}} = 5 \cdot \lg D_{\mathrm{L}}(z) + M - 5 \,. \tag{4.117}$$

Hier ist $D_{\mathrm{L}}(z)$ die photometrische Distanz

$$D_{\mathrm{L}} = \sqrt{\frac{L}{4\pi S}} = R_0 \cdot r \cdot (1+z) \tag{4.118}$$

L = Leuchtkraft,
S = Strahlungsstrom.

Durch Einsetzen der metrischen Distanz $R_0 \cdot r$ aus Abschn. 4.3.5.3 erhält man die Abhängigkeit von den kosmologischen Parametern. Für vorgegebene kosmologische Modelle läßt sich daher $m(z)$ berechnen, wie in Abb. 4.19 dargestellt (nach Chu et al., 1988), und mit beobachteten Helligkeiten vergleichen. Hier treten allerdings mehrere Probleme auf:

1. Die $m(z)$-Relation gilt für Objekte gleicher Leuchtkraft. Da diese im allgemeinen nicht bekannt ist, wird durch Gl. (4.117) die scheinbare Helligkeit nur bis auf eine additive Konstante festgelegt. Außerdem machen selbst gleiche kosmologische Objekte eine Entwicklung durch, so daß die Leuchtkraft eine Funktion der Zeit und damit auch der Rotverschiebung z wird. So ist z. B. für Quasare, die die größten, heute beobachteten Rotverschiebungen aufweisen, ohne die Kenntnis der Leuchtkraftentwicklung $L(z)$ keine wesentliche Einschränkung der kosmologischen Modelle möglich (Abb. 4.19).

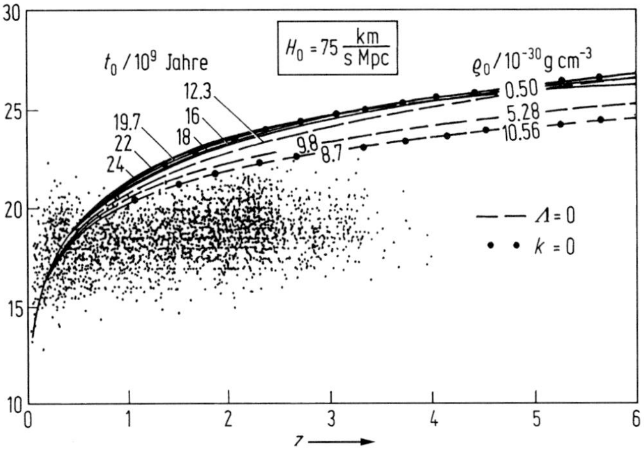

Abb. 4.19 Beziehung zwischen scheinbarer, bolometrischer Helligkeit m und beobachteter Rotverschiebung z für Objekte mit gleicher Leuchtkraft. Da die Leuchtkraft im allgemeinen nicht bekannt ist, sind die Kurven nur bis auf eine additive Konstante festgelegt. Die Datenpunkte stellen die Quasardaten aus dem Katalog von Hewitt und Burbidge (1987) dar, die Linien repräsentieren die verschiedenen kosmologischen Modelle (nach Chu et al., 1988).

2. Die $m(z)$-Relation (4.117) ist für scheinbare bolometrische Helligkeiten formuliert. In der Praxis wird aber nur in einem kleinen Wellenlängenbereich gemessen. Die Strahlung, die bei einer festen Wellenlänge emittiert wurde, ist aber durch die Rotverschiebung in einen anderen Wellenlängenbereich verschoben worden, so daß ein zusätzlicher, z-abhängiger Korrekturterm, die sogenannte K-Korrektur, nötig wird.

4.3.6.2 Die $\alpha(z)$-Relation

Ein kosmisches Objekt, z. B. eine ausgedehnte Radiogalaxie oder einen Galaxienhaufen, mit wahrem Durchmesser d, sehen wir unter dem Winkel α

$$\alpha = \frac{d}{R(t_E) \cdot r} = \frac{d \cdot (1+z)}{R_0 \cdot r}. \tag{4.119}$$

Nach Einsetzen von $R_0 \cdot r$ für verschiedene kosmologische Modelle lassen sich beobachtbare Winkeldurchmesser mit den berechneten vergleichen. Es treten aber ähnliche Probleme wie bei der $m(z)$-Relation auf:
Der wahre Durchmesser ist nicht bekannt, so daß $\lg \alpha(z)$ für Objekte gleicher Größe auch nur bis auf eine additive Konstante berechnet werden kann (Abb. 4.20, Chu et al., 1988). Außerdem muß, analog zur Leuchtkraftentwicklung, eine Änderung der Durchmesser während der kosmischen Evolution berücksichtigt werden.

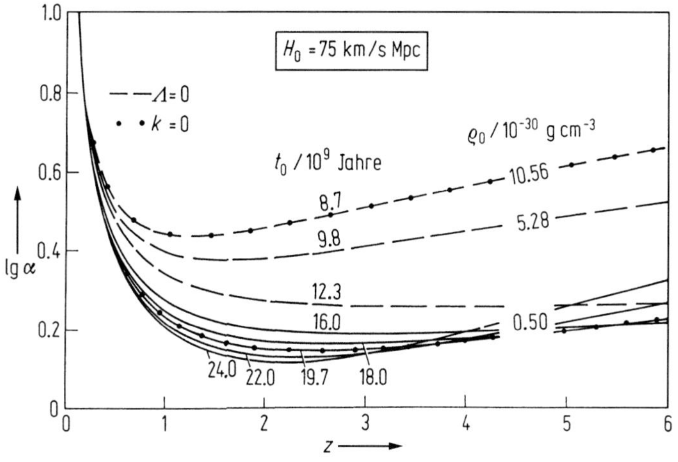

Abb. 4.20 Winkeldurchmesser α als Funktion der Rotverschiebung z in verschiedenen kosmologischen Modellen. Da man den wahren Durchmesser kosmologischer Objekte im allgemeinen nicht kennt, ist lg α nur bis auf eine additive Konstante festgelegt (nach Chu et al., 1988).

4.3.6.3 Zählungen

Auch aus Zählungen von kosmischen Objekten pro Raumwinkel dΩ lassen sich Aussagen über die Struktur des Universums machen. Gezählt werden Objekte, die heller als eine scheinbare vorgegebene Helligkeit sind, oder deren Rotverschiebung auf ein bestimmtes Intervall begrenzt ist.

Man betrachtet die Anzahldichte n der Objekte im Entfernungsintervall χ bis $\chi + \mathrm{d}\chi$:

$$\mathrm{d}n = n_0 R_0^3 r^2 \mathrm{d}\chi \cdot \mathrm{d}\Omega\,, \tag{4.120}$$

wobei n_0 die Anzahldichte der Objekte im mitbewegten Koordinatensystem ist. Mit der Substitution

$$\mathrm{d}\chi = \frac{c}{R_0}\left[(1+z)\,\frac{\dot{R}}{R_0}\right]^{-1} \mathrm{d}z \tag{4.121}$$

erhält man die Anzahl von Objekten im Rotverschiebungsintervall von z bis $z + \mathrm{d}z$:

$$\mathrm{d}n = c n_0 (R_0 r)^2 \left[(1+z)\,\frac{\dot{R}}{R_0}\right]^{-1} \mathrm{d}z\,\mathrm{d}\Omega\,. \tag{4.122}$$

Mit dieser Gleichung wird noch nicht berücksichtigt, daß in der Praxis nur die Objekte beobachtet werden, deren scheinbare Helligkeit eine durch das Beobachtungsinstrument vorgegebene Grenze überschreitet. Um diesen Effekt angemessen zu berücksichtigen, wäre wieder die Kenntnis der Leuchtkraftentwicklung während der kosmischen Evolution vonnöten.

Mit dieser Art von Beobachtungsrelationen ist es also nicht möglich, ohne Kenntnis der Evolution individueller kosmischer Objekte genauere Aussagen über die Raumstruktur und die Dynamik des Universums zu gewinnen. Zur Zeit erscheint es vielversprechender, mit den bei den Beobachtungsergebnissen besprochenen Methoden die möglichen kosmologischen Modelle stärker einzugrenzen: die Bestimmung des Hubble-Parameters durch Entfernungsmessungen und die Bestimmung der heutigen mittleren Materiedichte aus Rotationskurven von Galaxien oder aus dem primordialen Anteil von Helium und Deuterium. Aussagen über die Größe der kosmologischen Konstante Λ lassen sich wohl am ehesten aus einer unabhängigen Bestimmung des Weltalters gewinnen und neuerdings aus den zahlreichen Lyman-α-Absorptionslinien, die in den Spektren von weit entfernten Quasaren (bis $z \geq 4.4$) beobachtet wurden. Damit läßt sich die Struktur des Kosmos ausloten (Hoell u. Priester (1991), Liebscher et al. (1992), Hoell, Liebscher, Priester (1994)); s. hierzu Abschn. 4.3.9.

4.3.7 Klassifizierung der kosmologischen Modelle

Wie in Abschn. 4.3.2 erläutert, können wir uns auf die Lösungen der Einsteinschen Gleichungen für einen großräumig homogenen und isotropen Kosmos beschränken, d.h. auf die Lösungen der Einstein-Friedmann-Gleichungen (4.43) und (4.44). Für die frühe Phase ($t < 10^6$ Jahre) eines mit einer Urknall-Singularität beginnenden Kosmos (Strahlungskosmos) ergibt sich das durch Gl. (4.68) beschriebene zeitliche Verhalten des Skalenfaktors $R(t)/R_0 \sim \sqrt{t}$, da es hier im allgemeinen völlig ausreichend ist, sich auf eine euklidische Raum-Metrik zu beschränken.

Die Probleme, die mit möglichen Phasenübergängen im ganz frühen Kosmos ($t < 10^{-32}$ s) (Inflationäres Szenario, Big Bounce) zusammenhängen, diskutieren wir in den Abschnitten 4.4 bis 4.7.

Für den von (baryonischer) Materie dominierten Kosmos (Druck $p = 0$; $\varrho_s(t) \ll \varrho_m(t)$ für $t > 10^6$ Jahre) werden wir die Dichte der relativistischen Materie ϱ_s (Photonen, Neutrinos ($m_\nu = 0$)) vernachlässigen ($\varrho_s(t) = 0$), da zumindest die Photonen für $t > 10^6$ Jahre keinen wesentlichen Einfluß mehr auf das Expansionsverhalten haben. Ihre Berücksichtigung bei der Berechnung des Weltalters würde eine Verkürzung des berechneten Weltalters von nur wenigen Promille bewirken.

Eine Lösung für $R(t)/R_0$, die unser Universum repräsentieren soll, muß an die beobachtbaren, heutigen *Randbedingungen* angepaßt sein.

Dafür bieten sich an

1. Expansionsrate (Hubble-Zahl) $H_0 = \dot{R}(t_0)/R_0$
2. Materiedichte $\varrho_{m,0}$
   (das ist die baryonische Dichte und ein möglicher Anteil an massebehafteten Neutrinos oder „exotischer" Dunkelmaterie (Axions, Photinos etc.)). Die baryonische Dichte sollte die in Neutronensternen, Braunen Zwergen und evtl. Schwarzen Löchern gespeicherte baryonische Materie mitberücksichtigen, wie es sich z. B. aus der primordialen Helium-Nukleosynthese unmittelbar ergibt (vgl. Abb. 4.6).
3. Da der Zahlenwert der kosmologischen Konstante Λ nicht direkt aus Beobachtungen erhalten wird (vgl. jedoch Abschn. 4.3.9) muß er hier zunächst als freier Parameter behandelt werden.

Damit ergeben sich die *Lösungen* für $R(t)/R_0$ als Funktion von H_0, $\varrho_{m,0}$ und dem freien Parameter Λ. Die hieraus resultierenden Modelle bezeichnet man als

a) *Friedmann-Lemaître-Modelle* ($\Lambda \neq 0$). Sie beginnen bei der Friedmann Zeit $t = 0$ mit $R(0) = 0$, $H(0) \to \infty$ und $\varrho(0) \to \infty$.
b) Die am häufigsten in der Literatur berücksichtigte *Unterklasse* mit $\Lambda = 0$ wird allgemein als *Standardmodell* bezeichnet mit den gleichen Anfangsbedingungen wie unter a). Das Standardmodell mit euklidischer Metrik und $\Lambda = 0$ (Einstein-de-Sitter-Modell) hängt nur von H_0 ab.
c) *Eddington-Lemaître-Modelle*. Diese Modelle beginnen bei $t \to -\infty$ mit $R(t) \geq 0$, durchlaufen bei t_{min} ein Minimum R_{min} und erreichen danach die heutige Expansionsrate $H_0 = H(t_0)$. Im speziellen Eddington-Modell ist $t_{\text{min}} \to -\infty$. Diese Modelle können aus der heutigen Diskussion praktisch ausgeschlossen werden, da mit dem heutigen unteren Grenzwert der Materiedichte $\varrho_{m,0}(\text{min}) = 0.1 \cdot 10^{-30}\,\text{g cm}^{-3}$ die beobachtete maximale Quasar-Rotverschiebung $z_{\text{max}} = 4.9$ für $H_0 \geq 50\,(\text{km/s})/\text{Mpc}$ nicht realisiert werden kann (Blome und Priester (1991), Gl. (14)). (Die Eddington-Lemaître-Modelle dürfen nicht mit dem Big-Bounce-Modell verwechselt werden, s. Abschn. 4.7).

Anstelle der Materiedichte wurde früher häufig der Beschleunigungsparameter $q_0 = -\ddot{R}_0 \cdot R(t_0)/\dot{R}^2(t_0)$ benutzt. Er ist jedoch aus den Beobachtungen nicht mit einer für die Unterscheidung verschiedener Modellklassen hinreichenden Genauigkeit zu bestimmen.

Für die Klassifizierung erweist es sich als zweckmäßig folgende *Normierungen* einzuführen. Diese sind:

1. Der normierte kosmologische Term λ_0

$$\lambda_0 = \frac{\Lambda c^2}{3 H_0^2} = \frac{\varrho_\Lambda}{\varrho_{c,0}}$$

mit

$$\varrho_\Lambda = \frac{\Lambda c^2}{8 \pi G}$$

und

$$\varrho_{c,0} = \frac{3 H_0^2}{8 \pi G},$$

2. der Dichteparameter der Materie

$$\Omega_0 = \frac{\varrho_{m,0}}{\varrho_{c,0}} \tag{4.61}$$

3. der Dichteparameter der Strahlung

$$\omega_0 = \frac{\varrho_{s,0}}{\varrho_{c,0}} \tag{4.61a}$$

Wir erinnern daran, daß der in Gl. (4.60) eingeführte allgemeine Dichteparameter

$$\Omega_0^{\blacktriangle} = \frac{\varrho_{\mathrm{m},0} + \varrho_{\mathrm{s},0} + \varrho_{\Lambda}}{\varrho_{\mathrm{c},0}} = \Omega_0 + \omega_0 + \lambda_0$$

die Raum-Metrik bestimmt (>1 sphärisch, $=1$ euklidisch, <1 hyperbolisch). Ferner ist

$$R_0 = \frac{c}{H_0}\sqrt{\frac{k}{\Omega_0^{\blacktriangle} - 1}}\,. \tag{4.59}$$

Für $t > 10^6$ Jahre werden wir $\omega_0 = 0$ setzen. Wir gehen weiterhin davon aus, daß der Druck p im Materiekosmos vernachlässigt werden kann ($p = 0$).

Durch die Normierung können wir die Modellklassen unabhängig vom Wert für H_0 diskutieren. Wie man leicht sieht, läßt sich die Friedmann-Gleichung (4.43) mit Gl. (4.50) in folgender Form schreiben:

$$\dot{R}^2(t) = \frac{8\pi G}{3}\,\varrho_{\mathrm{m},0}\cdot R_0^3\,\frac{1}{R(t)} + \frac{\Lambda c^2}{3}\,R^2(t) - kc^2 \tag{4.123}$$

und mit den normierten Größen auf die normierte Form bringen:

$$\frac{1}{H_0^2}\cdot\frac{\dot{R}^2(t)}{R^2(t)} = \lambda_0 + (1 - \Omega_0^{\blacktriangle})\left(\frac{R_0}{R(t)}\right)^2 + \Omega_0\left(\frac{R_0}{R(t)}\right)^3 . \tag{4.124}$$

Man vergleiche hierzu auch die Gln. (4.72 a) und (4.72 b).

Analog läßt sich die zweite Gleichung (4.44) bzw. (4.48) umschreiben auf

$$\ddot{R}(t) = -\frac{4\pi G}{3}\,\varrho_{\mathrm{m},0}\cdot R_0^3\,\frac{1}{R^2(t)} + \frac{\Lambda c^2}{3}\,R(t) \tag{4.125}$$

und normieren auf

$$\frac{\ddot{R}(t)}{R_0} = -\frac{4\pi G}{3}\left\{\varrho_{\mathrm{m},0}\left(\frac{R_0}{R(t)}\right)^2 - 2\varrho_{\Lambda}\,\frac{R(t)}{R_0}\right\} \tag{4.126}$$

bzw.

$$\frac{1}{H_0^2}\,\frac{\ddot{R}(t)}{R_0} = -\frac{1}{2}\,\Omega_0\left(\frac{R_0}{R(t)}\right)^2 + \lambda_0\,\frac{R(t)}{R_0}\,. \tag{4.127}$$

Für $\ddot{R}(t) = 0$ ergibt sich die Bedingung für den Wendepunkt (R_*, t_*), der die Friedmann-Lemaître-Modelle auszeichnet (für $\Lambda > 0$, wenn $\Omega_0 \leq 1$, bzw. für $\Lambda > \Lambda(\mathrm{min})$, wenn $\Omega_0 > 1$ ist), s. Abb. 4.21. Aus heutiger Sicht muß diese Unterklasse *Friedmann-Lemaître-Modelle mit Wendepunkt* als die wichtigste für eine realistische Beschreibung des Universums angesehen werden. Für den Wendepunkt $R_* = R(t_*)$ folgt aus Gl. (4.127):

$$\frac{R_*}{R_0} = \sqrt[3]{\frac{\Omega_0}{2\lambda_0}} = \frac{1}{1 + z_*}\,, \tag{4.128}$$

wobei z_* die Rotverschiebung eines Quasars ist, dessen heute beobachtete Strahlung zur Zeit t_* emittiert wurde.

Ein Modell mit einer extrem langdauernden Phase nahezu ruhender Expansion ergibt sich aus $\dot{R} = \ddot{R} = 0$. Wenn wir in Gl. (4.124) $\dot{R} = 0$ setzen, folgt:

$$\left(\frac{R}{R_0}\right)^3 - \frac{\lambda_0 + \Omega_0 - 1}{\lambda_0}\left(\frac{R}{R_0}\right) + \frac{\Omega_0}{\lambda_0} = 0 \tag{4.129}$$

und mit Gl. (4.128)

$$\frac{3}{2}\,\Omega_0 = (\lambda_0(\max) + \Omega_0 - 1)\cdot\sqrt[3]{\frac{\Omega_0}{2\lambda_0(\max)}} \tag{4.130}$$

und somit die Gleichung dritten Grades

$$\lambda_0(\max) = \frac{4}{27}\,\frac{(\lambda_0(\max) + \Omega_0 - 1)^3}{\Omega_0^2}\,. \tag{4.131}$$

Diese Gleichung hat für $\Omega_0 \leq 0.5$ eine direkte analytische Lösung (Blome und Priester, 1985, 1991), auf die wir uns hier beschränken. Für $\Omega_0 > 0.5$ muß ein Hilfswinkel eingeführt werden. Diese Lösungen wurden von Felten und Isaacman (1986) angegeben. Sie sind numerisch bequem auswertbar.

Für $\Omega_0 \leq 0.5$ gilt: Für Friedmann-Lemaître-Modelle ist der maximal mögliche kosmologische Term $\lambda_0(\max)$:

$$\begin{aligned}\lambda_0(\max) = 1 - \Omega_0 &+ \frac{3}{2}\sqrt[3]{\Omega_0^2(1 - \Omega_0 + \sqrt{1 - 2\Omega_0})} \\ &+ \frac{3}{2}\sqrt[3]{\Omega_0^2(1 - \Omega_0 - \sqrt{1 - 2\Omega_0})}\end{aligned} \tag{4.132}$$

(s. Abb. 4.22) (siehe auch Gl. (4.102)). Man beachte, daß $\lambda_0 = 1 - \Omega_0$ den euklidischen Fall bezeichnet. Der Verlauf der Expansion $R(t)/R_0$ ist in Abb. 4.21 durch 6 eingefügte Skizzen gegeben mit den markierten Wendepunkten (vgl. auch Abb. 4.15).

Die Eddington-Lemaître-Modelle sind oben links durch 2 Skizzen markiert. Friedmann-Lemaître-Modelle mit $\Lambda < 0$ bzw. $\Lambda < \Lambda(\min)$ für $\Omega_0 > 1$ (s. Abb. 4.21) enden alle im Kollaps („big crunch", „Schlußknall").

Der Verlauf der Standard-Modelle mit $\Lambda \equiv 0$ führt für $\Omega_0 > 1$ ebenfalls zum Kollaps, wie bereits in Abschn. 4.3 ausführlich mit Formeln erläutert wurde. Die Standard-Modelle sind in Abb. 4.21 durch 2 Skizzen für das offene Universum ($k = -1$) und für das kollabierende geschlossene Universum ($k = +1$) dargestellt (vgl. auch Abb. 4.10).

Beobachtungsresultate legen es in letzter Zeit nahe, daß unser Universum am besten durch einen *geschlossenen Kosmos* beschrieben werden kann (mit sphärischer Raum-Metrik) und durch eine *geringe Materiedichte*, die durch die baryonische Dichte abgedeckt wird. Dieser Kosmos expandiert permanent in alle Zukunft. Seine Hubble Expansionsrate $H(t)$ nähert sich asymptotisch dem Grenzwert H_∞ für $t \to \infty$. Dann gilt $\Lambda c^2 = 3\cdot H_\infty^2$. Daher geben wir in Abb. 4.22 einige Beispiele für solche Friedmann-Lemaître-Modelle mit $H_0 = 90\,(\mathrm{km/s})/\mathrm{Mpc}$ und $\varrho_{\mathrm{m},0} = 0.2\cdot 10^{-30}\,\mathrm{g\,cm^{-3}}$. Besondere Beachtung verdienen die Modelle, die in der Frühzeit eine lange Phase mit geringer Expansionsrate haben. Dies dürfte für die Galaxien-Entstehung von vitaler Bedeutung gewesen sein. Das heutige Weltalter ist bei diesen Modellen im Bereich von $t_0 \approx 30\cdot 10^9$ Jahren.

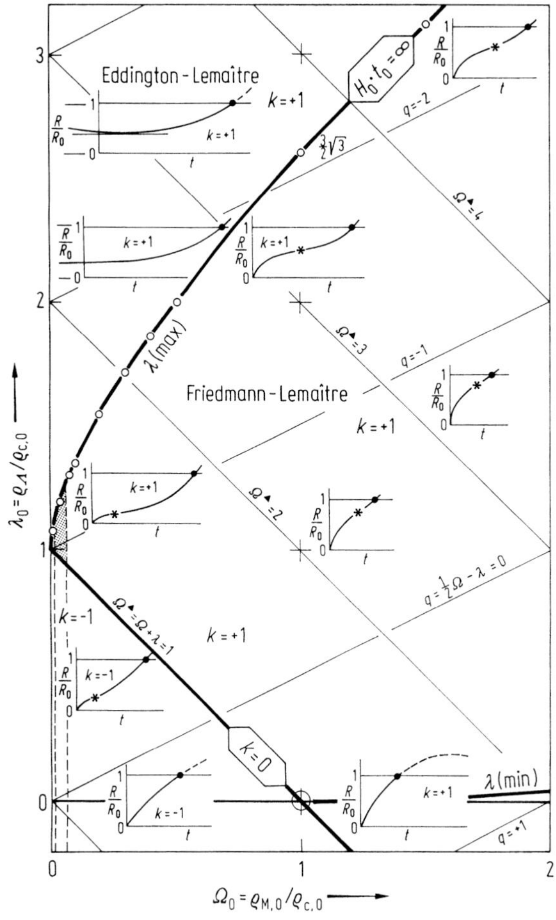

Abb. 4.21 Klassifizierung von kosmologischen Modellen nach dem heutigen Dichteparameter und dem normierten kosmologischen Term. Realistische Modelle liegen unterhalb der λ(max)-Kurve, der Obergrenze für Friedmann-Lemaître-Modelle mit einer Phase verlangsamter Expansion (Wendepunkt * in $R(t)$-Kurve). Die beobachtete Materiedichte $0{,}01 < \Omega_0 < 0.06$ beschränkt die Modelle auf den gestrichelten Bereich links. Das Big-Bounce-Szenarium begrenzt die Modelle weiter auf die gepunktete Fläche mit $k = +1$.

Noch einige Bemerkungen zu Einsteins statischem Kosmos (1917). Er war von einem großräumig unveränderlichen Kosmos ausgegangen, wie es den damaligen Vorstellungen entsprach. Es war damals noch kontrovers, ob die Spiralnebel außerhalb unserer Galaxis selbständige Galaxien wären. Den Beweis dafür erbrachte erst Edwin Hubble 1924. Im Jahre 1929 fand dann Hubble, daß die Rotverschiebung der Spiralnebel proportional zu ihrer Entfernung sei. Aus den Gln. (4.125) und (4.123) sieht man leicht, daß für $\ddot{R} = 0$, $\dot{R} = 0$ und $R = R_E =$ konstant der Einstein-Wert Λ_E für die kosmologische Konstante folgt:

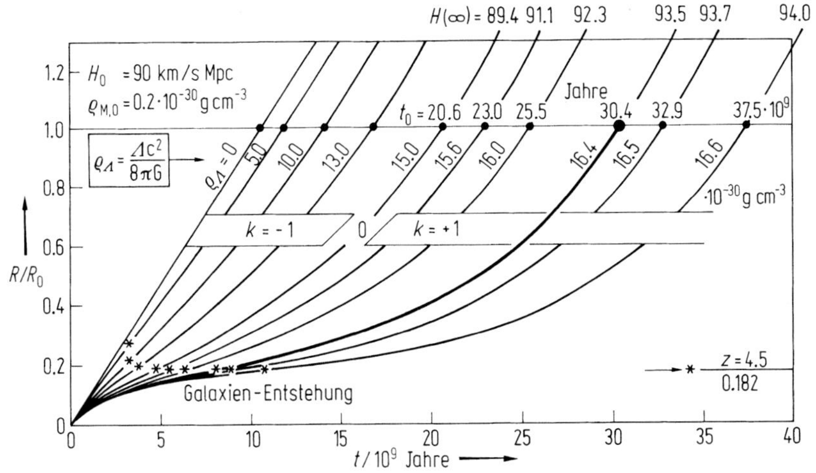

Abb. 4.22 Der kosmische Skalenfaktor $R(t)$, normiert auf den heutigen Wert R_0, als Funktion der Zeit für Friedmann-Lemaître-Modelle mit $\Lambda \geq 0$. Die dicke Linie repräsentiert unser best-fit-Modell (siehe Tab. 4.2). Sterne markieren den Wendepunkt im Graphen. Diese Modelle sind mit $H_0 = 90\,(\mathrm{km/s})/\mathrm{Mpc}$, $\varrho_{\mathrm{m},0} = 0.2 \cdot 10^{-30}\,\mathrm{g\,cm^{-3}}$ und $\varrho_{\mathrm{s},0} = 0.47 \cdot 10^{-33}\,\mathrm{g\,cm^{-3}}$ gerechnet. Für $t \to \infty$ folgt $\Lambda c^2 = 3 \cdot H_\infty^2$.

$$\Lambda_{\mathrm{E}} = \frac{4\pi G}{c^2}\,\varrho_{\mathrm{E}} \tag{4.133}$$

und der konstante Krümmungsradius

$$R_{\mathrm{E}} = \frac{1}{\sqrt{\Lambda_{\mathrm{E}}}}\,. \tag{4.134}$$

Dies kann man im Grenzfall mit den Friedmann-Lemaître-Modellen für $\Lambda(\max) = 3\lambda_0(\max) \cdot \dfrac{H_0^2}{c^2}$ identifizieren. Es wird

$$\varrho_{\mathrm{E}} = 2\varrho_\Lambda(\text{für } \lambda_0(\max) = 2\varrho_{\mathrm{c},0} \cdot \lambda_0(\max)\,. \tag{4.135}$$

Der Einsteinsche Krümmungsradius R_{E} entspricht damit in Abb. 4.22 ungefähr dem Krümmungsradius R_* im Wendepunkt bei Modellen mit langer „Ruhepause".

Da in vielen, hervorragenden Lehrbüchern der Kosmologie die Klassifizierung der Modelle in Abhängigkeit von Λ irreführend dargestellt ist, müssen wir kurz auf den historischen Grund eingehen. Zunächst bemerken wir, daß z. B. in der Kosmologie von E. Harrison (1983) (s. dort Abb. 15.13), Sexl und Urbantke (1983) (dort Fig. 31), Rindler (1986) (dort Gl. (9.81)), Goenner (1994) (dort Typ M_1, Abb. 3.4, p. 102) die zu den Friedmann-Lemaître-Modellen mit $k = +1$ und Wendepunkt gehörenden Λ-Werte als $\Lambda > \Lambda_{\mathrm{E}}$ angegeben werden, während es richtig $\Lambda < \Lambda_{\mathrm{E}}$ heißen müßte. Die Ursache hierfür geht zurück auf Alexander Friedmanns Arbeit aus dem Jahre 1922, in der er den geschlossenen Kosmos mit sphärischer Raummetrik behandelt. Da er keine heutigen Randbedingungen hatte (H_0 war noch nicht entdeckt!), war er genötigt, für seine Klassifizierung mit Λ als freiem Parameter als Zwangsbedingung einen für das Problem *invarianten* Masseparameter A einzuführen:

$$A = \frac{8\pi G}{3}\,\varrho(t)\,R^3(t) = \frac{8\pi G}{3}\,\varrho_0\,R_0^3 = \frac{8\pi G}{3}\,\frac{\bar{M}}{2\pi^2} \tag{4.136}$$

wobei $\bar{M} = 2\pi^2 \cdot \varrho_0 \cdot R_0^3$ die Masse des geschlossenen Universums ist.

Dieser Konvention sind die meisten Kosmologen bis in die neueste Zeit gefolgt, obwohl heute beobachtbare Randbedindungen (z. B. H_0, $\varrho_{\mathrm{m},0}$ oder Ω_0 bzw. q_0) für die Lösungsmannigfaltigkeit mit Λ als Parameter zur Verfügung stehen. Unter diesen Voraussetzungen kann der Masseparameter nicht mehr als invariant eingeführt werden. Natürlich ist wegen der Masseerhaltung in jedem einzelnen Modell $A =$ konstant, aber A wird eine Funktion von Λ, wie man leicht erkennt aus der Formel für

$$R_0 = \frac{c}{H_0}\sqrt{\frac{k}{\dfrac{\varrho_\Lambda + \varrho_{\mathrm{m},0}}{\varrho_{\mathrm{c},0}} - 1}}\,. \tag{4.137}$$

Hieraus erklären sich auf einfache Weise die oben erwähnten unrichtigen Angaben über Λ. Das betrifft in besonderem Maße die heute so wichtigen Friedmann-Lemaître-Modelle mit Wendepunkt.

4.3.8 Entwicklungsweg der kosmologischen Modelle

Die Entwicklung des Kosmos läßt sich durch die zeitabhängigen Dichteparameter $\Omega(t)$, $\omega(t)$, $\lambda(t)$ beschreiben. Der zeitabhängige kosmologische Term ist definiert durch:

$$\lambda(t) = \frac{\varrho_\Lambda}{\varrho_\mathrm{c}(t)} = \lambda_0\,\frac{\varrho_\Lambda}{\varrho_\mathrm{c}(t)}\cdot\frac{\varrho_{\mathrm{c},0}}{\varrho_\Lambda} = \lambda_0\,\frac{\varrho_{\mathrm{c},0}}{\varrho_\mathrm{c}(t)} \tag{4.138}$$

wobei

$$\varrho_\mathrm{c}(t) = \frac{3}{8\pi G}\,H^2(t) \quad \text{und} \quad \lambda_0 = \frac{\varrho_\Lambda}{\varrho_{\mathrm{c},0}} = \frac{\Lambda c^2}{3\cdot H_0^2}$$

ist.

Um die Dichteparameter $\Omega(t)$ und $\omega(t)$ auf ähnlich einfache Weise auszudrücken, verwenden wir die Erhaltungssätze für Masse bzw. Energie $\varrho_\mathrm{m}(t)\cdot R^3(t) = \varrho_{\mathrm{m},0}\cdot R_0^3$ und $\varrho_\mathrm{s}(t)\cdot R^4(t) = \varrho_{\mathrm{s},0}\cdot R_0^4$ und den normierten Skalenfaktor $x(t) = R(t)/R_0$. Damit wird

$$\Omega(t) = \frac{\varrho_\mathrm{m}(t)}{\varrho_\mathrm{c}(t)} = \Omega_0\,\frac{\varrho_\mathrm{m}(t)}{\varrho_\mathrm{c}(t)}\cdot\frac{\varrho_{\mathrm{c},0}}{\varrho_{\mathrm{m},0}} = \Omega_0\,\frac{\varrho_{\mathrm{c},0}}{\varrho_\mathrm{c}(t)}\cdot\frac{1}{x^3} \tag{4.139}$$

und

$$\omega(t) = \frac{\varrho_\mathrm{s}(t)}{\varrho_\mathrm{c}(t)} = \omega_0\,\frac{\varrho_\mathrm{s}(t)}{\varrho_\mathrm{c}(t)}\cdot\frac{\varrho_{\mathrm{c},0}}{\varrho_{\mathrm{s},0}} = \omega_0\,\frac{\varrho_{\mathrm{c},0}}{\varrho_\mathrm{c}(t)}\cdot\frac{1}{x^4}\,. \tag{4.140}$$

Besonders einfach läßt sich die Entwicklung darstellen, wenn man nicht die Abhängigkeit von der Friedmann-Zeit t, sondern die Abhängigkeit vom normierten Skalenfaktor $x = R(t)/R_0$ betrachtet. (Wir erinnern daran, daß x in einfacher Weise mit der heute beobachtbaren Rotverschiebung z eines Quasars zusammenhängt $1+z=1/x$).

Wie man leicht sieht, läßt sich die normierte Friedmann-Gleichung (4.124) unter Verwendung von Gln. (4.60) und (4.61) wie folgt schreiben:

$$\frac{1}{H_0^2}\cdot\left(\frac{\dot{R}(t)}{R(t)}\right)^2=\frac{\varrho_c(t)}{\varrho_{c,0}}=\lambda_0+(1-\Omega_0^{\blacktriangle})\,\frac{1}{x^2}+\Omega_0\,\frac{1}{x^3} \tag{4.141}$$

bzw.

$$\frac{H^2(z)}{H_0^2}=\frac{\varrho_c(z)}{\varrho_{c,0}}=\lambda_0+(1-\Omega_0^{\blacktriangle})\cdot(1+z)^2+\Omega_0(1+z)^3\,. \tag{4.142}$$

Setzen wir Gl. (4.141) in die Gleichungen (4.138), (4.139) und (4.140) ein, erhalten wir die Entwicklung des Kosmos in Abhängigkeit vom normierten Skalenfaktor x:

$$\Omega(x)=\frac{\Omega_0}{x^3\left\{\lambda_0+(1-\Omega_0^{\blacktriangle})\,\frac{1}{x^2}+\Omega_0\,\frac{1}{x^3}\right\}}\,, \tag{4.143}$$

$$\omega(x)=\frac{\omega_0}{x^4\left\{\lambda_0+(1-\Omega_0^{\blacktriangle})\,\frac{1}{x^2}+\Omega_0\,\frac{1}{x^3}\right\}}\,, \tag{4.144}$$

$$\lambda(x)=\frac{\lambda_0}{\left\{\lambda_0+(1-\Omega_0^{\blacktriangle})\,\frac{1}{x^2}+\Omega_0\,\frac{1}{x^3}\right\}}\,. \tag{4.145}$$

Da $\omega(x)$ nur für $t<10^6$ Jahre bzw. $x<10^{-3}$ wesentlich ist, kann man diesen Term für die Darstellung der langfristigen Entwicklung des Kosmos vernachlässigen.

Ferner notieren wir, daß in Gl. (4.143) bis Gl. (4.145) der gleiche Klammerausdruck ($=\varrho_{c,0}/\varrho_{c,t}$) auftaucht, der also zweckmäßig nur in Gl. (4.145) berechnet werden muß. Die Dichteparameter ergeben sich dann aus:

$$\Omega(x)=\frac{\Omega_0}{\lambda_0}\cdot\frac{\lambda(x)}{x^3} \tag{4.146}$$

und

$$\omega(x)=\frac{\omega_0}{\lambda_0}\cdot\frac{\lambda(x)}{x^4}\,. \tag{4.147}$$

In der Praxis interessiert häufig der Zustand des Kosmos $H(z)$, $\Omega(z)$, $\lambda(z)$ zum Zeitpunkt der Emission (t_E) eines Quasars, der heute mit der Rotverschiebung z beobachtet wird. Dafür muß lediglich in den Gln. 4.143 bis 4.147 x durch $1/(1+z)$ ersetzt werden.

In Abb. 4.23 haben wir $\lambda(x)$ und $\Omega(x)$ dargestellt für Friedmann-Lemaître-Modelle mit $\lambda_0>0$ und $\Omega_0=0.02$. Alle Friedmann-Lemaître-Modelle beginnen für $x=0$ mit $\Omega(0)=1.00$ und $\lambda(0)=0$. Alle Friedmann-Lemaître-Modelle mit $\Lambda>0$ enden für $x\to\infty$ bei 1.0 auf der Ordinatenachse ($\Omega(\infty)=0$, $\lambda(\infty)=1.00$). Für $x=1$ haben wir $\Omega(1)=\Omega_0$ und $\lambda(1)=\lambda_0$.

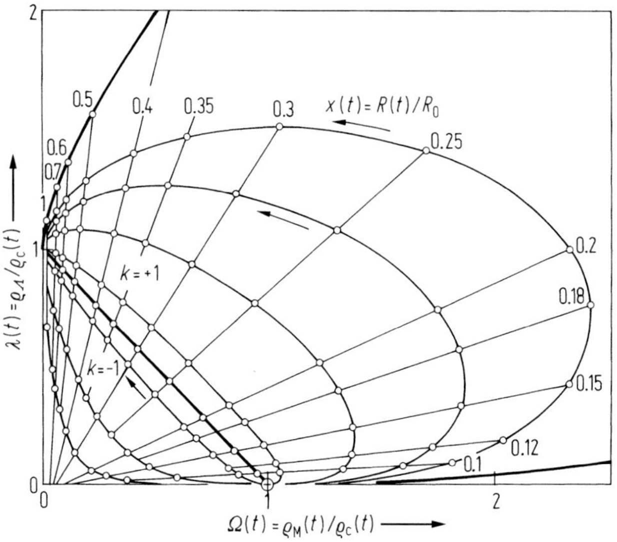

Abb. 4.23 Entwicklungsdiagramm der Friedmann-Lemaître-Modelle mit $\Lambda > 0$. Dargestellt ist die Relation zwischen dem Dichteparameter $\Omega(t)$ und dem kosmologischen Term $\lambda(t)$ als Funktion von $x(t) = R(t)/R_0$.

Friedmann-Lemaître-Modelle mit $\Lambda > 0$ mit euklidischer Raum-Metrik entwickeln sich auf der Diagonallinie $(1, 0)$ nach $(0, 1)$. Modelle mit sphärischer Metrik $(k = +1)$ entwickeln sich oberhalb der Linie. Modelle mit hyperbolischer Metrik sind auf den Dreiecks-Bereich unterhalb der Diagonallinie beschränkt.

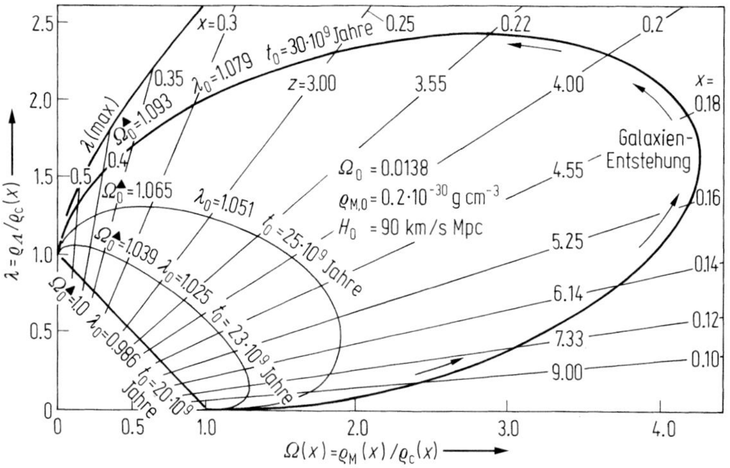

Abb. 4.24 Entwicklung der in Abb. 4.22 dargestellten Friedmann-Lemaître-Modelle mit den Weltaltern 20, 23, 25 und 30 Milliarden Jahre als Funktion von $x = R(t)/R_0$ bzw. der zugehörigen Rotverschiebung z.

Die Standard-Modelle mit $\Lambda \equiv 0$ entwickeln sich nur entlang der Abszissenachse. Bei hyperbolischer Metrik enden sie bei $(0, 0)$. Bei sphärischer Metrik kehren sie im Kollaps nach $(1, 0)$ zurück. Letzteres gilt auch für alle Friedmann-Lemaître-Modelle mit $\Lambda < 0$ und mit $\Lambda < \Lambda(\mathrm{Min})$, wenn $\Omega_0 > 1$ ist (siehe Abb. 4.21).

Wegen der großen Bedeutung der Friedmann-Lemaître-Modelle mit Wendepunkt geben wir für die in Abb. 4.22 dargestellten Modelle noch die Entwicklungswege an (Abb. 4.24). Besondere Beachtung verdient dabei das Modell mit einem Weltalter von $t_0 = 30 \cdot 10^9$ Jahren. Hier ist im Zeitbereich von 5 bis $15 \cdot 10^9$ Jahren der Dichteparameter $\Omega(t) \approx 4$. Der Zeitbereich entspricht dem normierten Skalenfaktor $x = 0.15$ bis $x = 0.2$ bzw. den Rotverschiebungen $z = 6$ bis $z = 4$. Es ist leicht einzusehen, daß der große Wert des Dichteparameters von vitaler Bedeutung für die Entstehung von Galaxien aus Dichtefluktuationen im entsprechenden Zeitbereich ist. Man erkennt auch, daß für Friedmann-Lemaître-Modelle mit euklidischer Metrik $\Omega(t) \leq 1.0$ bleibt. Daher wird verständlich, daß bei diesen Modellen die Galaxien-Entstehung nicht durch einfache Dichtefluktuationen der baryonischen Materie erklärbar ist.

4.3.9 Quasar-Spektren als Test für kosmologische Modelle

Die Spektren sehr weit entfernter Quasare ($z > 2$) haben eine auffallende Eigenschaft. Die Lyman-α-Emissionslinie (1216 Å) aus der heißen Gaswolke, die den Quasar umgibt, ist bis in den optischen Spektralbereich rotverschoben, wo sie sich dem kontinuierlichen, nichtthermischen Spektrum des Quasars überlagert. Da die Strahlung des Quasars auf dem Wege zum Beobachter zahlreiche, hinreichend kalte Wasserstoffwolken durchquert, findet man im Spektrum einen ganzen „Wald“ von Ly-α-Absorptionslinien (Ly-α-forest), die den jeweiligen Entfernungen der Wolken entsprechend rotverschoben sind. Das Charakteristische sind deutliche Gruppierungstendenzen, die durch Überlagerungen („blends“) einander benachbarter Wolken entstehen. Dabei findet man gelegentlich Absorptionslinien, die bis zu 6 Å breit sind und optisch dick (Abb. 4.25). Dies legt nahe, daß in diesen Fällen der Sehstrahl durch Galaxienhaufen gelaufen ist oder nahezu tangential durch Blasenwälle, wie sie in der Verteilung der Galaxien in unserer kosmologischen Nachbarschaft seit 1984 beobachtet wurden (vgl. Abschn. 4.4.4 und Abb. 4.29). Hier ergibt sich sofort die Frage, ob sich die beobachtete Galaxien-Verteilung weltweit als Blasenstruktur mit Leer-Räumen (Voids) fortsetzt. Diese Struktur müßte vor der Galaxienentstehung existiert haben, so daß die Galaxien vorwiegend auf den Blasen-Wällen entstanden sind. Dabei ist zu erwarten, daß dort auch noch dichte Wasserstoff-Filamente zwischen den Galaxien vorhanden sind. Dies würde natürlich besonders für die Frühzeit des Kosmos gelten.

Unter dieser Voraussetzung sollte der Kosmos von einer schwammartigen Blasenstruktur durchzogen sein, die im mitbewegten Koordinatensystem hinreichend homogen ist. Dann wäre zu erwarten, daß sich diese Struktur in der Wellenlängen-Verteilung der Lyman-α-Absorptionslinien bemerkbar macht. Das typische Muster („pattern“) mit der Gruppenbildung („clustering of individual lines“) bestätigt sich erneut in Spektren mit hoher Auflösung bei $z = 3.275$ und $z = 4.12$ (Christiani, 1996).

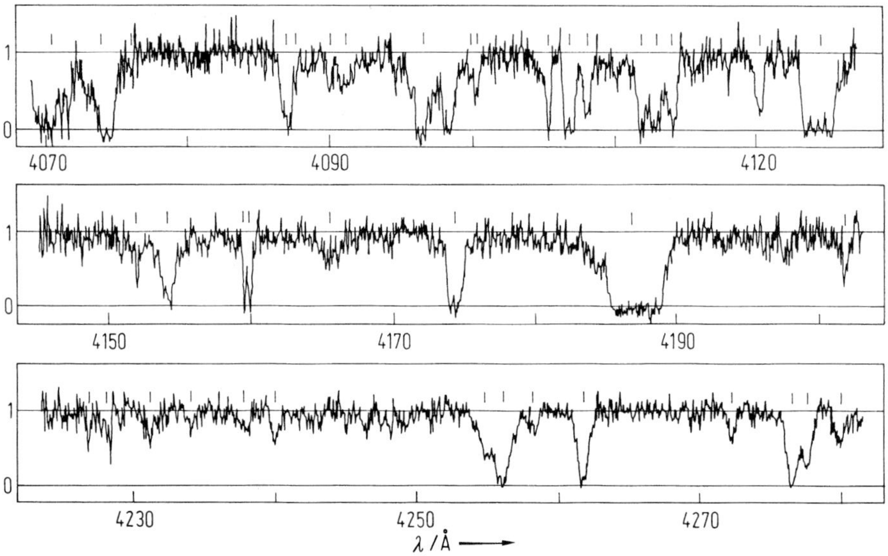

Abb. 4.25 Ein kurzer Ausschnitt aus dem Spektrum des Quasars QSO 2206-199 mit $z_{\text{em}} = 2.56$ mit zahlreichen, optisch dicken, Ly α-Absorptionslinien (Å = Angström) (nach M. Pettini et al., 1990).

Einen typischen Wellenlängenabstand zwischen den Absorptionslinien, die entweder als relativ schmale Einzellinien oder als verbreiterte Überlagerungen („blends") auftreten, findet man, wenn man die Linien in einem größeren Wellenlängenbereich zählt. (Dabei hat es sich als zweckmäßig erwiesen, hierfür jeweils 200 Å zu verwenden, weil dann die Anzahl der Linien groß genug ist für die Statistik.) Die Zahlen liegen im Bereich von etwa $n = 15$ bis 40 pro Wellenlängen-Bereich von (200 Å). Sie erweisen sich als abhängig von der Rotverschiebung des betreffenden Wellenlängenbereiches.

Im Jahre 1991 konnten Hoell und Priester (1991) zeigen, daß sich eine *homogene Blasenstruktur* ergibt, die mit ihrem typischen Durchmesser dem Durchmesser der „Voids" in der benachbarten Galaxienverteilung entspricht (de Lapparent, Geller, Huchra, 1986; Geller, Huchra, 1989). Allerdings ergab sich die Übereinstimmung und eine weltweite Homogenität nur für Friedmann-Lemaître-Modelle mit einem Weltalter im Bereich von $30 \cdot 10^9$ Jahren und einer Hubble-Zahl im Bereich von 90 (km/s)/Mpc.

Für „Standard"-Modelle mit Weltaltern im Bereich von 10 bis $20 \cdot 19^9$ Jahren entsprechen die Linienabstände Wolkenabständen, die im mitbewegten System nicht homogen sind, sondern von etwa 3 bis 7 Mpc gegenläufig zur Rotverschiebung wachsen. Darüber hinaus entsprechen diese Größen auch nur etwa einem Zehntel der Void-Durchmesser in unserer Nachbarschaft.

Ein einfaches Analyseverfahren (*Friedmann-Regressions-Analyse*) entwickelten Liebscher, Priester und Hoell (1992), das wir jetzt erläutern: In einer homogenen Struktur muß der typische Durchmesser der Blasen einer konstanten Differenz $\Delta\chi$

in der radialen Koordinate χ entsprechen, die sich dem Abstand der Blasenwälle längs des Sehstrahls zuordnen läßt und damit dem typischen Linienabstand entweder in Wellenlängen ($\Delta\lambda$) oder in der Rotverschiebung (Δz). (Man beachte, daß in der Astrophysik sowohl Wellenlängen als auch der normierte kosmologische Term mit λ bezeichnet werden. Bei entsprechender Aufmerksamkeit kann es aber nicht zu Verwechslungen kommen). In jüngerer Zeit haben Hoell, Liebscher, Priester (1994) ihre Analysen mit zwei unterschiedlichen Verfahren (Blasenwall- und Wolken-Modell) durchgeführt. Beide führen auf das gleiche kosmologische Modell (Tab. 4.2). Eine kurze prägnante Darstellung hat van de Bruck (1995) gegeben.

Für die Lichtausbreitung längs der radialen Koordinate χ gilt

$$\mathrm{d}\chi = -\frac{c\,\mathrm{d}t}{R(t)} \tag{4.39}$$

und für die Rotverschiebung $z = (R_0/R(t)) - 1$ ist

$$\mathrm{d}z = -\frac{R_0 \cdot \dot{R}(t)}{R^2(t)}\,\mathrm{d}t = -\frac{R_0}{R(t)} \cdot H(t)\,\mathrm{d}t \tag{4.148}$$

mit dem Hubble-Parameter $H(t) = \dot{R}(t)/R(t)$. Diese beiden Gleichungen verbinden $\mathrm{d}z/\mathrm{d}\chi$ mit der Friedmann-Gleichung ($H^2(t)$), die wir hier in der Schreibweise von Gl. (4.142) direkt mit der Rotverschiebung der beobachteten Absorptionslinien verknüpfen können.

Heute stehen in der Literatur Spektren von zahlreichen Quasaren mit hinreichend hoher spektraler Auflösung und brauchbaren Signal-zu-Rausch-Verhältnissen zur Verfügung. Daraus liefern die Linienzählungen unmittelbar den typischen Abstand Δz in Abhängigkeit von der Rotverschiebung z. Damit ergibt sich

$$\Delta z = \Delta\chi\,\frac{R_0}{c}\,H(z) \tag{4.149}$$

und mit $H(z)$ aus Gl. (4.142)

$$(\Delta z)^2 = (\Delta\chi)^2\,\frac{R_0^2 \cdot H_0^2}{c^2}\,\{\lambda_0 + (1 - \Omega_0^{\blacktriangle})(1+z)^2 + \Omega_0(1+z)^3\}\,. \tag{4.150}$$

Da die Δz-Werte in Abhängigkeit von der Rotverschiebung z aus den beobachteten Spektren erhalten wurden, müssen sie unter der gemachten Voraussetzung einer weltweiten Blasenstruktur der Funktion (4.150) folgen, die sich wie folgt darstellt:

$$(\Delta z)^2 = a_0 + a_2(1+z)^2 + a_3(1+z)^3 \tag{4.151}$$

mit den Koeffizienten

$$\begin{aligned} a_0 &= (\Delta\chi)^2\,\frac{k\lambda_0}{\Omega_0^{\blacktriangle} - 1} \\ a_2 &= -k(\Delta\chi)^2 \\ a_3 &= (\Delta\chi)^2\,\frac{k\Omega_0}{\Omega_0^{\blacktriangle} - 1}\,. \end{aligned} \tag{4.152}$$

Die Koeffizienten a_0, a_2 und a_3 ergeben sich unmittelbar aus einer Regressionsgleichung der beobachteten Δz-Werte (s. Liebscher, Priester, Hoell, 1992, (a) und (b), Hoell, Liebscher, Priester, 1994). Die Regressionsgleichung (4.151) enthält nur einen quadratischen Term (Parabel!) und einen kubischen Term (kubische Parabel), aber keinen linearen Term! Das hat zur Folge, daß sich auch bei erheblicher Streuung der Einzelwerte eine Lösung mit einem relativ geringen Fehlerbereich ergibt. Aus den mit der Ausgleichung berechneten Werten für a_0, a_2 und a_3 ergeben sich die Modellparameter

$$\Omega_0 = \frac{a_3}{a_0 + a_2 + a_3}$$

$$\lambda_0 = \frac{a_0}{a_0 + a_2 + a_3}$$

$$\Omega_0^{\blacktriangle} = \frac{a_0 + a_3}{a_0 + a_2 + a_3} \tag{4.153}$$

und

$$\Delta\chi = \sqrt{-k^{-1} \cdot a_2}\,. \tag{4.154}$$

Ferner gilt

$$H_0 = \sqrt{\frac{8\pi G}{3} \frac{\varrho_{m,0}}{\Omega_0}}\,. \tag{4.155}$$

Abb. 4.26 gibt die Ausgleichungskurven, die aus den Spektren von 20 Quasaren mit insgesamt 1260 Ly α-Absorptionslinien erhalten wurden (Liebscher, Priester,

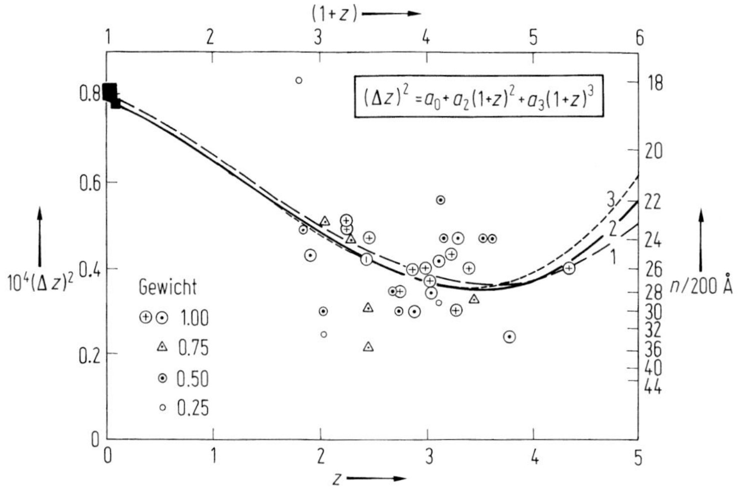

Abb. 4.26 Friedmann-Regressionsanalyse von „Ly α forest" Linien von 21 Quasaren. Die typischen Linienabstände in der Rotverschiebung $\Delta z = \Delta\lambda/1216$ Å sind als $10^4\,(\Delta z)^2$ gegenüber den entsprechenden Rotverschiebungen z der Absorptionslinien aufgetragen.

Hoell, 1992, (b)): Die einzelnen Daten Δz mit ihren Gewichten (entsprechend der Qualität der Spektren) sind in der obigen Publikation aufgelistet und in Abb. 4.26 dargestellt. Kurve 2 gibt die Ausgleichung der Daten mit den angegebenen Gewichtsfaktoren. Für die Kurve 1 wurden nur die Spektren mit Gewicht 1 benutzt. Um den Einfluß der Gewichte und der Streuung der Daten zu erkennen, wurden für die Ausgleichungskurve 3 alle Daten mit einheitlichem Gewicht benutzt. Man erkennt unmittelbar, daß der Einfluß auf die Ergebnisse sehr gering ist. Als beste Werte (Kurve 2) ergaben sich:

$$\begin{aligned} 10^4\,a_0 &= 0.8520\,, \\ 10^4\,a_2 &= -0.0737\,, \\ 10^4\,a_3 &= 0.0109\,. \end{aligned} \tag{4.156}$$

In Abb. 4.26 wurden in der Ordinate am rechten Rand die Anzahl n der Absorptionslinien im 200-Å-Intervall angegeben, die zu den $(\Delta z)^2$-Werten führten. Man erkennt unmittelbar, daß statistisch verteilte Fehler in den Linienzählungen von $\Delta n = \pm 3$ kaum einen Einfluß auf das Resultat haben können.

Aus den Werten in (4.156) folgen der Dichteparameter Ω_0 und der kosmologische Term λ_0 gemäß Gl. (4.153):

$$\begin{aligned} \Omega_0 &= 0.014\,, \\ \lambda_0 &= 1.079\,, \\ \Omega_0^\blacktriangle &= 1.093\,. \end{aligned} \tag{4.157}$$

Die kosmologische Konstante ist positiv und wegen $\Omega_0^\blacktriangle > 1$ ist der Raum geschlossen (sphärische Raum-Metrik).

In Abb. 4.27 sind im (λ_0, Ω_0)-Diagramm die Resultate der drei Ausgleichsrechnungen dargestellt, zusammen mit der „Ellipse" der 1σ-Streuung, die zur Ausgleichung 2 gehört. Ferner wurden Kurven konstanten Weltalters t_0 (in Einheiten von $1/H_0$) eingezeichnet. Die Resultate liegen auf der Kurve $H_0 \cdot t_0 = 2.8$. Das bedeutet ein Weltalter von $30 \cdot 10^9$ Jahren, wenn die Hubble-Zahl $H_0 = 90\,(\mathrm{km/s})/\mathrm{Mpc}$ ist. Gemäß Gl. (4.63) ist

$$H_0 \cdot t_0 = \int_0^1 \frac{\mathrm{d}x}{\sqrt{\Omega_0 \cdot x^{-1} + \lambda_0 x^2 + 1 - \Omega_0^\blacktriangle}} \tag{4.158}$$

für einen druckfreien Materiekosmos. Wie man leicht sieht, folgt $H_0 \cdot t_0$ auch direkt aus den Koeffizienten (4.156):

$$H_0 \cdot t_0 = \sqrt{a_0 + a_2 + a_3} \int_0^1 \frac{\mathrm{d}x}{\sqrt{a_3 \cdot x^{-1} + a_2 + a_0 \cdot x^2}}\,. \tag{4.159}$$

Der auf die Jetztzeit umgerechnete typische *Blasendurchmesser* ist:

$$d_0 = R_0 \cdot \Delta\chi = \frac{c}{H_0} \sqrt{a_0 + a_2 + a_3} = \frac{c}{H_0} \cdot 8.9 \cdot 10^{-3}\,. \tag{4.160}$$

Das entspricht $d_0 \approx 30$ Mpc für $H_0 = 90\,(\mathrm{km/s})/\mathrm{Mpc}$ in Übereinstimmung mit den Void-Durchmessern in der Galaxienverteilung. Hierbei ist von einer Blasenstruktur ausgegangen, die durch eine Hohlkugel-Ansammlung mit aufgesetzten Blasenwällen

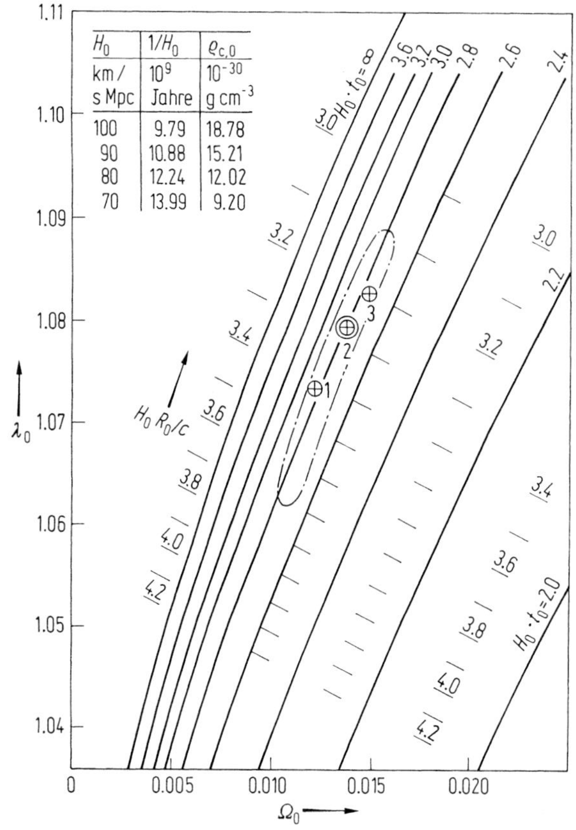

Abb. 4.27 Best-fit-Modell nach der Friedmann-Regressionsanalyse: ② $\lambda_0 = 1.080$ und $\Omega_0 = 0.014$. Die gestrichelte Linie markiert den $1\,\sigma$ Unsicherheitsbereich. Die ausgezogenen Linien geben das Weltalter (in Einheiten von $1/H_0$) an. Die dazu senkrechten gestrichelten Geraden zeigen den heutigen Krümmungsradius R_0 (in Einheiten von c/H_0).

dargestellt werden kann, wobei die Wallstärken etwa 10 bis 15 % des Kugeldurchmessers betragen. Die Galaxien und Wasserstoff-Filamente sollen sich dabei vorzugsweise innerhalb dieser Blasenwälle befinden. Galaxienhaufen würde man in den Tripelbereichen erwarten, wo mehrere Blasenwälle zusammenkommen.

Ferner wurden in Abb. 4.27 eine Anzahl von Geraden eingezeichnet, die den angegebenen Werten des *Krümmungsradius* (in Einheiten von c/H_0) entsprechen. Der beste Wert (Punkt 2) entspricht

$$R_0 = \frac{c}{H_0} \cdot \sqrt{\frac{a_0 + a_2 + a_3}{-\,a_2}} = 3.3\,\frac{c}{H_0}\,. \tag{4.161}$$

Das sind $36 \cdot 10^9$ Lichtjahre bzw. $11 \cdot 10^3$ Mpc für $H_0 = 90\,(\mathrm{km/s})/\mathrm{Mpc}$.

Wie man aus Abb. 4.27 weiter erkennt, schließt die Annahme einer hinreichend homogenen Blasenstruktur alle kosmologischen Standard-Modelle mit $\Lambda = 0$ aus. Dies gilt unter der Voraussetzung, daß die Ly α-Absorptionslinien im Quasar-Spektrum jeweils dann entstehen, wenn der Sehstrahl einen Blasenwall durchläuft. Für nahe Quasare ($z < 2$) kann man allerdings nicht erwarten, daß dabei in jedem Falle eine beobachtbare Absorptionslinie erzeugt wird, deren Äquivalentbreite oberhalb von 100 mÅ liegt. Man beachte, daß die Dichte im Kosmos proportional zu $(1 + z)^3$ ist, also für $z = 4$ schon 70mal größer ist als bei nahen Quasaren mit $z = 0.2$.

Bei Rotverschiebungen $2 < z < 4$ findet man in den Spektren auch sehr breite Absorptionslinien (sog. „damped lines") mit $\Delta v = 2000$ bis 3000 km/s. Sie lassen sich verstehen, wenn der Sehstrahl tangential durch einen Blasenwall läuft und dabei zahlreiche Wolken durchquert (van de Bruck, Priester, 1996).

Wie kann man sich die Entstehung einer großräumig homogenen Blasenstruktur im frühen Kosmos vorstellen? Ein Szenarium ergibt sich für ein Modell mit einem Weltalter von $30 \cdot 10^9$ Jahren und einer Hubble-Expansionsrate von 90 (km/s)/Mpc. In diesem Modell ist bei $t = 3 \cdot 10^5$ Jahren die Temperatur des Photonengases $T_s = 5000$ K und der Strahlungsdruck gleich der Energiedichte des Wasserstoff-Helium-Plasmas. Wenn bei $t = 6 \cdot 10^5$ Jahre die Temperatur auf 3200 K abgesunken ist, werden innerhalb kurzer Zeit Wasserstoff und Helium neutral. Damit wird die Thomson-Streuung der Photonen an freien Elektronen ineffektiv. Die Materie koppelt von der Strahlung ab. Allerdings überwiegt die Energiedichte der Strahlung noch für weitere 4 Millionen Jahre, bis die Temperatur unter 1400 K gesunken ist.

Vorher können jedoch im Zeitbereich von $3 \cdot 10^5$ bis $6 \cdot 10^5$ Jahre im Photonengas raumartige Wellenstrukturen entstehen, wobei es wegen der Thomson-Streuung zu geringen Überdichten des Plasmas auf den Blasenwällen kommen kann.

Aus Stabilitätsbetrachtungen (s. Abb. 4.33 in Abschn. 4.6.8 und S. Weinberg (1972, dort Fig. 15.6) bzw. M. Berry (1990, dort Abb. 62)) folgt, daß nur solche Strukturen die „Rekombinationsphase" bei $T = 3000$ K überleben können, die Materiemengen von 10^{47} bis 10^{48} g enthalten, entsprechend 10^{14} bis 10^{15} Sonnenmassen (vgl. G. Börner (1988), Fig. 10.14 für $\Omega_0 h^2 \geq 0.01$). Mit der damaligen Dichte der baryonischen Materie von $2 \cdot 10^{-22}\,\mathrm{g\,cm^{-3}}$ (bei $T = 3000$ K in unserem Modell) ergibt sich ein Durchmesser für diese Strukturen von etwa 10^5 Lichtjahren. Die Hubble-Expansion des Kosmos muß die Strukturen seit dieser Zeit (entsprechend $z = 1000$) auf heutige Durchmesser von 10^8 Lichtjahren bzw. 30 Mpc vergrößert haben. Das sind aber gerade die beobachteten *Durchmesser der Voids* in der Galaxien-Verteilung.

Im Rahmen einer linearen Störungstheorie (Bonnor 1957; s. a. S. Weinberg, 1972) würde eine geringe Dichteschwankung etwa 10 Milliarden Jahre benötigen, um auf Blasenwällen Galaxien von 10^{10} bis 10^{11} Sonnenmassen entstehen zu lassen. Dazu ist es aber erforderlich, daß der Kosmos eine lange Phase mit geringer Expansionsrate durchläuft. Dies ist in unserem Modell (Abb. 4.22) mit $t_0 = 30 \cdot 10^9$ Jahren und $\Lambda = 3 \cdot 10^{-56}\,\mathrm{cm^{-2}}$ gegeben. Der Krümmungsradius zur Zeit der Galaxien-Entstehung ist $R_* \approx 1/\sqrt{\Lambda} = 6 \cdot 10^9$ Lichtjahre. Bei dem heutigen Krümmungsradius $R_0 = 36 \cdot 10^9$ Lichtjahre entspricht die Zeit der Galaxien-Entstehung der Rotverschiebung $z \approx 5$ bzw. $t = 6 \cdot 10^9$ Jahre bei $R(t)/R_0 = 0.167$ (s.a. Tab. 4.2).

Tab. 4.2 Friedmann-Lemaître-Modell, abgeleitet aus den Lyman-α-Absorptionslinien in zahlreichen Quasar-Spektren mit zwei Verfahren (Blasen-Wall-Modell und Wolken-Modell) mittels der Friedmann-Regressions-Methode (Hoell, Liebscher, Priester, 1994; van de Bruck, 1995).

Dichteparameter (Materie)	$\Omega_{\mathrm{m},0}$	$= 0.014 \pm 0.002$
Kosmologischer Term	$\lambda_0 = \Lambda c^2/3H_0^2$	$= 1.080 \pm 0.006$
Hubble-Zahl	H_0	$= 90 \pm 12\,(\mathrm{km/s})/\mathrm{Mpc})$
Dichte der Materie	$\varrho_{\mathrm{m},0}$	$= 0.21 \cdot 10^{-30}\,\mathrm{g \cdot cm^{-3}}$
Dichte der Strahlung	$\varrho_{\mathrm{s},0}$	$= 0.47 \cdot 10^{-33}\,\mathrm{g \cdot cm^{-3}}$
Einsteins Konstante	Λ	$= 3.1 \cdot 10^{-56}\,\mathrm{cm^{-2}}$
Kosmische Längen-Einheit	$R_\Lambda = \Lambda^{-0.5}$	$= 6 \cdot 10^9$ Lichtjahre
Alter des Universums	$t_0 = 2.8 \cdot H_0^{-1}$	$= 30 \cdot 10^9$ Jahre
Krümmungsradius	$R_0 = 3.3c/H_0$	$= 36 \cdot 10^9$ Lichtjahre
Volumen des Universums	$V_0 = 2\pi^2 \cdot R_0^3$	$= 7.8 \cdot 10^{86}\,\mathrm{cm^3}$
Masse	$M = \varrho_{\mathrm{M},0} \cdot V_0$	$= 1.6 \cdot 10^{56}\,\mathrm{g}$
Anzahl der Baryonen	N	$= 1.0 \cdot 10^{80}$
Spezifische Entropie	$S = n_\gamma/n_\mathrm{b}$	$= 3.2 \cdot 10^9$

4.3.10 Das Alter der Quasare

Quasare sind die vermutlich am weitesten von der Erde entfernten beobachtbaren Objekte und daher prädestiniert für kosmologische Analysen. So ist z. B. die Strahlung eines Quasars, die wir mit einer Rotverschiebung von $z = 4$ empfangen, emittiert worden, als die Ausdehnung des Universums (der Skalenfaktor $R(t)$) nur ein Fünftel ihres heutigen Wertes betrug. In den Quasarspektren lassen sich sowohl die zahlreichen Absorptionslinien des Wasserstoffs (Ly-α-forest, vgl. Abschn. 4.3.9) als auch die Emissionslinien, die von schweren Elementen herrühren, im Hinblick auf die Evolution des Universums interpretieren.

Unter den Emissionslinien, die selbst bei den Quasaren mit den größten beobachtbaren Rotverschiebungen auftreten, fallen neben der dominierenden Ly-α-Linie des Wasserstoffs besonders die Linie des dreifach ionisierten Kohlenstoffs C IV ($\lambda = 1549$ Å), die Stickstofflinie N V (1240 Å) und die Überlagerung der Silizium- mit der Sauerstofflinie Si IV/0 V (1400 Å) auf. Nach der gängigen Theorie entstehen diese schweren Elemente durch Fusionsprozesse im Innern massereicher Sterne. Bei Supernova-Explosionen werden sie an das interstellare Gas abgegeben. Nach dem Spektrenbefund sollte dieses Gas schon durch zahlreiche Generationen von Supernovae mit schweren Elementen angereichert worden sein. Besonders der Nachweis von Stickstoff, der im CNO-Zyklus aus Kohlenstoff und Sauerstoff synthetisiert wird, zeigt an, daß nur eine Sterngeneration für die Anreicherung mit diesen Elementen nicht ausreicht.

Wir wollen zunächst die Zeitskala für die Entstehung von Quasaren abschätzen und diese dann anschließend im Rahmen verschiedener kosmologischer Modelle diskutieren.

Quasare werden zu den aktiven Galaxienkernen (AGN) gezählt. Im Rahmen der Galaxienentstehung fordern aktuelle Modelle den Kollaps der Zentralregion einer rotierenden Protogalaxie von etwa 10^6 bis 10^{12} Sonnenmassen, bevor sich der Rest zur Galaxienscheibe entwickelt. In der Zentralregion bildet sich dann eine Akkretionsscheibe um einen supermassiven Kern, der möglicherweise aus einem Schwarzen Loch besteht (Einen kritischen Überblick über das Schwarze-Loch-Modell und mögliche Alternativen geben Blome und Kundt, 1989). Wenn die abgestrahlte Energie aus einfallendem Material aus der Umgebung des Kerns bezogen wird, muß der Quasar über eine genügend große Masse verfügen, deren Gravitationskraft den Strahlungsdruck überwiegt. Daraus folgt für die Leuchtkraft L und die Masse M_{SL} des Schwarzen Loches die *Eddington-Bedingung*:

$$L < L_{\mathrm{edd}} = \frac{4\pi G m_{\mathrm{p}} c}{\sigma_{\mathrm{T}}} M_{\mathrm{SL}} \approx 1.3 \cdot 10^{38} \left(\frac{M}{M_{\odot}}\right) \mathrm{erg/s} \qquad (4.162)$$

σ_{T} = Thomson-Querschnitt

Für eine typische Quasarleuchtkraft von etwa $3 \cdot 10^{48}$ erg/s erhält man dadurch eine Untergrenze für die Masse:

$$M_{\mathrm{SL}} > 2.3 \cdot 10^{10}\, M_{\odot} \,. \qquad (4.163)$$

Die Entstehung einer zentralen Masse dieser Größe ist bedingt durch die Kollapsdynamik der Protogalaxie und durch das anschließende Wachstum durch Akkretion. Wenn das Gas in der Umgebung der Zentralregion weitgehend in Sternen kondensiert ist, bleiben als Energielieferanten die stellaren Massenverluste. Der Emissionszeitpunkt t_{E} der heute beobachteten Quasare setzt sich daher zusammen aus

$$t_{\mathrm{E}} = t_{\mathrm{zk}} + \tau_{\mathrm{evol}} + \tau_{\mathrm{grav}} \,, \qquad (4.164)$$

wobei t_{zk} der Zeitpunkt des zentralen Kollaps $\left(\frac{\Delta\varrho}{\varrho} \approx 1 \text{ bei } z \approx 5, \text{ vgl. Abschn. 4.6.8}\right)$ ist, τ_{evol} die Zeitskala für die stellare Entwicklung und τ_{grav} die Einfallzeit der akkretierten Materie auf den Kern (vgl. Sorrell, 1985). Wie der Spektrenbefund zeigt, muß τ_{evol} mehrfach durchlaufen worden sein, um die beobachteten Emissionslinien zu erklären. Sterne, die einen beträchtlichen Teil ihrer Anfangsmasse durch Sternwinde abgeben, haben typischerweise eine Lebensdauer von mehreren 10^8 Jahren. τ_{grav} liegt in der gleichen Größenordnung. Die Zeitskala, auf der die Masse (4.163) freigesetzt wird, beträgt bei einer Massenverlustrate von Sternen einer cD-Galaxie von $\dot{M} \approx 1500\, M_{\odot}$ pro Jahr etwa $\tau \approx \frac{M_{\mathrm{SL}}}{\dot{M}} \approx 1.5 \cdot 10^7$ Jahre.

Solche Überlegungen zeigen, daß für die Zeit zwischen dem zentralen Kollaps und dem heute beobachteten Zustand der Quasare mindestens etwa eine Milliarde Jahre anzusetzen ist. In den verschiedenen kosmologischen Modellen können diese Zeitspannen erheblich voneinander abweichen. Zur Demonstration greifen wir drei charakteristische Modelltypen heraus: Modell A ist ein Einstein-de-Sitter-Modell ($\Lambda = 0$, $k = 0$, $\varrho_{\mathrm{m},0} = \varrho_{\mathrm{c},0}$). Modell B ist ein Standardmodell ($\Lambda = 0$) mit hyperbolischer Metrik ($k = -1$) und einer heutigen Materiedichte von $\varrho_{\mathrm{m},0} = 0.2 \cdot 10^{-30}$ g/cm^3, kompatibel mit der Analyse der primordialen Elementhäufigkeiten. Modell C schließlich ist ein Friedmann-Lemaître-Modell ($\Lambda > 0$) mit euklidischer Metrik ($k = 0$) und dem gleichen Wert für die Materiedichte wie in Modell B.

Am Beispiel des Quasars 0051-279 ($z = 4.43$) zeigt die folgende Tabelle die verschiedenen Zeitskalen in den drei Modellen in Abhängigkeit vom Hubble Parameter. t_E ist die Emissionszeit bei $z = 4.43$, τ_{evol} die Evolutionszeit zwischen $z = 5$ und $z = 4.43$ und t_0 das Weltalter.

Im „best-fit" Modell von Abschn. 4.3.9 ist $t_E = 8.2 \cdot 10^9$ Jahre und $\tau_{evol} = 1.4 \cdot 10^9$ Jahre! Der Vergleich zeigt, daß im Rahmen dieser Vorstellungen die Evolutionszeiten der Quasare am besten in Friedmann-Lemaître-Modellen mit euklidischer oder besser noch mit sphärischer Metrik verstanden werden können.

Tab. 4.3 Weltalter (t_0) und Zeitpunkt t_E der Emission eines Quasars, der heute mit der Rotverschiebung $z = 4.43$ beobachtet wird. Ferner ist die Entwicklungszeit τ_{evol} für den Quasar angegeben, die ihm von t_A ($z = 5$) bis t_E ($z = 4.43$) im Galaxienzentrum zur Verfügung steht. (Alle Zeitangaben in Einheiten von 10^9 Jahren). Als Beispiel wurden drei Modelle ausgewählt: *Modell A:* Einstein-de Sitter-Modell ($\Lambda = 0, k = 0$); *Modell B:* Standard-Modell ($\Lambda = 0$, $k = -1$ mit $\varrho_{m,0} = 0.2 \cdot 10^{-30}\,\mathrm{g\,cm^{-3}}$); *Modell C:* euklidisches Friedmann-Lemaître-Modell ($\Lambda > 0$, $k = 0$ und $\varrho_{m,0}$ wie in Modell B). Für die Hubble-Zahl wurden die Werte 50, 75 und 100 (km/s)/Mpc gewählt. Die zugehörigen kritischen Dichten $\varrho_{c,0}$ sind in Einheiten von $10^{-30}\,\mathrm{g\,cm^{-3}}$ angegeben.

		Modell A			Modell B			Modell C		
H_0	$\varrho_{c,0}$	t_0	t_E	τ_{evol}	t_0	t_E	τ_{evol}	t_0	t_E	τ_{evol}
50	4.7	13.0	1.0	0.14	18.4	2.8	0.31	30.0	4.8	0.65
75	10.6	8.7	0.7	0.10	12.6	2.1	0.22	23.4	4.7	0.61
100	18.8	6.5	0.5	0.07	9.6	1.6	0.17	19.3	4.5	0.56

4.4 Grenzen und Probleme der Kosmologie

In diesem Abschnitt behandeln wir die offenen Probleme der Kosmologie, die im Rahmen der Modelle nicht verstanden werden können. Das betrifft in besonderer Weise die Prozesse im ganz frühen Kosmos. Einen Überblick über Größe und Massen der Strukturen im Kosmos gibt Abb. 4.28.

4.4.1 Anfangssingularität des kosmologischen Modells

Die Allgemeine Relativitätstheorie stößt an die Grenze ihrer Anwendbarkeit dort, wo eine Quantentheorie der Gravitation erforderlich würde. Man kann die Grenze abschätzen durch Gleichsetzen des Schwarzschild-Radius $R_s = 2Gm/c^2$ und der Compton-Länge $\hbar/mc$. Unter Fortlassung des Faktors 2 erhält man (M. Planck, 1899):

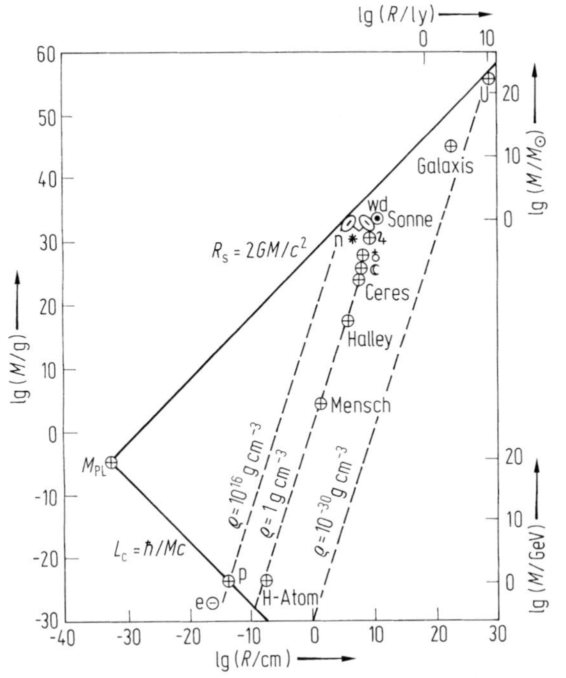

Abb. 4.28 Masse-Radius-Beziehung vom Elektron bis zum Radius des beobachtbaren Universums (Quasar-Horizont). Die untere Abszisse gibt die Radien in cm, die obere in Lichtjahren (für die Galaxien). Die rechte Ordinate gibt die Masse in Einheiten der Sonnenmasse (oben) und in GeV (unten). Es bedeuten M_{PL} = Planck-Masse, $R_{\mathrm{S}} = \frac{2GM}{c^2}$ = Schwarzschild-Radius, $L_{\mathrm{C}} = \frac{\hbar}{Mc}$ = Compton-Länge.

$$\begin{aligned}
&\textit{Planck-Masse}\ M_{\mathrm{PL}} = (\hbar c/G)^{\frac{1}{2}} = 1.2 \cdot 10^{19}\ \mathrm{GeV/c^2}\\
&\qquad\qquad\qquad\qquad\qquad = 2.2 \cdot 10^{-5}\ \mathrm{g}\,,\\
&\textit{Planck-Länge}\ L_{\mathrm{PL}} = (\hbar G/c^3)^{\frac{1}{2}} = 1.6 \cdot 10^{-33}\ \mathrm{cm}\,,\\
&\textit{Planck-Zeit}\ t_{\mathrm{PL}} = (\hbar G/c^5)^{\frac{1}{2}} = 5.4 \cdot 10^{-44}\ \mathrm{s}\,,\\
&\textit{Planck-Dichte}\ \varrho_{\mathrm{PL}} = c^5/\hbar G^2 = 5.2 \cdot 10^{93}\ \mathrm{g\,cm^{-3}}\,.
\end{aligned} \tag{4.165}$$

($\hbar$ = Planck-Konstante = $h/2\pi$, c = Lichtgeschwindigkeit,
G = Gravitationskonstante)

Angewandt auf das kosmische Elementarteilchensubstrat bedeutet dies, daß bei einer Dichte von ca. 10^{93} g/cm^3 und einer Temperatur von 10^{32} K die Wechselwirkung von Materie und Gravitation nur im Rahmen einer künftigen, quantisierten Gravitationstheorie verstanden werden könnte.

Damit geben uns die Planck-Werte zugleich auch die (zumindest gegenwärtige) Grenze, wieweit wir uns einer Singularität $R \to 0$, $t \to 0$, $\varrho \to \infty$ im Verständnis nähern dürfen. Dies läßt sich so interpretieren, *daß das physikalische Universum* (d.h. Raum, Zeit und Materie) *in einem einzigen Augenblick aus einer Singularität entstanden ist.* Diese Singularität betrifft die Raum-Zeit-Struktur selbst.

Eine analytische Fortsetzung der Metrik **über den singulären Punkt hinaus** ist in der klassischen Kosmologie physikalisch sinnlos. Für negative Zeiten in Gl. 4.68 wird $R(t)$ imaginär und R^2 negativ. Die Metrik 4.35 beschreibt dann einen vierdimensionalen Raum statt einer $(3 + 1)$ dimensionalen Raum-Zeit.

Die Singularität ist unabhängig von der vorausgesetzten Symmetrie und unausweichlich, wenn folgende Bedingungen vorliegen (Hawking und Penrose 1970):

1. Es gilt die Allgemeine Relativitätstheorie,
2. die Energiedominanzbedingung $\varepsilon + 3p \geq 0$ muß stets erfüllt sein,
3. Kausalität wird vorausgesetzt,
4. Energiedichte von Strahlung und Materie überschreiten einen Schwellenwert.

Akzeptiert man 1., 3. und 4., so erscheint eine singularitätsfreie kosmologische Lösung nur möglich, wenn in der Frühphase der Druck $p < -\varepsilon/3$ ist.

Es bleibt offen, ob die Singularität als „creatio ex nihilo" aller physikalischen Realität anzusehen ist oder ob sie lediglich eine Nahtstelle zwischen dem Raum-Zeit-Kontinuum und einer noch unbekannten „Realität" darstellt. Es ist denkbar, daß die Singularität auf dem idealisierten Materiemodell beruht. Diese Problematik hat auch Einstein (1954) schon betont. Die Vermutung, daß es unter den extremen Bedingungen des Urknalls zu einer Umgehung der Singularität kommen kann, hat zu einer Reihe von Untersuchungen geführt, die die Quantennatur der Materie berücksichtigen. Wir verweisen auf den Übersichtsartikel von James B. Hartle (1983).

In diesem Zusammenhang stellt sich auch die *Frage nach der Erhaltung der Energie des Kosmos* bzw. der Anwendbarkeit des Energiebegriffes in einer gekrümmten Raum-Zeit. Im Rahmen der klassischen Mechanik erweist sich der Satz von der Erhaltung der Energie als Folge der Invarianz der Lagrange-Funktion unter zeitlicher Verschiebung. Dies impliziert die Homogenität der Zeit, die eine bestimmte Symmetrie der Raum-Zeit reflektiert (s. z.B. Mittelstaedt 1970).

Sowohl die Expansion des Weltraums als auch die anfängliche Singularität der Friedmann-Lemaître-Modelle verletzen diese Voraussetzung. Infolge der Krümmungsstruktur (Riemannsche Geometrie) unserer Welt sind deshalb Aussagen über die Erhaltung der Energie des Universums nicht ohne weitere Annahmen formulierbar. Zwar ist die lokale Energiebilanzgleichung (4.49) erfüllt. Um jedoch von diesem lokalen Erhaltungssatz zu einem globalen, die gesamte Welt beschreibenden Energiesatz überzugehen, muß die Raum-Zeit-Metrik die Existenz einer entsprechenden Symmetrie zulassen. Die Nichterhaltung der Energie in der Allgemeinen Relativitätstheorie bedeutet nicht eine Verletzung des Energiesatzes, sondern die Nichtexistenz einer der Energie (einschließlich der Gravitation) entsprechenden Größe für eine expandierende Raum-Zeit. Damit verliert der Satz von der Erhaltung der Energie auch seine strenge Bedeutung im Zusammenhang mit dem Anfang der Welt.

4.4.2 Kausalität und Horizonte im expandierenden Kosmos

Die Abweichung der Geometrie kosmologischer Modelle von der einer pseudoeuklidischen Minkowski-Raum-Zeit hat geänderte Kausalitätsbeziehungen verschiedener Weltbereiche zur Folge.

Für einen unbeschleunigt bewegten Beobachter im Minkowski-Raum überdeckt die Vereinigung aller vorwärts gerichteten Lichtkegel die gesamte Raum-Zeit, ebenso die Vereinigung aller in die Vergangenheit gerichteten Lichtkegel. Physikalisch bedeutet das, *daß ein Beobachter im Laufe seiner Geschichte von jedem Ereignis der Raum-Zeit Kenntnis erhalten kann und daß er umgekehrt jedes Ereignis der Raum-Zeit kausal beeinflussen kann.* In den Friedmann-Lemaître-Modellen sind Grenzen kausaler Wechselwirkung und der Beobachtung bedingt durch die Expansion und die endliche Lichtlaufzeit. Es ist zu beachten, daß diese Horizonte keine physikalischen Barrieren sind, sondern optische Grenzen.

Horizonte trennen das beobachtbare Universum von unbeobachtbaren. Dabei muß zwischen zwei Typen unterschieden werden (Rindler, 1956):

1. Der *Teilchenhorizont* ist für einen Beobachter A und eine kosmische Zeit t_0 eine Fläche im dreidimensionalen Raum, die alle Fundamentalteilchen in zwei nichtleere Klassen einteilt: diejenigen, die bis t_0 beobachtbar waren, und jene, für die das nicht der Fall war. Nur Teilchen, deren räumlicher Abstand kleiner als ihr Teilchenhorizont ist, können kausal miteinander verknüpft sein. Notwendig und hinreichend für die Existenz eines Teilchenhorizonts ist die Konvergenz des Integrals
$$D_{\mathrm{TH}} = R_0 \cdot \int_0^{t_0} \frac{c \cdot \mathrm{d}t}{R(t)} < \infty \,, \tag{4.166}$$
was z. B. für die Standardmodelle (mit $q_0 > 0$) zutrifft.
2. Der *Ereignishorizont* ist für einen Beobachter A eine Hyperfläche der Raumzeit, die alle Ereignisse in zwei nichtleere Klassen teilt: diejenigen, die in Vergangenheit, Gegenwart oder Zukunft von A beobachtet werden, und jene, die nie beobachtbar sind.
Dies erfordert
$$D_{\mathrm{EH}} = R_0 \cdot \int_{t_0}^{\infty} \frac{c \cdot \mathrm{d}t}{R(t)} < \infty \,. \tag{4.167}$$
Von Ereignissen, die gegenwärtig in Entfernungen $D > D_{\mathrm{EH}}$ stattfinden, werden wir nie etwas erfahren. Dieser Horizont existiert beispielsweise für geschlossene Standardmodelle ($k = 1$), nicht aber bei $k = -1$ und $k = 0$.

4.4.3 Isotropie und Mikrowellen-Hintergrundstrahlung

Eine erstaunliche Eigenschaft des heutigen Kosmos ist die Richtungsunabhängigkeit (*Isotropie*) sowohl der Bewegung als auch der Verteilung von Galaxien. Der Grad der Anisotropie der kosmischen Hintergrundstrahlung, gemessen an den Temperaturfluktuationen, beträgt für Winkelabstände $\theta < 1^\circ : \Delta T/T \leq 10^{-4}$ (Uson und Wilkinson, 1984) (siehe auch Abschnitt 4.2.2). Diese hochgradige Isotropie wäre verständlich, wenn alle Bereiche des expandierenden Weltalls in frühen Zeiten miteinander in physikalisch-kausalem Kontakt gewesen wären. Auf Grund existierender Horizonte gibt es aber Bereiche im Universum, die im Rahmen der kosmologischen Standardmodelle niemals in Wechselwirkung miteinander gestanden haben können. Das bedeutet, daß zwischen Gebieten, aus denen die Hintergrundstrahlung zu uns kommt, niemals ausgleichende Einflüsse gewirkt haben können, sobald sie um einen Winkel von mehr als 2 bis 3° an der Himmelssphäre auseinander liegen. Wie kann aber in Gebieten des Universums, zwischen denen es keine Wechselwirkung gab, die gleiche Temperatur und die gleiche Expansionsrate herrschen? Das legt den Schluß nahe, daß entweder die heutige Symmetrie das Ergebnis spezieller Anfangsbedingungen ist oder daß der frühe anisotrope Kosmos durch dissipative Prozesse noch vor der auf Anisotropien empfindlich reagierenden Heliumsynthese geglättet wurde. Eine weitere Möglichkeit, Isotropie und Homogenität zugleich zu erzielen, wird in Modellen mit einer inflationären, d.h. exponentiellen Expansion im ganz frühen Kosmos erreicht.

4.4.4 Homogenität und Entstehung der Galaxien

Zwar erweist sich der Kosmos als hinreichend homogen, wenn man Längenskalen von mehr als $3 \cdot 10^8$ Lichtjahren betrachtet, aber in Bereichen $L \leq 100$ Mpc zeigt sich eine inhomogene Verteilung der Materie in Form von *Sternen*, *Galaxien* und *Galaxienhaufen*, deren Dichtekontrast gegenüber dem mittleren Dichtewert mit zu-

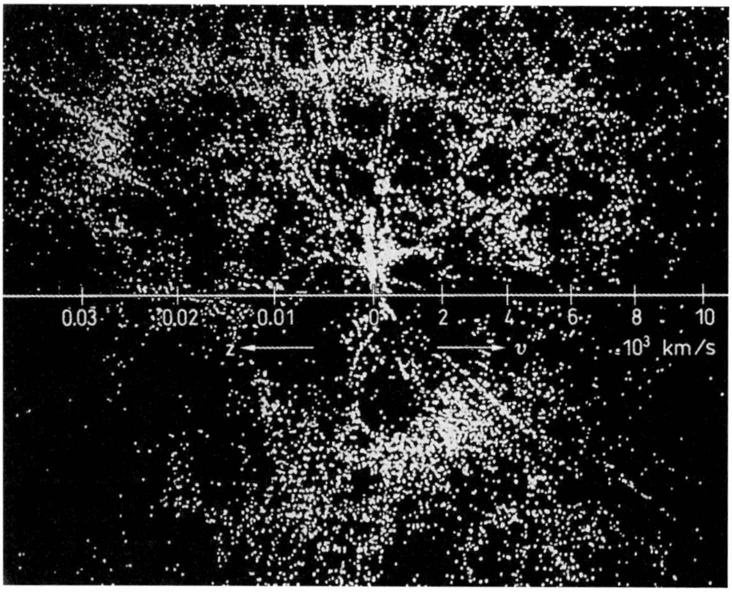

Abb. 4.29 Verteilung der Galaxien mit einer Rotverschiebung $z \leq 0.04$, entsprechend $v \leq 12\,000$ km/s im Deklinationsbereich $26°,5 \leq \delta < 44°,5$ am Nordhimmel, $-47°,5 \leq \delta \leq -17°,5$ am Südhimmel.

nehmender Ausdehnung abnimmt. Der expandierende Kosmos blieb also keine streng homogene Gasmasse, sondern entwickelte Inhomogenitäten in der Dichteverteilung. Wir beobachten heute eine Hierarchie von Strukturen, die sich durch Masse und räumliche Dimension voneinander unterscheiden (Abb. 4.29). Auf der Skala von $L > 50$ Mpc bilden die Galaxienhaufen zum Teil *Superhaufen* und ordnen sich in Schichten und filamentartigen Strukturen an, die auch galaxienfreie Räume umschließen. Diese beobachtete *Blasenstruktur* (*Hubble bubbles*) in der großräumigen Verteilung der Galaxien mit großen Leerräumen (*Voids* mit Durchmessern ≈ 30 Mpc, Abb. 4.29 (de Lapparent, M. Geller und J. Huchra, 1986)) läßt vermuten, daß gravitative Effekte allein die materiellen Kondensationen nicht erklären können. Eine entscheidende Rolle bei der Aufteilung des kosmischen Substrats spielt die Gravitationsinstabilität. Damit sich ein Gebiet erhöhter Dichte vom expandierenden Kosmos separiert, muß die Eigengravitation die kinetische Energie überbieten. Da einerseits die Expansion das Anwachsen von Dichteschwankungen stark bremst, andererseits der Strahlungsdruck, d. h. die innige Wechselwirkung von Elektronen, Protonen und Photonen, eine merkliche Verstärkung von Dichtekontrasten im frühen Strahlungskosmos verhindert, muß schon sehr frühzeitig ein Dichtekontrast-Spektrum im Weltall vorhanden gewesen sein. Über die Herkunft dieser Inhomogenitäten gibt es nur Vermutungen. Sicher ist, daß statistische Schwankungen im atomaren Bereich nicht in Frage kommen. Sie würden bei einer Dichtefluktuation mit der Masse einer durchschnittlichen Galaxie, also bestehend aus etwa 10^{68} Baryonen, einen Dichtekontrast von

$$\frac{\Delta\varrho}{\varrho} \approx 10^{-34} \qquad (4.168)$$

erzeugen, der viel zu klein ist, um in angemessenen Zeiträumen auf den heutigen Wert von $\Delta\varrho/\varrho = 10^6$ verstärkt werden zu können.

Gegenwärtig (1996) wird untersucht, ob Magnetfelder im frühen Kosmos oder Topologie-Defekte („cosmic strings") mitverantwortlich für die Strukturbildung sein können.

4.4.5 Zur euklidischen Metrik des Weltraums

Die verschiedenen Standard-Modelle sind spezifiziert durch einen der Metrikparameter $k = (+1, 0, -1)$. In Newtonscher Interpretation entspricht der Term $-kc^2/R^2$ in Gl. (4.43) der Summe von kinetischer Expansionsenergie und potentieller Energie. Das heißt, die Beobachtung von $k \approx 0$ bzw. $q_0 \approx 0{,}5$ würde bedeuten, daß bereits zu Anfang die kinetische Energie mit der potentiellen Energie in perfektem Gleichgewicht war. Da sich im allgemeinen frühe Abweichungen vom Gleichgewicht mit der kosmischen Expansion extrem verstärken, wird man zu dem Schluß gedrängt, daß die ursprüngliche Massendichte außerordentlich nahe bei der kritischen Dichte (Gl. (4.58)) des euklidischen Kosmos gelegen haben muß. Im Rahmen der Inflationshypothese wird der Raum zu „nahezu euklidischer" Struktur aufgebläht. Die Vorstellung, daß die Raumstruktur wegen der extremen Aufblähung exakt euklidisch sein muß, hat zusammen mit der Annahme von Standard-Modellen mit $\Lambda = 0$ in vielen Publikationen zu der Forderung nach einem dominierenden Anteil der Dunkelmaterie geführt, der weit über 90 Prozent der Gesamtmasse ausmachen müßte. Inzwischen wurde von M. S. Madsen und G. F. R. Ellis (1988) gezeigt, daß ein Dichteparameter $0.01 \leq \Omega_0 \leq 2$ durchaus mit den Aussagen des inflationären Szenariums konsistent ist. Demnach liefert die Inflations-Theorie im Gegensatz zu bisherigen Vorstellungen keine hinreichende Bedingung für exakt euklidische Raum-Metrik und auch nicht für die Existenz von exotischer Materie (s. auch Ellis, 1988; Liebscher, Priester, Hoell, 1992, (b), Priester et al., 1996).

4.4.6 Das Materie-Antimaterie-Problem

Bei allen physikalischen Elementarprozessen, bei denen Energie in Materie umgewandelt wird, entsteht stets Materie und Antimaterie zu genau gleichen Teilen. Warum gibt es aber im beobachtbaren Weltall keine nennenswerte Antimaterie? Mit dieser Frage verknüpft ist die Größe „Entropie pro Baryon". Der größte Teil der spezifischen Entropie S des Kosmos steckt in der kosmischen Photonen-Hintergrundstrahlung. Das Verhältnis der Zahl der Photonen im Kosmos zur Zahl der Nukleonen ist praktisch identisch mit der *Entropie pro Baryon*

$$\frac{S}{N_{\mathrm{B}}} = \frac{4aT^3}{3N_{\mathrm{B}}} \approx \frac{N_{\mathrm{ph}}}{N_{\mathrm{B}}} = 10^{9.5} \,. \tag{4.169}$$

Im kosmologischen Standardmodell ist diese Größe ohne Rückgriff auf eine Symmetrieverletzung bei den Elementarteilchen nicht einsehbar. Man hat zwar versucht, diesen Wert als Produkt dissipativer Vorgänge zu erklären, jedoch ohne Erfolg. In diesem Zusammenhang werden auch Überlegungen angestellt, die einen **kalten Big Bang** zur Voraussetzung haben (Layzer und Hively, 1973; Rees, 1978; Dolgov und Zel'dovich, 1981; Kundt, 1979). Sie verlegen den Ursprung der Photonen der Mikrowellen-Hintergrundstrahlung in spätere Zeiten und bringen ihn in Zusammenhang mit einer sehr früh entstandenen Population massereicher Sterne (Carr, Arnett und Bond 1984).

Bleibt man bei der von den meisten Astrophysikern bevorzugten Annahme einer heißen Anfangsphase, dann impliziert der obige Wert, daß im frühen Kosmos Baryonen und Antibaryonen zwar ungefähr so häufig waren wie Photonen, daß es aber einen winzigen Überschuß an Baryonen gegeben haben muß. Nach der paarweisen Annihilation der Baryonen und Antibaryonen und dem Ausfrieren der übriggebliebenen Nukleonen im Temperaturbereich um 10^{12} K resultiert das beobachtbare Photonen/Nukleonen-Verhältnis (s. Gl. (4.21)).

4.4.7 Die kosmologische Konstante und das Quantenvakuum

In den modernen physikalischen Vorstellungen repräsentiert das Vakuum den Grundzustand aller Kraft- und Teilchenfelder. Entscheidend für das Nichtverschwinden des Grundzustandes ist die Heisenbergsche Unschärferelation. Sie läßt beispielsweise nicht zu, daß im elektromagnetischen Feld die magnetische und elektrische Feldstärke gleichzeitig gänzlich zu Null werden können. Im Jahre 1954 hatte der holländische Physiker Hendrik Casimir den Einfluß der Vakuumschwankungen des elektromagnetischen Feldes auf zwei parallele Metallplatten berechnet. Dieser Effekt ist inzwischen durch Messungen eindeutig bestätigt.

In der Quantenfeldtheorie ist das Vakuum angefüllt mit fluktuierenden virtuellen Teilchen, die kurzzeitig reell werden können und miteinander wechselwirken; zum Beispiel könnte ein Teilchen zusammen mit seinem gleichzeitig entstehenden Antiteilchen zerstrahlen. Die kurze Zeitdauer, innerhalb der solche Teilchen auftauchen können, ist wiederum durch die Unschärferelation festgelegt. Die Lebensdauer ist umgekehrt proportional zur Energie der Teilchen.

Theoretische Ansätze, die die Quantendynamik von Materiefeldern in Anwesenheit von Gravitationsfeldern beschreiben, führen u. a. auf einen der Metrik proportionalen Zusatzterm $\alpha \cdot g_{ik}$ in den Einsteinschen Gleichungen (z. B. Streeruwitz, 1975, Zel'dovich, 1981). Dieser Term kann als Teil des Energie-Impuls-Tensors aufgefaßt werden, der das Quantenvakuum repräsentiert. Eine zuverlässige Angabe über die Energiedichte des Vakuums kann die Quantenfeldtheorie bis heute noch nicht liefern. Wenn wir voraussetzen, daß zwischen der Materie, der Strahlung und dem Vakuum keine wesentliche Wechselwirkung existiert, läßt sich die Spur des Energie-Impuls-Tensors $\boldsymbol{T}_{ik}$ im homogen isotropen Universum schreiben als

$$\varrho(t) \cdot c^2 + 3 \cdot p(t)$$

mit

$$\varrho(t) = \varrho_{\mathrm{m}} + \varrho_{\mathrm{s}} + \varrho_{\mathrm{V}}$$

und

$$p(t) = p_{\mathrm{m}} + p_{\mathrm{s}} + p_{\mathrm{V}} ,$$

wobei die Zustandsgleichungen $p(\varrho)$ bereits in Gln. (4.41) und (4.42) aufgeführt sind.

Wie wir bereits in Abschn. 4.3.1 sahen, läßt sich auch der kosmologischen Konstante eine äquivalente Dichte $\varrho_\Lambda = \Lambda c^2/(8\pi G)$ zuordnen. Die Einstein-Friedmann-Gleichungen lauten damit:

$$\frac{\dot{R}^2}{R^2} = \frac{8\pi G}{3}(\varrho_{\mathrm{m}} + \varrho_{\mathrm{s}} + \varrho_{\mathrm{V}} + \varrho_\Lambda) - \frac{kc^2}{R^2} , \tag{4.170}$$

$$\frac{\ddot{R}}{R} = -\frac{4\pi G}{3}(\varrho_{\mathrm{m}} + 2\varrho_{\mathrm{s}} - 2\varrho_{\mathrm{V}} - 2\varrho_\Lambda) . \tag{4.171}$$

Wie man sieht, treten ϱ_{V} und ϱ_Λ immer als Summe auf, falls die Zustandsgleichung (4.42) für das Quantenvakuum im Universum realisiert ist. In der Kosmologie lassen sich daher beide Anteile zu einer *effektiven kosmologischen Konstante* Λ_{eff} zusammenfassen. Die dazu äquivalente Dichte bezeichnen wir mit $\varrho_{\Lambda\mathrm{V}}$:

$$\varrho_{\Lambda\mathrm{V}} = \varrho_\Lambda + \varrho_{\mathrm{V}} . \tag{4.172}$$

Nimmt man ϱ_{V} im materiedominierten Universum ($t > 10^6$ Jahre) als zeitlich konstant an, so kann man in der Kosmologie ϱ_{V} und ϱ_Λ nicht trennen. Die Kosmologie liefert aber eine obere Grenze für den effektiven kosmologischen Term:

$$|\Lambda_{\mathrm{eff}}| \leq 4 \cdot 10^{-56}\,\mathrm{cm}^{-2}$$

bzw.

$$\varrho_{\Lambda\mathrm{V}} \leq 2 \cdot 10^{-29}\,\mathrm{g\,cm}^{-3} .$$

Die bislang vorausgesetzte zeitliche Konstanz der Vakuumenergiedichte ist allerdings nicht unproblematisch. Das gilt ganz besonders für den sehr frühen Kosmos. Berechnungen von Mashhoon (1973) zur Quantenelektrodynamik des Strahlungskosmos zeigen, daß die Grundzustandsenergie (Vakuumenergie) des Photonenfeldes mit dem Skalenfaktor variiert. Die mit unterschiedlichen Frequenzen ω zur Grundzustandsenergie E beitragenden Quantenfluktuationen (Nullpunktsenergien) summieren sich additiv:

$$E = \sum_{i=0}^{\infty} \frac{1}{2} \hbar \omega_i \,. \tag{4.173}$$

Da Felder Systeme mit unendlich vielen Freiheitsgraden sind, ist diese Summe (Integral) divergent. Im Rahmen der kanonischen Quantenfeldtheorie wird dieses Problem durch geeignete Festsetzung des Energienullpunktes entschärft (z. B. durch Normalordnung; Renormalisierung). Ganz unabhängig davon zeigen die Nullpunktsschwankungen in einem expandierenden Kosmos eine Variation mit den Skalenfaktor $R(t)$, da ω proportional zu R^{-1} ist. Dies führt für die Energiedichte ε_V des Vakuums zu einem Term $\varepsilon_V \sim R^{-4}$. Ähnliche Ergebnisse ergeben sich bei der Berechnung der Vakuumenergie durch Aufsummieren von Nullpunktsoszillation im Fall von massiven Skalarfeldern und Spinorfeldern (Birrell und Davies, 1982). Bemerkenswert ist, daß die Nullpunktsenergie (Vakuumenergie) bei Spinorfeldern mit dem negativen Vorzeichen erscheint, im Gegensatz zur Quantisierung von Feldern mit ganzzahligem Spin (z. B. Messiah, 1979).

Streeruwitz (1975) konnte für ein skalares Mesonenfeld in einem expandierenden, geschlossenen Friedmann-Kosmos für die Vakuumenergiedichte eine Beziehung herleiten, die sich wie folgt schreiben läßt:

$$\varrho_V = \sum_{n=0}^{2} f(n) \frac{\bar{m}}{L_C^3} \left(\frac{L_C}{R}\right)^{2n} = \frac{\bar{m}^4 c^3}{\hbar^3} + \frac{\bar{m}^2 c}{\hbar R^2} + \frac{\hbar}{4\pi^2 c R^4} \tag{4.174}$$

mit $f(0) = 1$, $f(1) = 1$, $f(2) = \dfrac{1}{4\pi^2}$, $L_C = \hbar/\bar{m}c$, $\bar{m}$ = charakteristische Masse. Der erste Term ist zeitlich konstant, die beiden anderen proportional zu $R^{-2}(t)$ und $R^{-4}(t)$ (Abb. 4.30, vgl. auch Blome und Priester, 1984 und 1985).

Im Rahmen der modernen **Eichfeldtheorien** der Elementarteilchen und ihrer Wechselwirkungen (z. B. Große Vereinigungstheorien (GUT)) verleiht die Anwesenheit von Higgs-Feldern dem kanonischen Quantenvakuum zusätzlich eine komplizierte innere Struktur. Sie zeigt sich im Auftreten des sogenannten *falschen Vakuums*, einer energetisch labilen Phase, deren latente Energie im sehr frühen Kosmos bei den mit der Symmetrieverminderung verbundenen Phasenübergängen in Elementarteilchen übergeführt wird. Kombiniert man die Einstein-Friedmann-Gleichungen mit der Dynamik des Higgs-Feldes, so zeigt sich, daß die Selbstenergieanteile des Higgs-Feldes wie eine kurzfristige kosmologische Konstante wirken.

Während des Phasenüberganges muß die Energiedichte des Higgs-Feldes um viele Zehnerpotenzen absinken. Im Detail ist dieser Vorgang allerdings noch nicht durch eine Theorie abgesichert. Es ist vor allem völlig ungeklärt, ob diese Energiedichte heute auf exakt gleich Null abgesunken ist oder mit einem nicht verschwindenden

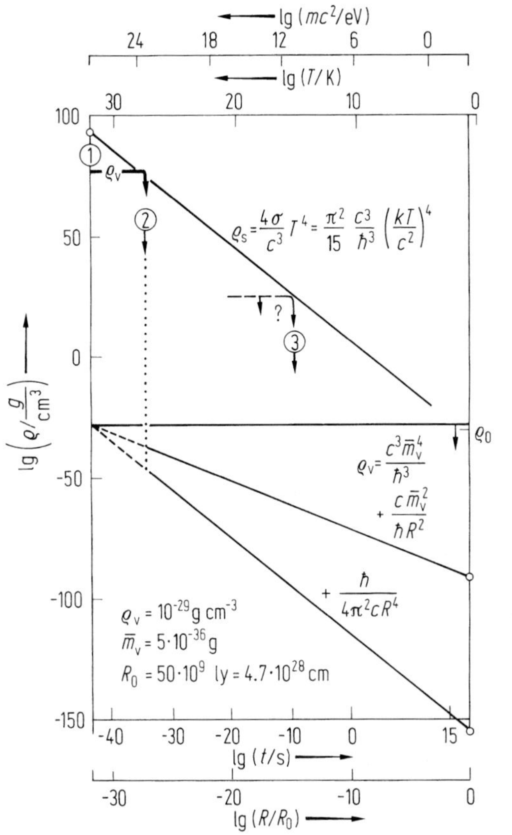

Abb. 4.30 Vergleich der Vakuumenergiedichte ϱ_V mit der Dichte ϱ_s relativistischer Teilchen. Es kommt zur Inflation, wenn ϱ_V die diagonale Linie (ϱ_s) kreuzt. Die Symmetriebrechungen sind durch ①, ②, ③ (vergleiche Abbildung 4.32) markiert. Die drei Anteile der Streeruwitz-Formel für die Vakuumdichte sind durch die drei Linien im unteren Teil der Abbildung gegeben. Die waagerechte Linie markiert den konstanten kosmologischen Term mit $\varrho_v = 16 \cdot 10^{-30}\,\mathrm{g \cdot cm^{-3}}$. Dies entspricht dem Wert $\Lambda = 3 \cdot 10^{-56}\,\mathrm{cm^{-2}}$ (vgl. Tab. 4.2). Zweiter und dritter Term nehmen während der frühen Inflation rapide ab (gepunktete Linie). Auf der Abszisse sind die kosmische Zeit t, der Skalenfaktor R/R_0, die Temperatur T des Strahlungskosmos und sein Massen-Äquivalent mc^2 aufgetragen.

Rest $\varepsilon_H = \varrho_H \cdot c^2$ mit dem Druck $p_H = -\varepsilon_H$ zusätzlich zum kanonischen Quantenvakuum beiträgt und als Quelle von Gravitation in der Kosmologie wirkt (s. auch Abschn. 4.6.2).

4.5 Elementarteilchen und ihre Wechselwirkung im Kosmos

Man kann frühe Phasen des Kosmos aus den Friedmann-Gleichungen berechnen, falls die Zustandsgleichungen für das kosmische Substrat bekannt sind. Dieses Problem setzt die Kenntnis der Elementarteilchen und ihrer Wechselwirkungen voraus.

Entsprechend dem heutigen Bild des Aufbaus der Materie besteht diese auf der subatomaren Ebene aus drei Klassen von Teilchen:

1. *Teilchen mit halbzahligem Spin*: Leptonen (d.h. Elektronen und Neutrinos) und Quarks, die die Hadronen konstituieren, d.h. Baryonen, (z.B. Protonen und Neutronen) und Mesonen.
2. *Teilchen mit ganzzahligem Spin*, die die Wechselwirkungen vermitteln. Je nach Reichweite der Kräfte sind sie masselos wie das Photon, das Graviton und die Gluonen oder, im Fall kurzreichweitiger Kräfte, massebehaftet wie die $W^{\pm}$- und Z^0-Bosonen und die hypothetischen X-Bosonen.
3. *Skalare Higgs-Teilchen* sind notwendig, um zwischen den Symmetrien zu vermitteln und die Teilchen mit Masse zu beleiben. Darüber hinaus wird durch Anwesenheit von Higgs-Teilchen das quantenfeldtheoretische Vakuum, d.h. der Grundzustand der elementaren Materiefelder, modifiziert.

Die Teilchen mit halbzahligem Spin, also *Quarks* und *Leptonen*, lassen sich in drei Familien unterteilen. Allerdings würde der jetzige Kosmos wohl kaum anders aussehen, wenn heute nur noch die erste Familie existieren würde, die aus u- und d-Quarks und aus Leptonen (*Elektron*, *(Elektron-)Neutrino*) sowie ihren jeweiligen *Antiteilchen* besteht. Aus u- und d-Quarks bestehen die *Nukleonen* (*Protonen* und *Neutronen*), die 99.95% der kosmischen Materie ausmachen. Quarks und Leptonen haben den Spin 1/2 (*Fermionen*) und sind Träger von Masse. Sie können als Quanten eines zugehörigen Materiefelds angesehen werden. (Vom noch offenen Problem der Neutrinomassen sehen wir hier ab.) Jede Wechselwirkung zwischen diesen Grundbausteinen wird durch Bindeteilchen vermittelt, die ganzzahligen Spin haben (*Bosonen*). Diejenigen Bosonen, die Masse besitzen, führen auf Kräfte geringer Reichweite zurück. Die diese Masse erzeugenden Teilchen werden *Higgs-Bosonen* genannt.

Nach den Vorstellungen der Quantenfeldtheorie ist das gesamte Raum-Zeit-Kontinuum stets von den Feldern erfüllt. Auch bei Abwesenheit von reeller Materie bilden die virtuellen Teilchen/Antiteilchen-Paare einen nicht eliminierbaren Untergrund, der den Grundzustand (Vakuum) repräsentiert. Es ist möglich und von den vereinheitlichenden Feldtheorien gefordert, daß das Vakuum eine geringere Symmetrie aufweisen kann als die Bewegungsgesetze der Elementarteilchen (*spontane Symmetriebrechung*). Diese Symmetrieverminderung ist eng verknüpft mit der Wechselwirkung zwischen den Bindeteilchen und den Higgs-Teilchen, auf Grund derer die ersteren Masse gewinnen. Allerdings sind der Wirkung des Higgs-Feldes im allgemeinen energetische Grenzen gesetzt. Oberhalb einer charakteristischen Energie verschwindet ihr Einfluß. Der Kosmos, d.h. die Raum-Zeit, bildet also einerseits die Arena der Elementarteilchendynamik und ist andererseits durchsetzt mit dem Vakuum der verschiedenen Materiefelder, das auch die Umgebung abgibt, mit der die Kräfte verwoben sind. Von großer Bedeutung für die Klassifikation der Teilchen und deren Wechselwirkungen sind die äußeren Symmetrien der Raum-Zeit (*Lorentz-*

Gruppe) und die bei Umwandlungsprozessen in Erscheinung tretenden inneren Symmetrien (*unitäre Symmetriegruppen* U(1), SU(2), SU(3) usw.). Im Hinblick auf die Lorentz-Gruppe lassen sich Teilchen durch Masse, Spin und Parität klassifizieren. Die inneren Symmetrien führen auf ladungsartige Quantenzahlen (elektrische Ladung Q, Baryonenzahl B usw.) als Charakteristika von Elementarteilchen.

Der Vorteil einer Feldtheorie der Materie mit lokaler Eichsymmetrie (d.h. die vorausgesetzten Symmetrietransformationen werden an verschiedenen Punkten der Raum-Zeit unterschiedlich vorgenommen) liegt darin, daß sich die Wechselwirkung als Konsequenz der Forderung nach Invarianz ergibt und die Theorie renormierbar ist.

Das **Weinberg-Salam-Modell** besagt, daß die elektromagnetische und die schwache Wechselwirkung durch das masselose Photon und drei massetragende *Vektorbosonen* W^+, W^- und Z^0 vermittelt werden. Letztere erhalten ihre Masse durch die erwähnten Higgs-Teilchen. Die Existenz der Vektorbosonen konnte Anfang 1983 bei CERN nachgewiesen werden.

Die starke Wechselwirkung zwischen den Quarks wird durch *acht Gluonen* vermittelt, deren jedes eine *Farbe* und eine *Antifarbe* trägt (**Quantenchromodynamik**). In den Grand Unified Theories sind Quarks und Leptonen in einer gemeinsamen Familie vereinigt. Darin gibt es insgesamt 24 *Eichbosonen* (1 Photon, W^+-, W^--, Z^0-Bosonen, 8 Gluonen und 12 sehr massereiche X-Bosonen) und nur eine einzige Kopplungskonstante. Die X-Bosonen vermitteln die Wechselwirkungen, die die Baryonenzahl und Leptonenzahl verletzen. Damit heben sie den prinzipiellen Unterschied zwischen Quarks und Leptonen auf. Oberhalb von 10^{15} GeV verschmelzen die nichtgravitativen Kräfte zu einer einheitlichen *Superkraft*. Das die Welt erfüllende Vakuum weist in dieser Phase eine hohe Symmetrie auf (SU(5) oder SO(10)). Allerdings ist dieser Vakuumzustand nicht identisch mit dem niedrigstmöglichen Grundzustand. Mit der expansionsbedingten Abkühlung des Weltalls kommt es zu einer Symmetrieverminderung, und die verschiedenen Naturkräfte kristallisieren sich heraus. Dabei wird einem Teil der Wechselwirkungsquanten durch die Higgs-Teilchen Masse verliehen.

Die in der Frühzeit der Welt mögliche **Erzeugung von Teilchen** durch gravitative Wechselwirkung bedeutet nicht Schöpfung aus dem „Nichts", sondern Realisierung von Teilchen aus dem die Raum-Zeit erfüllenden brodelnden Vakuum der virtuellen Teilchen/Antiteilchen-Paare (Zel'dovich und Novikov, 1983; Schäfer und Dehnen, 1976). Der Mechanismus der Teilchenerzeugung läßt sich mit Hilfe des Bildes, wonach ein Materiefeld einer unendlichen Menge harmonischer Oszillatoren äquivalent ist, erläutern. Ändert sich die Raum-Zeit-Krümmung, dann ändern sich auch die physikalischen Eigenschaften der Feldoszillatoren. Befindet sich z. B. ein Oszillator in seinem Grundzustand, so führt er nur Nullpunktschwingungen aus. Wird eine seiner Eigenschaften geändert, dann müssen sich die Nullpunktschwingungen dieser Änderung anpassen. Danach ist der Oszillator mit einiger Wahrscheinlichkeit nicht mehr in seinem Grundzustand, sondern in einem angeregten Zustand. Dieses Phänomen entspricht z. B. den stärker werdenden Vibrationen einer Klaviersaite, wenn man ihre Spannung erhöht (parametrische Verstärkung). Das quantenfeldtheoretische Analogon ist die Erzeugung von Teilchen, wobei das zeitlich veränderliche Gravitationsfeld den notwendigen Energie-Input bereitstellt.

Um den Vorgang der Materieerzeugung zu illustrieren, betrachten wir folgende Modellvorstellung: Damit kein Widerspruch zur Energieerhaltung auftritt, verlangt das Unschärfeprinzip für die virtuellen Teilchen/Antiteilchen-Paare

$$\Delta E \cdot \Delta t \geq \hbar\,, \tag{4.175}$$

daß sich ein Teilchenpaar, dessen jede Komponente die Ruheenergie mc^2 hat, innerhalb der Zeitspanne

$$\Delta t \geq \frac{\hbar}{mc^2} \approx t_\mathrm{C} \tag{4.176}$$

wieder vernichtet. In dieser Zeit kann sich das virtuelle Paar maximal um eine Compton-Wellenlänge

$$\Delta s = L_\mathrm{C} = \frac{\hbar}{mc} \tag{4.177}$$

voneinander entfernen.

Ist das Teilchenpaar einem äußeren Kraftfeld ausgesetzt, das stark genug ist, die beiden Komponenten in der Zeit t_C um mindestens einen weiteren Abstand L_C zu separieren und damit die Energie

$$\int_0^{L_C} F \cdot \mathrm{d}s \geq mc^2 \tag{4.178}$$

aufzunehmen, so ist die Wahrscheinlichkeit groß, daß es als reales Teilchenpaar in Erscheinung treten kann. Der Teilchenerzeugungsprozeß ist also Resultat einer Störung des Vakuums durch ein äußeres Feld. Im Fall der Expansionsdynamik im frühen Kosmos ($R(t) \sim t^\alpha$, $0 < \alpha \leq 1$) wird eine Gravitationskraft

$$F \sim m\,\frac{s}{t^2} \tag{4.179}$$

erzeugt, wobei das Teilchen/Antiteilchen-Paar in s-Richtung orientiert ist. Aus Gl. (4.178) und Gl. (4.179) folgt, daß eine Realisierung von Teilchen nur für Zeiten $t < t_\mathrm{C}$ möglich ist.

Es werden keine ruhemassebehafteten Teilchen mehr erzeugt, sobald das Weltalter größer als die Compton-Zeit dieser Teilchen ist. Für Elektronen gilt z. B.:

$$t_\mathrm{C} = \frac{\hbar}{m_\mathrm{e} \cdot c^2} = 1.3 \cdot 10^{-21}\,\mathrm{s}\,. \tag{4.180}$$

4.6 Modell der kosmischen Entwicklung

4.6.1 Quantenkosmos zur Planck-Zeit

Für Zeiten $t > t_\mathrm{PL} = 5.4 \cdot 10^{-44}$ s kann die Dynamik der Materie hydrodynamisch oder quantenmechanisch auf einem klassisch beschreibbaren geometrischen Hintergrund formuliert werden. Vor der Planck-Zeit t_PL (vgl. Abschn. 4.4.1) versagt diese Beschreibung, da Geometrie und Topologie der Raum-Zeit kurzfristig und kleinräumig, soweit diese Begriffe überhaupt noch anwendbar sind, fluktuieren (Misner, Thorne, Wheeler, 1973)! Neben technischen Schwierigkeiten gibt es auch begriffliche Probleme, wenn man eine Quantentheorie der Gravitation formulieren will (siehe z. B. H. Nicolai und M. Niedermaier, 1989). Die Quantenmechanik macht Wahrscheinlichkeitsaussagen über die möglichen Werte von Observablen, und der Zustandsvektor bezieht sich immer auf eine Gesamtheit von vielen gleichartigen Systemen. Wie aber läßt sich der Begriff eines „Ensembles möglicher Welten" physikalisch sinnvoll definieren? Einen Versuch in dieser Richtung hat Wheeler unternommen. Dabei wird ein **Superraum** eingeführt, dessen einzelne Elemente jeweils komplette Geometrien dreidimensionaler Räume repräsentieren. Der Superraum ist also der Wirkungsbereich der Geometrodynamik, so wie es z. B. die Minkowski-Raum-Zeit für die Teilchendynamik ist. Im Rahmen dieser Ideen haben J. Hartle und S. Hawking (1983) Modellrechnungen angestellt, deren Ergebnis ein singularitätsfreies, geschlossenes Universum ($k = +1$) ist.

Zum zweiten ist hier von Interesse die vermutete Separation der Gravitation von den Teilchenkräften bei der Planck-Zeit $t_{\mathrm{PL}} = 10^{-43}$ s. Es ist besonders bemerkenswert, daß die Friedmann-Lösungen für diese Zeit t_{PL} ungefähr die Planck-Temperatur $T_{\mathrm{PL}} = 10^{32}$ K und die Planck-Dichte $\varrho_{\mathrm{PL}} = 5 \cdot 10^{93}\ \mathrm{g\,cm^{-3}}$ liefern. Diese Werte entsprechen einer Teilchenenergie (bzw. Masse) von

$$M_{\mathrm{PL}} = 1.2 \cdot 10^{19}\ \mathrm{GeV} = 2 \cdot 10^{-5}\ \mathrm{g}\,.$$

Wir sollten hier aber gleich bemerken, daß die Dimensionen des Friedmann-Kosmos zur Planck-Zeit um viele Größenordnungen über der Planck-Länge $L_{\mathrm{PL}} = 10^{-33}$ cm liegen. Wenn wir mit Gl. (4.68) zurückrechnen, erhalten wir für unseren „Quasar-Horizont" zur damaligen Zeit $R = 1.4 \cdot 10^{-3}$ cm.

Für Dichten und Temperaturen oberhalb der Planck-Werte wäre eine Quantentheorie der Gravitation erforderlich, die es noch nicht gibt. Daher werden in der Kosmologie die Vorgänge im eigentlichen Urknall für Zeiten kürzer als 10^{-43} Sekunden durch ein Ignoramus ausgeklammert.

In der unmittelbar auf die Planck-Epoche folgenden Phase bestand nach konventionellen Hypothesen die Materie aus einem Gemisch verschiedener Sorten von Elementarteilchen. Die Energie aller im jeweiligen momentanen Gleichgewicht befindlichen Teilchen betrug anfänglich $E = 10^{19}$ GeV. Da dieser Betrag nicht nur weit über der Ruhemasse aller Teilchen, sondern auch oberhalb der die Wechselwirkungen vermittelnden Feldquanten lag, waren Quarks, Leptonen, Photonen sowie W-, Z- und X-Bosonen gleichberechtigt und konnten sich frei ineinander umwandeln. Alle Kräfte waren gleich stark, es herrschte maximale Symmetrie, und alle Teilchen besaßen ultrarelativistische Geschwindigkeiten. Wegen der mit größer werdender Energie abnehmenden Wirkungsquerschnitte (*Asymptotische Freiheit der Quantenchromodynamik*) sollte auch in dieser dichten Phase die Benutzung der idealen Gasgleichung für Photonen anwendbar sein. Oberhalb der Schwellentemperatur

$$T > \frac{m_0 c^2}{k} \qquad (k = \text{Boltzmann-Konstante}) \tag{4.181}$$

verhalten sich auch materielle Teilchen wie Photonen. Die Zustandsgleichung hat dann die einfache Form

$$\varrho = \frac{\pi^2}{30} \frac{k^4}{\hbar^3 c^5} \left(\sum g_B + \frac{7}{8} \sum g_F \right) \cdot T^4 , \tag{4.182}$$

wobei g_F und g_B die statistischen Gewichte der Fermionen und Bosonen bedeuten.

Im „heißen“ Weltmodell wird die kosmische Entwicklung als ein Prozeß aufgefaßt, in dem etappenweise bestimmte Wechselwirkungen zwischen Elementarteilchen dominieren und die aufhören, sobald für die in Frage kommenden Arten die Reaktionsrate kleiner ist als die Expansionsrate (Entkopplung = Ausfrieren). Darüber hinaus kommt es im Zuge der Expansion zur Verminderung der am Anfang im Kosmos realisierten Symmetrie. Die wesentlichen „Symmetriebrechungen“ erfolgten nach 10^{-33} s, als die Energie von 10^{14} GeV der Masse der X-Bosonen entsprach, sowie nach 10^{-10} s bei etwa 100 GeV, vergleichbar mit der Masse der $W^{\pm}$- und Z^0-Bosonen, was zur Separation zwischen schwacher und elektromagnetischer Kraft führte. Diese spontanen Symmetriebrechungen erklärt man damit, daß der Untergrund, d.h. das quantenmechanische Vakuum, in dem die Kräfte wirken, durch die speziellen Eigenschaften der Higgs-Felder seine Symmetrie bei Unterschreitung bestimmter Energien verliert.

4.6.2 Inflationäre Expansion

Im Rahmen der Elementarteilchentheorien sollten bei Dichten von 10^{81} g cm^{-3}, die Teilchenenergien von 10^{16} GeV entsprechen, magnetische Monopole in extrem großer Zahl entstanden sein. Dies steht in engem Zusammenhang mit der spontanen Symmetriebrechung, bei der sich die starke Wechselwirkung von der elektroschwachen separiert. Da die Monopole mit ihrer großen Masse einen frühen Kollaps des Kosmos zur Folge gehabt hätten, müssen sie entweder durch extreme Verdünnung unwirksam gemacht worden sein oder es müßte möglich gewesen sein, daß die magnetischen Monopole gar nicht erst entstehen konnten. Letzteres würde allerdings eine Alternative zu den „GUTs“ bedingen. Am naheliegendsten ist eine exponentielle Expansion, die eine so gewaltige Verdünnung bewirkt, daß innerhalb unseres Horizontes nur noch ganz wenige magnetische Monopole übrig bleiben. Wodurch kann aber eine solche exponentielle Aufblähung des Kosmos entstehen?

In den **Großen Vereinigungstheorien** (GUTs) bietet sich als mögliche Erklärung das skalare Higgs-Feld an, das bei den extrem hohen Temperaturen im frühen Kosmos in einer Konfiguration eingefangen ist, die man auch als *falsches Vakuum* bezeichnet. In der Theorie dient dieses Feld dazu, bei den spontanen Symmetriebrechungen der Wechselwirkungskräfte den verschiedenen Bosonen die erforderlichen Massen zu vermitteln.

Da das Higgs-Feld im frühen Kosmos in einer energetisch labilen Phase auf einem zeitlich konstanten Wert festgehalten wird, bewirkt es unter der Voraussetzung, daß sein Energieniveau über dem der übrigen Materie liegt, eine exponentielle Expansion im Zeitraum von 10^{-36} bis 10^{-33} s nach dem Urknall.

Ein exponentielles Anwachsen des Skalenfaktors $R(t)$ ist möglich, wenn die rechte Seite der Friedmann-Gleichung (4.46) einen konstanten Wert annimmt. Dies ist unter den Voraussetzungen $\varepsilon_m = \varrho_m \cdot c^2 = 0$, $\varrho_s \ll \varrho_H = \varepsilon_H / c^2 = \text{const.}$ möglich, wobei ε_H die Energiedichte des *Higgs-Vakuums* ist. Dabei haben wir ϱ_Λ mit ϱ_H identifiziert. In diesem Fall beginnt ein ursprünglich mit relativistischen Teilchen und Photonen bevölkerter Strahlungskosmos eine Phase exponentieller Aufblähung, deren charakteristische Zeit

$$t_\mathrm{H} = \sqrt{\frac{3}{8\pi G \cdot \varrho_\mathrm{H}}} \tag{4.183}$$

beträgt. Der die „Inflation" bewirkende „Schub" resultiert aus den nichtlinearen Anteilen des Higgs-Feldes.

Eine einfache analytische Lösung für den Übergang vom Strahlungskosmos in die vom Higgs-Vakuum dominierte Phase erhält man durch Integration von Gl. (4.46) unter der Voraussetzung euklidischer Metrik $k = 0$:

$$\frac{R}{R_\mathrm{PL}} = \frac{R(t)}{R(t_\mathrm{PL})} = \sqrt[4]{\frac{\varrho_\mathrm{s}(t_\mathrm{PL})}{\varrho_\mathrm{H}}} \cdot \sqrt{\sinh \frac{2t}{t_\mathrm{H}}}\,. \tag{4.184}$$

Zu Zeiten $t < t_* = 1.15 \cdot \left(\frac{32}{3}\pi G \cdot \varrho_\mathrm{H}\right)^{-\frac{1}{2}} \approx 5 \cdot 10^{-36}\,\mathrm{s}$.

Falls $\varrho_\mathrm{H} = 2 \cdot 10^{76}\,\mathrm{g\,cm^{-3}}$, liegt ein Strahlungskosmos vor:

$$\frac{R(t)}{R_\mathrm{PL}} = \sqrt[4]{\frac{32\pi G}{3} \cdot \varrho_\mathrm{s}(t_\mathrm{PL})} \cdot t^{\frac{1}{2}}\,. \tag{4.185}$$

Die Phase exponentieller Aufblähung ergibt sich für $t > t_*$:

$$\frac{R(t)}{R_\mathrm{PL}} = \sqrt[4]{\frac{\varrho_\mathrm{s}(t_\mathrm{PL})}{4\varrho_\mathrm{H}}} \cdot \exp \frac{t}{t_\mathrm{H}}\,. \tag{4.186}$$

Der Wiedereintritt in einen Friedmann-Kosmos ist bislang nicht aus ersten Prinzipien bruchlos berechenbar.

Die Inflation bedeutet eine Volumenvergrößerung auf etwa das 10^{90}fache. Dadurch verdünnt sich die primordiale Materie auf eine relativ verschwindend kleine Dichte. Das hat zur Folge, daß von den vielen magnetischen Monopolen nur noch ganz wenige in dem für uns überschaubaren Bereich des Universums vorhanden sind.

Um aber den Übergang in das heutige Friedmann-Universum zu schaffen mit seiner zum Zeitpunkt von $t = 10^{-33}\,\mathrm{s}$ extrem großen Dichte von $\varrho = 5 \cdot 10^{76}\,\mathrm{g\,cm^{-3}}$, muß man einen Phasenübergang postulieren, bei dem die Energie des Higgs-Feldes in die primordialen Elementarteilchen übergeht. Die Physik dieser Umwandlung, entsprechend einem Phasenübergang zweiter Art, und ihr Einsetzen zum richtigen Zeitpunkt nach genügendem Aufblähen des Kosmos sind gegenwärtig nur im Rahmen eines phänomenologischen Modells möglich. In Abb. 4.31 haben wir das Anwachsen des kosmischen Skalenfaktors $R(t)$ mit der Inflation und sein Einmünden in den Friedmann-Kosmos dargestellt.

Wir sind dabei von der Annahme ausgegangen, daß unser heutiger Kosmos zur Planck-Zeit nur die Größe einer *Planck-Blase* mit dem Durchmesser der Planck-Länge $L_\mathrm{PL} = 10^{-33}\,\mathrm{cm}$ gehabt hat. In ihr herrscht wie beim einfachen Urknall die Planck-Dichte $\varrho_\mathrm{PL} = 5.2 \cdot 10^{93}\,\mathrm{g\,cm^{-3}}$. Jedoch war, wie wir schon in Abschn. 4.6.1 gesehen haben, beim einfachen Urknall die Ausdehnung des Kosmos zu dieser Zeit bereits das 10^{30}fache der Planck-Länge. Zur Planck-Zeit kann die Blase als ein Teil

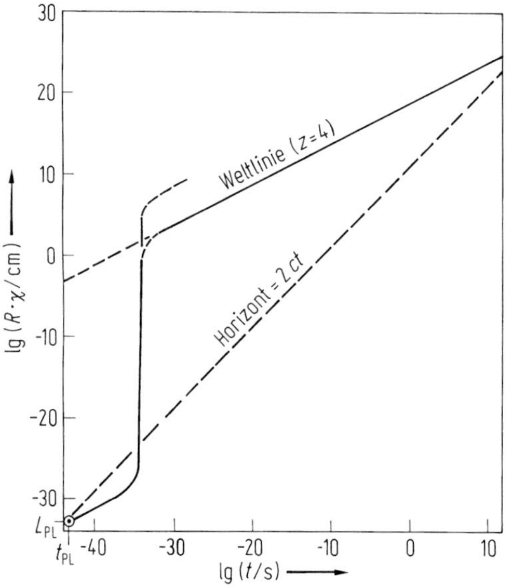

Abb. 4.31 Strahlungskosmos (von der Planck-Zeit $t_{PL} = 10^{-44}$ s bis $t = 3 \cdot 10^{12}$ s $= 10^5$ Jahre) mit „inflationärer Expansion", die bei $t = 10^{-33}$ s in den Friedmann-Kosmos einmündet, dargestellt durch die Weltlinie unseres heutigen Quasar-Horizontes ($z = 4$). Die Ordinate gibt den Weltlinien-Abstand an (mit $R(t)$ = Skalenfaktor, χ = radiale Koordinate im mitbewegten System). Ausgangspunkt ist die Planck-Blase mit $L_{PL} = 1.6 \cdot 10^{-33}$ cm. Der Horizont wächst im Strahlungskosmos mit $2ct$.

des *Raum-Zeit-Schaums* angesehen werden, mit dem John Archibald Wheeler (1968) den kosmischen Zustand in dieser ganz frühen Epoche ($t \leq t_{PL}$) beschrieben hat. Die innere Struktur dieses „Schaums" sollte dabei die Planck-Länge als charakteristische Ausdehnung haben.

Entsprechend einer Hubble-Zahl von 10^{35} s^{-1} setzt das exponentielle Aufblähen bei $t = 10^{-35}$ s mit einem steilen Anwachsen des Skalenfaktors $R(t)$ ein. Dieser Vorgang muß aber mit dem Phasenübergang bei $t = 10^{-33}$ s beendet sein, um ein rechtzeitiges Einmünden in den Friedmann-Kosmos zu gewährleisten. In Abb. 4.31 haben wir den Friedmann-Kosmos durch die Weltlinie unseres heutigen Quasar-Horizontes (Rotverschiebung $z = 4$) dargestellt. Sie charakterisiert den (durch Beobachtungen der fernsten Objekte) überschaubaren Bereich des Kosmos. Im Zeitbereich haben wir uns auf 10^{-44} s $< t < 10^{12}$ s beschränkt (Strahlungskosmos), weil sich in diesem Bereich alle Urknallmodelle durch einen einheitlichen funktionalen Zusammenhang darstellen lassen, der von der Raumkrümmung hinreichend unabhängig ist.

Ferner haben wir in Abb. 4.31 das Anwachsen des Horizontes durch die langgestrichelte Linie dargestellt. Im Strahlungskosmos wächst der Horizont mit $2c \cdot t$. Man sieht unmittelbar, daß im einfachen Urknallmodell während der strahlungsdominierten Ära zwischen weiten Bereichen des Kosmos kein kausaler Kontakt bestanden haben konnte, der sich ja nur mit höchstens Lichtgeschwindigkeit ausbreiten kann. Das ergibt sich daraus, daß die Quasar-Weltlinie stets oberhalb der Horizontlinie liegt.

4.6.3 Der Zerfall des X-Bosons und das Problem der Antimaterie

Wenn wegen der im Verlauf der Expansion fallenden Temperaturen die Wiederbildung von X-Bosonen in Stößen ihrer Zerfallsprodukte nicht mehr möglich ist, kommt es zu irreversiblen Zerfällen dieser Bosonen in unsymmetrische Reaktionskanäle. Drei Bedingungen sind die Voraussetzung dafür, daß aus einem symmetrischen Anfangszustand mit der Baryonenzahl $B = 0$ eine asymmetrische Situation entsteht (A. D. Sakharov, 1967):

1. die Nichterhaltung der Baryonenzahl,
2. Verletzung der C- und CP-Invarianz,
3. Abweichung vom thermischen Gleichgewicht.

Die Bedingung (1) folgt unmittelbar z. B. aus der SU(5)-Theorie. Bei vorhandener CP-Invarianz würden Teilchen und Antiteilchen einfach vertauscht, ohne daß ein Überschuß der einen oder anderen Art resultierte. Aber auch wenn sich infolge (1) und (2) ein Exzeß an Quarks oder Antiquarks herausbildet, könnte er durch die inversen Zerfälle wieder kompensiert werden. Deshalb ist es notwendig, daß die Reaktionsrate kleiner als die Expansionsrate wird, mithin durch die Expansion eine Zeitrichtung ausgezeichnet wird. Infolge der unterschiedlichen Zerfälle der X- und Anti-X-Bosonen kann ca. 10^{-33} s nach Weltanfang eine winzige Differenz bestehen, die die normalen Quarks bevorzugt. Diese Asymmetrie ist abhängig von der Kopplungskonstanten der Feldtheorie und dem Grad der CP-Verletzung.

Um nach dem Zerfall der X-Bosonen einen geringen Überschuß an normaler Materie zu gewährleisten, muß in den jeweiligen Verzweigungsraten der Zerfall des X-Bosons in u-Quarks etwas günstiger sein als der entsprechende Zerfall beim $\bar{X}$ in $\bar{u}$-Quarks. Die Summe der Zerfälle muß natürlich für X und $\bar{X}$ gleich sein. Das führt dann zu einem ganz analogen Überschuß des d-Quarks aus dem Zerfall des $\bar{X}$ gegenüber den $\bar{d}$ aus dem X-Zerfall. Damit sollte es zu einem winzigen Überschuß an Protonen (u, u, d) gegenüber Antiprotonen ($\bar{u}$, $\bar{u}$, $\bar{d}$) kommen, wenn die Quarks sich zu Hadronen zusammenschließen.

Der asymmetrische X-Bosonen-Zerfall liefert daher eine „zwanglose" Erklärung für das Fehlen der Antimaterie im heutigen Universum. Denn da im ganz frühen Kosmos Teilchen und Antiteilchen in gleichen Mengen entstanden sein sollten, blieb nach der späteren Annihilation nur der durch den Zerfall des X-Bosons bewirkte Überschuß an Materie übrig.

Das Problem der fehlenden Antimaterie läßt sich allerdings auch anders interpretieren: Falls im frühen Kosmos eine großräumige Trennung zwischen Materie und Antimaterie stattgefunden hat, gäbe es heute entfernte Galaxien und Galaxienhaufen, die aus Antimaterie bestehen. Anhand der von den Sternen emittierten Strahlung läßt sich diese Vorstellung leider nicht überprüfen, da das Photon und das Antiphoton identisch sind. Man erwartet allerdings an den Grenzflächen der Materie/Antimaterie-Gebiete die Entstehung energiereicher γ-Strahlung. Die heutigen Messungen können die Existenz solcher Grenzbereiche in genügend großer Entfernung und in Gebieten mit geringer Teilchendichte nicht völlig ausschließen (Stecker und Wolfendale, 1984). Es bliebe dann aber das Problem, den rätselhaften Trennungsmechanismus zu finden, der Materie und Antimaterie großräumig getrennt hat.

4.6.4 Hadronenära

Für Zeiten $t \leq 10^{-6}$ s besteht die Materie aus einem dichten Quark-Lepton-Plasma im jeweils momentanen thermodynamischen Gleichgewicht mit den Photonen. Bei $t = 10^{-6}$ s bzw. bei Temperaturen von 10^{13} K (entsprechend einer Energie von 1 GeV) sollte der Übergang des Quark-Lepton-Plasmas in Hadronen erfolgen oder sogar bereits beendet sein. Dieser Phasenübergang und die relevanten Zustandsgleichungen dieser Epoche sind jedoch noch weitgehend unbekannt.

Bei Temperaturen unterhalb 10^{13} K reicht die Teilchenenergie nicht mehr aus, um Protonen und Antiprotonen neu zu bilden. Dadurch kommt es zum Abkoppeln dieser Baryonen. Protonen und Antiprotonen vernichten sich paarweise durch Zerstrahlung. Wenn es keinen Protonenüberschuß gäbe, wäre die kosmische Materie restlos zerstrahlt. Nur dadurch, daß etwa ein Proton aus drei Milliarden Protonen und Antiprotonen keinen Partner findet, kann die normale Materie, die die Grundlage für unsere Existenz bildet, überleben. Nach diesen Vorstellungen ist die heutige Materie des Kosmos und die in ihr gespeicherte Energie nur ein winziger Bruchteil der baryonischen Materie, die 10^{-6} s nach dem Urknall vorhanden war. Die auf der CP-Invarianz-Verletzung beruhende Fähigkeit der Grand Unified Theories zur Überwindung der Symmetrie von Materie und Antimaterie kann also den Schlüssel zur Erklärung des Fehlens von Antimaterie liefern. Darüber hinaus wird auf diese Weise auch die hohe Entropie pro Baryon qualitativ verständlich. Allerdings ist es nicht möglich, durch Vergleich mit der beobachteten Entropie pro Baryon eine Auswahl unter den verschiedenen GUTs zu treffen.

Die Hadronenära ist dadurch gekennzeichnet, daß die Baryonen und Mesonen, die neben der elektromagnetischen und schwachen auch der starken Wechselwirkung unterworfen sind, mit der Strahlung im thermischen Gleichgewicht stehen.

Am Beginn der Hadronenära, als die Temperatur 10^{13} K betrug und die mittlere Energie der Teilchen und Photonen über 1 GeV lag (entspricht der Ruheenergie der Baryonen) konnten sich die schweren Teilchen nach ihrem Zerfall immer wieder regenerieren. Bei $t = 10^{-4}$ s und Temperaturen von ca. 10^{12} K war dann die Energie zu niedrig, um π-Mesonen zu bilden ($T < m_\pi c^2/k$). Mit dem *Aussterben der Pionen* endet die kosmologische Epoche der starken Wechselwirkung.

Zu Beginn des *Leptonenzeitalters* bei $t = 10^{-4}$ s zerfallen die Pionen in Myonen ($\pi^+ \to \mu^+ + \nu_\mu$, $\pi^- \to \mu^- + \bar{\nu}_\mu$). Am Ende dieser von der schwachen Wechselwirkung bestimmten Ära (zur Zeit $t \approx 1$ s) ist die Temperatur auf $T = 10^{10}$ K gesunken, so daß die Elektron-Positron-Annihilationen ($e^+ + e^- \to \nu_e + \bar{\nu}_e$, $e^+ + e^- \to 2\gamma$) nicht mehr durch Erzeugungsvorgänge kompensiert werden können.

4.6.5 Leptonenära

Wie wir gesehen haben, verbleibt nach der Annihilation von Baryon-Antibaryon-Paaren ein geringer Rest an baryonischer Materie, der die heute in den Atomkernen gespeicherte Materie des Weltalls bildet. Nukleonen, Elektronen, Positronen, Myonen, Neutrinos und Photonen bilden ein *quasineutrales Plasma* im jeweiligen momentanen thermischen Gleichgewicht. Die Wechselwirkung zwischen $e^\pm$ und Photonen besteht in Compton-Streuung

$$\gamma + e^{\pm} \to \gamma + e^{\pm} \,. \tag{4.187}$$

Die Zeitskala zum Erreichen des thermischen Gleichgewichts beträgt

$$\tau_{\gamma e} \approx (N_e \cdot \sigma_T \cdot c)^{-1} \approx 10^{-21}\,\mathrm{s}\,,$$

wobei σ_T der Thomson-Querschnitt und N_e die Anzahldichte der Elektronen ist. Wegen $\tau_{\gamma e} \ll \tau_{exp}$ haben beide Komponenten, Elektronen und Photonen, die gleiche Temperatur. Hier ist $\tau_{exp} = R(t)/\dot{R}(t)$ die für die kosmische Expansion charakteristische Zeitskala. In dieser dichten, heißen Phase bekommt das Photonengas eine Planck-Verteilung aufgeprägt, die sich im Laufe der Expansion erhält und heute einer Temperatur von etwa 3 K entspricht. Die Leptonenära endet mit der Zerstrahlung der Elektron/Positron-Paare bei einem Weltalter von 1 s, wobei der Überschuß an Elektronen überlebt.

Gegen Ende der Leptonenära koppeln auch die Neutrinos aus, da nach Zerstrahlung der Elektronen das Leptonengleichgewicht

$$e^{+} + e^{-} \rightleftharpoons \nu_e + \bar{\nu}_e \tag{4.188}$$

nicht aufrecht erhalten werden kann. Bei Temperaturen $T \leq 10^{11}$ K gilt.

$$\tau_{e\nu} > \tau_{exp}$$

mit $\tau_{e\nu} \approx (N_e \cdot \sigma_{\nu e} \cdot c)^{-1} \approx 10^{-3}$ s bei einem Wirkungsquerschnitt der Größenordnung $\sigma_{\nu e} \approx 10^{-42}\,\mathrm{cm}^2$.

Das Neutrinosubstrat weist auf Grund des vorherigen thermodynamischen Gleichgewichts eine Fermi-Verteilung auf, die während der Expansion ihre Form behält:

$$N_{\nu_e}(E, t) = \frac{4\pi}{c^3} \frac{E^2}{h^2} \frac{1}{e^{E/kT(t)} - 1} \,. \tag{4.189}$$

N_{ν_e} ist die Anzahldichte der ν_e bei der Energie E.

Falls die Neutrinomasse $m_\nu = 0$ ist, sinkt die zugehörige Temperatur proportional R^{-1} auf einen heutigen Wert von 1.9 K. Diese Gesetzmäßigkeit gilt für massive Neutrinos nur, solange sie relativistisch sind. Nach dem Übergang in ein nichtrelativistsiches Gas bei $kT \approx m_\nu c^2$ sinkt die Temperatur des Neutrinosubstrates mit R^{-2} ab. Bei einer Neutrinomasse von 30 eV ergäbe sich dann ihre heutige Temperatur zu ≈ 0.005 K. Das hieße aber, daß ihre heutigen Geschwindigkeiten bei ca. 10 km/s liegen würden. Durch gravitative Wechselwirkung mit Galaxien würden sie aber wohl tatsächlich Geschwindigkeiten von 250–300 km/s erreichen. Unter der Annahme von drei Neutrinoarten mit einer mittleren Masse $\bar{m}_\nu = 20$ eV ergäbe sich eine Dominanz der Neutrino-Massendichte gegenüber der Dichte der baryonischen Materie (vgl. Abb. 4.9 im Abschn. 4.3.4).

Nach Einfrieren der Baryonenzahl und der Leptonenzahl ist die materielle Beschaffenheit des Weltalls festgelegt. Von dieser Zeit $t \approx 1$ s an erfolgt die physikalische Weiterentwicklung des Weltalls unter der Randbedingung von Baryonen- und Leptonenzahlerhaltung, d.h. die Baryonenzahldichte N_B und die Leptonenzahldichten $N_{\tau,\mu}$ und N_e bleiben im mitbewegten Volumenelement erhalten:

$$\begin{aligned} N_{\mathrm{B}} \cdot R^3(t) &= \text{const.} \\ N_{\tau,\mu} \cdot R^3(t) &= \text{const.} \\ N_{\mathrm{e}} \cdot R^3(t) &= \text{const.} \end{aligned} \tag{4.190}$$

Prinzipiell sind die ein Weltmodell der Friedmann-Lemaître-Lösungen charakterisierenden Anfangswerte von N_{B}, N_{e}, $N_{\tau,\mu}$, für eine gegebene Temperatur jedoch unbekannt.

Die gewöhnliche, Asymmetrien in der Materie-Antimaterie-Verteilung zulassende Annahme ist $N_{\mathrm{B}} \approx N_{\mathrm{e}}$, $N_{\tau,\mu} \approx 0$ und Kleinheit aller dieser Dichten gegenüber der Photonendichte N_{ph}. Eine verschwindende τ- und μ-Leptonenzahldichte schließt daher nicht etwa τ- und μ-Neutrinos als Bestandteil der primordialen Materie aus: Im Gleichgewicht werden gleiche Beträge von τ- und μ-Neutrinos und Anti-Neutrinos erzeugt, die beim Ausfrieren aus dem thermischen Gleichgewicht wegen der geringen Reaktionsraten nicht annihilieren, sondern als wechselwirkungsfreies Neutrinogas neben dem Photonengas zur gravitationsfelderzeugenden Materie beitragen. Die Lage ist für die Elektron-Neutrinos ganz ähnlich, da die durch eine kleine Leptonendichte N_{e} hervorgerufenen Abänderungen der Neutrino-Gleichgewichtsdichten nicht ins Gewicht fallen. Andere Anfangsbedingungen, z. B. $N_{\tau,\mu} \gg N_{\mathrm{ph}} \gg N_{\mathrm{B}} \approx N_{\mathrm{e}}$, liefern einen Kosmos mit entarteten Neutrinos.

4.6.6 Elementsynthese im frühen Kosmos

Aus den Baryonen, die zunächst nur in Form von Neutronen und Protonen vorliegen, bilden sich bei Temperaturen unter 10^9 K leichte Atomkerne: H-, He-, Li-, Be- und B-Kerne. Die Teilchendichte liegt in dieser Zeit bei etwa 10^{18} bis 10^{20} cm^{-3}. Elemente, die schwerer sind als ^{4}He, sind mit Ausnahme von ^{7}Li und ^{7}Be, die allerdings die seltenen Wechselwirkungspartner ^{3}H und ^{3}He benötigen, nicht möglich, da die Zwischenschritte über instabile Kerne ($A = 5$ und 8) laufen müßten. Das Ergebnis der Nukleosynthese ist in den Abb. 4.5 und 4.6 im Abschn. 4.2.4 erläutert.

Zusammenfassend läßt sich sagen, daß die Häufigkeit der abgebildeten Elemente von folgenden Faktoren abhängt:

1. Die Nukleonendichte N_{B} bestimmt die Reaktionsrate.
2. Das anfängliche Anzahlverhältnis von Neutronen zu Protonen ist abhängig von der Massendifferenz $m_{\mathrm{n}} - m_{\mathrm{p}}$ und der Lebensdauer des freien Neutrons.
3. Die Expansionsrate wird bestimmt durch die Energiedichte, zu der auch die Energiedichten von Leptonen beitragen, d. h. man kann mit Hilfe der primordialen Nukleosynthese Informationen über die Anzahl der Quark-Lepton-Familien bekommen.
4. *Entartete Neutrinos*: Eine hohe kritische Neutronenkonzentration kann durch die Existenz einer großen Zahl entarteter Anti-Elektron-Neutrinos erreicht werden, die die Neutronenbildung begünstigt und zu einer hohen Heliumproduktionsrate führt. Außerdem bewirken entartete Neutrinos eine Zunahme der Expansionsrate.

Während der Leptonenära sind Protonen und Neutronen etwa gleichhäufig vertreten. Elektronen, Positronen und das Strahlungsfeld sind über die Reaktionen

$$\begin{aligned} p + e &\rightleftharpoons n + \nu_e \\ p + \bar{\nu}_e &\rightleftharpoons e^+ + n \end{aligned} \tag{4.191}$$

im Gleichgewicht. Der Wirkungsquerschnitt für diese Reaktionen ist energieabhängig ($\sim E^2$) und liegt für 10^{10} K und eine Dichte von $10^{30}\,\mathrm{cm}^{-3}$ bei $10^{-43}\,\mathrm{cm}^2$. Ein geringer Häufigkeitsunterschied geht auf die etwas größere Masse des Neutrons zurück:

$$\frac{N_n}{N_p} = \exp(-(m_n - m_p)c^2/kT)\,. \tag{4.192}$$

Darin bedeuten $m_n - m_p = 1.293\,\mathrm{MeV}/c^2$ die Massendifferenz und T die Temperatur.

Die Reaktionszeitskala liegt bei

$$\tau_{n \to p} \approx (\sigma_{n \to p} \cdot N_n \cdot c)^{-1} \approx 10\,\mathrm{s}\,. \tag{4.193}$$

Sie skaliert mit der Temperatur $\sim T^{-5}(t)$. Da die Expansionsrate

$$\tau_{\exp} = \frac{R}{\dot{R}} \approx T^{-2} \tag{4.194}$$

langsamer abfällt, ist für Temperaturen $T < 10^{10}$ K die Zeitskala zur Aufrechterhaltung des Gleichgewichts der Reaktionen (4.191) nicht mehr gegeben. Detaillierte Rechnungen ergeben für das Anzahlverhältnis von Neutronen zu Protonen $N_n/N_p \approx 0.1 \ldots 0.2$. Das Verhältnis N_n/N_p ist ein wesentlicher Anfangsparameter für die nun einsetzende *Epoche der kosmologischen Nukleosynthese*.

Analog der Kernfusion im Sterninneren kann bei den hohen Temperaturen der Anfangsphasen die thermische Energie der Nukleonen deren Coulomb-Abstoßung überwinden: *Fusion im Urknall*. Verglichen mit der Fusion im Sonnenzentrum ($T \approx 10^7$ K, $N_B \approx 10^{26}\,\mathrm{cm}^{-3}$) ist im Urknall dagegen bei $T \approx 10^7$ K nur

$$N_B \approx (10^{-8} \ldots 10^{-10}) \cdot N_{ph} \approx 2 \cdot (10^{14} \ldots 10^{12})\,\mathrm{cm}^{-3}\,,$$

da $N_{ph}\,(10^7\,\mathrm{K}) \approx 20.3 \cdot 10^{21}\,\mathrm{cm}^{-3}$; die Dichte ist also viel niedriger! Deshalb ist die Urknallfusion bei 10^7 K viel zu langsam; höhere Temperaturen (und damit höhere Dichten) sind notwendig. Oberhalb von $T \approx 10^9$ K bringt aber der erste Aufbauschritt ($n + p \to d + \gamma$) nur eine geringe d-Konzentration, weil wegen der geringen Bindungsenergie des Deuterons $d \equiv {}^2H$ von 2.2 MeV jedes d schneller wieder thermisch zerstört wird, so daß die nächsten Schritte (z. B. $d + d \to {}^3H + p$, ${}^3H + d \to {}^4He + n$) nicht erfolgen können. Deshalb setzt die d-Bildung (und die anschließende He-Bildung bei $T \approx 10^9$ K ziemlich schlagartig ein, also bei Dichten $N_B \approx (10^{18} \ldots 10^{20})\,\mathrm{cm}^{-3}$ (etwa Luftdichte!). Weil diese Dichten zu niedrig sind, um Dreierstöße zu ermöglichen, können sich kaum Elemente schwerer als ^{4}He bilden, denn die Zwischenschritte müssen über Zweierstöße, im allgemeinen über instabile Kerne (bei Nukleonenzahlen $A = 5$ und 8), laufen. Bei Ausnahmen, z. B. ${}^3H + {}^4He \to {}^7Li + \gamma$ oder ${}^3He + {}^4He \to {}^7Be + \gamma$, sind die seltenen Partner ^{3}H, ^{3}He notwendig.

Einerseits durften nicht zu viele hochenergetische Photonen vorhanden sein, die sofort jeden eben gebildeten ^{2}H-, ^{3}H-, ^{3}He- oder ^{4}He-Kern wieder zerschlagen hätten, andererseits mußten die Protonen aber auch heiß, d. h. energiereich genug sein, um die Coulomb-Barriere zu durchschlagen. Ebenso mußte der Zeitraum kleiner sein als die Zerfallszeit des Neutrons. Allerdings verschiebt der β-Zerfall das ursprüngliche Verhältnis der Neutronen zu Protonen noch weiter, nämlich von 1/5 auf ca. 1/7. Unter den gegebenen Voraussetzungen begannen nach etwa 90 s die Fusionsprozesse. Insgesamt kann man bei der kosmologischen Nukleosynthese drei Etappen unterscheiden:

1. Die Reaktionen gemäß Gl. (4.191) zwischen Neutronen, Protonen, Neutrinos, Elektronen und Positronen und der β-Zerfall des freien Neutrons

$$\mathrm{n} \rightleftharpoons \mathrm{p} + \mathrm{e}^- + \bar{\nu}_\mathrm{e} \tag{4.195}$$

   legen im Zusammenhang mit der Expansionsrate das Verhältnis $N_\mathrm{n}/N_\mathrm{p}$ fest.
2. Die zweite Phase ist durch den Deuteronengpaß, entsprechend der Reaktion

$$\mathrm{n} + \mathrm{p} \rightleftharpoons \mathrm{d} + \gamma\,, \tag{4.196}$$

   gekennzeichnet.
3. Danach kommt es zu weiteren Fusionsschritten:

$$\begin{aligned} {}^2\mathrm{H} + {}^2\mathrm{H} &\rightarrow {}^3\mathrm{He} + \mathrm{n} \\ {}^2\mathrm{H} + {}^2\mathrm{H} &\rightarrow {}^3\mathrm{H} \;\; + \mathrm{p} \\ {}^2\mathrm{H} + {}^3\mathrm{H} &\rightarrow {}^4\mathrm{He} + \mathrm{n}\,. \end{aligned} \tag{4.197}$$

4.6.7 Rekombination des Plasmauniversums

Das Wasserstoff-Helium-Plasma bleibt in Wechselwirkung mit dem Photonengas bis zum Zeitpunkt der Bildung von neutralem Wasserstoff und Helium. Dieser wird bei einer Temperatur von $T = 10\,000$ bis 3000 K erreicht, wenn die Energie der Photonen nicht mehr zur Ionisation der Wasserstoffatome ausreicht. Der Bruchteil der ionisierten Atome wird in Abhängigkeit von Temperatur und Dichte durch die Saha-Formel (vgl. Kap. 3) beschrieben. Von nun an existieren drei isolierte thermodynamische Systeme im Kosmos: das *Wasserstoff-Helium-Gas*, das *Photonengas* und die *Neutrinos*.

Infolge der Aufhebung des elektromagnetischen Strahlungsdrucks durch die Abkopplung der Photonen ist in der Folgezeit die Bildung von Galaxien und Galaxienhaufen aus schon vorhandenen Dichtestörungen möglich. Die gravitative Wechselwirkung regiert die Entstehung von Materiekondensationen und inszeniert die Strukturierung der Welt. Zum anderen schafft die Expansion mit der daraus resultierenden Abkühlung die Voraussetzung, daß die bei der Entstehung der Strukturen freiwerdende Bindungsenergie an den kalten Weltraum abgeführt werden kann.

Etwa gleichzeitig mit der Rekombination, aber logisch davon unabhängig, ist ein weiterer entscheidender Vorgang in der kosmischen Evolution. Die Energiedichte der Strahlung hat sich soweit verringert, daß sie in die gleiche Größenordnung wie die Materiedichte kommt ($\varrho_\mathrm{s}(t) \sim R(t)^{-4}$, $\varrho_\mathrm{m}(t) \sim R(t)^{-3}$). Von diesem Zeitpunkt an ist Materie die dominierende Erscheinungsform im Universum. Die verschiedenen Phasen der kosmischen Entwicklung sind in Abb. 4.32 zusammengefaßt.

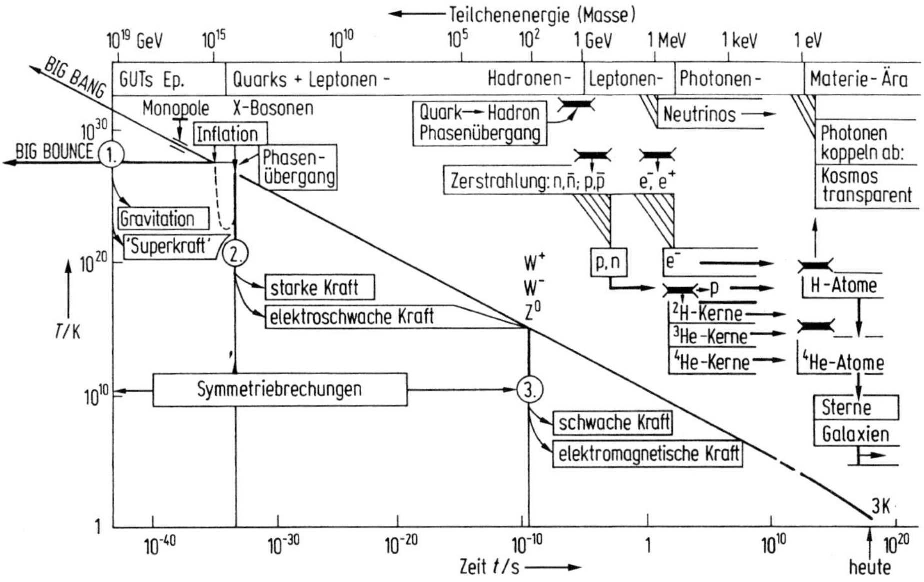

Abb. 4.32 Die heutige Vorstellung von der Entwicklung des Kosmos über den Zeitraum von 10^{-44} s nach dem Urknall bis heute ($t \approx 10^{18}$ s = 30 Milliarden Jahre). Die Diagonale zeigt die Abnahme der Strahlungstemperatur des Kosmos bis zur heutigen Temperatur von ca. 3 K. Untere Hälfte: Emanzipation der Wechselwirkungskräfte: Die (alle Wechselwirkungen umfassende) *Urkraft* separiert zur Planck-Zeit (siehe ①) in die Gravitation und in die hypothetische *Superkraft* der Teilchenwechselwirkungen. Diese wiederum separiert bei $t = 10^{-33}$ s (siehe ②) in die *starke* und die *elektroschwache Kraft*. Letztere separiert dann (bei ③) in die *schwache* und die *elektromagnetische Kraft*. Obere Hälfte: Geschichte der Teilchen bis zur Entstehung der Sterne und Galaxien.

4.6.8 Galaxienentstehung

Die Grundlage für die Gravitations-Instabilitäts-Theorie, die die Verstärkung von Dichteschwankungen in der ansonsten homogenen Materieverteilung zu großräumigen Strukturen beschreibt, wurde bereits 1902 von James Jeans gelegt. Er betrachtete eine *statische* Materieverteilung, in der der Gasdruck und die Gravitationskraft gegeneinander wirken. Nur wenn die Masse der Dichtefluktuation größer als die sogenannte Jeans-Masse

$$M_J = \frac{4\pi}{3} N m_H v_S^3 \left(\frac{\pi}{G(\varrho + p/c^2)} \right)^{\frac{3}{2}} \tag{4.198}$$

(m_H = Masse eines Wasserstoffatoms, N deren Anzahldichte, v_S = Schallgeschwindigkeit) ist, wird die Fluktuation instabil und kollabiert. 1946 zeigte E. Lifshitz in einer relativistischen Behandlung, daß auch in einem expandierenden Kosmos die Jeans-Masse die für den Kollaps entscheidende Größe ist.

Der Dichtekontrast

$$\delta = \frac{\Delta\varrho}{\bar{\varrho}} \tag{4.199}$$

(wobei $\bar{\varrho}$ die mittlere Dichte im Universum ist) wächst allerdings in expandierenden Modellen langsamer als im statischen Fall, wo er, wie bei der Sternentstehung, exponentiell mit der Zeit zunimmt. Der Wert der Jeans-Masse ändert sich während der kosmischen Expansion. In Abb. 4.33 ist sein Verlauf in Abhängigkeit von der Strahlungstemperatur T_S dargestellt. Er stieg in der strahlungsdominierten Phase auf etwa 10^{18} Sonnenmassen, also auf ein Vielfaches der Masse einer Galaxie ($M_{gal} \approx 10^{11} - 10^{12}\,M_\odot$). Das Schicksal der Inhomogenität während dieser Zeit war davon abhängig, wie Materie und Strahlung miteinander koppelten: *Isotherme Fluktuationen*, bei denen sich nur die Materieverteilung lokal änderte, während die Strahlungsdichte konstant blieb, wurden durch den Strahlungsdruck eingefroren. Weder Verstärkungsprozesse noch dissipative Vorgänge waren möglich. *Adiabatische Dichtefluktuationen* dagegen, wo der Dichtekontrast in Materie und Strahlung zueinander proportional ist,

$$\frac{\Delta\varrho_s}{\varrho_s} = \frac{4}{3}\frac{\Delta\varrho_m}{\varrho_m} \tag{4.200}$$

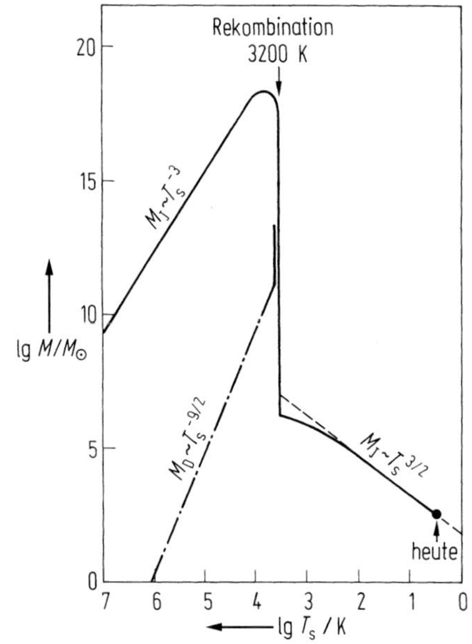

Abb. 4.33 Änderung der Jeans-Masse M_J adiabatischer Dichteinhomogenitäten während der kosmischen Expansion, dargestellt als Funktion der Strahlungstemperatur T_s des Kosmos. M_D ist die Massenskala der im Strahlungskosmos weggedämpften Fluktuationen. Die kritische M_D wird durch Prozesse während der Rekombination noch um eine bis zwei Größenordnungen erhöht, d. h. nur Massekonzentrationen mit $M_D \geq 10^{13}\,M_\odot$ können die Rekombinationsphase überleben.

wurden im Strahlungskosmos gedämpft. Die kritische Größenordnung, unterhalb derer eine Inhomogenität im Strahlungskosmos weggedämpft wurde, änderte sich während der Expansion. Zudem erhöhten vermutlich dissipative Prozesse während der Rekombination diese kritische Massenskala M_D um weitere ein bis zwei Größenordnungen.

Ein Wachstum des Dichtekontrastes δ kann also in beiden Fällen erst nach der Rekombination einsetzen. Im isothermen Bild entstehen zuerst Kugelsternhaufen, im adiabatischen Modell zuerst Strukturen mit der Masse von Galaxienhaufen, die anschließend zu Galaxien fragmentieren.

Die weitere Entwicklung des Dichtekontrastes Gl. (4.199) nach der Rekombination wird durch die 1957 von W. B. Bonnor mit linearer Störungstheorie abgeleitete Differentialgleichung (mit der Voraussetzung Druck $p = 0$):

$$\ddot{\delta} + 2\frac{\dot{R}}{R}\dot{\delta} - 4\pi G\varrho\delta = 0 \qquad (4.201)$$

beschrieben. Sie bestimmt das Verhalten des Dichtekontrastes, bis $\delta \approx 1$ erreicht ist. Anschließend beschleunigen nichtlineare Effekte den Kollaps (siehe auch Gl. (4.73a)). Im Einstein-de Sitter-Modell ($k = 0$, $\Lambda = 0$) hat sie die Lösung:

$$\delta = At^{\frac{2}{3}} + Bt^{-1} \qquad (4.202)$$

(A, B = Proportionalitätskonstanten). Der Anfangswert, der Dichtekontrast zur Zeit der Rekombination, läßt sich für adiabatische Fluktuationen aus der gemessenen Anisotropie der Hintergrundstrahlung bestimmen:

$$\frac{1}{3}\left(\frac{\Delta\varrho}{\varrho}\right)_{\text{rec}} = \frac{\Delta T_s}{T_s} < 10^{-4}\,. \qquad (4.203)$$

Da man inzwischen Quasare, die sich nach heutiger Vorstellung durch Akkretion von interstellarem Gas in den Zentren von Galaxien gebildet haben, schon bei Rotverschiebungen von über $z = 4$ beobachtet, sollte spätestens bei $z \approx 5$ der Gravitationskollaps eingetreten sein. Der Zeitraum, der für die Galaxienentstehung zur Verfügung steht, liegt also, ausgedrückt durch die Rotverschiebung, zwischen $z \approx 1000$ und $z \approx 5$. Im Einstein-de-Sitter-Modell ist nach Gl. (4.202) die Zeitspanne zu kurz, um die geforderte Verstärkung des Dichtekontrastes größer als 10^4 zuzulassen. In Friedmann-Lemaître-Modellen kann der Dichtekontrast aufgrund der Phase verlangsamter Expansion um eine bis mehrere Größenordnungen stärker anwachsen!

Das Problem der Galaxienentstehung vereinfacht sich, wenn man die Existenz nicht-elektromagnetisch wechselwirkender Teilchen (z. B. Neutrinos mit Ruhemasse oder „exotische" Teilchen) fordert, die sich schon im Strahlungskosmos abkoppelten. Wenn sie vor der Rekombination Verdichtungen bildeten, könnte die baryonische Materie später in deren Potentialtöpfe hineinfallen. Hier hat es in den letzten Jahren zahlreiche Rechnungen mit „kalter" und „heißer" (bezogen auf die thermische Energie im Verhältnis zu den Gravitationspotentialen) Dunkelmaterie gegeben, die aber letztendlich keine schlüssige Erklärung liefern konnten.

Auch die sogenannten *kosmischen Strings* werden als Initiatoren der Galaxienentstehung diskutiert. Es handelt sich bei diesen Objekten um unsichtbare, fadenartige, evtl. supraleitende Gebilde, die in verschiedenen Elementarteilchentheorien als Fehlstellen im Universum postuliert werden, die bei den Phasenübergängen innerhalb der ersten Sekunden nach dem Urknall entstanden sind. Mit ihrer großen Masse von vermutlich bis zu 10^{21} g/cm wären sie eine mögliche Keimzelle für die Galaxienentstehung. Wenn diese Eigenschaften zutreffen, sollten die kosmischen Strings anhand ihrer Gravitations- und Supraleitungseffekte beobachtbar sein.

4.6.9 Anthropisches Prinzip

Wie C. B. Collins und S. Hawking (1973) in ihren Stabilitätsuntersuchungen der kosmologischen Modelle zeigen konnten, sind sehr spezielle Anfangsbedingungen erforderlich, um bei der großen Mannigfaltigkeit homogen-isotroper Lösungen zu einer langfristig stabilen Phase eines nahezu flachen Friedmann-Kosmos zu kommen. Um herauszufinden, warum das Universum so perfekt isotrop ist, wie an der kosmischen Hintergrundstrahlung festgestellt werden kann, studierten die beiden Autoren die asymptotische Stabilität von offenen Friedmann-Welten unter der Einwirkung von homogenen Anisotropie-Störungen; es ging also darum, wie sich eine in der Frühzeit angelegte Abweichung von der Zentralsymmetrie um jeden Punkt im Laufe der Entwicklung eines Weltmodells äußert. Die Analyse der flachen und hyperbolischen Welten ergab, daß, wenn nicht gerade der Grenzfall verschwindender räumlicher Krümmungen ($k = 0$) vorliegt, die Eigenschaft der Isotropie instabil ist. Wenn das Universum sich nicht gerade, „newtonisch" gesprochen, im Energiebindungszustand $k = 0$ befindet, was bezogen auf die Gesamtmenge aller Anfangsdaten extrem unwahrscheinlich ist, müßte es zu späteren Zeiten in wachsendem Maße anisotrop werden.

Collins' und Hawkings Analyse führt also auf zwei alternative Möglichkeiten: Entweder ist das Universum noch so jung, daß die Instabilitäten sich noch nicht entwickeln konnten, oder das Universum ist nahezu in dem ausgezeichneten, extrem unwahrscheinlichen Energiebindungszustand eines euklidischen Universums.

Die unwahrscheinliche Tatsache, daß das Universum nahe an der kritischen Rate expandiert, hängt auf folgende Weise mit der menschlichen Existenz zusammen: Leben im Universum erfordert bestimmte physikalische Vorbedingungen, und diese sind nur bei einer festen kosmologischen Situation realisiert. Expandiert das Universum sehr langsam:

$$\text{Materiedichte } \varrho_{\mathrm{m}} \gg \text{ kritische Dichte } \varrho_{\mathrm{c}} = \frac{3H^2}{8\pi G},$$

tritt ein so früher Rekollaps ein, daß sich in der kurzen Zeit keine gebundenen Systeme wie Galaxien und Sternpopulationen bilden können. Expandiert das Universum sehr schnell ($\varrho_{\mathrm{m}} \ll \varrho_{\mathrm{c}}$), würden alle beginnenden Materiekondensationen sofort wieder auseinandergetrieben. Nach unserem gegenwärtigen Wissen braucht Leben aber solche Körper wie Galaxien, Sterne und Planeten als Stätten der Erzeugung von schweren Elementen bzw. von Molekülen, die primordial nicht gegeben waren.

Nur wenn der heutige allgemeine Dichteparameter $\Omega_0^{\blacktriangle}$

$$\Omega_0^{\blacktriangle} = \frac{\varrho_{\mathrm{m},0} + \varrho_\Lambda}{\varrho_{\mathrm{c},0}} \gtrapprox 1$$

ist (vgl. Gl. (4.60)) kann die Existenz von gravitativ gebundenen Systemen als gesichert angesehen werden. Auch kann eine ausreichende Zeitskala für biologische Evolution angenommen werden, die zu höheren Lebewesen führen konnte. Diese Situation führte Collins und Hawking zu der Behauptung: „the answer to the question 'why is the universe isotropic?' is 'because we are here'".

Collins und Hawking haben im Jahre 1973 ihre Untersuchung auf homogene Standardmodelle ($\Lambda = 0$) beschränkt. Inzwischen haben sich jedoch viele Hinweise aus den Beobachtungen (Hubble-Zahl, baryonische Dichte, Weltalter) ergeben, die eine alleinige Beschränkung auf ($\Lambda = 0$)-Modelle nicht mehr akzeptabel machen. Hierzu betonen bereits Collins und Hawking am Schluß ihrer Einleitung, daß mit einer positiven (d. h. repulsiven) kosmologischen Konstanten das Universum unbegrenzt expandieren und sich dabei der Isotropie annähern würde. Leider schließen sie dann diese Modelle aus ihrer weiteren Betrachtung aus, weil sie irrtümlich annehmen, daß in ($\Lambda > 0$)-Modellen die rasche Expansion das Anwachsen von Inhomogenitäten zur Bildung von Galaxien schwierig gestalten würde. Hierbei haben sie übersehen, daß durch das in den ersten Milliarden Jahren relativ langsame Anwachsen des Skalenfaktors in diesen Modellen der Kosmos in der Phase mit kleiner Expansionsrate mehr Zeit für die Bildung von Galaxien hat als in den Standardmodellen.

Man kann daher aus heutiger Sicht die Schlußfolgerungen von Collins und Hawking erweitern in dem Sinne, daß in isotropen Modellen der *allgemeine* Dichteparameter (vgl. Gl. (4.60))

$$\Omega_0^{\blacktriangle} = \frac{\varrho_{\mathrm{m},0} + \varrho_\Lambda}{\varrho_{\mathrm{c},0}} \approx 1$$

sein sollte. Bei genauerer Betrachtung ergibt sich sogar, daß insbesondere auch Werte

$$\Omega_0^{\blacktriangle} \gtrsim 1$$

bevorzugt werden, die Friedmann-Lemaître-Modellen mit $\Lambda > 0$ und sphärischer Metrik entsprechen. Man vergleiche hierzu die Abb. 4.15 und Abb. 4.22 und darin besonders das langsame Anwachsen des Skalenfaktors bei den Modellen mit sphärischer Metrik ($k = +1$). Gerade diese Modelle begünstigen die Bildung von Galaxien. Galaxien als Vorstufe scheinen aber eine wichtige Voraussetzung für die Entstehung von Sternen und Planeten und damit letztlich für die Entwicklung von Lebewesen zu sein.

Diese Gedanken sind in den letzten Jahren weiter überspitzt worden in Vermutungen, wie sie etwa Reinhard Breuer (1983) im **Anthropischen Prinzip** formuliert hat: „Die Natur, die uns hervorbrachte, ist die einfachste und vielleicht auch die einzig mögliche Natur, in der sich intelligentes Leben entwickeln konnte."

Otto Heckmann hat 1972 in seinem Buch *Sterne, Kosmos, Weltmodelle* die engen Zusammenhänge zwischen den Anfangs- und Randbedingungen des Kosmos für eine Welt, die dem Leben eine Heimstatt geben kann, wie folgt zusammengefaßt:

„Kein Hochmut und keine Theologie hat in die Gesamtheit der Argumentationen hineingespielt, wenn wir erkennen, daß ein ganzer Kosmos von unwahrscheinlichen Baubedingungen und von sehr spezifischer Unwahrscheinlichkeit in seinen Anfangswerten in die wirkliche Existenz kommen mußte, damit der Mensch ins Leben treten konnte. Wenn der Mensch Wert legt auf kosmische Würde, auf kosmischen Rang: Hier sind beide zurückerstattet in einer Größenordnung, die man kaum steigern kann."

4.7 Alternative Lösungen zur Urknallsingularität

„Man darf nicht schließen, daß der Anfang der Expansion im mathematischen Sinn eine Singularität bedeuten müsse." (Albert Einstein, 1954).
„Wenn das Raum-Zeit-Kontinuum nur das Medium einer genäherten, also vordergründigen Beschreibung der Realität ist, so gilt dies gewiß auch vom Weltraum und der Weltgeschichte, wie die Kosmologie sie benützt." (C. F. von Weizsäcker (1985, Kap. 10.7d).
„Mir kommt der Urknall immer so vor wie der Weltentstehungsmythos desjenigen Jahrhunderts, in dem die Atombombe explodiert ist." (C. F. von Weizsäcker, 1987).

4.7.1 Das Problem der kosmischen Singularität

In allen Friedmann-Lemaître-Modellen gilt im frühen Strahlungskosmos für die Zeitabhängigkeit des Skalenfaktors $R(t) \sim \sqrt{t}$. Eine Extrapolation über $t = 0$ hinaus zu Werten $t < 0$ würde zu einem imaginären $R(t)$ führen. Alle vier Komponenten in der Metrik würden positiv, d. h. die Signatur der Metrik Gl. (4.35) wechselt. Eine derartige Verräumlichung der Zeitkoordinate durch Einführung einer imaginären Koordinate $t \rightarrow \tau = \mathrm{i}\,t$ spielt in der Quantentheorie des Kosmos von Hawking (1983) eine entscheidende Rolle.

Im Rahmen der klassischen Kosmologie scheint aber eine analytische Fortsetzung der Metrik über den singulären Punkt $t = 0$ physikalisch nicht sinnvoll. Mathematische Untersuchungen haben ergeben, daß diese Aussage nicht auf die unter der speziellen Annahme der räumlichen Homogenität und Isotropie aufgestellten Friedmann-Lemaître-Weltmodelle beschränkt ist. Unter sehr allgemeinen Annahmen über die Struktur des Energie-Impuls-Tensors der Materie wurde bewiesen, daß auch anisotrope Modelle die Entwicklung des Universums mit einem singulären Zustand beginnend beschreiben (Hawking und Penrose (1970)). Das ist das Singularitätsproblem in der Kosmologie.

Wenn für alle Zeiten $t < t_*$ (t_* = Zeitpunkt des Wendepunktes (s. Abb. 4.21 und 4.22) oder $t < t$ $(R = \max)$ (für rekollabierende Modelle) neben $\dot{R} > 0$ die aus Gl. (4.47) folgende Bedingung

$$\varrho c^2 + 3p - 2\varrho_\Lambda \cdot c^2 \geq 0 \tag{4.204}$$

d. h. $\ddot{R} \leq 0$ gilt, muß notwendig zu einem Zeitpunkt in der Vergangenheit $R(t) = 0$

sein. Dies definiert den Zeitpunkt $t = 0$ der Friedmann-Zeit. Dieser Zeitpunkt liegt im allgemeinen in der endlichen Vergangenheit. Nur im sogenannten Einstein-Grenzfall der Friedmann-Lemaître-Modelle rückt er in die unendliche Vergangenheit, wenn $\varrho_\Lambda = \varrho_\Lambda(\max)$ bzw. $\lambda_0 = \lambda_0(\max)$ ist (s. Gl. (4.132)). In Gl. (4.204) ist ϱc^2 bzw. p die Energiedichte bzw. der Druck der gesamten Materie (d.h. insbesondere einschließlich der relativistischen Teilchen (Photonen usw.)). Den Grenzfall können wir aber wegen der Instabilität dieses Modells aus unserer Betrachtung ausklammern. Stärkere Einschränkungen folgen noch aus unserer Kenntnis über das maximale Alter der Galaxien und über die möglichen Zeiträume, die für die Entstehung der Galaxien in Betracht gezogen werden können.

Die Anfangs-Singularität ist jedoch nicht einfach mit dem Zeitpunkt der Entstehung der Welt identifizierbar. Der Zeitpunkt ($t = 0$) vor 15 bis $30 \cdot 10^9$ Jahren darf nicht zwingend als das Datum des kosmischen Anfangsereignisses angesehen werden, denn ein solches müßte ein Element der Raum-Zeit sein. Die Friedmann-Raum-Zeit ist aber nach Hawking und Ellis (1973) geodätisch unvollständig (s. auch Börner, 1988, Kap. 1.2). Dies öffnet den Weg zu Modellen, in denen statt der Singularität eine Bounce-Lösung für $t = 0$ oder ein exponentieller Vorlauf den Anfang der Welt bei $t = 0$ vermeidet.

4.7.2 Big Bounce. Die de-Sitter-Lösung als Modell für den frühen Kosmos

Es ist eine offene Frage, ob die Existenz eines singulären Punktes überhaupt eine notwendige Eigenschaft kosmologischer Modelle ist und nicht nur mit den spezifischen Näherungsannahmen zusammenhängt, die diesen Modellen zugrunde liegen, oder ob es die Konsequenz eines der quantentheoretischen Natur des Kosmos (Hawking, 1988; C. F. von Weizsäcker, 1985) nicht Rechnung tragenden begrifflichen Ansatzes ist (s. Abschn. 4.7.3). Die Vermutung, daß es unter den extremen Bedingungen des Urknalls zu einer Umgehung der Singularität kommen kann, hat zu einer Reihe von Untersuchungen geführt, die die Quantennatur der Materie berücksichtigen. Wir verweisen auf A. A. Starobinsky (1980) und auf den Übersichtsartikel von James B. Hartle (1983).

Wir gehen in diesem Abschnitt auf die erste Möglichkeit der formulierten Alternative ein.

Will man der Frage nach der Vermeidung der kosmologischen Singularität nachgehen, muß man untersuchen, ob die dem Singularitätstheorem zugrundeliegenden Voraussetzungen gebrochen werden können. Einerseits betrifft dies die Gültigkeit der Einsteinschen Gravitationstheorie und andererseits die materiellen Quellen des Gravitationsfeldes, die die für den Beweis des Singularitätstheorems vorausgesetzten Energiebedingungen ($\varepsilon + 3p \geq 0$) (Abschn. 4.4.1) möglicherweise verletzen.

Das kosmologische Modell mit der exponentiellen Inflation im frühen Kosmos ($10^{-36}\,\mathrm{s} < t < 10^{-33}\,\mathrm{s}$) löst nicht das Problem der in den Friedmann-Modellen auftretenden anfänglichen Singularität mit unendlich großer Dichte und unendlich großer Expansionsrate. Das Szenarium der Inflation erklärt auch nicht den Ursprung der primordialen, relativistischen Materie zur Planck-Zeit mit der immens großen Energiedichte und der zu diesem Zeitpunkt immer noch extrem großen Expansionsrate $H(t_{\mathrm{PL}}) = 10^{43}\,\mathrm{s}^{-1} = c/2L_{\mathrm{PL}}$ (s. Abschn. 4.4.1 und 4.6.2).

Da vor der inflationären Phase ein Materiemodell angenommen wird, das der Zustandsgleichung $p = \varepsilon/3$ gehorcht, ist wegen $\varepsilon + 3p \geq 0$ auf Grund des Hawking-Penrose Theorems eine Singularität unvermeidlich. Es ist aber denkbar, daß diese Konsequenz des Theorems auf dem idealisierten Materiemodell beruht.

Im Big-Bounce-Szenarium gehen wir von der Annahme eines ursprünglich *homogenen, isotropen* und *materiefreien* Kosmos aus, bzw. einer Raum-Zeit, in der sich noch alle Materiefelder in ihrem Grundzustand (Vakuum) befinden. Diese Vorstellung wird gestützt durch die Quantenfeldtheorie, wonach reale Materie (Elementarteilchen) nur eine Anregungsform von Materiefeldern ist, die den Raum durchsetzen. Insofern ist das Vakuum begrifflich den realen Teilchen vorgeordnet. Daraus ergibt sich fast zwangsläufig die Hypothese, daß es auch zeitlich in der Raum-Zeit vor der Materie existierte. (Blome, Priester, 1991; Priester, Blome, 1987).

Mit diesem Bild wird die Entstehung der „gewöhnlichen" Materie (Quarks, Leptonen, Photonen etc.) von der „Erschaffung" der Raum-Zeit entkoppelt.

Nimmt man an, daß das Quantenvakuum einer Zustandsgleichung für den Druck

$$p_V = -\,\varepsilon_V \tag{4.205}$$

genügt (wobei ε_V die Energiedichte des Vakuums ist), so ergeben sich aus den Einstein-Gleichungen die de-Sitter-Lösungen als mögliche Modelle. Diese Zustandsgleichung war von Ya. B. Zel'dovich (1968) mit heuristischen Überlegungen für das Quantenvakuum abgeleitet worden, nachdem bereits Erast Gliner (1966) diese Gleichung in seiner Diskussion über eine exponentielle Expansion im frühen Kosmos benutzt hat.

In einem homogen isotropen Kosmos, der in seiner Vergangenheit frei war von realer Materie, reduziert sich der Energie-Impuls-Tensor $\boldsymbol{T}_{ik}$ auf seinen Vakuum-Term:

$$\varepsilon_V(t) + 3p_V(t) \quad \text{mit} \quad \varepsilon_V = \varrho_V \cdot c^2\,. \tag{4.206}$$

Damit vereinfachen sich die Einstein-Friedmann-Gleichungen für ein homogen isotropes Universum zu

$$\left(\frac{\dot R(t)}{R(t)}\right)^2 = \frac{8\pi G}{3}\,\varrho_V(t) + \frac{1}{3}\,\Lambda c^2 - \frac{kc^2}{R^2(t)} \tag{4.207}$$

$$\frac{\ddot R(t)}{R(t)} = -\,\frac{4\pi G}{3}\left(\varrho_V(t) + \frac{3}{c^2}\,p_V(t)\right) + \frac{1}{3}\,\Lambda c^2 \tag{4.208}$$

wobei sich Gl. (4.208) mit Gl. (4.205) weiter vereinfacht zu

$$\frac{\ddot R(t)}{R(t)} = +\,\frac{8\pi G}{3}\,\varrho_V(t) + \frac{1}{3}\,\Lambda c^2\,. \tag{4.209}$$

Zur Vereinheitlichung werden wir im folgenden die kosmologische Konstante Λ wie bisher durch eine einfache Umdimensionierung durch ihre äquivalente Dichte ϱ_Λ ausdrücken gemäß

$$\varrho_\Lambda = \frac{c^2}{8\pi G}\Lambda . \tag{4.210}$$

Damit erzielen wir eine weitere formale Vereinfachung der Einstein-Friedmann-Gleichungen

$$\left(\frac{\dot{R}(t)}{R(t)}\right)^2 = \frac{8\pi G}{3}(\varrho_V(t) + \varrho_\Lambda) - \frac{kc^2}{R^2(t)} \tag{4.211}$$

$$\frac{\ddot{R}(t)}{R(t)} = \frac{8\pi G}{3}(\varrho_V(t) + \varrho_\Lambda) . \tag{4.212}$$

Solange die Energiedichte des Vakuums als zeitlich konstant angenommen werden kann, lassen sich ϱ_V und ϱ_Λ in den Gleichungen nicht trennen, da sie nur als Summe auftreten. Ein konstantes ϱ_V ist die Voraussetzung für die de-Sitter-Lösungen der Einstein-Gleichungen. Diese Lösungen wurden 1917 von Willem de Sitter angegeben, lange bevor man einen Vakuumterm in den Einsteinschen Gleichungen in Betracht zog. De Sitter hat allein die kosmologische Konstante benutzt. Wenn wir jetzt die de-Sitter-Lösungen diskutieren, wollen wir die Summe von ϱ_V und ϱ_Λ einfach durch ein zeitlich konstantes ϱ_V ausdrücken.

Mit der Abkürzung

$$H^2 = \frac{8\pi G}{3}\varrho_V \tag{4.213}$$

wird aus Gl. (4.211)

$$\left(\frac{\dot{R}(t)}{R(t)}\right)^2 = H^2 - \frac{kc^2}{R^2(t)} \tag{4.214}$$

und aus Gl. (4.212)

$$\frac{\ddot{R}(t)}{R(t)} = H^2 . \tag{4.215}$$

Wie man unmittelbar sieht, hat H die Bedeutung der Expansionsrate (Hubble-Zahl) in einem Kosmos mit euklidischer Metrik ($k = 0$). Im Gegensatz zu den Friedmann-Lemaître-Lösungen ist hier H zeitlich konstant.

Die allgemeine Lösung der Gleichungen (4.214) bzw. (4.215) lautet:

$$R(t) = A\mathrm{e}^{Ht} + B\mathrm{e}^{-Ht} . \tag{4.216}$$

Sie beschreibt die Dynamik (Expansion oder Kontraktion) eines materiefreien Kosmos. Bestimmend ist dic Energiedichte des Vakuums und/oder die kosmologische Konstante.

Aus Gl. (4.216) ist ersichtlich, daß das allgemeine Linienelement eines de-Sitter-Kosmos von den zwei Integrationskonstanten A und B abhängt. Das Linienelement $\mathrm{d}s$ lautet in der Robertson-Walker-Form:

$$\mathrm{d}s^2 = c^2\mathrm{d}t^2 - R^2(t)\left(\frac{\mathrm{d}r^2}{1-kr^2} + r^2\mathrm{d}\theta^2 + r^2\sin^2\theta\,\mathrm{d}\phi^2\right). \tag{4.217}$$

Je nachdem, ob der dreidimensionale Unterraum dieser Weltmodelle sphärische ($k = +1$), euklidische ($k = 0$) oder hyperbolische Geometrie besitzt, lassen sich drei de-Sitter-Modelle unterscheiden, die spezielle Lösungen von Gl. (4.214) bzw. Gl. (4.215) darstellen

$$R(t) = \frac{c}{H} \sinh(Ht) \qquad \text{für } k = -1 \tag{4.218}$$

$$R(t) = \frac{c}{2H} \exp(Ht) \qquad \text{für } k = 0 \tag{4.219}$$

$$R(t) = \frac{c}{H} \cosh(Ht) \qquad \text{für } k = +1\,. \tag{4.220}$$

In der Abb. 4.34 haben wir die drei Lösungen $R(t)$ in linearen Skalen dargestellt. Für die Vakuum-Dichte ϱ_V haben wir $2 \cdot 10^{76}$ g · cm^{-3} eingesetzt. Dies ist ein Wert,

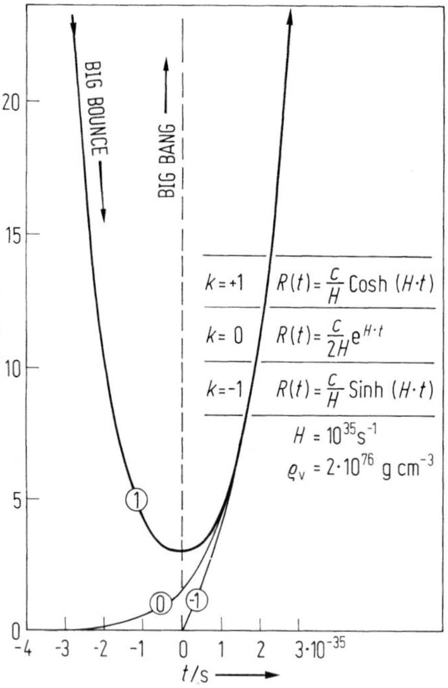

Abb. 4.34 Skalenfaktor $R(t)$ für drei de-Sitter-Modelle des frühen Kosmos im Zeitbereich 10^{-35} s. BIG BOUNCE = Modell mit sphärischer Metrik ($k = +1$). Das euklidische Modell ($k = 0$) beginnt mit $R = 0$ bei $t = -\infty$, das Modell mit hyperbolischer Metrik ($k = -1$) bei $t = 0$ mit $R = 0$. Die Energiedichte des Vakuums ist in allen Modellen konstant und entspricht $\varrho_V = 2 \cdot 10^{76}$ g cm^{-3}. Das Urknall-Modell (BIG BANG) ist durch die nahezu vertikale Linie (gestrichelt) dargestellt.

wie er im „Inflationären Szenario" für die Energiedichte des sogenannten falschen Vakuums erforderlich ist. Dort ist es die Energiedichte des hypothetischen skalaren Higgs-Feldes, das im Rahmen der Großen Vereinigungstheorien (GUTs) für die Produktion der X-Bosonen erforderlich ist.

Hier wollen wir eine de-Sitter-Lösung verfolgen, bei der in der Vergangenheit, die vor der Friedmann-Zeit Null liegt, der Kosmos keine normale Materie enthielt, aber erfüllt war von einer konstanten Vakuum-Energie. Wir favorisieren hier die Lösung (Gl. (4.220)) für einen Raum mit sphärischer Metrik ($k = +1$), weil bei dieser Lösung die mathematische Singularität $R = 0$ mit $\varrho \to \infty$ vermieden wird.

Ein solcher Kosmos mit sphärischer Metrik würde in der extremen Vergangenheit mit einem unendlich ausgedehnten Volumen beginnen, sich zusammenziehen und ein extrem kleines Minimum-Volumen durchlaufen zu einem Zeitpunkt, den wir dann mit der Friedmann-Zeit Null identifizieren, also dem Zeitpunkt, der in den Friedmann-Lemaître-Modellen der Singularität des Urknalls (Big Bang) entspricht. Nach dem Durchlaufen des Minimums dehnt sich der Kosmos in dieser de-Sitter-Lösung wieder exponentiell aus entsprechend dem hyperbolischen Kosinus von Gl. (4.220) mit

$$H = 10^{35}\,\mathrm{s}^{-1} \quad \text{gemäß Gl. (4.213)}\,.$$

Der Skalenfaktor $R(t)$ entspricht dem Krümmungsradius des sphärischen Unterraums. Er erreicht sein Minimum $R_{\min}$ bei

$$R_{\min} = \frac{c}{H} = \sqrt{\frac{3c^2}{8\pi G \varrho_V}} = 3 \cdot 10^{-25}\,\mathrm{cm}\,, \tag{4.221}$$

wenn die Raumkrümmung ihr Maximum durchläuft. Es mag interessant sein zu bemerken, daß der Wert für $R_{\min}$ formal dem Schwarzschild-Radius $R_S = 2GM/c^2$ für eine homogene Kugel mit der Masse $M = (4\pi/3) \cdot \varrho_V \cdot R_{\min}^3$ entspricht.

Um den rechtzeitigen Übergang in den Friedmann-Kosmos zu ermöglichen, sollte der Durchgang durch das Minimum den Phasenübergang triggern, der dann bis $t = 10^{-33}$ s mit der Erzeugung der primordialen Elementarteilchen den Übergang vom Vakuum zu einem strahlungsdominierten Friedmann-Kosmos initiiert. Die Physik der Teilchenerzeugung in gekrümmten Raum-Zeiten ist ein offenes Problem. (Diese Fragen hat J. Audretsch (1981) in einer Arbeit über Gravitation und Quantenmechanik diskutiert.) Die Feinabstimmung mit einer Vakuumdichte im Bereich von 10^{76} bis 10^{77} g cm^{-3} ist erforderlich, um die Entstehung der zahlreichen Monopole zu vermeiden. Sie würden entstehen, wenn die Äquivalentdichte etwa im Bereich von 10^{80} bis 10^{81} g cm^{-3} läge. Das wird durch die Feinabstimmung auf merklich geringere Dichte verhindert. Feinabstimmungen spielen in unserem Weltall an vielen Stellen eine wesentliche Rolle, so daß wir daraus keine Gegenargumente gewinnen können.

Wir haben diese de-Sitter-Lösung mit der sphärischen Metrik Big Bounce genannt. Der Übergang von einem vakuumdominierten de-Sitter-Kosmos in einem mit (relativistischer) Materie und Strahlung erfüllten Kosmos findet in diesem Modell nach der Minimumsphase statt. In der Reexpansionsphase geht dementsprechend das exponentielle Anwachsen des Skalenfaktors in das Potenzgesetz ($R \sim t^{1/2}$) des Friedmann-Kosmos über. Gleichzeitig verändert sich die Zustandsgleichung

$$p_V = -\varepsilon_V \quad \text{in} \quad p_S = \frac{1}{3} \cdot \varepsilon_S \,.$$

Dadurch ist phänomenologisch ausgedrückt, daß die Vakuum-Energie in reale Materie übergeht, wobei man erwarten muß, daß gleich viel Teilchen und Antiteilchen erzeugt werden. Das würde bedeuten, daß das Universum zu gleichen Teilen aus Materie und Antimaterie bestünde. Daher müssen wir in diesem Bild fordern, daß bei $t = 10^{-33}$ s die Teilchenerzeugung zu primordialen Teilchen führt, die den X, $\bar{\text{X}}$-Bosonen der GUTs entsprechen. Sie haben die Eigenschaft, durch eine winzige Asymmetrie in ihrem Zerfallsmodus in Quarks bzw. Quark-Lepton-Paare eine geringe Bevorzugung der Materie gegenüber der Antimaterie zu bewirken. Hierdurch bleibt bei der gegenseitigen Zerstrahlung von Materie und Antimaterie ein *Überschuß an Materie* übrig, der unsere heutige materielle Welt darstellt.

Das Modell eines Big Bounce vermeidet das Erfordernis einer unendlich großen Dichte zur Friedmann-Zeit Null. Bei ihm ist die konstante Energiedichte des Vakuums zugleich die maximale Energiedichte, die überhaupt auftritt, einschließlich der Zeit nach dem Übergang in einen Friedmann-Kosmos. Ein Nachteil dieses Modells ist, daß die Verquickung mit den Großen-Vereinigungstheorien der Elementarteilchenphysik nicht unmittelbar ersichtlich ist. Das Problem der Physik des *Überganges in den Friedmann-Kosmos* ist hier wie auch beim Inflationären Szenarium *ungelöst*.

Die Ausgangslage des homogenen isotropen Kosmos, dessen Dynamik seit langer Zeit von einer konstanten Vakuumdichte bestimmt wird, liefert uns ohne Probleme einen heutigen Kosmos, der homogen und isotrop ist, wenn wir annehmen, daß genau wie beim Inflationären Szenarium der Phasenübergang hinreichend homogen erfolgt. Unter der Voraussetzung, daß sich der Krümmungsindex k beim Phasenübergang nicht ändert, würde unser heutiger Kosmos gemäß seiner sphärischen Metrik *geschlossen* sein, d.h. er wäre unbegrenzt, würde aber ein endliches Volumen besitzen.

Wie aus den Gl. (4.218) und Gl. (4.219) ersichtlich ist, sind im Rahmen der de-Sitter-Lösungen auch Modelle mit euklidischer und hyperbolischer Metrik möglich, wiederum mit konstanter Vakuum-Dichte. Im euklidischen Falle liegt der Beginn bei $t = -\infty$ mit $R = 0$. Bei diesem Modell ist jedoch nicht zu sehen, was den plötzlichen Phasenübergang zum Friedmann-Kosmos mit der Teilchenerzeugung aus dem Vakuum ausgelöst haben sollte. Im Falle der hyperbolischen Metrik liegt der Anfang bei $t = 0$. Das entspräche in etwa dem Friedmann-Urknall, allerdings beginnend mit der Dichte $2 \cdot 10^{76}$ g cm^{-3}, die nicht unendlich ist und noch weit unterhalb der Planck-Dichte liegt.

Um den *Übergang in den Strahlungskosmos* der Friedmann-Lemaître-Modelle darstellen zu können, muß man für den Skalenfaktor eine logarithmische Darstellung wählen. Wir haben in Abb. 4.35 die drei de-Sitter-Lösungen zusammen mit dem Urknall-Modell des Friedmann-Universums dargestellt. Durch die extreme Wahl der Einheiten in Abszisse (linear in der Zeit bis 10^{-33} s) und Ordinate (logarithmische Skala) nimmt die Funktion für das Urknall-Modell ($R(t) \sim t^{1/2}$) eine ungewohnte Form an mit einem scheinbaren „Knick" bei $R = 10^2$ cm. Dies ist ausschließlich durch die Einheitenwahl in Ordinate und Abszisse bedingt.

Wenn unser heutiger Kosmos in einem Vorgang entstanden ist, der sich in hin-

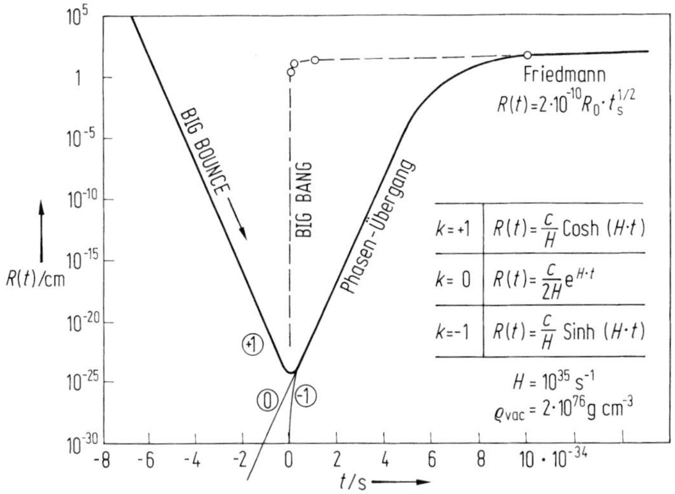

Abb. 4.35 Vier Urknall-Modelle im Zeitbereich bis $t = 10^{-33}$ s: Der Skalenfaktor $R(t)$ mit logarithmischer Skala als Funktion der Zeit. Gestrichelte Linie: Big Bang des Friedmann Kosmos, beginnend mit der Singularität bei $t = 0$ mit $R(0) = 0$ und $\varrho(0) = \infty$. Durchgezogene Linien: Drei de-Sitter-Lösungen für einen materiefreien Kosmos mit einer seit beliebiger Vergangenheit ($t = -\infty$) konstanten Vakuum-Energiedichte. Die Lösung für sphärische Metrik geht bei $t = 0$ durch eine Phase maximaler Raumkrümmung.

reichender Weise durch ein Big-Bounce-Modell beschreiben läßt, müßte das Universum eine *sphärische Raummetrik* aufweisen. Ein Nachweis für die Metrik eines Friedmann-Lemaître-Modells ist mit einer hinreichend exakten Bestimmung der Hubble-Zahl H_0, der heutigen mittleren Materiedichte und einer davon unabhängigen Bestimmung des Weltalters t_0 zu erbringen. Hier verweisen wir auch auf das neue Testverfahren (Abschn. 4.3.9), wo aus den Quasar-Spektren mittels der „Friedmann-Regressions-Analyse" auf eine sphärische Raummetrik geschlossen wird.

In Abb. 4.36 haben wir für drei Werte der Hubble-Zahl $H_0 = 100$, 75 und 50 (km/s)/Mpc den Zusammenhang zwischen der heutigen *mittleren Materiedichte* $\varrho_{m,0}$ und dem Weltalter t_0 dargestellt. Für die Dichte gehen wir von dem aus der Helium-Deuterium-Synthese abgeleiteten Wert der baryonischen Dichte aus, da er unseres Erachtens auch die aus den Rotationskurven der Galaxien abgeleiteten Werte für die „missing mass", die unbeobachtbare Dunkelmaterie, in hinreichender Weise mitberücksichtigt. Das Gleiche gilt für die „missing mass", die mittels des Virial-Satzes aus den Geschwindigkeitsstreuungen in Galaxienhaufen abgeleitet wurde. In letzter Zeit wurden Zweifel an der Anwendbarkeit des Virialsatzes angemeldet, weil die Galaxienhaufen häufig eine sehr langgestreckte, filamentartige Struktur zeigen. Das würde bedeuten, daß die ursprünglich abgeleiteten extremen Massen der Galaxienhaufen weit überschätzt worden sind. Aus allen diesen Überlegungen folgt, daß dem Wert der baryonischen Dichte $\varrho_{m,0} = 0.2 \cdot 10^{-30}\,\mathrm{g\,cm^{-3}}$ eine erhebliche Signifikanz zukommt.

Ein weiterer Grund für eine bisherige erhebliche Überschätzung der Masse der Dunkelmaterie liegt darin, daß des öfteren behauptet wird, das Inflationäre Szenarium sage eine euklidische Metrik des Universums voraus mit einer Massendichte, die der kritischen Dichte entspricht. Daraus würde folgen, daß mehr als 90% der Masse des Universums in unbeobachtbarer und sogar nichtbaryonischer Form existieren. Eine solche Voraussage kann das Inflationäre Szenarium ohne willkürliche Zusatzannahmen jedoch gar nicht machen (G. F. R. Ellis, 1988; M. S. Madsen and G. F. R. Ellis, 1988; Liebscher, Priester and Hoell, 1992(b)).

Aus der Abb. 4.36 ist ersichtlich, daß sich Modelle mit sphärischer Metrik ergeben, wenn in Abhängigkeit von H_0 und $\varrho_{m,0}$ das Weltalter jeweils größer ist, als der durch die ($k = 0$)-Linie der euklidischen Metrik festgelegte Wertebereich. Für den Dichtebereich $0.1 \cdot 10^{-30}\,\mathrm{g \cdot cm^{-3}} < \varrho_0 < 1.2 \cdot 10^{-30}\,\mathrm{g\,cm^{-3}}$ haben wir die Bereiche der sphärischen Metrik durch eine dunkle Schraffur kenntlich gemacht.

In letzter Zeit scheint sich herauszustellen, daß die wirklich großräumige Expansion des Kosmos am besten durch $H_0 = 90 \pm 5$ (km/s)/Mpc beschrieben werden kann (siehe R. B. Tully, 1988). Diese Hubble-Zahl und eine Dichte von

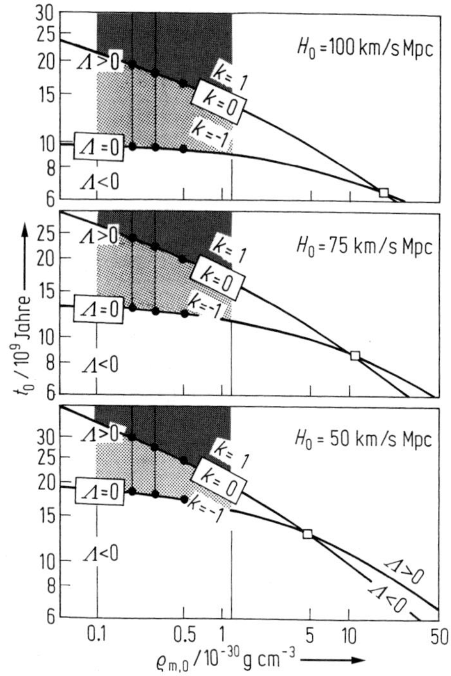

Abb. 4.36 Zusammenhang zwischen Weltalter t_0 (in Milliarden Jahren) und der heutigen Materiedichte $\varrho_{m,0}$ in Friedmann-Lemaître-Modelle für drei Werte der Hubble-Zahl $H_0 = 100$, 75, 50 (km/s)/Mpc. Modelle mit euklidischer Metrik liegen auf der Linie $k = 0$. Die Linie $\Lambda = 0$ trennt die Bereiche mit positiver und negativer kosmologischer Konstante. Im Dichtebereich $\varrho_{m,0} = 0.5^{+0.7}_{-0.4} \cdot 10^{-30}\,\mathrm{g\,cm^{-3}}$ sind Modelle mit sphärischer Metrik dunkel schraffiert, Modelle mit hyperbolischer Metrik und positivem Lambda hell schraffiert.

$\varrho_{m,0} = 0.2 \cdot 10^{-30}$ g cm^{-3} bedingen bei einem Weltalter $t_0 > 20 \cdot 10^9$ Jahre ein Friedmann-Lemaître-Modell mit sphärischer Metrik (Abb. 4.22). Alle diese Modelle enthalten eine positive kosmologische Konstante Λ und/oder eine entsprechende Restdichte für das Quantenvakuum. Es ist üblich, die Summe entweder in einer „effektiven kosmologischen Konstante" zusammenzufassen oder durch ϱ_V allein auszudrücken. Sphärische Metrik im homogen isotropen Friedmann-Lemaître Kosmos bedingt eine äquivalente Vakuumdichte, die der Bedingung $\varrho_V > \varrho_{c,0} - \varrho_0$ gehorcht, wenn $\varrho_0 < \varrho_{c,0}$ ist (s. Blome, Priester, 1985). Dabei ist $\varrho_{c,0} = 3H_0^2/8\pi G$ die kritische Dichte.

In diesen Modellen mit sphärischer Metrik wird die Expansion des Kosmos bereits seit mehr als 10 Milliarden Jahren von der konstanten Vakuumenergie bzw. dem entsprechenden positiven Λ-Term beherrscht. Die Gravitation der gewöhnlichen Materie dominierte nur in den ersten Milliarden Jahren, als sich die Galaxien bildeten. Vor 12 bis 20 Milliarden Jahren durchlief die Expansionsrate ein Minimum. Wir können annehmen, daß in diesem Zeitbereich die Galaxienbildung im wesentlichen stattgefunden hat.

Der Deutlichkeit halber sollten wir darauf hinweisen, daß es sich hier um *geschlossene Weltmodelle* handelt, die ein endliches Volumen haben, obwohl sie unbegrenzt sind. Allerdings dehnt sich das endliche Volumen im Laufe der Zeit ins Unendliche aus. Sie enden also nicht im Kollaps wie die Standard-Modelle mit $\Lambda = 0$ und sphärischer Metrik. Die Hubble-Expansionsrate $H(t) = \dot{R}(t)/R(t)$ nähert sich asymptotisch dem Grenzwert H_∞ für $t \to \infty$. Dafür gilt $\Lambda c^2 = 3 \cdot H_\infty^2$.

Die heutige äquivalente Dichte des Quantenvakuums liegt bei diesen Modellen im Bereich von 1 bis $2 \cdot 10^{-29}$ g cm^{-3}. Das entspricht einer effektiven kosmologischen Konstante $\Lambda = 3 \cdot 10^{-56}$ cm^{-2}. Die Wurzel aus dem Kehrwert von Λ hat die Dimension einer Länge. Wir bezeichnen sie mit R_Λ. Dem obigen Wert entspricht $R_\Lambda = 6 \cdot 10^{27}$ cm $= 6 \cdot 10^9$ Lichtjahre. Er entspricht dem Krümmungsradius, bei dem sich die kosmologische Konstante in der Dynamik des Kosmos auswirkt und dem Zeitbereich t $(z \approx 5)$ der Galaxienentstehung. Wenn man die Äquivalentdichte von 10^{-29} g cm^{-3} mit den entsprechenden Dichten des Quantenvakuums vergleicht, die man im frühen Kosmos etwa im „falschen Vakuum" des Inflationären Szenariums braucht oder die man im hier diskutierten Big-Bounce-Modell braucht (10^{76} g cm^{-3}), so erkennt man, daß der heutige Wert um mindestens den Faktor 10^{-105} unter dem primordialen Wert liegen muß. Diese extrem hohe „Effektivität der Umwandlung" ist ein bedeutsames Problem, dessen Lösung noch nicht in Sichtweite zu sein scheint. Erst wenn eine Vereinigung von Allgemeiner Relativitätstheorie mit der Quantenfeldtheorie gelungen ist, kann eine Lösung dieses fundamentalen Problems der Kosmologie erwartet werden; es sei denn, daß Λ als inhärente Krümmung der Raumzeit unabhängig existiert und nicht direkt mit einem heutigen Wert der Energiedichte des Quantenvakuums verknüpft ist. Bezüglich der empirischen Bestimmung von Λ aus den Quasar-Spektren siehe Abschn. 4.3.9.

Eine umfassende Diskussion des Big-Bounce-Szenariums und ein Vergleich mit dem ähnlichen *cosmic egg-Modell* von Mark Israelit und Nathan Rosen (1989) findet man bei Blome und Priester (1987) und (1991). Allerdings beginnt das cosmic egg-Modell erst bei $t = t_{PL}$. Eine Synopsis der Entwicklungsepochen im Inflations-Szenarium und im Big-Bounce-Szenarium ist in Abb. 4.37 dargestellt.

Zeit t		
$-\infty$	—	seit $t = -\infty$ Raum + Quanten-Vakuum
0	Urknall (BIG BANG): Singularität von: Raum Zeit Materie =0 =0 $\varrho = \infty$	BIG BOUNCE: keine Singularität: Bounce triggert Phasenüberg.
10^{-36} s	Inflation	Cosh-Expansion
10^{-33} s	Phasen-Übergang → 1. Form von Materie (Quarks, Elektronen, Neutrinos)	
	Urblitz: 10^{-33} bis 10^{-4} s	
10^{-6} s 10^{-4} s	je 3 Quarks bilden Protonen (p) und Neutronen (n) Zerstrahlung der Antimaterie ($\bar{p}, \bar{n}$) stabile Materie friert aus bei $T = 10^{12}$ K	
3 min	thermonukleare Fusion: p, n → He-Kerne	
$6 \cdot 10^5$ Jahre	Wasserstoff + Helium neutral: (Kosmos „durchsichtig")	
ab $5 \cdot 10^9$ Jahre	Galaxien-Entstehung in einer Phase mit langsamer Expansion	

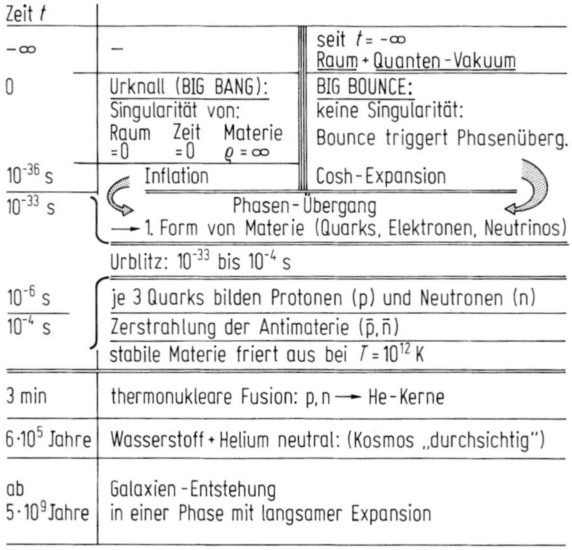

Abb. 4.37 Entwicklung des Kosmos: Synopsis des Inflations-Szenariums und des Big-Bounce-Szenariums.

4.7.3 Quantenkosmologie

Friedmann-Lemaître-Modelle basieren auf einer makroskopischen Theorie der Materie und setzen die Existenz eines Raum-Zeit-Kontinuums voraus, dessen Metrik durch mit der Materieverteilung zusammenhängende Symmetrien spezifiziert ist. Eine mikroskopische Betrachtung zeigt die Materie konstituiert durch Elementarteilchen, die als Anregungsform des die Raum-Zeit durchsetzenden Grundzustandes (Vakuum) interpretiert werden.

Eine heuristische quantentheoretische Analyse der Raum-Zeit-Geometrie entschleiert die glatte klassische Raum-Zeit als einen „Vordergrundaspekt" (Misner, Thorne, Wheeler, 1973). Die Friedmann-Lemaître-Modelle beschreiben nur die klassische Approximation. Eine Quantentheorie des Kosmos muß sowohl der klassischen Beschreibung als auch der Mikrophysik der Natur Rechnung tragen (C. F. von Weizsäcker, 1985; Hawking, 1988). Dabei ist es kontrovers, ob der Begriff der Wellenfunktion und das Schrödinger-Bild der Quantenmechanik auf den Kosmos einfach übertragen werden kann (siehe z. B. F. Tipler, 1986).

Die Quantenmechanik beschreibt die Bewegung von Teilchen nicht mehr deterministisch, sondern probabilistisch. Die dynamischen Größen der klassischen Mechanik nehmen wegen der Heisenbergschen Unschärferelation keine eindeutig bestimmten Werte an. Sie werden durch eine Wahrscheinlichkeitsverteilung beschrieben, berechnet aus dem Quadrat der Wellenfunktion, die man nach Spezifizierung von Randbedingungen als Lösung der Schrödinger-Gleichung erhält.

Die Quantenkosmologie versucht wie die Quantenmechanik, das kosmische System mittels einer Wellenfunktion zu beschreiben. Die entsprechende Verallgemeinerung der Schrödinger-Gleichung ist die *Wheeler-de-Witt-Gleichung*, deren Lösung die Wellenfunktion des Universums liefert. In den einfachsten Fällen tritt die Ausdehnung des Kosmos an die Stelle der Ortsvariablen, und die Expansionsrate übernimmt die Rolle des Impulses (siehe z. B. Goenner, 1994, oder Liebscher, 1994).

Für einen homogen-isotropen Kosmos reduziert sich die Wheeler-de Witt-Gleichung auf eine Schrödinger-Gleichung, wie sie aus der Theorie des Tunneleffektes bekannt ist (siehe z. B. Atkatz, 1994).

Damit knüpft die Quantenkosmologie an eine Idee von Lemaître an, der bereits 1931 den Anfang des Kosmos als „superradioaktiven" Zerfall eines „primeval atoms" deutete. David Atkatz und Heinz Pagels formulierten 1982 ein mathematisches Modell, in dem der Ursprung des Universums ein quantenmechanisches Tunnelereignis ist, das formal dem Zerfall des Atomkerns ähnelt.

Das Durchdringen eines Potentialsbergs ist ein in der klassischen Physik unmöglicher Prozeß. Aus quantentheoretischer Sicht existiert aber eine endliche Übergangswahrscheinlichkeit, die mit Hilfe der Wheeler-de Witt-Gleichung unter Berücksichtigung von Randbedingungen an die Wellenfunktion berechnet werden kann (Vilenkin 1986, 1988).

Entsprechend den klassischen Bewegungsgleichungen erfolgt der Übergang von der Quantenära in den klassischen Kosmos entlang einer komplexen (imaginären) Bahnkurve. Dies ist der Hintergrund für die Benutzung einer imaginären Zeitskala in der Quantenkosmologie von Hartle und Hawking (1983).

Hawkings Ansatz (1988) zur Umgehung dieses Dilemmas besteht in der Übertragung der von Richard Feynman (1918–1988) in die Quantenmechanik eingeführten Methode der Wegintegrale auf die Geodynamik der Einsteinschen Gravitationstheorie.

In der Newtonschen Mechanik durchlaufen Teilchen feste Bahnen, die durch das Hamilton-Prinzip der kleinsten Wirkung bestimmt sind. In der Quantenmechanik ist es aufgrund der Heisenbergschen Unschärferelation unmöglich, Ort und Impuls eines Teilchens zum gleichen Zeitpunkt exakt festzulegen.

In der Feynman-Methode wird daher die Wahrscheinlichkeit für das Auftreten eines Teilchens im Endpunkt B einer Bahn als Folge des Starts in A aus einer gleichwertigen Überlagerung von allen möglichen Teilchenpfaden, die von A nach B führen, abgeleitet. Die den verschiedenen Wegen zugeordneten Wellenfunktionen addieren sich bei der Superposition fast überall zu Null, außer an den Stellen, wo wir das Teilchen aufgrund einer klassischen Bahnvorstellung erwarten müssen. Gegenseitige Verstärkung der Wellen geschieht dort, wo die Wirkung im Hamiltonschen Sinn extremal wird. Die klassischen Bahnen der Teilchen sind also Orte maximaler Wellenamplitude, d. h. nach der Quantenmechanik die wahrscheinlichsten Bahnen.

Eine analoge Betrachtungsweise ist auch in der Geometrodynamik möglich. Dabei wird zur systematischen Beschreibung ein Superraum eingeführt, dessen einzelne Elemente jeweils komplette Geometrien 3-dimensionaler Räume unterschiedlichster Krümmung repräsentieren. Der Superraum ist also der Wirkungsbereich der Geometrodynamik, so wie es die Minkowski-Raum-Zeit für die Teilchendynamik ist. Das dynamische Objekt ist nicht die Raum-Zeit, sondern der Raum, dessen Konfiguration sich mit der Zeit ändern kann und dabei eine Trajektorie im Superraum durchläuft.

In der Quantengeometrodynamik lassen sich nur noch *Wahrscheinlichkeitsaus-*

sagen über die zeitliche Entwicklung machen. Auch im Superraum beschreibt die Wahrscheinlichkeitsamplitude neben dem klassischen Bewegungsablauf der Raumgeometrie noch andere mit den Randwerten verträgliche geometrische Konfigurationen. Die Wellenfunktion im Superraum erlaubt die Berechnung der Wahrscheinlichkeit ihres Auftretens.

Mit dem Feynman-Ansatz geht in Hawkings Vorschlag der Kosmos aus fluktuierenden Raum-Zeit-Blasen hervor. Die den verschiedenen Blasen zugehörigen Quantenzustände entsprechen gekrümmten Raum-Zeiten, von denen jede einem potentiellen Kosmos mit ganz verschiedenen Anfangszuständen entspricht.

Die den Entwicklungspfaden zugeordneten Wahrscheinlichkeitswellen löschen sich bei der Überlagerung fast überall aus, außer an den Stellen, wo wir die Raumgeometrie aufgrund einer klassischen Entwicklung erwarten würden, die sich als Lösung der Einsteinschen Gleichungen ergibt. Auf diese Weise versucht Hawking, die klassischen Lösungen durch den Ansatz einer quantisierten Gravitationstheorie zu legitimieren. Übertragen auf die Problemstellung der kosmologischen Weltmodelle bedeutet dies: Aus der Lösungsmannigfaltigkeit der Gleichungen der nichtquantisierten Allgemeinen Relativitätstheorie siebt die Hawking-Feynman-Methode diejenigen Lösungen aus, die nach der auf diese Weise quantisierten Kosmologie den wahrscheinlichsten Entwicklungsweg im Superraum nehmen.

Die Auswahl der Lösungen geschieht also nicht durch Vorgabe von Anfangsbedingungen oder empirisch begründbare Symmetrieforderungen, sondern die Geometrie und Expansionsdynamik der realen Welt erweist sich als Folge der Forderung, daß die Entwicklung im Superraum entlang des wahrscheinlichsten Pfades erfolgt. Zur technischen Durchführung des Formalismus ist die Einführung einer imaginären Zeitkoordinate notwendig.

Als Materiemodell dient ein skalares Feld. Die Rechnungen zeigen, daß der zeitliche Verlauf der Expansion des als geschlossen angenommenen Weltraums sich aus einem nichtsingulären zeitlichen Vorlauf zunächst exponentiell entwickelt (Inflation), um später in die bekannte Lösung des sphärischen Friedmann-Modells zu münden. Die Vermeidung der Singularität und die inflationäre Expansion erweisen sich als abhängig vom gewählten Materiemodell.

Ferner liegt Hawkings Hypothese die Annahme zugrunde, daß sich das beobachtbare Weltall aus einer Blase des Raum-Zeit-Schaums zur Planck-Zeit ($t = 10^{-44}$ s) entwickelte. So gesehen ist auch seine Hypothese nicht voraussetzungslos, um die kosmologischen Modelle durch Rückgriff auf eine für ganz frühe Zeiten notwendige Theorie der Quantengravitation zu erklären. Damit bleibt aber Hawkings Schlußfolgerung: „Wo wäre in einem Universum, wenn es keine Grenze und keinen Rand hat, noch Raum für einen Schöpfer?" höchst kontrovers.

Selbst wenn es gelänge, die Vorgaben bezüglich der Entstehung der Materie und der Raum-Zeit noch weiter zu reduzieren und die Natur mit noch allgemeineren physikalischen Gesetzen zu beschreiben, bleibt die zentrale Frage, die Hawking so formuliert: „Wer bläst den Gleichungen den Odem ein und erschafft ihnen ein Universum, das sie beschreiben können?".

Literatur

Weiterführende Literatur

Barrow, J. D., Tipler, F. J., The anthropic cosmological principle, Oxford University Press, Oxford, 1986

Berry, M., Kosmologie und Gravitation, Teubner, Stuttgart, 1990

Blome, H.-J., Priester, W., Urknall und Evolution des Kosmos, Naturwissenschaften **71**, 456–467; 515–527, 1984

Börner, G., The Early Universe, Facts and Fiction, Springer, Berlin, 1988

Goenner, H., Einführung in die Kosmologie, Spektrum Akadem. Verlag, Heidelberg, 1994

Harrison, E. R., Cosmology, Cambridge University Press, Cambridge, 1981 (Übersetzung: Kosmologie, Verlag Darmstädter Blätter, 1983)

Hawking, S.W., Eine kurze Geschichte der Zeit, Rowohlt, Reinbeck, 1988

Heckmann, O., Theorien der Kosmologie, Springer, Berlin, 1942 (Nachdruck 1968)

Kanitscheider, B., Kosmologie, Reclam, Stuttgart, 1984

Kolb, E.W., Turner, M. S., The Early Universe, Addison-Wesley, Reading, 1990

Liebscher, D.-E., Kosmologie, J. A. Barth, Leipzig, 1994

Linde, A., Elementarteilchen und inflationärer Kosmos, Spektrum Akadem. Verlag, Heidelberg, 1993

Misner, Ch.W., Thorne, K. S., Wheeler, J. A., Gravitation, Freeman, San Francisco, 1973

Peebles, P. J. E., The large scale structure of the universe, Princeton University Press, Princeton, 1980

Peebles, P. J. E., Principles of Physical Cosmology, Princeton Univ. Press, Princeton, 1993

Priester, W., Urknall und Evolution des Kosmos – Fortschritte in der Kosmologie, Rheinisch-Westfälische Akademie der Wissenschaften, **333**, 1984

Priester, W., Über den Ursprung des Universums: Das Problem der Singularität, NRW Akademie der Wissenschaften, N **414**, 1995

Priester, W., Blome, H.-J., Zum Problem des Urknalls: „Big Bang“ oder „Big Bounce“?, Sterne und Weltraum, **2**, **3**, 1987

Rees, M., Perspectives in Astrophysical Cosmology, Cambridge University Press, Cambridge, 1995

Rindler, W., Essential Relativity, 2nd ed., Springer, Berlin, 1986

Sexl, R. U., Urbantke, H. K., Gravitation und Kosmologie, 3. A., Bibliogr. Institut, Mannheim, 1987

Stephani, H., Allgemeine Relativitätstheorie, Deutscher Verlag der Wissenschaften, Berlin, 1980

Voigt, H. H., Abriß der Astronomie, 5. A., Bibliogr. Institut, Mannheim, 1991

Weinberg, S., Gravitation und Cosmology, Wiley, New York, 1972

Zel'dovich, Y. B., Novikov, I. D., Relativistic Astrophysics, Vol. 2, The structure and evolution of the universe, University of Chicago Press, Chicago, 1983

Zitierte Publikationen

Atkatz, D., Quantum cosmology for pedestrians, Am. J. Phys. **62**, 619–627, 1994

Atkatz, D., Pagels, H., Origin of the Universe as a quantum tunneling event, Phys. Rev. **D25**, 2065–2073, 1982

Audretsch, J., Gravitation und Quantenmechanik, in: Grundlagenprobleme der modernen Physik (Nitsch, J., Pfarr, J., Stachow, E.W., Hrsg.), Bibl. Institut, Mannheim, 1981

Bahcall, J. N., Casertano, S., Some possible regularities in the missing mass problem, Astrophys. J. **293**, L7–L10, 1985

Birrel, N. D., Davies, P. C.W., Quantum fields in curved space, Cambridge University Press, Cambridge, 1982
Blome, H.-J., Kundt, W., Wie funktionieren die aktiven Kerne der Galaxien?, Naturwissenschaften **76**, 310–317, 1989
Blome, H.-J., Priester, W., Vacuum energy in a Friedmann-Lemaître cosmos, Naturwissenschaften **71**, 528–531, 1984
Blome, H.-J., Priester, W., Vacuum energy in cosmic dynamics, Astrophys. Space Sci. **117**, 327–335, 1985
Blome, H.-J., Priester, W., Big Bounce in the Very Early Universe, Astron. Astrophys. **250**, 43–49, 1991
Bonnor, W. B., Jeans formula for gravitational instability, MNRAS **117**, 104–117, 1957
Breuer, B., Das anthropische Prinzip, Meyster, München, 1983
Bruck, C. van de, Der Lyman-α-Wald und das Bonn-Potsdam-Modell, Sterne und Weltraum **34**, 529–531, 1995
Bruck, C. van de, Priester, W., Quasar pairs testing the bubble wall model, ASP Conference Series **88**, 290–293, 1996
Carr, B. J., Bond, J. R., Arnett, W. D., Cosmological consequences of Population III stars, Astrophys. J. **277**, 445–469, 1984
Chu, Y., Hoell, J., Blome, H.-J., Priester, W., The observational discrimination of Friedmann-Lemaître models, Astrophys. Space Sci. **148**, 119–130, 1988
Collins, C. B., Hawking, S. W., Why is the universe isotropic?, Astrophys. J. **180**, 317–334, 1973
Christiani, S., Cosmological Adventures in the Lyman Forest, ESO Scientific Preprint No. 1117, Jan. 1996
Dolgov, A. D., Zel'dovich, Ya. B., Cosmology and elementary particles, Rev. Mod. Phys. **53**, 1–41, 1981
Eddington, A. S., On the instability of Einsteins spherical world, MNRAS **90**, 668–678, 1930
Ehlers, J., Lect. Not. Physics 100 (Einstein Symp. Berlin) (Nelkowski, H., Hermann, A., Poser, N., Schrader, R., Seiler, R., Eds.), Springer, Berlin, 1979
Einstein, A., Zur allgemeinen Relativitätstheorie, Sitzungsber. Preuss. Akad. Wiss., Berlin, 1915
Einstein, A., Kosmologische Betrachtungen zur Allgemeinen Relativitätstheorie, Sitzungsber. Preuss. Akad. Wiss., Berlin, 1917
Einstein, A., The meaning of relativity, Princeton University Press, Princeton, 1954
Einstein, A., Grundzüge der Relativitätstheorie, Vieweg, Braunschweig, 1956 (beinhaltet 3. A. der „Vier Vorlesungen über Relativitätstheorie" von 1922)
Ellis, G. F. R., Does inflation necessarily imply $\Omega = 1$?, Class. Qu. Gravity **5**, 891–901, 1988
Fairall, A. P., Palumbo, G. G. C., Vettolani, G., Kauffmann, G., Jones, A., Baiesi-Pillastrini, G., Large-scale structure in the Universe: plots from the updated Catalogue of Radial Velocities of Galaxies and the Southern Redshift Catalogue, MNRAS **247**, 21–25, 1990
Felten, J., Isaacman, R., Scale factors $R(t)$ and critical values of the cosmological constant Λ in Friedmann universes, Rev. Mod. Phys. **58**, 689–698, 1986
Freedman, W. L. et al., Distance to the Virgo cluster galaxy M 100 from Hubble Space Telescope observations of Cepheids, Nature **371**, 757–762, (1994)
Friedmann, A. A., Über die Krümmung des Raumes, Z. Physik **10**, 377–386, 1922
Friedmann, A. A., Über die Möglichkeit einer Welt mit konstanter negativer Krümmung des Raumes, Z. Physik **21**, 326–332, 1924
Gamow, G., 1949 (vgl. Alpher, R. A., Herman, R. C., Theory of the origin and the distribution of the elements, Rev. Mod. Phys. **22**, 153–212, 1950)
Geller, M. J., Huchra, J. P., Mapping the universe, Science **246**, 897–903, 1989
Gliner, E. B., Algebraic properties of energy-momentum-tensor and vacuum-like state of matter, Sov. Phys. JETP **22**, 378, 1966

Guth, A. H., Inflationary universe: a possible solution to the horizon and the flatness problem, Phys. Rev. **D23**, 347–356, 1981
Hartle, J. B., Quantum cosmology and the early universe, in: The very early universe (Gibbons, G.W., Hawking, S.W., Eds.), Cambridge University Press, Cambridge, 1983.
Hartle, J. B., Hawking, S. W., Wave function of the universe, Phys. Rev. **D 28**, 2960–2960, 1983
Hawking, S.W., Nucl. Phys. **B224**, 180, 1983
Hawking, S.W., Penrose, R., The singularities of gravitational collapse and cosmology, Proc. Roy. Soc. **A314**, 529–548, 1970
Hawking, S.W., Ellis, G. F. R., The large scale structure of space-time, Cambridge University Press, Cambridge, 1973
Hawking, S.W., The Quantum Mechanics of the Universe, in: Large scale structure of the Universe, Cosmology and Fundamental Physics (G. Setti, L. van Hove, Eds.), Proc. first ESO-CERN, CERN, Geneva, 1984
Heckmann, O., Die Ausdehnung der Welt in ihrer Abhängigkeit von der Zeit, Nachr. Wiss. Ges. Göttingen, 1931
Heckmann, O., Sterne Kosmos Weltmodelle, Piper, München, 1976
Hewitt, A., Burbidge, G., A new optical catalog of quasi-stellar objects, Astroph. J. Suppl. **63**, 1–246, 1987
Hoell, J., Priester, W., Die Evolutionszeit der Quasare, Sterne und Weltraum **27**, 412–413, 1988
Hoell, J., Priester, W., Voids, Walls und Schweizer Käse, Sterne und Weltraum **29**, 74–75, 1990
Hoell, J., Priester, W., Ist die ‚fehlende Masse' Illusion?: Sterne und Weltraum **29**, 638–641, 1990
Hoell, J., Priester, W., Dark matter and the cosmological constant, Comments on Astrophysics **15**, 127–138, 1991
Hoell, J., Priester, W., Void-structure in the early universe, Astron. Astrophys. **251**, L23–L26, 1991
Hoell, J., Priester, W., Galaxy Formation in a Friedmann-Lemaître model. Proceed. Panchrom. View of Galaxies. Edit. Frontières, Gif, 29–32, 1994
Hoell, J., Liebscher, D.-E., Priester, W., Confirmation of the Friedmann-Lemaître universe, Astron. Nachr. **315**, 89–96, 1994
Hubble, E. P., A relation between distance and radial velocity among extragalactic nebulae, Proc. Nat. Acad. Sci. **15**, 169–173, 1929
Israelit, M., Rosen, N. A singularity-free cosmological model in general relativity, Astrophys. J. **342**, 627–634 1989
Jeans, J., The stability of a spherical nebula, Phil. Trans. Roy. Soc. **199A**, 1–53, 1902
Jones, B. J. T., The origin of galaxies: a review of recent theoretical developments and their confrontation with observation, Rev. Mod. Phys. **48**, 107–149, 1976
Kaufmann, S. E., Schücking, E. L., A generalized redshift-magnitude formula, Astron. J. **76**, 583–587, 1971
Klapdor, H.V., Der Beta-Zerfall und das Alter des Universums, Rhein. Westf. Akad. d. Wiss. N **365**, 73–123, 1989
Kundt, W., A model for galactic centers, Astrophys. Space Sci. **62**, 335–345, 1979
de Lapparent, V., Geller, M. J., Huchra, J. P., A slice of the universe, Astrophys. J. **302**, L1–L5, 1986
Lawler, J. E., Whaling, W., Grevesse, N., Contamination of the Th II line and the age of the galaxy, Nature **346**, 635–637, 1990
Layzer, D., Hively, R., Origin of the microwave background, Astrophys. J. **197**, 361–369, 1973
Lemaître, G., The beginning of the world from the point of view of quantum theory, Nature **127**, 706, 1931
Lemaître, G., A homogeneous universe of constant mass and increasing radius accounting

for the radial velocity of extra-galactic nebula, MNRAS **91**, 483, 1931 (Französische Originalarbeit: Ann. Soc. Sci. Brux. **A47**, 49–59, 1927)

Liebscher, D. E., Priester, W., Hoell, J., A new method to test the model of the universe, Astron. Astrophys. **261**, 377–391, 1992(a)

Liebscher, D. E., Priester, W., Hoell, J., Ly α forest and the evolution of the universe, Astron. Nachr. **313**, 265–273, 1992(b)

Linde, A. D., A new inflationary universe scenario: a possible solution of the horizon, flatness, homogeneity, isotropy and primordial monopol problems, Phys. Letters **108B**, 389–393, 1982

Linde, A. D., Particle physics and inflationary cosmology, Phys. Today **40**, 61–68, 1987

Lifshitz, E. M., On the gravitational stability of the expanding universe, J. Phys. U.S.S.R. **10**, 116–129, 1946

Lovelock, D., The uniqueness of the Einstein Field equations in a Four-dimensional space, J. Math. Phys. **13**, 874, 1972

Madsen, M. S., Ellis, G. F. R., The evolution of Ω in inflationary universes, MNRAS **234**, 67–77, 1988

Mashhoon, B., Electromagnetic waves in an expanding universe, Phys. Rev. **D8**, 4297–4302, 1973

Mather, J. C. and 20 Coauthors, A preliminary measurement of the cosmic microwave background spectrum by the Cosmic Background Explorer (COBE) satellite, Astrophys. J. **354**, L37–L40, 1990

Mattig, W., Über den Zusammenhang zwischen Rotverschiebung und scheinbarer Helligkeit, Astron. Nachr. **284**, 109–111, 1958

Messiah, A., Quantenmechanik, de Gruyter, Berlin, 1979

Mezger, P. G., Schmid-Burgk, J., The cosmological relevance of light element abundances, Mitt. Astron. Ges. **58**, 31–45, 1983

Mihalas, D., Binney, J., Galactic astronomy, Freeman, San Francisco, 1981

Mittelstaedt, P., Klassische Mechanik, Bibliogr. Institut, Mannheim, 1970

Nicolai, H., Niedermaier, M., Quantengravitation vom Schwarzen Loch zum Wurmloch, Phys. Bl. **45**, 459–464, 1989

Olive, K. A., Schramm, D. N., Steigmann, G., Turner, M. S., Yang J., Big-Bang nucleosynthesis as a probe of cosmology and particle physics, Astroph. J. **246**, 557–568, 1981

Olive, K. A., The Quark-Hadron Transition in Cosmology and Astrophysics, Science **251**, 1194–1199, 1991

Peebles, P. J. E., Physical cosmology, Princeton University Press, Princeton, 1971

Penzias, A. A., Wilson, R. W., Astrophys. J. **142**, 419, 1965

Pettini, M., Hunstead, R. W., Smith, L. J., Mar, D. P., The Lyman α forest at $6\,\mathrm{km} \cdot \mathrm{s}^{-1}$ resolution, MNRAS **246**, 545–564, 1990

Pierce, M. J., Welch, D. L., McClure, R. D., van den Bergh, S., Racine, R., Stetson, P. B., The Hubble Constant and Virgo cluster distance from Cepheid variables, Nature **371**, 385–389, 1994

Priester, W., Hoell, J., Blome, H.-J., Das Quantenvakuum und die kosmologische Konstante, Phys. Bl. **45**, 51–56, 1989

Priester, W., Hoell, J., Blome, H.-J., The scale of the universe: a unit of length. Comm. Astrophysics. **17**, 327–342, 1995

Priester, W., Hoell, J., Liebscher, D.-E., Bruck, C. van de, Friedmann-Lemaître Model Derived from the Lyman Alpha Forest in Quasar Spectra, Proceedings Third A. Friedmann Sem., St. Petersburg, 52–67, 1996

Rees, M. J., Origin of pregalactic microwave background, Nature **275**, 35–37, 1978

Rindler, W., Visual horizons in world-models, MNRAS **116**, 662–677, 1956

Robertson, H. P., On the foundations of relativistic cosmology, Proc. Nat. Acad. Sci. **15**, 822–829, 1929

Rowan-Robinson, M., The cosmological distance ladder, Freeman, New York, 1985
Sakharov, A. D., Violation of CP invariance, C asymmetry and baryon asymmetry in the universe, JETP Lett. **5**, 24, 1967
Sandage, A., Tammann, G. A., An alternate calculation of the distance to M 87: H_0 there from, Astrophys. J. **464**, L 51–L 54, 1996
Schäfer, G., Dehnen, H., On the origin of matter in the universe, Astron. Astrophys. **54**, 823–836, 1977
Schmid-Burgk, J., Die kosmische Hintergrundstrahlung, Phys. Bl. **43**, 147–151, 1987
Schuecker, P., Horstmann, H., Seitter, W. C., Ott, H. A., Duemmler, R., Tucholke, H. J., Teuber, D., Meijer, J., Cunow, B., The Muenster Redshift Project, Rev. Mod. Astronomy **2**, 109–118, 1989
Scott, P. F., Saunders, R., Pooley, G., O'Sullivan, C., Lasenby, A. N., Jones, M., Hobson, M. P., Duffett-Smith, P. J., Baker, J., Measurements of structure in the CMBR with the Cambridge CAT, Astrophys. J. **461**, L 1–L 4, 1996
Smoot, G. F. and 27 coauthors, Structure in the COBE-DMR first year results, Astrophys. J. **396**, L1–L5, 1992
Sorrell, W. H., Maximum cosmic redshift of quasars at $z > 4$, MNRAS **213**, 389–398, 1985
Starobinsky, A. A., A new type of isotropic cosmological models without singularity, Phys. Letters **91B**, 99–102, 1980
Stecker, F. W., Wolfendale, A. W., The case for antiparticles in the extragalactic cosmic radiation, Nature **309**, 37–38, 1984
Streeruwitz, E., Vacuum fluctuations of a quantized scalar field in a Robertson-Walker universe, Phys. Rev. **D11**, 3378–3383, 1975
Thuan, T. X., Gott, J. R., Schneider, S. E., The spatial distribution of dwarf galaxies in the CfA slice of the universe, Astrophys. J. **315**, L93–L97, 1987
Tipler, F., Interpreting the wave function of the universe, Phys. Rep. **137**, 231–275 1986
Tully, R. B., Origin of the Hubble constant controversy, Nature **334**, 209–212, 1988
Uson, J. M., Wilkinson, D. T., New limits on small-scale anisotropy in the microwave background, Astrophys. J. **227**, L1–L3, 1984
Vilenkin, A., Boundary conditions in quantum cosmology, Phys. Rev. **D 33**, 3560–3569, 1986
Vilenkin, A., Quantum cosmology and the initial state of the universe Phys. Rev. **D 37**, 888–897, 1988
Wagoner, R. V., Big-Bang nucleosynthesis revisited, Astrophys. J. **179**, 343–360, 1973
Weinberg, S., Rev. Mod. Phys. **61**, 1–53, 1989
Weizsäcker, C. F. von, Aufbau der Physik, Hanser, München, 1985
Weizsäcker, C. F. von, Bewußtseinswandel, Hanser, München, 1987
Wheeler, J. A., Einstein's vision, Springer, Berlin, 1968
Whitmore, B. C. et al., Hubble Space Telescope observations of globular clusters in M 87 and an estimate of H_0, Astrophys. J. **454**, L 73–L 76, 1995
Wirtz, C., De Sitters Kosmologie und die Radialbewegungen der Spiralnebel, Astr. Nachr. **222**, 21–26, 1924
Zel'dovich, Y. B., The cosmological constant and the theory of elementary particles, Sov. Phys. Usp. **11**, 381–393, 1968
Zel'dovich, Y. B., Creation of particles in cosmology, IAU-Symp. **63**, Reidel, Dordrecht, 1974
Zel'dovich, Y. B., Vacuum theory: a possible solution to the singularity problem of cosmology, Sov. Phys. Usp. **24**, 216, 1981

Bildanhang

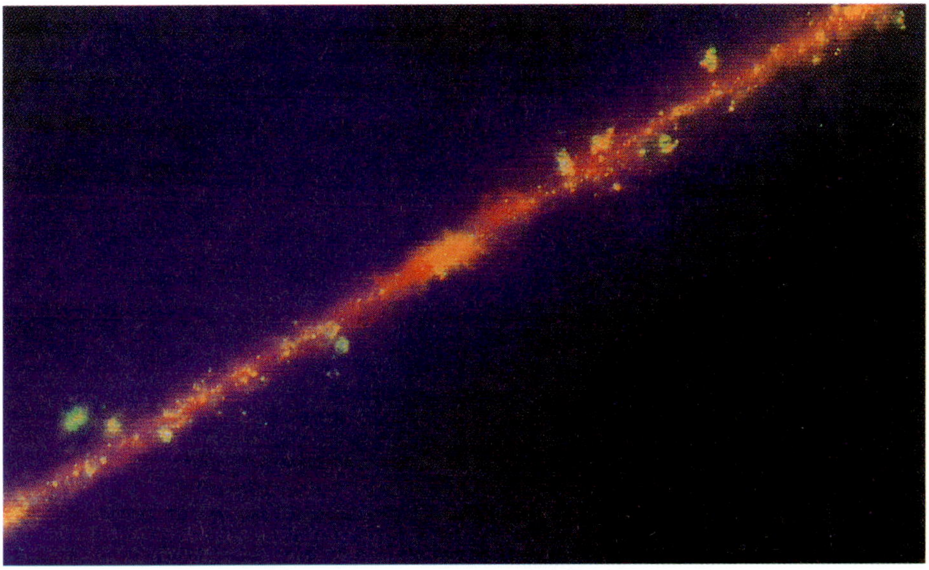

1 Die Milchstraße im Infrarot-Spektrum. Der IRAS-Satellit machte diese Aufnahme der Milchstraße im Jahre 1983. Das große helle Gebiet in der Mitte des Bildes ist das Zentrum unserer Galaxie. Andere helle Punkte sind Wolken von interstellarer Materie, die von benachbarten Sternen aufgeheizt werden (NASA).

2 Proto-planetare Staubringe im Sternbild Orion. Nach der Reparatur der Hubble-Optik sind fünf junge Sterne im Orion Nebel in der Entfernung von 1500 Lichtjahren zu erkennen, von denen vier von Staubringen umgeben sind, deren Helligkeit von der Temperatur des Sterns bestimmt ist. Es wird angenommen, daß sich im Laufe der Zeit Planeten aus dem Ringmaterial formen können. Dies ist ein wichtiger Schritt in der Suche nach Planeten außerhalb des Sonnensystems (NASA).

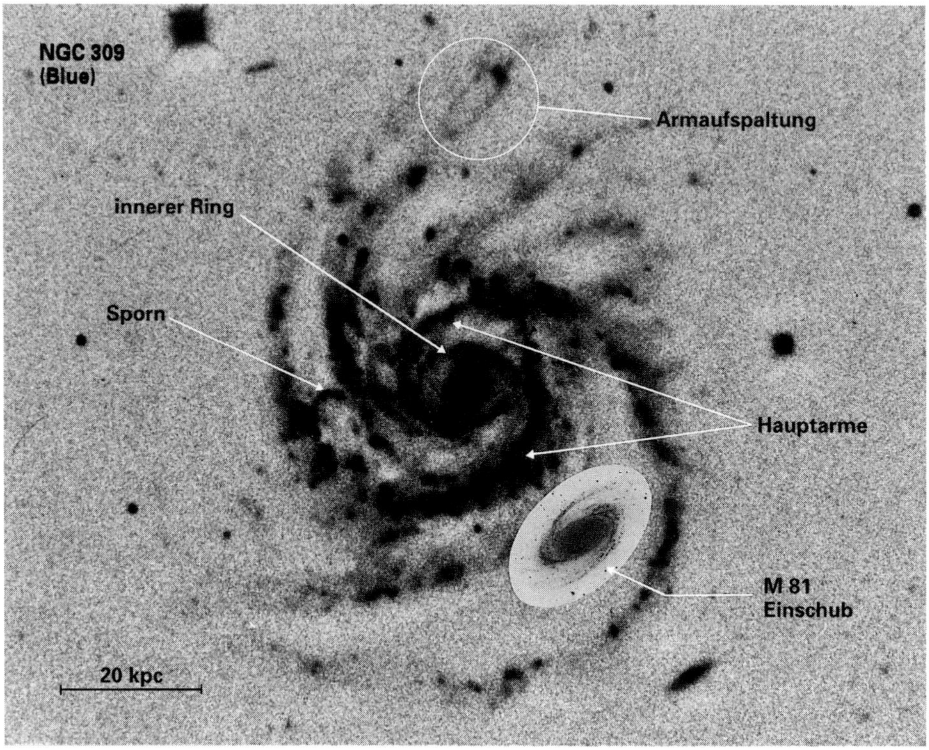

3 NGC 309 (Sc I) aufgenommen in drei Spektralbereichen [11]: (a) bei 4400 Å, (b) bei 2.1 μm, (c) bei 0.83 μm; NGC 309 gehört zu den größten Spiralgalaxien; zum Vergleich ist im gleichen Maßstab das Bild der normalen Galaxie M 81 eingeblendet. Im Infraroten wird aus der Sc- eine SBa-Galaxie. (Wir danken D.L. Block, R.J. Wainscoat, T. Kinman und NATURE für die Abdruckerlaubnis.)

3b, 3c ►

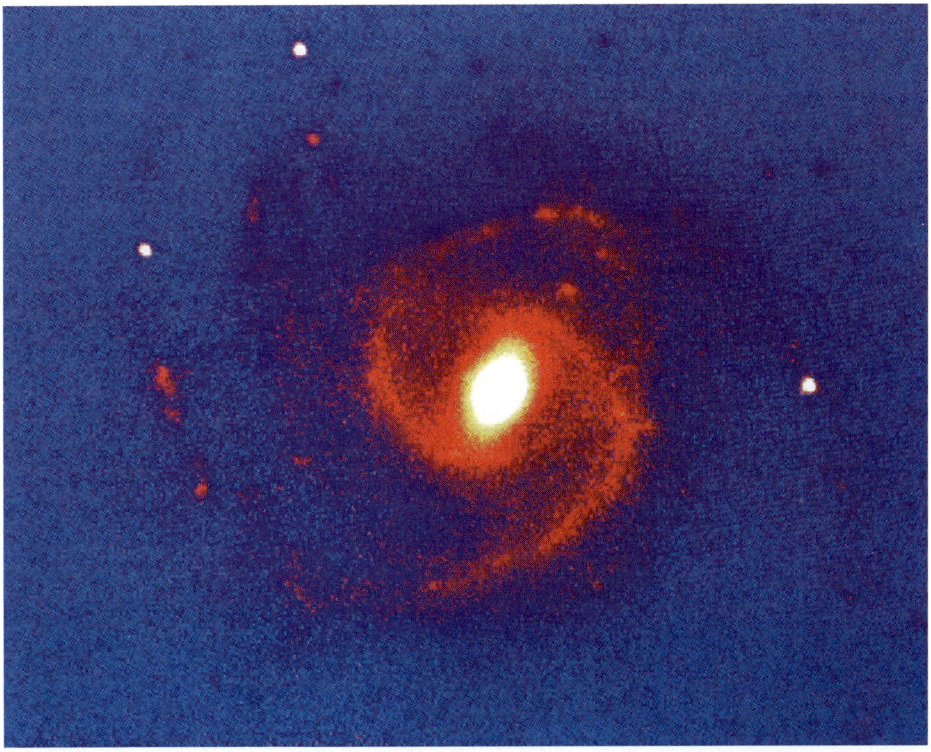

4 NGC 1232 in Falschfarbendarstellung [96]. Die mittlere Sternfarbe wurde als Neutralfarbe ausbalanciert; daher entspricht die Galaxienfarbe einem wahren Farbeindruck. Die starke Hα-Emission der HII-Gebiete erscheint rot; im eingeblendeten Bild wurden die schwachen Helligkeitsstrukturen maximal verstärkt und so die ältere Scheibenpopulation sichtbar gemacht. (Wir danken H.C. Arp und dem Astrophysical Journal für die Abdruckerlaubnis.)

5 Leerräume und Filamente der kosmischen Gasverteilung für zwei unterschiedliche Rotverschiebungen. In den Filamenten findet auch Galaxienentstehung statt. Die Zeit ist mit Hilfe der Rotverschiebung parametrisiert; $z = 2$ ist klumpiger als $z = 3$; $z = 0$ ist heute. Die Filamentstruktur entwickelt sich aus den primordialen Gas, den Strahlungsfeldern und der kalten dunklen Materie. Die Kantenlänge der Simulation entspricht 10 Mpc. Die Farben geben Temperaturen wieder; rot ist am heißesten. Der untere Teil der Abbildung zeigt als rote Kurve den „Lyman-Alpha-Wald", wie er in den Spektren sehr ferner Galaxien und Quasare erfaßt wird. Die Rotverschiebung jeder Lyman-Alpha-Linie ist proportional zur „Fluchtgeschwindigkeit" des absorbierenden Wasserstoffs (Abszisse) und ein Maß für die Ausdehnungsgeschwindigkeit des Universums zur Zeit der Absorption. Die schwarze Kurve zeigt die Rotverschiebungsverteilung der gesamten Baryonendichte. Die senkrechten Marken stehen für schwache Linien (Wasserstoffsäulendichte in Atomen pro cm^2) (Abbildung nach Y. Zhang, M. Mieksins, P. Anninos, M. Norman, University of Illinois; Physics Today, Oct. 1996, S. 42). ►

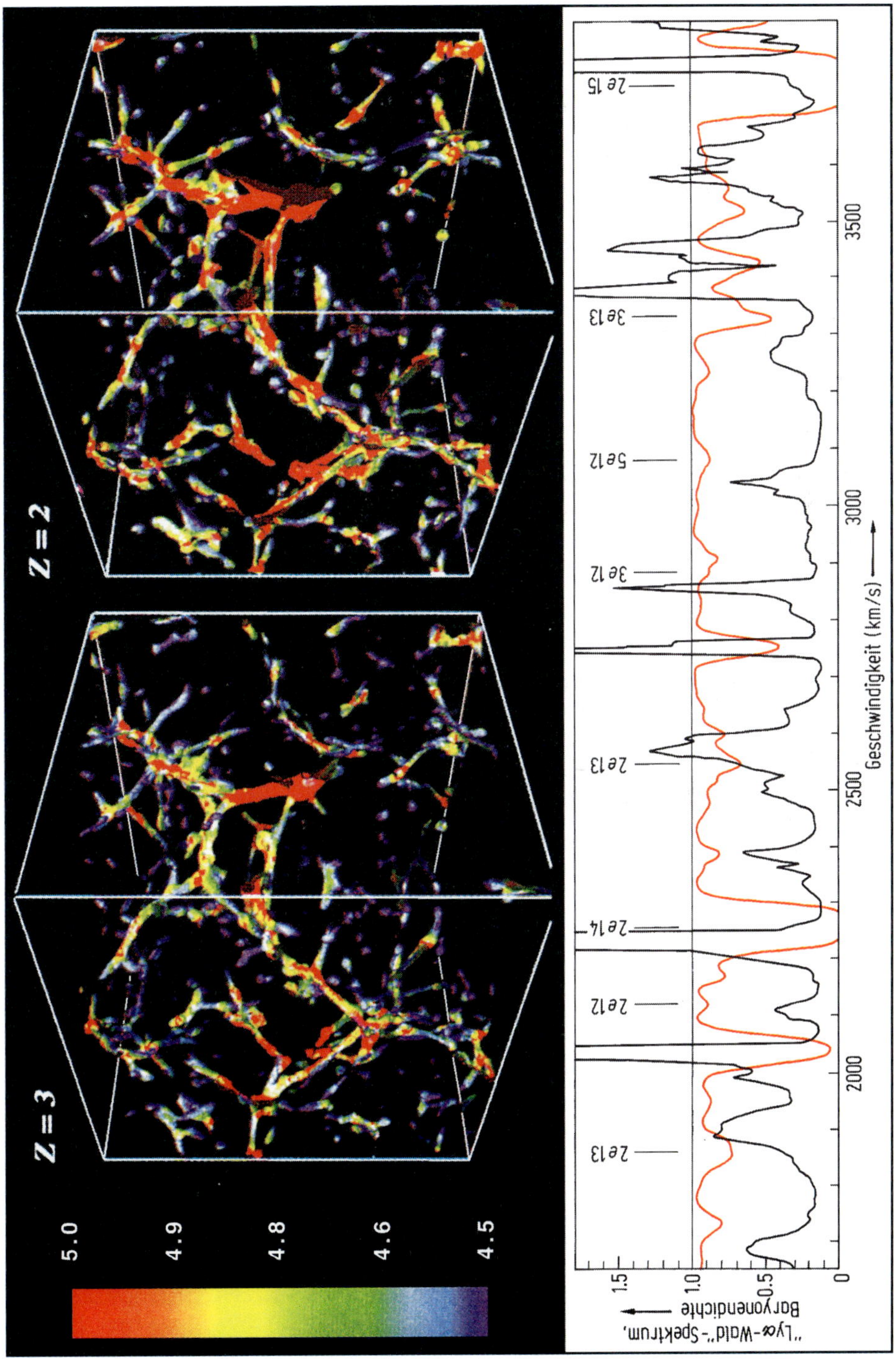
Z = 3
Z = 2
5.0
4.9
4.8
4.6
4.5
"Lyα-Wald"-Spektrum,
Baryonendichte
0
0.5
1.0
1.5
2000
2500
3000
3500
Geschwindigkeit (km/s)
2e13
2e12
2e14
2e13
3e12
5e12
3e13
2e15

Zahlenwerte und Tabellen

Naturkonstanten

Vakuum-Lichtgeschwindigkeit	$c \equiv 299\,792\,458 \text{ m s}^{-1}$
Gravitationskonstante	$G = 6.67259\,(85) \cdot 10^{-11} \text{ m}^3 \text{ kg}^{-1} \text{ s}^{-2}$
Stefan-Boltzmann-Konstante	$\sigma = 5.67051\,(19) \cdot 10^{-8} \text{ W m}^{-2} \text{ K}^{-4}$
Molare Gaskonstante	$R = 8.314510\,(70) \text{ J mol}^{-1} \text{ K}^{-1}$
Faraday-Konstante	$F = 96\,485.309\,(29) \text{ A s mol}^{-1}$
Avogadro-Konstante	$N_A = 6.0221367\,(36) \cdot 10^{23} \text{ mol}^{-1}$
Elementarladung	$e = 1.60217733\,(49) \cdot 10^{-19} \text{ A s}$
Planck-Konstante	$h = 6.6260755\,(40) \cdot 10^{-34} \text{ J s}$
Boltzmann-Konstante	$k = 1.380658\,(12) \cdot 10^{-23} \text{ J K}^{-1}$ $= 8.617385\,(73) \cdot 10^{-5} \text{ eV K}^{-1}$
Elektronenmasse	$m_e = 9.1093897\,(54) \cdot 10^{-31} \text{ kg}$ $= 0.51099906\,(15) \text{ MeV}/c^2$
Protonenmasse	$m_p = 1.6726231\,(10) \cdot 10^{-27} \text{ kg}$ $= 938.27231\,(28) \text{ MeV}/c^2$

SI-fremde Einheiten

Zeit	mittlerer Sonnentag	1 d	$= 86\,400$ s
	tropisches Jahr	1 a	$= 365.24220$ d
	Gigajahr	1 Ga	$= 10^9$ a
Länge	Ångström	1 Å	$= 10^{-10}$ m
	astronomische Einheit	1 AE	$= 1.495\,978\,70\,(2) \cdot 10^{11}$ m $= c \cdot 499.004\,782\,(6)$ s
	Lichtjahr, light year	1 ly	$= c \cdot (1 \text{ a})$ $= 9.46053 \cdot 10^{15}$ m
	Parsec	1 pc	$= 3.08569 \cdot 10^{16}$ m ≈ 3.26 ly
Winkel	Bogensekunde	1 arc s	$= 1'' = 4.8481 \cdot 10^{-6}$ rad
Raumwinkel	Quadratbogensekunde	1 arc s^2	$= 2.3504 \cdot 10^{-11}$ sr
Energie	Erg	1 erg	$= 10^{-7}$ J
Spektrale Flußdichte	Jansky	1 Jy	$= 10^{-26} \text{ W m}^{-2} \text{ Hz}^{-1}$
Druck	Bar	1 bar	$= 10^5$ Pa $= 1000$ hPa
magnetische Feldstärke $(B = \mu_0 H)$	Gauß	1 G	$= 10^{-4}$ T

Sonne

Masse	$M_\odot$	$= 1.99 \cdot 10^{30}$ kg
Massenänderungsrate	$dM_\odot/dt$	$= -1.35 \cdot 10^{17}$ kg/a durch Kernfusion $-4 \cdot 10^{16}$ kg/a durch Sonnenwind
Leuchtkraft	$L_\odot$	$= 3.85 \cdot 10^{26}$ W
Spektraltyp	G2V	
absolute Helligkeit	M_{vis} M_{bol}	$= 4.84$, $= 4.84$
effektive Oberflächentemperatur		5780 K
Radius	$R_\odot$ $R_\oplus$	$= 696\,000$ km $= 109\, R_\oplus$ = Erdradius
mittlere Dichte		1.41 g cm^{-3}
Winkeldurchmesser von Erde gesehen		0.525–0.542°
siderische Rotationsperiode in mittleren Breiten		25.38 d
Sonnenfleckenzyklus		11 a (Anzahl) 22 a (magnetische Polarität)

Sonnenatmosphäre

Name der Zone	radiale Ausdehnung ($R_\odot$)	Temperatur (K)	Dichte (g cm^{-3})
Photosphäre	≈ 0.9995	8000	$5 \cdot 10^{-7}$
	bis	bis	bis
Sonnenrand	1	4300	$3 \cdot 10^{-8}$
Chromosphäre	1–1.005	4300	$3 \cdot 10^{-8}$
		bis 20 000	bis $3 \cdot 10^{-14}$
Korona	bis zur Erdbahn	$\approx 10^6$	$1 \cdot 10^{-15}$ bis $2 \cdot 10^{-23}$

Umgebung der Sonne

Die sonnen-nächsten Sterne

Stern	M_{vis}	Spektraltyp	Entfernung (pc)
Proxima Centauri	15.49	M5	1.30
α Centauri A	4.37	G2V	1.33
B	5.71	K0V	1.33
Barnards Stern	13.22	M5V	1.83
Wolf 359	16.65	M8	2.37
HD95735	10.50	M2V	2.52
UV Ceti A	15.46	M6	2.58
B	15.96	M6	2.58
Sirius A	1.42	A1V	2.65
B	11.2	WZ	2.65

Die sonnen-nächsten Vertreter besonderer Objekte

Objekt	Name	Entfernung
Weißer Zwerg	Sirius B	2.65 pc
Roter Riese	Pollux (K0 III)	10.8 pc
	Arktur (K2 III)	11.1 pc
Pulsar	PSR 1929 + 10	47 pc
offener Sternhaufen	Hyaden	48 pc
HI-Wolke (keine Entfernungsbestimmung im Nahbereich möglich)		?
Molekül- und Staubwolke	L 1457 (in Aries)	65 pc
Wolke mit neuen Sternen	Lupus Wolkenkomplex	125 pc
Cepheiden	δ Cep	300 pc
HII-Region	Orionnebel	500 pc
Schwarzes Loch	Cyg X-1 (?)	2.5 kpc
Kugelhaufen	M4	3.0 kpc
	M22	3.1 kpc

Milchstraßen-System (Galaxis)

Größe und Form	Scheibe	
	Durchmesser	$\approx$ 30 kpc
	Dicke	1–1.5 kpc
	Halo	
	Durchmesser	$\approx$ 50 kpc
	Zentrum	
	sphäroidale Aufbauchung (Bulge)	$\approx$ 5 kpc
	Kern (kompaktes Zentralobjekt)	$\leq 10^{-4}$ pc
Masse	Gesamtmasse	$(0.4\text{–}1.4) \cdot 10^{12}\ M_\odot$
	Masse von Gas und Staub	$(2\text{–}5) \cdot 10^{9}\ M_\odot$
Position und Dynamik der Sonne	Richtung des galaktischen Zentrums	Sagittarius
	Abstand der Sonne vom Zentrum	8.5 kpc
	Umlauf um das galaktische Zentrum	
	Periode	$2.5 \cdot 10^{8}$ a
	Bahngeschwindigkeit	220 km/s
	Entfernung der Sonne von der Scheibenebene	$\leq$ 20 pc
	Periode der Schwingung durch die Scheibenebene	$2 \cdot 10^{7}$ a

Galaxien

Umgebung unserer Milchstraße

	Entfernung von der Sonne	Masse ($M_\odot$)
assoziierte Zwerg-Galaxien		
Große Magallansche Wolke	55 kpc	$5 \cdot 10^{10}$
Kleine Magallansche Wolke	67 kpc	$2 \cdot 10^{9}$
nächste Riesen-Galaxie		
Andromeda	710 kpc	$6 \cdot 10^{11}$
	Durchmesser	**Masse ($M_\odot$)**
unser Galaxien-Haufen		
Lokale Gruppe	1.4 Mpc	$(0.5\text{–}5) \cdot 10^{12}$
unser Galaxien-Superhaufen		
Virgo-Superhaufen	3–5 Mpc	ca. 10^{15}

Galaxien im Universum

Gesamtzahl aller Galaxien	10^{12}–10^{13} (geschätzt)
Gesamtmasse aller Galaxien	$5 \cdot 10^{22}\ M_\odot \approx 10^{53}$ kg*

* „Bonn-Potsdam-Modell“ (Kap. 4, Tab. 4.2) für geschlossenen Kosmos (Astron. Astrophys. **261**, 377, 1992; Astron. Nachr. **313**, 265, 1992; Astron. Nachr. **315**, 89, 1994)

Kosmologisch relevante Daten

Expansion des Universums

Hubble-Parameter	= heutige Expansionsrate des Raumes [= „Galaxien-Fluchtgeschwindigkeit“/Abstand] $H_0 = h \cdot 100$ km/s Mpc^{-1} mit $0.5 \leq h \leq 1.0$ häufig verwendeter Mittelwert: $h \approx 0.75$
Hubble-Zeit	$H_0^{-1} = h^{-1} \cdot 9.8 \cdot 10^9$ a
nach dem „Bonn-Potsdam-Modell“ (Kap. 4, Tab. 4.2):	
Weltalter (seit Entstehung der Materie)	$t_0 = 2.8 \cdot H_0^{-1}$
Einsteins kosmologische Konstante	$\Lambda = 3.8 \cdot h^2 \cdot 10^{-52}\ \mathrm{m}^{-2}$

Altersbestimmungen

	Mindestalter des Sonnensystems
aus dem Verhältnis von Uran- und Blei-Isotopen	
ältesste Gesteinsproben von Erde	$3.8 \cdot 10^9$ a
älteste Gesteinsproben von Mond	$4.45 \cdot 10^9$ a
älteste Meteoriten aus dem Sonnensystem	$4.55 \cdot 10^9$ a
	Mindestalter der Galaxis
aus Uran/Thorium-Verhältnis und Modellen zur chemischen Evolution	
älteste Meteoriten	$(18.4 \pm 9.7) \cdot 10^9$ a*
aus der Sternentwicklung	
galaktische Kugelhaufen	$17\,(\pm 6) \cdot 10^9$ a

Hintergrundstrahlung

Temperatur	(2.735 ± 0.005) K
Temperatur-Differenz durch Eigenbewegung von Sonne und Milchstraße	± 3.5 mK
Temperatur-Inhomogenitäten	$\lvert\delta T\rvert / T < 10^{-4}$ über Winkelbereiche $< 1°$
Bewegung der Galaxis gegen den Strahlungshintergrund	mit ≈ 600 km/s in Richtung Hydra/Leo

Mittlere Dichte des Universums

heutige Dichte	
der gesamten Materie	$\varrho_M = h^2 \cdot (0.3 \pm 0.1) \cdot 10^{-30}\,\mathrm{g\,cm^{-3}}$ $= (0.02 \pm 0.01)\,\varrho_c$ unabhängig von h
der baryonischen Materie	$\varrho_B = 0.2\,(+0.3,\,-0.1) \cdot 10^{-30}\,\mathrm{g\,cm^{-3}}$
Äquivalentdichte der Hintergrund-Strahlung	$\varrho_s = (0.47 \pm 0.03) \cdot 10^{-33}\,\mathrm{g\,cm^{-3}}$
kritische Dichte	$\varrho_c = h^2 \cdot 18.8 \cdot 10^{-30}\,\mathrm{g\,cm^{-3}}$ mit $0.5 \leq h \leq 1.0$

* Truran, J. in „The Extragalactic Distance Scale", Donahne, M., Livio, M. (Eds.), Cambridge Univ. Press, 1997 (in print)

Register